国家科技重大专项
大型油气田及煤层气开发成果丛书
（2008—2020）

卷34

页岩气气藏工程及采气工艺技术进展

刘先贵　胡志明　汤晓勇　位云生　陆家亮　向建华　等编著

石油工業出版社

内容提要

本书主要介绍国内页岩气藏有效开发关键技术。通过技术研究与攻关，建立页岩气复杂介质多场耦合渗流理论，以及页岩气藏工程方法软件与页岩气藏数值模拟平台，形成压裂后页岩储层精细描述技术、页岩气开发政策优化技术、页岩气排采和地面工艺技术，页岩气排采和地面工艺关键装备，形成一套适合中国国情的页岩气开发模式、核心技术系列与关键装备系列等内容。

本书可作为从事页岩气研究的勘探开发人员、从事非常规油气资源研究的科技人员及高等院校相关专业师生参考阅读。

图书在版编目（CIP）数据

页岩气气藏工程及采气工艺技术进展 / 刘先贵等编著 .
—北京：石油工业出版社，2022.12
（国家科技重大专项 · 大型油气田及煤层气开发成果丛书：2008—2020）
ISBN 978-7-5183-4790-2

Ⅰ . ①页… Ⅱ . ①刘… Ⅲ . ①油页岩—气藏工程—动态分析—研究②油页岩—采气—生产技术 Ⅳ . ① P618.12

中国版本图书馆 CIP 数据核字（2021）第 150668 号

责任编辑：张　倩　张旭东　唐俊雅
责任校对：罗彩霞
装帧设计：李　欣　周　彦

出版发行：石油工业出版社
（北京安定门外安华里 2 区 1 号　100011）
网　址：www.petropub.com
编辑部：（010）64523710　图书营销中心：（010）64523633
经　销：全国新华书店
印　刷：北京中石油彩色印刷有限责任公司

2022 年 12 月第 1 版　2022 年 12 月第 1 次印刷
787×1092 毫米　开本：1/16　印张：22.5
字数：520 千字

定价：225.00 元

（如出现印装质量问题，我社图书营销中心负责调换）
版权所有，翻印必究

《国家科技重大专项·大型油气田及煤层气开发成果丛书（2008—2020）》

编委会

主　任： 贾承造

副主任：（按姓氏拼音排序）

常　旭　陈　伟　胡广杰　焦方正　匡立春　李　阳
马永生　孙龙德　王铁冠　吴建光　谢在库　袁士义
周建良

委　员：（按姓氏拼音排序）

蔡希源　邓运华　高德利　龚再升　郭旭升　郝　芳
何治亮　胡素云　胡文瑞　胡永乐　金之钧　康玉柱
雷　群　黎茂稳　李　宁　李根生　刘　合　刘可禹
刘书杰　路保平　罗平亚　马新华　米立军　彭平安
秦　勇　宋　岩　宋新民　苏义脑　孙焕泉　孙金声
汤天知　王香增　王志刚　谢玉洪　袁　亮　张　玮
张君峰　张卫国　赵文智　郑和荣　钟太贤　周守为
朱日祥　朱伟林　邹才能

《页岩气气藏工程及采气工艺技术进展》

编写组

组　长： 刘先贵

副组长： 胡志明　汤晓勇　位云生　陆家亮　向建华　张东晓

成　员： 林　缅　沈　瑞　张永利　黄世军　刘建军　端祥刚
谢维扬　孙可明　张伯虎　孙维吉　马玉林　姬莉莉
常　进　吴永辉　李亚龙　齐亚东　王军磊　肖七林
朱汉卿　袁　贺　雷丹凤　路琳琳　金亦秋　贾成业
饶大骞　李　想　薛　亮　袁晓俊　张　卓　周长迁
王建君　于宝石　刘　成　高浩宏　魏林胜　叶长青
林伯韬　曾凡辉　张　宇　曾小军　廖　刚　陈家晓
余　帆　昝林峰　杨　静　李　刚　余　洋　秦　璇
陈　佳　洪进门　唐　昕　李林辉　连　伟　王　辉
陈　迪　黄翼翔　胡　锦　陈晓利　孙玉平　李治平
刘鸿渊　刘毅军　黄伟和　郭　为　李俏静　刘　海
赖枫鹏　姚　娟　唐红君　张静平　关春晓

丛书·序

能源安全关系国计民生和国家安全。面对世界百年未有之大变局和全球科技革命的新形势，我国石油工业肩负着坚持初心、为国找油、科技创新、再创辉煌的历史使命。国家科技重大专项是立足国家战略需求，通过核心技术突破和资源集成，在一定时限内完成的重大战略产品、关键共性技术或重大工程，是国家科技发展的重中之重。大型油气田及煤层气开发专项，是贯彻落实习近平总书记关于大力提升油气勘探开发力度、能源的饭碗必须端在自己手里等重要指示批示精神的重大实践，是实施我国“深化东部、发展西部、加快海上、拓展海外”油气战略的重大举措，引领了我国油气勘探开发事业跨入向深层、深水和非常规油气进军的新时代，推动了我国油气科技发展从以“跟随”为主向“并跑、领跑”的重大转变。在“十二五”和“十三五”国家科技创新成就展上，习近平总书记两次视察专项展台，充分肯定了油气科技发展取得的重大成就。

大型油气田及煤层气开发专项作为《国家中长期科学和技术发展规划纲要（2006—2020年）》确定的10个民口科技重大专项中唯一由企业牵头组织实施的项目，以国家重大需求为导向，积极探索和实践依托行业骨干企业组织实施的科技创新新型举国体制，集中优势力量，调动中国石油、中国石化、中国海油等百余家油气能源企业和70多所高等院校、20多家科研院所及30多家民营企业协同攻关，参与研究的科技人员和推广试验人员超过3万人。围绕专项实施，形成了国家主导、企业主体、市场调节、产学研用一体化的协同创新机制，聚智协力突破关键核心技术，实现了重大关键技术与装备的快速跨越；弘扬伟大建党精神、传承石油精神和大庆精神铁人精神，以及石油会战等优良传统，充分体现了新型举国体制在科技创新领域的巨大优势。

经过十三年的持续攻关，全面完成了油气重大专项既定战略目标，攻克了一批制约油气勘探开发的瓶颈技术，解决了一批“卡脖子”问题。在陆上油气勘探、陆上油气开发、工程技术、海洋油气勘探开发、海外油气勘探开发、非常规油气勘探开发领域，形成了6大技术系列、26项重大技术；自主研发20项重大工程技术装备；建成35项示范工程、26个国家级重点实验室和研究中心。我国油气科技自主创新能力大幅提升，油气能源企业被卓越赋能，形成产量、储量增长高峰期发展新态势，为落实习近平总书记“四个革命、一个合作”能源安全新战略奠定了坚实的资源基础和技术保障。

《国家科技重大专项·大型油气田及煤层气开发成果丛书（2008—2020）》（62卷）是专项攻关以来在科学理论和技术创新方面取得的重大进展和标志性成果的系统总结，凝结了数万科研工作者的智慧和心血。他们以“功成不必在我，功成必定有我”的担当，高质量完成了这些重大科技成果的凝练提升与编写工作，为推动科技创新成果转化为现实生产力贡献了力量，给广大石油干部员工奉献了一场科技成果的饕餮盛宴。这套丛书的正式出版，对于加快推进专项理论技术成果的全面推广，提升石油工业上游整体自主创新能力和科技水平，支撑油气勘探开发快速发展，在更大范围内提升国家能源保障能力将发挥重要作用，同时也一定会在中国石油工业科技出版史上留下一座书香四溢的里程碑。

在世界能源行业加快绿色低碳转型的关键时期，广大石油科技工作者要进一步认清面临形势，保持战略定力、志存高远、志创一流，毫不放松加强油气等传统能源科技攻关，大力提升油气勘探开发力度，增强保障国家能源安全能力，努力建设国家战略科技力量和世界能源创新高地；面对资源短缺、环境保护的双重约束，充分发挥自身优势，以技术创新为突破口，加快布局发展新能源新事业，大力推进油气与新能源协调融合发展，加大节能减排降碳力度，努力增加清洁能源供应，在绿色低碳科技革命和能源科技创新上出更多更好的成果，为把我国建设成为世界能源强国、科技强国，实现中华民族伟大复兴的中国梦续写新的华章。

中国石油董事长、党组书记

中国工程院院士

戴厚良

丛书·前言

石油天然气是当今人类社会发展最重要的能源。2020年全球一次能源消费量为134.0×10^8t油当量，其中石油和天然气占比分别为30.6%和24.2%。展望未来，油气在相当长时间内仍是一次能源消费的主体，全球油气生产将呈长期稳定趋势，天然气产量将保持较高的增长率。

习近平总书记高度重视能源工作，明确指示“要加大油气勘探开发力度，保障我国能源安全”。石油工业的发展是由资源、技术、市场和社会政治经济环境四方面要素决定的，其中油气资源是基础，技术进步是最活跃、最关键的因素，石油工业发展高度依赖科学技术进步。近年来，全球石油工业上游在资源领域和理论技术研发均发生重大变化，非常规油气、海洋深水油气和深层—超深层油气勘探开发获得重大突破，推动石油地质理论与勘探开发技术装备取得革命性进步，引领石油工业上游业务进入新阶段。

中国共有500余个沉积盆地，已发现松辽盆地、渤海湾盆地、准噶尔盆地、塔里木盆地、鄂尔多斯盆地、四川盆地、柴达木盆地和南海盆地等大型含油气大盆地，油气资源十分丰富。中国含油气盆地类型多样、油气地质条件复杂，已发现的油气资源以陆相为主，构成独具特色的大油气分布区。历经半个多世纪的艰苦创业，到20世纪末，中国已建立完整独立的石油工业体系，基本满足了国家发展对能源的需求，保障了油气供给安全。2000年以来，随着国内经济高速发展，油气需求快速增长，油气对外依存度逐年攀升。我国石油工业担负着保障国家油气供应安全，壮大国际竞争力的历史使命，然而我国石油工业面临着油气勘探开发对象日趋复杂、难度日益增大、勘探开发理论技术不相适应及先进装备依赖进口的巨大压力，因此急需发展自主科技创新能力，发展新一代油气勘探开发理论技术与先进装备，以大幅提升油气产量，保障国家油气能源安全。一直以来，国家高度重视油气科技进步，支持石油工业建设专业齐全、先进开放和国际化的上游科技研发体系，在中国石油、中国石化和中国海油建立了比较先进和完备的科技队伍和研发平台，在此基础上于2008年启动实施国家科技重大专项技术攻关。

国家科技重大专项“大型油气田及煤层气开发”（简称“国家油气重大专项”）是《国家中长期科学和技术发展规划纲要（2006—2020年）》确定的16个重大专项之一，目标是大幅提升石油工业上游整体科技创新能力和科技水平，支撑油气勘探开发快速发展。国家油气重大专项实施周期为2008—2020年，按照“十一五”“十二五”“十三五”3个阶段实施，是民口科技重大专项中唯一由企业牵头组织实施的专项，由中国石油牵头组织实施。专项立足保障国家能源安全重大战略需求，围绕“6212”科技攻关目标，共部署实施201个项目和示范工程。在党中央、国务院的坚强领导下，专项攻关团队积极探索和实践依托行业骨干企业组织实施的科技攻关新型举国体制，加快推进专项实施，攻克一批制约油气勘探开发的瓶颈技术，形成了陆上油气勘探、陆上油气开发、工程技术、海洋油气勘探开发、海外油气勘探开发、非常规油气勘探开发6大领域技术系列及26项重大技术，自主研发20项重大工程技术装备，完成35项示范工程建设。近10年我国石油年产量稳定在2×10^8t左右，天然气产量取得快速增长，2020年天然气产量达$1925\times10^8m^3$，专项全面完成既定战略目标。

通过专项科技攻关，中国油气勘探开发技术整体已经达到国际先进水平，其中陆上油气勘探开发水平位居国际前列，海洋石油勘探开发与装备研发取得巨大进步，非常规油气开发获得重大突破，石油工程服务业的技术装备实现自主化，常规技术装备已全面国产化，并具备部分高端技术装备的研发和生产能力。总体来看，我国石油工业上游科技取得以下七个方面的重大进展：

（1）我国天然气勘探开发理论技术取得重大进展，发现和建成一批大气田，支撑天然气工业实现跨越式发展。围绕我国海相与深层天然气勘探开发技术难题，形成了海相碳酸盐岩、前陆冲断带和低渗—致密等领域天然气成藏理论和勘探开发重大技术，保障了我国天然气产量快速增长。自2007年至2020年，我国天然气年产量从$677\times10^8m^3$增长到$1925\times10^8m^3$，探明储量从$6.1\times10^{12}m^3$增长到$14.41\times10^{12}m^3$，天然气在一次能源消费结构中的比例从2.75%提升到8.18%以上，实现了三个翻番，我国已成为全球第四大天然气生产国。

（2）创新发展了石油地质理论与先进勘探技术，陆相油气勘探理论与技术继续保持国际领先水平。创新发展形成了包括岩性地层油气成藏理论与勘探配套技术等新一代石油地质理论与勘探技术，发现了鄂尔多斯湖盆中心岩性地层大油区，支撑了国内长期年新增探明 10×10^8t 以上的石油地质储量。

（3）形成国际领先的高含水油田提高采收率技术，聚合物驱油技术已发展到三元复合驱，并研发先进的低渗透和稠油油田开采技术，支撑我国原油产量长期稳定。

（4）我国石油工业上游工程技术装备（物探、测井、钻井和压裂）基本实现自主化，具备一批高端装备技术研发制造能力。石油企业技术服务保障能力和国际竞争力大幅提升，促进了石油装备产业和工程技术服务产业发展。

（5）我国海洋深水工程技术装备取得重大突破，初步实现自主发展，支持了海洋深水油气勘探开发进展，近海油气勘探与开发能力整体达到国际先进水平，海上稠油开发处于国际领先水平。

（6）形成海外大型油气田勘探开发特色技术，助力"一带一路"国家油气资源开发和利用。形成全球油气资源评价能力，实现了国内成熟勘探开发技术到全球的集成与应用，我国海外权益油气产量大幅度提升。

（7）页岩气、致密气、煤层气与致密油、页岩油勘探开发技术取得重大突破，引领非常规油气开发新兴产业发展。形成页岩气水平井钻完井与储层改造作业技术系列，推动页岩气产业快速发展；页岩油勘探开发理论技术取得重大突破；煤层气开发新兴产业初见成效，形成煤层气与煤炭协调开发技术体系，全国煤炭安全生产形势实现根本性好转。

这些科技成果的取得，是国家实施建设创新型国家战略的成果，是百万石油员工和科技人员发扬艰苦奋斗、为国找油的大庆精神铁人精神的实践结果，是我国科技界以举国之力团结奋斗联合攻关的硕果。国家油气重大专项在实施中立足传统石油工业，探索实践新型举国体制，创建"产学研用"创新团队，创新人才队伍建设，创新科技研发平台基地建设，使我国石油工业科技创新能力得到大幅度提升。

为了系统总结和反映国家油气重大专项在科学理论和技术创新方面取得的重大进展和成果，加快推进专项理论技术成果的推广和提升，专项实施管理办公室与技术总体组规划组织编写了《国家科技重大专项·大型油气田及煤层气开发成果丛书（2008—2020）》。丛书共 62 卷，第 1 卷为专项理论技术成果总论，第 2～9 卷为陆上油气勘探理论技术成果，第 10～14 卷为陆上油气开发理论技术成果，第 15～22 卷为工程技术装备成果，第 23～26 卷为海洋油气理论技术装备成果，第 27～30 卷为海外油气理论技术成果，第 31～43 卷为非常规油气理论技术成果，第44～62卷为油气开发示范工程技术集成与实施成果（包括常规油气开发7卷，煤层气开发5卷，页岩气开发4卷，致密油、页岩油开发3卷）。

各卷均以专项攻关组织实施的项目与示范工程为单元，作者是项目与示范工程的项目长和技术骨干，内容是项目与示范工程在2008—2020年期间的重大科学理论研究、先进勘探开发技术和装备研发成果，代表了当今我国石油工业上游的最新成就和最高水平。丛书内容翔实，资料丰富，是科学研究与现场试验的真实记录，也是科研成果的总结和提升，具有重大的科学意义和资料价值，必将成为石油工业上游科技发展的珍贵记录和未来科技研发的基石和参考资料。衷心希望丛书的出版为中国石油工业的发展发挥重要作用。

国家科技重大专项“大型油气田及煤层气开发”是一项巨大的历史性科技工程，前后历时十三年，跨越三个五年规划，共有数万名科技人员参加，是我国石油工业史上一项壮举。专项的顺利实施和圆满完成是参与专项的全体科技人员奋力攻关、辛勤工作的结果，是我国石油工业界和石油科技教育界通力合作的典范。我有幸作为国家油气重大专项技术总师，全程参加了专项的科研和组织，倍感荣幸和自豪。同时，特别感谢国家科技部、财政部和发改委的规划、组织和支持，感谢中国石油、中国石化、中国海油及中联公司长期对石油科技和油气重大专项的直接领导和经费投入。此次专项成果丛书的编辑出版，还得到了石油工业出版社大力支持，在此一并表示感谢！

中国科学院院士 贾承造

《国家科技重大专项 · 大型油气田及煤层气开发成果丛书（2008—2020）》

分卷目录

序号	分卷名称
卷 1	总论：中国石油天然气工业勘探开发重大理论与技术进展
卷 2	岩性地层大油气区地质理论与评价技术
卷 3	中国中西部盆地致密油气藏“甜点”分布规律与勘探实践
卷 4	前陆盆地及复杂构造区油气地质理论、关键技术与勘探实践
卷 5	中国陆上古老海相碳酸盐岩油气地质理论与勘探
卷 6	海相深层油气成藏理论与勘探技术
卷 7	渤海湾盆地（陆上）油气精细勘探关键技术
卷 8	中国陆上沉积盆地大气田地质理论与勘探实践
卷 9	深层—超深层油气形成与富集：理论、技术与实践
卷 10	胜利油田特高含水期提高采收率技术
卷 11	低渗—超低渗油藏有效开发关键技术
卷 12	缝洞型碳酸盐岩油藏提高采收率理论与关键技术
卷 13	二氧化碳驱油与埋存技术及实践
卷 14	高含硫天然气净化技术与应用
卷 15	陆上宽方位宽频高密度地震勘探理论与实践
卷 16	陆上复杂区近地表建模与静校正技术
卷 17	复杂储层测井解释理论方法及 CIFLog 处理软件
卷 18	成像测井仪关键技术及 CPLog 成套装备
卷 19	深井超深井钻完井关键技术与装备
卷 20	低渗透油气藏高效开发钻完井技术
卷 21	沁水盆地南部高煤阶煤层气 L 型水平井开发技术创新与实践
卷 22	储层改造关键技术及装备
卷 23	中国近海大中型油气田勘探理论与特色技术
卷 24	海上稠油高效开发新技术
卷 25	南海深水区油气地质理论与勘探关键技术
卷 26	我国深海油气开发工程技术及装备的起步与发展
卷 27	全球油气资源分布与战略选区
卷 28	丝绸之路经济带大型碳酸盐岩油气藏开发关键技术

序号	分卷名称
卷 29	超重油与油砂有效开发理论与技术
卷 30	伊拉克典型复杂碳酸盐岩油藏储层描述
卷 31	中国主要页岩气富集成藏特点与资源潜力
卷 32	四川盆地及周缘页岩气形成富集条件、选区评价技术与应用
卷 33	南方海相页岩气区带目标评价与勘探技术
卷 34	页岩气气藏工程及采气工艺技术进展
卷 35	超高压大功率成套压裂装备技术与应用
卷 36	非常规油气开发环境检测与保护关键技术
卷 37	煤层气勘探地质理论及关键技术
卷 38	煤层气高效增产及排采关键技术
卷 39	新疆准噶尔盆地南缘煤层气资源与勘查开发技术
卷 40	煤矿区煤层气抽采利用关键技术与装备
卷 41	中国陆相致密油勘探开发理论与技术
卷 42	鄂尔多斯盆缘过渡带复杂类型气藏精细描述与开发
卷 43	中国典型盆地陆相页岩油勘探开发选区与目标评价
卷 44	鄂尔多斯盆地大型低渗透岩性地层油气藏勘探开发技术与实践
卷 45	塔里木盆地克拉苏气田超深超高压气藏开发实践
卷 46	安岳特大型深层碳酸盐岩气田高效开发关键技术
卷 47	缝洞型油藏提高采收率工程技术创新与实践
卷 48	大庆长垣油田特高含水期提高采收率技术与示范应用
卷 49	辽河及新疆稠油超稠油高效开发关键技术研究与实践
卷 50	长庆油田低渗透砂岩油藏 CO_2 驱油技术与实践
卷 51	沁水盆地南部高煤阶煤层气开发关键技术
卷 52	涪陵海相页岩气高效开发关键技术
卷 53	渝东南常压页岩气勘探开发关键技术
卷 54	长宁—威远页岩气高效开发理论与技术
卷 55	昭通山地页岩气勘探开发关键技术与实践
卷 56	沁水盆地煤层气水平井开采技术及实践
卷 57	鄂尔多斯盆地东缘煤系非常规气勘探开发技术与实践
卷 58	煤矿区煤层气地面超前预抽理论与技术
卷 59	两淮矿区煤层气开发新技术
卷 60	鄂尔多斯盆地致密油与页岩油规模开发技术
卷 61	准噶尔盆地砂砾岩致密油藏开发理论技术与实践
卷 62	渤海湾盆地济阳坳陷致密油藏开发技术与实践

本卷·前言

美国页岩气革命在2000年取得突破，2009年美国页岩气年产量已经达到 $1000\times10^8m^3$，改变了世界能源格局，在此影响之下，我国也加快了页岩气开发进程。2012年起，在我国川南地区先后设立了国家级页岩气示范区，迈出工业化开发第一步。“十二五”期间，页岩气开发主要致力于工程技术的突破，因气井数量少、开采时间短、开发规律认识不足，排采与地面工艺技术处于摸索完善阶段，缺乏系统的理论指导和技术支撑，难以适应规模开发需求。如何针对中国页岩气资源品质，最大程度地提高储量动用程度、提升开发效果、降低开发成本是“十三五”期间页岩气规模开发面临的重大挑战之一。

2016年国家科技重大专项05专项“大型油气田及煤层气开发”设立了页岩气开发项目“页岩气气藏工程及采气工艺技术”。项目针对页岩气气藏工程及采气工艺技术难题开展攻关，“十三五”期间，项目建立了页岩气复杂介质多场耦合渗流理论，研发了页岩气藏工程方法软件与页岩气藏数值模拟平台，形成了压裂后页岩储层精细描述技术、页岩气开发政策优化技术和页岩气排采和地面工艺技术，研制了页岩气排采和地面工艺关键装备。形成了一套适合中国国情的页岩气开发模式、核心技术系列与关键装备系列，支撑我国页岩气规模效益开发，2020年全国页岩气产量超过 $200\times10^8m^3$。页岩气的产业化、规模化开采，为改善我国能源结构、节能减排作出重要贡献。

本卷介绍了项目取得的六项重要成果：（1）深化微纳米级孔隙流体赋存与输运机理，创建多尺度多机制耦合渗流理论，形成页岩气气藏工程方法，支撑“甜点”优选和开发技术优化；（2）地球化学判识、开发地质评价与三维地质建模相结合，形成压裂前后页岩储层精细描述技术，建立了以气井生产制度优化、井距—裂缝联合优化、立体井网部署为核心的页岩气开发技术政策优化方法；（3）研发具有国际领先水平的页岩气数值模拟平台，具有多项先进特性，媲美国外最新商业软件，并在昭通、威远、长宁等地区页岩气平台进行了规模化的现场应用；（4）形成了初期安全高效的排液测试技术，保障初期平稳排采，建立中后期经济有效的排水采气技术，长期维护气井产能；（5）形成了页岩气地面工程低成本高适应性工艺技术，首次攻克采出液综合利用及处理关键技术，成功研制页岩气地面工程关键装备；（6）创建页岩气开发关键指标评价方法，构建开发规模预测模型，提出适合我国页岩气特点的绿色低成本一体化开发模式，为页岩气规模效益开发提供可借鉴模板。

项目成果下属的6个课题、32个任务得到了共13家单位的大力支持，包括：中国石油集团科学技术研究院有限公司、中国科学院力学研究所、北京大学、中国石油大学（北京）、中国地质大学（北京）、西南石油大学、长江大学、辽宁工程技术大学、中国石油天然气股份有限公司西南油气田分公司、中国石油天然气股份有限公司浙江油田分公司、中国石油工程建设有限公司西南分公司、中国石油集团川庆钻探工程有限公司钻采工程技术研究院、北京软能创科技有限公司。参加单位的科研人员为项目的研究和本卷的成果付出了大量的心血，在此表示深深的感谢。

由于笔者的经验和水平有限，书中难免有不妥之处，敬请读者批评指正。

目 录

第一章　页岩气渗流规律与气藏工程方法

本章主要介绍页岩储层微观特征、流动规律及裂缝扩展的物理模拟实验技术系列，阐述多孔介质特征、气体赋存及流动规律，推导建立基质传质输运、缝网表征、SRV 区域多场耦合渗流数学模型，形成页岩储层可动性综合评价、产能预测和试井解释方法及示例编制的相应软件在长宁—威远示范区的应用。针对页岩储层多孔介质微观结构特征、气体赋存与多尺度、多机制耦合输运机理、地质储量评估、开发“甜点”优选、开发方案编制、开发技术优化等理论和工程实践问题，涉及的主要技术方法有多尺度渗流实验技术系列、全尺度孔径测试技术、裂缝扩展数值模拟方法、含气性评价系列技术、多参数储层可动性综合评价技术、气井动态分析与 EUR 预测技术、储层动用程度评价方法等。

第一节　页岩气跨尺度评价平台

页岩储层具有非均质性强、超低渗透率、层理明显等特点。由扫描电子显微镜（scanning electron microscope，SEM）图像可知，页岩内部分布着各种尺度的孔隙和微裂缝，往往会跨越六到七个数量级。开采时页岩气历经多尺度的空间结构（纳米级—微米级—厘米级等）和多流态的运移形式（吸附、解吸、滑移、达西流动等），因此研究页岩气的跨尺度运移规律，建立页岩气跨尺度评价平台，对于高效开发页岩气具有重大意义。本节通过理论建模、数值模拟和实验分析三个角度的综合研究，完成了构建完备表征页岩多尺度孔隙（缝）结构的数字岩心、建立页岩气的跨尺度输运模型、搭建页岩特征参数测试系统等方面的研究工作，形成了页岩气跨尺度评价平台。目前该平台已应用于我国西南页岩气“主战场”，为页岩气“甜点”区（段）的优选、科学开发、战略决策提供了理论依据和技术支撑。

一、完备表征页岩多尺度孔（缝）结构

孔隙（缝）作为油气的储集空间和运移通道，其尺度大小和空间分布极大地影响着储层油气的储存和运移，因此定量刻画页岩的孔隙空间特征具有重要的意义。已有研究表明，气体吸附法、压汞法无法获得孔隙的空间配置关系，图像扫描方法无法获得具有代表性单元体（Representative element volume，REV）的数字图像。此外，由于尺度效应或空间非均质性，不同测试方法存在以偏概全、互相冲突或无法统一的问题，难以实现储集空间的完备表征。因此，需要发展适用于页岩的数字化表征方法。

本节提出了全新的数字—实验岩心重构算法。该算法基于二维 SEM 图像和 X 射线能谱仪（Energy Dispersive Spectrometer，EDS）图像，以实测数据为约束，通过发展、融合

多尺度重构算法、层理缝重构算法和后期优化算法，重构了页岩的数字—实验岩心，实现了多尺度孔隙（缝）结构的完备表征（Ji et al.，2019）。

1. 发展多尺度重构算法

众所周知，页岩气主要储存在有机质的纳米级孔内，同时无机质内微米级孔（缝）的吸附特性也不可忽视。为此笔者将用有机质块、有机孔、无机孔、黄铁矿和微裂缝五种典型的页岩组分来构建页岩层理内多尺度数字岩心。

笔者及团队发展了多尺度重构算法，提出了 CCSIM-TSS 算法。所谓 CCSIM-TSS 算法是将 CCSIM（互相关函数模拟方法，cross correlation based simulation method）与 TSS（三步筛选方法，three step sampling）相结合，并以二维图像的孔隙连通性和孔隙度为垂向重构约束条件的方法。该方法有效地提高了非均匀介质的重构精度，精确刻画了有机孔和有机质的三维结构特征（Ji et al.，2018，2019）。

首先，基于大面积高分辨的 SEM 图像，采用统计分析方法提取页岩典型组分的分布特征。然后，利用 CCSIM-TSS 算法重构有机质块和有机孔的三维数字岩心；而黄铁矿、微裂缝和无机孔则通过随机方法生成包含其分布特征的数字岩心。采用随机方法生成数字岩心既可以满足黄铁矿、微裂缝、无机孔的分布特征，又能极大地提高计算效率；而后，将重构得到的不同分辨率、不同大小的数字岩心通过三次样条插值和嵌套组合方法变为具有相同分辨率和相同大小的数字岩心；最后将不同组分的数字岩心叠加在一起，形成含多种成分的层理内多尺度数字岩心。

2. 层理缝重构算法及后期优化算法

各向异性是页岩的又一特征。页岩垂向层理缝发育，沿层理方向和垂直层理方向的渗透率相差几个数量级。为了完备表征页岩的孔（缝）结构，有必要对层理缝进行三维精细刻画。现阐述三维层理缝重构算法。

三维层理缝重构算法是在前期构建页岩层理内数字岩心的基础上又加入了矿物成分。可通过 X 射线能谱仪（EDS）图片识别垂向不同层的矿物成分。叠加多层含矿物成分的数字岩心，在层与层的交界面上，矿物相同的地方，连接在一起；而矿物不同的地方，中间会形成缝隙，这些缝隙就是层理缝。层理缝的开度可由实验室测得的沿层理方向渗透率确定。

采用上述方法得到的数字岩心具有一定随机性，与真实页岩的物理性质存在一定差异。为了进一步得到与真实岩心最为接近的数字岩心，又基于多目标模拟退火法提出了后期优化算法（Ji et al.，2019）。该算法以 SEM 片中提取的孔隙连通性、实验测得的孔径分布和渗透率为约束条件，将选取的对象点与孔隙骨架边界点交换生成新系统。通过对初始岩心不断地迭代、调整以得到与真实岩心的物性参数较为接近的最优解。

以上算法均已形成相应的软件，且编制了简洁便利的输入输出界面，方便工程界应用推广。

3. 实际应用

研究团队对四川盆地龙马溪组的30块页岩样品进行了重构。以其中某个页岩样品为例，通过实验测试得到该样品的孔径分布和渗透率。通过扫描得到SEM图像：400μm×400μm，分辨率为4nm；EDS图像：900μm×2000μm，分辨率为1μm。

综合利用以上三种重构算法，以孔径分布和1.5MPa的渗透率实验数据为约束，最终构建了岩心尺度数字—实验岩心，大小为2cm×2cm×2cm，分辨率为4nm。进一步计算孔径分布和渗透率，并和实验测量值进行对比（图1-1-1）。结果显示实验值和计算值吻合得很好，该数字—实验岩心具有较高的精度。

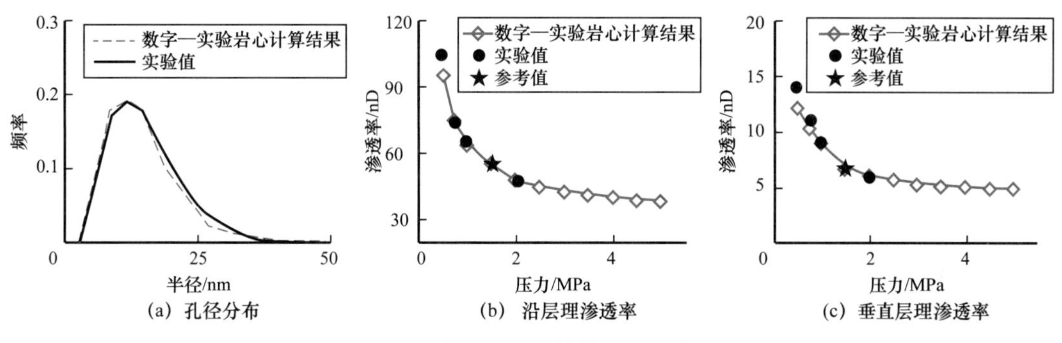

图1-1-1 数字—实验计算值和实验值的对比

二、页岩气跨尺度输运模型

页岩气从纳米级喉道的吸附、解吸到微米级乃至更大尺度裂缝的输运是典型的跨尺度问题。本小节提出的页岩气从纳米级—微米级-oREV（organic representative elementary volume，有机质表征单元体）的跨尺度输运模型，将有机质内甲烷非达西运移扩散和无机质内的达西流动有机地结合在一起，实现了从纳米级到oREV尺度的跨越。

1. 从纳米级喉道到微米级孔隙网络的等效模型

以页岩样品的三维FIB-SEM（聚焦离子束扫描电子显微镜，focused ion beam-scanning electron microscope）成像数据为基础，开展微米级孔隙网络流动数值模型研究。通过连通性分析提取三维图像中发育良好的连通孔隙簇，采用AB（axis & ball）算法抽提孔隙网络（Yi et al.，2017），然后模拟微尺度孔隙网络中的非达西流动。

在Javadpour等（2009）提出的纳米级孔喉内甲烷输运公式的基础上，进一步考虑了孔隙表面分形维数D_f和吸附层厚度$r_{ij_{eff}}$对流动的影响。同时定义了6个计算参数：有效喉道体积占比ϕ_{ft}、克努森（Knudsen）扩散项和滑移项的平均半径R_{avgk}和R_{avgs}、绝对渗透率K_d和迂曲度τ、孔隙表面分形维数D_f，对Javadpour的输运公式进行修正（Jiang et al.，2017），该公式的作用就是将复杂的孔隙网络等效为单管，从而完成了从纳米级喉道到微米级孔隙网络的跨越，实现了跨尺度的关键一步。

2. 微岩块等效模型

纳米级喉道到微米级孔隙网络的等效模型可以对有机质内部孔隙网络进行建模，但无机质孔隙很难形成孔隙网络，无机质渗透率主要发生于微米级孔隙及微裂缝中。基于此特点，将页岩抽象成无机质内嵌套若干有机质块体的概念模型：用孔隙网络模型模拟有机质内连通的纳米级有机孔，气体输运呈现克努森流、滑移流、表面流等非达西效应；将无机质看作是各向同性的多孔介质，假设无机质内气体输运满足达西定律；在交界面上采用 Mortar 耦合，保证界面的压力连续和流量弱匹配，据此建立起页岩微尺度的有机质—无机质耦合概念模型（Cao et al.，2017）。

由有机质—无机质耦合概念模型研究有机质含量和有机质分布对页岩表观渗透率的影响。结果表明，有机质含量对渗透率影响大，而有机质分布对渗透率的影响很小。

由此进一步建立微尺度等效模型。根据扫描得到的三维 FIB-SEM 图像，建立有机质—无机质耦合模型。在微尺度等效模型中，引入统计方法去掉对输出结果影响微弱的参数，将微尺度有机质—无机质耦合模型中的多块有机质合成一块。由此就可利用纳米喉道到微米级孔隙网络的等效模型简化成三个方向的单管代替孔隙网络。

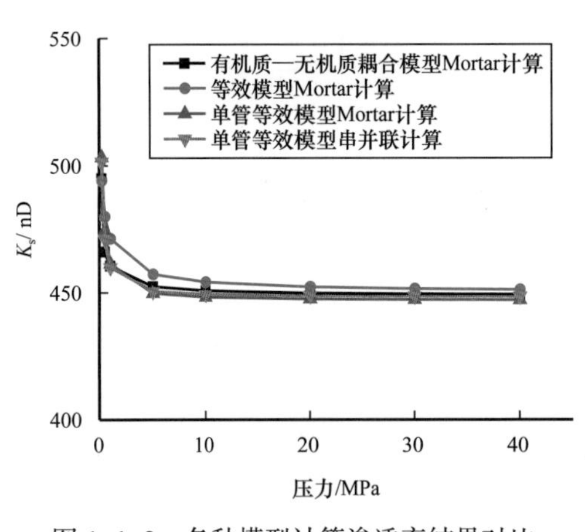

图 1-1-2　各种模型计算渗透率结果对比

考察有机质—无机质耦合模型及单管等效模型的有效性。采用串并联公式计算渗透率，结果如图 1-1-2 所示。很明显有机质—无机质耦合模型和单管等效模型的渗透率结果很接近，偏差小于 3%。另外，采用串并联公式的计算效率比有机质—无机质耦合模型快了 1～2 个量级。因此，对于更大尺度的模拟，使用串并联方式计算微米级岩块的渗透率更合理且高效。

3. 统计耦合模型

页岩气赋存在有机质中，有机孔隙的结构和有机质含量对页岩气输运的影响至关重要。对此提出了有机质表征单元体（oREV）的概念。

如图 1-1-3 所示，oREV 定义为可包含页岩中所有有机质特征（有机孔及其类型、有机质含量及分布）的最小体积。在 oREV 内部，必须充分考虑有机质和无机质之间的差异，并耦合有机质和无机质得到页岩渗透率。确定 oREV 尺寸的方法为：从模型的八个顶点生成八个子块，子块的渗透率是在相同的温压条件下计算，当渗透率的相对偏差接近 0 时达到 oREV。

为了模拟页岩气 oREV 尺度的跨尺度输运，本小节提出建立统计耦合模型（Cao et al.，2018）。统计耦合模型搭建了微观和宏观之间的桥梁，无论是计算精度还是计算效率都能满足工程需要。

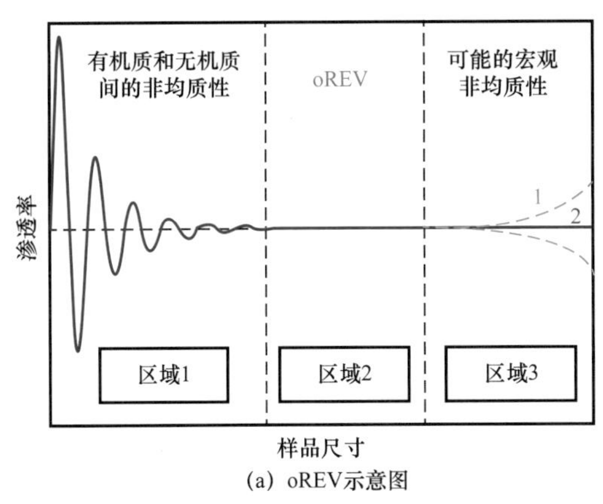

(a) oREV示意图

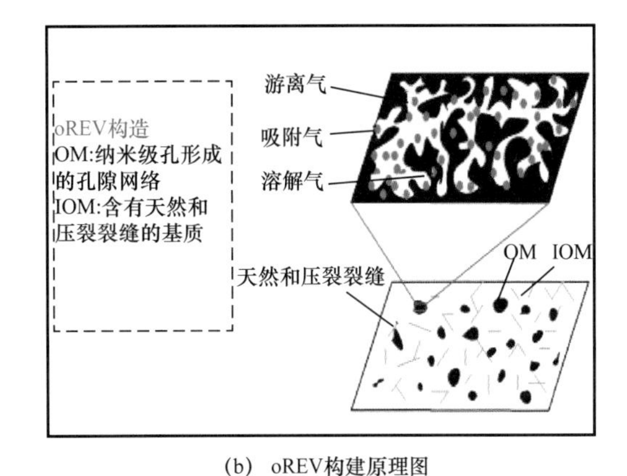

(b) oREV构建原理图

图 1–1–3　oREV 定义

三、页岩特征参数测试平台

在理论研究的同时，考虑到当前国内缺乏经济适用的页岩特征参数测试设备，研制了超高压气体吸附仪、多功能覆压超低渗透率一体分析仪和高压颗粒渗透率仪等设备，辅以全套的粉状样品和块状样品制备装置，形成了功能齐全、独具特色的页岩特征参数测试平台。

1. 超高压（70MPa）气体吸附仪研制

等温吸附实验是业内常用的确定页岩吸附气含量的手段。我国页岩气藏埋深较深，具有开采价值的气藏往往伴随超压。而当前国产等温吸附仪的最大测试压力普遍低于20MPa，难以覆盖中深层的地层压力范围。为了满足页岩含气性评价研究与工程实际的迫切需求，团队研制了超高压（70MPa）气体吸附仪［图 1–1–4（a）］。

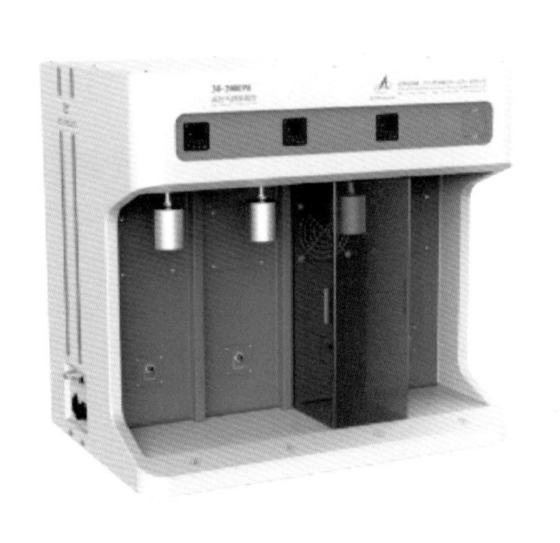
(a) 超高压气体吸附仪

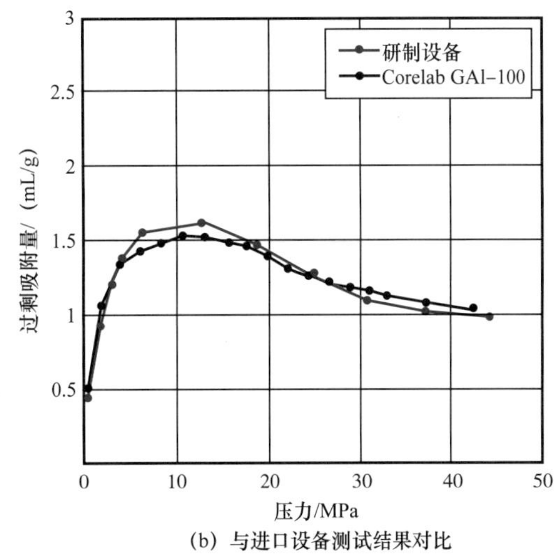

(b) 与进口设备测试结果对比

图 1–1–4　超高压气体吸附仪及其与进口设备测试结果对比

以国内现有较为成熟的20MPa气体吸附仪为基础，通过提高气路和阀门的耐压能力，在硬件上实现了最高70MPa的耐压。对高精度温控器进行了升级改造，优化了循环风扇数量和布局，改进了恒温系统，提升了气路高压密封性能，形成了最佳测试方案、最优测试方法、最高测试精度。测试结果与美国进口设备进行对比，结果吻合，而研制设备的价位仅为进口设备的1/3左右［图1-1-4（b）］。

2. 多功能覆压超低渗透率一体分析仪研制

页岩致密且渗透率超低，往往相同的页岩柱塞样在不同渗透率仪上的测试结果差异可能大于一个数量级。究其原因，主要是超低渗透率样品对于仪器的测试精度提出了更高的要求。此外，页岩层理发育，各向异性强，流动机制复杂。团队研制了多功能覆压超低渗透率一体分析仪，可实现多种渗透率测试方法的同机测试，并获得不同方向、不同覆压和孔隙压力条件下的页岩渗透率，可全面体现页岩的各向异性、压敏性和非达西特征（图1-1-5）。

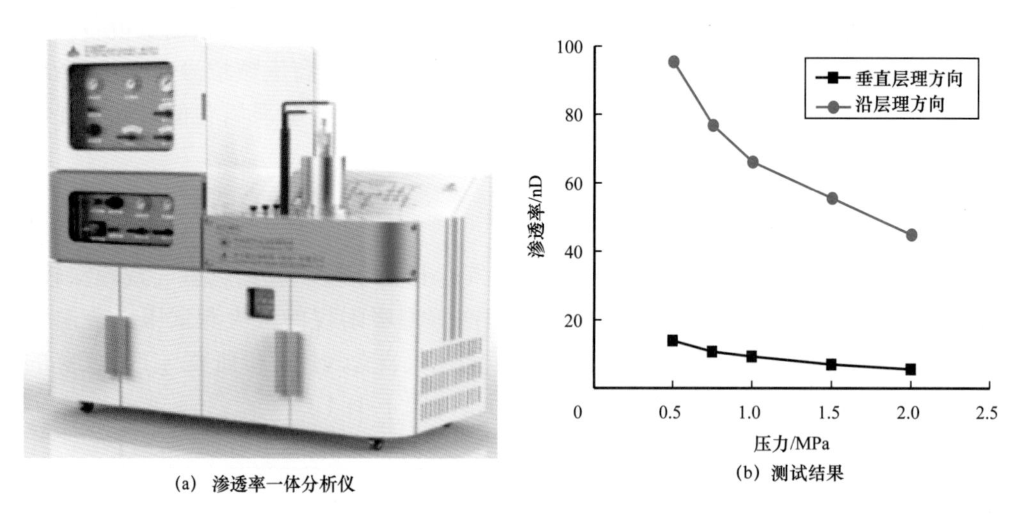

(a) 渗透率一体分析仪　　(b) 测试结果

图1-1-5　多功能覆压超低渗透率一体分析仪和不同方向气测渗透率随压力变化

该设备的特色在于:（1）对原地测试法、解吸法和压力脉冲衰减法等多种测试方法的共性部分进行合并优化，实现多种方法同机测试，以消除多设备测试时存在的传感器等差异对测试精度的影响;（2）通过极小腔体的设计使得测试下限可达0.5nD；（3）多种容量参考腔体切换，使得测试范围覆盖纳达西级到毫达西级;（4）样品夹持器采用弹性设计，可实现直径1.5in和1in、不同长度的柱塞测试;（5）引入3D打印技术，可支持方块形状样品测试，获得同一样品不同方向的渗透率差异，分析各向异性;（6）基于气路漏率评价指定条件下渗透率测试精度。

3. 高压颗粒渗透率仪研制

页岩具有裂缝和基质两级流动通道。为了消除裂缝的影响，往往采用颗粒样品进行测试以获得页岩基质渗透率特征。当前进口设备仅能获得单一压力点的基质渗透率，所采用方法的是美国天然气研究学会（Gas Research Institute，GRI）推荐的曲线拟合方法。这类设备的缺陷是无法获得页岩渗透率随气体压力变化的非达西特征，我国四川盆地的页岩样品采用 GRI 方法测试结果存在较大偏差。为此，研制了高压颗粒渗透率仪，并提出了基质渗透率的最优化求解方法，实现了多个压力点渗透率的连续自动测试［图 1-1-6（a）］。

(a) 高压颗粒渗透率仪

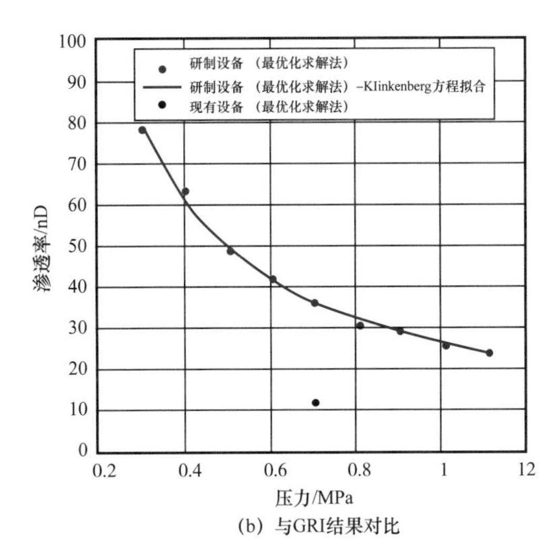

(b) 与GRI结果对比

图 1-1-6　高压颗粒渗透率仪及其与 GRI 结果对比

该设备采用低压和高压双压力传感器配置，以确保宽压力范围的测试精度；同时具有高精度的恒温控制能力，确保基准腔与样品腔的温差低于 ±0.2℃；支持自然排空和真空泵抽真空两种排气模式。采用该设备测得的四川盆地某页岩的颗粒渗透率随气体压力变化的结果与 GRI 曲线拟合法的对比［图 1-1-6（b）］。

四、页岩气跨尺度评价平台

团队将前期工作通过整合拓展形成了页岩气跨尺度评价平台。基于该平台不仅能评价页岩的物性特征、超高压吸附解吸性质，同时还能评价页岩气勘探开发中的关键参数（如含气量和产气量）。下面简要介绍这两方面的工作。

1. 含气量

含气量是识别“甜点”的一个重要参数。然而对于深层页岩来说准确评价含气量是个难题。目前常用的现场解析方法由于深层提心时间过长，难以评价损失气量，导致对含气量的评估极不准确。而实验室的等温吸附实验又难以模拟高温、高压的地层环境，因此需要发展新的适用于深层条件下的页岩含气量计算方法。

团队提出从数字—实验岩心出发，综合分子动力学（Molecular Dynamics，MD）模拟结果，结合跨尺度输运模型，全面考虑深层页岩的孔隙结构变化、有机质和无机质的吸附解吸特性，计算页岩含气量（Ji et al.，2019）。该方法考虑了实验室条件和深层条件下岩样孔隙结构的差异；由分子动力学模拟得到有机质和无机质的单位表面吸附量数据库；以页岩孔隙度和比表面为桥梁，结合跨尺度输运模型，计算页岩岩样的含气量。

为了实现快速评价储层含气量，建立了含气量判识图版（图 1–1–7）。从图 1–1–7 中可以看出，吸附气量随着微孔占比的增加而增加，游离气量随着大孔占比的增加而增加。在已知页岩内部孔隙结构特征的情况下，利用该判识图版能快速评估页岩含气量。

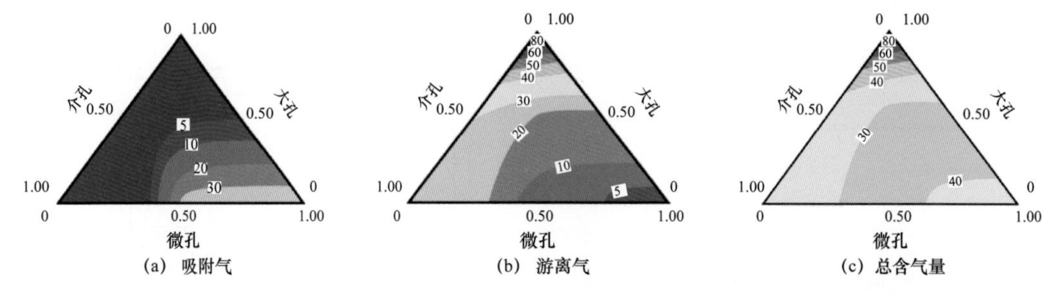

图 1–1–7 含气量判识图版

表 1–1–1 基于数字岩心的含气量计算方法与传统方法对比

样品编号	实测值 /（m^3/t）	基于数字岩心的含气量计算方法		USBM 方法	
		总含气量 /（m^3/t）	误差 /%	总含气量 /（m^3/t）	误差 /%
1	5.20	5.60	7.90	4.10	26.75
2	1.60	1.69	5.62	1.25	21.92

以威远地区龙马溪组的两个页岩样品为例计算含气量。通过对数字岩心能够获得样品内部各类孔隙的占比，然后基于含气量判识图版计算样品含气量（表 1–1–1）。将结果与目前常用的 USBM（United States Bureau of Mine，美国矿业局）方法进行对比，可以发现含气量判识图版方法克服了 USBM 方法深层含气量评估误差过大的缺陷，可以快速准确地计算页岩含气量。

2. 产气量

产气量是气田工程师最关心的参量。当前最为常见的评价方法还是利用常规天然气（宏观）再通过直接叠加一些非常规的因素（微观）进行评估，结果往往与真实产量相差甚远。为了揭示其内在机制，将从微观到宏观的角度进行探讨。

从 oREV 尺度统计耦合模型可知，耦合模型将微观得到的渗透率随压力变化曲线引入模型中，反映了微观孔隙结构对宏观渗流的影响。将 oREV 尺度参数作为输入参数，采用非结构垂直平分网格（PEBI 网格）进行有限体积模拟，分析微观参量对产气量的影响（Cao et al.，2018）。该方法的创新点在于将微观参数传递为气藏尺度模拟的输入参数。

考察非达西效应和吸附气对产气量的影响（图 1–1–8）。从图 1–1–8 中可以看出，在产气早期，吸附和非达西效应对产气量的影响很小。这是因为高压环境下，吸附量随压力变化很小，且非达西效应很弱。随着产气的进行，吸附气的影响逐渐凸显。在产气后期，吸附气影响的比例逐渐增大，非达西效应也逐渐增强。

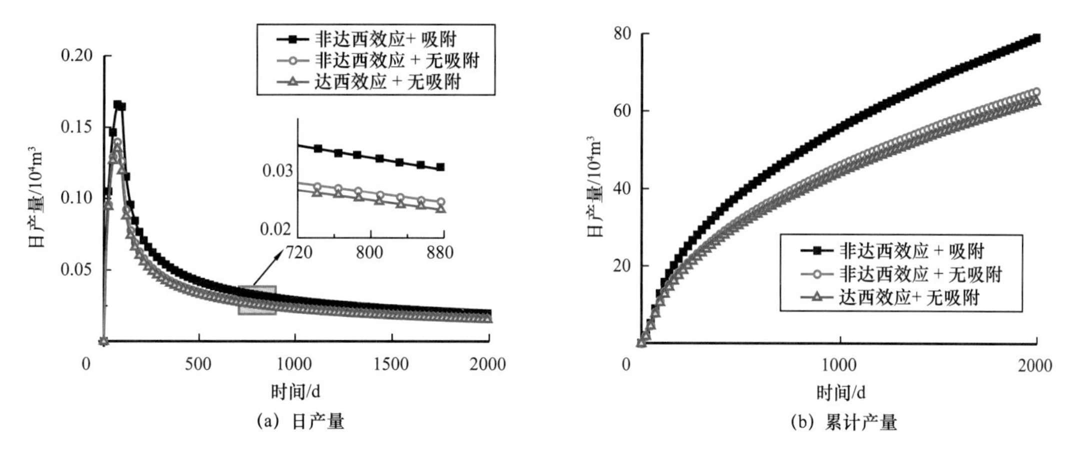

(a) 日产量　　(b) 累计产量

图 1-1-8　非达西效应及吸附对产气的影响

考察 TOC 含量对于产气量的影响。图 1-1-9 给出了龙马溪组两个页岩样品（TOC 含量分别为 1.2% 和 4.4%）的产气量计算结果。从图 1-1-9 中可以看出，随着压力衰减，在后期产气得到补充。样品的 TOC 含量越高，这种补充效果就越明显。跨尺度模型很好地揭示了样品微观差异对产气量的影响。

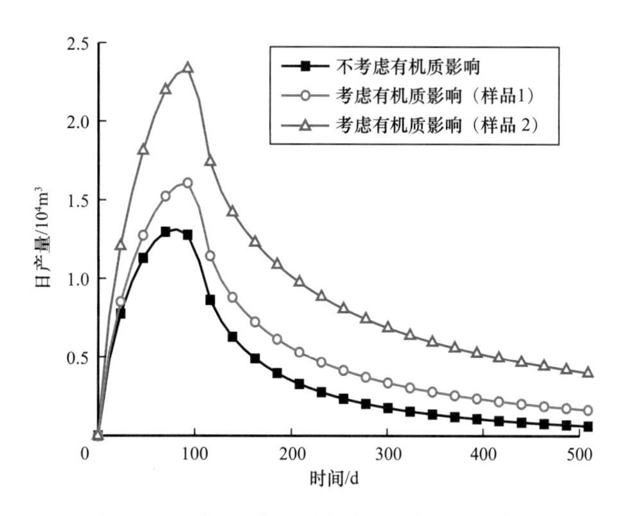

图 1-1-9　龙马溪组不同样品的产气量计算结果

第二节　页岩储层微观结构特征与储集空间

一、页岩孔隙度测试方法

孔隙度是页岩气储层评价基本参数之一，对含气量评价至关重要。常规孔隙度测试方法如果直接应用于页岩样品分析，可能会产生较大误差，因此，需要建立针对页岩特征的孔隙度测试新方法。

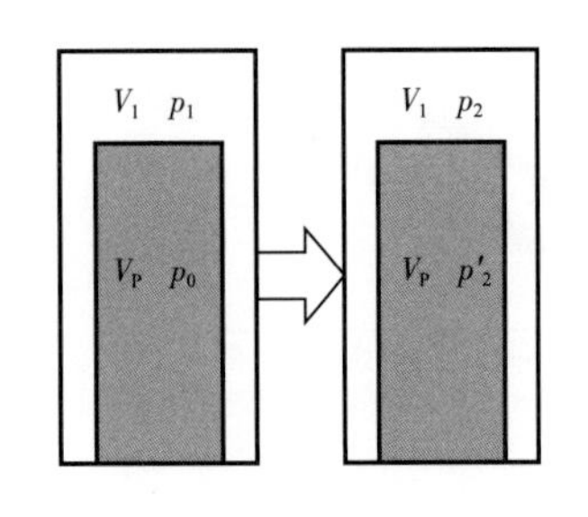

图 1–2–1 气测孔隙度示意图

1. 氦气测孔隙度物理模型

目前，实验室孔隙度测试方法主要基于阿基米德原理或波义耳定律，具体实验方法包括液体饱和法和气体膨胀法，气体膨胀法操作简单、快速、成本低，是目前孔隙度测试的主要方法。气测孔隙度实验过程的简化如图 1–2–1 所示，假设容器体积为 V_1，岩心外观体积为 V，初始时刻气体未开始向岩心渗流，此时容器压力为 p_1，岩心中为大气压 p_0，气体进入样品后的 t 时刻，岩心中的孔隙压力为 p_2'，容器压力为 p_2，则孔隙体积 V_P 计算式为

$$V_p = \frac{V_1(p_1 - p_2)}{p_2'} \tag{1-2-1}$$

式中 V_P——孔隙体积，m^3；

V_1——容器体积，m^3；

p_1——初始时刻容器压力，Pa；

p_2——t 时刻的容器压力，Pa；

p_2'——t 时刻岩心中的孔隙压力，Pa。

岩心中孔隙压力 p_2' 为不可测试参数，现有商业测试仪器中，设定当压力 p_2 在 3s 内压力下降低于 0.01psi 时，孔隙内外达到平衡，满足等式 $p_2'=p_2$，对砂岩类等常规岩心，仪器设定的条件下，气体很快达到平衡状态；但对于页岩这类非常致密的岩心，需要进一步验证该设定条件下，p_2' 与 p_2 是否满足等式，通过研究孔隙内密度随时间的变化关系，研究页岩测试条件，给出页岩测试规范。

2. 热力学平衡方程

对于页岩这类致密多孔介质，其孔隙形态大多数不规则，但是为了便于分析，假设页岩样品由孔径不等的毛细管构成，孔容分布由毛细管数量控制，气体在毛细管建立热力学平衡过程中，所有毛细管均同时参与流动，因此只需要分析单根毛细管热力学平衡建立过程即可。孔隙度测试过程中，除去岩心孔隙以外的空隙体积（V_1–V）远远大于岩心孔隙 V_p，建立平衡前后，压力值 p_1 与 p_2 变化不大，该压力值的变化对孔隙内建立热力学平衡影响较小，为降低建立热力学平衡方程难度，故将环境压力（密度）近似为常数，推导单毛细管气体压力与时间的变化规律，进而分析并建立页岩孔隙度测试方法。

第一个假设：测试气体视为理想气体，满足理想气体状态方程，且孔隙内外没有温度梯度场。第二个假设：使方程满足单一变量，气体在孔隙中的扩散只是由密度差引起，无热扩散，则孔隙内满足质量守恒方程：

$$V\frac{\partial \rho_1}{\partial t} = \pi r^2 J \tag{1-2-2}$$

式中 V——该孔径控制的孔隙体积，m^3；

ρ_1——孔隙内密度，g/m^3；

t——环境温度，K；

r——毛细管孔径，m；

J——单位面积的质量通量，kg/（s·m^2）。

气体在孔隙中的流动是由两种不同机理共同作用的结果，一是压力差作用（渗流），二是扩散作用，2007 年 Javadpour 建立了气体在纳米级孔隙中传质运动方程：

$$J = J_D + J_V \tag{1-2-3}$$

式中 J_D——单位面积的扩散通量，kg/（s·m^2）；

J_V——单位面积的渗流通量，kg/（s·m^2）。

2003 年，Roy 等通过分析 Ar、N_2、O_2 对氧化铝过滤膜的扩散实验建立了纳米级孔隙中的扩散方程：

$$J_D = -\frac{MD}{RT}\frac{\Delta p}{L} \tag{1-2-4}$$

气体渗流质量通量可由 Hagen–Poiseuill 公式计算：

$$J_V = -\frac{r^2\rho}{8\mu}\frac{\Delta p}{L} \tag{1-2-5}$$

式中 M——分子摩尔质量，g/mol；

D——扩散系数，m^2/s；

R——气体常数，8.314J/（mol·K）；

T——绝对温度，K；

Δp——压力差，Pa；

L——渗流长度，m；

r——孔隙半径，m；

ρ——岩心周围环境密度，g/m^3；

μ——气体动力黏度，mPa·s。

将式（1-2-3）、式（1-2-4）和式（1-2-5）代入式（1-2-2）中，考虑理想状态方程，求解微分方程可得

$$\rho_0 - \rho_1 = A e^{-\left(D + \frac{\rho_0 RTr^2}{8\mu M}\right)\frac{\pi r^2}{V_R L}t} \tag{1-2-6}$$

式中 ρ_0——周围环境温度，g/m^3；

A——积分项任意常数；

V_R——喉道控制的孔隙体积。

当 $t=0$ 时，扩散还未开始，孔隙内测试气体密度 $\rho_1=0$，当 $t\to\infty$时，$\rho_1=\rho_0$，可知 $A=\rho_0$，代入式（1-2-6）得

$$\rho_1 = \rho_0 \left[1 - e^{-\left(D + \frac{\rho_0 R T r^2}{8\mu M}\right)\frac{\pi r^2}{V_R L} t} \right] \tag{1-2-7}$$

式（1-2-7）即为孔隙内密度（压力）与时间的关系，即可知孔隙内外建立热力学平衡所需时间。当假设半径为 r 为喉道控制的孔隙体积 $V_R=\pi r^2 L$，则式（1-2-6）可简化为

$$\rho_1 = \rho_0 \left[1 - e^{-\left(D + \frac{\rho_0 R T r^2}{8\mu M}\right)\frac{1}{L^2} t} \right] \tag{1-2-8}$$

式（1-2-8）即为毛细管热力学平衡方程，对于多孔介质，渗流长度通常为样品外观尺度和迂曲度的乘积，由式（1-2-8）可知，影响孔隙内与外界达到平衡的因素可以分为三类：第一类为反映测试介质本身性质，例如黏度、扩散系数；第二类为测试样品固有性质，例如孔径、迂曲度；第三类为测试条件，例如压力、温度、外观尺寸等。

3. 毛细管热力学平衡方程应用

现有孔隙度测试标准中，选取氦气作为测试气体，第一类测试参数不可改变；第二类测试参数是反映储层孔隙结构特征，也不可改变；为改变建立热力学平衡时间，只有通过调整第三类测试参数实现目标。为方便分析测试参数对平衡时间的影响，假设孔隙内气体密度为外界密度的99%，即达到热力学平衡。图1-2-2为喉道半径与平衡时间的关系图，分析可知，增加压力对不同喉道半径的平衡时间的影响差异较大，当喉道半径小于1nm时，当压力从50psi增大至300psi时，平衡时间仅减少19%，而在喉道半径为25nm时，分析时间减少80%，对纳米级孔隙发育的页岩，通过增大测试压力对加快热力学平衡方程的建立效果较差；对比增压，减小渗流长度对平衡时间效果较为显著，粒径为0.5cm的颗粒所需平衡时间仅为粒径为1.25cm的颗粒的16%，通过以上分析，页岩孔隙度测试建议采用颗粒测试，粒度大小还需进行进一步的分析。

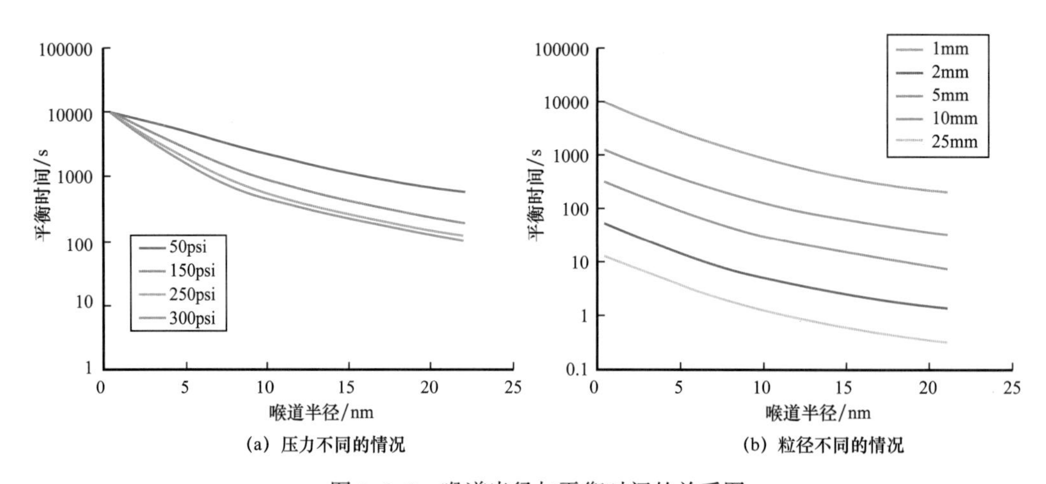

图1-2-2 喉道半径与平衡时间的关系图

二、页岩微观孔隙结构特征研究

页岩是一种复杂的多孔介质，孔隙尺度分布从不足1纳米到上百微米，孔隙网络的发育程度影响着页岩中气体的储集和渗流，研究页岩孔隙结构特征对页岩气资源评估与开发规律评价具有重要意义。目前，页岩孔隙结构的研究方法主要分为基于图像观测的孔隙结构定性分析或半定量分析方法和基于孔径分布测试的定量表征方法。由于页岩的矿物组成和孔隙结构复杂，用常规扫描电子显微镜观察孔隙、裂缝、有机质等结构时往往会出现相同的图像效果，不能反映页岩的真实微观结构，因此需要采用精度更高的仪器分析设备，如高分辨率的聚焦离子束扫描电子显微镜（FIB–SEM）、场发射扫描电子显微镜（FESEM）、透射电子显微镜（TEM）、原子力显微镜（AFM）、小角度X射线散射（SAXS）、电子计算机断层扫描（CT）等，同时结合能谱（ESD）或背散射图像（BSE）还可以得到不同矿物成分的三维分布图像，观测泥页岩孔隙的三维分布特征。

三、页岩全尺度孔径分析方法

页岩气藏储层岩心的孔隙尺度分布跨度非常大，包括微孔（孔隙直径小于2nm）、介孔（孔隙直径2～50nm）、宏孔（孔隙直径大于50nm），单一孔隙结构研究方法难以获取页岩的全尺度孔隙尺度分布，气体吸附法中吸附质气体的选择与孔径大小有关，受吸附质气体饱和蒸汽压、液化温度及三相点等物理性质的影响，气体吸附法一般测试微孔和介孔孔径分布，压汞法中为了使汞进入孔径更小的孔隙，须对汞施加更高的压力，因受测试仪器的压力极限的影响，压汞法测试孔径范围为一般在几纳米到几百个微米之间，因此压汞法对微孔测试困难，急需一种科学的直接研究包括微孔、介孔、宏孔在内的全尺度孔径分布测试方法。

1. 全尺度孔径分布测试法

一种可行的方法是进行高压压汞和气体吸附法联合测试获得孔隙分布数据，通过对气体吸附法和高压压汞法获得的重复孔径的孔径分布数据进行差异性判断，再结合两种方法获得不重复孔径的孔径分布数据，从而可以计算微孔、介孔和宏孔在岩石样品中所占的比例，获得岩石样品全尺度孔径分布数据。全尺度孔径分布测试方法简单、方便，为研究页岩气赋存特征提供了重要的理论基础。

2. 页岩全尺度孔径分布特征

将各层位样品根据上述方法进行全尺度孔径分布测试和数据分析，图1–2–3展示了大足地区某井各层位样品的全尺度孔径分布情况。

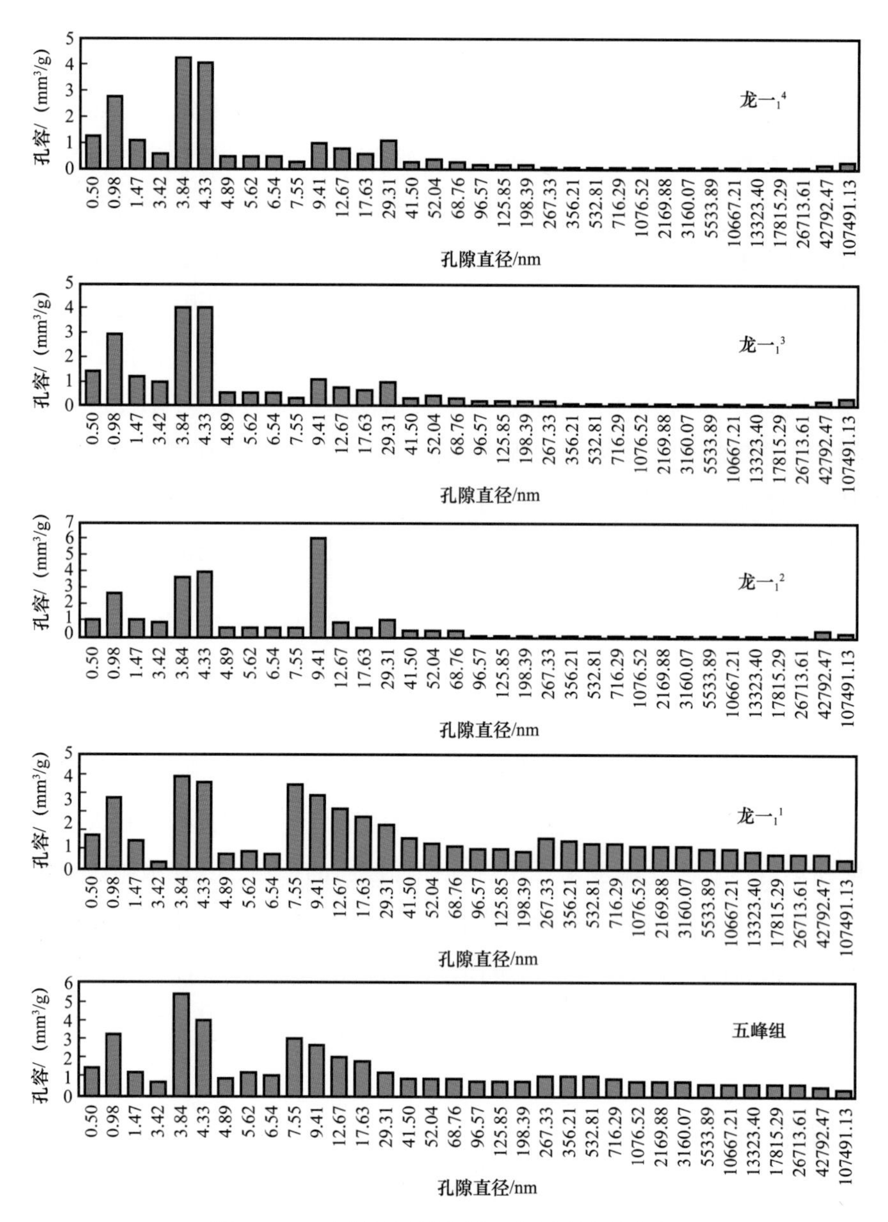

图 1-2-3 大足地区某井岩心全尺度孔径分布

第三节 页岩气开发流动规律物理模拟

页岩气藏开发中，页岩中微米—纳米级孔隙发育，孔隙结构复杂，导致气井开发规律难以把握。由于常规渗流理论失效，解吸扩散渗流耦合传质输运机理与规律认识不足，压力传播及吸附气动用规律认识不清，这些问题制约了气井生产规律和簇间距优化等认识。因此，开展页岩气流动能力和开发效果评价，揭示页岩气传质输运机理和开发规律，是优化开发技术、提高单井产量的理论基础。

一、页岩气开发流动规律物理模拟系列实验

页岩气开发过程中，由于页岩气孔隙尺度跨度从纳米级到微米级，因此微尺度效应会导致实际流动机理与常规空间尺度流动不同，采用克努森数 Kn 来界定气体的流动状态时，达西流（$Kn \leqslant 0.001$）、滑脱流（$0.001 < Kn \leqslant 0.1$）、过渡流（$0.1 < Kn < 10$）可能同时存在。各种流态随着孔隙半径和压力及温度的变化而变化，对于某一固定储层，随着压力从原始储层高压降低至废弃压力，其流动形态也会发生变化，因此，为研究页岩气全生命周期开发过程中的流动能力，采用稳态法流动能力测试装置，测试了 0～40MPa 范围内页岩气的流动能力的变化，建立了流动能力的渗透率模型，进而真实地反映储层的流动能力，为储层评价和页岩气开发规律研究提供理论依据。

实验流程如图 1-3-1 所示，包括供压系统和测量系统。由于实验压差范围很大，需要使用调节阀、流量控制器等仪器来实现精准的压力和流量控制。

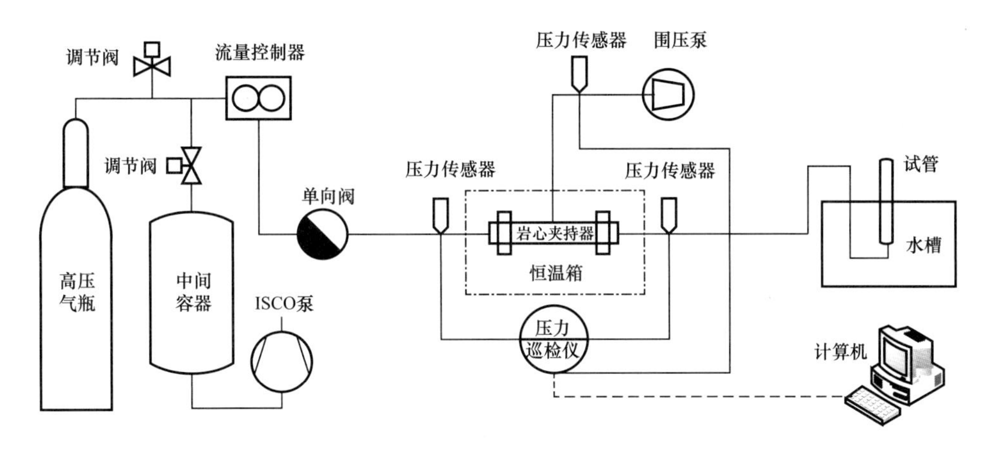

图 1-3-1 页岩气稳态流动实验流程图

由于实验需要实现较大的压差跨度和压力梯度范围，为了尽可能地涵盖地层中的压差范围，在 0.005～40MPa 之间调节进口压力。每块岩心在进口压力范围内分别选取 35 个压力点进行稳态流动实验，出口压力为大气压，实验温度 25℃，精度 ±0.1℃。实验压力的精确控制仅依靠单一手段难以实现，需要进行多级调控。

（1）进口压力低于 1MPa 时，进气端连接精度 0.001MPa 的精密气压控制调节阀，传感器量程 1MPa、精度 1/1000MPa。使用压力巡检仪记录进口压力的变化情况，通常在 24～48h 后进口压力变幅小于 0.00001MPa/h 时采用排水法分时段重复测量三次流量并取平均值。

（2）压力高于 1MPa 时，使用 ISCO 泵和中间容器稳定压力，连接相应量程的传感器。同样地，为了确保流动达到稳态，减小测量误差，分时段重复测量三次流量并取平均值。

除了多次测量流量取平均值以减小误差外，还在更换传感器的压力点附近同时使用两种传感器测 3 组压力，以便校正测量结果；同时消除岩心应力敏感性的影响。

假设气体在页岩岩心内以层流流动，满足达西定律，考虑到是一维单向流动，达西定律可以写为

$$v=\frac{Q_{\mathrm{m}}}{A}=\rho\frac{K_{\mathrm{g}}}{\mu}\frac{\mathrm{d}p}{\mathrm{d}x} \tag{1-3-1}$$

代入气体状态方程 $pM=\rho RT$，有

$$\frac{Q_{\mathrm{m}}}{A}=\frac{pM}{RT}\frac{K_{\mathrm{g}}}{\mu}\frac{\mathrm{d}p}{\mathrm{d}x} \tag{1-3-2}$$

同时对变量 p、x 积分，得

$$\frac{Q_{\mathrm{m}}}{A}L=\frac{M}{RT}\frac{K_{\mathrm{g}}}{\mu}\frac{p_1^2-p_2^2}{2}=\frac{\rho}{p_0}\frac{T_0}{T}\frac{K_{\mathrm{g}}}{\mu}\frac{p_1^2-p_2^2}{2} \tag{1-3-3}$$

忽略温度的影响，即 $T_0=T$，整理可以推导出页岩渗透率满足公式：

$$K_{\mathrm{g}}=\frac{2p_0Q_{\mathrm{v}}\mu L}{A\left(p_1^2-p_2^2\right)} \tag{1-3-4}$$

式中 V——岩心内气体速度，cm/s；
ρ——全体密度，$\mathrm{g/cm^3}$；
M——气体分子质量；
K_{g}——气测渗透率，D；
Q_{v}——气体体积流量，$\mathrm{cm^3/s}$；
Q_{m}——气体质量流量，kg/s；
p_0——标准大气压力，0.1MPa；
μ——气体黏度，mPa·s；
R——气体常数，8.314J/（mol·K）；
L——岩样长度，cm；
A——岩样截面积，$\mathrm{cm^2}$；
p_1——入口压力，10^{-1}MPa；
p_2——出口压力，10^{-1}MPa；
T——环境温度，K；
T_0——标准状态下温度，273.15K。

实验岩心选取见表 1-3-1。

实验首先用氮气作为介质气体获取 8 块实验岩心的流态曲线（图 1-3-2），岩心样本在实验压力条件下均呈现出滑移区视渗透率近似线性的缓慢变化，过渡区随着克努森扩散作用增强，视渗透率迅速增大可达 10 倍以上。低渗透率岩心的流动通道尺度较小，在相同压力条件下，分子运动特征更显著，相对应的克努森扩散作用更强。当使用视渗透率由于低压条件下扩散作用的影响，低渗透率岩心的流动能力增大更明显。

表 1-3-1　页岩气稳态流动实验样品基本参数

区块	岩心号	长度 /cm	直径 /cm	比表面积 / (m^2/g)	平均孔隙半径 /nm	渗透率 /mD
长宁—威远	240	4.04	2.54	10.87	72.13	0.0297
	242	3.82	2.54	10.72	200.32	0.0236
	215	3.60	2.55	14.17	78.27	0.0066
	250	4.82	2.54	10.63	86.53	0.0034
	221	3.56	2.54	11.70	129.10	0.0044
	246	4.15	2.55	10.68	91.31	0.0064
	3	5.339	2.53			0.0001
巫溪	4-2	4.22	2.54	16.52	63.10	0.0539
	4	5.79	2.53	16.15	51.77	0.0018

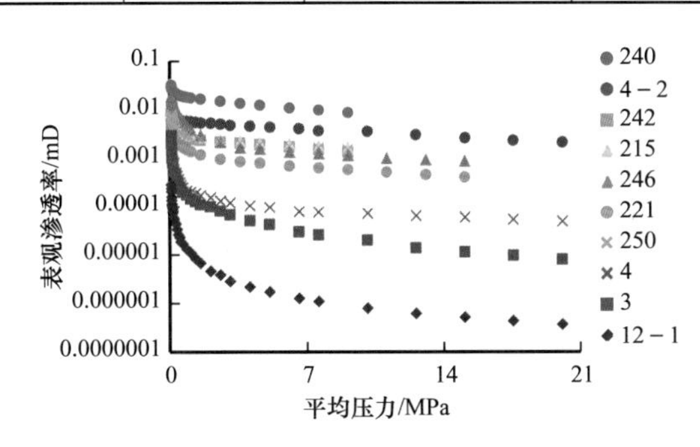

图 1-3-2　岩心样品氮气流态曲线

二、页岩气流动能力影响因素分析

为了更清晰、更系统地了解影响页岩气流动能力的因素，分别设计了不同流动介质、不同孔隙尺度、不同压力水平、不同压力梯度和不同温度对页岩气流动影响的实验（表 1-3-2）。

表 1-3-2　影响页岩气流动能力的因素的相关实验

序号	实验技术		影响因素
1	流态实验	不同气体	流动介质
2		不同渗透率	孔隙尺度
3		三段串联	压力水平
4	高压近平衡扩散实验		压力梯度
5			温度

（1）不同流体介质：随平均压力降低，岩样视渗透率变大，扩散作用增加明显，分子直径越小扩散能力越强（氦气分子直径为 0.26nm，氮气分子直径为 0.364nm，甲烷分子直径为 0.38nm）（图 1–3–3）；

（2）不同孔隙尺度对流动规律的影响：开展 30 余组不同地区不同渗透率岩心测试，渗透率越小，孔径尺度越小，扩散作用越强，流动能力可能增加 1～2 个数量级（图 1–3–4）。

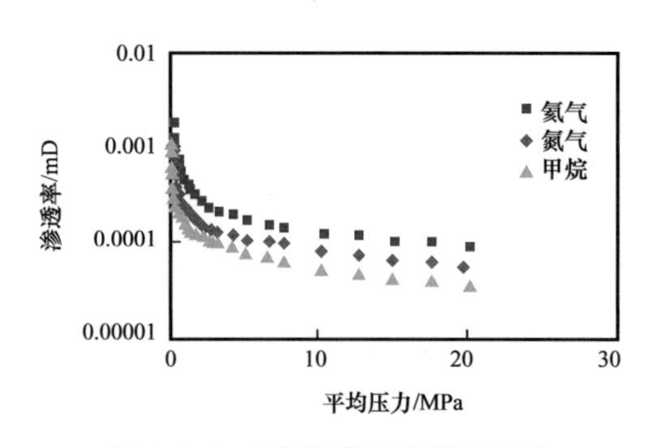

图 1–3–3　不同气体流态能力测试

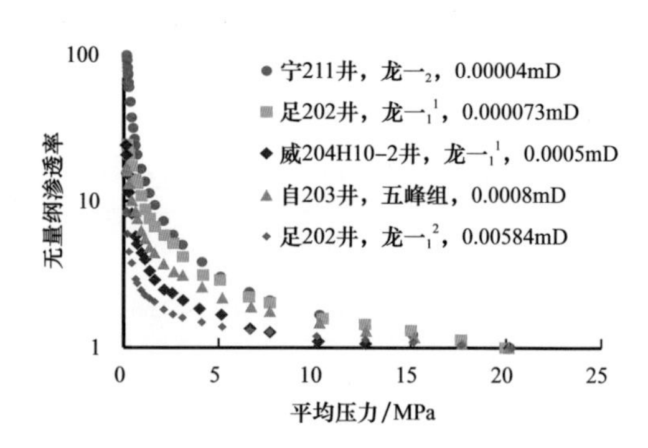

图 1–3–4　不同渗透率岩心流态曲线

（3）不同压力水平对流动规律的影响：应用同一块岩心等距切三段，中间布测压点，进行流态曲线测试（图 1–3–5）。距离缝面越近，平均压力水平越低，扩散越强。高压段岩心流态表明储层压力条件下，扩散仍是传质的重要机制。

（4）不同压力梯度：压力梯度越小，克服黏性的能力越小，渗流贡献越低，扩散比重越大，在实际地层压力梯度（远小于 2MPa/m）范围内，扩散作用对流量贡献率可达 80% 以上（图 1–3–6）。

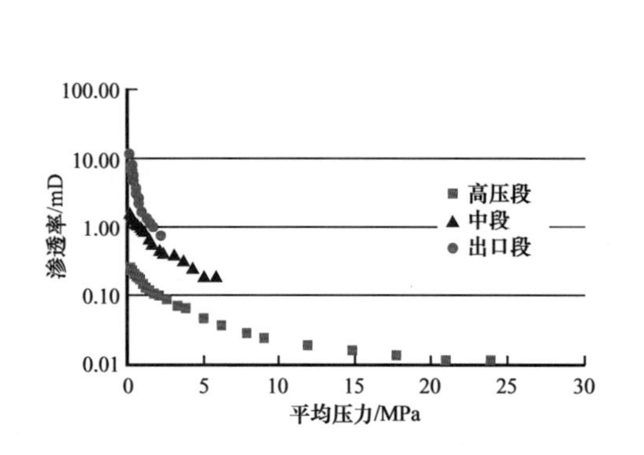

图 1–3–5　宁 203 井 9–1 号岩心三段平均压力与视渗透率关系曲线

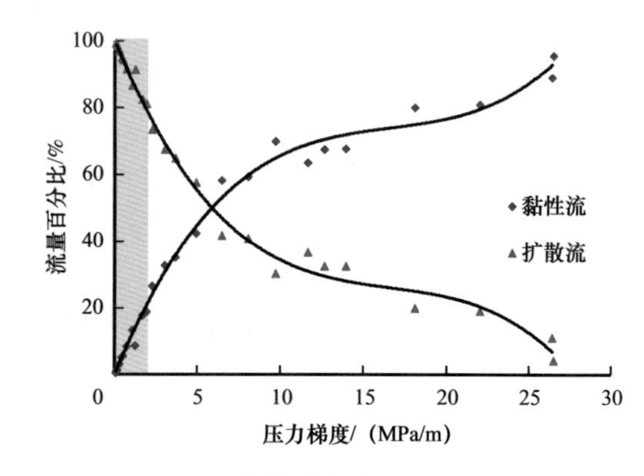

图 1–3–6　近平衡扩散实验（10MPa）：不同压力梯度扩散流量与黏性流占比

（5）不同温度：基于近平衡扩散实验，得到温度越高、分子动能越强，扩散对流量的贡献越大，温度对扩散贡献的增量影响与其他影响因素相比较小（图 1–3–7）。

根据流动实验结果建立广义扩散系数模型。

扩散系数与质量流量、浓度梯度的关系满足菲克（Fick）第一定律：

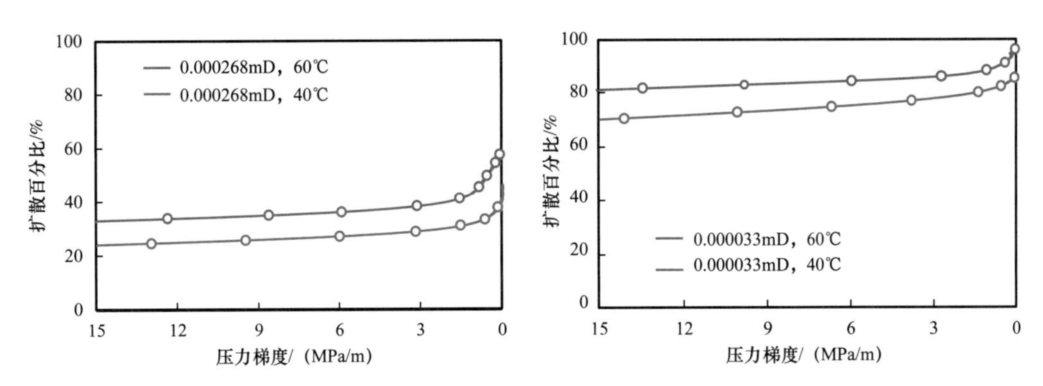

图 1-3-7　不同温度扩散流量与黏性流占比

$$J = -D\nabla C \tag{1-3-5}$$

而质量浓度可以根据状态方程表示为

$$C = \frac{nM_r}{V} = \frac{pM_r}{ZRT} \tag{1-3-6}$$

扩散系数理论计算式：

$$D = -\frac{J}{\nabla C} = -\frac{JA}{\rho}\frac{\rho}{A\nabla C} = -\frac{\rho QZRT}{M_r A\nabla p} \times 10^{-2} \tag{1-3-7}$$

引入与渗透率、温度和实验压力水平等因素有关修正因子 β：

$$\beta = f\left(K,T,p\right) = \frac{1495.88K^{0.986}\left(T^3 / T_0\right)}{\ln\left(\bar{p} / p_0\right)\left(-3.08\times10^{-4}T + 0.216\right)} \tag{1-3-8}$$

修正后的广义扩散系数：

$$D_{\mathrm{app}} = D\beta \tag{1-3-9}$$

式中　D——气体理论扩散系数，$\mathrm{m^2/s}$；

M_r——气体分子质量，g/mol；

J——扩散通量，$\mathrm{g/(m^2/s)}$；

C——甲烷气体浓度，$\mathrm{g/cm^3}$；

∇——岩心内气体浓度梯度，$\mathrm{g/cm^3}$；

Z——气体偏差因子；

R——摩尔气体常数，取值 8.314J/（mol·K）；

T——环境温度，K；

A——岩心横截面积，$\mathrm{cm^3}$；

ρ——甲烷气体密度，$\mathrm{g/cm^3}$；

Q——衰竭开发实验流量，$\mathrm{cm^3/s}$；

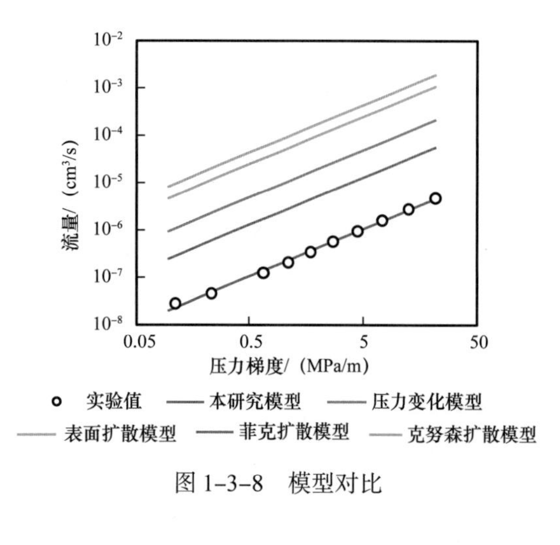

图 1-3-8 模型对比

D_{app}——广义扩散系数，m^2/s；

β——修正系数。

将广义扩散系数模型分别与实验值、表面扩散系数模型，菲克扩散模型、克努森扩散模型及压力变化模型对比如图 1-3-8 所示。

广义扩散模型综合了温度、压力、渗透率参数，反映了页岩孔隙结构的影响，这种影响使得基质的实际导流能力降低，从宏观上看与基质的渗透率密切相关，更加贴近实际流动情况，与实验值的吻合程度较好。

三、页岩气气体动用特征及产量递减分析

为了更真实地还原原始储层条件，笔者所在的研究团队去钻井现场对页岩全直径岩心进行取心。为了尽量保证岩心的原始特性，随车携带保压取心装置到钻井现场进行第一时间取样，拿到岩心简单清洁后迅速将其置入保压取心装置中，饱和甲烷气至 10MPa，关闭岩心两端的阀门，运回实验室开始实验。页岩全直径岩心长度为 40cm、直径 10cm，孔隙度低于 2.5%，渗透率低于 1mD。在密闭取心之后在实验室内对页岩补充甲烷至储层压力，恢复吸附气原始赋存状态，该过程持续 200 余天，然后采用与现场相同的衰竭开发模式。

页岩岩心物理模拟实验结果证明，页岩气衰竭开发过程可以分为两个主要阶段：开发早中期以产出游离气为主，比例达到 87.74%，990 天后压力降至 12MPa 吸附气开始供给，截至 2020 年 12 月，采出程度 69.9%，游离气占比 74.5%，开发中后期解吸与扩散贡献增加，是长期稳产的重要因素（图 1-3-9）。由此可见，页岩岩心的气井全生命周期物理模拟实验产气动态与气井开发生产动态基本一致。因此，运用物理模拟实验结果可以合理、有效地解释和预测页岩气井的生产动态特征。

自主研制高温高压（30MPa、100℃）核磁共振分析仪，实现了吸附气与游离气的定量表征与实时监测（图 1-3-10）。开发初期主要产出游离气，游离气动用与压降呈线性关系，吸附气在压力降至临界解吸压力（12～15MPa）之后开始参与供给（图 1-3-11）。

在开展页岩单岩心的衰竭开发实验时，由于单岩心尺度较小，一般长度为 5～7cm，且只能获取入口和出口的压力模拟，供给范围有限，无法模拟基质深部的压力变化，因此设计了多个相同物性的岩心串联开发模拟实验，通过设置沿程测压点可以直接获取压力在基质中的传播距离，然后根据压力剖面（图 1-3-12）和产气规律（图 1-3-13）可以计算距离缝面不同深度基质块的气体动用情况，为测定基质压力供给剖面和产气剖面提供实验依据和理论支撑。

评价裂缝控制基质供给范围，主力储层有效控制距离小于 4m，目前主流簇间距存在储量未动用区，优化簇间距可以提高控制储量，实现“有效控制”（图 1-3-14）。

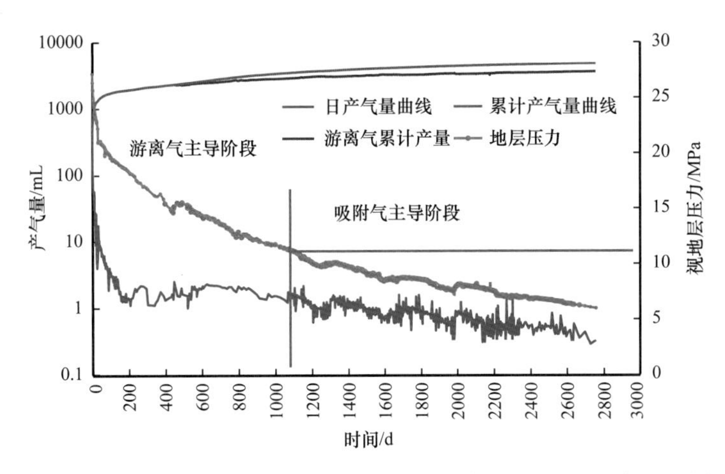

图 1-3-9　全生命周期开发模拟实验（2012 年 9 月至 2020 年 12 月）

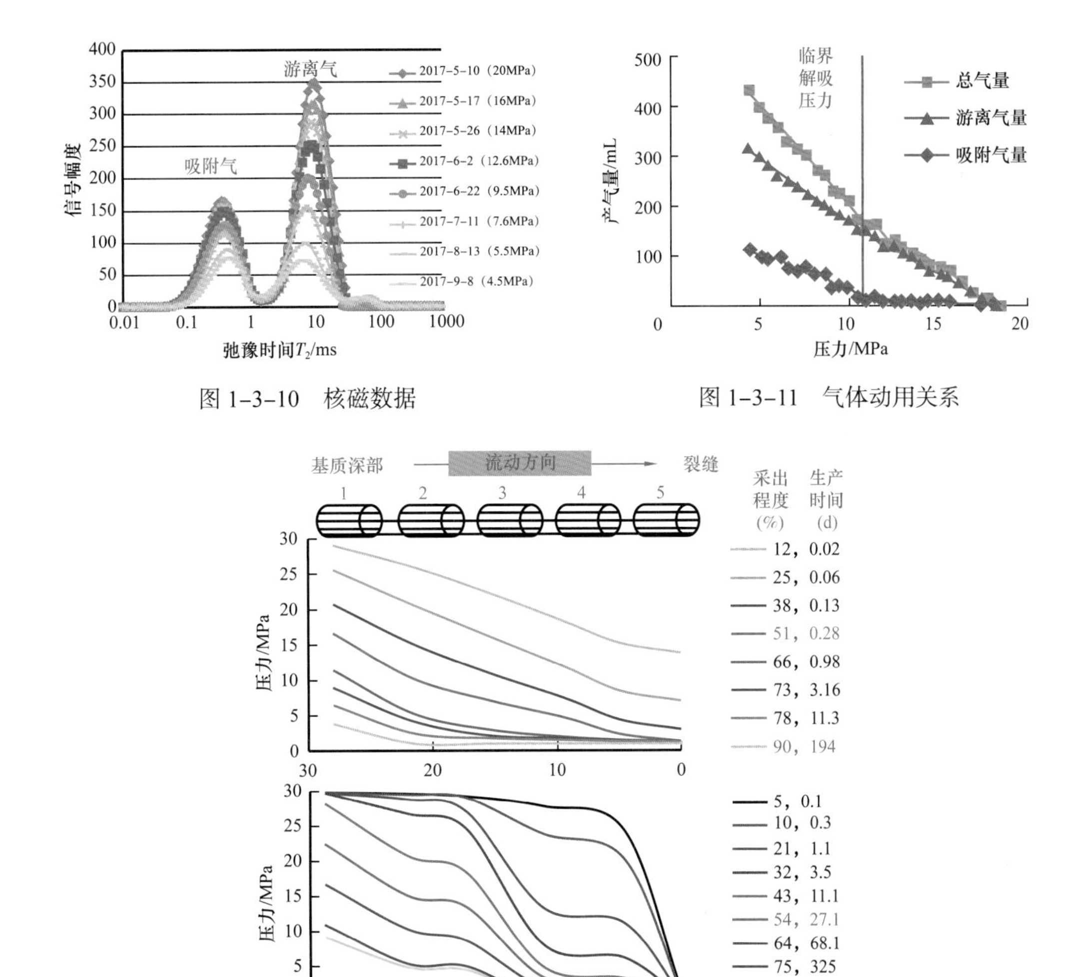

图 1-3-10　核磁数据

图 1-3-11　气体动用关系

图 1-3-12　不同物性储层模拟开发压力剖面图

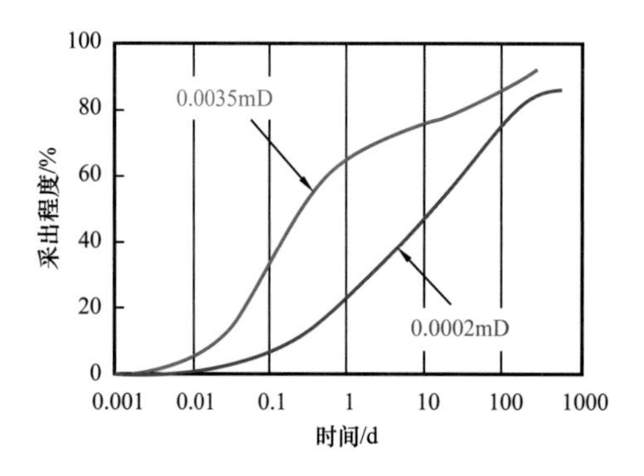

图 1–3–13 不同物性储层采出程度

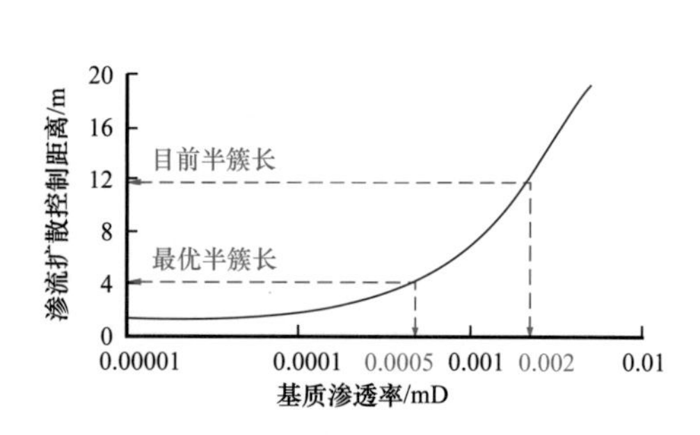

图 1–3–14 模拟计算渗流扩散控制基质供给距离（0.0005mD）

基于系统实验研究成果，修正了高压吸附模型和广义渗透率模型，建立了耦合流动模型：

$$\frac{\partial}{\partial t}\left(\frac{Mp_{\mathrm{m}}}{ZRT}\phi_{\mathrm{m}}\right)+\left(1-\phi_{\mathrm{m}}\right)\frac{\partial}{\partial t}\left(1-\delta\rho_{\mathrm{g}}\right)\left(\frac{V_{\mathrm{L}}p_{\mathrm{m}}}{p_{\mathrm{L}}+p_{\mathrm{m}}}\right)=-\beta\frac{\rho K_{\mathrm{m}}}{\mu a^{2}}\left(p_{\mathrm{m}}-p_{\mathrm{f}}\right) \tag{1-3-10}$$

式中 V_L——朗格缪尔体积，m^3/t；

p——气体压力，MPa；

p_L——朗格缪尔压力，MPa；

ρ_g——游离相密度，kg/m^3；

M——甲烷分子摩尔质量，kg/mol；

N_A——阿伏伽德罗常数，6.02×10^{23}/mol；

V_m——每个吸附相分子所占的特征体积，m^3；

$\delta=\dfrac{4\pi}{3M}N_A r^3$——高压吸附修正系数；

$\beta=AK_n^{B}$——渗透率修正系数；

Z——气体压缩因子；

R——通用气体常数，$8.314m^3\cdot Pa/(mol\cdot K)$；

T——系统温度，K；

ϕ_m——基质孔隙度，%；

r——单个吸附相分子所占的特征半径，m；

p_m——基质内气体压力，MPa；

p_f——裂缝面处渗流压力，MPa；

ρ——气体密度，kg/m^3；

K_m——基质渗透率，mD；

μ——气体黏率，$mPa\cdot s$；

a——基质长度，m。

基于多块页岩岩心衰竭开发实验，建立了一种递减曲线分析方法，丰富了综合预测技术体系，很好地弥补了实际生产实验的不足（图 1–3–15）。

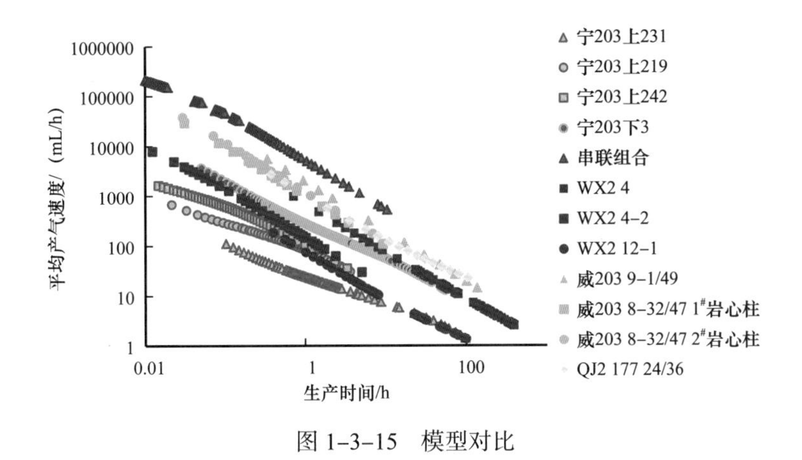

图 1-3-15 模型对比

气井初期产气规律受裂缝系统控制，后期产气规律受基质系统控制，衰竭开发模拟实验证实了产气速度与生产时间呈幂函数关系。2016 年至 2020 年连续 5 年预测 EUR，相关性高于 90%（图 1-3-16）。

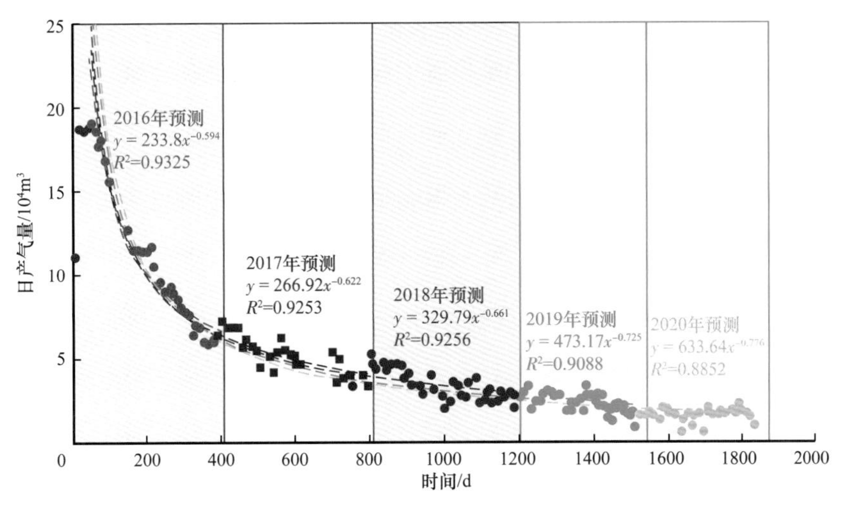

图 1-3-16 模型对比

第四节 页岩储层缝网扩展的力学机制及定量表征

一、页岩压裂过程物理模拟研究

1. 页岩水力压裂实验装置

自主研制的页岩水力压裂设备可满足尺寸大小（400±10）mm 且端面倾斜度小于 5° 的正方体试样压裂试验，三轴方向应力最大可满足 50MPa 的模拟地应力，可向试样内部输入最大 100MPa 压力的压裂液，并配备声发射等监测系统对压裂时水力裂缝发生发展进行实时定位。全装置实物如图 1-4-1 所示，系统主要包括五个模块。

图 1-4-1　实验系统整体图

（1）大尺寸真三轴加载模块。

大尺寸真三轴加载模块主要功能是对大尺寸正方体试样施加三轴荷载以模拟地应力，主要结构包括电液伺服压力机、三轴加载室、对试样施压的第一扁平千斤顶和第二扁平千斤顶及真三轴加载伺服系统控制箱。

（2）水力伺服泵压模块。

水力伺服泵压模块主要功能是向试样内部输送高压压裂液，主要结构包括空气压缩机、气液增压泵、压力传感器、数据记录仪、中间容器、压裂液存储罐、电动加压泵。

（3）声发射定位模块。

声发射定位模块主要功能是通过声波的三维定位实时监测压裂过程中裂缝扩展规律，主要结构包括声发射探头、声发射信号放大器和全信息声发射记录仪主机。

（4）红外监测模块、试样装卸模块。

红外监测模块用于监测三轴加载室内部情况，试样装卸模块用于试样的装载和卸载。主要结构包括磁吸式红外摄像头、红外补光灯、运送车驱动电机、加载室运送车、运送车轨道、运送车传动轴和起吊钢丝绳。

（5）高速图像采集模块。

高速图像采集模块用于单轴加载试验时记录试样表面水力裂缝的动态扩展状况。主要结构包括摄像机、光学镜头、图像采集镜头、图像采集卡和计算机。

2. 页岩层理对水力裂缝扩展影响规律

1）水力压裂方案及裂缝扩展特征分析

利用自主研制的大尺寸真三轴水力压裂模拟试验装置开展龙马溪组露头页岩的水力压裂试验，试验中考虑层理角和地应力状态对水力压裂效果的影响，在泵压排量、压裂液黏度和温度等因素不变情况下，利用现有的页岩试样开展不同层理角度下页岩水力压裂试验，探究层理角对水力裂缝起裂方式及扩展规律的影响，实验结果见表 1-4-1。

从表 1-4-1 可知，6 组试样的起裂压力值均不相同且相差较大，最大起裂压力为最小起裂压力的近 7 倍。压裂过程伴随着不同程度的崩裂声，压裂后形成形态不一的裂缝并伴有压裂液溢出。这些现象说明页岩试样内部在压裂后发生一定程度的破裂，压裂后裂缝形态各不相同，伴随着不同的扩展方式形成通道，导致压裂液不同程度的溢出。

表 1-4-1 水力压裂物理模拟试验结果

试样编号	层理角 /（°）	起裂压力 / MPa	试验过程描述
L-1-1	0	6.61	压裂后有压裂液喷出，层理裂缝开启程度较大
L-1-2	13	9.08	压裂时崩裂声微弱，沿层理裂缝和天然裂缝起裂，裂缝分布较为简单
L-1-3	23	10.72	破裂时未听到崩裂声，裂缝主要沿天然裂缝开启，大量压裂液溢出
L-1-4	67	12.02	持续微弱崩裂声，压裂时间较长，侧面出现明显新生裂缝
L-1-5	77	30.85	破裂瞬间崩裂声明显，多条裂缝穿过层理弱面
L-1-6	90	41.87	伴有持续崩裂声，试样破裂时发生巨响，压裂后侧面形成复杂缝网

2）水力压裂试验结果分析

压裂试验得到了大量页岩水力裂缝扩展方面的数据，选取最具代表性的 0°层理角 L-1-1 试样和 90°层理角 L-1-6 试样数据，对展开的页岩六个面编号 A（原后表面）、B（原左表面）、C（原前表面）、D（原右表面）、E（原上表面）和 F（原下表面）、以 C 面为主视图分别对压裂前后裂缝分布形态进行描述并分析扩展规律。

（1）L-1-1 试样试验结果分析。

将 L-1-1 压裂前后裂缝进行对比，细节放大图如图 1-4-2 所示，从图中可以看出水力裂缝在扩展时遇到天然裂缝或层理裂缝时有多种扩展方式，在 A 面水力压力直接开启竖向天然裂缝Ⅲ（a），天然裂缝Ⅲ按原有方向扩展直接穿透天然裂缝，在 F 面继续扩展后由于地应力存在发生水平向转向（b）。在 B 面上部分水力裂缝Ⅳ和Ⅴ向上扩展有沿最大主应力方向扩展的趋势，遇到层理裂缝Ⅰ直接穿过并未开启层理裂缝Ⅰ（c），向下扩展遇到层理裂缝Ⅱ打开层理裂缝后沿层理裂缝方向扩展一段距离最后穿过层理按原有方向继续扩展（d）。

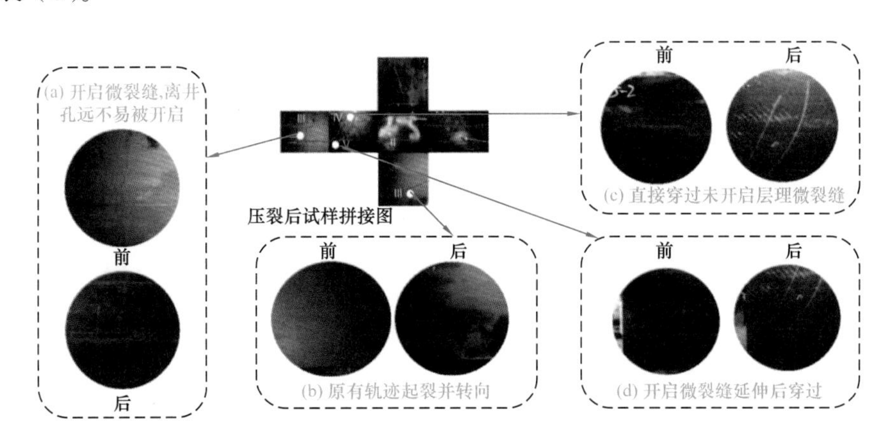

图 1-4-2 试样 L-1-1 压裂前后裂缝细节对比

（2）L-1-6 试样试验结果分析。

将试样 L-1-6 压裂前后裂缝细节进行对比的结果如图 1-4-3 所示，从图中可以看到在B面天然裂缝Ⅱ向上扩展遇到层理裂缝Ⅰ将其开启后停止（a），D面裂缝较为复杂，裂缝Ⅱ在D面扩展遇到层理弱面时开启层理弱面后直接穿过层理裂缝按原有方向扩展（b），D面上半部分裂缝Ⅴ向上扩展遇到层理时开启层理后沿层理延伸一段距离然后穿过层理裂缝并发生转向沿最大主应力方向扩展（c），D面中部模拟井筒底部处形成复杂的“回”字形缝网，多条细小裂缝相互交叉（d）。

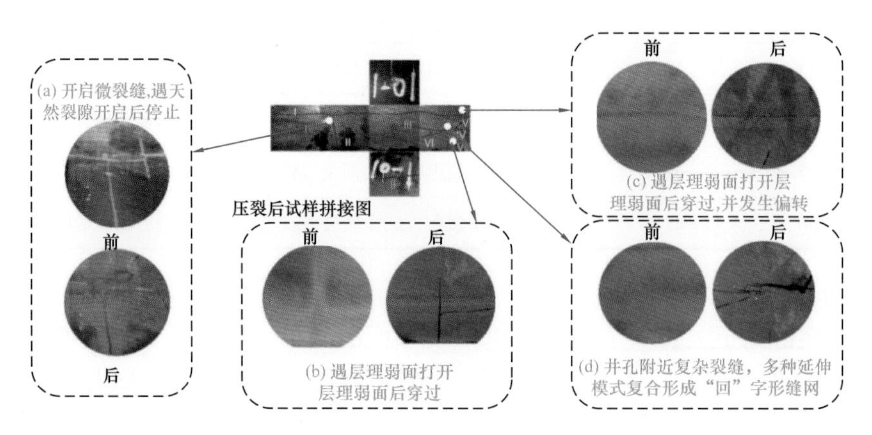

图1-4-3 试样L-1-6压裂前后裂缝细节对比

综合分析物理模拟试验结果可知：水力裂缝与层理弱面相互作用，有6种不同的扩展方式：直接穿过层理、开启层理后停止扩展、开启层理后穿过层理沿原有方向扩展、开启层理后穿过层理并发生转向、开启层理沿层理方向扩展后穿过层理弱面按原有方向扩展、开启层理后沿层理方向扩展最后穿过层理并发生转向。页岩水力压裂效果随层理角变化存在各向异性，随着层理角增加，页岩破裂前模拟井筒内泵压波动愈加剧烈，并且破裂压力也逐渐增高，压裂后新生水力裂缝形态更加复杂，压裂后模拟井筒内保持较高压力。在实际工程上，可以根据现场页岩储层不同方向上超声波波速差异判断地下页岩基质层理方向，压裂时选取合适的层理角，根据页岩的弹性模量和脆性系数对页岩水力压裂施工进行设计和预测。

二、页岩储层致裂（开启、扩展与闭合）影响因素

1. 页岩压裂拉剪复合致裂判据

基于实验结果和断裂伤害力学，提出压裂启裂和扩展判据见式（1-4-1）、式（1-4-2）（李世愚等，2016），压裂液流动和滤失见式（1-4-3）（孔祥言等，2010）。

$$\begin{cases} G_J = \dfrac{1+\kappa}{8\mu} K_J^2 \left(J = \mathrm{I}, \mathrm{II}\right) \\ G_{\mathrm{III}} = \dfrac{1}{2\mu} K_{\mathrm{III}}^2 \\ \theta_0 = 2\arctan \dfrac{\left[1 \pm \sqrt{1+8(K_{\mathrm{II}}/K_{\mathrm{I}})^2}\right]}{4\left(K_{\mathrm{II}}/K_{\mathrm{I}}\right)} \end{cases} \tag{1-4-1}$$

式中 K_J（J= Ⅰ，Ⅱ，Ⅲ）——依次表示Ⅰ型、Ⅱ型、Ⅲ型裂纹的应力强度因子,MPa/m；
G_J（J= Ⅰ，Ⅱ，Ⅲ）——依次表示Ⅰ型、Ⅱ型、Ⅲ型裂纹的断裂能，J/m^2；
μ——材料泊松比；
κ——材料参数，$\kappa=3-4\mu$（平面应变）或 $\kappa=(3-\mu)/(1+\mu)$（平面应力）；
θ_0——混合型开裂的角度，(°)。

$$\mathrm{MAX}\left\{\frac{\langle\sigma_n\rangle}{N_{max}},\frac{\sigma_t}{T_{max}},\frac{\sigma_s}{S_{max}}\right\}=1;\quad \left(\frac{G_{\mathrm{I}}}{G_{\mathrm{IC}}}\right)^{\alpha}+\left(\frac{G_{\mathrm{II}}}{G_{\mathrm{IIC}}}\right)^{\alpha}+\left(\frac{G_{\mathrm{III}}}{G_{\mathrm{IIIC}}}\right)^{\alpha}=1 \tag{1-4-2}$$

式中 σ_n——微元体 n 向应力，MPa；
σ_t——微元体 t 向应力，MPa；
σ_s——微元体 s 向应力，MPa；
〈 〉——表示仅取正值；
N_{max}——微元体 n 向初始伤害阈值，MPa；
T_{max}——微元体 t 向初始伤害阈值，MPa；
S_{max}——微元体 s 向初始伤害阈值，MPa；
MAX{ }——表示取内部最大值；
G_{JC}（J= Ⅰ，Ⅱ，Ⅲ）——依次表示Ⅰ型、Ⅱ型、Ⅲ型裂纹完全断裂时的断裂能阈值，J/m^2；
α——材料参数。

$$\delta=\sqrt{\langle\delta_n\rangle^2+\delta_t^2+\delta_s^2};\quad \frac{\partial\delta_n}{\partial t}-\frac{\partial}{\partial s}\left(\frac{\partial\delta_n^3}{12\mu_f}\frac{\partial p_i}{\partial s}\right)+c_p\left(p_i-p_p\right)+c_b\left(p_i-p_b\right)=0 \tag{1-4-3}$$

式中 δ_n——微元体 n 向变形量，mm；
δ_t——微元体 t 向变形量，mm；
δ_s——微元体 s 向变形量，mm；
δ——微元体变形量，mm；
c_p，c_b——分别为裂纹顶面和底面的滤失系数；
p_p，p_b——分别为裂纹顶面和底面的孔隙压力，MPa；
p_i——裂纹面内流体压力，MPa；
μ_f——压裂液黏度，mPa·s。

2. 页岩储层致裂的地应力影响

1）地应力对裂纹扩展方向影响的解析分析

假设无限域储层地应力为垂向地应力 σ_v、水平最小地应力 σ_h、水平最大地应力 σ_H，内含任意方向裂纹，由坐标变换关系（王敏中等，2002）可得裂纹面局部坐标系 $OXYZ$ 下的应力分量。

$$[\sigma_{i'j'}]=\boldsymbol{K}[\sigma_{ij}]\boldsymbol{K}^{\mathrm{T}} \tag{1-4-4}$$

式中 $\sigma_{i'j'}$——新坐标系下的应力分量，MPa；

σ_{ij}——原坐标系下的应力分量，MPa；

$\boldsymbol{K}$——新坐标系与原坐标系的坐标变换矩阵。

假设裂纹面为椭球形，无穷远处应力边界条件 σ_{X}、σ_{Y}、σ_{Z}、τ_{XY}、τ_{YZ}、τ_{ZX}，裂纹面内水压力为 p_{w}，利用复变函数保角变换，以拉为正，得出裂纹尖端应力状态为（孙可明等，2016）

$$\begin{aligned}
&\sigma_{\theta}=\frac{1}{5-3\cos 2\theta}\left[3(1-\cos 2\theta)p_{\mathrm{w}}-(7\sigma_{\mathrm{X}}+\sigma_{\mathrm{Y}})+9\cos 2\theta(\sigma_{\mathrm{X}}-\sigma_{\mathrm{Y}})-18\tau_{\mathrm{XY}}\sin 2\theta\right]\\
&\sigma_{\varphi}=p_{\mathrm{w}}-\sigma_{\mathrm{Z}}\\
&\sigma_{\rho}=-p_{\mathrm{w}}-\left(\frac{\sigma_{\mathrm{X}}+\sigma_{\mathrm{Y}}}{2}+\frac{\sigma_{\mathrm{X}}-\sigma_{\mathrm{Y}}}{2}\cos 2\theta\right)
\end{aligned} \tag{1-4-5}$$

式中 σ_{θ}——裂纹尖端周向应力，MPa；

σ_{φ}——裂纹尖端垂向应力，MPa；

σ_{ρ}——裂纹尖端径向应力，MPa。

根据均质储层中水力压裂裂纹垂直最小地应力方向的扩展规律（陈勉等，2008），假设水力压裂裂纹面与层理斜交，交线 MN 与 σ_1 方向夹角为层理走向角 α，层理面与裂纹面夹角为层理倾角 β，此时 θ 满足（孙可明等，2016）：

$$\begin{aligned}
&\tan\theta=-\frac{1}{4\tan\alpha}\ (\alpha\neq 0)\\
&\theta=90^{\circ}(\alpha=0)
\end{aligned} \tag{1-4-6}$$

设储层基质抗拉强度为 S_{t}，天然层理面抗拉强度为 S_{t}^{*}，不考虑滤失影响时水力压裂裂纹垂直最小地应力扩展的条件是（陈勉等，2008）

$$p_{\mathrm{w}}^{\mathrm{f}}=\sigma_3+S_{\mathrm{t}} \tag{1-4-7}$$

式中 $p_{\mathrm{w}}^{\mathrm{f}}$——压裂裂纹在垂直最小地应力方向起裂的最小注水压力。

水力压裂裂纹尖端在天然层理方向起裂的条件是（孙可明等，2016）

$$p_{\mathrm{w}}^{\mathrm{i}}=\min\left\{\frac{4}{3}\left[(4\tan^2\alpha+1)S_{\mathrm{t}}^{*}-(4\tan^2\alpha-2)\sigma_1+(20\tan^2\alpha-1)\sigma_2\right]\sigma_3+S_{\mathrm{t}}^{*}/\cos^3\frac{\beta}{2}\right\} \tag{1-4-8}$$

式中 $p_{\mathrm{w}}^{\mathrm{i}}$——压裂裂纹在层理面方向起裂的最小注水压力，MPa。

水力压裂裂纹垂直最小地应力扩展的判据为 $p_{\mathrm{w}}^{\mathrm{f}}>p_{\mathrm{w}}^{\mathrm{i}}$，裂纹转向层理扩展的判据为 $p_{\mathrm{w}}^{\mathrm{f}}<p_{\mathrm{w}}^{\mathrm{i}}$，形成分支裂纹的判据为 $p_{\mathrm{w}}^{\mathrm{f}}=p_{\mathrm{w}}^{\mathrm{i}}$。

引入强度比 S_{r}（$S_{\mathrm{r}}=S_{\mathrm{t}}^{*}/S_{\mathrm{t}}$），将裂纹扩展方向判据无量纲化，得

$$S_r^* = 1 - \left[(\sigma_1 - \sigma_3)\sin^2\alpha + (\sigma_2 - \sigma_3)\cos^2\alpha\right]\sin^2\beta / S_t \tag{1-4-9}$$

即 $S_r^* < S_r$ 时，水力压裂裂纹贯穿层理；$S_r^* > S_r$ 时时，水力压裂裂纹转向层理扩展；$S_r^* = S_r$ 时，水力压裂裂纹在层理处形成分支裂纹。

2）天然层理方位及其强度对裂纹扩展方向影响的解析分析

由式（1-4-9），保持层理走向角 α、储层基质强度 S_t、层理面强度 S_t^* 及地应力差不变，可得 S_r^* 随层理面倾角 β 的变化曲线，如图 1-4-4（a）所示。保持层理倾角 β、储层基质强度 S_t、层理面强度 S_t^* 及地应力差不变，可得 S_r^* 随层理面走向角 α 的变化曲线，如图 1-4-5（b）所示。可以得出：随着层理倾角 β 及层理走向角 α 的增加，S_r^* 均表现为非线性的降低，即储层更易贯穿天然层理扩展。保持层理方位 α 与 β、储层基质强度 S_t 及地应力差不变，可得 S_r^* 随层理面强度的变化曲线，如图 1-4-5（c）所示。可以得出：随着层理面强度的增加，S_r^* 不发生变化，但 S_r 增强，则 S_r^* 逐渐接近 S_r，表示随着层理面强度的增加，储层更易贯穿天然层理扩展。

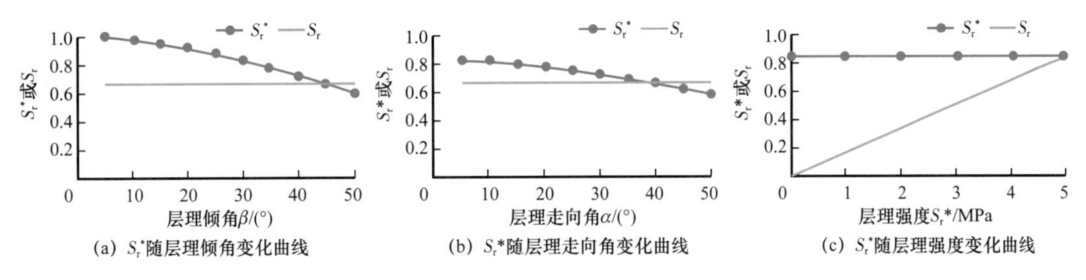

(a) S_r^*随层理倾角变化曲线　(b) S_r^*随层理走向角变化曲线　(c) S_r^*随层理强度变化曲线

图 1-4-4　S_r^* 随层理方位和强度变化曲线

3）诱导应力对页岩储层分段压裂的影响

假设储层最小地应力为水平最小地应力 σ_h，压裂裂纹垂直最小地应力扩展，为研究分段压裂时诱导应力对裂纹扩展的影响，建立多裂纹同步压裂数值模拟，同步多簇压裂如图 1-4-5 所示，两侧压裂裂缝产生的诱导应力对中间裂缝的扩展有抑制作用；在异步多簇压裂（图 1-4-6）中，若中间注水点先于两侧注水点注水，两侧水力压裂裂缝的扩展则对中间水力压裂裂缝的扩展起到促进作用；多簇压裂时，簇间距较小，水力压裂裂缝扩展长度越长。

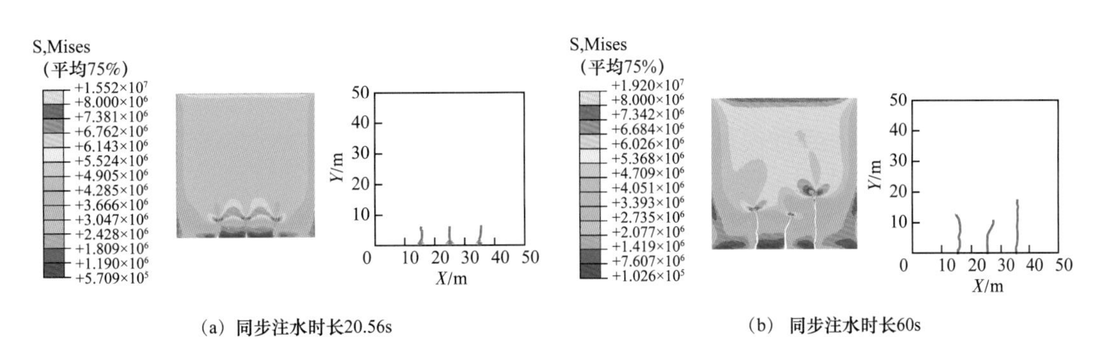

(a) 同步注水时长20.56s　(b) 同步注水时长60s

图 1-4-5　同步多簇压裂裂纹扩展形态

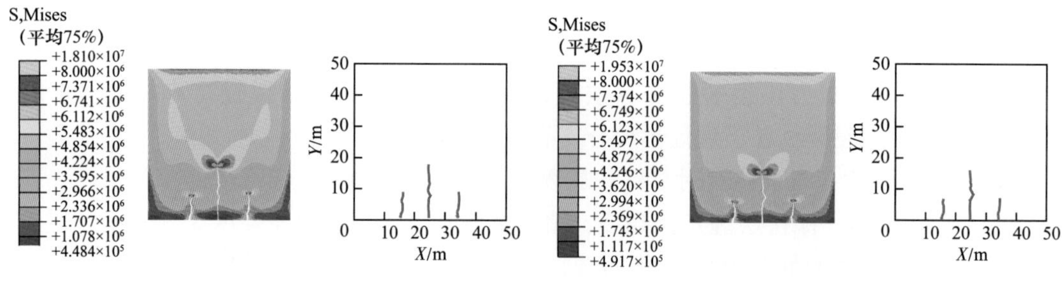

（a）异步注水中间注水点先注水20s （b）异步注水中间注水点先注水30s

图 1-4-6 异步多簇压裂裂纹扩展形态

三、页岩储层缝网扩展的定量表征

1. 页岩水力压裂裂缝扩展的数学模型

水力压裂裂缝扩展为流固耦合过程，包括注入压裂液在裂缝中的流动、岩石变形和压裂液泄漏进入储层。数学模型即针对这三个物理过程建立。由于裂缝扩展的耦合过程复杂，模型需要采用一些合理的简化假设：（1）岩石各层均为均质弹性体，服从断裂力学准则，在裂缝与远场地应力的共同作用下发生变形，岩石伤害逐渐积累，允许材料性质发生退化；（2）岩层视为三层介质，储层位于坐标系中心，上下两层材料性质与储层一致，但存在地应力差；（3）压裂液为不可压缩牛顿型液体，忽略高度方向的流体流动，垂直横截面符合平面弹性应变；缝内流动方式符合泊肃叶平板流动和润滑理论；（4）考虑流体滞后区域对于裂缝宽度的影响；考虑流体滤失进入岩石储层的效应。

1）岩体变形方程

岩体内裂缝的扩展受多个应力场的影响，裂缝扩展取决于缝内流压和远场地应力共同作用，由弹性关系得张量场控制方程（姚军等，2015）。

边界条件包括应力边界以及裂缝内流体压力边界（陈军斌等，2016），基于假设，岩石储层应力应变关系式符合胡克定律，考虑到裂缝扩展过程中，周围储层发生伤害变形，材料性质发生退化（李兆霞，2002），弹性模量受伤害变量控制，具有伤害单元的岩石本构关系为

$$\sigma = E_0(1-D)\varepsilon \qquad (1\text{–}4\text{–}10)$$

式中 σ——应力张量，MPa；

E_0——岩石初始弹性模量，MPa；

D——伤害变量；

ε——应变张量。

为了描述单元在压应力或剪应力条件下的伤害（Tang et al.，2002），选择莫尔库仑准则作为第二伤害准则，伤害变量用残余抗压强度表示为

$$D=\begin{cases}0, & \varepsilon \leqslant \varepsilon_{c0} \\ 1-\dfrac{f_{cr}}{E_0\varepsilon}, & \varepsilon_{c0} \leqslant \varepsilon\end{cases} \tag{1-4-11}$$

式中 f_{cr}——残余抗压强度，MPa；

ε_{c0}——临界抗压应变张量。

2）裂缝宽度方程

结合储层与邻层的应力差，则裂缝垂直剖面内的净压力分布为（Sneddon et al., 2013），将此净压力分布代入 England 和 Green 给出的经典宽度解，并用垂直剖面的半高代替 L，求解其中的积分，简化得

$$\frac{\pi E w\left(f_L\right)}{8\left(1-\upsilon^2\right)\left(H/2\right)}=\int_{f_L}^{f_{L1}}\frac{f_2\mathrm{d}f_2}{\sqrt{f_2^2-f_L^2}}\left[\frac{\pi}{2}\left(p_f-\sigma_a\right)\right]+$$

$$\int_{f_{L1}}^{1}\frac{f_2\mathrm{d}f_2}{\sqrt{f_2^2-f_L^2}}\left\{\frac{\pi}{2}\left(p_f-\sigma_a\right)\left[1-\frac{2}{\pi}\left(\frac{\sigma_b-\sigma_a}{p_f-\sigma_a}\right)\cos^{-1}\left(\frac{f_{L1}}{f_2}\right)\right]\right\}$$

其中

$$f_{L1}=h_{payzone}/H \tag{1-4-12}$$

式中 H——裂缝高度，m；

$h_{payzone}$——储层或产层的厚度，m；

f_i——体积力分量，MPa；

L——裂缝半长，m；

p_f——流体压力，MPa；

σ_a——储层与上邻层的地应力，MPa；

σ_b——储层与下邻层的地应力，MPa；

E——岩石弹性模量，MPa；

w（f_L）——确定高度位置处的裂缝宽度，其中，$f_L=\dfrac{y}{L}$，m；

V——流速分量，m/s^2。

此方程可用来计算任意高度（y）位置处的裂缝宽度 w（y）或 w（f_L）。取 y=0（剖面水平中心轴处）时，则可以得到该垂直剖面上的最大宽度。

3）流体流动方程

由于假设裂缝的长度远远大于其高度，因此仅需考虑压裂液沿着水力裂缝长度方向的层流流动。对于单条水力裂缝，只需要考虑裂缝内部的流体流动和流体滤失。

Lamb 认为在流动条件相同的情况下，椭圆管上的压降为平行板的 16/3π 倍，因此对于不可压缩牛顿流体在椭圆剖面水力裂缝中的流动方程为

$$\frac{\partial p}{\partial x}=-\frac{64\mu\left(x\right)q\left(x\right)}{\pi H\left(x\right)w_0\left(x\right)^3} \tag{1-4-13}$$

式中 $q(x)$——单位长度上裂缝横截面上通过的流体流量，m^3/s；

$H(x)$——该位置截面处的裂缝高度，m；

$w_0(x)$——裂缝长度上任意点（x）的水力裂缝最大宽度，m；

μ——压裂液黏度。

考虑裂缝壁面的流体滤失作用，裂缝内流体连续性方程（Charlez，1997）为

$$\frac{\partial q}{\partial x}+q_{\mathrm{L}}+\frac{\partial A}{\partial t}=0 \tag{1-4-14}$$

式中 t——当前流动时间，s；

A——裂缝裂面面积，m^2。

q_{L} 与流体滤失速率有关，采用 Carter 方程：

$$q_{\mathrm{L}}=\frac{2C_{\mathrm{L}}H(x)}{\sqrt{t-\tau(x)}} \tag{1-4-15}$$

式中 C_{L}——综合滤失系数，$m/s^{1/2}$；

$\tau(x)$——该位置滤失速率，m/s。

对于式（1-4-15）的求解，所使用的三个边界条件分别表示初始时裂缝是闭合的、压裂液注入点的注入速率是一个常数、裂缝尖端处裂缝时闭合的。实际情况下，裂缝前沿与流体前沿之间存在一个未湿润区域（流体滞后）。基于此，模型在 Nordgren 方程组（Norgren，1972）基础上考虑了断裂影响和流体滞后效应，则裂缝尖端与流体前沿的边界条件变为

$$\begin{gathered} w(L,t)=0,\ \ K_{\mathrm{I}}(L,t)=K_{\mathrm{Ic}} \\ p_{\mathrm{f}}(d,t)=0,\ \ v_{\mathrm{f}}(d)=q(d)/w(d) \end{gathered} \tag{1-4-16}$$

式中 d——流体前沿所在的位置；

K_{I}——I 型裂纹尖端应力强度因子，MPa/m；

v_{f}——边界流体速度，m/s。

根据断裂力学可得到流体滞后区域的裂缝宽度：

$$w(\Delta a)=\frac{4(1-\upsilon)^2}{E}K_{\mathrm{I}}\sqrt{\frac{2\Delta a}{\pi}} \tag{1-4-17}$$

式中 Δa——裂缝尖端区域 X 轴上任意点与尖端的距离。

4）高度增长

裂缝的扩展准则（Irwin，1957）为

$$K_{\mathrm{I}}=K_{\mathrm{c}} \tag{1-4-18}$$

式中 K_{c}——裂缝扩展韧度，MPa/m。

半高为 L 线性裂缝应力强度因子弹性理论解（Rice，1968；Palmer，1983）为

$$K_{\mathrm{I}}=\frac{1}{\sqrt{\pi L}}\int_{-L}^{+L}\Delta p(y)\left(\frac{L+y}{L-y}\right)^{1/2}\mathrm{d}y \tag{1-4-19}$$

将地应力差相关的垂向压力分布代入式（1-4-19）进行积分，可得到一个由高度表示的压力变化方程：

$$\frac{\mathrm{d}p}{\mathrm{d}x}=-\frac{\mathrm{d}H}{\mathrm{d}x}\left[\frac{K_{\mathrm{c}}}{\sqrt{2\pi}H^{3/2}}-\frac{2}{\pi}\left(\sigma_{\mathrm{b}}-\sigma_{\mathrm{a}}\right)\frac{h_{\mathrm{payzone}}/H}{\sqrt{H^{2}-h_{\mathrm{payzone}}^{2}}}\right] \tag{1-4-20}$$

2. 采用自编数值程序开展含天然裂缝岩体水力压裂裂缝扩展规律数值模拟研究

基于建立的裂缝扩展模型，利用 Fortran 语言编写了水力压裂裂缝扩展模拟数值程序，数值程序包括三个模块，分别为前处理模块、水力压裂计算模块及后处理模块。通过将数值程序计算结果与 KGD 水力压裂模型解析解和水力压裂室内试验结果进行对比，对比结果良好，验证建立的裂缝扩展模型及自编数值程序在水力压裂数值计算上的准确性与有效性（沈永星等，2020）。

1）水平应力差对水力压裂缝网的影响

图 1-4-7 为不同水平应力差下的水力压裂缝网扩展情况。水平应力差为 0MPa 时，水力裂缝先与天然裂缝 NF1 相交后形成“T”形裂缝；沿天然裂缝 NF1 下端扩展的裂缝先后与天然裂缝 NF3、NF5 相交，形成“L”形裂缝；沿天然裂缝 NF1 上端扩展的裂缝扩展路径受储层中应力影响直接穿越了天然裂缝 NF2 沿岩石基质继续扩展；共沟通了三条天然裂缝。当水平应力差逐渐增加为 3MPa 时，水力裂缝沟通了储层中的 5 条天然裂缝，所形成的水力压裂缝网结构复杂。因此，水平应力差越大，水力裂缝越易向前延伸扩展，在未发生穿越天然裂缝扩展现象情况下沟通的天然裂缝数量越多，使得最终的水力压裂缝网越复杂。因此，实际压裂工程前应了解储层地质条件，根据地应力条件合理布置预制裂缝（或射孔）位置，以期形成复杂的水力压裂缝网，获得较大的 SRV，可有效地改善储层渗透性，从而实现储层增产。

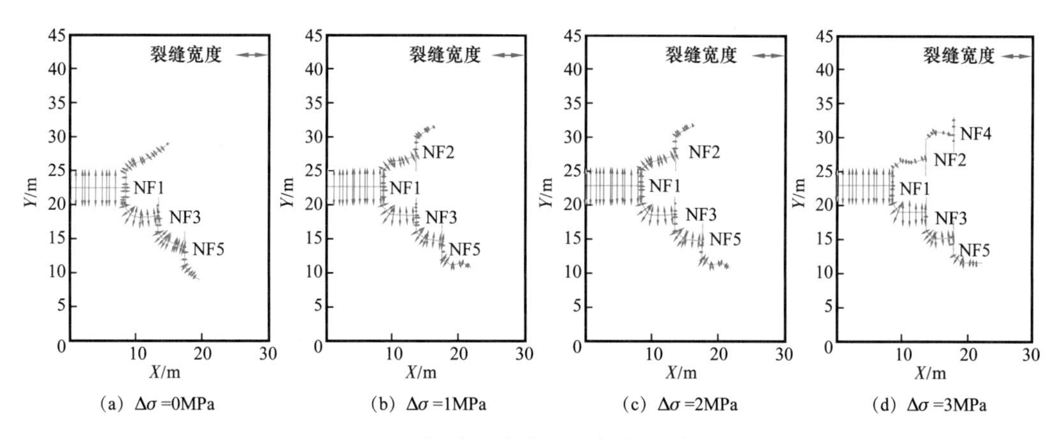

图 1-4-7　不同水平应力差对水力压裂缝网的影响

2）压裂液黏度对水力压裂缝网的影响

图 1-4-8 为不同压裂液黏度下的水力压裂缝网扩展情况。压裂液黏度较低时，水力裂缝与天然裂缝 NF1 相交后沿其上端扩展的裂缝，未沟通其他天然裂缝。沿天然裂缝 NF1 下端扩展的裂缝先后与天然裂缝 NF3、NF5 相交并沿其单向扩展，最终形成的水力压裂缝网较简单。当压裂液黏度增大到 3mPa·s 时，此时裂缝相交角接近 90°，最终的裂缝总长和局部压裂裂缝宽度有所增加。当压裂黏度继续增大后，最终的水力压裂缝网复杂性和所获裂缝长度较压裂液黏度为 3mPa·s 时有所减小。

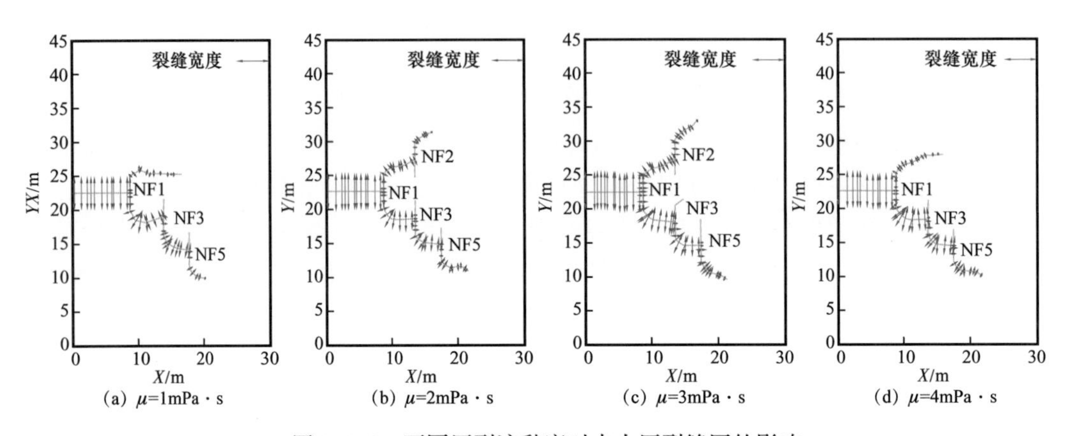

图 1-4-8 不同压裂液黏度对水力压裂缝网的影响

因此，随着压裂液黏度增大，水力压裂缝网的复杂性和裂缝长度与宽度都有所增加。但当压裂液黏度较大时，水力裂缝沟通的天然裂缝数反而减少，最终形成的水力压裂缝网复杂性和储层改造面积开始减小。因此，在压裂施工时，需参考储层大小范围及地质条件，根据实际的压裂目的等因素严格控制压裂液黏度大小，才能有效地增加储层改造面积，获得较好的预期储层增产效果。

第五节 页岩气复杂介质多场耦合渗流数学模型

一、基于微地震损伤参数的渗流数学模型

1. 基于伤害变量的渗透率模型

1）基于微地震参数的页岩损伤模型

能量理论指出，岩石变形破坏过程中经历着能量耗散与能量释放，岩石材料性质劣化和强度损失是能量耗散所致，岩石突然破坏是能量释放的结果。通过研究岩石变形破坏过程中能量变化与岩体力学性质和整体破坏的关系，可以得到考虑损伤时的单位体积岩体单元可释放的应变能（谢和平等，2005）：

$$U_{\mathrm{D}}^{e}=\frac{1}{2E_{\mathrm{D}}}\left[\sigma_1^2+\sigma_2^2+\sigma_3^2-2\upsilon\left(\sigma_1\sigma_2+\sigma_2\sigma_3+\sigma_1\sigma_3\right)\right] \quad (1\text{-}5\text{-}1)$$

式中 U_D^e——考虑损伤的弹性，N·m；

σ_1，σ_2，σ_3——分别为岩石所受的最大主应力、中间主应力和最小主应力，Pa；

E_D——各向同性岩体单元当前损伤弹性模量，$E_D=(1-D)E_0$，Pa；

E_0——岩石初始弹性模量，Pa；

D——损伤变量；

υ——泊松比。

若由微地震视体积确定的岩体单元损伤后被微地震系统所拾取的辐射能用 $\Delta U'$ 表示，则岩体单元损伤（单个微地震事件）所释放的弹性应变能 ΔU 为

$$\Delta U=\frac{\Delta U'}{\eta} \tag{1-5-2}$$

式中 $\Delta U'$——微地震参数计算的辐射能，N·m；

η——地震效率系数。

定义震源尺度范围内的岩体损伤变量 D，若单个微震事件的损伤半径 R 内有 m 个岩体单元，则可释放应变能为 mU_D^e，其中损伤半径内岩体所释放应变能为 $\Delta U'/\eta$，因此损伤变量 D 定义为

$$D=\Delta U/mU_D^e=\Delta U'/\eta mU_D^e \tag{1-5-3}$$

式中 ΔU——岩体单元伤害释放的弹性应变能。

岩体单元损伤是一个动态的过程，存在多步损伤的叠加，因此当前岩体单元对应的损伤弹性模量 E_D、损伤内聚力 C_D、损伤摩擦角 φ_D 可表示为

$$\begin{cases}E_D=(1-d)E_p\\C_D=(1-d)C_p\\\tan\varphi_D=(1-d)\tan\varphi_p\end{cases} \tag{1-5-4}$$

式中 E_p，C_p，φ_p——分别为岩体单元的弹性模量、内聚力、摩擦角。

当 $D=1$ 时，岩体单元发生完全损伤，即破坏；当 $D=0$ 时岩体单元未发生损伤。

2）基于页岩损伤变量的渗透率模型

岩石的渗透性与其内部的裂隙发育状态密切相关，在不同应力状态下岩石的变形和裂隙发育状态不同，故其渗透性也随之变化。由于在裂纹萌生和发展的过程中，能量会以弹性波的形式瞬间释放出来，即产生声发射信号。因此可以通过声发射监测技术来分析岩石的渗透性与岩石破坏过程的对应关系。

岩石内部裂隙的扩展、连通是导致岩石渗透率变化的根本原因。岩石在变形破坏全过程中的渗透率与损伤变量呈指数函数关系与围压呈幂次函数关系。

根据岩石在变形破坏全过程中的渗透特性试验数据，对渗透率进行拟合分析，得出渗透率 K 随损伤变量 D 及有效围压 p 变化的经验方程为

$$\begin{cases} K_{\mathrm{m}}=K_0 p_{\mathrm{m}}{}^{-B}\exp\left[A\left(D-D_0\right)\right], & D>D_0 \\ K_{\mathrm{m}}=K_0 p_{\mathrm{m}}{}^{-B}, & D\leqslant D_0 \end{cases} \tag{1-5-5}$$

式中 p_{m}——基岩压力，Pa；

K_{m}——基岩渗透率，D；

K_0——初始渗透率，mD；

A，B——与围压有关的参数；

D_0——损伤阈值。

考虑到不同围压条件下岩石渗透特性随损伤演化趋势存在一定的差异性，参量 A、B 及损伤阈值均为有效围压的函数。从严格意义上讲岩石损伤和渗透特性均应为矢量参数。

2. 页岩渗流控制方程

基于微地震损伤的页岩气渗流模型中，由于天然裂缝影响的是微地震损伤的变化程度和范围，因此可以不单独考虑裂缝对天然气运移的影响，而统一考虑损伤变量 D 的影响。假设页岩储层中气体以游离态存储于天然裂缝，基岩中游离态和吸附态的气并存；页岩气藏中仅存在单相单组分气体运移；气藏在生产过程中温度保持不变，气体在基岩表面满足朗格缪尔（Langmuir）等温吸附方程。基岩中考虑黏性流、克努森扩散、分子扩散及解吸机制，得到基岩连续性方程（姚军等，2013）如下：

$$\left[\gamma\phi_{\mathrm{m}}+\frac{\left(1-\phi_{\mathrm{m}}\right)M_{\mathrm{g}}p_{\mathrm{L}}\rho_{\mathrm{s}}}{V_{\mathrm{std}}\left(p_{\mathrm{L}}+p_{\mathrm{m}}\right)^2}\right]\frac{\partial p_{\mathrm{m}}}{\partial t}-\nabla\left[\gamma\left(\frac{K_{\mathrm{m}}p_{\mathrm{m}}}{\mu_{\mathrm{g}}}+D_{\mathrm{km}}\right)\left(\nabla p_{\mathrm{m}}\right)\right]=-Q_{\mathrm{p}} \tag{1-5-6}$$

式中 γ——系数，$\gamma=M_{\mathrm{g}}/ZRT$；

M_{g}——气体的摩尔质量，kg/mol；

Z——气体压缩因子；

R——理想气体分数；

T——温度，K；

ϕ_{m}——基岩孔隙度；

p_{L}——朗格缪尔压力，Pa；

ρ_{s}——岩心密度，kg/m^3；

p_{m}——基岩压力，Pa；

K_{m}——基岩渗透率，mD；

V_{std}——标准状况下的摩尔体积，m^3/mol；

μ_{g}——气体黏度，Pa·s；

D_{km}——基岩的扩散系数，m^2/s；

Q_{p}——流量，m^3/s。

3. 应力场控制方程

页岩储层的应力场变形控制方程为

$$Gu_{i,kk}+\frac{G}{1-2v}u_{k,ki}-\alpha p_{m,i}-K\varepsilon_{s,i}+f_i=0 \tag{1-5-7}$$

式中 $u_{i,\ kk}$——储层 i 方向的位移分量，m；

$u_{k,\ ki}$——储层 k 方向的位移分量，m；

G——剪切模量，其中，$G=E/2(1+v)$；

$p_{\mathrm{m},\ i}$——基质块中的孔隙压力，Pa；

$\varepsilon_{\mathrm{s},\ i}$——吸附引起的体积应变；

f_{i}——储层的体积力分量，N；

α——基质块中的 Biot 系数；

K——页岩的体积模量，$K=E/3(1-2v)$，Pa。

4. 模型验证

为了验证渗透率模型的正确性，结合渗透率的应力敏感性实验数据和现场资料对模型进行拟合。根据裂缝岩样的应力敏感性实验，得出了两组实验数据，即样品 KJ3 与 KJ4 的数据。此处的有效应力按照太沙基（Terzaghi）有效应力公式计算得出。

当初始渗透率为 2.42mD 时，当弹性模量取 29GPa，裂缝法向刚度取 67.5GPa/m，裂缝开度为 0.17mm，基质块宽度取 1/12m 时，样品 KJ3 的实验数据与 SRV 区域渗透率模型的理论值拟合情况较好（图 1-5-1）。

当初始渗透率为 5.08mD 时，其他参数同样品 KJ3，则样品 KJ4 的实验数据与 SRV 区域渗透率模型的理论值拟合情况较好（图 1-5-2）。

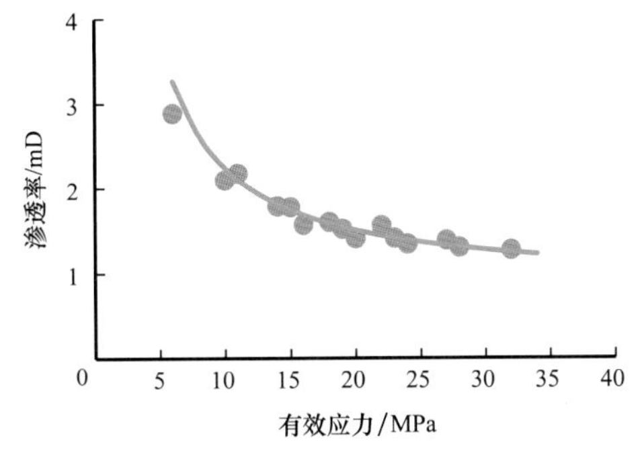

图 1-5-1 拟合数据与 KJ3 实验数据拟合图

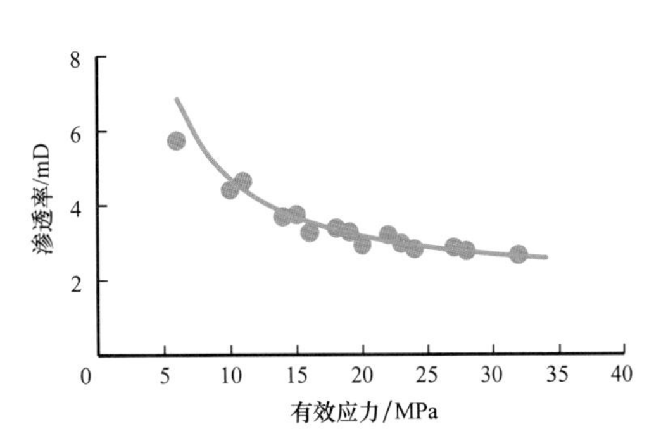

图 1-5-2 拟合数据与 KJ4 实验数据拟合图

因此，在一定的条件下，室内实验数据与 SRV 渗透率模型能够较好地拟合。

二、SRV 区域渗流规律模拟

采用上述流固耦合模型，利用数值模拟软件，建立物理模型，对耦合方程进行求解，分析页岩气开采过程中页岩储层渗流场与应力场的变化规律。

1. 模型的建立与模拟方案

结合页岩气开采实际情况，给定数学模型求解的初始条件与边界条件。同时，建立

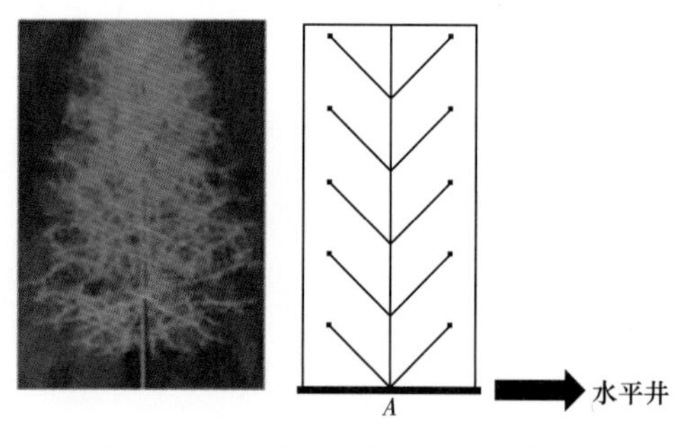

图 1-5-3　裂缝页岩储层几何模型

合理的几何模型和模型参数，利用 COMSOL 中的 PDE 模块与固体力学模块，对裂缝页岩储层的渗流—应力耦合问题进行分析。

根据现场实际生产状况，页岩气在水力压裂开采过程中，会形成“树枝状”裂缝网络区域。因此，在数值模拟过程中，将 SRV 区域简化成图 1-5-3，储层区域为 100m×50m 的长方形，长方形底边为水平井，A 点为压裂点，长方形中部竖线为主裂缝，两边斜线为次级裂缝 SRV 区域网络采用裂隙流计算。

根据实验数据及文献调研，主要参数取值见表 1-5-1。

表 1-5-1　各类参数取值

参数名称	参数取值	参数名称	参数取值
储层初始地层压力	8MPa	langmuir 体积应变常数	0.01266
基质初始孔隙度	0.05	langmuir 压力常数	4.3MPa
裂缝初始孔隙度	0.003	langmuir 体积常数	$0.0285m^3/kg$
基质初始渗透率	$1\times10^{-8}D$	裂缝初始张开度	0.01mm
裂缝初始渗透率	$1\times10^{-3}D$	基质单元初始宽度	1/12m
页岩密度	$2500kg/m^3$	裂隙法向刚度	$1.15\times10^{-9}MPa/m$
标况下 CH_4 密度	$0.717kg/m^3$	基质体积模量	11658MPa
CH_4 动力黏度	$1.84\times10^{-5}Pa\cdot s$	页岩弹性模量	29GPa
标准大气压	101.325kPa	泊松比	0.3

2. 裂缝储层的渗流—应力耦合规律

图 1-5-4 给出了页岩储层分别在开采 10 天、100 天、1000 天、2000 天、3000 天、4000 天时的压力的分布规律图，从图中可以看出页岩气开采过程中，储层孔隙压力沿井口向外逐渐增大，且与裂缝扩展的方向、形态有关。储层压力由井口沿着裂缝的延伸方向形成了明显的压降。对比开采末期远离井口区域和井口附近的孔隙压力可知，开采区域内各点的压力明显低于开采初期，表示页岩气开采已经到达开采区域边界。开采初期

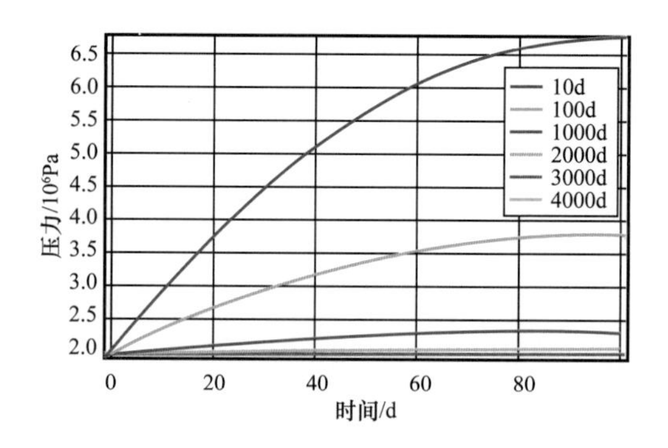

图 1-5-4　储层压力沿模型纵向对称轴的变化规律图

裂缝储层的压力下降迅速，这是由于 SRV 区域中赋存于裂缝与孔隙中的游离气被迅速开采出；随着开采时间的增加，页岩气被不断开采出来，造成压力梯度下降，因此，产气速率逐渐降低。

3. 裂缝展布特征对页岩气运移的影响

为研究 SRV 区域裂缝展布特征对页岩气运移的影响，依次改变裂缝的数量、裂缝角度与随机裂缝分布来分析储层压力的变化情况。

1）裂缝数量的影响

改变裂缝页岩储层模型中次级裂缝的数量，使次级裂缝的条数分别为 0 条、2 条、4 条、8 条，其余参数不变，计算 2000 天时储层的压力情况（图 1–5–5）。

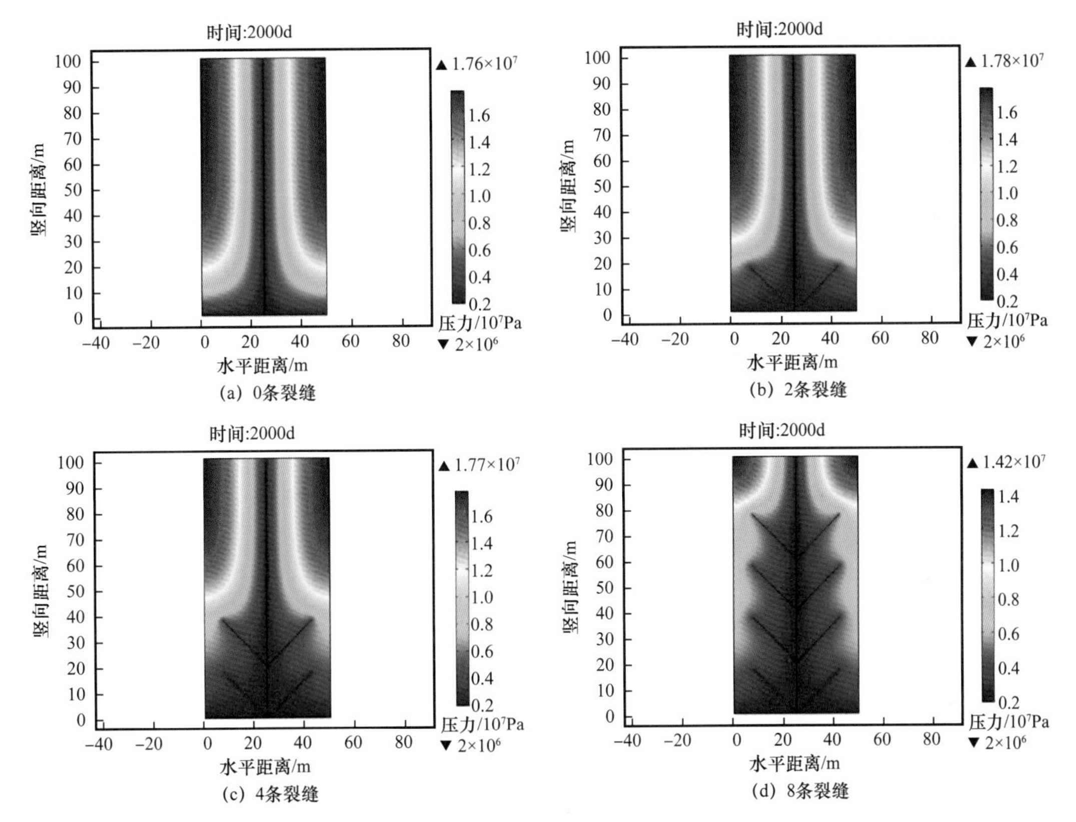

图 1–5–5 裂缝数量对储层压力的影响

从图 1–5–5 可以看出，随着裂缝条数的增加，储层压力下降的范围增加。在同一时间内，SRV 区域越大，裂缝数量越多，更大范围的页岩气藏会被开采出来。

2）裂缝角度的影响

改变次级裂缝与主裂缝的夹角，分析裂缝角度对储层压力的影响规律。其余参数不变，使次级裂缝与主裂缝的夹角分别为 15°、45°、60°、90°，计算 500 天时，裂缝储层的压力分布状况（图 1–5–6）。

从图 1–5–6 中可以发现，当其他参数取值不变时，储层压力下降的区域即 SRV 区域范围随着次级裂缝与主裂缝间角度的增加而增加。在同一时刻，角度越小，次级裂缝与主裂缝之间夹角较小的一侧储层压力下降的幅度越大；随着裂缝角度的增加，次级裂缝两边储层压力的下降情况趋于对称。

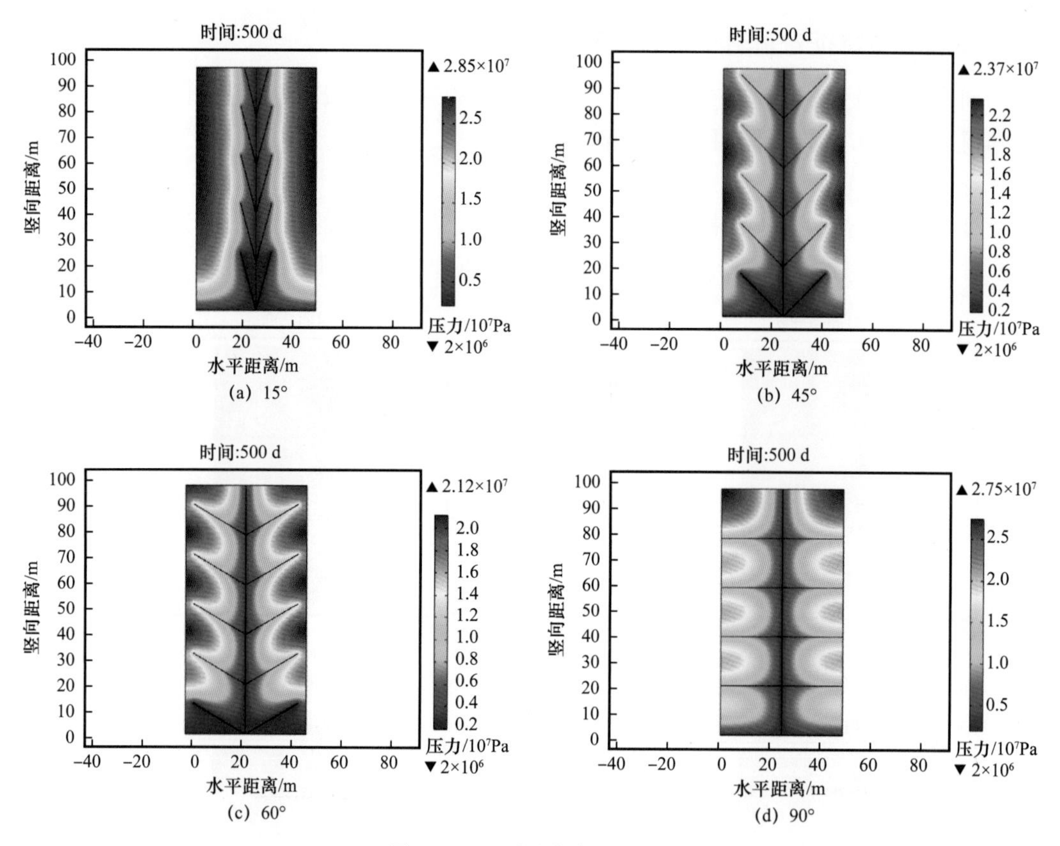

图 1-5-6 裂缝角度的影响

4. SRV 区域随机裂缝对页岩气运移的影响

实际生产中，储层条件复杂，裂缝形态也是各式各样的，裂缝网络的展布并未形成简单计算的特定规律，因此，可以随机设置裂缝角度、长度和数量，形成无规律裂缝展布的储层形态，在随机裂缝条件下对 SRV 区域的储层压力分布规律进行分析。储层压力随时间的变化规律如图 1-5-7 所示，从图中同样可以看出如下规律：

（1）在页岩气开采过程中，储层孔隙压力沿井口向外逐渐增大，且与裂缝延伸的方向、形态有关。储层压力由井口沿着裂缝的延伸方向形成了明显的压降。在远离井口位置，由于受到边界条件和外载荷的影响，孔隙压力分布不均匀，符合圣维南原理。

（2）对比开采末期远离井口区域和井口附近的孔隙压力可知，开采区域内各点的压力明显低于开采初期，表示页岩气开采已经到达开采区域边界处。这说明，如果开采区域不局限于数值模拟设定范围，即扩大开采区域面积，则更远处的页岩气也将会被开采出来。

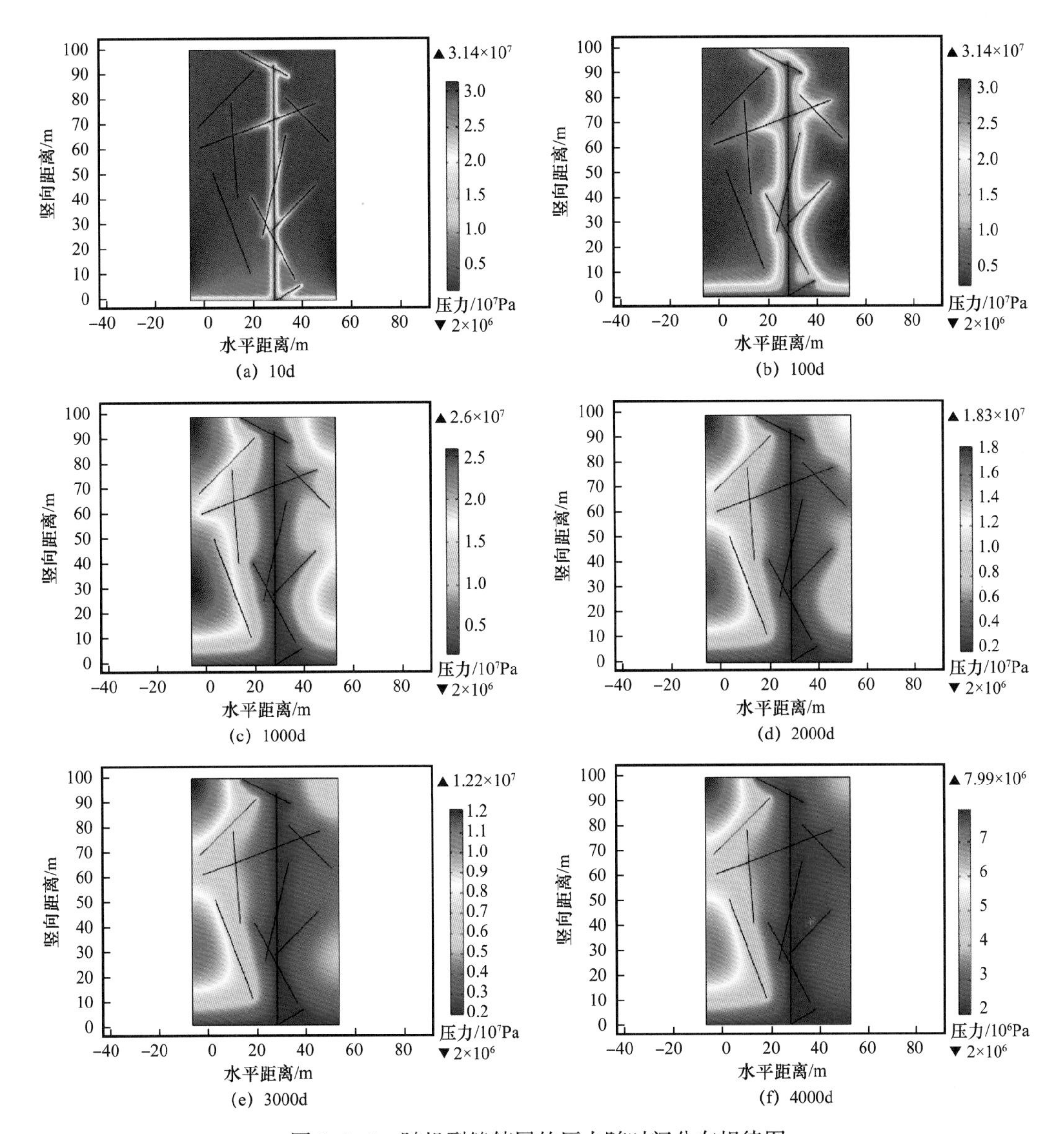

图 1-5-7 随机裂缝储层的压力随时间分布规律图

（3）在开采初期，裂缝储层的压力下降迅速，这是由于 SRV 区域中赋存于裂缝与孔隙中的游离气被迅速开采出；随着开采时间的增加，页岩气不断地被开采出来，造成压力梯度下降，因此，产气速率逐渐降低。

5. 产量变化规律

单井日产气量速率的变化规律如图 1-5-8 所示。可以看出，生产井的产气速率在开采初期急剧下降，开采一段时间以后，数值模拟得到的产气速率趋于稳定。图 1-5-9 为长宁 H2-3 井的日产气量图。从两图对比可以看出，在 500 天后，单井产量相对较为稳定，长宁 H2-3 井日产气量对数拟合曲线与数值模拟基本一致，日产气量模拟的准确率较高。

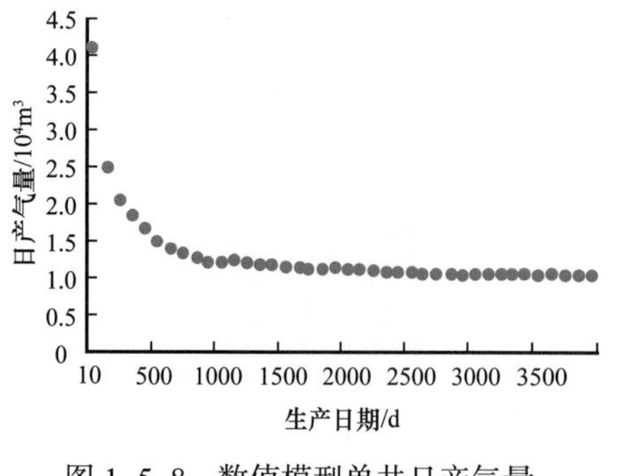

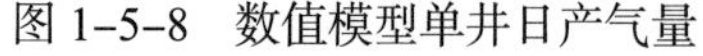

图 1-5-8 数值模型单井日产气量

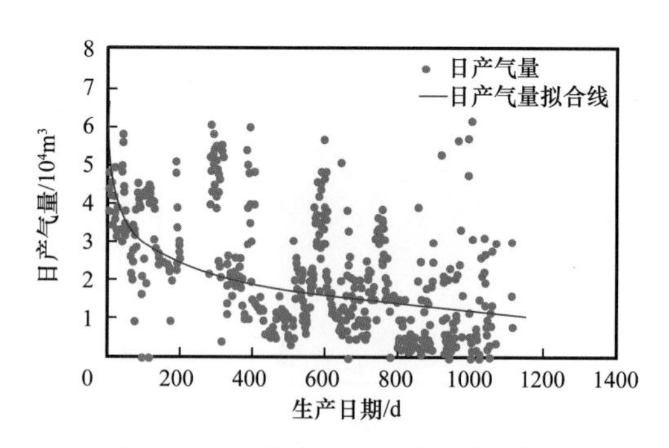

图 1-5-9 长宁 H2-3 井日产气量

第六节 页岩气井产能预测与试井解释方法

页岩气的工业开采离不开大规模水力压裂，充分认识压裂缝网是产能评价、压裂优化设计和页岩气高效开发的前提，但现有技术还无法获得压裂缝网形态、导流能力及应力敏感系数等关键参数，建立页岩气井产能模型和试井解释方法迫在眉睫。考虑页岩气在储层中的赋存和非线性流动机理，运用等效连续介质—离散裂缝的混合方法表征复杂的缝网，建立页岩气复杂缝网产能模型；引入格林元方法（GEM），将储层采用正交网格离散，大尺度裂缝采用嵌入式裂缝处理，建立求解页岩气井产能模型的改进格林元方法（EGEM），形成页岩气井生产动态分析方法；考虑页岩气非线性流动机理，并采用 EGEM 及局部网格加密方案，建立了页岩气试井分析模型。通过建立考虑页岩气流动机理和离散裂缝网络的产能模型和试井分析方法，有效解决了目前页岩气井产能评价和缝网参数反演所面临的难题，为页岩气藏的高效开发提供了重要的理论基础和技术指导。

一、页岩气离散裂缝模拟的改进格林元方法

建立高效的离散裂缝模拟方法是缝网参数动态反演的前提。现有解析模型不能处理页岩储层的复杂缝网和非线性流动机理，而半解析模型和数值模型在处理大量裂缝时计算效率较低。因此，有必要建立新的离散裂缝数值模拟方法。本节在储层缝网和非线性流动机理表征的基础上，分别建立页岩基质、微裂缝和离散裂缝中的渗流模型，建立了页岩气压裂水平井产能数学模型；基于 GEM 和有限差分方法，建立渗流模型高效求解的 EGEM，实现粗网格下大量离散裂缝的模拟。

1. 基于页岩气流动机理的气井产能模型

为考虑储层的非均质性，储层被划分为很多块。虽然不同块的属性不同，但在同一块内，储层和裂缝的物性当作均质体处理。这样处理有两个优点：（1）模型能更好地与地质建模软件相结合，如通过 Petrel 可以建立以网格为单位的储层属性模型，可以直接用于本模型进行模拟；（2）方便模型的推导，在模型推导时，可以基于一个网格的均质方程进行推导，最后直接进行离散、耦合即可。在以下模型推导过程中，使用下标 m 表示

基质系统，下标 f 表示微裂缝系统，下标 F 表示大尺度裂缝系统。

1）基质中的渗流模型

考虑页岩气的吸附解吸、表观渗透率，页岩基质中渗流的连续性方程为

$$\nabla \cdot \left(-\rho \boldsymbol{v}_{\mathrm{m}}\right)+\rho q_{\mathrm{a}}=\frac{\partial\left(\rho \phi_{\mathrm{m}}\right)}{\partial t} \tag{1-6-1}$$

式中 ρ——气体的密度，$\mathrm{kg/m^3}$；

$\boldsymbol{v}_{\mathrm{m}}$——气体的渗流速度，对于二维问题，$\boldsymbol{v}_{\mathrm{m}}=v_x i+v_y i$，$v_x$ 和 v_y 分别为 X 轴和 Y 轴方向上的渗流速度，m/s；

t——时间，s；

q_{a}——页岩气的解吸附向单位视体积储层的供给速度，1/s。

气体的渗流速度为

$$v_x=-\frac{K}{\mu} \frac{\partial p}{\partial x} \tag{1-6-2}$$

式中 K——表观渗透率，D，是压力的函数；

μ——黏度，Pa·s。

气体的密度可以表示为

$$\rho=\frac{p M}{z R T} \tag{1-6-3}$$

式中 M——气体分子量，甲烷分子量为 16g/mol；

R——气体常数，8.314J/（mol·K）；

Z——气体偏差因子；

T——温度，K。

岩石的压缩系数为

$$c_{\mathrm{m}}=\frac{1}{\phi_{\mathrm{m}}} \frac{\mathrm{d} \phi_{\mathrm{m}}}{\mathrm{d} p} \tag{1-6-4}$$

气体的压缩系数为

$$c_{\mathrm{g}}=\frac{1}{p}-\frac{1}{z} \frac{\mathrm{d} z}{\mathrm{d} p} \tag{1-6-5}$$

气体的体积系数为

$$B_{\mathrm{g}}=\frac{p_{\mathrm{sc}} z T}{p z_{\mathrm{sc}} T_{\mathrm{sc}}} \tag{1-6-6}$$

单位视体积中吸附气解吸速率 q_{a} 可以根据等温吸附量获得

$$q_{\mathrm{a}} = -B_{\mathrm{g}} \frac{\partial V}{\partial t} \tag{1-6-7}$$

式中 V——吸附气体积含量，$\mathrm{m^3/m^3}$；

t——时间，s。

定义解吸附气体压缩系数为

$$c_{\mathrm{d}} = \frac{B_{\mathrm{g}} V_{\mathrm{L}} p_{\mathrm{L}}}{\phi_{\mathrm{m}} (p_{\mathrm{L}} + p)^2} = \frac{p_{\mathrm{sc}} z T}{p z_{\mathrm{sc}} T_{\mathrm{sc}}} \frac{V_{\mathrm{L}} p_{\mathrm{L}}}{\phi_{\mathrm{m}} (p_{\mathrm{L}} + p)^2} \tag{1-6-8}$$

综合压缩系数为

$$c_{\mathrm{tm}} = c_{\mathrm{m}} + c_{\mathrm{g}} + c_{\mathrm{d}} \tag{1-6-9}$$

定义气体拟压力函数为

$$\psi = 2\int_0^p \frac{p}{\mu z} \mathrm{d}p \tag{1-6-10}$$

在一个网格内，渗透率的非均质性可以忽略，同时，非线性问题可以进行迭代处理，在每次迭代过程中，渗透率为一个定值，基质中渗流模型最终化为

$$\frac{\partial^2 \psi}{\partial x^2} + \frac{\partial^2 \psi}{\partial y^2} = \frac{\phi \mu c_{\mathrm{tm}}}{K} \frac{\partial \psi}{\partial t} \tag{1-6-11}$$

2）微裂缝中的渗流模型

本节中的大尺度裂缝被单独抽提出来并处理为离散介质（图 1-6-1）。对于基质和微裂缝组成的双重介质系统，离散裂缝相当于系统的源 / 汇项。为了方便与直井模型进行对比，将直井也纳入了模型的考虑之中。

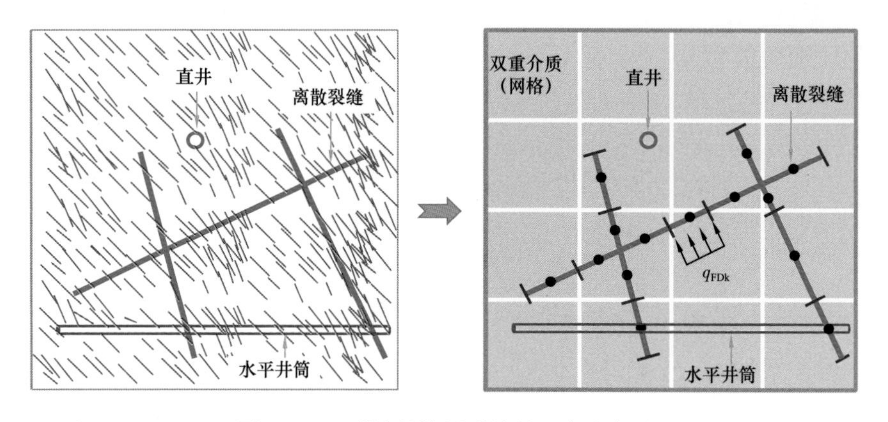

图 1-6-1 裂缝性储层裂缝处理方法意图

微裂缝系统的连续性方程为

$$\nabla \cdot (-\rho \boldsymbol{v}_{\mathrm{f}}) + q_{\mathrm{mf}} - \frac{\rho B_{\mathrm{g}} q_{\mathrm{fF}}}{h} - \frac{\rho B_{\mathrm{g}} q_{\mathrm{fw}}}{h} = \frac{\partial (\rho \phi_{\mathrm{f}})}{\partial t} \tag{1-6-12}$$

式中 q_{fF}、q_{fw}——分别为地面常温常压状态下微裂缝—离散裂缝、微裂缝—直井之间的流量交换，m/s；

ϕ_{f}——微裂缝视孔隙度。

对于不含有直井的模型，$q_{\mathrm{fw}}=0$，等式左边第四项可以直接去掉。

微裂缝—离散裂缝间的窜流量可以表示为

$$q_{\mathrm{fF}}=\sum_{k=1}^{N_{\mathrm{F}}}\int_{\Gamma^{k}}q_{\mathrm{Fk}}(l)\delta(x-y)\mathrm{d}l \tag{1-6-13}$$

式中 Γ^{k}——沿着第 k 条离散裂缝的线积分；

q_{Fk}——地面常温常压状态下第 k 条离散裂缝单位长度上的流量，m^2/s；

N_{F}——离散裂缝的条数；

x——二维空间中的一个点（x，y，z）；

y——离散裂缝上的一个点；

δ（$x-y$）——狄拉克函数。

微裂缝—直井之间的流量交换可以表示为

$$q_{\mathrm{fw}}=\sum_{m=1}^{N_{\mathrm{w}}}q_{\mathrm{wm}}\delta(\boldsymbol{x}-\boldsymbol{x}_{\mathrm{w}}) \tag{1-6-14}$$

式中 q_{wn}——地面常温常压状态下第 n 口直井的流量，m^3/s；

N_{w}——直井的数目；

x_{w}——直井所在位置。

3）离散裂缝中的渗流模型

由于离散裂缝的宽度较小，一般处于毫米—厘米量级，所以可以将离散裂缝中的渗流当成一维流动处理。对于第 k 条裂缝，流体流动的连续性方程可以写为

$$\nabla\cdot(-\rho\boldsymbol{v}_{\mathrm{Fk}})+\frac{\rho B_{\mathrm{g}}q_{\mathrm{F}k}}{w_{\mathrm{Fk}}h}=\frac{\partial(\rho\phi_{\mathrm{Fk}})}{\partial t} \tag{1-6-15}$$

式中 ϕ_{Fk}——第 k 条离散缝的孔隙度；

w_{Fk}——第 k 条裂缝的宽度，m。

此处，需要注意的是，裂缝宽度并不是一个恒定值，裂缝孔隙度和渗透率为支撑剂充填后的值（未支撑裂缝除外）。

2. 模型的改进格林元求解方法

由于方思冬（2017）提出的 GEM 可以适用于任意形状的网格，适合用来进行嵌入式裂缝的处理，在该模型上进行了四方面的改进：（1）将多尺度离散裂缝考虑到模型中，其中大尺度裂缝离散处理，小尺度裂缝采用等效连续介质处理；（2）将模型在 Laplace 空间推导，既可以将非稳态解用于 GEM，也可以减小时间差分项带来的计算误差，保证数值解的早期精度；（3）模型中考虑页岩气赋存和非线性流动机理；（4）提出多种 GEM 局

部加密和提高计算效率的方案。

1）基质网格剖分方法

由于本节主要考虑了嵌入式离散裂缝，网格剖分主要分为两步：（1）对储层区域进行剖分，形成背景网格；（2）将离散裂缝嵌入背景网格中，对裂缝进行单元划分。

EGEM 可以适用于任意网格类型，包括任意四边形网格、三角形网格、矩形网格等（图 1–6–2）。COMSOL 网格剖分质量高、速度快，可以获得很好的网格剖分。原理上，可以使用任意的背景网格系统。本节主要基于矩形网格对储层进行离散，主要有以下几方面的原因：（1）使用矩形网格不影响求解的精度；（2）背景网格离散简单，不用借助 COMSOL 等工具辅助；（3）嵌入离散裂缝后求交点及裂缝离散简单；（4）矩形网格系统能更好地与商业地质建模软件相结合，如 Petrel 等。

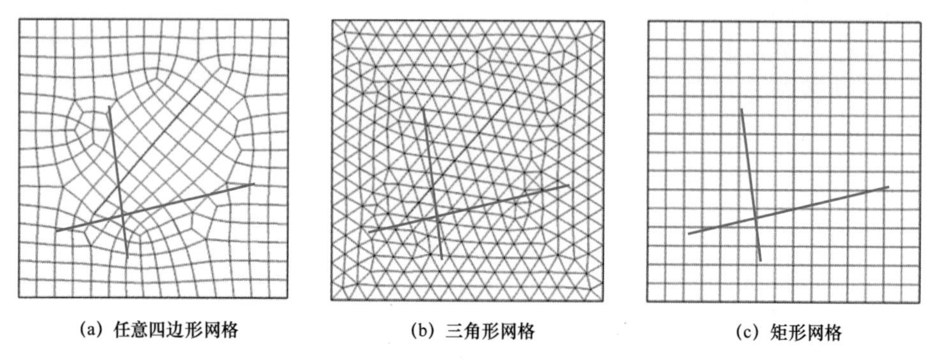

图 1–6–2 不同类型网格剖分及嵌入式裂缝意图

如图 1–6–3 所示，本模型前处理主要的步骤：（1）根据模拟区域大小，选定合理的背景网格步长；（2）进行区域网格划分，确定各个网格的几何信息，包括顶点坐标、网格长与宽等；（3）将裂缝嵌入网格中，根据离散裂缝之间、裂缝与背景网格线之间的相交情况对裂缝进行单元划分。

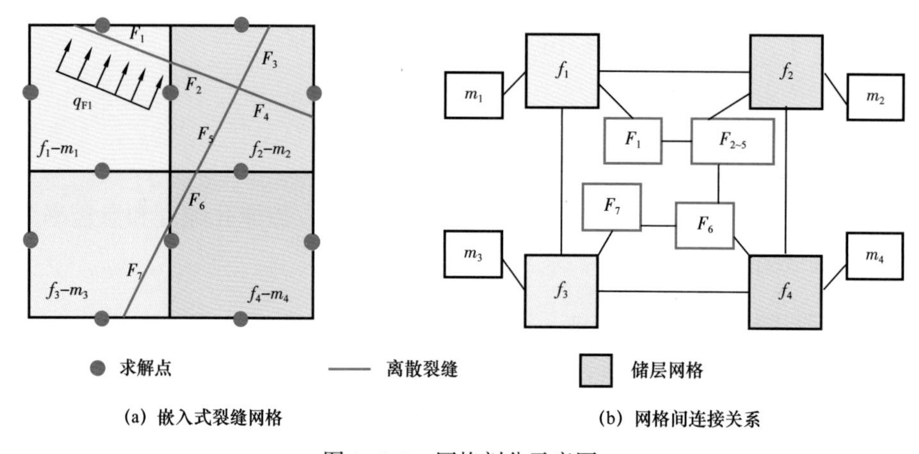

图 1–6–3 网格剖分示意图

从离散方法看，EGEM 与 EDFM 方法比较相似，而在网格间的传导有很大区别。首先，EDFM 一般采用有限差分求解，而 EGEM 主要基于格林函数；其次，EGEM 的求解点选在了网格的边中心，而 EDFM 一般选择在网格的块中心；最后，EDFM 处理双重介质一般采用两层网格进行处理，而 EGEM 通过解析解获得双重介质基质和裂缝间的传导，不需数值计算。

2）离散裂缝模拟的改进格林元方法

从图 1-6-3 可以看出，如果储层为双重介质，基质 m 只与相应的裂缝 f 之间发生传导，不同双重介质类型的数学模型在拉普拉斯（Laplace）空间以 $f(s)$ 进行表征；其次，区域网格（双重介质）除了与相对应的基质发生流动外，还与相邻的区域网格发生传导（通过相连的边），与网格区域内的离散裂缝单元进行传导（通过将裂缝视为区域内的源/汇）；离散裂缝单元除了与对应的区域网格发生流量交换外，传导只发生在裂缝网格之间，与别的网格不发生流量交换。需要注意的是，离散裂缝认为是相连区域网格内部的源汇项。基质—裂缝间的质量交换不发生在区域网格的边上，网格的边上只发生网格间的质量交换。

区域的积分方程同样适用于每一个离散的网格及相连的裂缝单元。因此，在一个网格之内，可建立相应的边界积分方程为

$$\frac{\theta_i}{2\pi}\bar{p}_{\mathrm{fD}i}+\sum_{j=1}^{4}\int_{\Gamma^{\mathrm{b}ej}}\bar{p}_{\mathrm{fD}}\frac{\partial\bar{G}}{\partial n}\mathrm{d}\Gamma-\sum_{j=1}^{4}\int_{\Gamma^{\mathrm{b}ej}}\frac{\partial\bar{p}_{\mathrm{fD}}}{\partial n}\bar{G}\mathrm{d}\Gamma$$
$$-\frac{2\pi}{k_{\mathrm{fD}}}\sum_{k=1}^{N_{\mathrm{F}}^{e}}\int_{\Gamma^{\mathrm{F}ek}}\bar{G}\bar{q}_{\mathrm{FD}}\mathrm{d}\Gamma-\frac{2\pi}{k_{\mathrm{fD}}}\sum_{m=1}^{N_{\mathrm{w}}^{e}}\bar{G}\bar{q}_{\mathrm{wD}}=0 \tag{1-6-16}$$

式中 Ω^e——网格 e 的整个区域；

$\Gamma^{\mathrm{b}e}$——区域 Ω^e 的所有边界，对于本节的正交网格来说，每个网格有 4 条边，$\Gamma^{\mathrm{b}ej}$ 代表其中的第 j 条边；

$\Gamma^{\mathrm{F}e}$——网格 e 中所含裂缝，假定有 N_{F}^{e} 个裂缝单元，$\Gamma^{\mathrm{F}ek}$ 表示 e 单元中的第 k 个裂缝单元。

在此处，所有上下标带 e 的符号表示局部网格 e 中的量，去掉 e 表示全局所有网格中的网格边、裂缝统一编号，即

Ω——整个油藏区域；

$\Gamma^{\mathrm{b}j}$——全局网格序号中第 j 个边单元（包括内部网格的边）；

$\Gamma^{\mathrm{F}k}$——全局网格序号中第 k 个裂缝单元（包括所有裂缝单元）。

对于所提出的 EGEM，求解点在网格的边上。这主要的优点就是两个网格共用一条边。一个求解点上有三个未知数，包括点的压力，两个网格在这个点上的流量。如图 1-6-4 所示，两个网格的耦合条件为：（1）两个网格在该点的压力相等；（2）质量守恒。通过在一个求解点上设置一个未知压力，压力相等的耦合条件很容易达到。质量守恒条件可以通过同

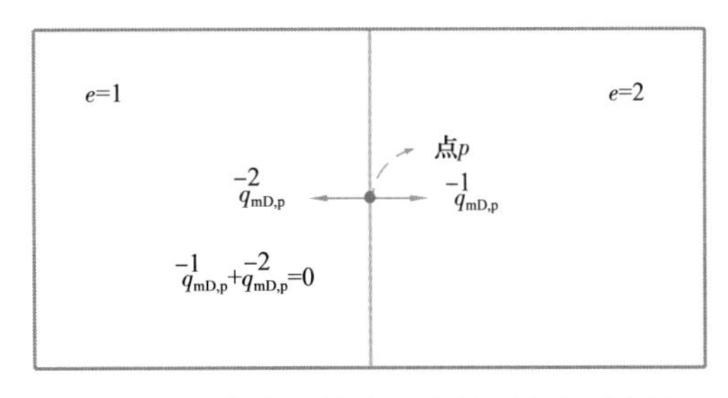

图 1-6-4 相邻网格边上流量项消去示意图

一个求解点上的流量守恒满足，两个网格在共同边上的流量项大小相等，方向相反，二者之和为 0。消去网格边上的未知流量项，让网格边上的求解点仅有一个未知压力。值得注意的是，$\overline{q}_{\mathrm{fD}j}^{e}$ 增加了上标 e，这表示这个点上的流量项与网格相关，即在区域网格边上，不同网格在这一点压力法向导数不相等，所以内部网格边上有 2 个未知流量。

$$\overline{q}_{\mathrm{mD,p}}^{e}=k_{\mathrm{mD}}^{e}\frac{\partial\overline{p}_{\mathrm{mD,p}}}{\partial n^{e}} \tag{1-6-17}$$

$$\overline{q}_{\mathrm{mD,p}}^{1}+\overline{q}_{\mathrm{mD,p}}^{2}=0 \tag{1-6-18}$$

二、页岩气复杂缝网不稳定试井解释方法

1. 非线性赋存与流动机理表征

基质和裂缝系统的渗流模型都存在非线性，除气体 PVT 物性外，页岩基质中气体的解吸附、非线性流动机理也会带来较强的非线性，裂缝系统导流能力的应力敏感性也是造成模型非线性的重要原因。在进行数值模拟时，通常运用迭代处理非线性参数的影响。然而，试井分析要求模型是线性的，因此，需要将模型进行近似线性化处理。考虑基质中气体的解吸附、基质中气体的表观渗透率及微裂缝和离散裂缝系统中的应力敏感性，本节采用修正拟压力函数处理。定义修正拟压力函数为

$$\psi_{\xi}=2\int_{0}^{p}f_{\xi}\frac{p}{\mu z}\mathrm{d}p \tag{1-6-19}$$

式中 f_{ξ}——压力的函数，对于基质、微裂缝和离散缝系统，ξ 分别取 m、f 和 F。

运用修正拟压力函数，可以将基质、微裂缝和离散裂缝中的渗流数学模型进行线性化处理。

2. 试井模型的高效格林元求解

为了达到较高的计算精度，数值模拟中通常运用 LGR 进行裂缝和井的模拟。从另一个角度说，在相同的精度下，局部网格加密可以避免全模拟区域都使用精细的网格，从而减小计算量。

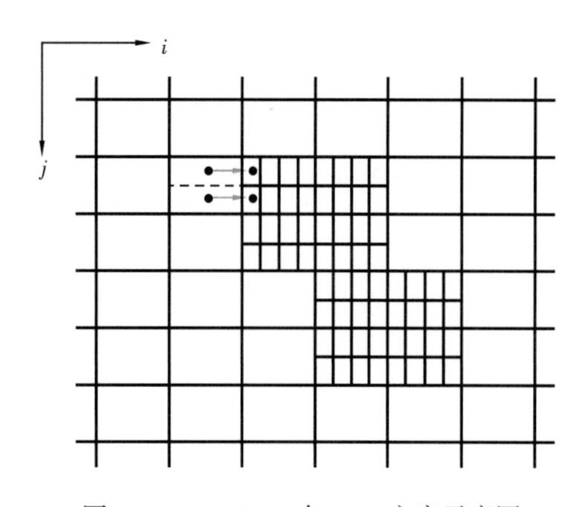

图 1-6-5　Eclipse 中 LGR 方案示意图

对于常规的差分方法，如商业数值模拟器 Eclipse，LGR 方法如图 1-6-5 所示。

差分方法使用块中心网格，加密网格间的传导基本不变，需要估算加密网格和未加密网格间的传导率。这通常将未加密网格进行虚拟加密，计算虚拟网格与加密网格间的传导率，

压力采用附近网格的加权平均近似估计。

EGEM 基于边界积分方程，处理局部加密更自然，可以实现严格公式推导。同时，考虑到离散裂缝，提出了如图 1-6-6、图 1-6-7 所示的加密方案。

（1）离散裂缝与区域网格的加密可以分开：如图 1-6-6 所示，EGEM 与 BEM 类似，可以仅对裂缝单元进行加密处理。由于 EGEM 基于格林函数处理储层网格—裂缝单元、储层网格之间的流动，数值模拟的网格效应较弱，可以使用粗网格。然而裂缝单元之间的计算基于有限差分，计算误差较大，所以可以单独对裂缝进行加密处理。即同一个网格中，可以在保持储层网格参数不变的情况下对裂缝进行加密处理。

（2）储层网格加密较自然：如图 1-6-7 所示，在相同基础网格下，可以运用 2 种方式加密储层网格及对应的裂缝网格。首先，与常规加密方法一样，对局部网格进行网格加密；其次，与 BEM 类似，直接对局部网格的边和所含裂缝单元进行更多的单元划分。

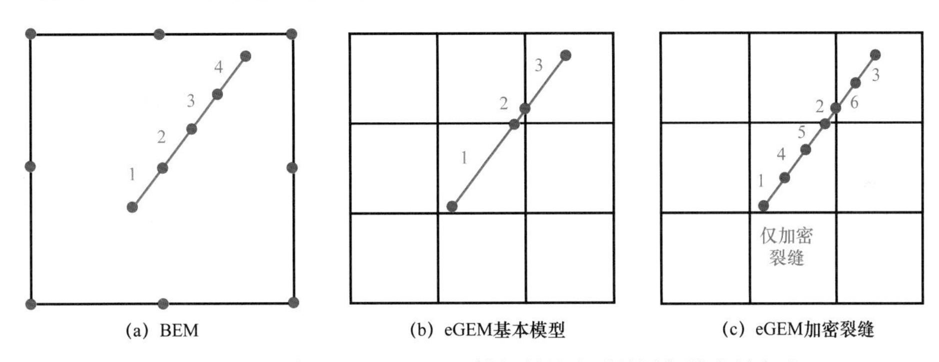

图 1-6-6　提高 BEM 和 EGEM 模拟低导流裂缝早期精度的方式

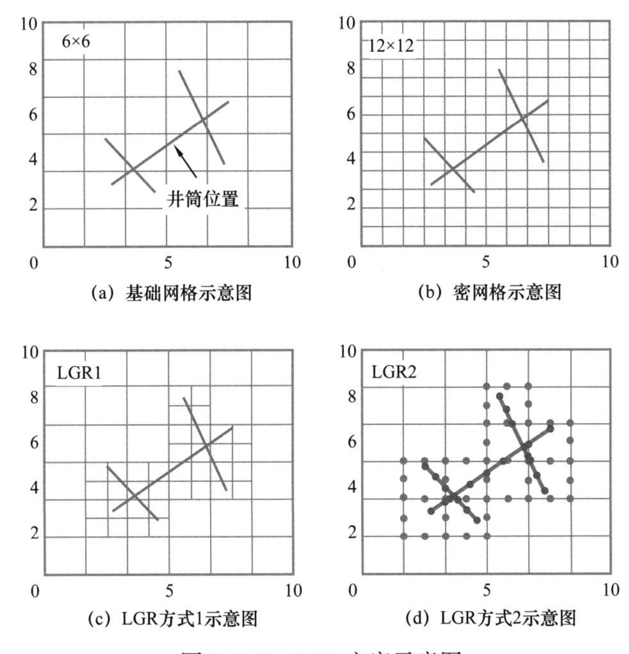

图 1-6-7　LGR 方案示意图

第七节 页岩气气藏工程方法在长宁—威远页岩气田应用效果评价

页岩气气藏工程方法包括了储层物性分析实验方法、试井解释方法、生产动态分析方法、产能评价方法、EUR 计算方法等，此类方法均来源于常规气勘探开发，在页岩气领域存在诸多不适应性。“十三五”期间在页岩气气藏工程方法攻关研究方便取得了诸多成果，掌握了各类气藏工程方法在页岩气领域的适用性，并通过在长宁—威远区块的现场应用，明确了气藏工程方法的应用效果、逐步摸清了长宁—威远页岩气井生产动态特征，为后续稳产上产提供了重要的技术手段。

一、储层分级、含气性和可动性综合评价方法现场应用

1. 现场含气量测试实验设计

测试装置采用自主研发的页岩储层现场含气量自动测定仪器。仪器中主要包括解吸筒、恒温装置系统、高精度的气体计量器、时间记录设备、数据采集集成器、管线、温度和时间显示器、计算机等（图 1–7–1）。

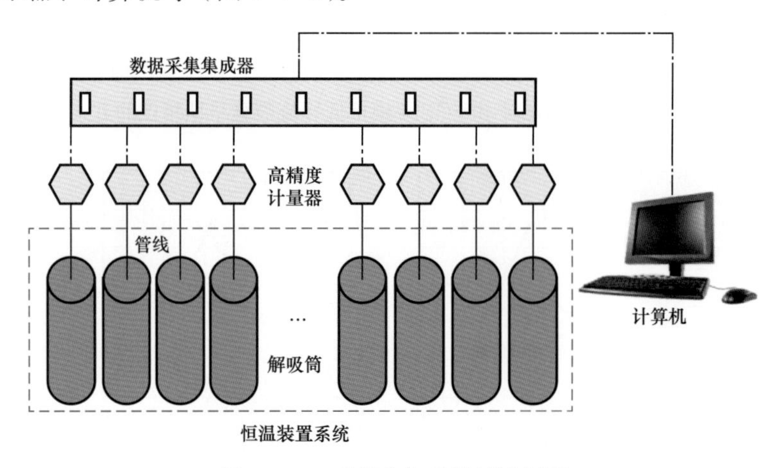

图 1–7–1 现场含气量测量流程图

试验所用岩心均取自于四川盆地五峰组—龙马溪组页岩，试验温度还原地层真实温度。

通过页岩现场含气量解吸实验获得了页岩含气量评价实测实验数据，绘制了累计产气量与解吸时间的关系曲线（图 1–7–2），岩心具体的基本参数和特征数据见表 1–7–1。

X1 井 1 号岩心到 6 号岩心随着深度的增加，现场解吸气量增大。X2 井 1 号岩心到 5 号岩心现场解吸气量基本有着同样的规律，仅到 6 号岩心现场解吸气量随着深度的增加而减小。X1 井埋深大，吸附气量相对 X2 井略小，总体上，五峰组、龙一$_1^1$和龙一$_1^2$无论是现场解吸气量还是吸附气量都要比龙一$_1^3$、龙一$_1^4$和龙一$_2$大，最大的是龙一$_1^1$，说明龙一$_1^1$含气性好，是水平井开发的首选最优靶体位置。

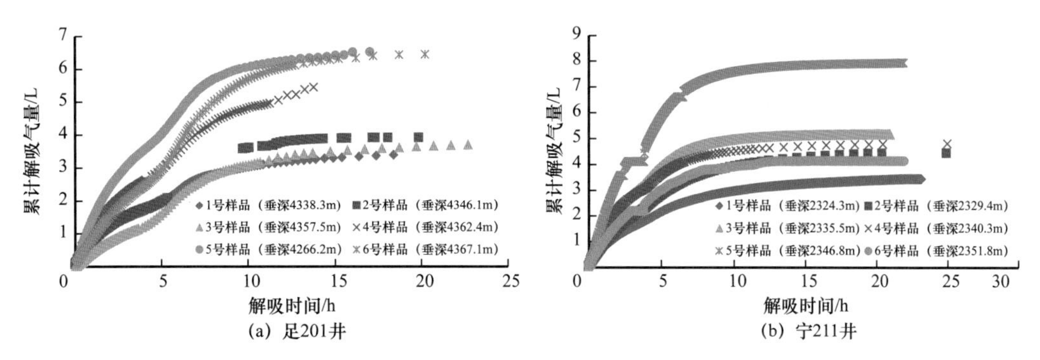

(a) 足201井　(b) 宁211井

图 1–7–2　页岩现场解吸气含量曲线

表 1–7–1　岩心基本参数和特征数据表

井号	岩心号	垂深 / m	小层划分	质量 / g	长度 / cm	现场解吸气量 / m^3/t	残留气量 / m^3/t	吸附气量 / m^3/t
X1	1	4338.3	龙一$_{2}$	5978	29.9	0.61	0.19	1.42
	2	4346.1	龙一$_{1}^{4}$	5594	29.8	0.70	0.45	1.6
	3	4357.5	龙一$_{1}^{3}$	6167	30.0	0.60	0.59	2.0
	4	4362.4	龙一$_{1}^{2}$	5763	30.5	0.98	0.32	1.95
	5	4366.2	龙一$_{1}^{1}$	5615	30.1	0.70	0.40	2.59
	6	4367.1	五峰组	5542	29.8	1.16	0.44	2.20
X2	1	2324.3	龙一$_{2}$	5831	29.7	0.70	0.23	1.65
	2	2329.4	龙一$_{1}^{4}$	5927	30.2	0.89	0.37	1.80
	3	2335.5	龙一$_{1}^{3}$	5932	30.1	1.03	0.52	2.39
	4	2340.3	龙一$_{1}^{2}$	5894	29.5	0.96	0.46	2.24
	5	2346.8	龙一$_{1}^{1}$	5779	29.8	1.59	0.43	2.72
	6	2351.8	五峰组	5617	29.6	0.83	0.45	2.14

2. 现场含气量评价方法

页岩总含气量等于现场散失气量、解吸气量及残余气量之和，散失气量由页岩含气量评价方法计算获得，解吸气量由现场测试解吸实验测得，残余气量及吸附气量由室内实验测得，最终总含气量按评价流程求和所得。

页岩含气性影响因素比较多，这些因素之间的关系也比较复杂，很难单一分析哪个因素是最主要的因素。综合分析，页岩含气性的直接影响因素有孔隙度、含水饱和度、埋藏深度、TOC 含量和地层温度，这些直接影响因素又受到多个其他因素的影响，比如孔隙度受到微孔孔隙结构、天然裂缝及矿物组分的影响，同时也影响含水饱和度的大小。从具体的页岩含气量与各影响因素之间大数据分析来看，在一定的数据范围内，孔隙度、

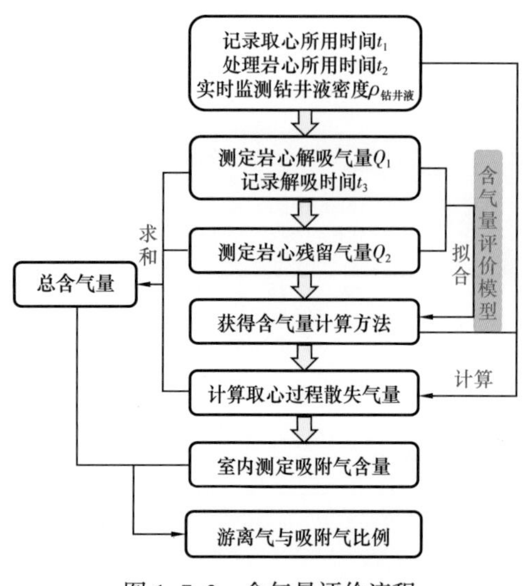

图 1-7-3 含气量评价流程

埋深、TOC 含量与页岩含气量成正相关关系，孔隙度与页岩含气量的相关性最好，孔隙度越大，游离气含量越高；埋藏越深，地层压力越大，根据温度与埋深的关系可知，温度也越高，埋藏深度、地层压力和地层温度 3 个因素综合影响着页岩含气性，彼此之间相关，地层压力与页岩含气量成正相关关系，而地层温度与页岩吸附性成负相关关系，当然地层压力也影响孔隙度的大小；TOC 含量越高，吸附性越好；含水饱和度越大，页岩含气量越小。此外，黏土含量和脆性矿物含量也是影响页岩含气性的间接因素。

1）含气量对气井产量的影响

页岩含气量是气井产量的物质基础，也是影响页岩气井产能的决定性因素。对已经获得测试产量的页岩气评价井进行分析，建立气井测试产量与产层平均含气量的关系曲线。

页岩气评价井测试产量与页岩产层平均含气量相关性比较好，含气量越高，测试产量呈增高的趋势。但是在相同的含气量下测试产量差异较大，这也充分说明其他因素对产量也有重要的影响，特别是储层改造工程因素。游离气与吸附气含量不同，气井产量变化规律不同，游离气含量越高，气井初期产量递减越快，地层压力也会快速下降，压力下降到临界解吸压力之后，储层中的吸附气发生解吸，成为气井产量源源不断的重要补充，此时气井产量递减较慢，地层压力缓慢降低，但通过计算发现，下降单位地层压力的产气量反而比气井初期产气量要高，充分证实，气井后期产量的主要来源为吸附气，将会持续很长一段时间缓慢递减阶段，不可忽视。因此，排除工程因素，含气性的优劣程度直接决定了单井的产能，游离气和吸附气含量对气井全生命周期的生产过程中的产气贡献都非常大，含气量是气井产量的重要影响因素，吸附气与游离气所占比例是产量递减率的重要影响因素。目前累计产量最高的页岩气井产气已超过 $1\times10^8m^3$ 以上，已远远超过了按照目前所认识的含气量、压裂可动用体积计算的可采储量，也充分说明目前对页岩气的赋存机理认识不足，对含气量（尤其是散失气含量）的计算认识不足，页岩的含气量可能远大于目前的认识。

2）含气量对地质储量的影响

页岩气地质储量为游离气、吸附气和溶解气的地质储量之和，由于四川盆地龙马溪组页岩达到过成熟阶段，不含原油，所以不考虑溶解气地质储量。静态法计算储量主要包括体积法和容积法，吸附气地质储量采用体积法计算，游离气地质储量采用容积法计算。

利用含气量评价结果计算页岩气地质储量，分析含气量对地质储量的影响程度（图 1-7-4）。

含气量对地质储量的影响很大，含气量的准确评价是精确计算储量的前提保障，因此，散失气量的获取至关重要。

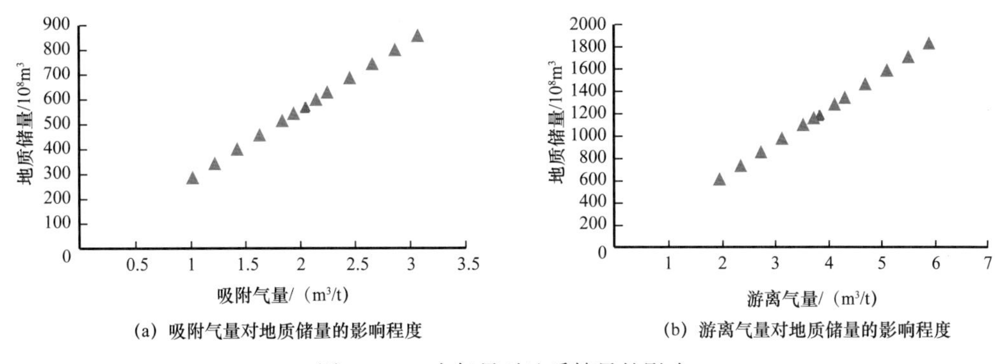

图 1-7-4 含气量对地质储量的影响

二、试井解释方法现场应用

气井试井技术主要包括压力恢复试井、干扰试井和产能试井，为气田开发动态分析、调整挖潜和提高开发效果提供支撑。受页岩气流动机理复杂和压力产量不稳定的影响，产能试井适用性较差，干扰试井目前仅能对气井井间连通情况进行定性判断，无法做到定量表征，适用性受限。压力恢复试井能够解释出地层压力和渗透率，表征裂缝半长，对深化认识页岩储层改造和产能影响因素具有重要的作用。

1. 录取资料

随着页岩气试井开展井次的增多和试井测试开展的阶段时机多样化，试井录取的资料质量愈发参差不齐，给试井解释带来了更多的挑战。

受到页岩气井生产过程中四个主要因素影响：（1）开展压力恢复试井之前未“稳产”15～20d；（2）压力计难以下到指定深度（一般为A点）；（3）在气井中存在大量水时进行试井测试；（4）关井测试期间偶尔开井。从而导致了压力恢复试井资料录取的四个特征：（1）产量、压力波动较大，对试井曲线产生较大干扰；（2）解释得到的参数不能反映井底的真实情况；（3）液体回落、井筒液面会对压力数据产生很大干扰；（4）压力数据点不稳定。

试井录取资料的质量虽然参差不齐，通过整理已有井的资料，却发现许多页岩气井的压力恢复段数据存在一些“共性”：（1）井底流温流压测试期间压力上下波动频繁；（2）压力恢复段前期压力曲线出现“鼓包”现象；（3）压力恢复段前期压力曲线出现“折线段”（图 1-7-5）。

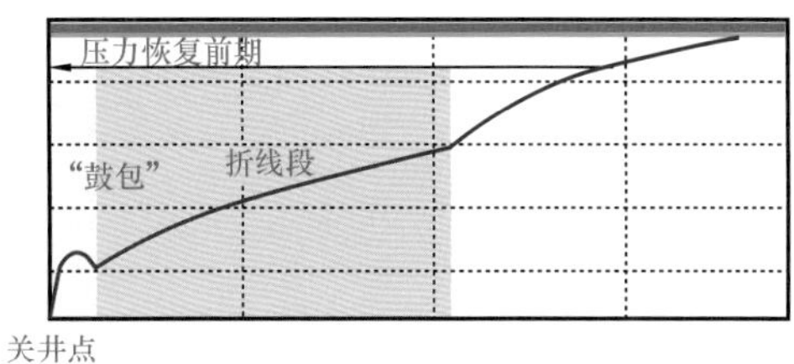

图 1-7-5 长宁区块不同类型气井产量递减规律图

2. 试井曲线分类

通过在长宁—威远区块应用压力恢复试井技术，发现页岩气井压力恢复试井解释曲线普遍呈现三种形态：（1）双对数曲线平行延伸；（2）双对数曲线出现截断，需进行分段拟合；（3）双对数曲线形态起伏较大。

1）双对数曲线平行延伸型

该类型井主要以2015年前后投产的老井为主，采用压裂改造工艺较老，储层改造不充分，但埋深较浅，储层条件较好（表1–7–2、图1–7–6）。

表1–7–2 平行延伸型试井曲线气井参数表

区块	井号	投产日期	1+2小层钻遇长度/m	平均分段段长/m	射孔簇数	主体排量/m³/min	加砂强度/t/m
宁201	H2–2/3、H4–6、H6–4/6、H4–6、H9–6、H10–2/3、H11–2/3、H19–5	2014.04—2018.07	551～1417	44～84	3	6.0～14.5	0.81～2.59
评价井	N216、N227	2018.10—2020.04	1405～1965	49.42～58.48	3/3、6	12.8～15.6	1.97～2.20

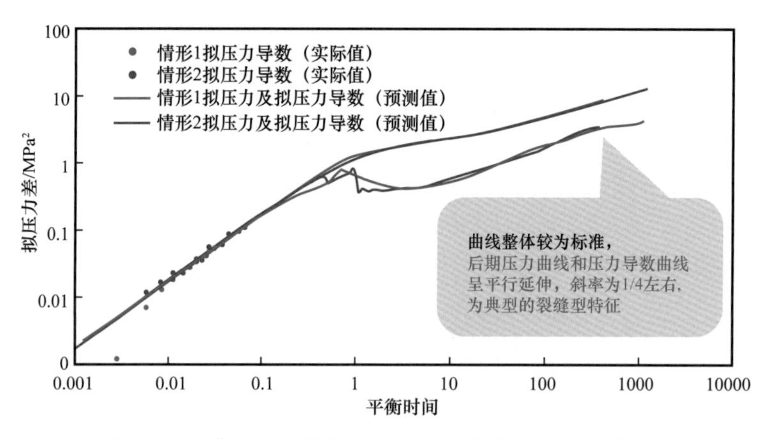

图1–7–6 典型压力恢复试井双对数曲线（平行延伸型）

2）双对数曲线出现截断，需进行分段拟合型

该类型井主要以核心建产区外围评价井为主，普遍存在压力系数低，储层改造不完善的情况（表1–7–3、图1–7–7）。

表1–7–3 类型一试井曲线气井参数表

井号	投产日期	1+2小层钻遇长度/m	平均分段段长/m	射孔簇数	主体排量/m³/min	加砂强度/t/m
N211–H1	2020.7.20	—	60	6	15.8～16.5	2.59
N214	2020.9.5	1654.5	66.27	6、11	16.0	2.59
CNH30–2	未投产	1655.5	63.55	6	16.0～16.3	3.38

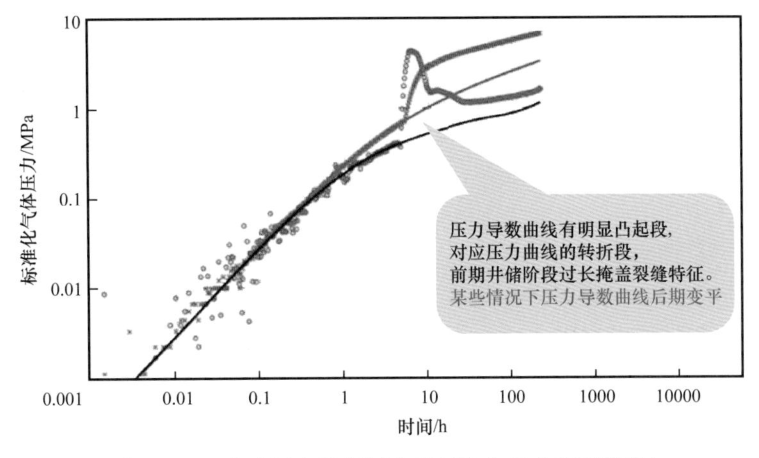

图 1-7-7 典型压力恢复试井双对数曲线（出现截断）

3）双对数曲线形态起伏较大

该类型井主要以核心建产区气井为主，井周天然裂缝较为发育或处于高应力区（表 1-7-4 和图 1-7-8）。

表 1-7-4 类型三试井曲线气井参数表

井号	投产日期	1+2 小层钻遇长度 /m	平均分段段长 /m	射孔簇数	主体排量 /m^3/min	加砂强度 /t/m
N209H11-7、N209H47-5、N209H47-8、N209H48-6	2019.08—2020.06	1500～1800	60.75～61.80	3、6、8	15.1～16.0	1.57～2.84

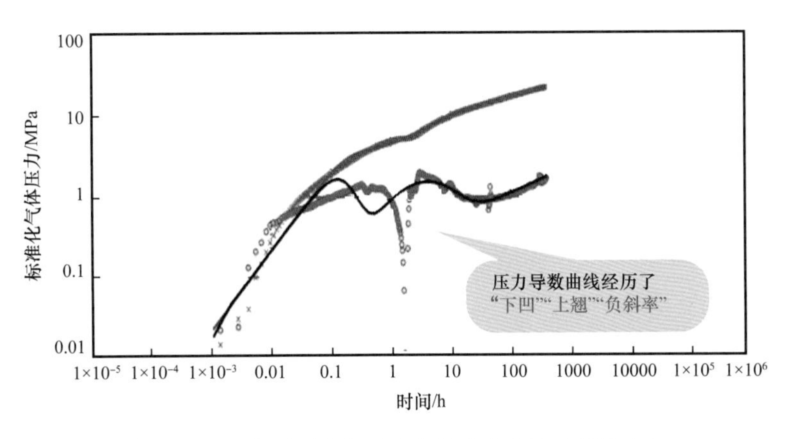

图 1-7-8 典型压力恢复试井双对数曲线（起伏大）

三、生产动态分析方法现场应用

1. 页岩气井产量递减规律

页岩气井生产阶段可划分为快速递减阶段和低压小产阶段。气井初期产量高，投产 300～400 天进入低压小产阶段，依据不同类型气井产量递减情况统计分析发现，Ⅰ类井

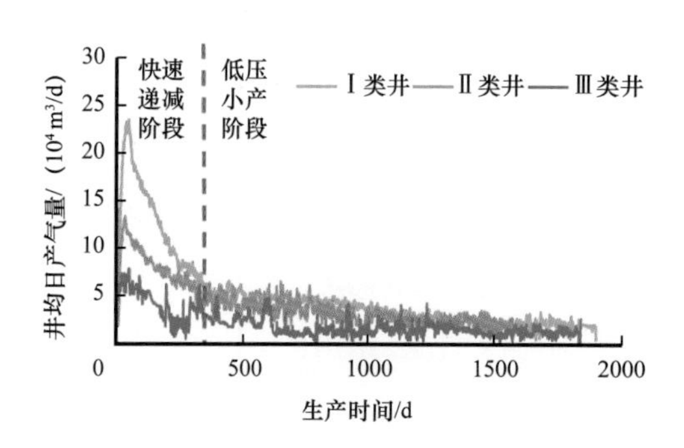

图1-7-9　长宁区块不同类型气井产量递减规律图

产量递减最快，其次为Ⅱ类井、Ⅲ类井，其中页岩气井年递减率采用年对年递减率，即每一年平均产气量的递减率。

长宁区块井均首年递减率为35%～55%，低压小产阶段产量递减率为15%～30%（图1-7-9）。

不同井区由于地质、工程条件的差异，以及压裂工艺技术的针对性调整，导致改造体积和缝网复杂程度存在一定区别，在气井的产量递减规律上同样会体现出差异性。

2. 页岩气井动态分析方法

由于页岩储层低渗透率的特点，大部分水平井在生产早期均处于线性流和不稳定过渡流中，到达拟边界的时间较长，基于页岩气流动阶段变化特征，国内外学者针对常用的Arps递减、Doung递减、指数递减等传统递减分析方法做出了修正和改进，形成了适用于页岩气的产量递减分析方法。

在川南页岩气大规模建产的背景下，为了保障分析方法的合理性，提高产量及EUR预测效率，采用修正的双曲递减方法进行递减分析。

利用传统双曲递减方法分析时，当页岩气井处于快速递减阶段进行拟合所得到的递减指数b值偏大。针对上述情况，对双曲递减方法进行修正，建立两段式双曲递减分析方法，对进入缓慢递减阶段的气井即拟合缓慢递减阶段历史数据进行预测，对处于快速递减阶段气井采用两段双曲递减分析。

建立典型递减曲线快速预测气井EUR步骤如下：

（1）去掉频繁开关井，早期工艺试验井，受井底积液和压窜严重影响的井，根据需求进行气井分类，分别建立不同类型气井的P50典型生产曲线（图1-7-11）。

（2）在建立的P50曲线上，确定缓慢递减阶段初始递减率D_{t_0}及其对应的时间t_0，以该时间为两个阶段的拐点，再分别计算得到快速递减阶段与缓慢递减阶段的递减指数b_1、b_2（图1-7-11）。

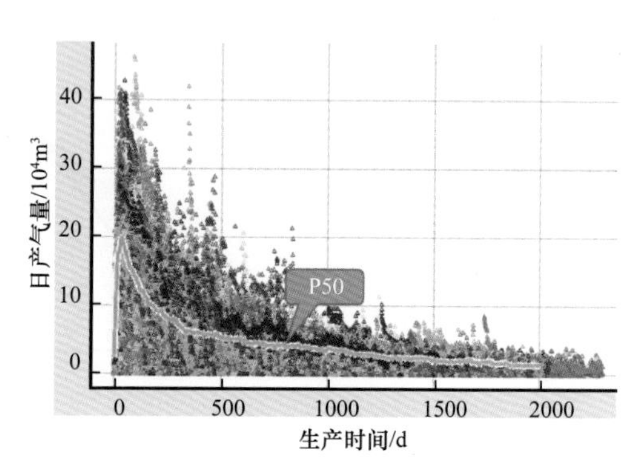

图1-7-10　典型井（P50）生产曲线图

四、产能评价及EUR计算方法现场应用

1. 页岩气井产能

前文中已经提到，页岩气井在合理排采制度下，通过变换油嘴大小测试其产气和产

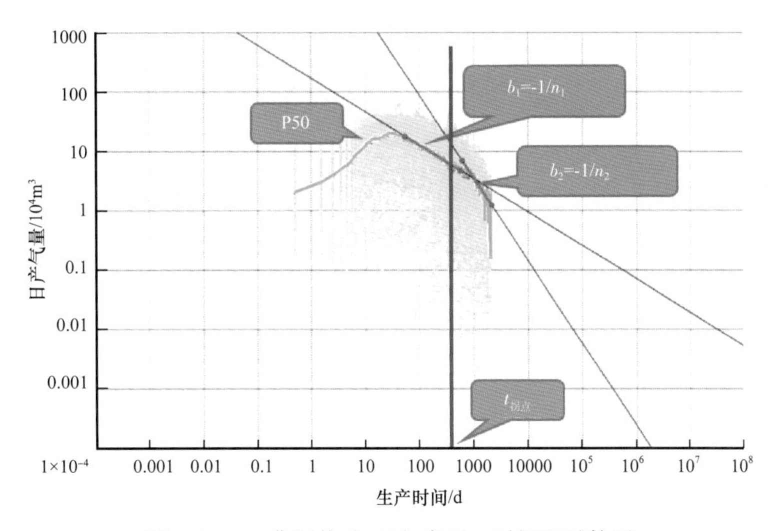

图 1-7-11　典型井（P50）产量—时间双对数图

液能力，最终获得的测试产量在一定程度上表征了储层物性品质和压裂改造效果，而页岩气藏为人工气藏，储层物性及压裂改造效果直接决定了气井的生产能力，在执行统一试气规范条件下获取的测试产量可以客观地代表页岩气井产能。

2. 页岩气井产能评价指标及分类标准

1）产能评价指标

（1）测试产量。

测试产量是气井生产初期能够获取的最重要的产能评价参数，国内外很多气田将测试产量作为衡量气井生产能力的重要指标。

（2）首年日产气量。

首年日产量指气井生产满 1 年的平均日产量。气井生产未满 1 年时，首年日产量均以建立多段压裂水平井解析模型预测获得。通过对长宁区块页岩气井大数据统计分析发现，首年日产气量与测试产量有较好的线性相关性，因此在气井生产中期，首年日产气量也可以用于评价气井的产能（图 1-7-12）。

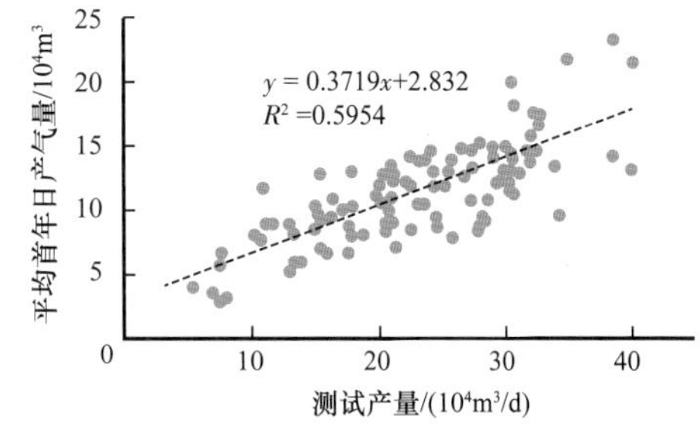

图 1-7-12　长宁区块测试产量与平均首年日产气量关系图

（3）EUR。

气井 EUR 即估算最终可采储量是评价页岩气单井生产效果的关键指标之一，国内外对于 EUR 预测方法的研究已较为成熟，针对不同的生产阶段、生产制度及对气藏认识的深入程度，形成了不同适用条件下的 EUR 计算方法，在气井不同的生产阶段均可较为准确地预测气井 EUR。通过对川南页岩气井大数据统计分析发现，EUR 与测试产量、首年日产气量均有较好的线性相关性（图 1-7-13 和图 1-7-14），可以用于评价气井的生产效果。

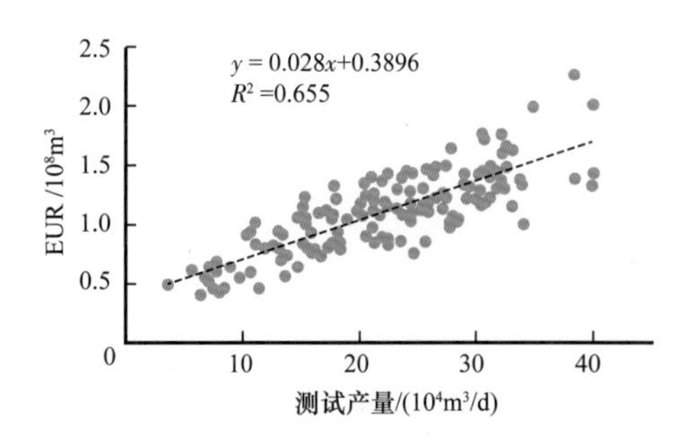

图 1-7-13　长宁区块测试情况与 EUR 相关性

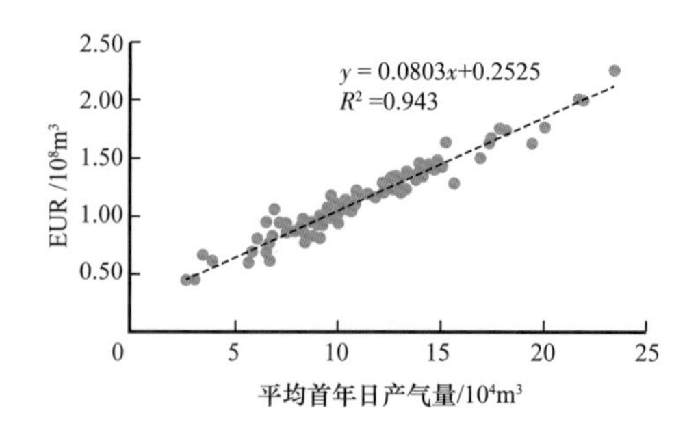

图 1-7-14　长宁区块平均首年日产气量与 EUR 相关性

2）产能分类标准

测试产量、首年日产气量、EUR 作为产能评价指标，可根据需求建立分类标准，划分气井类型，在川南页岩气开发中，已建立了完善的页岩气产能分类标准（图 1-7-5）。

在气井生产初期，根据测试产量进行产能分类，Ⅰ类井对应测试产量为大于 $20\times10^4m^3/d$，Ⅱ类井对应测试产量为（10～20）$\times10^4m^3/d$，Ⅲ类井对应测试产量为小于 $10\times10^4m^3/d$。当气井生产时间满一年后，根据首年日产气量进行产能分类，Ⅰ类井对应首年日产气量为大于 $10\times10^4m^3$，Ⅱ类井对应首年日产气量为（6～10）$\times10^4m^3$，Ⅲ类井对应首年日产气量为小于 $6\times10^4m^3$。同时，通过不同生产阶段计算的 EUR 值也可进行产能分类，Ⅰ类井对应 EUR 值大于 $1.0\times10^8m^3$，Ⅱ类井对应首年日产气量为（0.6～1.0）$\times10^8m^3$，Ⅲ类井对应首年日产气量为小于 $0.6\times10^8m^3$。

表 1-7-5　川南地区页岩气井分类标准

分类	测试产量 /（$10^4m^3/d$）	首年平均日产气量 /10^4m^3	EUR/10^8m^3
Ⅰ类井	＞20	＞10	＞1.0
Ⅱ类井	10～20	6～10	0.6～1.0
Ⅲ类井	＜10	＜6	＜0.6

3. 页岩气井 EUR 计算方法现场应用

通过建立分段压裂水平井解析模型，并考虑吸附气解吸附效应，调整储层参数，对气井全生命周期的产量和压力历史进行拟合，进而预测气井未来产量和压力。该方法适用于不同流态和各种生产制度的气井，适用范围广。

解析模型法是建立在流体渗流力学的基础上，计算结果受流体流动状态和边界条件影响较大，因此在不同时段的气井 EUR 计算结果差异较大，但当气井流体流动到达边界流时 EUR 计算结果差异不大，EUR 计算结果较为准确，因此判断气井生产是否到达边界流则是准确计算 EUR 的关键。

当页岩气井生产时间较长时，可运用规整化压力—物质平衡时间平方根的关系判定气井达到边界流的时间，确定生产达到边界拟稳定流时间（图 1-7-15 至图 1-7-17）。

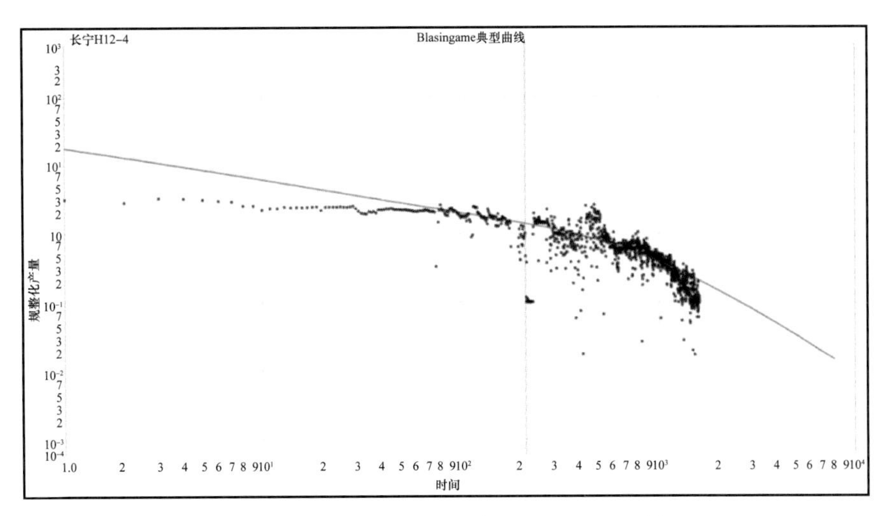

图 1-7-15　长宁 H12-4 井 Blasingame 图版

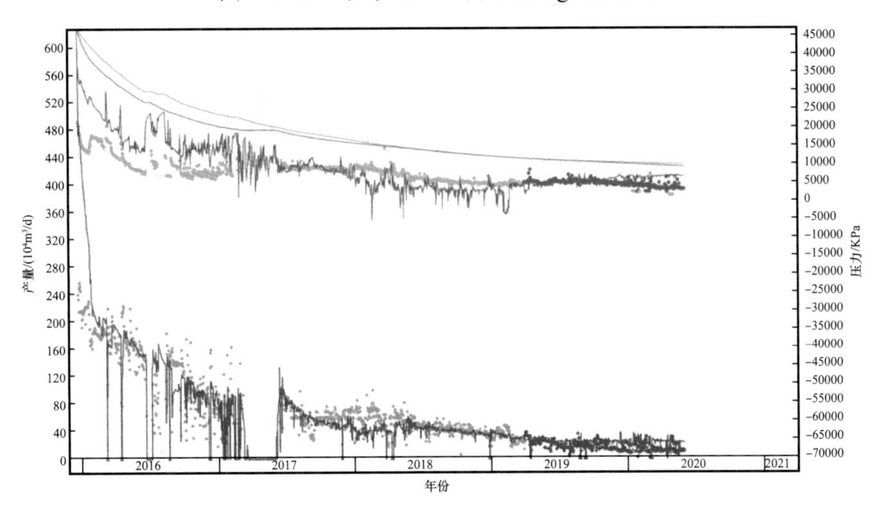

图 1-7-16　长宁 H12-4 井生产拟合曲线

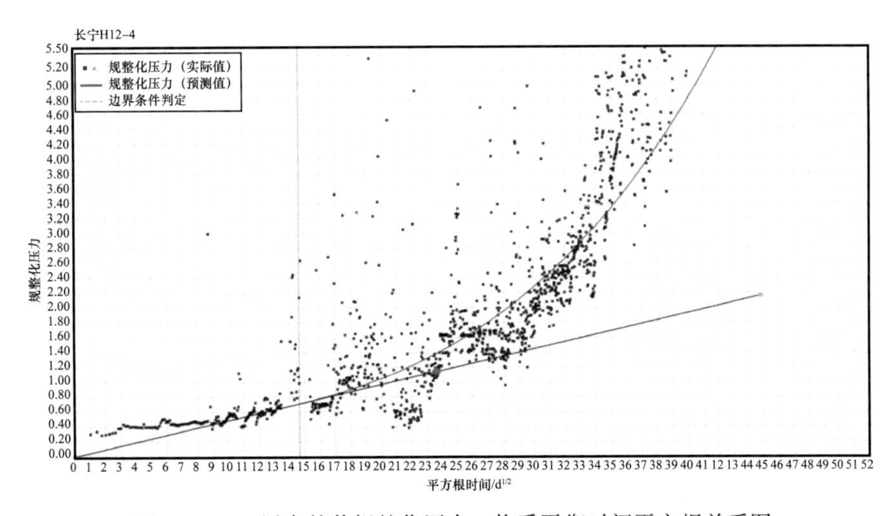

图 1-7-17　川南某井规整化压力—物质平衡时间平方根关系图

通过气井边界流的判断进一步提高了通过解析模型法计算页岩气井 EUR 的进度。长宁—威远区块计算了多口水平井 EUR，与实际气井累计产气量的符合率超过 90%（表 1-7-6、图 1-7-18 和图 1-7-19）。

表 1-7-6 长宁区块 EUR 计算结果统计表

序号	井名	预测首年日产量 / 10^4m^3	实际第首年日产量 / 10^4m^3	EUR/ 10^8m^3
1	长宁 H11-1	8.09	9.98	0.89
2	长宁 H11-2	11.42	12.16	1.11
3	长宁 H11-3	12.26	13.88	1.27
4	长宁 H12-1	11.68	12.94	1.21
5	长宁 H12-2	10.23	10.95	1.06
6	长宁 H12-3	11.97	12.8	1.24
7	长宁 H12-4	13.22	14.21	1.37
8	威 202H4-5	11.49	11.38	0.82
9	威 202H5-1	5.21	5.61	0.37
10	威 202H5-2	8.67	9.1	0.66
11	威 202H5-3	7.83	8.08	0.65
12	威 202H5-4	12.68	12.13	0.94
13	威 202H5-5	8.38	8.79	0.78
14	威 202H5-6	11.51	12.41	0.86

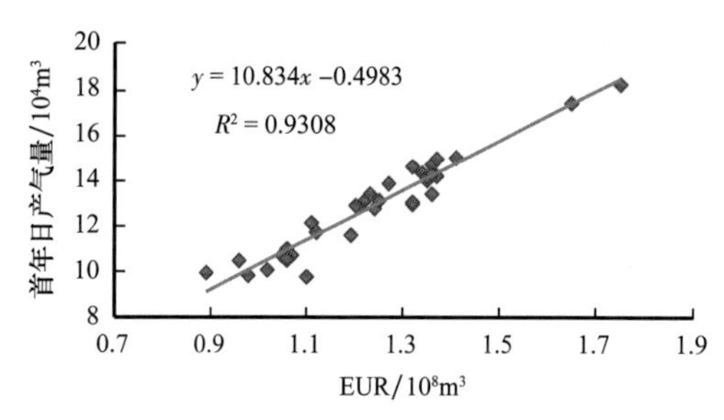

图 1-7-18 长宁区块首年日产气量与 EUR 关系图

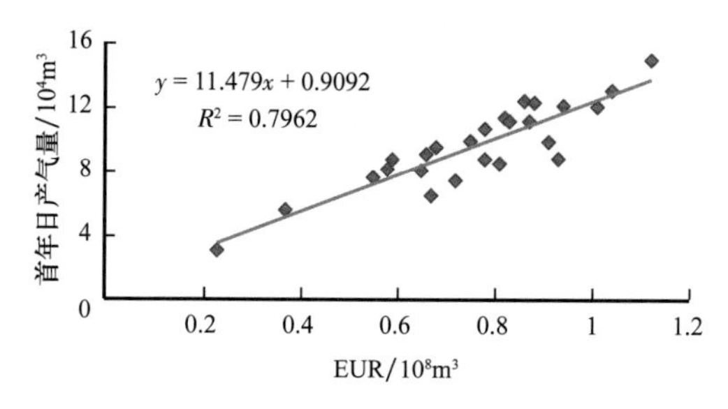

图 1-7-19 威远区块首年日产气量与 EUR 关系图

第二章　页岩气生产规律表征与开发技术政策优化

页岩气自生自储，基质渗透率极低，必须借助大规模加砂压裂才能获得工业产量。与原始储层相比，压裂后页岩气储集空间和渗流通道变化巨大，客观评价“人造气藏”的动静态特征是科学开发页岩气的重要前提；在此基础上，优化开发技术政策、最大程度地释放地层能量是实现页岩气效益开发的最现实途径。

本章围绕体积压裂前后页岩气静动态评价和开发技术政策优化两个核心问题进行论述，重点介绍以优质页岩层段识别及关键参数描述为重点的储层精细描述技术和以动态参数评价、开发指标预测为核心的页岩气生产动态表征技术；以此为基础，优化井网井距、生产制度等关键开发技术政策，为页岩气科学效益开发提供技术指导。

第一节　优质页岩储层地球化学识别与评价

一、页岩储层矿物组成特征

四川盆地五峰组—龙马溪组页岩是目前我国海相页岩气勘探开发主要领域之一（邹才能等，2010，2017；Hao et al.，2013）。该套页岩五峰组和龙马溪组下部龙一$_1$是页岩气优质产层。上覆龙一$_2$和龙二段是页岩气非优质产层。本节以川南长宁地区N203井、双河剖面和川东北重庆石柱剖面为主要研究对象（图2-1-1），系统刻画和对比了页岩气优质产层与非优质产层矿物组成上的差异性，研究结果显示优质产层富含有机质、石英、还原性硫（S）和氧化还原敏感元素，非优质产层富含黏土矿物和碳酸盐岩，各类氧化还原敏感元素相对少。

1. TOC-S与矿物组成

五峰组—龙马溪组页岩气优质产层相对富含有机质、石英和还原性硫，非优质产层相对富含黏土矿物和碳酸盐岩（图2-1-2）。例如，川南长宁N203井区优质产层TOC介于2.3%～4.7%（均值3.2%），石英和硫含量分别为29.6%～58.0%（均值38.4%）和0.8%～5.7%（均值3.1%），三参数值均高于非优质产层；非优质产层黏土矿物和碳酸盐岩含量相对较高，其平均值分别为42.5%和27.0%。

纵向上，石英和S含量与TOC具有较好的协同演变趋势。通常，TOC与石英含量成负相关关系，五峰组—龙马溪组的TOC与石英含量的正相关关系指示该区生物成因石英的贡献（Tian et al.，2013）。优质产层TOC含量高，生物成因石英贡献较高，非优质产

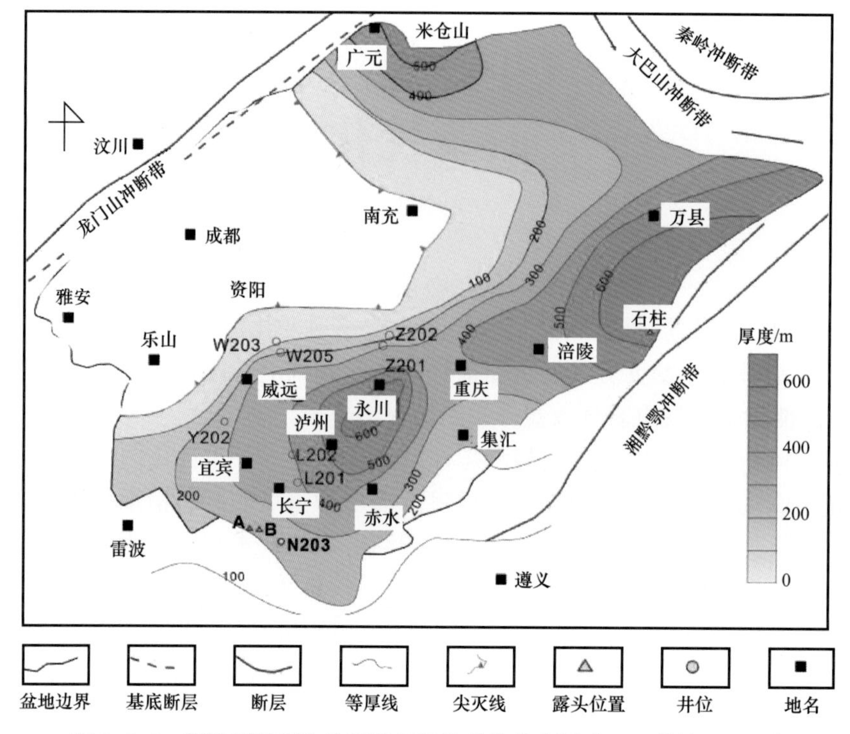

图 2-1-1 研究区域露头位置及目标井井位分布图（王玉满等，2014）

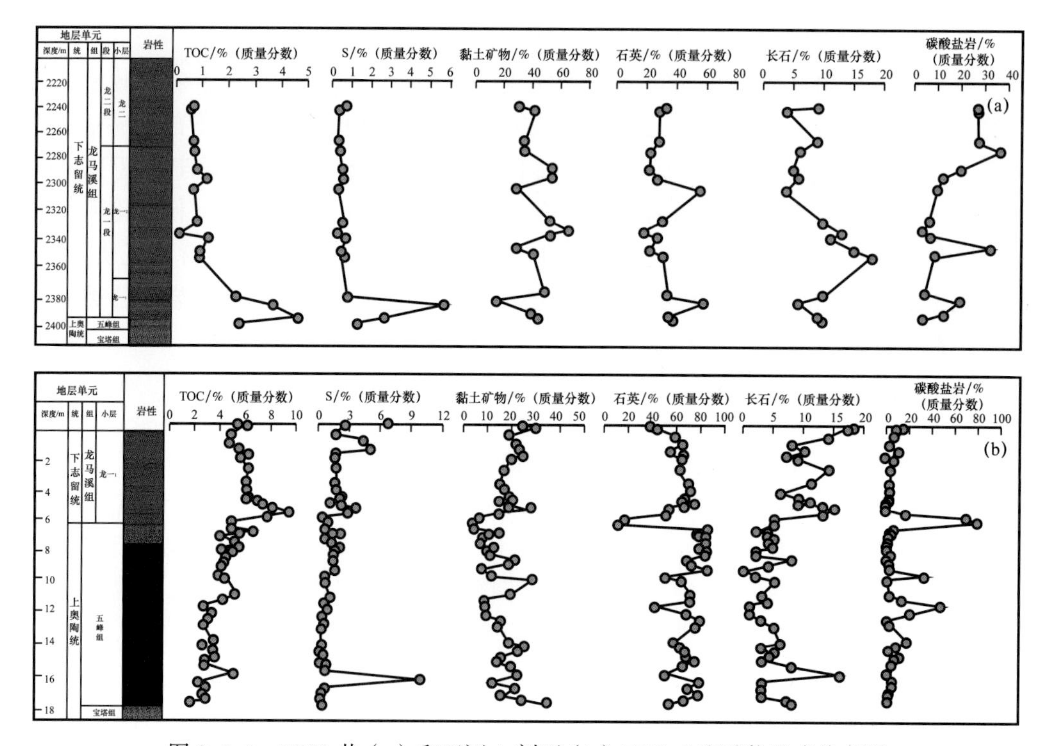

图 2-1-2 N203 井（a）和双河 A 剖面（b）TOC-S 和矿物组成分布图

层TOC含量低，生物成因石英输入相对较少。TOC与S含量的正相关关系则指示原始沉积环境的氧化还原程度对有机质富集的影响（李艳芳等，2015）。通常，S含量反映了页岩内的黄铁矿富集程度，黄铁矿是地质历史时期微生物硫酸盐还原形成硫化氢与沉积水体中的Fe^{2+}结合的产物。优质产层S含量高指示原始沉积水体还原性强，利于有机质富集保存；非优质产层S含量低指示其原始沉积水体还原性相对较弱，有机质则易于被氧化消耗。两者在沉积环境还原程度上的差异性直接导致有机质富集程度不同。这在五峰组—龙马溪组页岩储层矿物微量元素组成上有较明显的体现。

2. 微量元素

本书重点关注Mo、U、Ni和TI等氧化还原敏感元素和V/Cr、Ni/Co和U/Th等比值在页岩气优质产层和非优质产层内的分布。从测试结果来看，优质产层富集氧化还原敏感元素，非优质产层氧化还原敏感元素相对少（图2-1-3）。

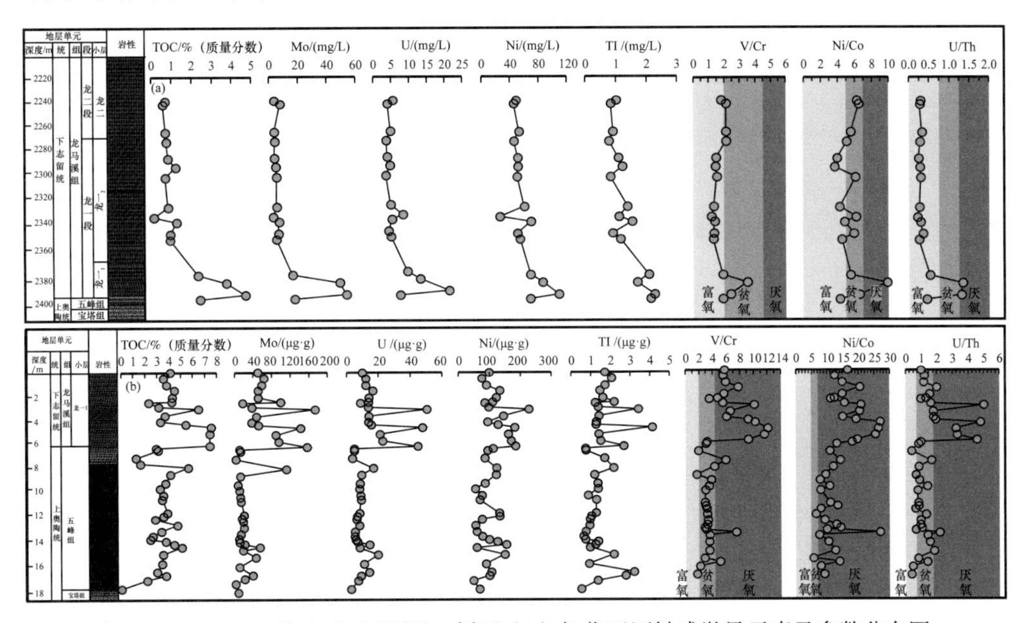

图2-1-3　N203井（a）和双河A剖面（b）氧化还原敏感微量元素及参数分布图

V/Cr、Ni/Co和U/Th等微量元素指标被广泛用于古氧化还原条件判识。通常，V/Cr比值大于4.25为厌氧或静海相环境，V/Cr比值2.00～4.25指示贫氧环境，V/Cr比值小于2.00为富氧环境。Ni/Co比值大于7.0为厌氧环境，Ni/Co比值5.0～7.0指示贫氧环境，Ni/Co比值小于5.0为富氧环境。U/Th比值大于1.25为厌氧环境，U/Th比值0.75～1.25为贫氧环境，U/Th比值小于0.75为富氧环境（Hatch et al.，1992；Jones et al.，1994）。这些参数在页岩气优质层段内普遍较高，指示了贫氧—厌氧环境，在非优质层段内相对较低，指示了富氧—贫氧环境。

二、页岩储层纳米级孔隙发育特征及控制因素

四川盆地五峰组—龙马溪组页岩气优质产层纳米级孔隙以有机孔为主，孔隙发育受

有机质含量控制，非优质产层以黏土矿物粒间孔（层间孔）为主，孔隙发育受黏土矿物含量控制。

1. 纳米级孔隙类型

图 2-1-4 显示了研究区采集样品中纳米级孔隙类型扫描电子显微镜观测结果。龙一$_1$内有机孔异常发育，有机孔呈圆形或椭圆形，同时发育矿物粒间孔、粒内溶蚀孔和黄铁矿晶间孔等，草莓状黄铁矿晶间孔隙多呈不规则状，被有机质充填，黏土矿物颗粒边缘出现了收缩缝。龙一$_2$下部有机碳含量相对较高的页岩样品内，有机质颗粒内部发育大量海绵状有机孔，同时还发育矿物粒间孔和黏土矿物粒内孔（层间孔）。龙二段碳酸盐岩含量较高的页岩样品内，黏土矿物粒内孔和层间孔较发育，有机孔相对不发育。奥陶系宝塔组石灰岩粒间孔发育。

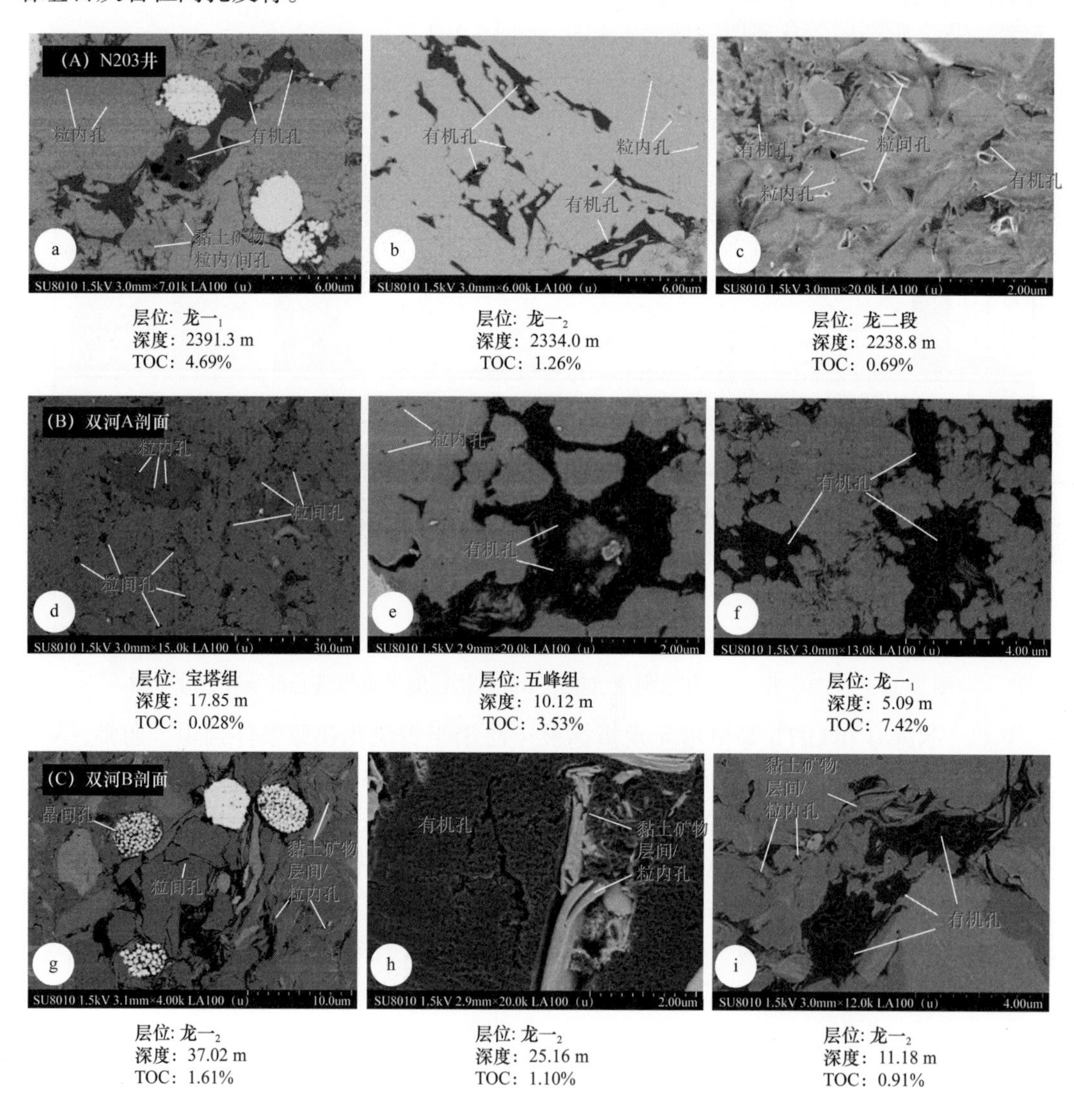

图 2-1-4 五峰组—龙马溪组页岩纳米级孔隙扫描电子显微镜观测

2. 纳米级孔隙体积

优质产层的纳米级孔隙体积通常比非优质产层的纳米级孔隙体积要大。例如，N203井五峰组和龙一$_1$的页岩样品纳米级孔隙体积平均为0.059cm^3/g；龙一$_2$和龙二段页岩样品孔隙体积较小，平均值为0.018cm^3/g，优质层段页岩纳米级孔隙体积是非优质层段页岩纳米孔隙体积的3倍多，如图2-1-5（a）所示。长宁剖面五峰组和龙一$_1$的纳米级孔隙体积通常大于0.03cm^3/g，下伏宝塔组石灰岩纳米级孔隙不发育，孔隙体积相对较小，仅为0.0165cm^3/g，如图2-1-5（b）所示。纳米级孔隙中介孔体积和宏孔体积占比高，是页岩孔隙体积的主要贡献者。

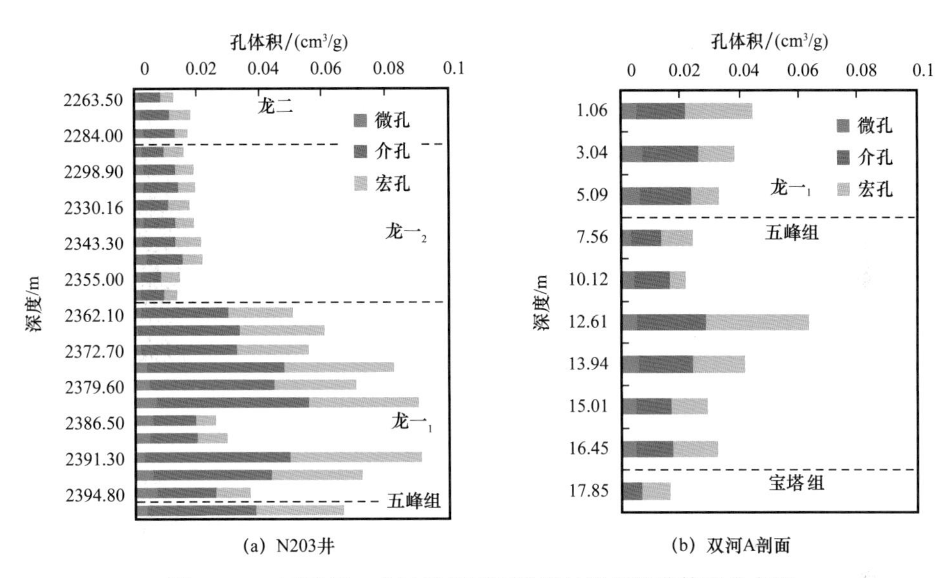

图2-1-5　五峰组—龙马溪组不同类型纳米级孔隙体积分布图

3. 纳米级孔隙发育控制因素

五峰组—龙马溪组页岩气优质产层纳米级孔隙发育主要受有机质含量控制，非优质产层纳米级孔隙发育主要受黏土矿物含量控制。N203井优质产层总孔体积与TOC含量显著正相关，表明其内纳米级孔隙发育主要受TOC含量控制，有机质颗粒是龙一$_1$纳米级孔隙发育主要赋存载体（表2-1-1）。换言之，有机孔是龙一$_1$纳米级孔隙主要类型，是页岩气主要储存空间，构成了页岩气三维连通渗流孔隙网络系统。总孔体积与黄铁矿含量也具有较好的正相关关系。该小层富含黄铁矿，黄铁矿晶间孔及其内充填有纳米级孔隙发育的有机质是龙一$_1$纳米级孔隙的重要贡献者。总孔体积与黏土矿物和碳酸盐岩含量成弱正相关关系，这与该小层内发育黏土矿物层间孔和碳酸盐岩粒内溶蚀孔关系密切，如图2-1-4（a）所示。总孔体积与石英和长石含量成弱负相关关系，指示石英和长石颗粒内部纳米级孔隙相对不发育。

微孔和介孔体积与TOC和黄铁矿含量呈显著的正相关关系，与黏土矿物、石英和碳酸盐岩含量弱正相关，说明有机质颗粒和黄铁矿内微孔和介孔相对发育。介孔体积与黏土矿物含量成较好的正相关关系，与石英、长石和碳酸盐岩含量均存在一定的负相关性，可能表明黏土矿物颗粒介孔相对发育。宏孔体积与 TOC 含量显著正相关，与黏土矿物、碳酸盐岩和黄铁矿含量弱正相关，指示宏孔主要赋存在有机质颗粒内部。

表 2-1-1 N203 井优质页岩层段孔隙体积与 TOC 和矿物组成相关性分析统计表

相关系数[a]	总孔体积	微孔体积	介孔体积	宏孔体积	TOC	黏土矿物	石英	长石	碳酸盐岩	黄铁矿
总孔体积	1									
微孔体积	0.62	1								
介孔体积	0.99	0.65	1							
宏孔体积	0.94	0.35	0.90	1						
TOC	0.72	0.66	0.66	0.65	1					
黏土矿物	0.39	0.05	0.49	0.32	−0.24	1				
石英	−0.37	0.19	−0.41	−0.46	0.20	−0.71	1			
长石	−0.28	−0.24	−0.21	−0.30	−0.79	0.38	−0.39	1		
碳酸盐岩	0.11	0.06	−0.01	0.20	0.63	−0.71	0.27	−0.70	1	
黄铁矿	0.49	0.60	0.54	0.32	0.65	0.19	−0.14	−0.55	0.28	1

注：a—相关系数在 0.5 以上定义为显著相关。

表 2-1-2 是 N203 井非优质产层不同类型孔隙体积与 TOC 和矿物组呈相关性统计结果。读表可知，总孔体积与黏土矿物含量呈正相关，表明黏土矿物层间孔（粒内孔）等是纳米级孔隙的主要类型，这与扫描电子显微镜观测相一致［图 2-1-4（a）］，纳米级孔隙发育主要受黏土矿物含量控制。总孔体积与碳酸盐岩和黄铁矿含量成显著负相关关系，表明碳酸盐岩粒内溶蚀孔和黄铁矿晶间孔不发育，其含量增加不利于纳米级孔隙发育；总孔体积与 TOC、石英和长石含量成弱负相关关系，指示有机孔隙、石英和长石颗粒内溶蚀孔不是非优质产层内纳米级孔隙主要类型。

具体来看，微孔体积与 TOC 和黏土矿物含量呈显著正相关关系，与长石、碳酸盐岩、黄铁矿，尤其石英含量成负相关关系，指示有机质颗粒和黏土矿物内部微孔相对发育。介孔体积与黏土矿物含量呈显著正相关关系，与 TOC 和石英含量成弱正相关关系，与碳酸盐岩含量呈显著负相关关系，与长石和黄铁矿含量成弱负相关关系，表明黏土矿物是介孔的主要赋存载体，碳酸盐岩粒内溶蚀孔隙不发育。宏孔体积与 TOC、石英、长石、碳酸盐岩和黄铁矿含量成弱负相关关系，与黏土矿物含量成弱正相关关系，表明黏土矿物是宏孔发育的主要场所。TOC 与黄铁矿含量显著正相关，如前所述，这表明沉积水体的还原强度与非优质页岩层段有机质富集关系密切。

表 2-1-2　N203 井非优质页岩层段孔隙体积与 TOC 和矿物组成相关性分析统计表

相关系数[a]	总孔体积	微孔体积	介孔体积	宏孔体积	TOC	黏土矿物	石英	长石	碳酸盐岩	黄铁矿
总孔体积	1									
微孔体积	0.62	1								
介孔体积	0.93	0.60	1							
宏孔体积	0.63	−0.02	0.35	1						
TOC	−0.02	0.50	0.07	−0.45	1					
黏土矿物	0.78	0.63	0.70	0.43	−0.07	1				
石英	−0.15	−0.54	0.03	−0.08	0.06	−0.49	1			
长石	−0.29	−0.01	−0.30	−0.25	0.06	0.07	−0.29	1		
碳酸盐岩	−0.57	−0.21	−0.65	−0.27	−0.05	−0.66	−0.23	−0.24	1	
黄铁矿	−0.50	−0.14	−0.45	−0.43	0.54	−0.58	0.20	0.40	0.24	1

注：a—相关系数在 0.5 以上定义为显著相关。

三、优质页岩储层地化判识方法

1. 页岩储层地球化学评价指标及分类标准

通常，页岩储层分类评价主要关注页岩的生气能力、储气能力和易开采性等三个方面，可利用八类指标对其进行分级，主要包括有机碳含量、有机质成熟度、含气性、页岩厚度、物性、埋深、矿物组成、力学性质等。

中国石油制定了《中国石油页岩气测井采集与评价技术管理规定》页岩储层分类标准（2018 年 7 月），其评价类别包括烃源岩、物性特征、含气性和岩石力学四个方面，分别利用总有机碳含量、孔隙度、含气量和脆性指数等四个参数进行分类评价，根据四参数特征可将页岩储层分为三类（表 2-1-3）。其中，烃源岩总有机碳含量表征页岩生气能力和储气能力，孔隙度和含气量表征页岩储层储气能力，脆性指数表征页岩可压裂性或易开采性。

表 2-1-3 《中国石油页岩气测井采集与评价技术管理规定》页岩储层分类标准

评价类别	评价参数		分类方案		
	参数	单位	Ⅰ	Ⅱ	Ⅲ
烃源岩	TOC	%	≥3	2～3	<2
物性特征	孔隙度	%	≥4	3～4	<3
含气性	含气量	m^3/t	≥3	2～3	≤2
岩石力学	脆性指数	%	≥55	35～55	<35

在川南和川东北地区五峰组—龙马溪组页岩储层矿物组成和纳米级孔隙研究的基础上，充分结合实际页岩气勘探开发成果，同时立足于实用性和普适性，分别从页岩主量成分和微量元素两方面优选了5个地球化学评价指标，并建立了相应的分类标准（表2–1–4）。其中，页岩主量成分评价参数包括TOC、还原性S含量、碳酸盐岩含量和石英含量，微量元素评价参数为U/Th比值。前已述及，龙马溪组优质页岩储层通常富含有机质，TOC较高，而有机质富集程度与地质历史时期沉积水体氧化还原程度关系密切，还原性S含量和U/Th比值是衡量沉积环境氧化还原程度的敏感指标。同时，TOC和U/Th比值可利用测井资料计算，而测井资料也易于获取。因此，相关指标更具普适性和实用性。

表2–1–4　五峰组—龙马溪组页岩储层地球化学评价指标及分类标准

类别	评价参数		分类方案		
	参数	单位	Ⅰ	Ⅱ	Ⅲ
主量成分	TOC	%	＞3	2～3	＜2
	还原性S含量	%	＞1	0.5～1.0	＜0.5
	碳酸盐岩含量	%	10～25	＜10	＞25
	石英含量	%	＞30	25～30	＜25
微量元素	U/Th		＞1.25	0.75～1.25	＜0.75

页岩储气能力评价指标为TOC、还原性S含量、石英含量和U/Th比值。五峰组—龙马溪组优质页岩储层有机孔隙发育，孔隙体积相对较高，影响纳米级孔隙发育的主要控制因素是TOC，受原始沉积环境氧化还原程度和生物成因石英输入影响，还原性S含量和石英含量及U/Th比值均与TOC有较好的正相关关系。非优质产层沉积于富氧、开放的水体环境，上述指标均偏低。

页岩易开采性评价指标为还原性S含量、碳酸盐岩和石英含量。五峰组—龙马溪组优质页岩储层富含黄铁矿和生物成因石英，非优质储层相对富含黏土矿物和碳酸盐岩。还原性S含量与页岩地层内的黄铁矿含量相对应，因此，还原性S含量、碳酸盐岩和石英含量是页岩储层内脆性矿物的总和，这些脆性矿物含量越高，地层相对易于压裂。

2. 页岩储层地球化学评价方法实际应用

利用新建立的五峰组—龙马溪页岩储层地球化学评价指标及分类标准对长宁页岩气示范区10余口页岩气井进行了评价，评价结果总体符合率85%以上。

以宁201井为例，依据《中国石油页岩气测井采集与评价技术管理规定》页岩储层分类标准（2018年7月），主要利用TOC、孔隙度、含气量等将五峰组—龙马溪页岩储层划分成了三类。其中，Ⅰ类储层主要分布在五峰组上部和龙一$_1$为底部与中部，总厚度约为9m；Ⅱ类储层主要分布在龙一$_1$中上部，总厚度约为18m；Ⅲ类储层主要分布在五峰组底部和龙一$_1$上部、龙一$_2$，总厚度约为15m（图2–1–6）。

利用新建立的五峰组—龙马溪页岩储层地球化学评价指标及分类标准，对宁201井五峰组—龙马溪页岩储层进行了评级划分。所依据的评价指标主要是TOC和U/Th比值。Ⅰ类储层总厚度约为8m，减少约1m，主要差异在于五峰组上部地层，该层段TOC值大于3.0%，但是U/Th比值介于0.75～1.25，因此将其划归为Ⅱ类储层。Ⅱ类储层总厚度约为11m，减少了约7m，主要差异在于龙一$_1$地层中部，该层段TOC值介于2%～3%，但是U/Th比值小于0.75～1.25，因此将其划归为Ⅲ类储层。Ⅲ类储层总厚度约为22m，增加了约7m，主要差异在于龙一$_1$中部，该层段TOC值介于2%～3%之间，但是U/Th比值小于0.75～1.25，因此将其划归为Ⅲ类储层（图2-1-6）。

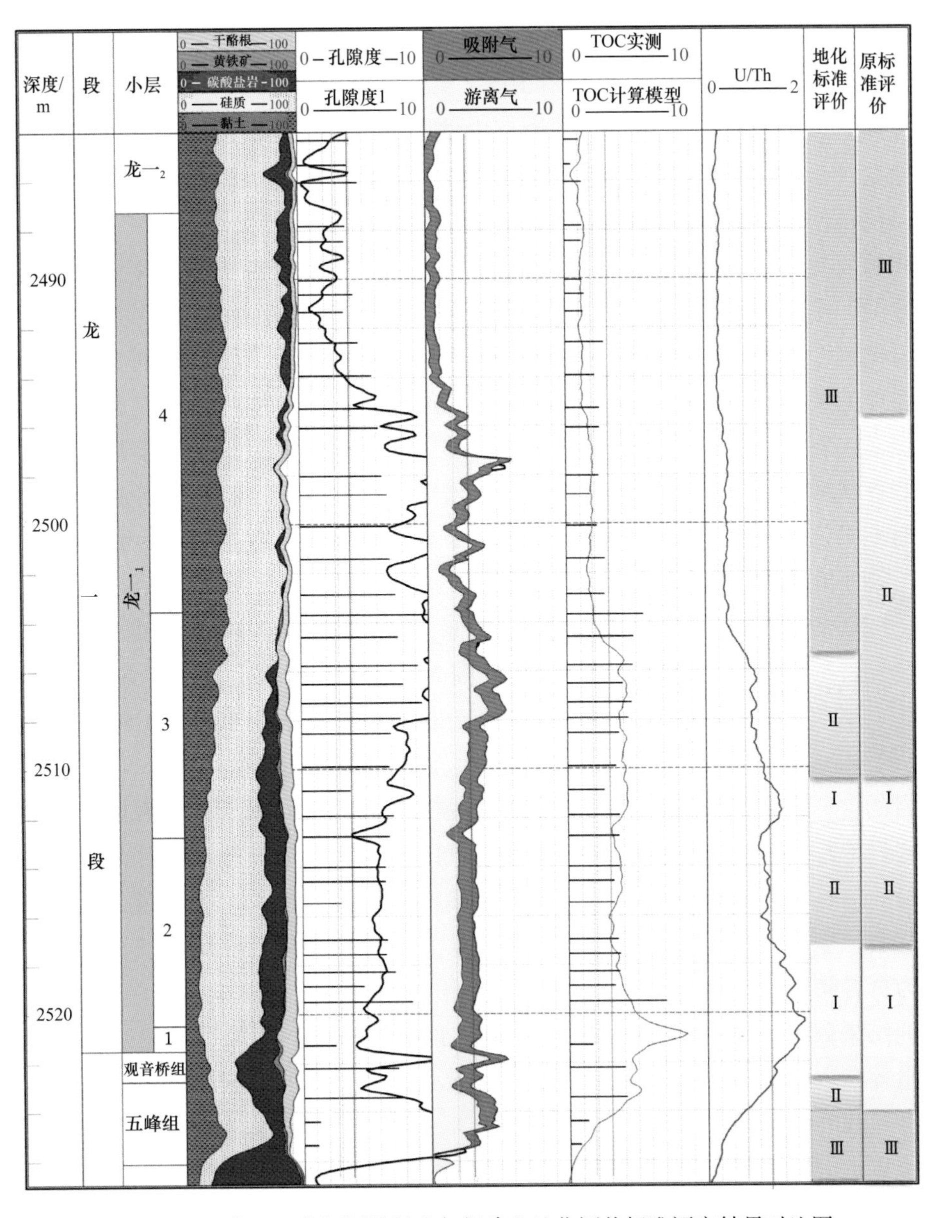

图2-1-6　宁201井原评价标准与新建立地化评价标准评定结果对比图

总体上，新构建的地球化学评价指标及分类标准与原评价指标和分类标准吻合程度较好。产生差异的主要原因在于新标准没有将地层内的游离气和吸附气含量考虑在内。已有研究证实 TOC 与页岩储层含气量成较好的正相关关系，鉴于此，实际操作过程中，建议将 TOC 这一指标权重相应增加，亦即以 TOC 这一地化指标为主，辅以 U/Th 比值，来对五峰组—龙马溪组页岩储层进行分级评价。

第二节 页岩储层精细描述

一、页岩储层表征与分类评价

对优质页岩储层主控因素的研究为页岩储层评价关键参数的优选奠定了基础。TOC 是页岩储层评价的一大重要指标，对长宁页岩气区块分析测试资料研究发现，页岩储层的 TOC 与页岩气总含气量、储层的孔隙度之间成较好的正相关性。TOC 值较高的页岩，有机质孔隙发育，其比表面积大，为吸附态天然气的赋存提供了吸附介质，也为游离气的赋存提供了孔隙空间。因此，TOC 为页岩储层评价的关键指标之一。

页岩储层中的矿物成分与含量对储层物性影响较大。长宁区块不同类型矿物含量与实测孔隙度的关系拟合发现，孔隙度随着石英含量升高而增大，且 TOC 随着石英含量的增大而提高，石英为生物成因石英矿物，增加了有机质的含量，同时丰富的有机质来源的石英和有机质伴生，发育丰富的微孔隙，增大了储集空间，且石英等脆性矿物的发育有利于后期页岩气的压裂改造。因此，页岩储层矿物成分与含量及脆性评价是储层评价的另一关键评价指标。

页岩储层的物性评价参数与常规储层类似，主要包括储层的孔隙度、渗透率、饱和度等，影响着页岩储层的质量。页岩储层孔隙大小在很大程度上决定着页岩的储气能力，长宁地区五峰组—龙马溪组岩样的储层物性分析资料统计表明页岩储层的含气量与储层的孔隙度成较好的正相关性，储层孔隙度越大，储层的含气量越高。

页岩的含气量是储层评价的核心参数，是确定页岩气资源量，预测页岩气单井产气量最重要的储层影响因素之一，决定了页岩气区是否能够经济开发，对开采方案的编制有重要意义，为页岩储层评价的另一大重要指标。为此，在深入认识储层基本特征及储层质量影响因素的基础上，优选 TOC、储层矿物成分与含量、储层脆性、储层物性及含气量作为页岩储层评价的关键指标参数。

研究结果表明，页岩储层地质评价参数之间存在一定的相关性，包括 TOC、孔隙度及含气量等参数，含气量的计算包含了 TOC 及孔隙度二者的影响，是 TOC、孔隙度及温压条件等参数的综合反映。

基于以上分析，将含气量和脆性指数作为最终页岩储层评价的两个参数，其分类评价界限见表 2–2–1。

表 2-2-1　川南地区页岩储层含气量和脆性指数分类界限

储层参数	Ⅰ类储层		Ⅱ类储层	Ⅲ类储层	非有效储层
	a	*b*			
总含气量 / (m^3/t)	≥5	3～5	2～3	1～2	<1
脆性指数 /%	≥55	50～55	45～50	40～45	<40

基于物质基础（含气量）以及基于可压性（脆性指数）均可以对川南地区储层质量的剖面展布进行刻画（图 2-2-1 和图 2-2-2）。

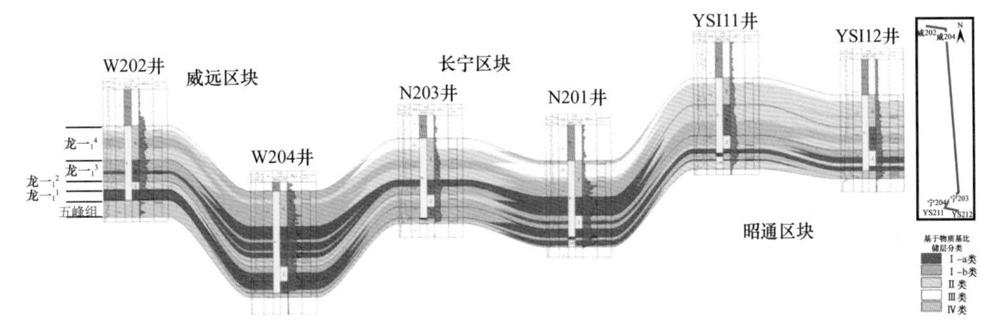

图 2-2-1　基于物质基础的页岩储层分类结果

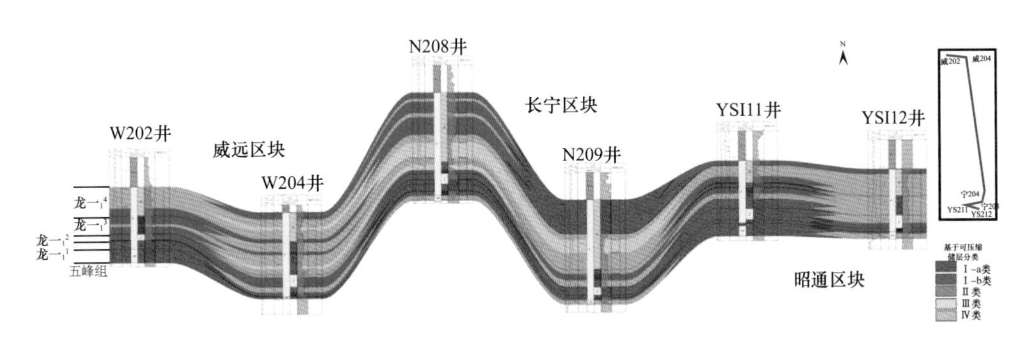

图 2-2-2　基于可压性的页岩储层分类结果

从分类结果上来看，川南地区五峰组—龙一$_1$地层分布稳定，横向上较为连续，厚度在 35m 左右。基于物质基础的分类结果表明，Ⅰ类储层主要分布在五峰组及龙马溪组下部，龙一$_1^4$的储层质量普遍较差。脆性指数则差异较大，威远和昭通区块龙马溪组下部脆性指数较高，长宁区块龙一$_1^4$的脆性指数较高。

以含气量为主要参数，脆性指数为次要参数，最终确定川南地区页岩储层综合分类评价方案（表 2-2-2）。

其中，Ⅰ类储层约占优质页岩段的 39%，Ⅱ类储层约占优质页岩段的 28%，Ⅲ类储层约占优质页岩段的 18%，非有效储层约占 15%。根据页岩储层分类结果，总结了不同类型储层岩石学特征、电性特征、吸附特征及孔隙结构特征上的差别见表 2-2-3。

表 2-2-2 川南地区页岩气储层综合分类评价标准

储层	含气量 /（m^3/t）	脆性指数 /%	占比 /%
Ⅰ类储层	＞3	＞45	39
Ⅱ类储层	2～3	40～45	28
Ⅲ类储层	1～2	＞40	18
非有效储层	＜1	＜40	15

表 2-2-3 长宁—威远—昭通地区不同类型页岩储层特征

储层	岩石学特征		电性特征			吸附特征	
	岩性	颜色	自然伽马值 / gAPI	密度 / g/cm^3	钍铀比	吸附量 / m^3/t	吸附压力 / MPa
Ⅰ类	碳质页岩、硅质页岩	黑	222	2.51	0.88	4.11	3.56
Ⅱ类	含碳质页岩、钙质页岩	灰黑	199	2.57	1.48	2.55	2.49
Ⅲ类	含碳质页岩、泥质页岩、混合页岩	灰黑	150	2.57	2.06	1.48	1.94
非有效	泥质页岩、混合页岩	灰褐	103	2.67	2.48	1.01	1.84

将储层评价的结果应用于昭通示范区35口测井系列完整的水平井储层评价中，Ⅰ类储层钻遇长度与气井EUR呈现较高的相关性，在排除工程施工条件的影响下，以气井EUR标定的储层分类标准符合率超过85%。

二、页岩储层天然裂缝分布与表征

川南五峰组—龙马溪组页岩的主要构造活动发生于燕山—喜马拉雅期，主要包括燕山晚期构造幕的近南—北向挤压作用、喜马拉雅早期构造幕的北北东—南南西向挤压作用以及喜马拉雅中期构造幕的北西西—南东东向挤压作用。而喜马拉雅中期构造幕之后可能主要发生的是强烈的整体隆升作用。

地震构造解释成果表明川南目的层的断层按走向可大致分为三组，即近东—西走向、（北）北东—（南）南西走向和北北西—南南东走向。据地震解释的深度域断层层面，统计了其在目的层层段的几何产状，目的层断裂以高角度为主。

大断层表现为同相轴明显错断，“蚂蚁”体强烈异常，与断层平行，横向上和垂向上的连续性好；微断层/裂缝带表现为同相轴的错断或扭曲，“蚂蚁”体中等异常，可能的裂缝带同相轴轻微扭曲或能量减弱，微弱“蚂蚁”体异常（图2-2-3）。

对于大尺度的断层，布井时一般考虑避开，而中等尺度的小断层或者裂缝带对于页岩气的工程开发具有重要的影响。首先是对钻井和地质导向提出了挑战，裂缝带或者小断层如果发生剪切滑动，对井壁稳定性会产生重要的影响，微构造的存在则会影响地质导向。其次，对于压裂改造而言，中等尺度的裂缝会对压裂的效率和水力裂缝的扩展产

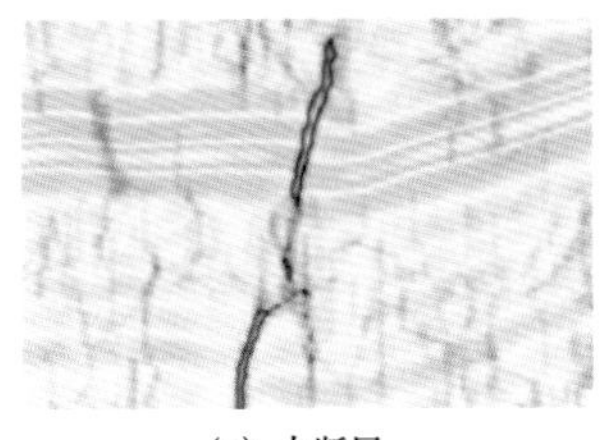
(a) 大断层

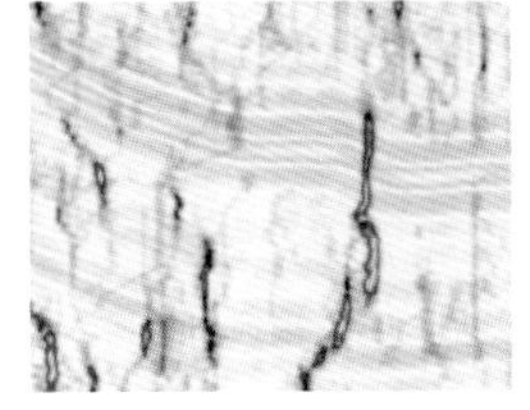
(b) 微断层/裂缝带

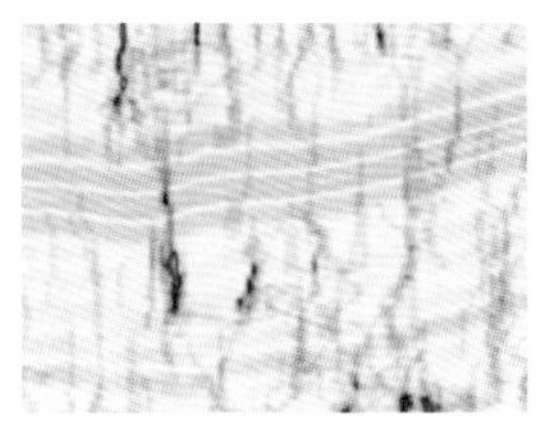
(c) 可能的裂缝带

图 2-2-3 “蚂蚁”体与地震剖面对比图（赵春段等，2017）

生影响。由此可见中等尺度裂缝的重要性，至于表征方式，通过前期工作的有效对比与筛选，选择“蚂蚁”体追踪作为主要的表征方法。

前人（王适择等，2013；王适择，2014）对龙马溪组野外露头裂缝为研究对象，特征研究采取的方法为观察法。对观察点岩性进行详细的描述，对包括裂缝的产状、长度等进行记录。

1. 裂缝的长度

裂缝的长度是表明裂缝在顺走向方向的延伸程度，在区域性裂缝中，就应注意裂缝走向在区域范围内的变化趋势。

在长宁地区下志留统龙马溪组，裂缝特征明显，分类明确。在长宁县双河镇燕子沟狮子滩附近，裂缝特征尤其突出。裂缝发育以层内为主，其次为切层裂缝。裂缝的总体延伸较长，可见长度大致在 3～10m 之间，且部分观测点平行性较好。页岩中受岩层厚度的控制，延伸一般小于 2m ；在厚度较大者中可见延伸大于 6m 的，厚层砂岩中也可见少数延伸长度达 10m 以上的裂缝。典型反映总体延伸的野外照片如图 2-2-4 所示。

图 2-2-4　龙马溪组野外裂缝照片组图

2. 裂缝的间距

在长宁双河地区发育的裂缝，间距相对较小。裂缝间距以小于 0.4m 为主，这主要是页岩和灰岩内的切层裂缝和层间裂缝，观测点 D004 中裂缝间距为 0.1～0.5m，裂缝长度为 0.05～1.8m，裂缝紧闭，节理面平整光滑，局部裂缝有方解石充填。其次为 0.4～1.2m 间距，倾向为南东向的裂缝，这个方向的裂缝相互切割成块状。研究区发育的裂缝主要是石灰岩和页岩切层裂缝和切穿露头的裂缝如图 2-2-5 所示。

图 2-2-5　D002 龙马溪组露头裂缝组图

3. 裂缝的产状

将长宁背斜龙马溪组所有点的裂缝进行统计，制作玫瑰花图和节理等密度图（图 2-2-6 和图 2-2-7）。分析可知长宁背斜龙马溪组裂缝主要倾向 N2°—36° E，N51°—82° E，E124°—274° W 其次是 W346°—357° N，节理面倾角 30°～60°的占 52%，大于 60°

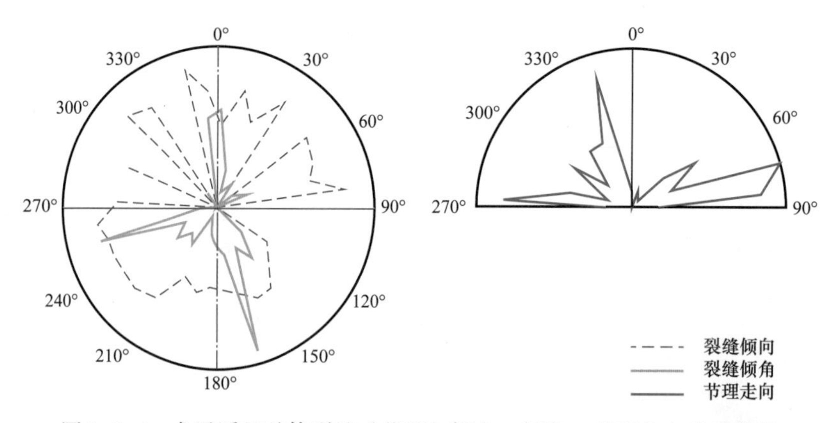

图 2-2-6　龙马溪组总体裂缝（节理）倾向、倾角、节理走向玫瑰花图

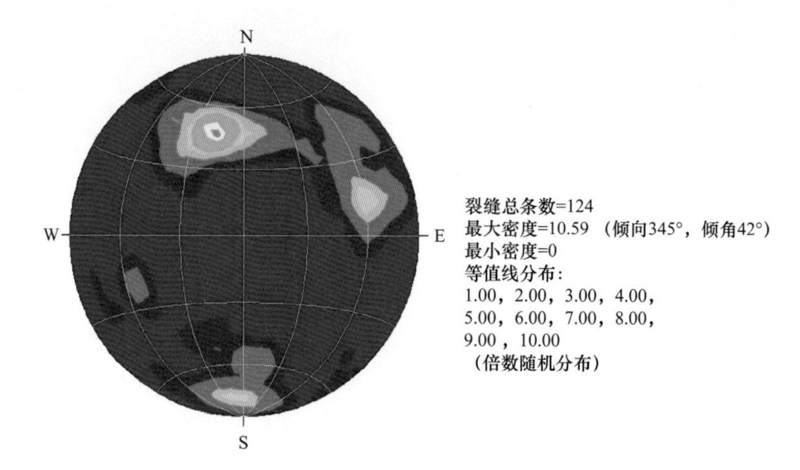

图 2-2-7　龙马溪组节理等密度图

的占48%，可以看出该地区节理面倾角以中高度角为主。从等密度图中可看出长宁地区龙马溪组裂缝的走向以N30°—86° E和W273°—280N°，W315°—345° N都较为发育。

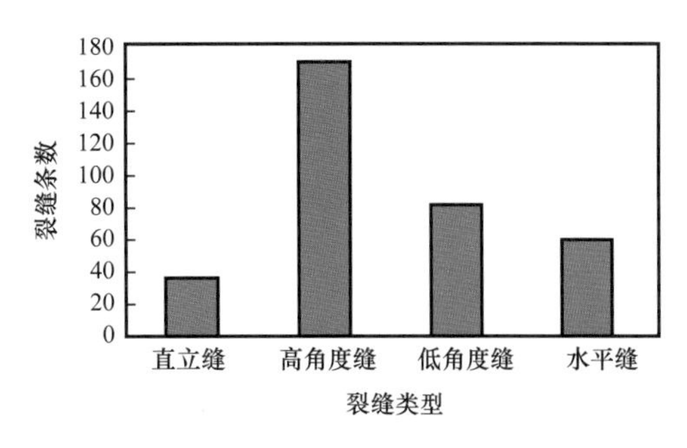

图2-2-8　长宁地区龙马溪组裂缝类型条数统计

总体上，长宁龙马溪组裂缝非常发育，多为中高角度裂缝。长宁地区龙马溪组发育裂缝主要以高角度裂缝为主，约占所有裂缝49%，发育较多的还有低角度裂缝，约占24%，直立缝和水平缝相对发育较少，各占10%和17%（图2-2-8）。

宁201井龙马溪组发育裂缝水平缝7条，不见直立缝、高角度缝及低角度缝。在宁201井第4次取心第51块（2513.20～2513.30m）上发现距底1.6m处有龙马溪组页理缝，充填黄铁矿，如图2-2-9（a）所示。

(a) 宁201井，龙马溪组，2513.20～2513.30m

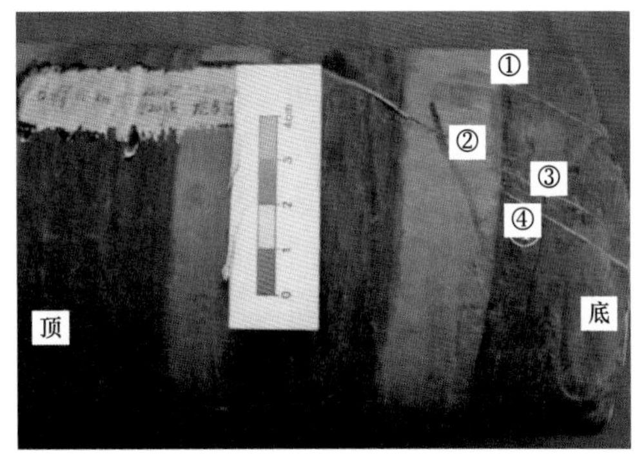

(b) 宁203井，龙马溪组，2214.71～2214.98m

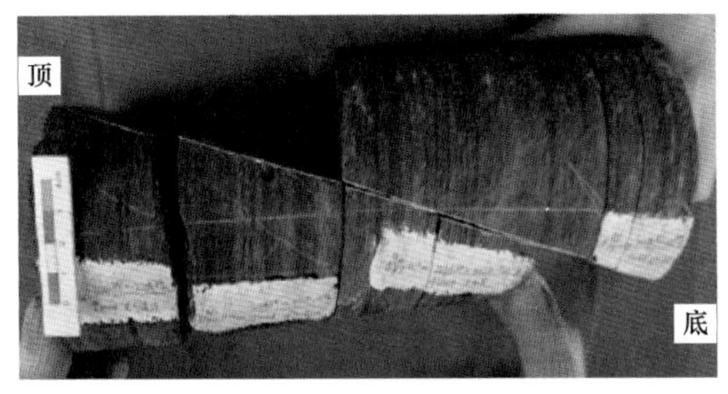

(c) 宁203井，龙马溪组，2228.28～2228.56m

(d) 宁203井，龙马溪组，2346.64～2349.31m

图2-2-9　长宁地区龙马溪组页岩岩心裂缝发育图

宁203井第8次取心第15块（2214.71～2214.98m）处可见灰质页岩和泥灰岩互层，可见灰石条带，底面可见滑脱面，擦痕，有方解石充填。可见一组裂缝（4条）：第一条：长度4cm，倾角75°，为紧闭裂缝；第二条：长度8cm，倾角70°，宽度1mm，紧闭裂缝；第三条：长度4.5cm，倾角67°，为紧闭裂缝；第四条：长度4.5cm，倾角65°，为紧闭裂缝，裂缝间距分别为1.7cm、0.4cm、0.5cm，如图2-2-9（b）所示。

宁203井第8次取心第90块（2228.28～2228.56m）上可见1条裂缝，长度28.1cm，

倾角75°，充填方解石，如图2-2-9（c）所示。在宁203井第15次取心第41～51块（2346.64～2349.31m）上可见1条长裂缝，长度2.67m，为倾角近90°的直立缝，紧闭缝，如图2-2-9（d）所示。

三、页岩气开发储量评价

参考中华人民共和国地质矿产行业标准《页岩气资源/储量计算与评价技术规范》（DZ/T 0254—2014），在含气量计算的基础上采用体积法计算研究区五峰组—龙一$_1$的页岩气储量。计算公式如下：

$$G_t = 0.01 A h \rho_b V_t \tag{2-2-1}$$

式中 G_t——地质储量，10^8m^3；

A——含气面积，km^2；

H——有效厚度，m。

研究区地质储量结果见表2-2-4，其中长宁201井区取面积145km^2，昭通黄金坝YS108井区取面积154km^2。从表2-2-4中可以看出，长宁201井区五峰组—龙一$_1$的地质储量为$700.01 \times 10^8m^3$，储量丰度为$4.82 \times 10^8m^3/km^2$。昭通黄金坝YS108井区五峰组—龙一$_1$的地质储量为$570.25 \times 10^8m^3$，储量丰度为$3.70 \times 10^8m^3/km^2$。对比来看，昭通地区面积及有效厚度与长宁地区相当，地层密度高于长宁地区，说明其有机质含量较长宁地区低，孔隙度也偏低，从而造成了吸附气含量及游离气含量普遍低于长宁地区，造成了总含气量偏低，从而影响了地质储量和储量丰度。纵向上来看，长宁地区的水平井主要动用层位（五峰组—龙一$_1^2$）储量占比35.9%，昭通地区主要动用层位的储量占比为29.2%，说明目前井轨迹条件下动用的页岩气储量较低。

基于评价井分层标准，根据水平井电测曲线特征，在符合地层接触关系的基础上，进行水平井分层工作。分层主要依据反应页岩岩性特征的放射性测井系列，并以三孔隙度测井系列为辅助。其中，五峰组与龙一$_1^1$其间通常有观音桥介壳灰岩作为夹层，有明显的自然伽马值回返，五峰组自然伽马值介于200～300 API，钍铀比介于0.5～1；龙一$_1^1$与龙一$_1^2$的界限处通常发生自然伽马值突变，龙一$_1^1$的自然伽马值较大，通常大于300API，钍铀比小于0.5，反映了较强的还原环境；龙$_1^2$的自然伽马值下降较快，介于150～200API，钍铀比介于0.5～1；龙一$_1^2$和龙一$_1^3$之间自然伽马曲线形态发生变化，自然伽马值增大，介于200～300API，钍铀比介于1～2，声波时差曲线和中子孔隙度曲线发生突变；龙一$_1^3$和龙一$_1^4$之间钍铀比发生突变，自然伽马值降低，介于150～200API；龙一$_1^4$和龙一$_2$之间的自然伽马曲线变化不大，钍铀比曲线发生突变，比值从2～4变为大于4，表明沉积环境由强还原环境向弱氧化环境过渡，同时中子孔隙度曲线和声波时差曲线也发生突变。

根据长宁示范区和昭通示范区小层钻遇率统计结果，长宁地区钻遇龙一$_1^2$的比例最高，为46.16%，钻遇龙一$_1^1$的比例最低，为11.3%；昭通地区钻遇龙一$_1^3$小的比例最高，为52.59%，其次为龙一$_1^2$小层，钻遇率为34.33%，龙一$_1^1$的钻遇率最低，仅为1.60%（图2-2-10）。

表 2-2-4　蜀南地区五峰组—龙马溪组地质储量计算表

气田	层段	面积 / km^2	厚度 / m	密度 / g/cm^3	吸附气 / m^3/t	游离气 / m^3/t	总含气 / m^3/t	地质储量 / 10^8m^3	储量丰度 / $10^8m^3/km^2$
长宁201	龙一$_1^4$	145	15.16	2.44	1.23	3.16	4.93	264.42	1.82
	龙一$_1^3$		8.09	2.54	2.75	3.61	6.19	184.43	1.27
	龙一$_1^2$		7.71	2.55	2.76	3.34	6.06	172.76	1.19
	龙一$_1^1$		1.27	2.52	3.85	3.21	7.34	34.06	0.23
	五峰		2.08	2.43	1.78	3.53	6.05	44.34	0.31
	合计		34.31	2.50	2.47	3.37	6.11	700.01	4.82
昭通 YS108	龙一$_1^4$	154	14.39	2.64	0.93	2.45	3.38	197.74	1.28
	龙一$_1^3$		9.48	2.59	2.38	3.07	5.45	206.08	1.34
	龙一$_1^2$		4.6	2.59	2.26	2.87	5.13	94.12	0.61
	龙一$_1^1$		1.16	2.56	2.98	3.36	6.34	28.99	0.19
	五峰		2.45	2.58	1.97	2.48	4.45	43.32	0.28
	合计		32.08	2.59	2.10	2.85	4.95	570.25	3.70

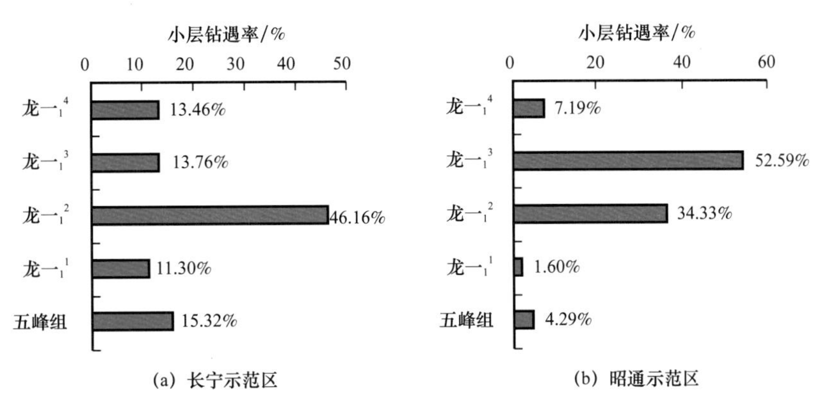

图 2-2-10　长宁和昭通示范区小层钻遇率对比

页岩气藏储量动用程度上取决于人工裂缝压开的地层范围，只有水力裂缝涉及的范围，地质储量才能得到有效动用。随着距离井筒距离的增加，裂缝的高度和宽度都会迅速降低，其截面形态近似为星形（位云生，2018），如图 2-2-11 所示。根据斯伦贝谢公司对蜀南地区页岩气田微裂缝监测结果，井筒射孔处的人工裂缝最大延伸高度约为 40m，裂缝宽度约为 300m。另外，由于页岩储层纵横向渗透率的巨大差异，气体以横向泄流为主，故认为小层储量动用程度与裂缝截面面积及含气量成正比。

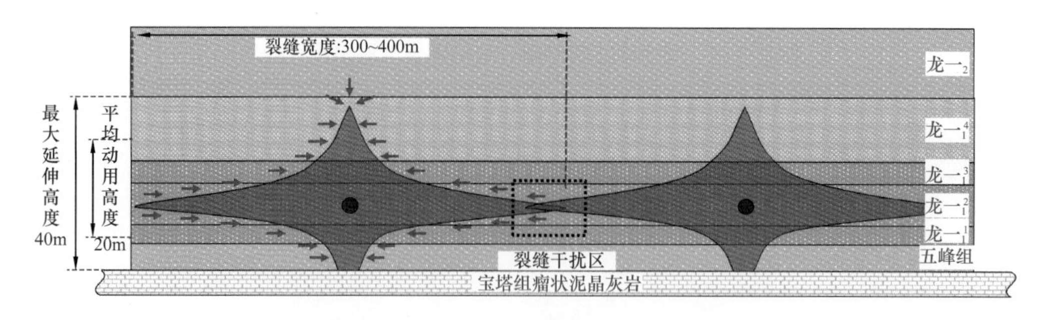

图 2-2-11　人工水力裂缝截面形态示意图

基于以上假设，纵向上的储量动用程度评价的基本思路为：首先假设井筒穿行在某一小层的中心，以星形裂缝截面为计算单元（图 2-2-12），计算在这种情形下裂缝垂向上沟通的各小层地层裂缝截面积，裂缝截面积与含气量及岩石密度的乘积视为该小层内的储量相对动用量，再根据水平井小层钻遇率，计算各小层累计动用量，从而统计各层动用比例，再根据水平井单井平均 EUR，计算各小层实际的采气量，最后与小层控制储量进行对比，计算小层的实际动用程度。具体方法如下（朱汉卿，2018）：

计算体积元体积大小：

$$V_{\mathrm{N}} = xDh \tag{2-2-2}$$

式中 V_{N}——体积元大小，m^3；

x——距离井筒高度 y 位置的裂缝侧向延伸长度，m；

D——气体横向泄流范围，m；

h——体积元高度，1m。

根据星形图案的几何关系，x 和 y 的数学关系式为

$$x^{\frac{2}{3}} + (7.5y)^{\frac{2}{3}} = 150^{\frac{2}{3}} \tag{2-2-3}$$

在计算完体积元体积大小后，计算体积元内的含气量，计算公式为

$$G_{\mathrm{N}} = \mathrm{GAS_N} \times V_{\mathrm{N}} \times \mathrm{DEN_N} \tag{2-2-4}$$

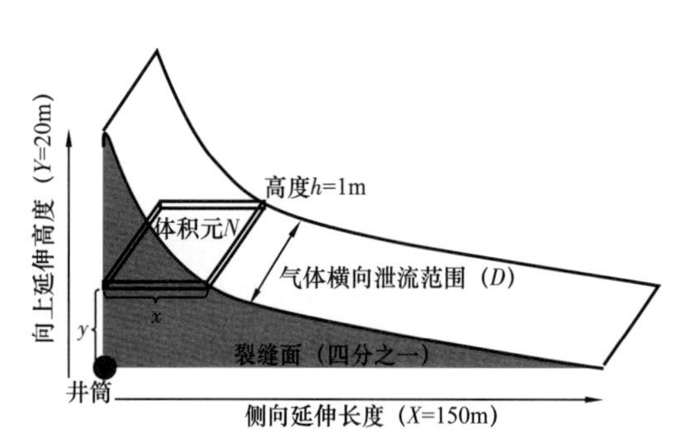

图 2-2-12　“星形”裂缝体积元示意图

式中 G_{N}——储量动用量，m^3；

$\mathrm{GAS_N}$——含气量，m^3/t；

$\mathrm{DEN_N}$——密度，$\mathrm{g/cm}^3$；

V_{N}——体积元大小，m^3。

密度值由测井解释结果提供，将 0.125m 的测井点数据抽吸为每米一个测井数据即可。在体积元中气体动用量的基础上，计算不同井轨迹位置下各小层的气体相对动用量。这里相对动用量为密度、含气量、裂缝长、裂缝高的乘积。计算结果见表 2-2-5。

表 2-2-5　不同钻遇位置下各小层储量动用相对量

示范区	小层	钻遇龙一$_1^4$	钻遇龙一$_1^3$	钻遇龙一$_1^2$	钻遇龙一$_1^1$	钻遇五峰
长宁	龙一$_2$	0.46	0.00	0.00	0.00	0.00
	龙一$_1^4$	12.53	4.43	0.66	0.04	0.00
	龙一$_1^3$	1.80	12.76	5.08	1.97	1.13
	龙一$_1^2$	0.01	5.05	10.53	6.69	5.06
	龙一$_1^1$	0.00	0.58	2.08	3.73	2.70
	五峰组	0.00	0.29	1.30	2.54	2.97
	合计	14.80	23.11	19.65	14.97	11.86
昭通	龙一$_2$	1.69	0.00	0.00	0.00	0.00
	龙一$_1^4$	12.32	3.94	0.81	0.26	0.08
	龙一$_1^3$	2.26	11.37	5.84	3.67	2.55
	龙一$_1^2$	0.04	2.94	6.56	5.17	3.96
	龙一$_1^1$	0.00	0.38	1.04	1.70	1.18
	五峰组	0.00	0.73	2.19	3.27	4.05
	合计	16.31	19.36	16.44	14.07	11.82

从表 2-2-5 中可以看出，在长宁地区，当水平井在龙一$_1^4$中穿行时，“星形”裂缝能够沟通的龙一$_2$的气体相对动用量为 0.46，沟通的龙一$_1^4$的气体相对动用量为 12.53，沟通的龙一$_1^3$的气体相对动用量为 1.80，沟通的龙一$_1^2$的气体相对动用量为 0.01，无法沟通龙一$_1^1$及五峰组，能够沟通的总气体相对动用量为 14.80。表格中其他数据含义依此类推。

根据水平井小层钻遇率统计，长宁地区水平井龙一$_1^4$的平均钻遇率为 13.46%，龙一$_1^3$的平均钻遇率为 13.76%，龙一$_1^2$的平均钻遇率为 46.16%，龙一$_1^1$的平均钻遇率为 11.30%，五峰组的平均钻遇率为 15.32%，水平井平均压裂长度为 1496m；昭通地区水平井龙一$_1^4$的平均钻遇率为 7.19%，龙一$_1^3$的平均钻遇率为 52.59%，龙一$_1^2$的平均钻遇率为 34.33%，龙一$_1^1$的平均钻遇率为 1.60%，五峰组的平均钻遇率为 4.29%，水平井平均压裂长度为 1442m。按照以上数据，将水平井轨迹理想化为图 2-2-13 所示的轨迹模型。

在得到水平井钻遇比例和钻遇各小层时气体相对动用量的基础上，根据该动用量可以计算出各小层气体动用比例。在长宁地区目前各小层钻遇率的前提下，按照“星形”裂缝截面计算，龙一$_1^4$的气体动用占总动用量的 14.73%，龙一$_1^3$的气体动用占总动用量的 26.79%，龙一$_1^2$小层气体动用占总动用量的 40.07%，龙一$_1^1$气体动用占总动用量的 10.60%，五峰组气体动用占总动用量的 7.81%；昭通地区龙一$_1^4$的气体动用占总动用量的 18.42%，龙一$_1^3$气体动用占总动用量的 47.22%，龙一$_1^2$的气体动用占总动用量的 23.02%，龙一$_1^1$的气体动用占总动用量的 3.60%，五峰组的气体动用占总动用量的 7.73%（表 2-2-6）。

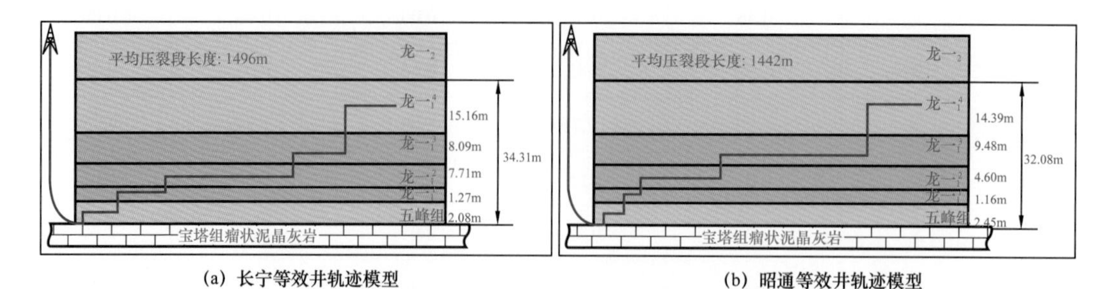

(a) 长宁等效井轨迹模型　　(b) 昭通等效井轨迹模型

图 2-2-13　蜀南地区井轨迹模型

表 2-2-6　长宁、昭通地区各小层纵向储量动用程度

气田	小层	小层实际钻遇比例 / %	气体相对动用量 / %	气体动用比例 / %	小层采气量 / 10^4m^3	井控面积 / km^2	小层控制储量 / 10^4m^3	小层动用程度 / %
长宁	龙一$_1^4$	13.46	2.61	14.73	1436.00	0.449	8168.16	17.58
	龙一$_1^3$	13.76	4.74	26.79	2611.91		5699.76	45.83
	龙一$_1^2$	46.16	7.09	40.07	3906.83		5349.50	73.03
	龙一$_1^1$	11.30	1.88	10.60	870.88		1032.24	84.37
	五峰组	15.32	1.38	7.81	761.74		1391.28	54.75
	合计	100	17.69	100	9750.00			
昭通	龙一$_1^4$	7.19	3.24	18.42	1550.97	0.433	5542.40	27.98
	龙一$_1^3$	52.59	8.31	47.22	3976.00		5802.20	68.53
	龙一$_1^2$	34.33	4.05	23.02	1938.36		2643.13	73.34
	龙一$_1^1$	1.60	0.63	3.60	303.50		823.27	36.86
	五峰组	4.29	1.36	7.73	651.18		1212.40	53.71
	合计	100	17.61	100	8420.00			

结合长宁地区和昭通地区水平井平均 EUR，可计算各小层采气量。再根据水平井井控面积（水平井压裂长度 × 裂缝宽度）与静态储量各小层储量丰度的计算结果，可以计算出研究区各小层控制储量。各小层的采气量与控制储量的比值即为开发储量纵向上的动用程度。从计算结果来看，长宁 N201 井区，按照目前水平井的钻井轨迹，龙一$_1^1$和龙一$_1^2$及五峰组的储量动用程度较高，而龙一$_1^3$和龙一$_1^4$的储量动用程度低于 50%，其中，龙一$_1^4$的储量动用程度仅为 17.58%；昭通 YS108 井区，按照目前的水平井钻井轨迹情

况，中间层位龙一$_{1}^{3}$和龙一$_{1}^{2}$的储量动用程度较高，而下部层位龙一$_{1}^{1}$及上部层位龙一$_{1}^{4}$的储量动用程度较低。对于昭通地区而言，龙一$_{1}^{1}$的储量动用程度较低，建议提高靶体精度，让水平井尽量钻进在龙一$_{1}^{1}$附近，从而尽可能多地动用含气量最高的地层的气体。长宁地区和昭通地区两个共同的问题是上部龙一$_{1}^{3-4}$的储量动用较低，故建议采用“W”形上下两套立体井网部署模式（图 2-2-14），以提高储量动用程度。

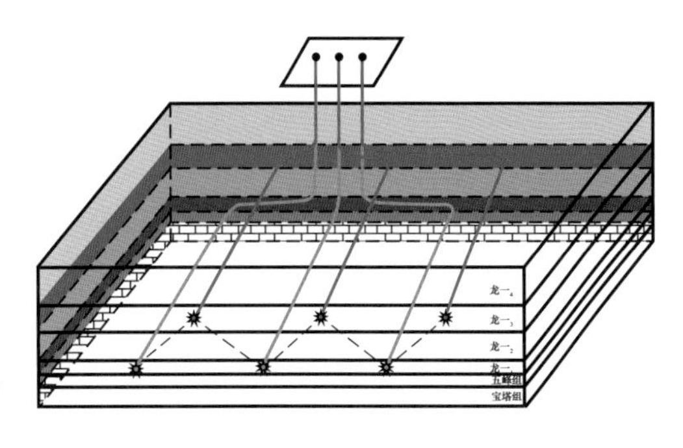

图 2-2-14　“W”形井网示意图

四、地质工程一体化建模技术

页岩储层需要通过水平井开采及人工压裂才能获得工业产能，在建模过程中与常规气藏的建模存在显著差别。首先是对模型的精度提出了更高的要求，根据现有的认识，靶体位置需要确定在龙马溪组下部，靶体窗口约 8m，对模型的精度提出了极高的要求；其次，属性模型与常规气藏的相控建模也有较大区别，优质页岩的沉积环境为深水陆棚相，但是上部地层和下部地层的储层质量存在明显的差别，相控建模无法解决这一问题；建模过程中，对天然裂缝模型的精度也提出了更高的要求，天然裂缝的分布对后期人工裂缝的展布有重要影响；连接地质模型和工程压裂模型的是三维地质力学模型，主应力的大小及方向、孔隙压力的预测都对后期压裂模拟人工裂缝的展布产生重大影响。

1. 三维构造模型

目前中国页岩气区块多采用水平井开发，长宁气区也仅存在少量探井为直井，采用仅有的几口探井开展地质研究显然不能满足储层精细描述及实际气藏开发的需要，因此，充分利用水平井资料进行地质研究尤为重要。常规油藏中水平井的水平段多在某一特性的目的层穿行，偶见上下穿层现象。与常规油藏不同的是，长宁页岩气藏目的层段小层厚度薄，五峰组、龙一$_{1}^{1}$、龙一$_{1}^{2}$、龙一$_{1}^{3}$的厚度多在 5m 左右。水平井钻井过程中受地层厚度薄、地层倾角变化等因素影响，钻井过程中钻头方位不断发生变化，导致水平段不断上下穿行，钻遇不同小层，在长度约为 1500～2000m 的水平段，井轨迹多次与多个小层的构造面顶面相交，可获得比单一直井多很多倍的信息，等效于获取多口直井的地质信息（乔辉等，2018），弥补了评价井少的不足（图 2-2-15）。

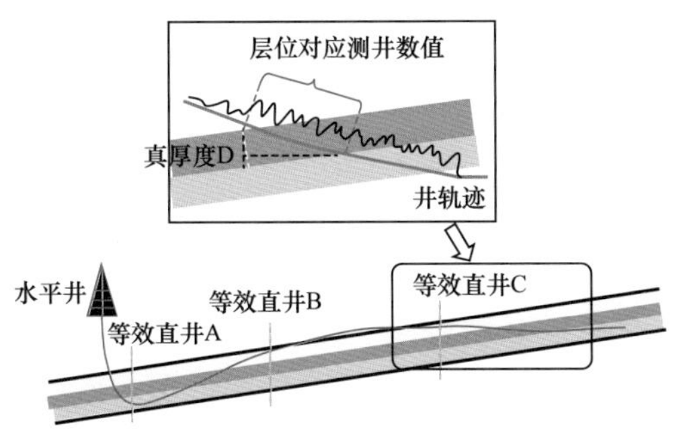

图 2-2-15　水平井多点地质信息解释示意图

因此，采用水平井多点地质信息方法，建立研究区地层的岩性、物性和电性特征的定量识别标准，利用该标准对水平井水平段开展精细小层划分，并对实际钻遇地层厚度进行校正，将水平井水平段等效为多口平面分布的直井。在此基础上，以水平井段解析的各小层数据资料作为控制点，结合地震等资料建立研究区精细地质模型。

构造模型主要反映地质构造及构造背景下的地层厚度分布、垂向地层之间的接触关系和断裂系统的发育等，且能够更加精确地显示微构造，对水平井优化设计及提高目标储层的钻遇率具有重要意义。水平井资料在常规油藏精细描述和建模中的应用主要包括：与其他资料一起识别砂体侧向边界，水平井轨迹对构造建模的层面和断层进行约束或检验，描述储层物性参数在平面上的连续变化特征等。研究区直井少，主要通过水平井资料处理，建立研究区构造模型，用于研究地层三维空间展布、优质页岩储层钻遇并指导水平井钻探。由于钻井过程中钻头方位的不断变化，在部分情况下钻机并未钻穿某层位就不断地向上或向下调整钻头方位，此时若钻头往上覆地层钻，则该小层分层深度代表上覆地层底界；若水平段往下伏地层钻，则该深度代表该地层的底界。

建模面积498km^2，建模使用8口直井和288口水平井，建模层位为宝塔组、五峰组、龙一$_1^1$、龙一$_1^2$、龙一$_1^3$和龙一$_1^4$六个层位，参考井距、资料分辨率等信息，寻求建模精度与数据运算消耗机时的平衡点，设计建模平面网格大小为40m×40m，垂向网格精度采用渐变式设计，龙一$_1^1$和五峰组为0.5m，向上逐渐增粗至2m，宝塔组下推50m，网格精度为5m，网格数总计2804.594万个。

建模时首先建立关键层位的层面模型控制全区的地层格架，以此为约束建立其他小层层面，最终建立全区层面模型。以水平井井点处理后的分层数据作为约束条件应用精细地震解释出的地层构造层面为趋势，井震结合建立宝塔组、五峰组、龙一$_1^1$、龙一$_1^2$、龙一$_1^3$和龙一$_1^4$层位的构造面（图2-2-16）。

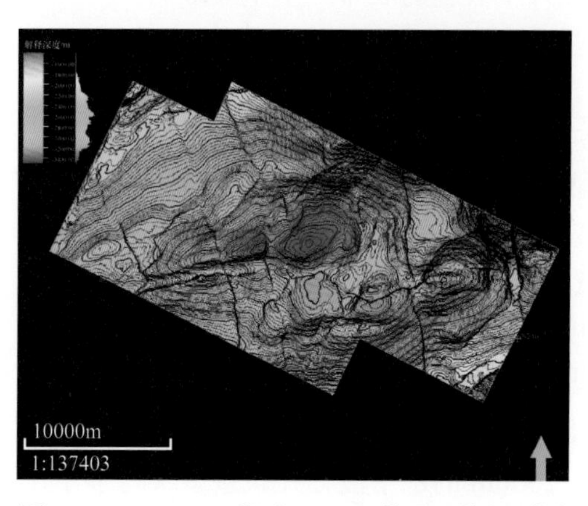

图2-2-16　N201井区—N209井区五峰组顶界解释构造图

此井震结合的构造面既保证了井点处地层深度的准确性，又展示了井间构造变化趋势，因此较准确地反映了目的小层构造特征。从模型上可见，构造上总体呈向斜构造，向斜中心位于工区中部，优质页岩段各小层构造趋势一致，向斜背景上微幅构造发育，工区南部发育褶皱。

由于目的小层厚度总体较薄，构造建模过程中容易出现建立的各小层构造层面相交，因此在建模中逐井检查各水平井在三维空间中的轨迹是否与该井实钻水平井地层剖面一致。若出现不相符时，及时调整构造层面。通过对比N209H1-12井实钻地层剖面分析及该井三维空间井轨迹图（图2-2-17），该井水平段各钻遇的地层与模型完全吻合。因此，通过水平井实钻数据加载、小层识别和描述，对水平井巷道实际穿行轨迹和各小层在三维空间中分布刻画更精细，相对于地震构造层位模型更加精细，可用于指导后续水平井钻井及地质属性建模。

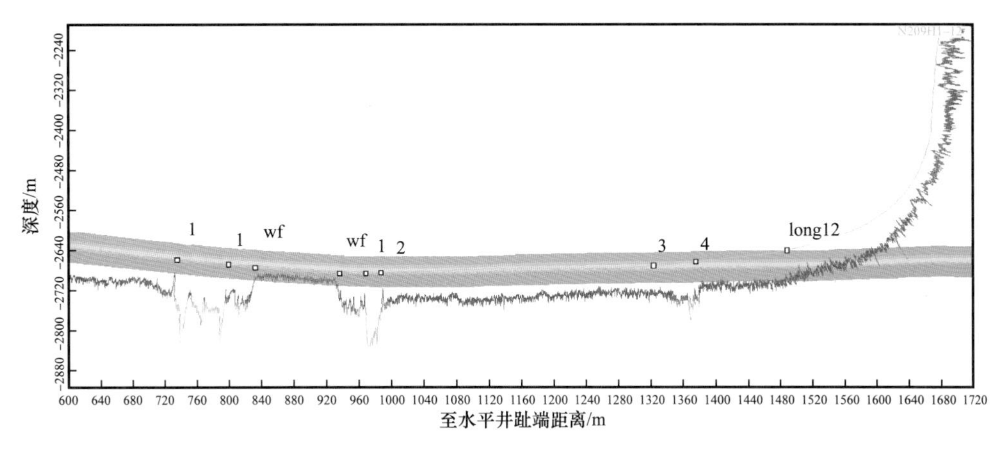

图 2-2-17 N209H1-12 井实钻地层剖面及对应的三维空间轨迹

2. 三维属性模型

储层品质属性模型的目的是通过三维地质建模方法评价储层的三维空间展布，从而为水平井布井和压裂设计提供支持。

本区属性建模的方法是在地震反演和单井测井解释的基础上，建立三维属性体，从而为三维地质力学模拟和压裂工程服务。研究流程如图 2-2-18 所示，三维属性模型的建立可分为四步（赵春段等，2017）：

（1）三维网格设计，结合地震面元确定网格横向尺寸，根据测井分辨率确定网格垂向尺寸；

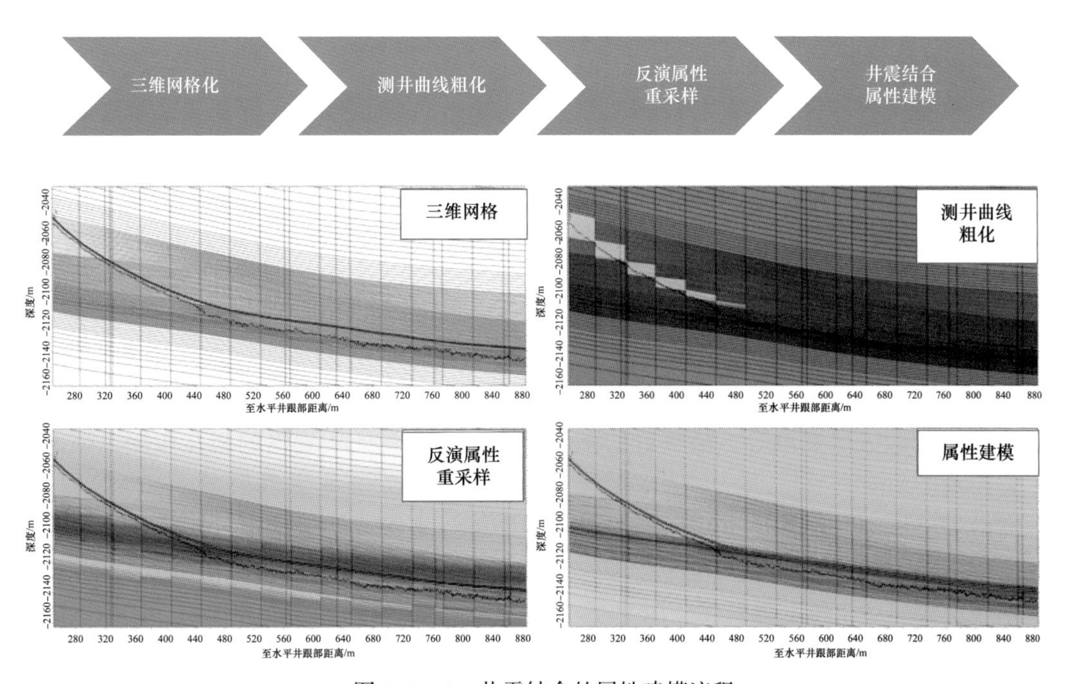

图 2-2-18 井震结合的属性建模流程

（2）测井曲线粗化，将测井曲线采样到井轨迹穿过的网格；

（3）反演属性重采样，将反演属性体重采样到三维网格；

（4）井震结合属性建模，反演属性作为软数据控制属性的横向分布，测井数据作为硬数据，控制属性的垂向分布。

储层属性建模的方法很多，包括数理统计插值、克里金插值、序贯高斯模拟等。一般的数理统计插值方法，如三角网插值、距离反比等都是平面和三维插值的方法，该方法是一种确定性的方法，所谓的确定性就是同样的设置通过多次实现得出的结果在空间上某点是确定的。确定性方法常用在平面图插值上，可以快速地得到厚度、深度等属性的平面分布；克里金插值方法通过协方差或变差函数表达储层参数的空间相关性。基本克里金方法往往得出的结果难以满足地质要求，通常情况下，需要进行趋势约束。如同位协同克里金（Co-Kring）插值方法，就是以基本的克里金为基础，整合二级变量（如地震属性），除了包含了基本克里金方法的设置以外，需要增加二级变量数据体并分析相关关系；序贯高斯模拟是一种随机建模方法，相对于克里金插值，增加了随机种子数、高斯变换及序贯参数设置等以实现随机性。随机方法的结果会有“星点”效应，该方法适用于非均质性较强的属性。

属性建模的重要基础是属性趋势，地震反演为全区属性的展布提供了平面趋势。在地震反演属性（或其他适合属性）趋势的控制下，基于测井解释成果，利用三维地质建模技术建立了储层品质模型（孔隙度、TOC）及岩石弹性和强度属性模型（杨氏模量、泊松比等）。

通过测井数据与反演属性对比可见，反演数据提供了宏观的趋势。反演结果与测井结果的相关性分析表明，二者具有较好的相关性，虽然二者尺度不同，但结合协同克里金模拟可以为高斯模拟提供“软数据”控制。

除了模型参数要保证测井与反演的相关性之外，属性建模还要保证测井解释的各个参数之间的相关性。如通过反演属性控制得到了TOC之后，可以用TOC属性做协同克里金模拟有效孔隙度。模型中使用的协同控制有效孔隙度（TOC协同）、岩石密度（有效孔隙度协同）、含水饱和度（有效孔隙度协同）、黏土含量（总孔隙度协同）、泊松比（杨氏模量协同）。

3. 天然裂缝模型

本区天然裂缝系统建模的核心内容是井震结合，建立不同尺度的微断层、天然裂缝带、小尺度离散天然裂缝等，最终目的是研究天然裂缝与人工裂缝的相互作用，从而支持压裂作业。

离散裂缝网络（DFN）直接用随机产生的裂缝片来组成裂缝网络，依此来描述裂缝系统。DFN裂缝表征所需的参数包括裂缝发育强度、方位、倾角、延伸长度及高度等。在地震属性得到“蚂蚁”体分布（图2-2-19），并经过单井验证其合理性后，认为该属性对天然裂缝的指示性较好，故本次研究直接采用“蚂蚁”体作为输入参数，线性变幻为与井上的裂缝发育强度可对比的属性体。

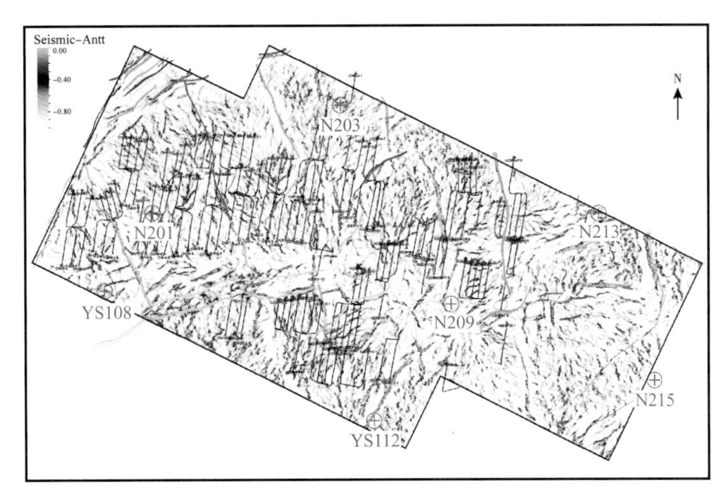

图 2-2-19 N201 井区—N209 井区“蚂蚁”体分布与断层叠合图

在实际模拟时，考虑到岩石力学模拟的限制，将裂缝片总数控制在（20～30）$\times10^4$。在模拟时根据“蚂蚁”体的强弱，将裂缝区分为四组，以利于区分其力学性质。分组情况见表 2-2-7。

表 2-2-7 裂缝分组蚂蚁体属性表

裂缝组	“蚂蚁”体	裂缝强度	地球物理响应	地质类别
1	>-0.4	>0.046	同相轴明显错断或者扭曲，方差体强反映，“蚂蚁”体强反映，可手动追踪；微地震高震级	大断层为主，横向规模百米级到千级
2	-0.65～-0.4	0.027～0.046	带状分布，同相轴扭曲、分叉，方差体有相应，“蚂蚁”体中等响应；微地震高震级	小断层和裂缝带，横向规模几十米级到百米级
3	-0.8～-0.65	0.015～0.027	同相轴振幅变弱，方差体几无响应，“蚂蚁”体响应变弱；微地震震级较高或呈带状、团状	小型裂缝带或为 2 级裂缝带的扩展，横向米级到几十米级
4	<-0.8	<0.015	同相轴几无变化，不确定较大	米级裂缝

根据变幻过的裂缝强度值，采用随机模拟的方法，分组进行随机裂缝模拟，建立了全区的离散裂缝网络（图 2-2-20）。

受资料录取的限制，目前中等尺度天然裂缝的主要参数还是无法直接测量的，但通过分析断层的产状可以获取裂缝的主要发育规律，如通过统计井区的断层发现，研究区目的层的断层主要有三组：近东西向，（北）北东—（南）南西向，北北西—南南东向，其中北东向的断层数量更多。断层的倾角一般较高，在 60°以上。定义裂缝的方位主要是定义裂缝的倾向，通过“蚂蚁”体的平面分布可以获得裂缝带的走向，倾向根据与走向 90°交角定义（图 2-2-21）。

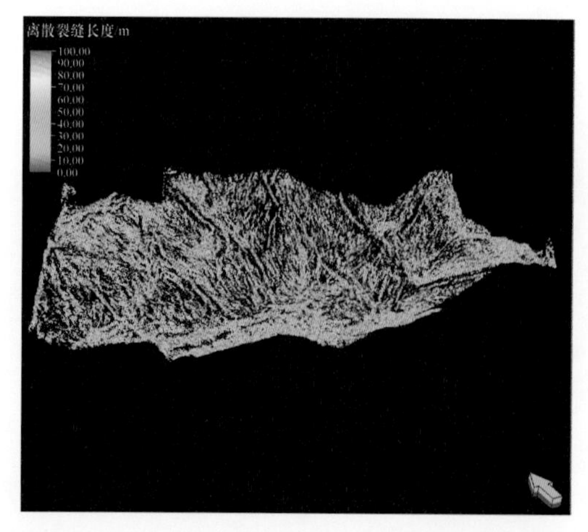

图 2-2-20 N201-N209 井区离散裂缝网络模型

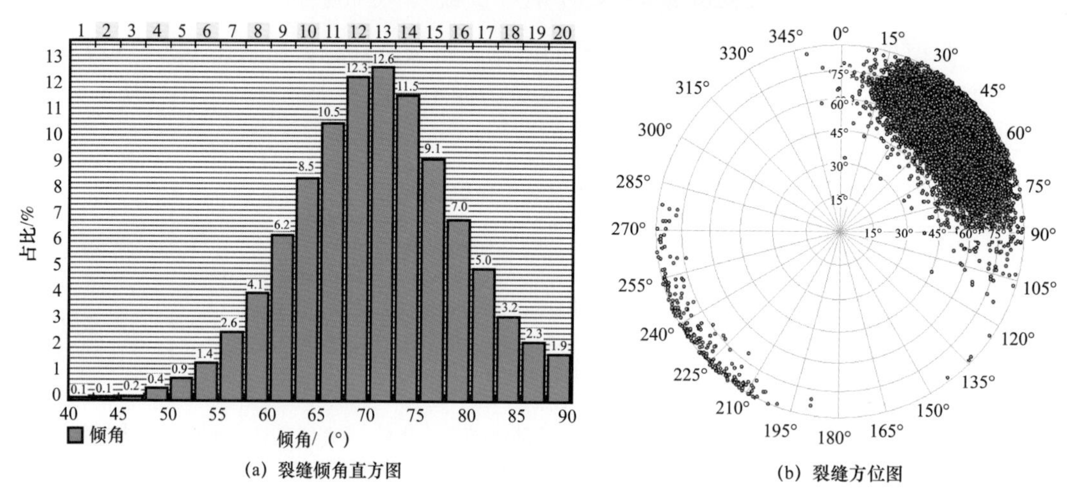

(a) 裂缝倾角直方图 (b) 裂缝方位图

图 2-2-21 研究区 DFN 裂缝产状统计

4. 地质力学模型

微地震监测表明，页岩储层压裂有可能形成复杂的缝网结构，如何准确计算地层内应力展布，对压裂缝网表征和压后产能模拟至关重要。解决上述挑战和难题的核心在于根据地震和测井资料建立地质力学参数一维解释和三维建模方法，并结合全三维有限元应力模拟，最终建立可靠的三维地质力学模型。

首先利用井点声波时差及密度数据，计算杨氏模量及泊松比，由于页岩储层在垂向上和水平方向上的弹性性质有明显的区别，采用横观各向同性模型（TIV）。对于孔隙压力模型，依据埋深、上覆岩层密度等参数，采用鲍尔斯（Bowers）理论（Bowers，1995）建立基于页岩气超压机制的三维孔隙压力模型。

在一维力学模型和三维孔隙压力模型基础上，综合地质模型及天然裂缝模型，调整垂向上施加的重力、水平方向施加的随深度线性增加的面力大小，使井点力学参数与测井解释结果一致，形成最终的区域力学模型（图 2-2-22）。

基于地质力学建模结果，区块储层段最大水平主应力平均为85MPa，折合平均梯度为2.8；最小水平主应力平均为75MPa，折合平均梯度为2.5；垂向应力平均为78MPa，折合平均梯度为2.53；三维模型和单井观测结果基本吻合；区块地应力方向约为北北东—南南西10°，地应力偏转不大，断层对应力分布的影响不明显。地应力大小呈潜在走滑型特点，在局部区块呈潜在逆断层型特点；应力大小明显与地势的深度正相关。水平方向上，应力水平最大处在区块中部H4平台与H6平台之间的凹陷处。厚度方向上，整体应力水平随着深度增加而增加，而南部地区龙一$_1^1$也可能出现较高的应力；整体而言，N209区块的钻井液（完井液、压井液）窗口足够大，随着目的层深度的增加，安全钻井液（完井液、压井液）窗口从1.65～2.4g/cm^{3}逐渐增高到1.95～2.65g/cm^3。

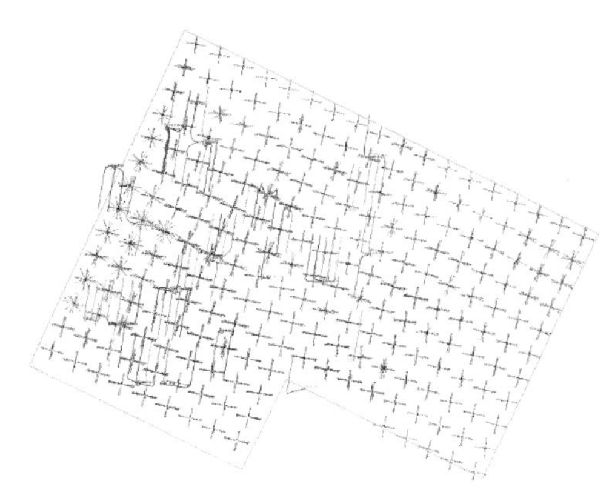
图2-2-22 三维岩石力学模型主应力方向

5. 水力压裂模型

基于Petrel软件平台的压裂增产设计模块Kinetix页岩区的非常规裂缝模型（Unconventional Fracture Model，UFM）无缝对接三维综合地学模型所提供的构造、属性、天然裂缝系统和应力分布数据，对裂缝监测数据和压裂泵注数据进行历史拟合，考虑储层非均质性和应力各向异性模拟水力裂缝与天然裂缝的相互作用、水力裂缝之间的相互影响（应力阴影效应）和水裂缝网展布形态，以及支撑剂有效支撑范围和裂缝导流能力，通过裂缝监测数据对水力裂缝几何形态的标定，以及通过压裂泵注数据进行历史拟合对水力裂缝参数的进一步校正，得到水力裂缝参数（Wutherich et al.，2012），基于校正的水力裂缝网络，可建立非结构化油藏数值模型精细描述缝网形态和支撑剂分布情况，为后续的生产历史拟合、生产制度优化提供模型基础。该技术依托三维地学模型，精细模拟了从水力压裂裂缝扩展到压后生产开发动态的整个过程，定量化研究地层应力状态、天然裂缝、储层物性参数对页岩压裂施工和气藏开发的影响，建立了从完井压裂设计到生产模拟的优化工作流程，用于压裂参数、水平箱体、水平井距等优化研究中。

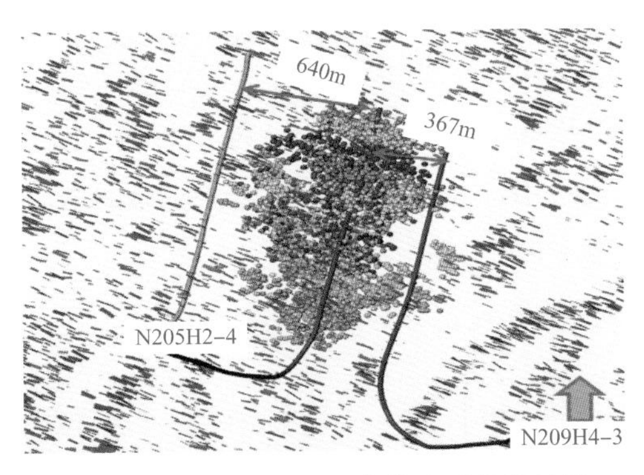

图2-2-23 N209H2-1井微地震监测结果

选取N209H2-1井进行压力模拟，以N209H2-2井作为观测井下检波器，对N209H2-1井开展井中微地震监测。各级监测结果如图2-2-23所示。

基于已建立的气藏三维地质模型、地应力模型和天然裂缝模型，采用非常规水力压裂模

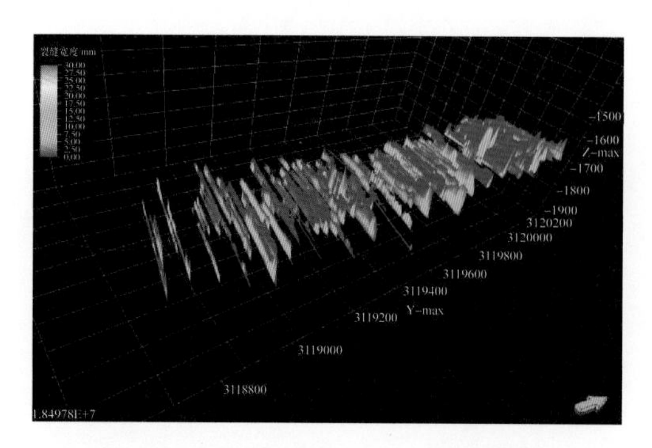

图 2-2-24 N209H2-1 水力裂缝展布

拟软件对 N209H2-1 井进行了压裂缝网模拟（图 2-2-24），精细刻画了水力压裂裂缝扩展过程，并通过微地震监测结果的标定，最终确定了人工裂缝几何形态和导流能力。定量化研究了地应力状态、天然裂缝、储层物性参数对页岩压裂施工和气藏开发的影响，为后期压裂施工优化和产能释放提供参考意义。

通过 N209H2-1 井拟合研究，水力缝长在 83.73～480m 之间，平均为 295.87m；支撑缝长在 29.14～535.79m 之间，平均为 251m。水力缝高在 9～59.16m 之间，平均为 39.7m；支撑缝高在 5.8～33.82m 之间，平均为 15.61m。支撑剂在平面上与水力缝长有较好的匹配度，但支撑剂在垂向上的覆盖还有较大的改进提高空间。

第三节 页岩气井生产动态分阶段表征

一、页岩气多重流动机理

1. 气体解吸数学模型

采用平衡解吸模型表征气体解吸，假设裂缝与基质内的压力始终保持平衡，气体一旦从有机质颗粒表面解吸，便瞬时进入裂缝系统，忽略气体在基质颗粒内扩散流动的过程。从图 2-3-1 看即忽略过程（b），同时认为过程（a）瞬时发生。

图 2-3-1 页岩气解吸—扩散—传质过程

根据物质守恒定理，获得裂缝系统内的气体连续性方程：

$$\phi\frac{\partial \rho_{\mathrm{g}}}{\partial t}+\rho_{\mathrm{gsc}}\frac{\partial V_{\mathrm{E}}}{\partial t}=\nabla\left(\rho_{\mathrm{g}}\frac{K_{\mathrm{g}}}{\mu_{\mathrm{g}}}\nabla p\right) \tag{2-3-1}$$

式中 ϕ——孔隙度；

ρ_g——气体密度，kg/m^3；

t——时间，d；

ρ_{gsc}——标况下气体密度，kg/m^3；

V_E——单位吸附体积，m^3/m^3；

K_g——气相渗透率，mD；

μ_g——气体黏度，mPa·s；

p——压力，MPa。

其中，V_E 满足朗格缪尔等温吸附方程 $=V_L p/(p_L+p)$，将朗格缪尔方程与气体密度公式带入式（2-3-1），并做进一步处理，可以得到：

$$\left[c_g+\frac{p_{sc}TZ_gV_Lp_L}{\phi pT_{sc}Z_{gsc}(p_L+p)^2}\right]\phi\frac{p}{Z}\frac{\partial p}{\partial t}=k_g\nabla\left(\frac{p}{\mu_gZ_g}\nabla p\right) \tag{2-3-2}$$

等式右侧的 $\dfrac{p_{sc}TZ_gV_Lp_L}{\phi pT_{sc}Z_{gsc}\left(p_L+p\right)^2}$ 为气体解吸作用形成，从气体扩散流动角度看，气体的解吸作用相当于提高了气体的可压缩能力，在下降相同压力的情况下，气体的膨胀体积更大、能量更大。将其定义为解吸压缩系数：

$$c_d\left(p\right)=\frac{V_Lp_LB_g\left(p\right)}{\phi\left(p+p_L\right)^2} \tag{2-3-3}$$

式中 c_d——修正压缩系数，MPa^{-1}；

V_L——朗格缪尔单位吸附体积，m^3/m^3；

p_L——朗格缪尔压力，MPa；

B_g——气体体积系数。

引入拟压力定义式 $m\left(p\right)=\dfrac{\mu_{gi}Z_{gi}}{p_i}\int_0^p\dfrac{p}{\mu_gZ_g}dp$，可以得到页岩气在裂缝系统内的拟压力控制方程：

$$\frac{\partial^2m}{\partial r^2}+\frac{1}{r}\frac{\partial m}{\partial r}=\frac{\phi\mu_g\left(p\right)\left[c_g\left(p\right)+c_d\left(p\right)\right]}{K}\frac{\partial m}{\partial t} \tag{2-3-4}$$

式中 m——拟压力，MPa；

r——长度，m；

c_g——气体压缩系数，MPa^{-1}；

K——渗透率，mD。

2. 气体微尺度流动数学模型

页岩渗透率变化范围很大，从数十纳达西到数百纳达西，气体在超微细孔隙中的流动规律难以用达西定律刻画。图 2-3-2 表征了圆管模型中达西流、滑脱流、克努森扩散流等同时流动的模式。

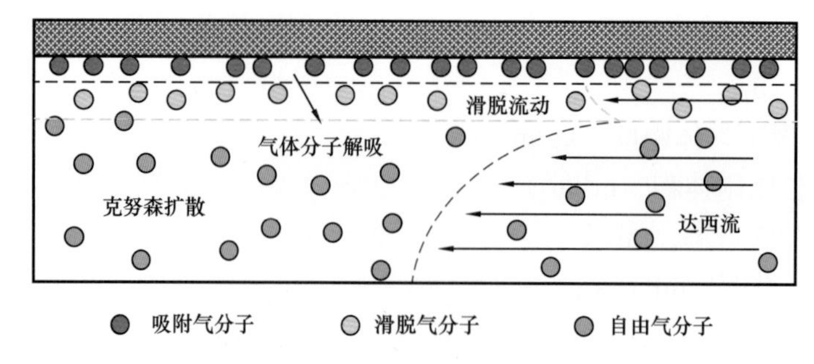

图 2-3-2 页岩气微尺度流动模型

采用表观渗透率模型定量分析微尺度流动对页岩气井生产的影响，将页岩气微尺度流动效应规划入表观渗透率中，考虑气体的微尺度流动特征。

根据物质守恒定律可以获得气体连续性方程：

$$\phi \frac{\partial \rho_{\mathrm{g}}}{\partial t} = \nabla\left(-\rho_{\mathrm{g}} \boldsymbol{v}_{\mathrm{g}}\right) \tag{2-3-5}$$

对达西定律进行修正，获得页岩气运动方程：

$$\boldsymbol{v}_{\mathrm{g}} = -\frac{K_{\mathrm{a}}}{\mu_{\mathrm{g}}} \nabla p \tag{2-3-6}$$

式中 K_{a}——表观渗透率，可记为 $K_{\mathrm{a}}=K_{\mathrm{D}}K_{\infty}$；其中，$K_{\infty}$为岩心固有渗透率，$K_{\mathrm{D}}$ 为无量纲表观渗透率函数。

基质孔隙固有渗透率与孔隙半径、迂曲度、孔隙度的关系式（盛茂等，2013）：

$$K_{\infty} = \frac{R_{\mathrm{h}}^{2}}{8} \frac{\phi}{\tau_{\mathrm{h}}} \tag{2-3-7}$$

引入气体高压物性函数和修正拟压力定义，可获得拟压力控制方程：

$$\nabla^{2} m = \frac{\phi \mu_{\mathrm{gi}} c_{\mathrm{gi}}}{K_{\infty}} \frac{\mu_{\mathrm{g}}(p) c_{\mathrm{g}}(p)}{K_{\mathrm{D}}(p) \mu_{\mathrm{gi}} c_{\mathrm{gi}}} \frac{\partial m}{\partial t} \tag{2-3-8}$$

式中 K_{D}——无量纲渗透率；

μ_{gi}——原始地层压力下气体黏度，mPa·s；

c_{gi}——原始地层压力下气体压缩系数，MPa^{-1}。

其中，修正拟压力为

$$m = \frac{\mu_{\mathrm{gi}} Z_{\mathrm{gi}}}{p_{\mathrm{i}}} \int_{0}^{p} \frac{K_{\mathrm{D}}(\xi) \xi}{\mu_{\mathrm{g}}(\xi) Z_{\mathrm{g}}(\xi)} \mathrm{d}\xi \tag{2-3-9}$$

黏度—压缩系数比值修正为

$$\lambda(p) = \mu_{\mathrm{gi}} c_{\mathrm{gi}} \frac{K_{\mathrm{D}}(p)}{\mu_{\mathrm{g}}(p) c_{\mathrm{g}}(p)} \tag{2-3-10}$$

3. 解吸—扩散数学模型

1）非稳态解吸模型（基质）

假设页岩有机质颗粒为球状，基于球状流动模型，利用物质守恒方程结合菲克第一扩散定律可获得页岩气在基质内的扩散模型：

$$\frac{1}{r^2}\frac{\partial}{\partial r}\left(r^2 D\frac{\partial C}{\partial r}\right)=\frac{\partial C}{\partial t} \tag{2-3-11}$$

式中　C——气体浓度，m^3；

D——扩散系数，m^2/s。

在初始条件下气体的浓度处于平衡状态，满足：

$$C(r,0)=C_{\mathrm{i}} \tag{2-3-12}$$

在基质的中心点，气体浓度为有限值，即内边界条件：$C(0,t)$为有限值

解吸气体通过基质外表面传质到微裂缝系统，此时的外边界条件为

$$q_{\mathrm{MF}}=-\frac{4\pi r_{\mathrm{m}}^2}{4\pi r_{\mathrm{m}}^3/3}\left(D\frac{\partial C}{\partial r}\right)_{r=r_{\mathrm{m}}}=-\frac{3}{r_{\mathrm{m}}}\left(D\frac{\partial C}{\partial r}\right)_{r=r_{\mathrm{m}}} \tag{2-3-13}$$

式中　q_{MF}——球形颗粒表面流速，m^3/s；

r_{m}——球形颗粒半径，m。

2）拟稳态解吸模型（基质）

拟稳态模型假设基质内流动状态一开始即达到拟稳态阶段，气体在基质内任意点的浓度下降速度等于基质内平均浓度的递减速率，即

$$-q_{\mathrm{MF}}=\frac{6D\pi^2}{r_{\mathrm{m}}^2}\left(C_{\mathrm{E}}-C\right)=\frac{\partial C}{\partial t} \tag{2-3-14}$$

式中　C_{E}——平均气体浓度，m^3。

3）裂缝流动模型

假设裂缝系统与基质系统分布均匀，将解吸扩散模型形成的流量补给设定为在裂缝系统内连续的点源分布，基于物质守恒原理获得裂缝系统内的连续性方程：

$$\frac{1}{R}\frac{\partial}{\partial R}\left(\rho_{\mathrm{g}}\frac{K_{\mathrm{MF}}}{\mu_{\mathrm{g}}}R\frac{\partial p}{\partial R}\right)+\rho_{\mathrm{gsc}}q_{\mathrm{MF}}=\phi_{\mathrm{MF}}\frac{\partial \rho_{\mathrm{g}}}{\partial t} \tag{2-3-15}$$

式中　K_{MF}——微裂缝渗透率，mD；

ϕ_{MF}——微裂缝孔隙度。

利用拟压力定义，同时引入达西定律可以获得拟压力控制方程：

$$\frac{1}{R}\frac{\partial}{\partial r}\left(R\frac{\partial m_{\mathrm{MF}}}{\partial R}\right)-\frac{\mu_{\mathrm{gi}}Z_{\mathrm{gi}}}{p_{\mathrm{i}}}\frac{p_{\mathrm{sc}}T}{K_{\mathrm{MF}}T_{\mathrm{sc}}}\frac{3D}{r_{\mathrm{m}}}\left(\frac{\partial C}{\partial r}\right)_{r=r_{\mathrm{m}}}=\frac{\phi_{\mathrm{MF}}\mu_{\mathrm{gi}}c_{\mathrm{gi}}}{K_{\mathrm{MF}}}\frac{\partial m_{\mathrm{MF}}}{\partial t} \tag{2-3-16}$$

式中 T_{sc}——标准状况下的温度，K。

初始条件：

$$p(r,0)=p_i \tag{2-3-17}$$

边界条件（以直井为例）：

$$q_{sc}B_g=\frac{2\pi hK_{MF}}{\mu_g}\left(R\frac{\partial p}{\partial R}\right)_{R=R_w} \tag{2-3-18}$$

二、页岩气井全生命周期生产动态分析方法

针对页岩气井生产过程中线性流持续时间长达数十年的现实，线性流模型能够抓住页岩气体积压裂水平井的关键渗流特征，在模拟生产动态方面相对合理。本节以三线性流模型为基础，通过引入分形几何理论来考虑改造后裂缝系统的不规则性和复杂性，引入反常扩散理论描述复杂系统内的流动特征，建立更能反映页岩气体积压裂水平井全生命周期生产动态的方法。

1. 三线性流模型

将页岩气体积压裂水平井流动区域划分为三个（图2-3-3）：主裂缝HF（支撑剂主要集中区域）、内部区SRV（体积压裂改造效果明显的区域）、外部区XRV（体积压裂改造效果较差区域）。

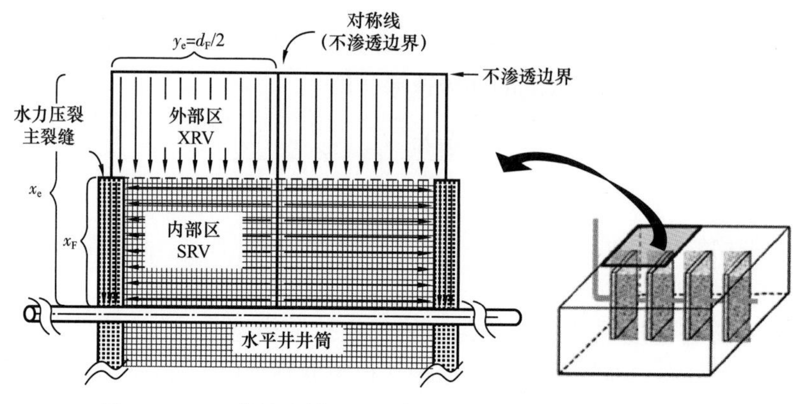

图2-3-3 三线性流模型示意图（改自Brown et al.，2011）

无量纲量：

$$m_D=\frac{2\pi K_{ref}h(m_i-m)}{q_{ref}\mu_{gi}B_{gi}} \tag{2-3-19}$$

$$t_D=\frac{K_{ref}t}{\phi_{ref}\mu_{gi}c_{gi}L_{ref}^2} \tag{2-3-20}$$

$$\frac{1}{\eta_{\mathrm{XRVD}}}=\frac{K_{\mathrm{ref}}\phi_{\mathrm{XRV}}}{K_{\mathrm{XRV}}\phi_{\mathrm{ref}}} \tag{2-3-21}$$

$$\frac{1}{\eta_{\mathrm{SRVD}}}=\frac{K_{\mathrm{ref}}\phi_{\mathrm{SRV}}}{K_{\mathrm{SRV}}\phi_{\mathrm{ref}}} \tag{2-3-22}$$

$$\frac{1}{\eta_{\mathrm{HFD}}}=\frac{K_{\mathrm{ref}}\phi_{\mathrm{f}}}{K_{\mathrm{HF}}\phi_{\mathrm{ref}}} \tag{2-3-23}$$

$$\lambda_{\mathrm{SRV}}^{\mathrm{XRV}}=\frac{K_{\mathrm{XRV}}L_{\mathrm{ref}}}{K_{\mathrm{SRV}}x_{\mathrm{f}}} \tag{2-3-24}$$

$$\frac{1}{C_{\mathrm{HFD}}}=\frac{K_{\mathrm{SRV}}L_{\mathrm{ref}}}{K_{\mathrm{HF}}w_{\mathrm{HF}}} \tag{2-3-25}$$

式中　K_{ref}——参考渗透率，mD；

q_{ref}——参考产量，$\mathrm{m^3/s}$；

ϕ_{ref}——参考孔隙度；

h——地层厚度，m；

K_{SRV}——SRV 区渗透率，mD；

ϕ_{SRV}——SRV 区孔隙度；

K_{XRV}——XRV 区渗透率，mD；

ϕ_{XRV}——XRV 区孔隙度；

η_{XRVD}——XRV 无量纲扩散指数；

η_{SRVD}——SRV 区无量纲扩散指数；

η_{HFD}——人工裂缝无量纲扩散指数；

C_{HFD}——人工裂缝无量纲导流能力；

$\lambda_{\mathrm{SRV}}^{\mathrm{XRV}}$——XRV 区与 SRV 区之间的窜流系数；

$\lambda_{\mathrm{HF}}^{\mathrm{SRV}}$——SRV 区与人工裂缝区之间的窜流系数。

基于从外区 XRV 到内区 SRV 到裂缝 HF 的流动过程假设，同时利用相邻区域压力耦合的接触条件，可求得不同区域内的压力分布。

（1）外区 XRV 的拉普拉斯解，从外区到内区在接触面的无量纲流量为

$$\frac{\tilde{m}_{\mathrm{XRVD}}}{\left(\tilde{m}_{\mathrm{SRVD}}\right)_{x_{\mathrm{D}}=x_{\mathrm{HD}}}}=\frac{\exp\left[\sqrt{\frac{s}{\eta_{\mathrm{XRVD}}}}\left(x_{\mathrm{RD}}-x_{\mathrm{D}}\right)\right]+\exp\left[-\sqrt{\frac{s}{\eta_{\mathrm{XRVD}}}}\left(x_{\mathrm{RD}}-x_{\mathrm{D}}\right)\right]}{\exp\left[\sqrt{\frac{s}{\eta_{\mathrm{XRVD}}}}\left(x_{\mathrm{RD}}-x_{\mathrm{fD}}\right)\right]+\exp\left[-\sqrt{\frac{s}{\eta_{\mathrm{XRVD}}}}\left(x_{\mathrm{RD}}-x_{\mathrm{fD}}\right)\right]} \tag{2-3-26}$$

$$\left(\frac{\partial\tilde{m}_{\mathrm{XRVD}}}{\partial x_{\mathrm{D}}}\right)_{x_{\mathrm{D}}=x_{\mathrm{HFD}}}=-F_{\mathrm{SRV}}^{\mathrm{XRV}}(s)\left(\tilde{m}_{\mathrm{SRVD}}\right)_{x_{\mathrm{D}}=x_{\mathrm{HFD}}} \tag{2-3-27}$$

（2）内区 XRV 的拉普拉斯解。

从内区到裂缝在接触面的无量纲流量为

$$\frac{\tilde{m}_{\mathrm{XRVD}}}{\left(\tilde{m}_{\mathrm{fD}}\right)_{y_{\mathrm{D}}=\frac{w_{\mathrm{HFD}}}{2}}}=\frac{\exp\left[\sqrt{\frac{s}{\eta_{\mathrm{SRVD}}}+F_{\mathrm{SRV}}^{\mathrm{XRV}}\lambda_{\mathrm{SRV}}^{\mathrm{XRV}}}\left(\frac{L_{\mathrm{sD}}}{2}-y_{\mathrm{D}}\right)\right]+\exp\left[-\sqrt{\frac{s}{\eta_{\mathrm{SRVD}}}+F_{\mathrm{SRV}}^{\mathrm{XRV}}\lambda_{\mathrm{SRV}}^{\mathrm{XRV}}}\left(\frac{L_{\mathrm{sD}}}{2}-y_{\mathrm{D}}\right)\right]}{\exp\left[\sqrt{\frac{s}{\eta_{\mathrm{SRVD}}}+F_{\mathrm{SRV}}^{\mathrm{XRV}}\lambda_{\mathrm{SRV}}^{\mathrm{XRV}}}\left(\frac{L_{\mathrm{sD}}-w_{\mathrm{HFD}}}{2}-y_{\mathrm{D}}\right)\right]+\exp\left[-\sqrt{\frac{s}{\eta_{\mathrm{SRVD}}}+F_{\mathrm{SRV}}^{\mathrm{XRV}}\lambda_{\mathrm{SRV}}^{\mathrm{XRV}}}\left(\frac{L_{\mathrm{sD}}-w_{\mathrm{HFD}}}{2}\right)\right]}$$

（2–3–28）

$$\left(\frac{\partial\tilde{m}_{\mathrm{SRVD}}}{\partial y_{\mathrm{D}}}\right)_{y_{\mathrm{D}}=w_{\mathrm{fD}}/2}=-F_{\mathrm{HF}}^{\mathrm{SRV}}(s)\left(\tilde{m}_{\mathrm{fD}}\right)_{y_{\mathrm{D}}=w_{\mathrm{HFD}}/2} \quad (2\text{–}3\text{–}29)$$

（3）裂缝拉普拉斯解为

$$\tilde{m}_{\mathrm{HFD}}=\frac{\pi\left(\frac{s}{\eta_{\mathrm{HFD}}}+\frac{2F_{\mathrm{HF}}^{\mathrm{SRV}}}{C_{\mathrm{HFD}}}\right)^{-0.5}}{k_{\mathrm{SRVD}}C_{\mathrm{HFD}}s}\frac{\exp\left[\sqrt{\frac{s}{\eta_{\mathrm{HFD}}}+\frac{2F_{\mathrm{hf}}^{\mathrm{in}}}{C_{\mathrm{HFD}}}}\left(x_{\mathrm{HFD}}-x_{\mathrm{D}}\right)\right]+\exp\left[-\sqrt{\frac{s}{\eta_{\mathrm{fD}}}+\frac{2F_{\mathrm{hf}}^{\mathrm{in}}}{C_{\mathrm{fD}}}}\left(x_{\mathrm{HFD}}-x_{\mathrm{D}}\right)\right]}{\exp\left(\sqrt{\frac{s}{\eta_{\mathrm{fD}}}+\frac{2F_{\mathrm{HF}}^{\mathrm{SRV}}}{C_{\mathrm{fD}}}}x_{\mathrm{HFD}}\right)-\exp\left(-\sqrt{\frac{s}{\eta_{\mathrm{fD}}}+\frac{2F_{\mathrm{HF}}^{\mathrm{SRV}}}{C_{\mathrm{fD}}}}x_{\mathrm{HFD}}\right)}$$

（2–3–30）

式中 $F_{\mathrm{in}}^{\mathrm{out}}$——外区基质系统对内区基质系统的流量补给；

$F_{\mathrm{hf}}^{\mathrm{in}}$——内区基质系统对裂缝系统的流量补给。

考虑到不同的边界条件形成的模型解形式一致，这里给出通用模型：

$$F_{\mathrm{SRV}}^{\mathrm{XRV}}=\sqrt{s/\eta_{\mathrm{XRVD}}}\tan h\left[\sqrt{s/\eta_{\mathrm{XRVD}}}\left(x_{\mathrm{RD}}-x_{\mathrm{fD}}\right)\right] \quad (2\text{–}3\text{–}31)$$

其中，$n_{\mathrm{XRV}}=2$ 时为有限大外区，$n_{\mathrm{XRV}}=1$ 时为无限大外区，$n_{\mathrm{XRV}}=0$ 时无外区。

$$F_{\mathrm{HF}}^{\mathrm{SRV}}=\sqrt{\frac{s}{\eta_{\mathrm{SRVD}}}+F_{\mathrm{in}}^{\mathrm{out}}/C_{\mathrm{inmD}}}\tan h\left[\sqrt{s/\eta_{\mathrm{SRVD}}+F_{\mathrm{SRV}}^{\mathrm{XRV}}\lambda_{\mathrm{SRV}}^{\mathrm{XRV}}}\left(\frac{L_{\mathrm{sD}}-w_{\mathrm{HFD}}}{2}\right)\right] \quad (2\text{–}3\text{–}32)$$

其中，$n_{\mathrm{in}}=2$ 时为有限大内区，$n_{\mathrm{in}}=1$ 时为无限大内区；$n_{\mathrm{in}}=0$ 时无内区。

同样无限大裂缝对应的拉普拉斯解为：

$$\tilde{m}_{\mathrm{wD}}=\frac{\pi}{K_{\mathrm{SRVD}}C_{\mathrm{HFD}}s\sqrt{s/\eta_{\mathrm{HFD}}+2F_{\mathrm{HF}}^{\mathrm{SRV}}/C_{\mathrm{HFD}}}} \quad (2\text{–}3\text{–}33)$$

2. 分形介质物理模型

1）模型描述

将维数为 d_f 的分形渗透网嵌入到 d 维（d=2，3）岩块中，即整个导流系统一个分形体，具有这种特性的储层称为分形介质。分形介质已经考虑了储层的不规则性和复杂性，分形几何在分形油藏渗流力学中需要有下面两个基本假设：（1）经典渗流力学中的假设和定义在分形油藏中仍然成立；（2）经典渗流力学中的力学定律在分形油藏中的形式保持不变。模型如图 2-3-4 所示。

以上述三线性流模型为基本流动模型，在此基础上进一步做如下假设：

（1）外部流动区（XRV）受体积压裂影响较小，可等效为均质地层；

（2）内部流动区（SRV）等效为弱连通性的裂缝网络，从主裂缝面向外渗透率逐渐降低，使用分形介质模型描述；

（3）考虑多裂缝布局，裂缝间相互平行分布且间距为 L_s。

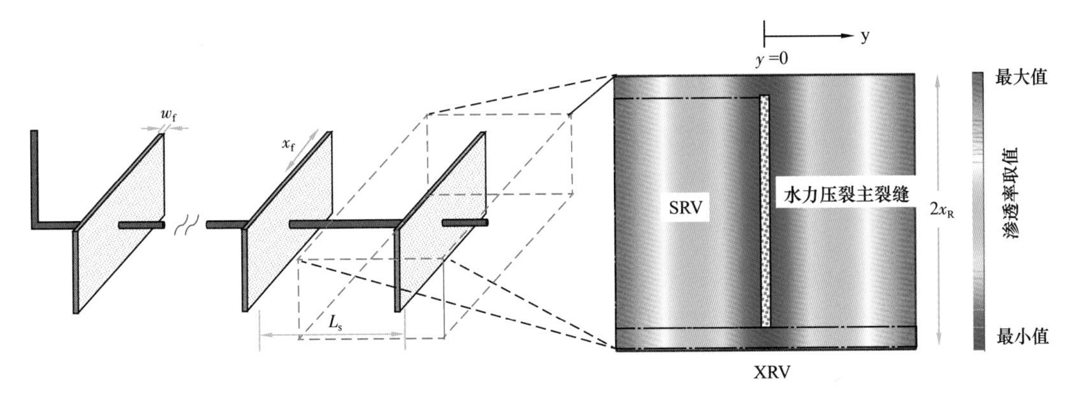

图 2-3-4　分形介质分段压裂水平井物理模型

注：右侧为体积压裂区域，从主裂缝面向外，渗透率、孔隙度随空间位置均呈指数递减

2）分形—反常扩散

渗透率、孔隙度能够反映孔隙结构的几何特性，它是关于特征长度的物理量，孔隙度和渗透率满足幂律指数形式（Change et al.，1990；同登科等，2002），利用参考变量处理分形变量，可得

$$K_{\mathrm{SRV}}(y)=K_{\mathrm{SRV}}^{\mathrm{ref}}\left(\frac{y}{L_{\mathrm{ref}}}\right)^{d_f-d_e-\theta} \tag{2-3-34}$$

$$\phi_{\mathrm{SRV}}(y)=\phi_{\mathrm{ref}}\left(\frac{y}{L_{\mathrm{ref}}}\right)^{d_f-\theta} \tag{2-3-35}$$

式中　d_e——欧几里得维数，d_e=1 为一维直角坐标，d_e=2 为一维径向坐标；

d_f——嵌入欧几里得介质中的分形维数；

θ——反常扩散指数，用以描述流体沿分形路径扩散的特征。

反常扩散系数 d_w 与反常扩散指数 θ 的转换关系（Raghavan et al.，2013）：

$$d_w = \theta + 2 \tag{2-3-36}$$

在分形介质中流体流动空间具有高迂曲度，流动过程中需要考虑流体流动的非局部性、记忆性和遗传性。达西定律的分数阶形式为（Metzeler et al.，2000）：

$$\boldsymbol{v} = -\frac{K(y)}{\mu_g(p)}\frac{\partial}{\partial t}\int_0^t \frac{\nabla p}{(t-t')^{1-\gamma}}\mathrm{d}t' \tag{2-3-37}$$

其中，参数 γ 与反常扩散系数 d_w、反常扩散指数 θ 的关系满足：

$$\gamma = \frac{2}{d_w} \text{ 或 } \gamma = \frac{2}{2+\theta} \tag{2-3-38}$$

3. 分形介质下的三线性流数学模型

考虑到分形介质、反常扩散的影响，重新定义无量纲物理量：

裂缝系统物理量：

$$C_{\mathrm{HFD}} = \frac{K_{\mathrm{HF}} w_{\mathrm{HF}}}{K_{\mathrm{ref}} L_{\mathrm{ref}}} \tag{2-3-39}$$

$$\eta_{\mathrm{HFD}} = \frac{K_{\mathrm{HF}} / \phi_{\mathrm{HF}}}{K_{\mathrm{ref}} / \phi_{\mathrm{ref}}} \tag{2-3-40}$$

$$q_{\mathrm{HFD}} = \frac{q_{\mathrm{HF}}}{q_{\mathrm{ref}}} \tag{2-3-41}$$

SRV 系统物理量：

$$\eta_{\mathrm{SRVD}} = \frac{K_{\mathrm{SRV}}^{\mathrm{ref}}}{K_{\mathrm{ref}}}\left(\frac{\phi_{\mathrm{ref}}\mu_{\mathrm{gi}}c_{\mathrm{gi}}L_{\mathrm{ref}}^2}{K_{\mathrm{ref}}}\right)^{\gamma-1} \tag{2-3-42}$$

$$\lambda_{\mathrm{HF}}^{\mathrm{SRV}} = \frac{K_{\mathrm{SRV}}^{\mathrm{ref}} L_{\mathrm{ref}}}{K_{\mathrm{HF}} w_{\mathrm{HF}}}\left(\frac{\phi_{\mathrm{ref}}\mu_{\mathrm{gi}}c_{\mathrm{gi}}L_{\mathrm{ref}}^2}{K_{\mathrm{ref}}}\right)^{\gamma-1} \tag{2-3-43}$$

XRV 系统物理量：

$$\eta_{\mathrm{XRVD}} = \frac{K_{\mathrm{XRV}} / \phi_{\mathrm{XRV}}}{K_{\mathrm{ref}} / \phi_{\mathrm{ref}}} \tag{2-3-44}$$

$$\lambda_{\mathrm{SRV}}^{\mathrm{XRV}} = \frac{K_{\mathrm{XRV}} L_{\mathrm{ref}} \phi_{\mathrm{ref}}}{K_{\mathrm{SRV}}^{\mathrm{ref}} w_{\mathrm{HF}}}\left(\frac{K_{\mathrm{ref}}}{\phi_{\mathrm{ref}}\mu_{\mathrm{gi}}c_{\mathrm{gi}}L_{\mathrm{ref}}^2}\right)^{\gamma-1} \tag{2-3-45}$$

空间变量：$\xi_D = \dfrac{\xi}{L_{\mathrm{ref}}}$，$\xi = x, y, x_R, x_{\mathrm{HF}}, L_s, w_{\mathrm{HF}}$。

1）SRV 区域内数学模型

在 SRV 区域内，根据质量守恒定律获得 SRV 连续性方程，引入拟压力及重新定义的无量纲量，求取 SRV 区域内的无量纲拟压力控制方程：

$$\frac{\partial^2 \tilde{m}_{\mathrm{MAFD}}^{\xi}}{\partial y_{\mathrm{D}}^2}+\frac{d_{\mathrm{f}}^{\xi}-d^{\xi}-\theta^{\xi}}{y_{\mathrm{D}}}\frac{\partial \tilde{m}_{\mathrm{MAFD}}^{\xi}}{\partial y_{\mathrm{D}}}=y_{\mathrm{D}}^{\theta}\left(\frac{s^{\gamma_{\xi}}}{\eta_{\mathrm{MAFD}}^{\xi}}+\frac{\lambda_{\mathrm{MAF},\xi}^{\mathrm{MIF}}F_{\mathrm{MAF},\xi}^{\mathrm{MIF}}}{s^{1-\gamma_{\xi}}}\right)\tilde{m}_{\mathrm{MAFD}}^{\xi} \tag{2-3-46}$$

式中 ξ——R（右侧裂缝）和 L（左侧裂缝）。

式（2-3-46）的通解形式为：

$$\tilde{m}_{\mathrm{SRVD}}^{\xi}\left(y_{\mathrm{D}}\right)=y_{\mathrm{D}}^{\alpha_{\xi}}\left[C_1 I_{n_{\xi}}\left(b_{\xi}y_{\mathrm{D}}^{c_{\xi}}\right)+C_2 K_{n_{\xi}}\left(b_{\xi}y_{\mathrm{D}}^{c_{\xi}}\right)\right] \tag{2-3-47}$$

式中 I_n、K_n——n 阶贝塞尔（Bessel）函数（包括整数阶和分数阶）（张善杰，2012）。

同时相关参数为

$$a_{\xi}=\frac{\theta^{\xi}+d_{\mathrm{e}}-d_{\mathrm{f}}^{\xi}+1}{2} \tag{2-3-48}$$

$$c_{\xi}=\frac{\theta^{\xi}+2}{2} \tag{2-3-49}$$

$$n_{\xi}=\frac{\theta^{\xi}+d_{\mathrm{e}}-d_{\mathrm{f}}^{\xi}+1}{\theta^{\xi}+2} \tag{2-3-50}$$

$$b_{\xi}=\left(\frac{2}{\theta^{\xi}}+2\right)\left[s^{\gamma_{\xi}-1}\left(\frac{s}{\eta_{\mathrm{MAFD}}^{\xi}}+\lambda_{\mathrm{MAF},\xi}^{\mathrm{MIF}}F_{\mathrm{MAF},\xi}^{\mathrm{MIF}}\right)\right]^{0.5} \tag{2-3-51}$$

2）HF 区域内数学模型

利用物质守恒定律分别在左右两条裂缝中建立连续性方程，并代入渗透率、孔隙度分布关系式（2-3-34）和式（2-3-35），建立拟压力控制方程：

$$\frac{\partial^2 \tilde{m}_{\mathrm{HFD}}^{\xi}}{\partial x_{\mathrm{D}}^2}+2\frac{\lambda_{\mathrm{HF},\xi}^{\mathrm{SRV}}}{s^{\gamma_{\xi}-1}}\left(\frac{\partial \tilde{m}_{\mathrm{SRVD}}^{\xi}}{\partial y_{\mathrm{D}}}\right)\Bigg|_{y_{\mathrm{D}}=w_{\mathrm{fD}}/2}=\frac{s}{\eta_{\mathrm{HFD}}^{\xi}}\tilde{m}_{\mathrm{HFD}}^{\xi} \tag{2-3-52}$$

左右两侧裂缝内的无量纲拟压力分布为

$$\tilde{m}_{\mathrm{HFD}}^{\mathrm{L}}\left(x_{\mathrm{D}}\right)=\tilde{q}_{\mathrm{HFD}}^{\mathrm{L}}AX_{\mathrm{MAF}}^{\mathrm{L}}\left(x_{\mathrm{D}}\right)+\tilde{q}_{\mathrm{HFD}}^{\mathrm{R}}BX_{\mathrm{MAF}}^{\mathrm{L}}\left(x_{\mathrm{D}}\right) \tag{2-3-53}$$

$$\tilde{m}_{\mathrm{HFD}}^{\mathrm{R}}\left(x_{\mathrm{D}}\right)=\tilde{q}_{\mathrm{HFD}}^{\mathrm{L}}BX_{\mathrm{MAF}}^{\mathrm{R}}\left(x_{\mathrm{D}}\right)+\tilde{q}_{\mathrm{HFD}}^{\mathrm{R}}AX_{\mathrm{MAF}}^{\mathrm{R}}\left(x_{\mathrm{D}}\right) \tag{2-3-54}$$

其中：

$$AX_{\mathrm{MAF}}^{\mathrm{L}}=\sum_{m=0}^{\infty}2\pi\frac{\cos\left(\beta_{\mathrm{m}}x_{\mathrm{D}}\right)}{N_{\mathrm{m}}C_{\mathrm{HFD}}^{\mathrm{L}}\Lambda_{\mathrm{L}}}\left(\beta_{\mathrm{m}}^2+2\frac{\lambda_{\mathrm{HF,R}}^{\mathrm{MAF}}F_{\mathrm{HF,R2}}^{\mathrm{MAF}}}{s^{\alpha_{\mathrm{L}}-1}}+\frac{s}{\eta_{\mathrm{HFD}}^{\mathrm{R}}}\right) \tag{2-3-55}$$

$$BX_{\mathrm{MAF}}^{\mathrm{L}}=\sum_{m=0}^{\infty}4\pi\frac{\cos\left(\beta_{\mathrm{m}}x_{\mathrm{D}}\right)}{N_{\mathrm{m}}C_{\mathrm{HFD}}^{\mathrm{R}}\Lambda_{\mathrm{L}}}\frac{\lambda_{\mathrm{HF,L}}^{\mathrm{MAF}}F_{\mathrm{HF,R1}}^{\mathrm{MAF}}}{s^{\alpha_{\mathrm{L}}-1}} \tag{2-3-56}$$

$$AX_{\mathrm{MAF}}^{\mathrm{R}}=\sum_{m=0}^{\infty}2\pi\frac{\cos\left(\beta_{\mathrm{m}}x_{\mathrm{D}}\right)}{N_{\mathrm{m}}C_{\mathrm{HFD}}^{\mathrm{R}}\Lambda_{\mathrm{R}}}\left(\beta_{\mathrm{m}}^{2}+2\frac{\lambda_{\mathrm{HF,L}}^{\mathrm{MAF}}F_{\mathrm{HF,L1}}^{\mathrm{MAF}}}{s^{\alpha_{\mathrm{R}}-1}}+\frac{s}{\eta_{\mathrm{HFD}}^{\mathrm{L}}}\right) \tag{2-3-57}$$

$$BX_{\mathrm{MAF}}^{\mathrm{R}}=\sum_{m=0}^{\infty}4\pi\frac{\cos\left(\beta_{\mathrm{m}}x_{\mathrm{D}}\right)}{N_{\mathrm{m}}C_{\mathrm{HFD}}^{\mathrm{L}}\Lambda_{\mathrm{R}}}\frac{\lambda_{\mathrm{HF,R}}^{\mathrm{MAF}}F_{\mathrm{HF,L2}}^{\mathrm{MAF}}}{s^{\alpha_{\mathrm{R}}-1}} \tag{2-3-58}$$

并且：

$$\begin{aligned}\Lambda_{\mathrm{L}}=&\left(\beta_{\mathrm{m}}^{2}+2\frac{\lambda_{\mathrm{HF,L}}^{\mathrm{MAF}}F_{\mathrm{HF,L1}}^{\mathrm{MAF}}}{s^{\gamma_{\mathrm{L}}-1}}+\frac{s}{\eta_{\mathrm{HFD}}^{\mathrm{L}}}\right)\left(\beta_{\mathrm{m}}^{2}+2\frac{\lambda_{\mathrm{HF,R}}^{\mathrm{MAF}}F_{\mathrm{HF,R2}}^{\mathrm{MAF}}}{s^{\gamma_{\mathrm{L}}-1}}+\frac{s}{\eta_{\mathrm{HFD}}^{\mathrm{R}}}\right)\\&-4\frac{\lambda_{\mathrm{HF,L}}^{\mathrm{MAF}}\lambda_{\mathrm{HF,R}}^{\mathrm{MAF}}F_{\mathrm{HF,R1}}^{\mathrm{MAF}}F_{\mathrm{HF,L2}}^{\mathrm{MAF}}}{s^{2\gamma_{\mathrm{L}}-2}}\end{aligned} \tag{2-3-59}$$

$$\begin{aligned}\Lambda_{\mathrm{R}}=&\left(\beta_{\mathrm{m}}^{2}+2\frac{\lambda_{\mathrm{HF,L}}^{\mathrm{MAF}}F_{\mathrm{HF,L1}}^{\mathrm{MAF}}}{s^{\gamma_{\mathrm{R}}-1}}+\frac{s}{\eta_{\mathrm{HFD}}^{\mathrm{L}}}\right)\left(\beta_{\mathrm{m}}^{2}+2\frac{\lambda_{\mathrm{HF,R}}^{\mathrm{MAF}}F_{\mathrm{HF,R2}}^{\mathrm{MAF}}}{s^{\gamma_{\mathrm{R}}-1}}+\frac{s}{\eta_{\mathrm{HFD}}^{\mathrm{R}}}\right)\\&-4\frac{\lambda_{\mathrm{HF,L}}^{\mathrm{MAF}}\lambda_{\mathrm{HF,R}}^{\mathrm{MAF}}F_{\mathrm{HF,R1}}^{\mathrm{MAF}}F_{\mathrm{HF,L2}}^{\mathrm{MAF}}}{s^{2\gamma_{\mathrm{R}}-2}}\end{aligned} \tag{2-3-60}$$

3）多裂缝模型

基于 SRV 区域内数学模型和 HF 区域内数学模型，形成以各裂缝产量、井底压力为未知量的相同形式矩阵方程组。

$$\begin{bmatrix}\boldsymbol{A}&-\boldsymbol{B}\\\boldsymbol{B}^{\mathrm{T}}&0\end{bmatrix}\begin{bmatrix}\boldsymbol{X}\\s\tilde{m}_{\mathrm{wD}}\end{bmatrix}=\begin{bmatrix}\boldsymbol{0}\\1\end{bmatrix} \tag{2-3-61}$$

利用 Stehfest 数值反演方法结合 Newton 迭代算法可快速求解拉普拉斯线性方程组。

三、页岩气井生产动态分阶段表征技术

1. 流动阶段划分

整个流动过程可以分为三个部分：早期流动段、中期流动段和晚期流动段。早期流动段主要指裂缝内的流动而无 SRV 区域的影响。晚期流动段主要指 XRV 线性流阶段，此时 HF 和 SRV 内的压力响应均进入拟稳态阶段（边界影响）。

具体而言，页岩气体积压裂水平井生产过程中完整的流动阶段演化分为 5 个阶段：

（1）在开井生产初期，压力响应只波及裂缝系统内，压力及导数表现为双对数斜率为 1/2 的 HF 线性流；

（2）随着生产进一步进行，SRV 区域内的流动开始发生流动，此时表现为斜率为 1/4 的 HF-SRV 双线性流；当 XRV 区域内的流体受到影响时，XRV 内流体参与流动，表现为斜率 1/8 的三线性流；

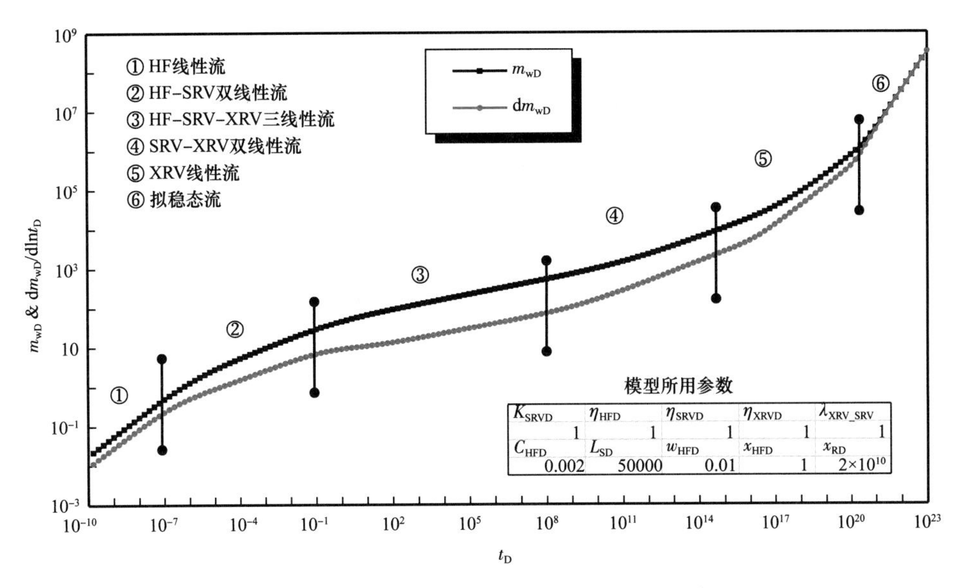

图 2-3-5　基于流态识别的流动阶段划分方案

（3）当裂缝内的流动到达裂缝边界后进入拟稳态流阶段，此时井底压力表现为斜率为 1/4 的 SRV-XRV 双线性流；

（4）当 SRV 内生产动态受到裂缝干扰进入拟稳态流以后，井底压力响应为斜率为 1/2 的 XRV 线性流；

（5）当整个流动区域都受到裂缝干扰或边界影响以后，将完全进入拟稳态流动阶段，此时斜率为 1。

2. 页岩气井生产动态分阶段表征技术

对于三线性流动模型，整个流动过程中不同流动期满足不同的流动特征，拉普拉斯空间解不能直观地反映流动特征，需要进行实空域内的渐进分析，渐进分析思路为：

（1）在三个流动区域（HF、SRV、XRV）分别建立三种边界解，即无影响解（认为响应区域不影响井底流动）、无限大边界和封闭边界。

（2）根据不同流动区域的三种基本解组合，利用不同时间的早期极限（相应的拉普拉斯变量 $s\to\infty$）和晚期极限（$s\to 0$）近似假设条件获得不同流动阶段的拉普拉斯近似解。

（3）利用拉普拉斯解析反演法则（孔祥言等，2010），对简化后的拉普拉斯解进行反演，获得相应流动阶段的数学表达式。

1）早期近似解

（1）HF 线性流。

早期 t_D 趋近于 0，对应的拉普拉斯空间变量趋近于∞，相应的函数 $\coth(x)\approx 1$ 和 $F_{HF}^{SRV}=0$，推导获得实空域内的早期裂缝线性特征方程为

$$m_{\mathrm{wD}}=\left(\frac{4\pi\sqrt{\eta_{\mathrm{HFD}}}}{C_{\mathrm{HFD}}}\right)\frac{1}{n_{\mathrm{f}}}\frac{t_{\mathrm{D}}^{1/2}}{\Gamma(3/2)} \tag{2-3-62}$$

（2）HF-SRV 双线性流。

当 SRV 内的流体参与气井生产时，实空域内的早期 HF-SRV 双线性流特征段方程为

$$m_{\mathrm{wD}}=\frac{1}{\left\{\dfrac{c\lambda_{\mathrm{HF}}^{\mathrm{SRV}}\left(w_{\mathrm{HFD}}/2\right)^{2nc-1}}{(\theta+2)^{2n}\eta_{\mathrm{SRVD}}^{n}}\times\dfrac{\Gamma(1-n)}{\Gamma(n)}\right\}^{0.5}}\times\frac{2\pi t_{\mathrm{D}}^{[1+\gamma(n-1)]/2}}{n_{\mathrm{f}}C_{\mathrm{HFD}}\Gamma\left(\dfrac{3+\gamma(n-1)}{2}\right)} \tag{2-3-63}$$

（3）HF-SRV-XRV 三线性流。

当裂缝、SRV 区域、XRV 区域内的流体均处于非稳态阶段时，实空域内的 HF-SRV-XRV 三线性流特征段方程为

$$m_{\mathrm{wD}}=\frac{1}{\sqrt{\dfrac{c\lambda_{\mathrm{HF}}^{\mathrm{SRV}}\left(\lambda_{\mathrm{SRV}}^{\mathrm{XRV}}\right)^{n}\left(w_{\mathrm{HFD}}/2\right)^{2nc-1}}{(\theta+2)^{2n}\eta_{\mathrm{XRVD}}^{n/2}}\times\dfrac{\Gamma(1-n)}{\Gamma(n)}}}\times\frac{2\pi t_{\mathrm{D}}^{[(1-n)(1-\gamma)+0.5n]/2}}{n_{\mathrm{f}}C_{\mathrm{HFD}}\Gamma\left(\dfrac{(n-1)(1-\gamma)+0.5n+2}{2}\right)} \tag{2-3-64}$$

2）晚期近似解

（1）HF 拟稳态流。

当裂缝流动达到拟稳态阶段，同时 SRV 区域内流体未受到波及（$F_{\mathrm{HF}}^{\mathrm{SRV}}=0$），则有 HF 拟稳态流特征段方程为

$$m_{\mathrm{wD}}=\frac{1}{n_{\mathrm{f}}}\left(\frac{4\pi\eta_{\mathrm{HFD}}}{C_{\mathrm{HFD}}x_{\mathrm{HFD}}s}t_{\mathrm{D}}+\frac{4\pi x_{\mathrm{HFD}}}{3C_{\mathrm{HFD}}}\right) \tag{2-3-65}$$

（2）SRV 线性流。

当 HF 达到拟稳态流，同时 SRV 内流体参与流动，而 XRV 内不受压力影响，SRV 线性流特征段方程为

$$m_{\mathrm{wD}}=\frac{1}{n_{\mathrm{f}}}\left\{\frac{\pi\eta_{\mathrm{SRVD}}^{n}\left(\lambda_{\mathrm{HF}}^{\mathrm{SRV}}\right)^{-1}(\theta+2)^{2n}}{c\left(w_{\mathrm{HFD}}/2\right)^{2nc-1}C_{\mathrm{HFD}}x_{\mathrm{HFD}}}\frac{\Gamma(n)t_{\mathrm{D}}^{1+\gamma(n-1)}}{\Gamma(1-n)\Gamma\left[2+\gamma(n-1)\right]}+\frac{4\pi x_{\mathrm{HFD}}}{3C_{\mathrm{HFD}}}\right\} \tag{2-3-66}$$

（3）SRV-XRV 双线性流。

当 HF 达到拟稳态流，同时 SRV 和 XRV 内均参与气井流动过程，SRV-XRV 双线性流特征段方程为

$$m_{\mathrm{wD}}=\frac{1}{n_{\mathrm{f}}}\left\{\frac{\pi(\theta+2)^{2n}\eta_{\mathrm{XRVD}}^{n/2}\Gamma(n)\Gamma^{-1}\left[(1-n)(1-\gamma)+0.5n+1\right]}{c\lambda_{\mathrm{HF}}^{\mathrm{SRV}}C_{\mathrm{HFD}}\left(\lambda_{\mathrm{SRV}}^{\mathrm{XRV}}\right)^{n}\left(w_{\mathrm{HFD}}/2\right)^{2nc-1}x_{\mathrm{HFD}}\Gamma(1-n)}t_{\mathrm{D}}^{(1-n)(1-\gamma)+0.5n}+\frac{4\pi x_{\mathrm{HFD}}}{3C_{\mathrm{HFD}}}\right\} \tag{2-3-67}$$

第四节　页岩气开发指标概率性评价

页岩储层渗透率极低，气井工业生产周期内很难达到边界控制流状态，加之生产动态数据分辨率低，很多流动状态无法清晰识别，这就导致了解析模型中的未知参量个数（地层—裂缝等参数）大于约束方程个数（特征流动段），由此造成动（静）态参数解释结果存在多解性，而参数解释结果直接影响产量预测，生产历史越短、预测期越长、参数影响越大。因而，本节提出在确定性的气井全生命周期生产动态分析基础上引入随机模拟技术，通过大量随机试验实现概率性开发指标预测，提高生产动态评价的科学性和可靠性。

一、随机模拟方法

采用以随机数为核心的蒙特卡洛方法进行模拟计算。在蒙特卡洛模拟中通常采用概率密度函数来给出确定性参数，概率密度函数描述参数分布范围越合理，输出结果准确性越高。

1. 蒙特卡洛模拟

用蒙特卡洛方法模拟某过程时，需要产生各种概率分布的随机变量。最简单、最基本、最重要的随机变量是在［0，1］上均匀分布的随机变量。从该分布抽取的简单子样称为随机数序列，其中每一个体称为随机数。随机数属于一种特殊的由已知分布的随机抽样问题。随机数是随机抽样的基本工具。本节使用三个线性同余数发生器产生［0，1］区间上的一个均匀分布随机数，其产生的随机数列的周期为无穷的。图 2-4-1 为两个相互独立的变量（变量 A 和变量 B）形成的二维空间点的分布情况，均匀分布的特征证明了本节随机数算法的可靠性。

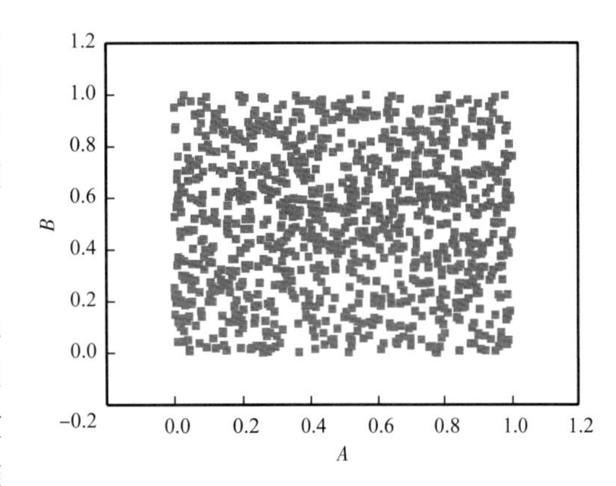

图 2-4-1　相互独立变量随机模拟结果分布

以可采储量为例说明蒙特卡洛模拟过程，假设 EUR（可采储量）$=A$（储层面积）$\times h$（地层厚度）$\times$RF（采收率）。常规确定性结果通过三个最优参数值相乘获取，这要求三个参数同时获得最优评价值，这种假设在现实中很难实现。

蒙特卡洛模拟由大量的随机模拟试验构成，假设三个参数间相互独立，且分别定义三个参数的（累计）概率分布，其中一次确定性试验通过以下步骤实现：

（1）对每个参数形成相应的 0～1 的随机数（代表累计概率结果）；

（2）通过累计概率曲线反算出相应的参数值，获取抽样值；

（3）输入求解模型，即三个参数相乘，获得一次模拟结果。

按此过程进行多次随机试验，具体试验次数需要根据不确定性参数个数确定，个数越多，试验次数越多，总的看来需要足够的试验次数以保证输入参数的分布范围。对试验后的结果按以下步骤进行整理：

（1）按逐渐增大的顺序重新整理 EUR 结果；

（2）根据 EUR 分布范围划分 EUR 区间；

（3）根据 EUR 划分区域计算不同区域内的概率分布和累计概率分布；

（4）绘制 EUR 累计概率分布图，若曲线光滑性差需增加试验次数重新模拟；

（5）计算 EUR 均值、方差、P10 储量、P50 储量、P90 储量和其他代表性结果。

2. 概率分布函数

（1）正态分布类型。

概率密度函数：

$$f(x)=\frac{1}{\sigma\sqrt{2\pi}}\exp\left[-\frac{(x-\mu)^2}{2\sigma^2}\right] \tag{2-4-1}$$

累计概率密度：

$$F(x)=\frac{1}{2}\left\{1+\operatorname{erf}\left[-\frac{(x-\mu)}{\sqrt{2}\sigma}\right]\right\} \tag{2-4-2}$$

式中 μ——中值；

σ——方差。

（2）对数正态分布类型。

概率密度函数：

$$f(x)=\frac{1}{x\sigma\sqrt{2\pi}}\exp\left[-\frac{\ln(x-\mu)^2}{2\sigma^2}\right] \tag{2-4-3}$$

累计概率密度：

$$F(x)=\frac{1}{2}\left\{1+\operatorname{erf}\left[-\frac{\ln(x-\mu)}{\sqrt{2}\sigma}\right]\right\} \tag{2-4-4}$$

（3）三角分布类型。

概率密度函数：

$$f(x)=\begin{cases}0, & x<a\\ \dfrac{2(x-a)}{(b-a)(c-a)}, & a\leqslant x\leqslant c\\ \dfrac{2(b-x)}{(b-a)(b-c)}, & c\leqslant x\leqslant b\\ 0, & b<x\end{cases} \tag{2-4-5}$$

累计概率密度：

$$F(x)=\begin{cases}0, & x<a \\ \dfrac{(x-a)^2}{(b-a)(c-a)}, & a\leqslant x\leqslant c \\ 1-\dfrac{(b-x)^2}{(b-a)(b-c)}, & c\leqslant x\leqslant b \\ 1, & b<x\end{cases} \tag{2-4-6}$$

（4）均匀分布类型。

概率密度函数：

$$f(x)=\begin{cases}\dfrac{1}{b-a}, & a\leqslant x\leqslant x \\ 0, & b<x\end{cases} \tag{2-4-7}$$

累计概率密度：

$$F(x)=\begin{cases}0, & x<a \\ \dfrac{x-a}{b-a}, & a\leqslant x\leqslant b \\ 1, & b<x\end{cases} \tag{2-4-8}$$

3. 拉丁超立方体抽样

也称为分层抽样，特点是将科学分组法与抽样法结合在一起，分组减小了各抽样层变异性的影响，抽样保证了所抽取的样本具有足够的代表性。拉丁超立方体抽样的关键是对输入概率分布进行分层。分层在累计概率尺度（0～1）上把累计概率曲线分成相等的区间。然后，从输入分布的每个区间或“分层”中随机抽取样本。抽样被强制代表每个区间的值，于是被强制重建输入概率分布。

在抽样过程中使用“抽样不替换”法则，累计分布的分层数应等于所执行的迭代次数，每次抽样中的随机数重新修正为分层形式：

$$\frac{n-1}{N}+\frac{r}{N} \tag{2-4-9}$$

式中　n——层数序号；

N——分层总数；

r——伴随的随机数。

图 2-4-2（a）为 100 次随机试验下纯随机抽样和拉丁超立方抽样对比结果。可以看出拉丁超立方抽样能够获得较为光滑的曲线。这是由于随机抽样主要集中在高概率分布区间，当抽样次数较少时会产生聚集问题，只有达到足够的迭代次数后才能获得较为光滑的分布如图 2-4-2（b）所示，而拉丁超立方抽样能够抽取到各个分布范围内（主要针

对小概率分布区间）的结果。

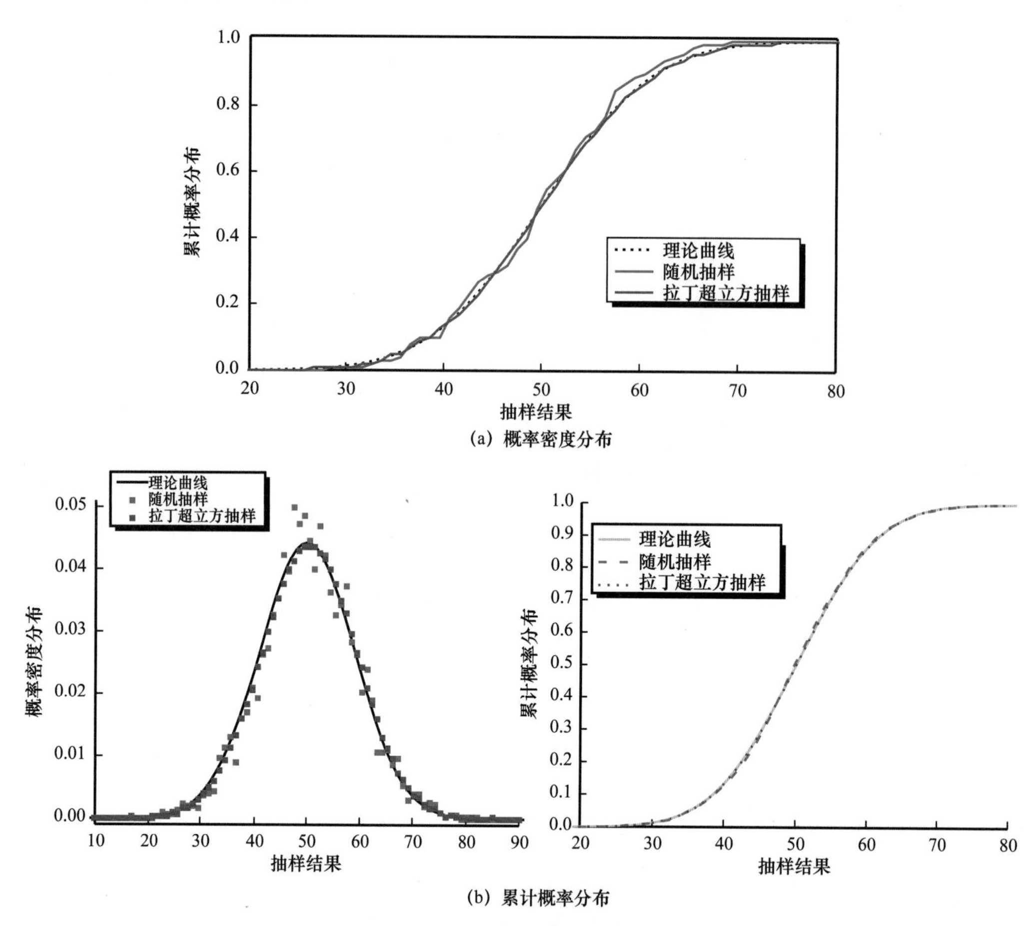

(a) 概率密度分布

(b) 累计概率分布

图 2-4-2 随机抽样与分层抽样对比结果（3000 次迭代）

二、页岩气开发指标概率性评价技术

1. 页岩气生产动态分析流程

受制于页岩气特殊的渗流机理、复杂的开发方式和低质量、低分辨率的生产数据，目前尚无完全成熟可靠的数据分析模型。笔者提出联合解析模型（Clarkson et al.，2013）和经验模型（Ilk et al.，2008），并佐以随机模拟方法开展气井动态数据分析，两种模型相互制约、相互验证，共同降低解释结果的不确定性，具体分析方法如图 2-4-3 所示。

通过步骤 1～3 筛选出合适的生产数据。生产数据分析方法使用的数据多，贯穿井的整个生命周期，但数据分辨率低、“噪声”大，数据源的质量决定了评价结果的可靠性，故在分析数据前需要评价、检查、剔除低质量的生产数据。对于一组原始的生产数据，需要对其进行诊断分析，包括：（1）评价数据质量的可靠性，包括产量和压力数据、储层和流体参数、完井及增产措施等；（2）检查数据相关性，包括产量—压力、产量—时间和压力—时间的数据相关性检查；（3）初步诊断，主要是数据检查和整理，剔除错误数据、不合理数据。

利用步骤4～5中的数据分析模型分析气井产量、压力等数据，获得气藏、气井相关参数，这也是数据分析方法的核心部分。利用步骤6中的解析分析模型，通过调整参数拟合气井生产历史，以预测气井动态。在步骤7中，利用经验分析模型与解析分析模型进行相容性评价调整。

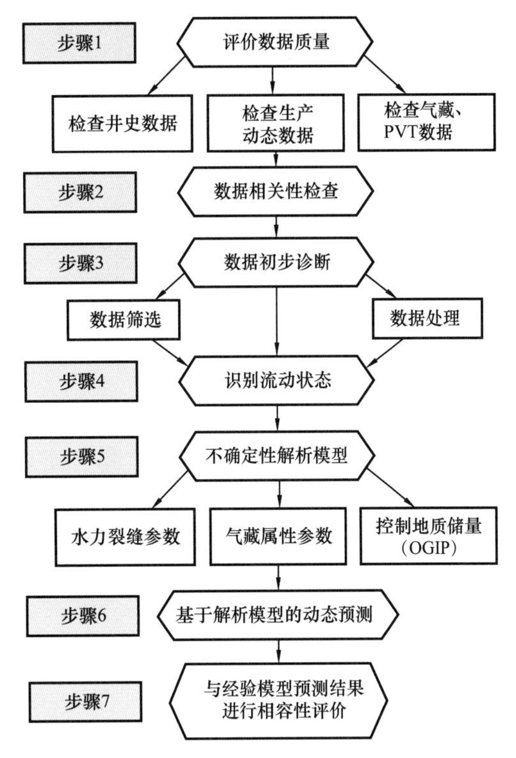

图2-4-3　页岩气井生产动态综合分析方法工作思路

2. 页岩气开发指标概率性评价技术

1）生产特征参数

影响页岩气井生产动态的主要因素包括单井控制储量（OGIP）、有效渗透率（K_{SRV}）、有效裂缝面积（A_f）和有效动用面积（A_c）等。

（1）单井控制储量：主要受控于产层物性，如净产层厚度、平均孔隙度、含水饱和度及等温吸附特征。孔隙度通过实验室计算可以获得，包括有机孔隙和无机孔隙；总的含气量包括自由气和吸附气，地层压力、气体PVT物性和孔隙结构可压缩性都会影响吸附气的赋存和解吸。

（2）有效渗透率：主要指能够发生有效流动的、经过改造后的地层渗透率。实验室只能提供压裂改造前的自然渗透率，但实际体积压裂区域内地层渗透率都得到了明显改善（大于自然渗透率），视为不确定性变量。

（3）裂缝面积：主要在净地层厚度内改造形成的与地层接触的主裂缝总面积，即支撑剂相对集中的、渗透率明显提高的区域。裂缝接触面积由压裂规模、地层应力等因素控制，受裂缝长度和裂缝条数影响，视为不确定性变量。

（4）有效动用面积：是指在生产周期内气体能够发生流动的最大平面展布面积。与常规气藏（有效动用面积受断层、圈闭、地层尖灭或井间干扰的控制）不同的是，页岩气井有效流动范围仅为体积压裂所能波及的区域。根据北美马塞勒斯（Marcellus）和巴内特（Barnett）页岩气开发经验，水平井段长设定为有效动用面积的纵向长度值，目前的井距设定为有效动用面积的横向长度上限值。但在气井有限的生产周期内，有效动用面积仍主要集中在体积压裂显著作用范围内，得克萨斯A&M大学的Economides团队将有效动用面积横向长度设定为裂缝间距和裂缝长度的加权值，概念模型如图2-4-4所示。因此有效动用面积视为不确定性值。

主裂缝间距内的改造后地层定义为体积压裂区（SRV），除此之外的有效动用面积定义为未改造区域（XRV）。因此有效动用面积视为不确定性值。

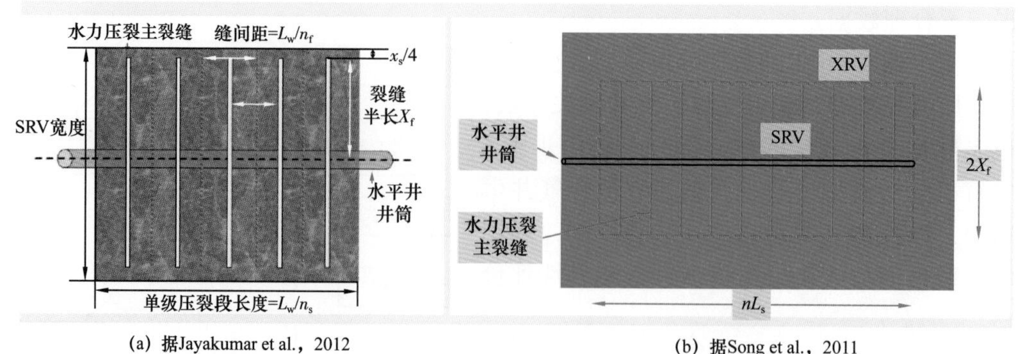

(a) 据Jayakumar et al.，2012　　(b) 据Song et al.，2011

图 2-4-4　水平井单级压裂段内有效动用区域概念模型

2）分析工作思路

借助压裂设计、微地震监测、实验室测量等辅助信息，裂缝间距 L_s、有效渗透率 K_{SRV}、裂缝长度 x_f 等参数可以圈定一定的取值范围，形成解空间，但仍无法获得唯一解。图 2-4-5 为结合气井生产动态分析减小特征参数解空间的示意图。

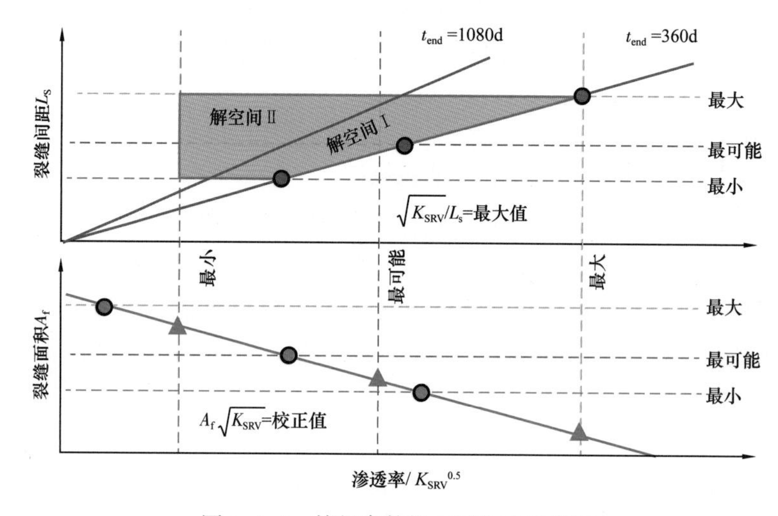

图 2-4-5　特征参数解空间分布示意图

假设图 2-4-5 中生产一直处于线性流生产阶段。在线性流阶段 $A_f\sqrt{K_{SRV}}$ 为确定值，即图中红色实线固定。根据压力探测距离公式可知 $K_{SRV}/L_s^2 \propto 1/t_{end}$，因此在特定的生产历史（$t=t_{end}$）中图中蓝线为最大的 K_{SRV}/L_s^2 固定值，这是由于在线性流阶段 t_{end} 是最小的可能进入裂缝干扰阶段的时间点。当 t_{end}=360d 时，解空间 I 为图中蓝色梯形区域，随着生产时间增加图中蓝线斜率增加，解空间 I 区域减小为解空间 II，参数计算结果分布相对集中。当裂缝发生干扰后可以获得特征参数唯一解。而在流态不发生的条件下，一个渗透率值将对应一个裂缝面积值，但会对应多个裂缝间距值。图 2-4-6 为图 2-4-5 所述计算方法的生产时间更新示意图。

3）开发指标概率性评价

利用随机模拟方法计算不同生产历史阶段中生产特征参数的概率分布规律，用概率

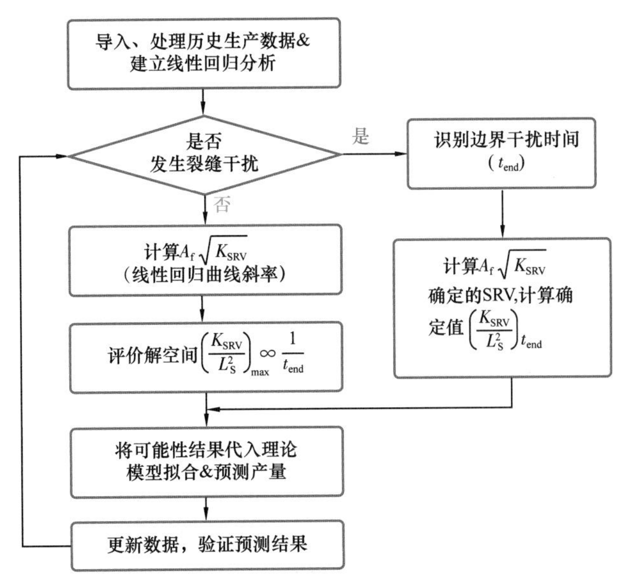

图 2-4-6　解析模型参数计算流程

的方法量化解空间分布特征，评估参数计算结果的风险值。

参数风险评估的主要过程包括分析气井生产数据分析、构建相关输入参数的概率分布模型、蒙特卡洛随机模拟、分析生产特征参数的概率分布。首先以生产数据（日产量、压力）作为反映生产动态的主要依据，基于解析模型，通过特征流动段识别获得较为可靠的参数约束方程，认为关于裂缝导流能力、长度、间距等的参数约束方程为确定性结果；其次，根据地质资料、实验数据、测井数据、压裂数据或人为经验给出如地层厚度、渗透率、孔隙度、饱和度、等温吸附、压裂规模等基础性参数的概率分布模型（使用符合参数取值范围的截断概率密度模型），认为给出的参数间相互独立。最后，对基础性参数进行大量随机抽样（采用拉丁超立方抽样），每次抽样结果都与约束方程结合用以计算未知参数（裂缝长度、间距、条数、OGIP、EUR 等）。按从小到大顺序重新整理计算结果，形成计算参数的概率分布结果及对应的可信域。可信域是指不确定性结果可以接受的变化范围，带有一定的主观色彩。笔者采用 80% 的可信度区间，即 P10～P90。另外，根据不确定性结果的数学期望及期望的上下限假设，可以获得最终的参数结果取值范围。

第五节　页岩气开发技术政策优化

一、开发井距优化技术

1. 数学模型

以“井工厂”平台的半支为基本研究单元，为了减小非均质性影响，平台采用水平井均匀部署、裂缝平行排列的模式，同时裂缝属性相同（图 2-5-1）。其中，平台横向宽度为 x_{ef}，有 n_w 口水平井排列，平台纵向长度为 y_{ef}，每口水平井有 n_f 条裂缝，水平井以常

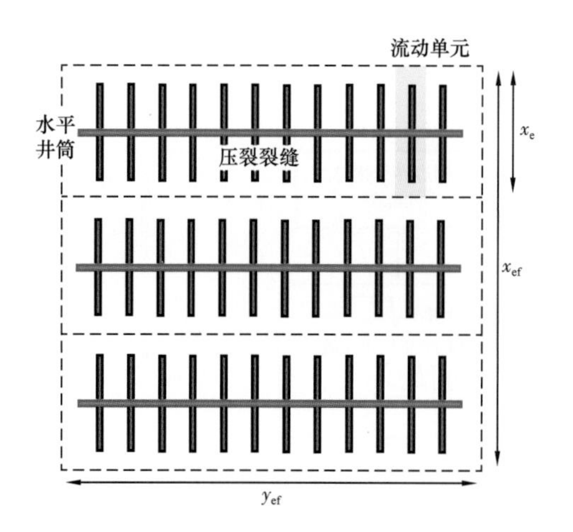

图 2-5-1 平台半分支多口压裂水平井部署示意图

压生产，井底压力为 p_{wf}。假设储层为渗透率 K_m 的均质地层，裂缝高度等于储层厚度，裂缝内产出微可压缩流体。

由于整个渗流系统处于同一压力系统，流动过程可分解为连续的裂缝内和地层内流动两部分（王军磊，2019）。为了考虑不同井距条件下水力压裂对裂缝开启的影响，采用变缝宽裂缝模型。对流动全过程进行研究时，裂缝和地层采用两套独立空间坐标，通过将两部分流动在裂缝面进行压力和流量耦合，可得到不同时刻地层任一点的压力和沿裂缝流量分布。

1）*地层流动模型*

平台内多口水平井处于相同压力系统，将地层内气体流动控制方程变量转化为拟压力、拟时间，控制方程符合线性流动规律，因此可以采用压力叠加原理解决缝间、井间的相互干扰问题。压力干扰效应可以将平台流动系统分解为一系列以单裂缝为基本单元的子流动系统（图 2-5-2）。

从储层角度看，可以将裂缝进一步分解为 N 个带有不同流量强度的微元体，同时假设每个微元体内流量分布均匀，流量为 q_{Di} 且长度为 Δx_{fD}。根据压力叠加原理，可以得到多裂缝在地层内任一点的压力：

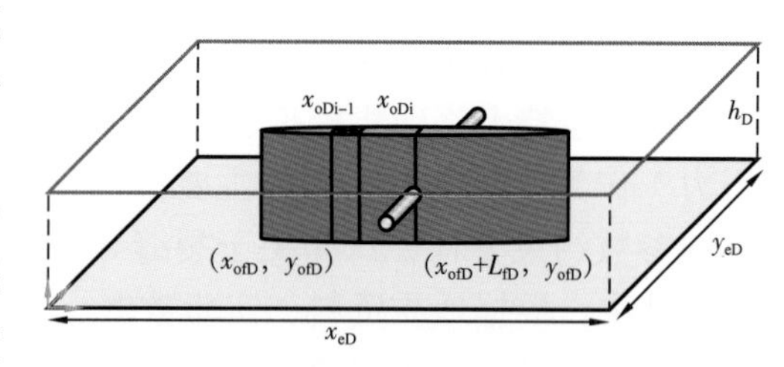

图 2-5-2 单裂缝引起的压力扰动示意图

$$\tilde{p}_{mD}\left(x_{Dj},y_{Dj}\right)=\sum_{i=1}^{N}\tilde{q}_{Di}\cdot\tilde{p}_{uDj,i}\left(\beta_{Dj},\beta_{wDi},\Delta x_{fDi},x_{eD},y_{eD};s\right) \qquad (2\text{-}5\text{-}1)$$

式中 $\tilde{p}_{uDj,i}$——第 i 个微元在第 j 个微元处引起的压力扰动。

利用格林（Green）函数和纽曼（Newman）乘积法，结合拉普拉斯变换计算裂缝微元引起的不稳定压力分布：

$$\tilde{p}_{uDj,i}\left(\beta_{Dj},\beta_{wDi}\right)=\frac{2\pi\Delta x_{fDi}}{x_{eD}}\tilde{H}_0+\tilde{F}_{ji}+4\sum_{n=1}^{\infty}\frac{\tilde{H}_n-1}{n\varepsilon_n}\cos\frac{n\pi x_{Dj}}{x_{eD}}\sin\frac{n\pi x_{wDi}}{x_{eD}}\cos\frac{n\pi x_{fDi}}{x_{eD}} \qquad (2\text{-}5\text{-}2)$$

2）*变导流裂缝流动模型*

从裂缝角度看，裂缝内的流动可视为有源汇的一维流动区域，其中“源”指的是有流体不断从地层流入裂缝。单位长度裂缝流量即流量密度为 $q_f(x,t)$，而在裂缝与井筒交汇处存在着“汇”，流体从裂缝流入井筒，流量为 $q_w(t)$，整个流动过程呈现典型的变质量流特征，如图 2-5-3（a）所示。

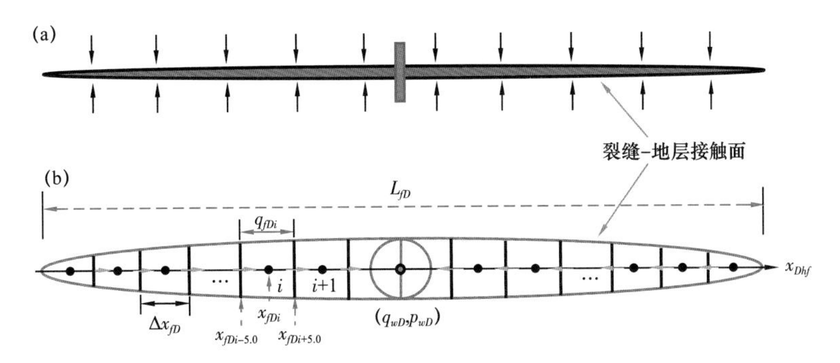

图 2-5-3　变质量裂缝流动示意图

建立了变缝宽的裂缝模型，如图 2-5-3（b）所示，裂缝内的一维流动规律可使用以下无量纲数学模型进行描述：

$$\frac{\partial}{\partial x_{\mathrm{Dhf}}}\left[C_{\mathrm{fD}}\left(x_{\mathrm{Dhf}}\right)\frac{\partial \tilde{p}_{\mathrm{fD}}}{\partial x_{\mathrm{Dhf}}}\right]-2\pi\tilde{q}_{\mathrm{fD}}\left(x_{\mathrm{Dhf}}\right)+2\pi\left[\tilde{q}_{\mathrm{wD}}\left(t_{\mathrm{D}}\right)\delta\left(x_{\mathrm{Dhf}},x_{\mathrm{Dwhf}}\right)\right]=0 \qquad (2\text{-}5\text{-}3)$$

式中　δ（ ）——狄拉克（Dirac）函数。

无量纲变导流能力函数为 $C_{\mathrm{fD}}\left(x_{\mathrm{Dhf}}\right)=C_{\mathrm{fDmax}}\left(-x_{\mathrm{Dhf}}^{2}+2x_{\mathrm{Dhf}}\right)$。

经坐标变换和双重积分处理，同时，考虑裂缝与井筒相交点周围的聚流效应，引入聚流表皮系数，得到裂缝内无量纲压力分布：

$$\tilde{p}_{\mathrm{wD}}-\tilde{p}_{\mathrm{fD}}\left(\xi_{\mathrm{D}}\right)=\frac{2\pi}{\hat{C}_{\mathrm{fD}}}\tilde{q}_{\mathrm{wD}}G\left(\xi_{\mathrm{D}},\xi_{\mathrm{Dwhf}}\right)-\frac{2\pi}{\hat{C}_{\mathrm{fD}}}\left[I\left(\xi_{\mathrm{D}}\right)-I\left(\xi_{\mathrm{WD}}\right)\right]+\tilde{q}_{\mathrm{wD}}\underbrace{\frac{2h_{\mathrm{D}}}{\hat{C}_{\mathrm{fD}}L_{\mathrm{fD}}}\left[\ln\left(\frac{h_{\mathrm{D}}}{2r_{\mathrm{wD}}}\right)-\frac{\pi}{2}\right]}_{S_{\mathrm{c}}} \qquad (2\text{-}5\text{-}4)$$

利用压降叠加原理，将多井平台渗流系统分解为单级裂缝，以单裂缝为基本评价单元，通过求解上述模型可以计算沿裂缝的流量分布，进而计算产量。

2. 开发井距—水力裂缝参数全局优化方法

多井平台下压裂水平井的开发效果优化具有明确的油藏工程意义，主要是通过增加裂缝与地层接触面积、降低井间干扰、缝间干扰、平衡裂缝与地层的流入流出关系实现，当四种渗流关系达到平衡时生产效果最佳。以支撑剂体积（或称压裂规模）为约束条件，以净现值（NPV）为目标函数，采用嵌套式方法进行多参数优化（图 2-5-4）。

优化流程主要分为以下步骤：

（1）输入基本参量，包括地层、流体、支撑剂参数和生产周期；

（2）定义待优化变量，包括平台内井数（n_{w}）、单井压裂段数（n_{f}）和支撑剂体积（V_{p}）；

（3）根据 UFD 方法计算不同井数、段数和支撑剂体积条件下的最优裂缝维数及对应的最大累计产量（$G_{\mathrm{pD,\ max}}$）；

（4）计算相应的 NPV 值；

（5）基于多元函数 Powell 全局优化算法重复步骤（2），直到 NPV 值最大，此时对应

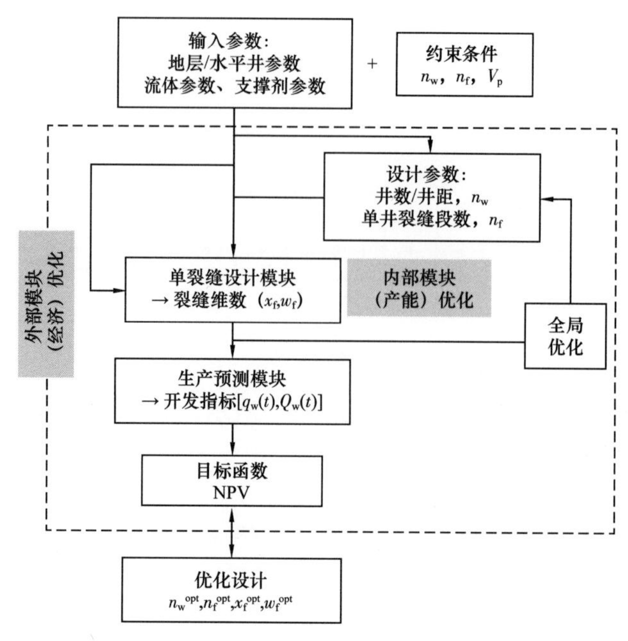

图 2-5-4 嵌入式多参数全局优化工作流程图

的水平井—压裂参数即为最优设计参数。

NPV 计算模型为

$$\mathrm{NPV}=\sum_{j=1}^{n}\frac{\left(G_{\mathrm{p},j}-G_{\mathrm{p},j-1}\right)}{\left(1+i_{\mathrm{r}}\right)^{j}}-\left[\mathrm{FC}+\sum_{k=1}^{n_{\mathrm{w}}}\left(C_{井}+\sum_{kk=1}^{n_{\mathrm{f}}}C_{裂缝}\right)\right] \tag{2-5-5}$$

式中 $G_{p,j}$——第 j 年累计产量，m^3；

FC——固定总投资，万元；

$C_{井}$——单井钻井成本，万元；

$C_{裂缝}$——单段裂缝压裂成本，万元；

n_w——水平井井数，口；

n_f——单口井压裂段数，段；

n——生产年限，a；

i_r——年利率。

考虑到实际压裂规模受工程条件限制，将平台总支撑剂体积设定为固定的约束条件，使用图解法演绎多参数优化流程。

将开发指标计算结果代入经济评价模型，以净现值为目标函数重新进行优化，结果如图 2-5-5 所示。图 2-5-5 存在明显的极值点，说明存在着最优井距、缝距。这是由于随着压裂段数和井数的增加，虽然提高了平台的开发效果，但投资成本随之增加，当开发效果增加幅度小于投资增长幅度时，经济效益变差。因此在压裂规模和经济效益双重约束下，多井平台内存在最优井距、缝距及裂缝维数，这为开发技术政策的制定提供了优化空间。

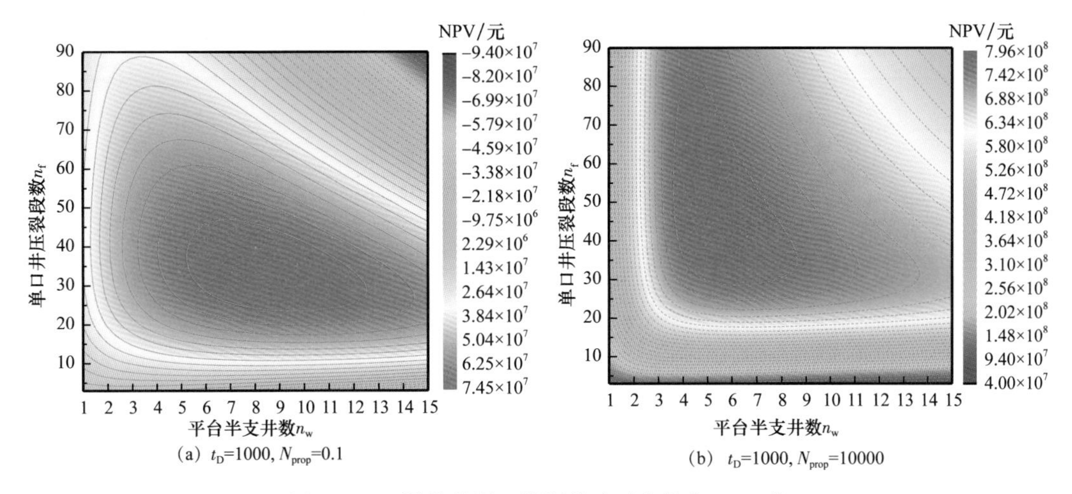

(a) t_D=1000, N_{prop}=0.1　　(b) t_D=1000, N_{prop}=10000

图 2-5-5　最优井距—缝距值及平台最大 NPV 值

二、气井生产制度优化技术

1. 页岩储层强应力敏感机理分析

中国南方海相优质页岩储层主要位于深水陆棚相，地势平，展布广，从储层内部结构上看，储层厚度在平面上分布极为稳定，变化率很小，表现出明显的“甜点”特征，单个“甜点”范围多在几十平方千米到上百平方千米，再考虑到南方海相页岩储层的超高压特征（压力系数 1.3～2.1），可以推断，这种结构的地层不存在压力拱效应，投产后孔隙流体压力的降低会直接导致作用在生产层上的有效应力显著增大，产层表现出强应力敏感性（图 2-5-6）。这种情况下，页岩储层一旦放压生产，水力裂缝内会迅速泄压，造成裂缝区和近裂缝区的储层渗透率急剧下降，快速形成储层伤害区，过早阻挡外围气体进入主裂缝系统，进而导致单井累计产量减少（贾爱林等，2017）。

取采自四川龙马溪组的露头页岩岩心进行储层应力敏感性评价实验（表 2-5-1），考虑到滞留压裂液的浸润作用致使页岩储层岩石物理化学性质发生变化并影响储层应力敏感性（游利军，2014），实验前首先用压裂液对露头岩心进行了浸泡。从实验结果看，随着有效应力的增大，岩心的有效渗透率在早期急剧降低，当有效应力增至 20MPa 时，有效渗透率只剩下初始状态时的 2.95%；有效应力大于 20MPa 之后，有效渗透率趋于平稳。

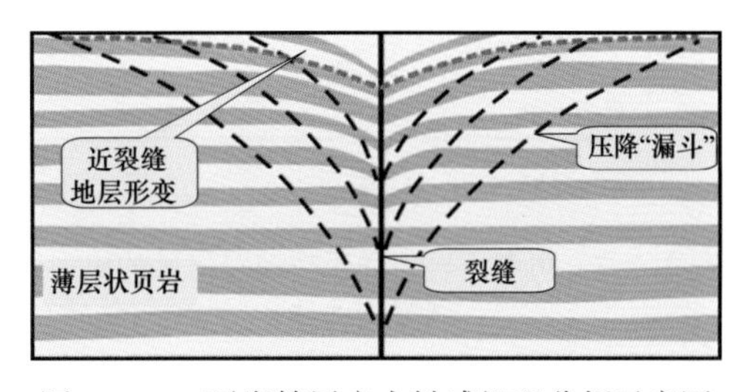

图 2-5-6　页岩储层应力敏感机理分析示意图

应用实验数据对龙马溪组页岩储层的应力敏感系数进行了计算，其平均值为 0.130MPa^{-1}，该值较致密砂岩储层要高出一个数量级；将岩心归位到地层条件，即有效应力从 20MPa 增至 50MPa 时，渗透率损失率在 90% 以上。由此可以看出，龙马溪组页岩储层具有强应力敏感性特征。

表 2-5-1 四川龙马溪组露头岩心压裂液浸泡后的应力敏感实验数据

有效压力 MPa	K/K_0			平均值		
	QL2-19 $K_0=2.36\times10^{-4}$D	QL2-24 $K_0=2.33\times10^{-4}$D	QL2-25 $K_0=2.09\times10^{-4}$D	K/K_0	ln（K/K_0）	ϕ/ϕ_0
3	1	1	1	1	0	1
5	0.5902	0.8310	0.7850	0.7354	−0.30735	0.9854
7	0.3130	0.5577	0.3710	0.4139	−0.88213	0.9581
10	0.1746	0.2506	0.2000	0.2084	−1.56832	0.9255
15	0.0702	0.0733	0.0786	0.0740	−2.60339	0.8763
20	0.0295	0.0293	0.0378	0.0322	−3.43523	0.8368
30	0.0110	0.0118	0.0120	0.0116	−4.45668	0.7883
40	0.0041	0.0044	0.0046	0.0044	−5.4363	0.7418
50	0.0023	0.0028	0.0028	0.0026	−5.94201	0.7178

通过数据回归获得了龙马溪组页岩储层的孔渗关系式：

$$K = K_0\left(\phi / \phi_0\right)^{17.961} \tag{2-5-6}$$

式中 K——渗透率，mD；

K_0——原始状态下渗透率，mD；

ϕ——孔隙度；

ϕ_0——原始状态下孔隙度。

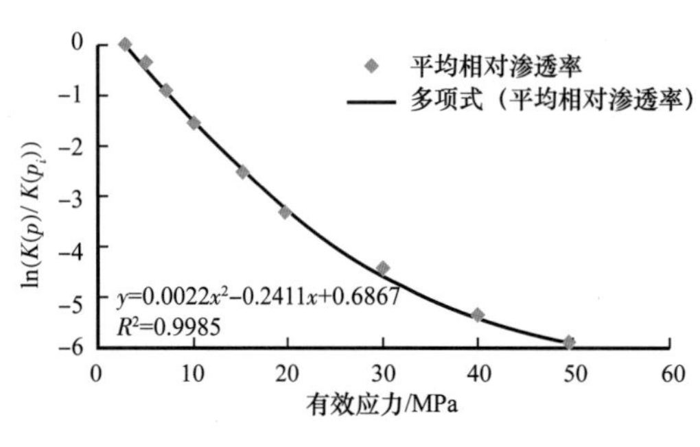

图 2-5-7 川南页岩岩样压裂液浸泡后的应力敏感系数曲线

从式（2-5-6）可以看出，龙马溪组页岩孔渗幂指数为 17.961，基于前人的研究成果（张睿，2015）分析可知，龙马溪组页岩储层的微裂缝尺度远大于基质孔隙尺度，微裂缝是主要渗流通道。

应力敏感实验研究成果表明，岩心渗透率与有效应力间存在以下关系式：

$$K\left(\sigma_{\text{eff}}\right) = A\exp\left[-\gamma\sigma_{\text{eff}}\right] \tag{2-5-7}$$

$$\frac{K(p)}{K(p_i)} = \exp\left[-\alpha\left(1-\frac{1-2\upsilon}{1-\upsilon}\right)\Delta p\gamma\Delta p\right] \tag{2-5-8}$$

利用上述实验数据，求取川南地区页岩储层渗透率应力敏感系数曲线（图 2-5-7）。其中，应力敏感系数与压差的关系式为

$$\gamma\left(\Delta p\right)=-0.0022\Delta p+0.2411-0.6897/\Delta p \tag{2-5-9}$$

式中 K——渗透率，D；

Φ——孔隙度；

γ——渗透率应力敏感系数；

σ_{eff}——有效应力，Pa；

p——流体压力或称孔隙压力，Pa；

α——比奥特（Biot）系数；

υ——泊松比。

2. 页岩气井生产制度优化技术

针对页岩储层体积压裂后渗流系统表现出的应力敏感性，根据岩心实验结果，建立渗透率应力敏感参数与孔隙压力的函数关系；考虑到页岩气井生产特征，建立裂缝与基质耦合的双线性流动物理模型；结合裂缝的强应力敏感特性，建立页岩气井全生命周期动态模拟数学模型；基于动态模型，绘制瞬时流入动态曲线图版，通过求取曲线极大值获得不同时刻下气井井底压力，即井底压力与时间的对应关系，从而获得最优生产制度（贾爱林，2019；Wei et al.，2020；Wang et al.，2019，2020）。根据最优生产制度，控制气井日常生产，在生产周期内获得最高的单井累计产量。

页岩气井全过程流动的物理模型如图 2-5-8 所示，假设主裂缝间的区域均得到体积压裂的有效改造，地层内不同赋存状态的气体通过解吸、弹性压缩等方式向裂缝流动，流入裂缝后沿裂缝向井筒流动最终采出。

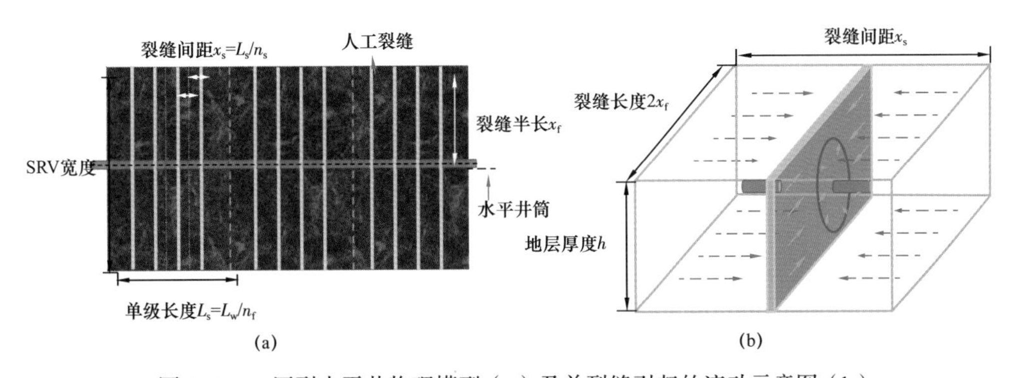

图 2-5-8　压裂水平井物理模型（a）及单裂缝引起的流动示意图（b）

基于上述物理模型，以单段主裂缝为基本单元，建立气体从地层流入裂缝、从裂缝流入井筒的双线性流数学模型，最终求取气井全生命周期内任意时刻产量与生产压差的响应关系，即瞬时 IPR 曲线计算公式：

$$\frac{q}{m(p_{\mathrm{i}})-m(p_{\mathrm{w}})}=K_{\mathrm{f}}^{1/2}(p_{\mathrm{w}})\frac{(K_{\mathrm{m}}w_{\mathrm{f}})^{1/2}h}{B\mu(\pi\gamma_{\mathrm{m}}t_{\mathrm{a}})^{1/4}}\tan h\left[K_{\mathrm{f}}^{-1/2}(p_{\mathrm{w}})\frac{(K_{\mathrm{m}}/w_{\mathrm{f}})^{1/2}x_{\mathrm{f}}}{(\pi\gamma_{\mathrm{mi}}t_{\mathrm{a}})^{1/4}}\right] \tag{2-5-10}$$

m（p）和 t_{a} 的计算：

$$m(p)=\frac{\mu_{gi}Z_{gi}^{*}}{p_{i}}\int_{p_{sc}}^{p}\frac{\xi}{\mu_{g}(\xi)Z_{g}^{*}(\xi)}d\xi \tag{2-5-11}$$

$$t_{a}=\frac{\mu_{gi}c_{gi}^{*}}{p_{i}}\int_{0}^{t}\frac{1}{\mu_{g}\left[p_{avg}(\tau)\right]c_{g}^{*}\left[p_{avg}(\tau)\right]}d\tau \tag{2-5-12}$$

式（2–5–10）中左侧为拟压力修正的单段裂缝产量，通过产量叠加原则，获得多段压裂水平井的产量公式。

在拟压力计算中使用 p_{avg}，即涉及压力波及范围内的平均地层压力可得

$$\frac{p_{avg}}{Z_{g}^{*}(p_{avg})}=\frac{p_{i}}{Z_{g}^{*}(p_{i})}\left(1-\frac{1}{m}\frac{2000B_{gi}\sqrt{\phi_{m}\mu_{gi}c_{gi}}}{4\times0.159h\phi_{m}x_{f}\sqrt{K_{m}}}\right) \tag{2-5-13}$$

式中 m——产量修正拟压力差与根下时间之间的斜率。

页岩气吸附 / 解吸气的影响主要体现在修正气体偏差因子 Z^{*}_{g}、修正气体压缩系数 c^{*}_{g} 两个参数中。

$$Z_{g}^{*}(p)=\frac{Z_{g}(p)}{1+B_{g}(p)pV_{L}/\left[\phi_{m}(p_{L}+p)\right]},\quad c_{g}^{*}(p)=c_{g}(p)+\frac{V_{L}p_{L}B_{g}(p)}{\phi_{m}(p_{L}+p)^{2}} \tag{2-5-14}$$

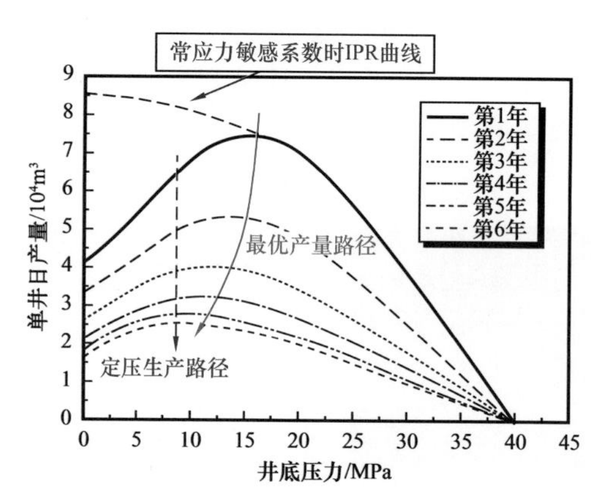

图 2–5–9 考虑变应力敏感系数的气井瞬时流入动态曲线图版

根据瞬时 IPR 曲线计算公式建立瞬时 IPR 图版（图 2–5–9），在瞬时 IPR 图版中，每一特定时刻下的气井产量与井底压力间都存在最大值，即产量关于压力导数为零点。将不同时刻对应的 IPR 曲线上的导数为零点连接，可获得最佳井底压力或产量与时间的对应关系，即最优生产制度。导数零点求导公式为

$$\left\{-\frac{\partial m(p_{w})}{\partial p_{w}}K_{f}^{1/2}(p_{w})+\frac{1}{2}K_{f}^{-1/2}(p_{w})\left[m(p_{i})-m(p_{w})\right]\frac{\partial K_{f}(p_{w})}{\partial p_{w}}\right\}\tan h^{2}\left[K_{f}^{-1/2}(p_{w})\frac{(K_{m}/w_{f})^{1/2}x_{f}}{(\pi\gamma_{m}t)^{1/4}}\right]$$
$$-\frac{1}{2}K_{f}^{-1}(p_{w})\left[m(p_{i})-m(p_{w})\right]\frac{\partial K_{f}(p_{w})}{\partial p_{w}}\frac{(K_{m}/w_{f})^{1/2}x_{f}}{(\pi\gamma_{m}t)^{1/4}}=0 \tag{2-5-15}$$

式中　$m(p)$——气体拟压力变量，Pa；

t_a——拟时间变量，s；

p_w——井底压力，Pa；

p_i——原始地层压力，Pa；

p_{avg}——地层平均压力，Pa；

p_L——朗格缪尔压力，Pa；

B_{gi}——地层原始压力下气体体积系数；

μ_g——气体黏度，Pa·s；

c_{gi}——地层原始压力下气体压缩系数，1/Pa；

Z_{gi}——地层原始压力下气体偏差系数；

Z^*_{gi}——地层原始压力下考虑解吸气影响的修正气体偏差系数；

K_m——影响区域内的地层有效渗透率，m^2；

$K_f(p_i)$——原始地层压力条件下的裂缝渗透率，m^2；

V_L——朗格缪尔体积，m^3；

x_f——主裂缝半长，m；

ϕ_m——地层孔隙度；

h——地层厚度，m；

η_m——原始地层压力条件下的地层扩散系数，$m/s^{1/2}$，$\eta_m=\sqrt{K_m/\left(\phi_m\mu_{gi}c_{gi}\right)}$。

为方便实际应用，建立了一套生产制度优化理论分析流程，如图 2–5–10 所示。

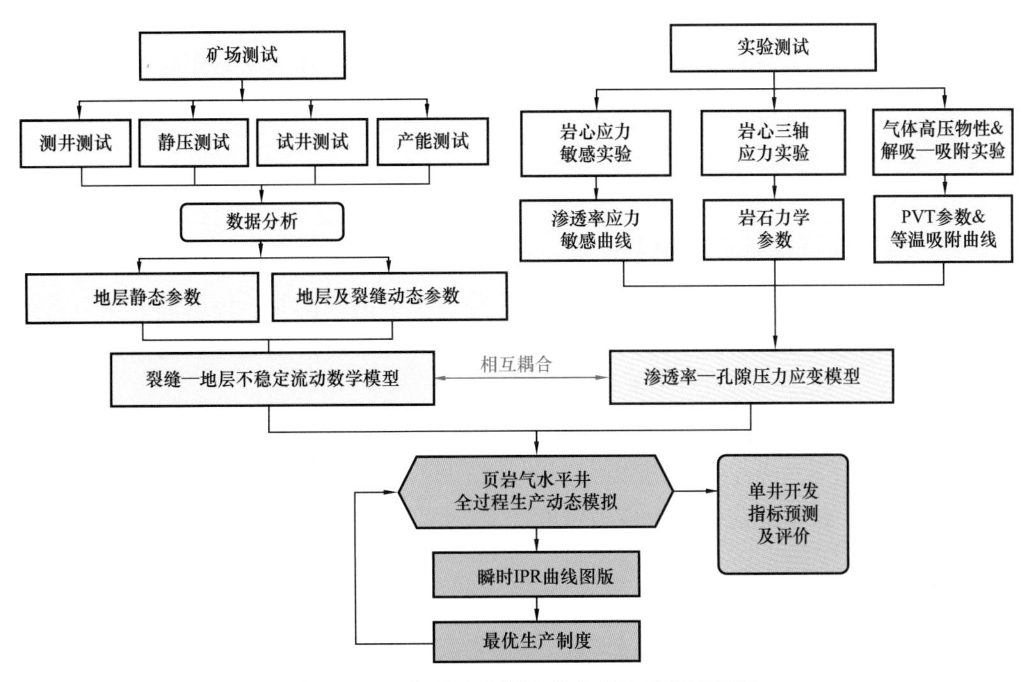

图 2–5–10　气井生产制度优化理论分析流程图

第三章　页岩气多尺度模型和数值模拟平台研发

从页岩的矿物组成和孔隙结构出发，综合考虑页岩基质的多种传质现象，建立多尺度传质模型，计算页岩的表观渗透率。研究页岩气在微孔中的禁闭与吸附状态，以及页岩力学性质与矿物构成的关系。通过以上研究，建立页岩微观结构与宏观物性（渗透性、储赋能力、力学性质）的关系。

研发页岩气藏数值模拟软件，解决了模拟页岩天然裂缝及水力压裂裂缝复杂缝网，页岩气开采数学模型的高效、高精度求解等一系列关键问题。同时，研发了具有丰富数据接口的图形界面和适于模拟器运行的硬件平台。软件在昭通、长宁—威远等页岩气示范区开展了大量的应用，建立起规范化的页岩气藏数值模拟流程。

本研究解决了页岩气藏微观机理到宏观模型、模型到软件、软件到实际应用的问题，形成了先进、可靠、高效的页岩气藏数值模拟平台。

第一节　页岩基质多尺度传质数学模型

笔者及团队开发了页岩气表观渗透率模型，完成了页岩基质物理性质尺度升级模型，建立起了微观结构到宏观渗透性的联系，这种宏观渗透性是页岩气藏数值模拟的重要参数。此部分工作的主要贡献在于建立了微观到宏观的联系，改善了微观观测与宏观物性脱节的问题，使微观观测的结果可用于油藏尺度的模拟。

一、页岩表观渗透率模型

1. 多尺度实验成像与三维模型构建

页岩的低孔隙度、特低渗透率等特点给实验带来了诸多困难，传统的实验方法很难用来直接、精确地研究页岩基质中的微观渗流机理，有必要借助更先进的实验手段对其进行研究。

孔隙结构特征是研究微观渗流机理的前提和基础，为了揭示页岩基质中复杂的微观渗流机理，必须要首先从各个尺度详细了解其精确的孔隙特征。随着微观成像技术的不断发展，数字岩心技术让这一目标成为可能。

（1）微米 CT 实验。

首先，分别从海相和陆相岩心中切取直径 25mm、长度约 30mm 的标准圆柱样品，使用 Xradia Versa 微米 CT 进行低精度扫描。海相岩心的实际扫描分辨率为 13.247μm，陆相岩心的实际扫描分辨率为 13.152μm。孔隙的提取使用 ImageJ 软件来实现，首先依据像素灰度划分孔隙与骨架，然后进行二值化处理，最后进行降噪处理。最终得到的海相和陆相页岩岩心柱的扫描结果和孔隙提取结果如图 3-1-1 和图 3-1-2 所示。统计孔隙所占体积即可得到孔隙度，该扫描分辨率下海相页岩的孔隙度为 0.28%，陆相页岩的孔隙度为 0.38%。

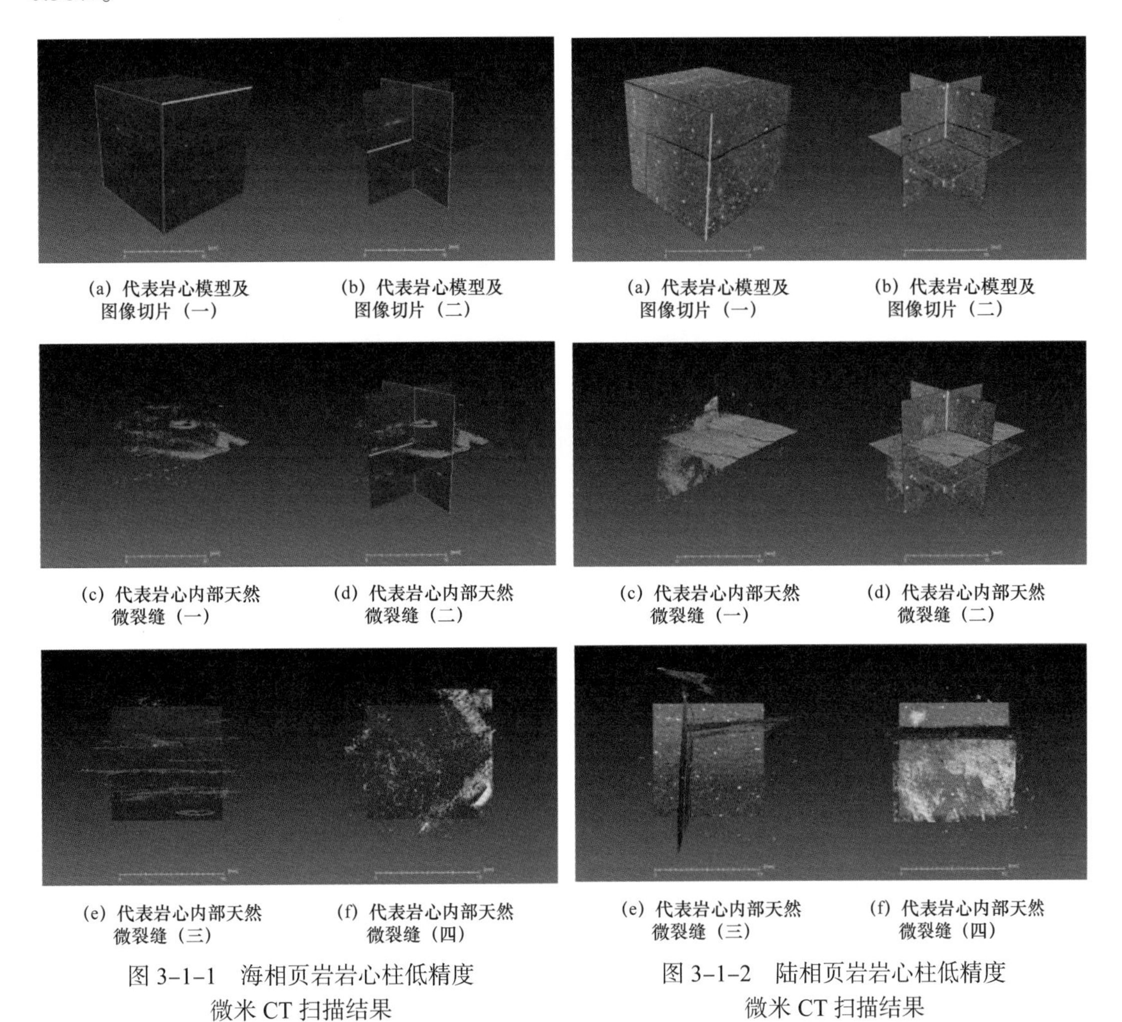

(a) 代表岩心模型及图像切片（一）　(b) 代表岩心模型及图像切片（二）
(c) 代表岩心内部天然微裂缝（一）　(d) 代表岩心内部天然微裂缝（二）
(e) 代表岩心内部天然微裂缝（三）　(f) 代表岩心内部天然微裂缝（四）

图 3-1-1　海相页岩岩心柱低精度微米 CT 扫描结果

(a) 代表岩心模型及图像切片（一）　(b) 代表岩心模型及图像切片（二）
(c) 代表岩心内部天然微裂缝（一）　(d) 代表岩心内部天然微裂缝（二）
(e) 代表岩心内部天然微裂缝（三）　(f) 代表岩心内部天然微裂缝（四）

图 3-1-2　陆相页岩岩心柱低精度微米 CT 扫描结果

其次，分别从海相和陆相岩心中钻取直径 2mm、长度约 3mm 的微型圆柱样品，使用 Xradia Versa 微米 CT 进行高精度扫描。海相页岩样品的实际扫描分辨率为 0.968μm，陆相页岩样品的实际扫描分辨率为 0.996μm（图 3-1-3 和图 3-1-4）。在该扫描分辨率下，海相页岩的孔隙度为 0.57%，陆相页岩的孔隙度为 0.51%，仍然非常低。与此同时，经过检验，该扫描结果中仍然不存在连通的孔隙。

（2）聚焦离子束扫描电子显微镜双束系统（FIB-SEM）与氦离子显微镜实验。

通过聚焦离子束扫描电子显微镜双束系统与氦离子显微镜 HIM（Orion NanoFab，ZEISS）结合的技术，可以获取高精度的图像数据并提取出孔隙的三维孔隙网络结构见图 3-1-5、图 3-1-6）。为了比较陆相页岩和海相页岩的孔隙结构，分别从每个页岩中采集了两个样品。将样品切成约尺寸为 10mm×10mm×5mm 的立方体。10mm×10mm 的大

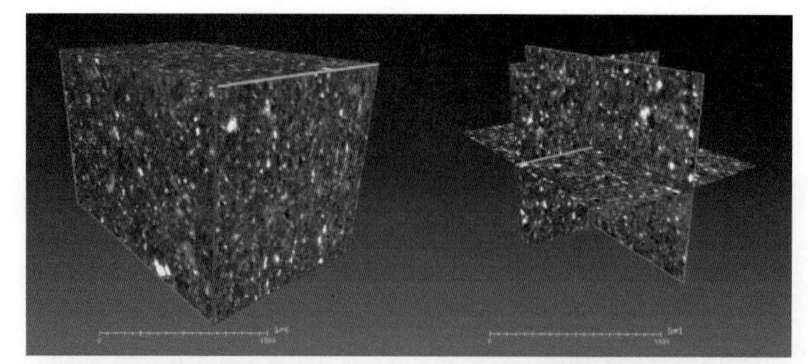

(a) 岩心模型及图像切片（一）　(b) 岩心模型及图像切片（二）

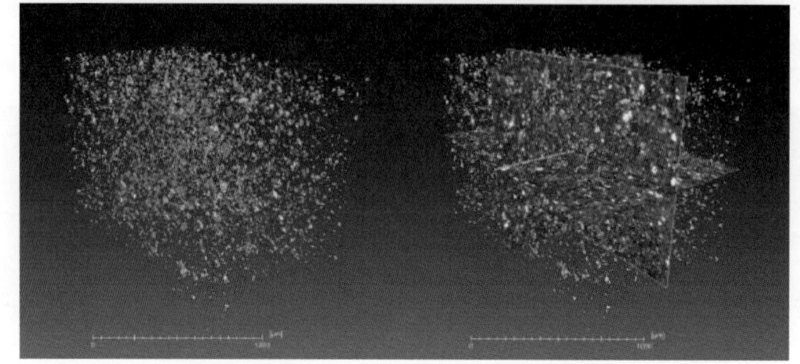

(c) 岩心内部微米级孔隙分布（一）　(d) 岩心内部微米级孔隙分布（二）

图 3-1-3　海相页岩高精度微米 CT 扫描结果

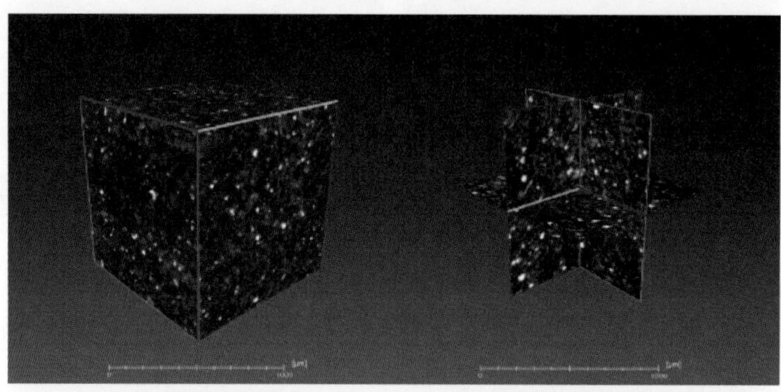

(a) 岩心模型及图像切片（一）　(b) 岩心模型及图像切片（二）

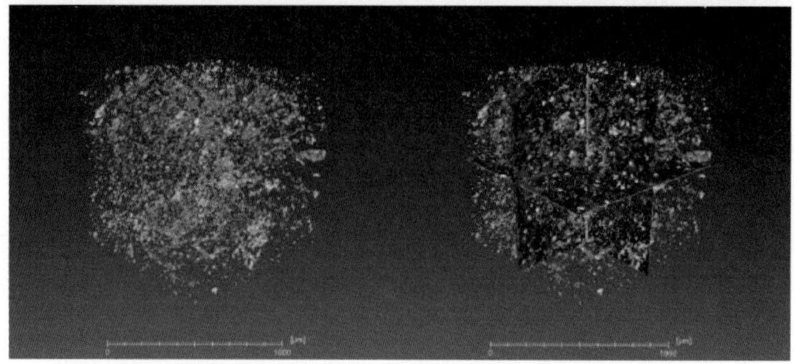

(c) 岩心内部微米级孔隙分布（一）　(d) 岩心内部微米级孔隙分布（二）

图 3-1-4　陆相页岩高精度微米 CT 扫描结果

面采用氩离子抛光，使得 40μm×40μm 的微观区域粗糙度小于 100nm。由于干酪根被证明是富含纳米级孔的主要成分，因此从每个样品中选择干酪根中的三个不同区域进行三维成像（Wu et al.，2017）。图像数据的分辨率为 1.5nm×1.5nm×3.0nm。提取扫描图像中的 400×400×200 的像素区域进行后续处理。

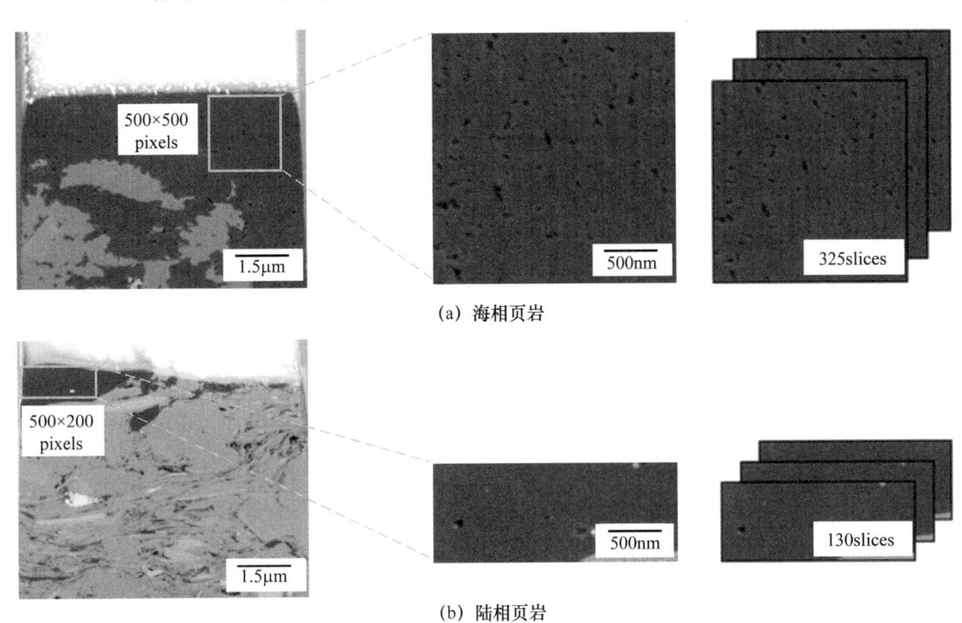

(a) 海相页岩

(b) 陆相页岩

图 3-1-5 聚焦离子束扫描电子显微镜获取高清图像示意

（注：pixels 指从电子显微镜扫描图像上提取的区域的像素；slices 指在同一区域不同深度扫描，获得多张平面图，用于构建孔隙立体模型）

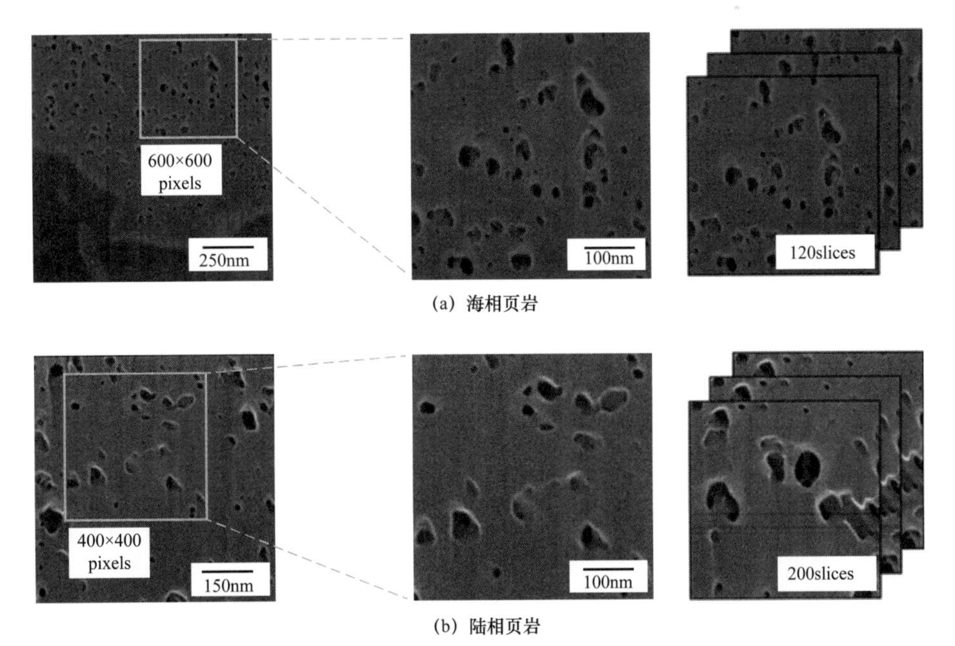

(a) 海相页岩

(b) 陆相页岩

图 3-1-6 氦离子显微镜获取高清图像数据示意

（3）图像分割与孔隙提取。

精确的图像分割是提取孔隙体素从而对孔隙体积和表面积数据进行精确定量表征的前提，这里通过图像灰度值的“分水岭”算法实现对图像的分割（Vincent et al.，1991）。图像分割之前需要通过系列的图像前处理方法（滤波和降噪等）来过滤掉干扰信息，且需要根据实际情况进行必要的图像后处理手段（开闭操作等）来获得更加精确的图像分割结果。

（4）三维重构。

对提取的二维孔隙图像进行三维重构即可获得孔隙网络模型，其中两组数据结果展示如图 3-1-7 和图 3-1-8 所示，孔隙网络模型的尺寸为 600nm×600nm×600nm，基于统计所得的孔隙网络体积和表面积建立模型可以绘制其对应的孔径分布图（PSD），如图 3-1-9 和图 3-1-10 所示。

图 3-1-7　基于氦离子显微镜图像的三维孔隙重构示意

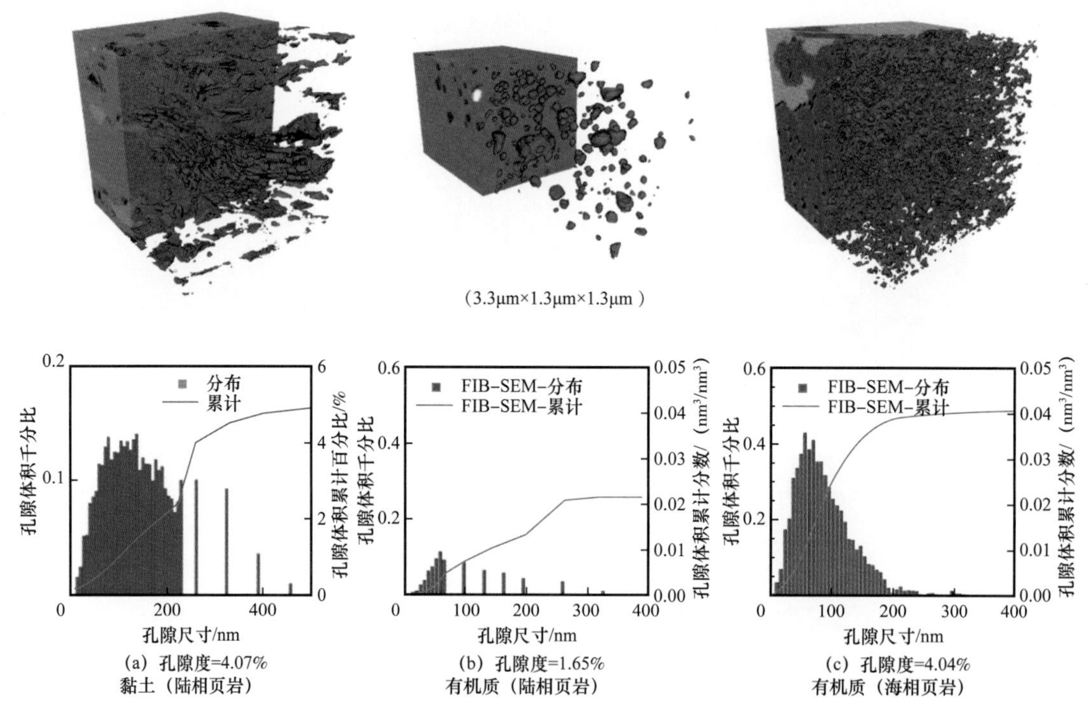

图 3-1-8　基于 FIB-SEM 成像的海相页岩和陆相页岩干酪根和黏土部分孔隙三维重构模型与孔径分布

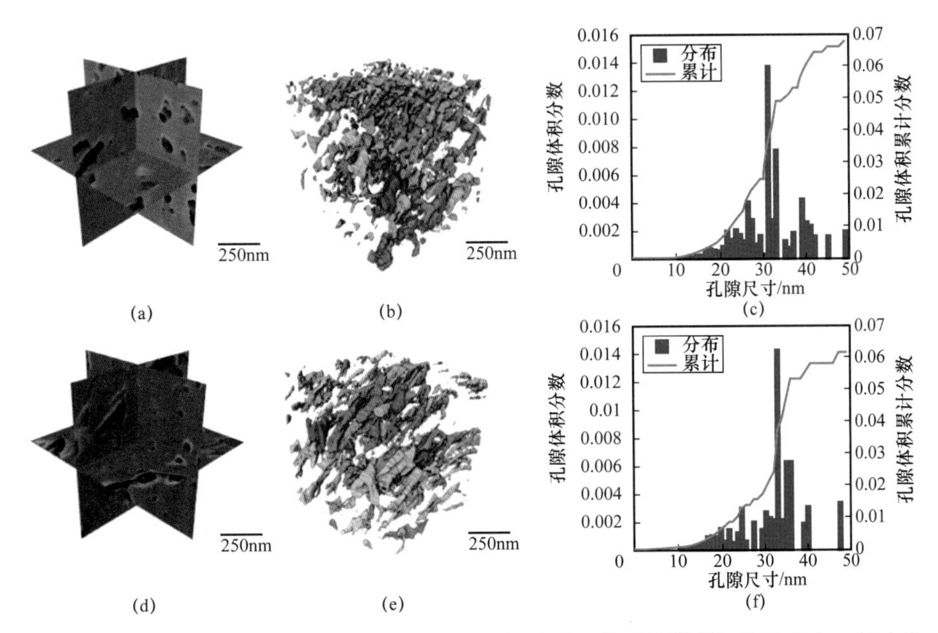

图 3-1-9　基于 FIB-HIM 成像的海相页岩干酪根孔隙三维重构模型与孔径分布，尺寸为 600nm×600nm×600nm；（a）中每个体素的分辨率为 3.0nm×1.5nm×1.5nm，（d）中每个体素的分辨率为 5.0nm×1.0nm×1.0nm；相互连接的孔在（b）和（e）中标记为相同的颜色

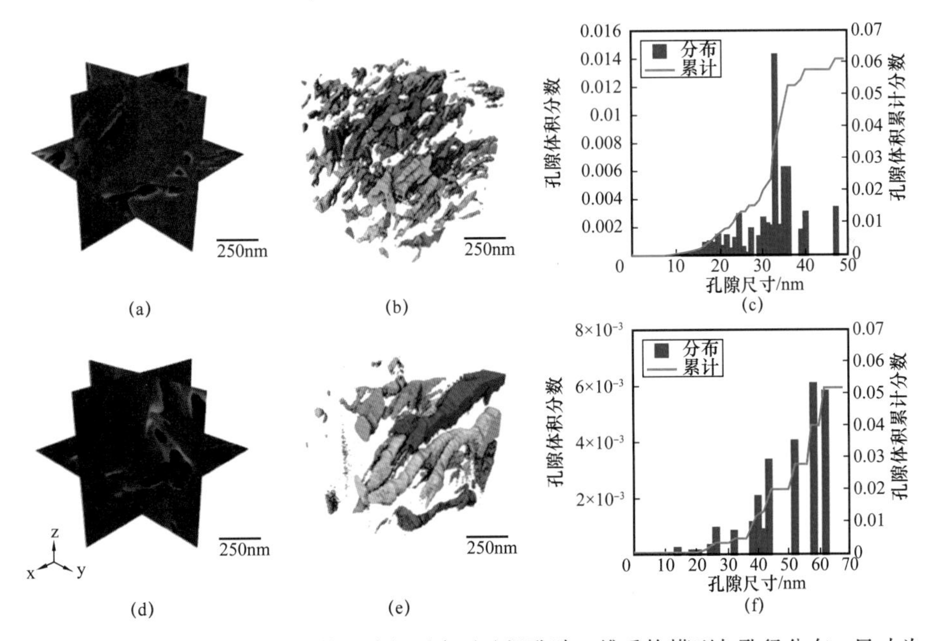

图 3-1-10　基于 FIB-HIM 成像的陆相页岩干酪根孔隙三维重构模型与孔径分布，尺寸为 600nm×600nm×600nm；（a）中每个体素的分辨率为 3.0nm×1.5nm×1.5nm，（d）中每个体素的分辨率为 5.0nm×1.0nm×1.0nm；相互连接的孔在（b）和（e）中标记为相同的颜色

FIB-HIM 的三维重构结果表明，陆相页岩和海相页岩的特征明显不同。孔隙稀疏地分布在陆相页岩中，而海相页岩具有密集的纳米级孔分布。陆相页岩的孔隙形状接近长管，但海相页岩通常具有不规则的形状。孔径分布结果显示，陆地页岩的峰值孔径约为

30nm，而海洋页岩的峰值孔径约为 18～22nm。结果表明，陆相页岩的孔隙比海相页岩更大，但是由于海相页岩在 10～25nm 范围内含有大量小孔隙，在此分辨率下，其孔隙度比陆相页岩的孔隙度高约 40%。

应当指出，孔隙在陆相页岩中具有明显的空间各向异性，因此在 FIB-HIM 实验的区域选择步骤中可以发现许多孔隙发育很少的区域。而在本组实验的对比中，仅选择样品表面具有可见孔的区域，并且该区域满足小于干酪根中的代表性体积单元（REV）（Wu et al.，2017）。因此，随机进行系列二维 HIM 成像，以获得更全面的孔隙分布认识。在图 3-1-11 的二维 HIM 图像的分辨率可接近每像素 0.5nm×0.5nm。使用与三维模型相同的方法进行分割，分别基于陆相页岩和海相页岩的 76 张和 128 张图像计算出了孔径分布。

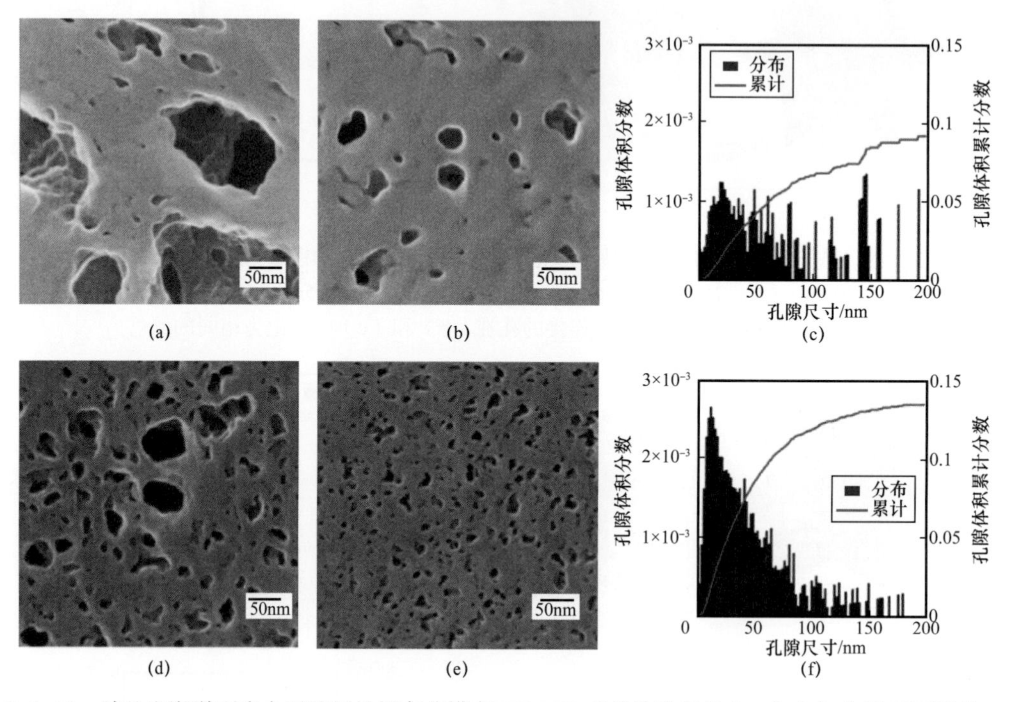

图 3-1-11 陆地和海洋页岩中干酪根的超高分辨率 HIM 2D 成像和孔径分布。(a)(b) 陆相页岩的 HIM 图像（分辨率为 0.5nm×0.5nm）；(c) 陆相页岩的孔径分布（孔隙度 9.3%）；(d)(e) 海相页岩的 HIM 图像（分辨率为 0.5nm×0.5nm）；(f) 海相页岩的孔径分布（孔隙度 13.7%）

如图 3-1-11 所示，发现了更多直径分布在 2～50nm 范围的纳米级孔，与 FIB-HIM 分辨率下的孔相比，这些更为细小的孔为它们提供了更多的连接性质。在陆相页岩中，孔隙的大小和形状变化很大，但在海相页岩中，大孔径在此分辨率下非常罕见，而微孔和中孔分布广泛，并占据了大部分孔隙空间。陆相页岩的孔径几乎均匀分布，而海相页岩服从对数正态分布。与 FIB-HIM 的成像结果相比，由于 HIM 的分辨率较高，因此在陆地和海洋中页岩的孔隙度均增加了 10% 的范围。海相页岩的孔隙度比陆相页岩的孔隙度高约 50%。通常，页岩中大量的微孔和中孔可以为油气的聚集和存储，尤其是为吸附提供大量的表面积和孔隙空间（Wu et al.，2016）。但陆相页岩的微孔和中孔比海相页岩少得多，而相对发育更多的大孔，并在很大程度上只是局部连通的（空间间隔 h<300nm）。微孔和中孔作为孔喉，构成了流体流动的主要空间。陆相页岩中微孔和中孔的缺乏是其

渗透率低于海相页岩的主要原因。此外，明显的非均质性和各向异性也是陆相页岩储层开采的不利因素。

2. 区别于“确定性”的孔隙连通性定义与计算

1）孔隙连通性定义

在已经建立的三维孔隙网络模型的基础上，为了分析孔隙结构对宏观流动的影响，根据孔隙结构模型定义连通性函数，从而对孔隙连通性定量描述。孔隙相和基质相分别用 Γ^{P} 和 Γ^{M} 表示。若孔隙相空间中的任意两点 s_1 和 s_2 能找到体素通道使其处于连通状态，将其表示为 $s_1 \Leftrightarrow s_2$，这也意味着在 Γ^{P} 中存在一个 s_1 和 s_2 之相邻点序列。连通性函数 $\tau(h)$ 表示为条件概率（Gradstein et al.，1993；Allard et al.，1994；Western et al.，2001）：

$$\tau(s_1,s_2)=P(s_1 \Leftrightarrow s_2 \mid s_1,s_2 \in \Gamma^{P}) \tag{3-1-1}$$

式中 Γ^{P}——孔隙相；

h——向量 h，$s \Leftrightarrow s+h$ 指空间中的任意两点 s 和 $s+h$ 能找到体素通道使其处于连通状态。

连通性函数的斜率可用于衡量连通性的优劣，斜率越小、连通性函数值受两点距离 h 的变化影响越小，连通性越好。

2）海陆相页岩孔隙连通性计算与对比

从绘制的三个区域的沿不同方向的连通性函数图像（图 3-1-12）可以看出三个区域的非连通孔隙的最小间距存在差异，图 3-1-12（c）呈现出更加孤立的大孔的孔隙分布形态，同时三个区域 Z 方向的连通性明显优于 X 方向和 Y 方向，表示其连通性函数呈现出较大的各向异性。且三个区域的连通性函数值都在 h 取值 300～400 降为 0，表示孔隙与孔隙之间在该分辨率下也只是属于区域性连通。

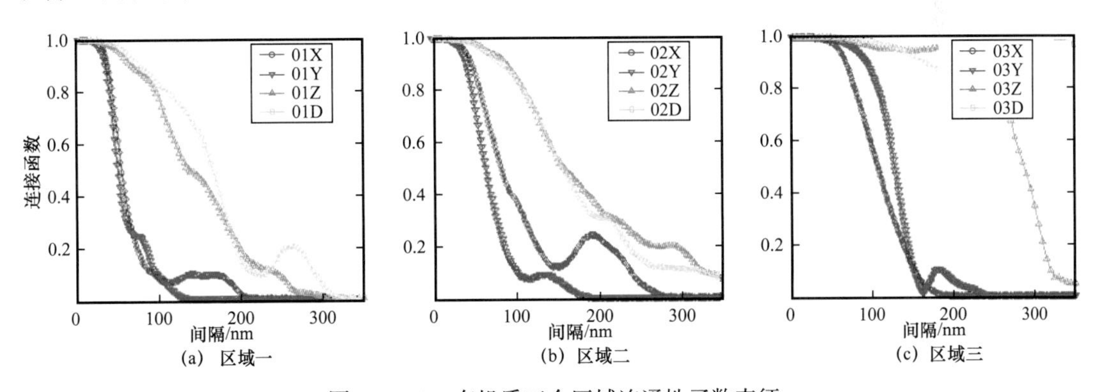

图 3-1-12 有机质三个区域连通性函数表征

将陆相页岩和海相页岩的连通性进行比较。显示了一组陆相和海相的干酪根区域沿不同方向的连通性结果（图 3-1-13）。陆地页岩在 Z 方向的连通性远高于在 X 方向和 Y 方向的连通性，同时陆相页岩孔隙结构具有明显的各向异性。对于两种页岩，在取 300nm 为参考尺度时，连通性都降低为 0，这意味着孔隙是局部连通的，或者此分辨率下，无法分辨更细小的连通孔。

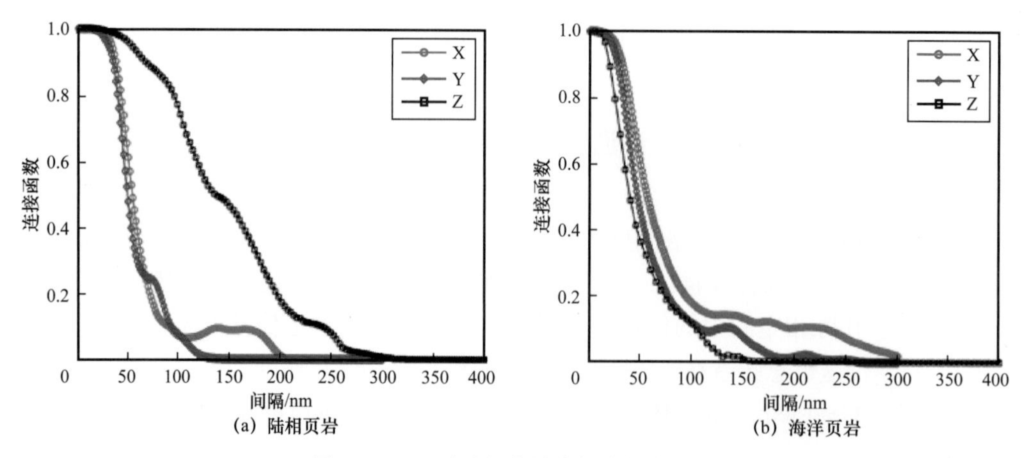

(a) 陆相页岩　　(b) 海洋页岩

图 3-1-13　干酪根中纳米级孔的连通性

图 3-2-14 展示了海相和陆相页岩通过距离函数进行的三维连通性可视化表征结果，图 3-2-14(a) 和图 3-2-14(b) 显示的是提取的孔隙结构，图 3-2-14(c) 和图 3-2-14(d) 即为孔隙间的连通可视化显示，其中颜色越深的区域表示孔隙越不容易扩展至相互连通，颜色越浅则越容易扩展形成渗流通道。海相页岩由于其孔隙发育的较均匀，从表征效果上也可以看到其容易在三个方向都有比较好的连通性，而陆相页岩在某一到两个方向是很难形成新的渗流通道。图 3-2-14（e）和图 3-2-14（f）则是对孔隙自身进行了距离函数的反操作用于表征在已观察到的孔隙结构内部渗流的难易程度，颜色越深表明可供流体渗流的通道越开阔，陆相页岩在 Z 方向上渗流效果较好，也符合之前的结论。

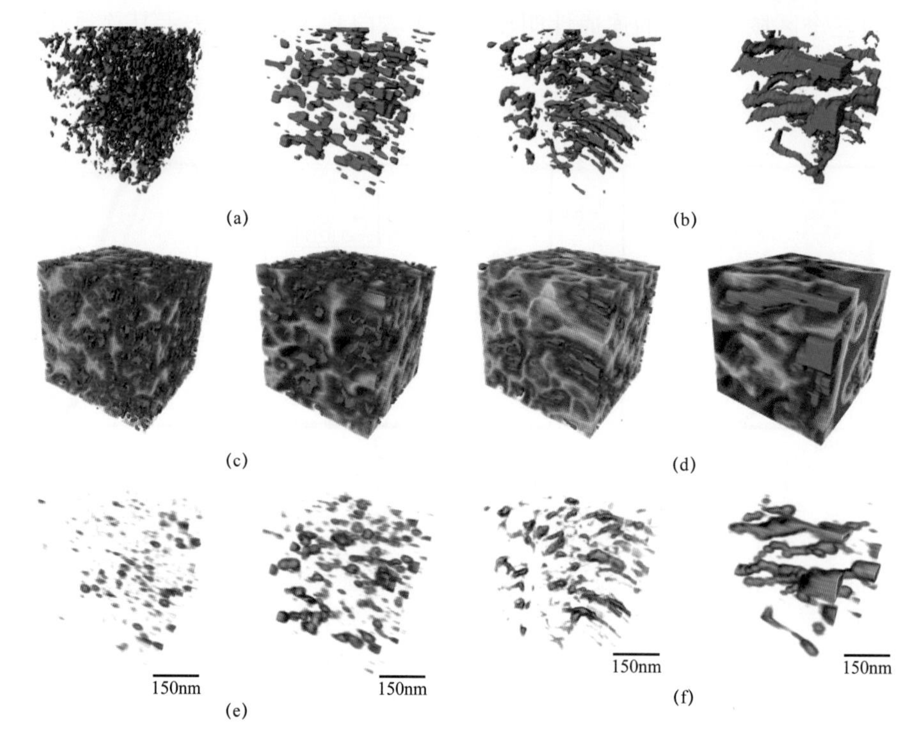

图 3-1-14　海相页岩［(a)、(c)、(e)］和陆相页岩［(b)、(d)、(f)］连通性可视化展示

二、基于孔隙网络模型的渗透率升尺度计算

本部分以多尺度成像所得的孔隙结构为基础，计算宏观的表观渗透率并与之前所得到的实验结果进行比较和分析。

1. 尺度升级方案

本课题所采用的多尺度成像方法已基本可以覆盖从纳米级或亚纳米级至厘米级的模型信息，而不同方法间虽然可以在精度上和尺度上相互配合、互为补充，但也存在一定的重复。由于上述实验成本较高，有必要根据页岩的实际情况选择相对廉价和有效的实验方法组合。

在三维成像方法中，微米 CT 具有相对较大的视场范围，且在实验速度和成本方面均具有较大优势。在利用微米 CT 进行低精度扫描时可以看到明显的微裂缝，必须单独处理。使用高精度的微米 CT 扫描则可以发现微米级大孔分布相对均一。利用高精度微米 CT 的扫描结果，以孔隙度为研究参数分析了页岩基质的 REV 和 SREV，结果如图 3-1-15 和图 3-1-16 所示。

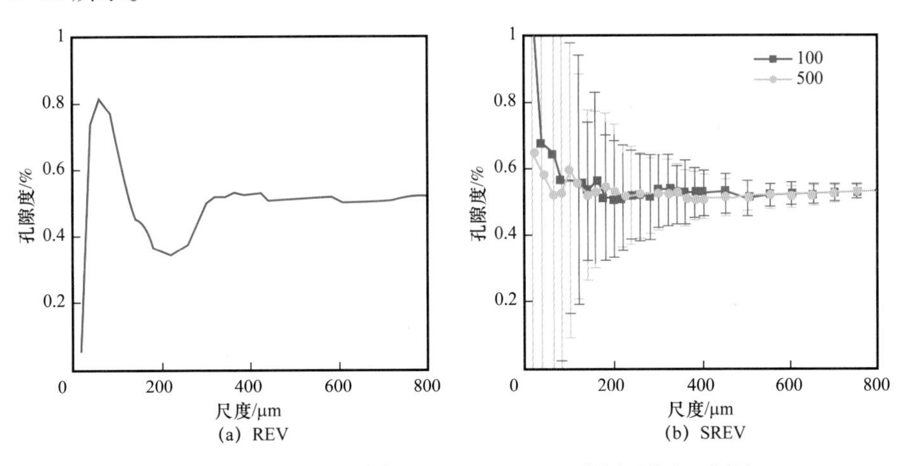

图 3-1-15 基于孔隙度的 REV 和 SREV 分析（海相页岩）

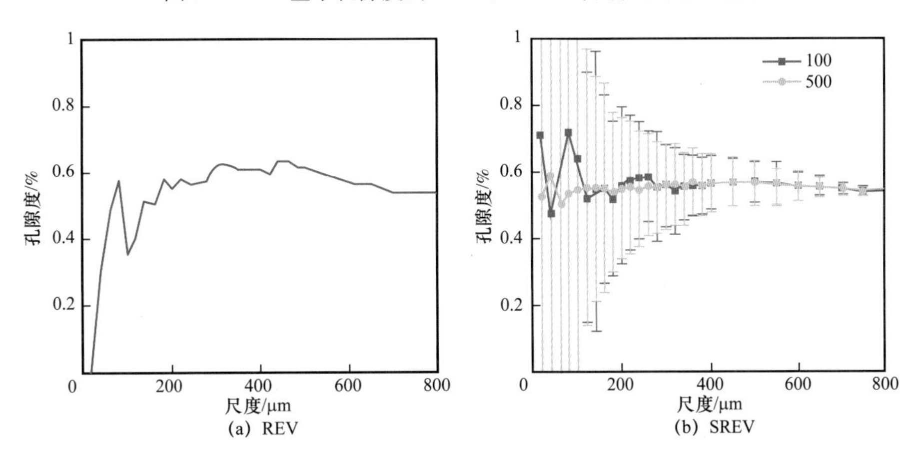

图 3-1-16 基于孔隙度的 REV 和 SREV 分析（陆相页岩）

从结果中可以看出，在该尺度和精度下，本研究所使用的海相页岩和陆相页岩样品的 REV 和 SREV 均在 600μm 左右。此结果一方面证明，使用高精度微米 CT 所得到的结构可以用来代表整个岩心（裂缝附近除外）；另一方面证明，在利用其他方法研究模型尺度小于 600μm 的问题时，必须取得大量样本，获得其统计结果，否则很难具有说服力，单独利用个别区域的纳米 CT 或 FIB-SEM 扫描结果来研究页岩的性质是不能代表全部的。

但是，微米 CT 的精度最高只能达到 1μm 左右，必须再选择其他方法与之搭配，用于获得纳米级的孔隙结构。目前较为常见的选择是纳米 CT 和 FIB-SEM，而这两种方法虽然最高能够分别获得 5nm 级别和 30nm 级别（依仪器精度不同而异）的精度，但孔径小于 5nm 的孔隙中的流动规律会对宏观流动起到重要影响，甚至起到主导作用，因此必须再使用其他方法补充该尺度孔隙的信息，如 SEM 和 HIM。一种合理的搭配模式是微米 CT、纳米 CT，FIB-SEM 和 SEM 或 HIM 相结合，但由于纳米 CT 和 FIB-SEM 具有特殊的制样要求和高昂的实验成本，无法进行大量的实验来增强其对整体的代表性，使利用上述搭配方案进行的多尺度研究困难。反观二维成像的方法，SEM 和 HIM 等手段可以轻且廉价地落得多尺度、高精度的结构信息，缺点是无法直接得到三维结构，需要通过重构来实现。仔细观察页岩基质的微观结构可以发现，由于页岩中微米级大孔较少，在微米级尺度的最重要的性质是有机质与无机质的空间分布性质，SEM 可以通过背散射电子成像轻松地捕获该特征。与此同时，页岩中富含纳米级孔隙的有机质和无机质（黏土）各自内部的性质相对均匀。于是可以利用地质统计学方法通过二维图像构建三维随机岩相模型，进而既覆盖纳米 CT 和 FIB-SEM 所能完成的工作，又能通过更高精度的 SEM 获得微孔信息。最终与微米 CT 配合，得到覆盖整个研究范围内的信息。需要指出的是，研究中提到的岩相特指有机质和无机质，与传统意义中的岩相有所不同。

尺度升级方法的操作流程如图 3-1-17 所示：

（1）选择合适的精度，通过 SEM 或 HIM 分别拍摄大量有机质和黏土内的纳米级孔隙信息，统计其孔径分布；

（2）在同一块页岩样品中分别取得平行于层理和垂直于层理的子样品，进行氩离子抛光，使用背散射电子成像，随机拍摄大量大视场、低倍数的图片，用于分析有机质与无机质的分布；

（3）利用地质统计学方法统计有机质与无机质的分布性质，生成大量三维两相随机模型的实现；

（4）通过微米 CT 扫描大孔分布特征，从中随机取得大量与"三维两相"随机模型尺度一致的子模型，并与之分别嵌套，从而生成"三维三相"随机模型；

（5）根据第（1）步中所得的有机质与无机质中纳米级孔隙的孔径分布特征，随机生成固有渗透率，并使用 D-R 渗透率模型修正，得到表观渗透率值，并分别赋值给"三维三相"随机模型中的每一个网格；

（6）利用单组分单相流模拟器模拟渗流过程，例如模拟稳态渗透率实验，分别求得每一个实现的表观渗透率，并进行统计分析；

（7）通过微米 CT 低精度模式扫描岩心柱内的微裂缝情况，构建含裂缝的岩心模型，将第（6）步所得的表观渗透率和裂缝缝宽作为模型参数，利用嵌入式离散裂缝（EDFM）计算岩心的表观渗透率。

在实际操作过程中，涉及地质统计学方法、数值模拟方法、裂缝处理方法等问题，可以根据样品特点和模拟、实验条件来选择实现每一步所使用的方法。后文将对具体方法和模拟结果进行介绍。

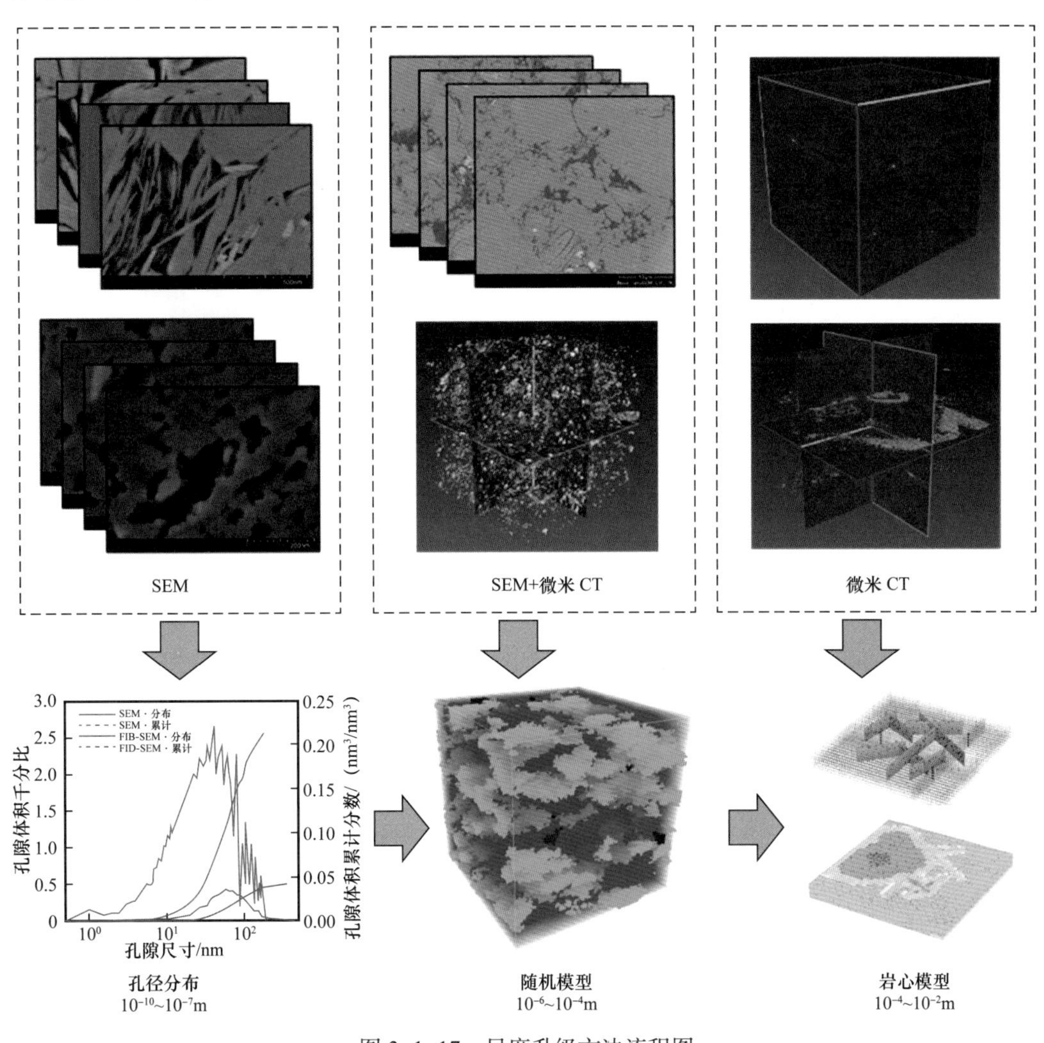

图 3-1-17 尺度升级方法流程图

2. 页岩基质多尺度等效介质模型构建

1）有机质与无机质的物性参数获取

分别在 20 万倍和 10 万倍的放大镜下利用 SEM 对干酪根和黏土中的纳米级孔隙进行观察，取得高清图片，其中海相页岩干酪根图片 103 张、陆相页岩干酪根图片 105 张，海相页岩黏土图片 99 张、陆相页岩黏土图片 102 张。使用 ImageJ 软件对图片的孔隙进行提取、二值化和孔径分布统计，具体流程如图 3-1-18 所示，统计结果如图 3-1-19 所示，

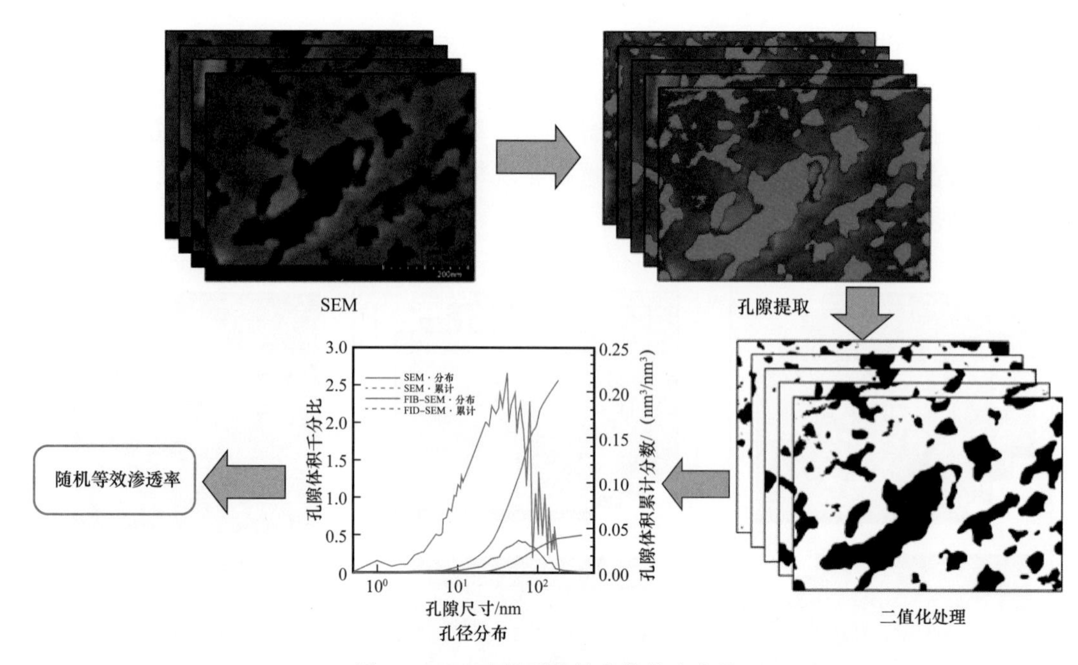

图 3-1-18 有机质物性参数获取流程

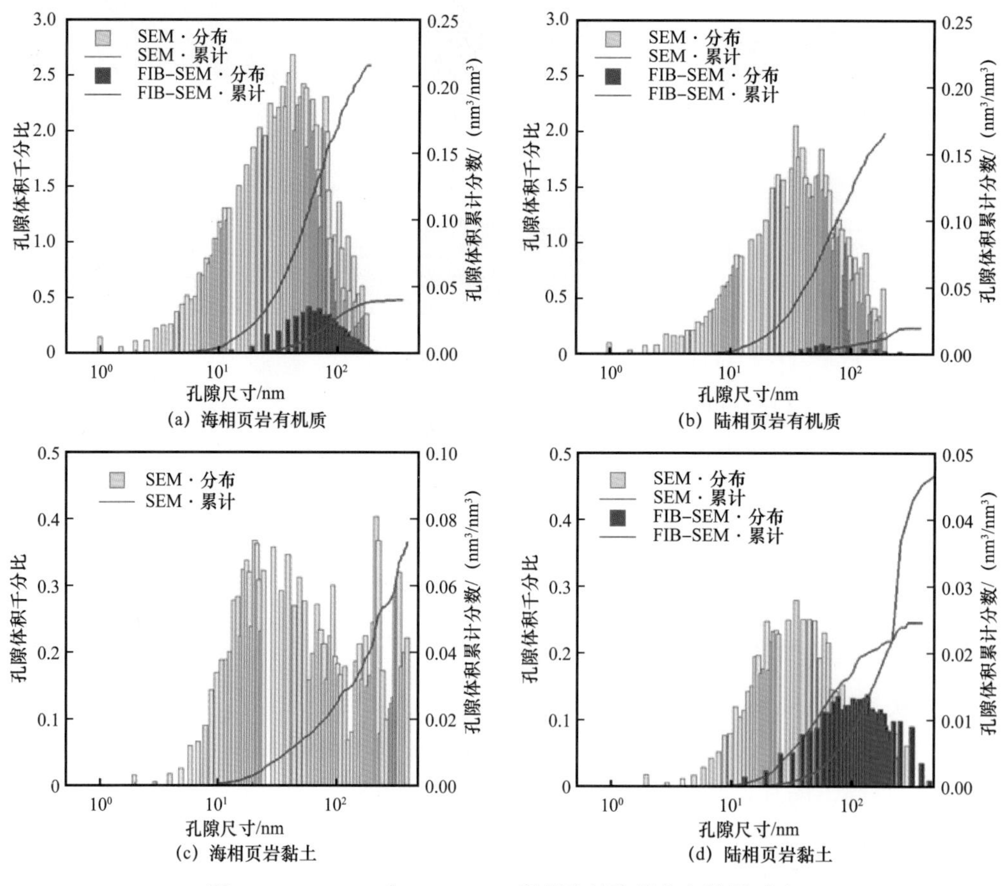

图 3-1-19 SEM 与 FIB-SEM 所获取的孔径分布结果对比

对黏土矿物的处理方法与图 3-1-18 相同。同时，将取得的结果与前文使用 FIB-SEM 所得的结果进行了对比；由于海相页岩中未能取得纯黏土区域，未进行对比。

从孔径分布的对比结果中可以看出，通过 SEM 图像所得的孔径分布基本上可以包含 FIB-SEM 所得到的信息，而且还具有 6.5nm 以下的孔径分布信息，这也正是 FIB-SEM 等方法缺失的。根据 SEM 图像统计的结果显示，干酪根和黏土中的孔径分布都主要集中在 10～100nm 之间，但是干酪根中的孔隙体积则明显大于黏土。在得到孔径分布后，依据其概率分布随机生成特征孔径，进而依据 Kozeny-Carman（KC）关系式得到等效渗透率（Chen et al.，2015）：

$$K_{\infty} = A\frac{\phi^3}{(1-\phi)^2} \tag{3-1-2}$$

式中 A——KC 系数，此处取值为 $d^2/180$，d 在页岩基质中可取为特征孔径（Chen et al.，2015）；

ϕ——孔隙度。

需要指出的是，孔隙度需要根据图像统计结果和矿物组成进行折算。

2）三相随机模型构建

随机模型的构建需要选择合适的地质统计学方法。根据分析有机质与无机质的分布特征，选择拟合指示变差函数来获得不同方向的统计信息，并使用序贯指针法（SISIM）来生成两相随机模型，拟合和实现的生成使用 SGeMS 软件来实现。

为了验证该方法的有效性，分别使用海相页岩和陆相页岩的 SEM 图片来进行二维算例的验证。首先，将图片进行二值处理，拟合指示变差函数，流程如图 3-1-20 所示。然后，随机选取 12 个数据点作为条件数据，利用所得参数通过 SISIM 来生成二维实现。

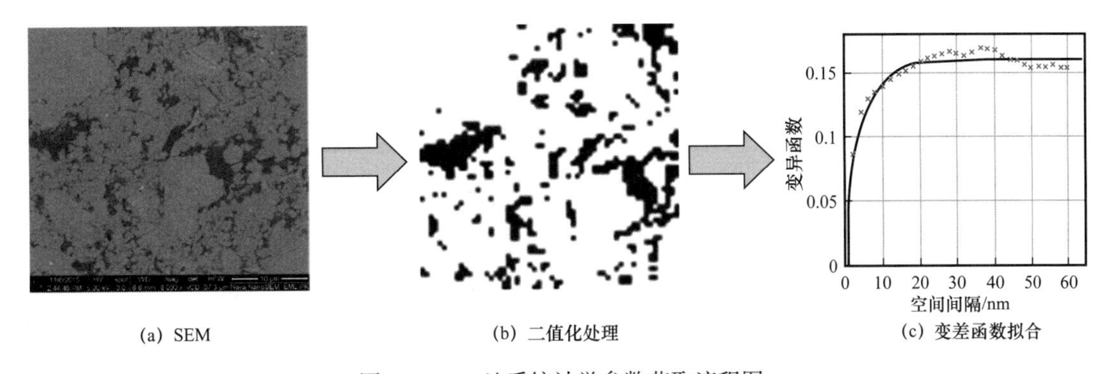

(a) SEM (b) 二值化处理 (c) 变差函数拟合

图 3-1-20 地质统计学参数获取流程图

根据上述方法分别对海相页岩和陆相页岩（垂直层理切面）进行各向同性和各向异性算例的验证。从图 3-1-21 中可以看出，该方法可以描述原图像的总体分布特征，并使每个实现都具有一定的随机性。从图 3-1-22 中可以看出，该方法也可以描述出陆相页岩中有机质分布的空间各向异性。

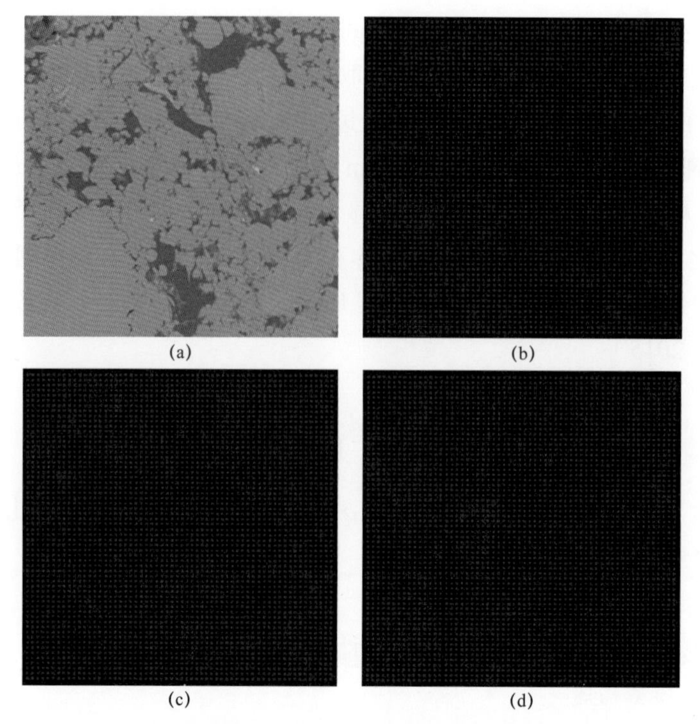

图 3-1-21 海相页岩二维两相随机建模（网格数 60×60）
（a）原始 SEM 图像；（b）～（d）随机实现示例（红色为有机质；蓝色为无机质）

图 3-1-22 陆相页岩二维两相随机建模（网格数 60×60）
（a）原始 SEM 图像；（b）～（d）随机实现示例（红色为有机质；蓝色为无机质）

为了构建三维随机模型，需要获得不同方向的 SEM 图片，并对图片进行处理，得到各个地质统计学参数的均值，进而完成三维随机模型的构建。对取自海相页岩平行层理切面（65 张）、垂直层理切面（57 张）和陆相页岩平行层理切面（55 张）、垂直层理切面（58 张）的高清图片进行了统计（表 3-1-1）。

表 3-1-1　三维随机模型基本参数

页岩	海相	陆相
有机质比例 /%（体积分数）	16.94	7.27
Nugget	0.053	0.015
Sill	0.095	0.157
X 方向变程	10.859	15.68
Y 方向变程	10.859	6.72
Z 方向变程	10.859	12.68

根据表 3-1-1 中的数据，变差函数使用指数型，分别生成海相页岩和陆相页岩的随机实现各 100 个，其中海相页岩为各向同性，陆相页岩为各向异性。每个网格的边长为 0.5μm，网格数 100×100×100，所代表的实际尺度为 50μm×50μm×50μm。“三维三相”随机模型示例如图 3-1-23 和图 3-1-24 所示，由于页岩中的大孔较少，并不是所有的模

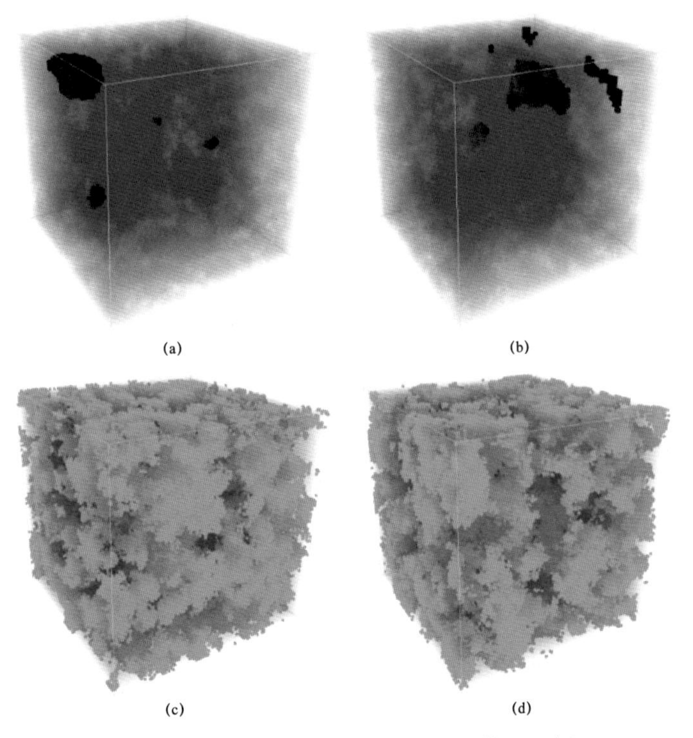

(a)　(b)　(c)　(d)

图 3-1-23　海相页岩“三维三相”模型示例

（a）和（b）为大孔位置示意图（红色）；（c）和（d）为有机质分布示意图（浅蓝色）

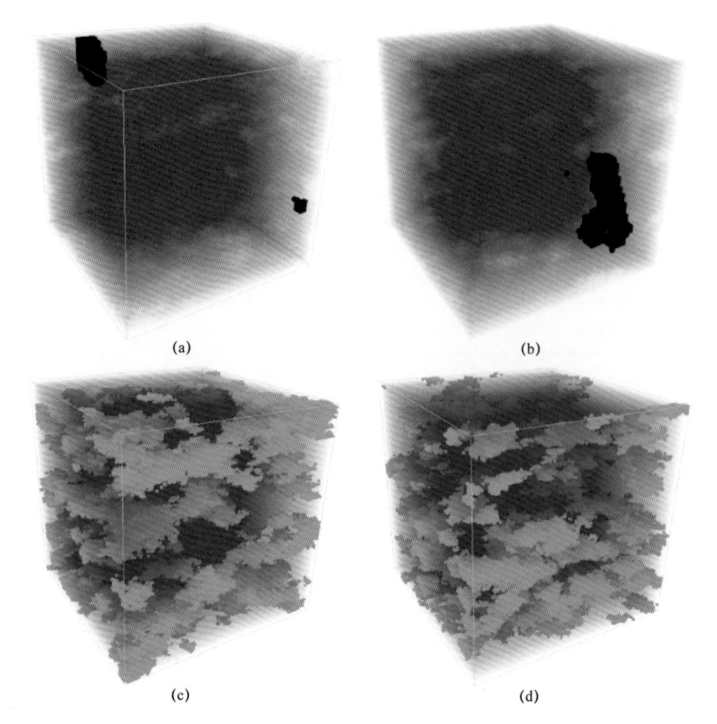

图 3-1-24 陆相页岩“三维三相”模型示例

（a）和（b）为大孔位置示意图（红色）；（c）和（d）为有机质分布示意图（浅蓝色）

型中都会有大孔，图中仅列出了含有大孔的情况。该模型尺寸与实验中所用到的页岩颗粒相近，可以代表不含微裂缝的页岩基质，但由于其尺寸小于 SREV，需要通过大量计算来获得统计结果。

3. 页岩基质渗流过程的数值模拟研究

在得到上述模型后，可以使用有限差分等方法求解气体的单组分单相流方程，从而模拟页岩基质中气体的渗流过程。本研究采用数值方法进行模拟。为了方便计算等效渗透率，设计了类似于稳态法渗透率测试的数值实验，将模型两端设置为定压边界，并在两端实施一个压力差或压力脉冲，待达到稳态后记录流量，即可按达西定律计算等效渗透率。本节的算例中，压力梯度均设为 10Pa/μm。

在测试算例完成后，对前文所取得的 100 个海相页岩模型和 100 个陆相页岩模型中的渗流过程进行模拟。分别计算了不同压力下和不同方向上的表观渗透率，结果如图 3-1-25 和图 3-1-26 所示。海相页岩颗粒模型在各个压力下的表观渗透率分布接近于正态分布，除了有少数较大的渗透率值出现外，整体分布较集中。在不同的压力条件下，随着压力的升高，页岩表观渗透率逐渐降低，这与宏观的规律是基本一致的。图 3-1-26 展示了陆相页岩模型沿不同方向的渗透率，首先对比了平行层理方向和垂直层理方向的渗透率。从图 3-1-25 和图 3-1-26 中可以看出，陆相页岩各压力下的表观渗透率分布基本呈现正态分布，随着压力的升高，表观渗透率降低，规律与海相页岩一致。在不同方向上，表观渗透率表现出了明显的不同，平行层理方向的渗透率要整体高于垂直层理方

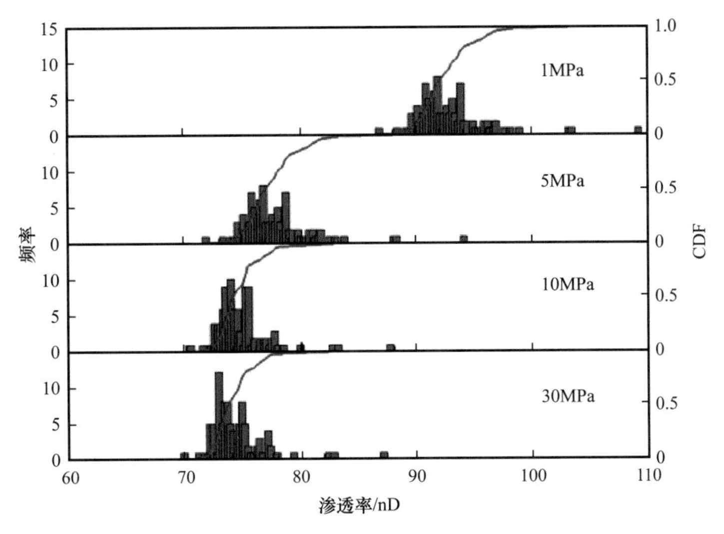

图 3-1-25 不同压力下海相页岩表观渗透率分布图

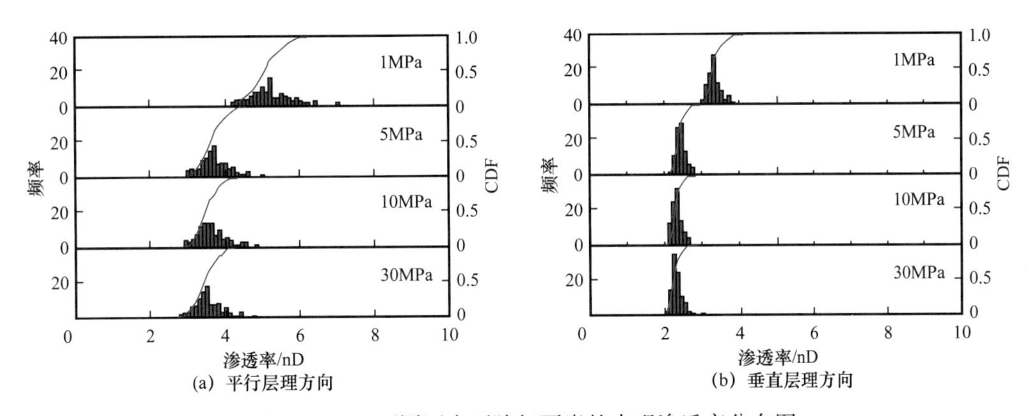

图 3-1-26 不同压力下陆相页岩的表观渗透率分布图

向。由于二者的其他参数均保持一致，仅有两相分布存在差异，说明有机质与无机质分布的各向异性会对页岩基质渗透率造成重要影响，是造成页岩具各向异性的重要原因之一。图 3-1-27 展示了在 10MPa 的压力下，海相页岩和陆相页岩沿三个方向的渗透率计算结果，可以看出，海相页岩各个方向的表观渗透率分布基本一致，这也反向验证了之前所建立的模型的合理性，而陆相页岩则在各个方向存在着明显的差异。

整体来讲，海相页岩的表观渗透率大于陆相页岩，造成这种结果的原因是多方面的，其中最主要的原因便是与有机质的比例、空间分布和孔径分布的差异。根据前文的地质统计学结果，海相页岩中的有机质比例要明显大于陆相页岩，而在此模型中，有机质是相对高渗透通道。

将上述统计结果进行汇总，并与相应颗粒渗透率的实验结果进行对比（图 3-1-28 和图 3-1-29）。可以看出，在海相页岩中，二者具有相似的趋势，在表观渗透率值方面，二者存在一定的差异。在陆相页岩中，二者整体相差较小，但由于实验结果存在较大的波

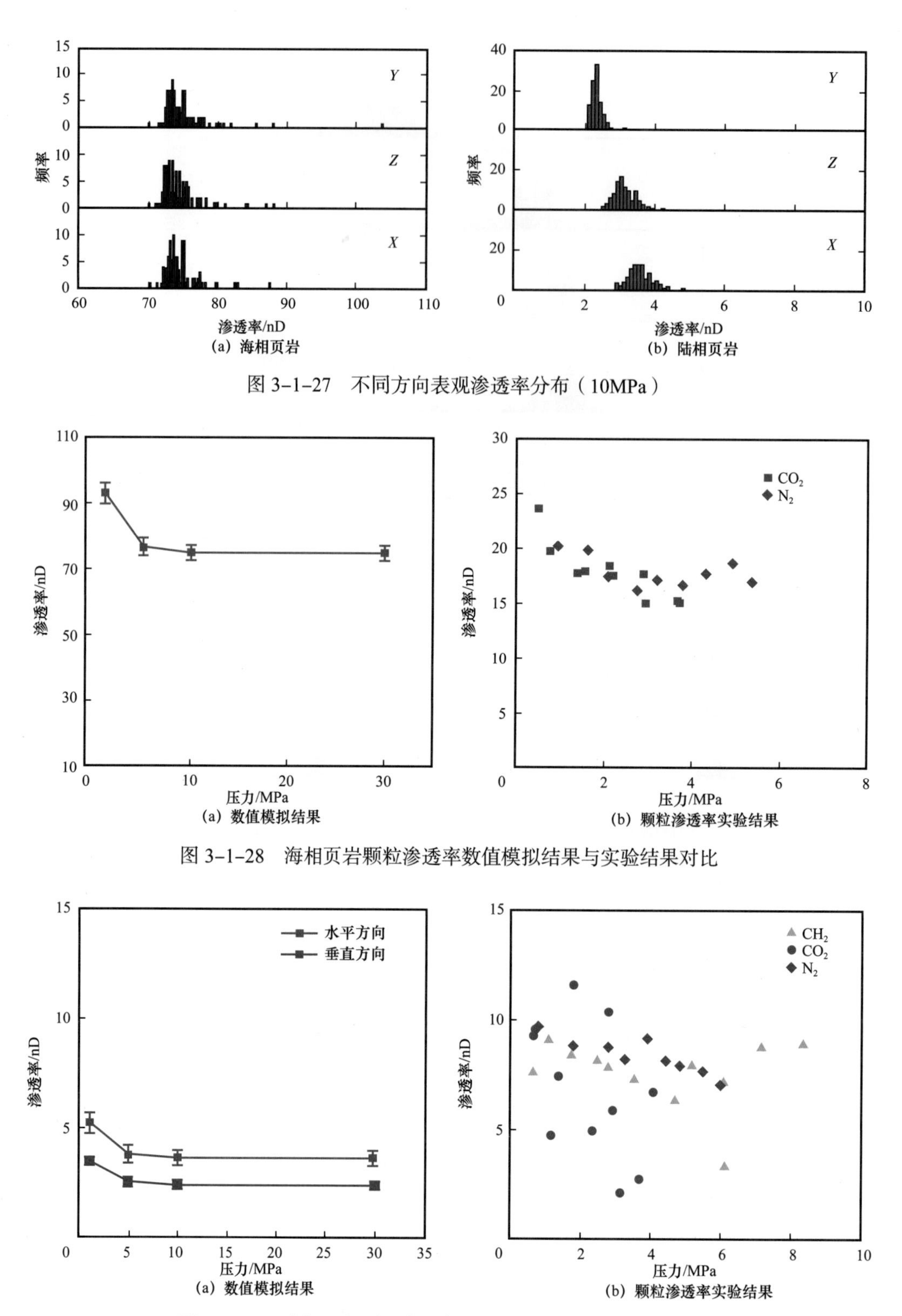

图 3-1-27 不同方向表观渗透率分布（10MPa）

图 3-1-28 海相页岩颗粒渗透率数值模拟结果与实验结果对比

图 3-1-29 陆相页岩颗粒渗透率数值模拟结果与实验结果对比

动，无法通过对比得到明显的趋势。其他几组模拟和实验的测试对比结果，模拟所得的表观渗透率值与实验结果吻合得非常好，表观渗透率结果非常低，范围仅为 0.2～20nD。这也与其他使用不同种类的页岩颗粒进行实验测试的数值相吻合。随着平均压力的增加、表观渗透率下降，这是由于吸附和努森扩散的影响所致，这也与宏观现象所一致，模拟结果中也可以观察到不同样品中不同程度的各向异性。

研究结果显示，SEM 与微米 CT 相结合的方案是相对有效和廉价的手段，可以覆盖从纳米级到厘米级的信息，包含了几乎所有的关注的尺度。通过 SEM 获得的纳米级孔隙信息能够囊括 FIB-SEM 等方法得到的孔径分布，同时提供了更高精度的孔径分布信息。基于地质统计学方法建立的两相随机模型可以合理描述海相和陆相页岩中有机质与无机质的分布情况。将随机模型与微米 CT 得到的大孔结构进行嵌套，可以得到“三维三相”模型，进而用来代表页岩基质颗粒，但由于其尺寸小于 SREV，仍然需要通过对大量样本的计算来得到统计信息。通过对随机模型的数值模拟，可以得到页岩基质的表观渗透率

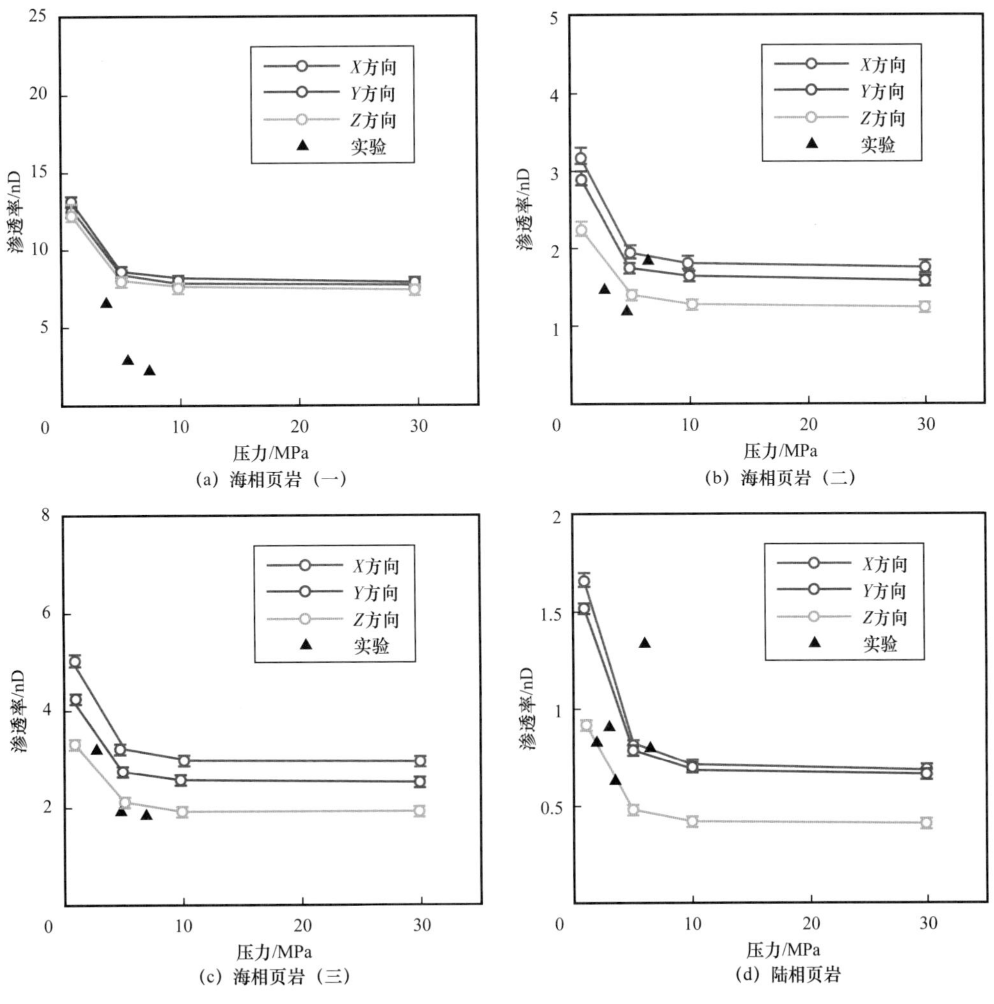

图 3-1-30 页岩基质渗透率数值模拟结果与实验结果对比

所取数据点为中位数，误差线分别是下四分位数和上四分位数

分布，可以发现有机质与无机质分布的各向异性也是页岩基质渗透率存在各向异性的重要原因之一。对于厘米级岩心模型需要考虑天然微裂缝的影响。综合结果显示计算结果与实验结果处于同一数量级，具有重要的应用前景。

第二节　页岩气藏数值模拟平台

笔者及团队开发了页岩气模拟器，解决了页岩气开采数值模拟中的一些关键问题，同时，开发了具有丰富数据接口的图形界面和适于模拟器运行的硬件平台，笔者及团队建成了先进实用、功能齐全、具有自主知识产权的页岩气数值模拟平台。

一、裂缝模拟方法

笔者及团队研发的模拟器流体部分使用块中心网格、固体部分使用六面体有限元网格，这两点与大多数商业油藏模拟器是一样的，区别在于本模拟器考虑了复杂裂缝系统，允许流体和固体网格不重合。

常见的裂缝模拟方法主要包括连续介质模型（Continuum Model）、局部网格加密（Local Grid Refinement）、非结构离散裂缝模型（DFM）及嵌入式离散裂缝模型（EDFM）四种。在页岩气模拟器中全面实现了嵌入式离散裂缝方法（EDFM），编写了EDFM离散和传导率计算模块。实现了EDFM以四边形为基本单元，可模拟天然裂缝、人工裂缝，通过多裂缝片组合，可以模拟交叉裂缝和曲面裂缝，灵活性很强。模拟器会根据裂缝与网格相交的情况，将裂缝离散为多边形，并将裂缝和基质的流动方程联立求解。经研究发展的嵌入式离散裂缝方法（EDFM）可用于任意角点网格，对于裂缝模拟有以下优点：

（1）耗费网格数目少，能精确描述单个裂缝的几何与物理属性，精度较高；

（2）可以灵活修改裂缝参数，无需对基质网格进行重新剖分；

（3）可以与局部网格加密同时使用，精细描述裂缝区域的状态变化；

（4）裂缝数据体简单，易与压裂模拟软件的计算结果衔接。

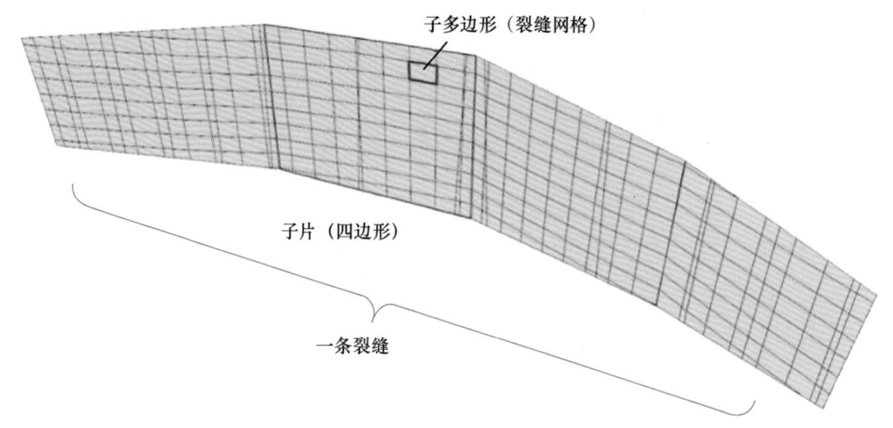

图3-2-1　裂缝系统的三个级别——裂缝、子片（四边形）、子多边形（裂缝网格）

早期的 EDFM 剖分算法存在稳定性差、不够通用等问题（李想，2015），本课题实现了一种更简洁、更普适的剖分算法，具体流程如下：

（1）筛选所有可能与子片相交的基质网格，如果子片所在的平面与基质网格的某条楞有交点，则子片可能与该基质网格相交，如图 3-2-2（a）所示，否则不可能相交；

（2）生成平面与基质网格的交面，交面可能是三角形、四边形、五边形或六边形，如图 3-2-2（b）所示；

（3）根据子片的轮廓剪裁交面，本模拟器只处理四边形轮廓，如图 3-2-2（c）所示，任意边数的轮廓也是可以程序实现的，经剪裁后的交面成为子多边形，当轮廓是四边形时，子多边形的边数最多为 9；

（4）计算基质网格到子多边形的传导率；

（5）搜索子片内部的连接，计算多边形之间的传导率；

（6）搜索子片之间的连接，子片可能接壤，也可能交叉，先找到子片之间的公共边或交线，然后找到接壤或交叉的多边形，计算多边形间的传导率。

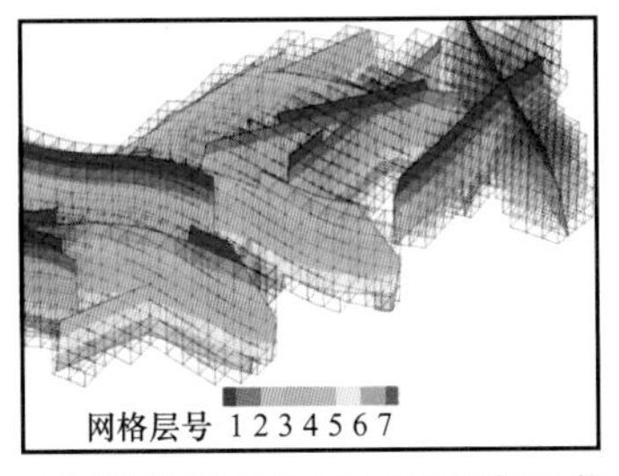

(a) 筛选所有可能与子片相交的基质网格

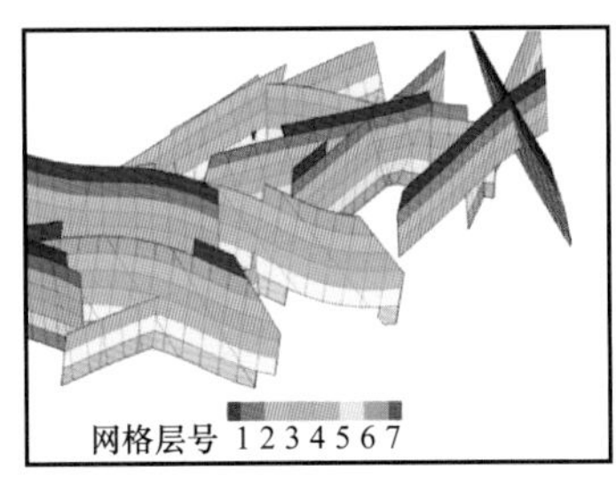

(b) 生成平面与基质网格的交面

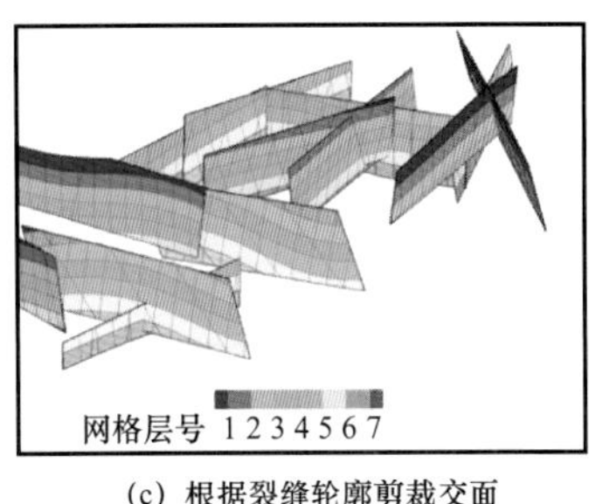

(c) 根据裂缝轮廓剪裁交面

图 3-2-2 嵌入式裂缝子片剖分示意图

此算法既不要求基质网格的交面是对齐的，即允许基质网格有错层和尖灭，又不要求基质网格具有 I-J-K 形式的编号，因此可用于有局部加密的角点网格；甚至对子片是四边形或基质网格是六面体的要求也不是必须的，此算法未来可以扩展到任意多边形子片和多面体基质网格。

计算基质网格至交面、子片内部多边形、相交多边形的传导率采用 Lee 等（Lee et al.，2001；Li et al.，2008）和 Moinfar 等（2013，2014）的方法。

EDFM 与 DFM 对比验证：本测试采用一个水平井算例，水平井与一些垂直裂缝相连，井为定 BHP 生产，生产中储层的油会脱气。分别用 EDFM 和 DFM 模拟，从图 3-2-3 中可以看出，EDFM 和 EDFM 模拟得到的压力场和油饱和度场非常一致；从图 3-2-4 可以看出，EDFM 和 EDFM 模拟得到的日产油量、日产气量和累计产油量基本一致。在本测试中，EDFM 使用了 23736 个网格，模拟耗时 180s；DFM 使用了 116337 个网格，模拟耗时 3490s。可见 EDFM 因节省了很多网格而在速度上有较大优势，且在本算例中，EDFM 的网格尺寸普遍更大，因此模拟时间步可以更大，进一步节约了时间。

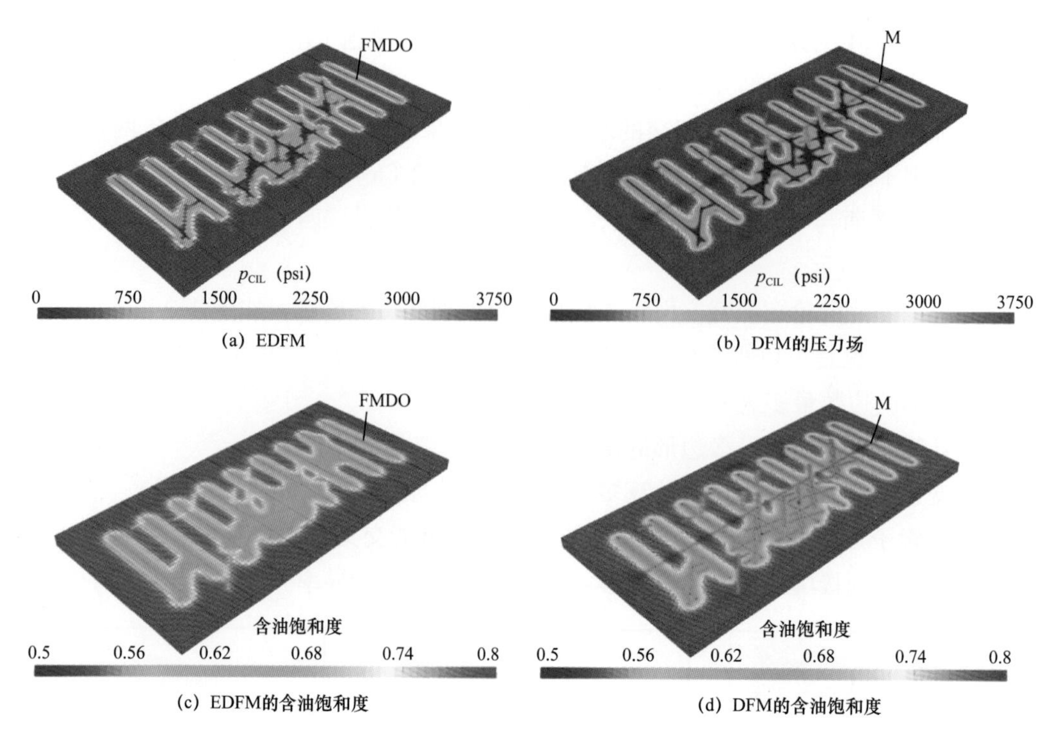

图 3-2-3 水平井算例，EDFM 和 DFM 模拟至第 1000d 的压力场和油饱和度场

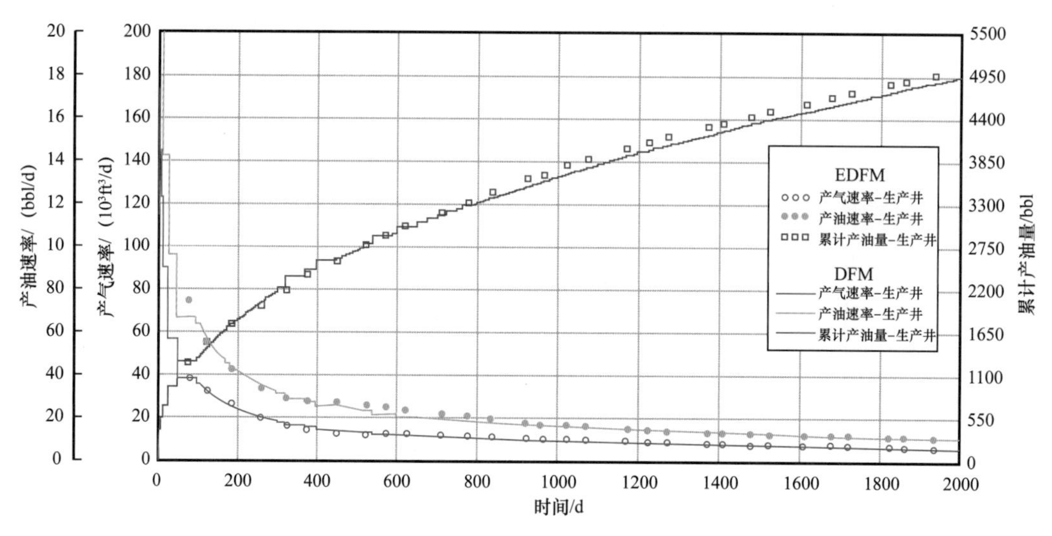

图 3-2-4 水平井算例，EDFM 和 DFM 的产量模拟结果

图中包括日产油量（或产油速率）、日产气量（或产气速率）、累计产油量

二、页岩气藏开采流动模型

页岩气的流动机理不是简单的达西流，存在吸附解吸、菲克扩散、克努森效应等物理现象。这些现象在分子尺度都有合理的解释，但油气藏数值模拟是宏观模拟，它不模拟分子的运动，不模拟单个孔隙内的具体流动，现场应用也不可能容忍微观模拟的计算

量。要在宏观模拟中体现页岩气藏的特殊物理现象，合理的做法是引入一些等效的数学模型，如状态方程、渗透率模型、气体吸附模型，使流体和岩石的物理性质随“可观测的”热力学强度量（压力、温度、吸附浓度）变化，从而影响孔隙的容积和流体相的流动性。最终，这些数学模型的影响体现在产量的模拟结果上。笔者及团队提出了一种页岩渗透率模型（Wu，2016），可以模拟克努森效应，该模型在本模拟器中的实现方法是设置随温度、压力、孔径变化的气相渗透率。

气水两相流动控制方程是质量守恒方程，简单地说，就是“流动项 + 源汇项 = 累计项”。从机理的角度看，页岩气模型与普通气藏模型有三点区别：（1）页岩气存在吸附，在源汇项中要添加吸附 / 解吸附项；（2）在气体的流动项中，要考虑克努森效应；（3）流动方程的离散采用的是欧拉坐标，在考虑流固耦合时，累计项要采用随体导数；（4）因为毛细管压力很大，在计算地层到井的流动时，气水两相的平均压力要相对渗透率加权。

当孔隙尺寸与气体分子平均自由程接近时，气体分子与孔壁的碰撞使气体的流态与黏性流显著不同，表现为相同压差下流量增大，这种现象称为克努森效应。在页岩中，克努森效应可以使气相表观渗透率提高到绝对渗透率的 10 倍（Ziarani et al.，2012）。在模拟器中，克努森效应模型是一种渗透率模型，可以通过修正渗透率进行模拟，修正系数的一种形式为（Tang et al.，2005）：

$$f\left(Kn\right)=1+8C_1Kn+16C_2Kn^2 \tag{3-2-1}$$

式中 C_1，C_2——与边界滑移模型相关的常数，如果使用 Deissler（1964）的边界滑移模型，则 $C_1=1.0$，$C_2=8/9$；

Kn——无量纲的克努森数，克努森数的定义为 λ/D，其中 λ 是气体分子平均自由程，D 是孔隙直径。

三、全流固耦合模型

笔者及团队在组分模型的基础上，开发了全流固耦合模型，并发展了针对性的求解技术，突破旧模拟器所受的限制，最终实现准确、高效、实用的流固耦合模拟。模型综合考虑了流动、孔隙压实、裂缝正变形、裂缝剪切膨胀作用。本节的模型可以看作对流动方程的扩展，分为两部分：第一部分是流动与固体力学耦合的控制方程，目的是计算应变、压力、饱和度、摩尔分数、井流动状态等信息，模型包含了流体的质量守恒方程与固体的动量平衡方程；第二部分是裂缝形变模型，包括裂缝本构关系模型和裂缝渗透率模型，目的是根据固体单元的应力，计算裂缝的变形幅度，然后基于此更新裂缝渗透率。

采用迭代法求解全流固耦合方程，其一次循环的步骤如图 3-2-5 所示。图中，步骤（1）是分别求解流体的质量守恒方程和固体的动量守恒方程，以获得各基本变量的值；步骤（2）是根据拟连续体的应力应变分配系数，获取裂缝的应力应变；步骤（3）是根据裂缝的应力，更新裂缝的开度；步骤（4）是根据裂缝开度，更新裂缝渗透率；步骤（5）、（6）分别将更新后的裂缝应力应变及渗透率导入拟连续体，通过步骤（7）修正流动方程。步骤（1）至（7）是按顺序执行的，为了保证这种求解是隐式的，在一个时间步中步骤（1）至（7）要循环多次，直至流体方程的余误差足够小。为了减少循环数，引入了固定应力分解（fixed stress split）（Kim et al.，2011）方法，对流体方程做修正，使流体方程即使单独求解也能体现一些固体形变的影响，从而加快迭代收敛速度。

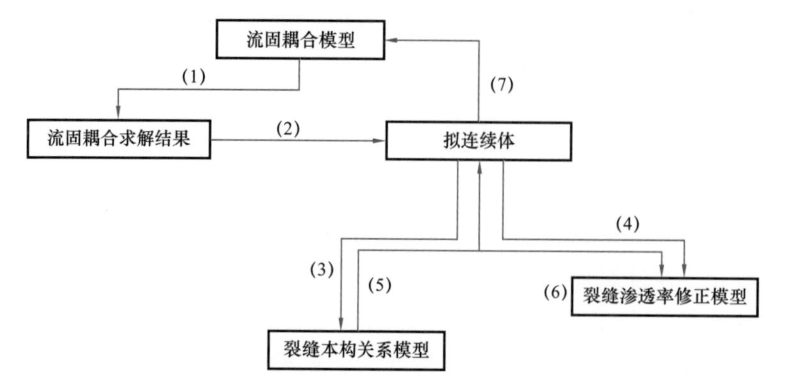

图 3-2-5　全流固耦合模型各模块关系示意图

用拟连续体模拟固体变形，在固体模型中，裂缝被等效化而不用额外的网格模拟，因此，流体模型有离散裂缝网格而固体模型没有。采用“双网格”分别模拟固体和流体，允许固体网格和流体网格不重合，更进一步，还允许固体网格的范围大于流体网格。

1. 岩石力学控制方程

在不考虑裂缝时，可以将基质看作两套拟连续体，即流体连续体与固体连续体，并假设：（1）固体的变形是线弹性的；（2）固体的变形是一个准静态过程；（3）固体变形相对于整个油藏区域是很小的，即小变形假设；（4）在开采过程中是恒温的。考虑裂缝后，流动部分用 EDFM 模拟裂缝，不改变流体方程的形式，固体部分用等效法模拟裂缝，也不改变固体方程的形式。

裂缝形变模型分为三部分，分别是裂缝本构关系、拟连续等效模型及裂缝渗透率修正模型。裂缝形变模型的作用是建立裂缝所受应力与渗透率的联系。笔者及团队基于 Bandis 等（1983）的方法建立裂缝本构模型。

固体力学模型对裂缝的处理是：将裂缝与基质等效一个拟连续体，使该连续体所表现的整体的力学性质与裂缝—基质不连续体的力学性质一致。图 3-2-6 说明了拟连续体等效的概念。对于大尺度裂缝，拟连续体所获取的裂缝信息为与固体单元相交的裂缝体积，对于小尺度裂缝，拟连续体的裂缝信息为裂缝的密度。考虑到在流动数学模型中，固体单元的变形信息仅为一维标量体应变 ε_v，所以无论裂缝的尺度如何，裂缝单元的基本构型均表示为裂缝与基质按某种顺序排列，如图 3-2-6 右侧所示。拟连续体是通过柔度叠加进行等效的，裂缝的渗透率变化基于立方公式计算。采用 Barton（1982，1985）模型计算受压裂缝的开度，采用 Nassir（2013，2014）模型计算受拉裂缝的开度，采用由 Asadollahi（2010）提出的修正后的 Barton 模型估计受压受剪的裂缝开度。

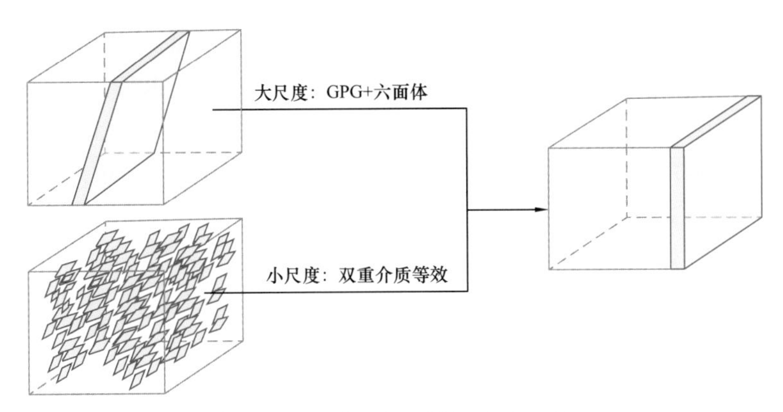

图 3-2-6 拟连续固体网格概念图

2. 迭代求解方法

本模型采用双网格分别模拟流体和固体。流体与固体分别根据算法特征采取特定的网格，流体与固体网格不需要重合。双网格系统的概念如图 3-2-7 所示，其中，固体网格为一阶六面体有限元，网格覆盖区域在纵向上从地表直至油藏底板，横向上包含油藏区域及围压岩石区域。双网格系统固体网格在流固耦合模拟过程中有以下优点：（1）固体网格范围大，可以设置更真实的力学边界条件；（2）固体网格只使用一阶六面体单元，因此可以应用目前成熟的有限元解法；（3）流体模型可以显式模拟裂缝（通过 EDFM），从而使流动模拟更精确。

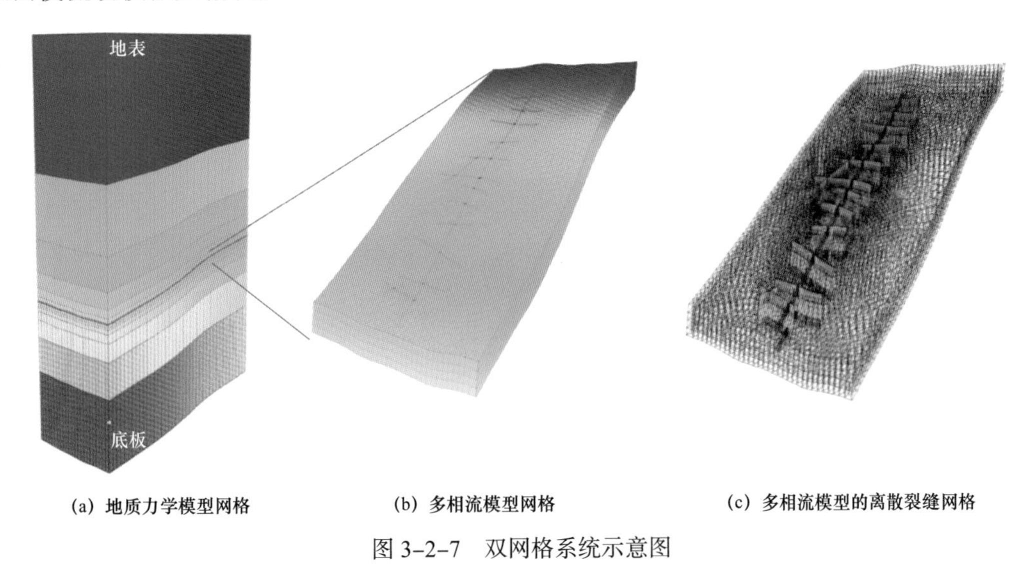

图 3-2-7 双网格系统示意图

为保证求解效率、稳定性与精度，本模型采用隐式迭代求解，固定应力分解是保证迭代收敛性的关键。所谓迭代隐式，就是求解固体方程（或流体）后，更新流体（或固体）方程，如此循环，直至两套方程的余误差都足够小。迭代隐式与全隐式都不同，虽然二者都是隐式解法，全隐式在牛顿迭代的每一步将所有方程的偏导数组成一个大矩阵一起求解，而迭代隐式对方程组做了适当的拆分，形成子系统，分别求解子系统的 Jacobi

矩阵。在迭代隐式的流程中，先解固体方程还是先解流体方程，先求解的方程中假设何种物理变量不变，都会影响迭代的收敛性。固定应力分解指先求解流体方程，解流体方程时假设有效应力不变，然后求解固体方程，并在求解过程中假设流体压力不变。固定应力分解被证明是适用于开采模拟的收敛速度稳定的方法（Kim et al.，2011）。基于这种方法，本课题实现了流固耦合的迭代求解法。考虑到裂缝模型的非线性及可替换性，在求解流程中，裂缝模型的计算及更新是在时间步外进行的。在循环中，流体方程的 Jacobi 矩阵采用 AMG-CPR 线性求解器（Wallis et al.，1983，1985；Jiang，2009）求解，固体方程的刚度矩阵采用 Pardiso 线性求解器（Schenk，2010）求解。

四、模拟器的计算性能

本模拟器的目标是大规模现场应用，因此非常注重计算效率。在课题设计之初，就提出了对模拟规模、并行化和计算速度的要求。为达到这些目标，特别为模拟器设计了求解器，在关键的流动方程矩阵求解部分，使用了先进的 CPR-AMG 求解器。整个模拟器实现了并行化，包括网格数据前处理、矩阵生成、矩阵求解等必要的步骤，都进行了并行，测试证明取得了良好的并行加速效果。通过特别定制求解器和实现并行化，页岩气模拟器达到了预期的计算速度。还测试了页岩气模拟器的并行效率和时间复杂度，使用了两个不含嵌入式裂缝的算例与商业模拟器进行了计算结果和计算性能的比较。

1. 1000 万网格模型测试

本算例模拟 2 口水平井，压裂总段数为 4，地质模型网格维数为 $704 \times 944 \times 32$，有效网格总数为 1150×10^4，生产模拟 2 年后压力分布如图 3-2-8 所示，表 3-2-1 是本模拟器并行加速的测试结果，12 核 CPU 时求解器加速比为 2.92。

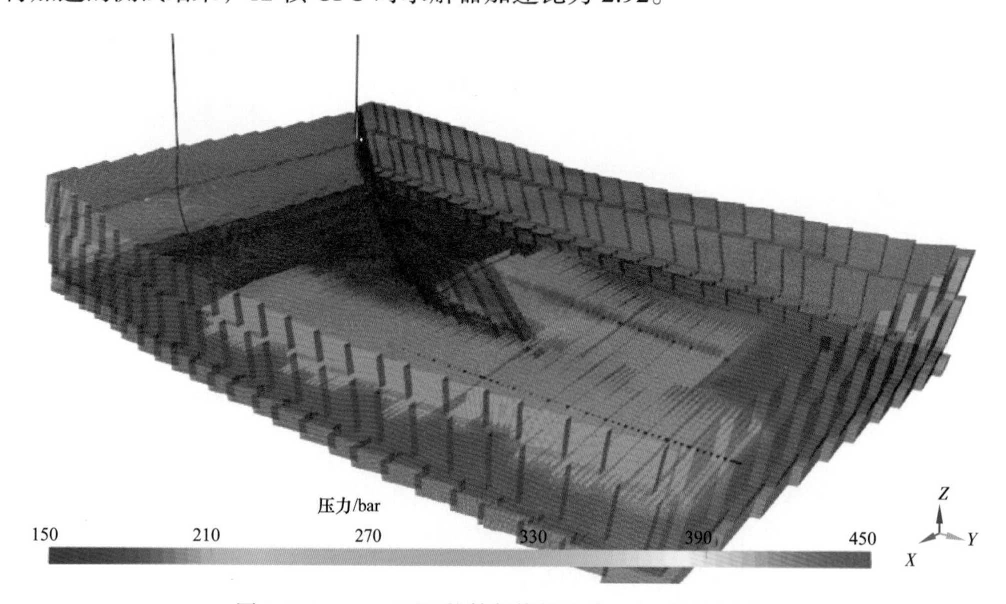

图 3-2-8　1000 万网格算例模拟生产 2 年后的压力场

表 3-2-1　1000 万网格算例并行加速效果

1000 万网格	总时间		求解器时间	
CPU 数量	耗时/h	加速比	耗时/h	加速比
1	28.19	1.00	19.71	1.00
4	16.90	1.67	9.69	2.03
6	15.11	1.87	7.75	2.54
8	13.10	2.15	7.20	2.74
10	11.77	2.40	6.90	2.86
12	12.19	2.31	6.75	2.92

通过修改加密倍数，得到不同网格数的版本，研究计算耗时随网格数的变化，绘制计算耗时—网格数曲线如图 3-2-9 所示。可以看出，本模拟器具有接近线性的时间复杂度。

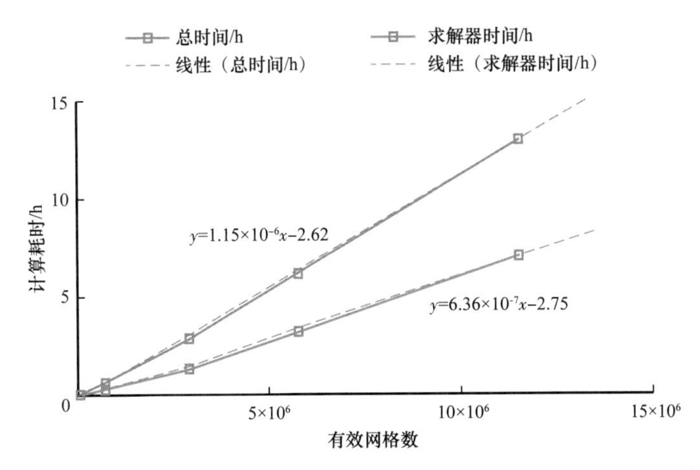

图 3-2-9　模拟器时间复杂度测试（8 CPU 并行），具有接近线性的时间复杂度

2. 双孔双渗算例

测试一个双孔双渗并考虑吸附气的模型，与 tNavigator 比较计算效率。模型的网格维数是 123×181×32。图 3-2-10 是压力模拟的结果。tNavigator 在 8 CPU 并行的情况下耗时 240s，而本模拟器在 8 CPU 并行的情况下耗时 210s。

3. SPE10 标准算例

测试原版 SPE10 和三相版本的 SPE10，目的是测试模拟器的速度。模拟至 2000 天。测试结果汇总见表 3-2-2，本模拟器在 8 个 CPU 核心的情况下能达到约 3 的加速比，使 SPE10 两相和三相版本分别能在 0.28h 和 1.215h 完成模拟。作为对比，在同样采用 8 个 CPU 核心的情况下：Eclipse 300 模拟 SPE10 两相版本耗时 6h，模拟 SPE10 三相版本不收敛；IntersectX 模拟 SPE10 两相版本耗时 0.25h；CMG 模拟 SPE10 两相和三相版本均不收敛。

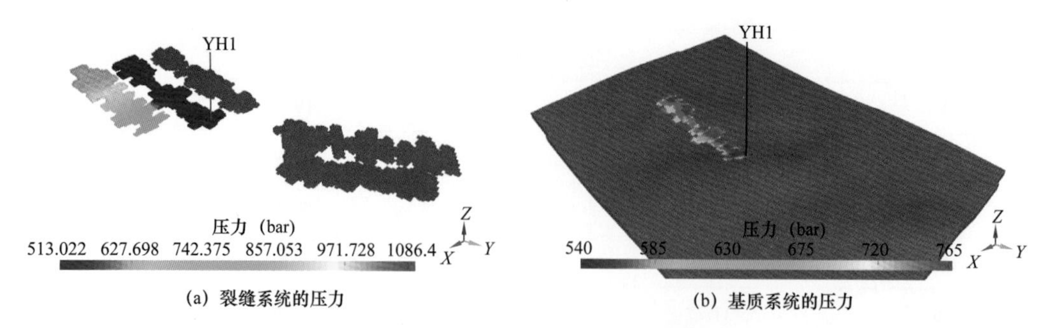

(a) 裂缝系统的压力　　(b) 基质系统的压力

图 3-2-10　模拟生产 2 年后压力模拟结果

表 3-2-2　SPE10 性能测试结果

模拟算例	单核 /h	四核 /h	八核 /h	时间步	四核 / 八核加速比
SPE10 原版油水两相	0.822	0.349	0.280	93	2.356/2.931
SPE10 三相黑油	3.599	1.529	1.215	279	2.354/2.962

第三节　页岩气藏模型历史拟合与优化方法

裂缝系统对页岩气的开发效果起决定性作用。在页岩气赋存的初始储层条件下，广泛分布的天然裂缝是裂缝系统存在的主要方式，受长期的地质作用影响和岩石本身性质的控制，天然裂缝系统具有大量存在、密集分布的特点，裂隙的分布具有很强的随机性。在页岩气的开发过程中，储层经过压裂改造之后，一方面出现了新的人工裂缝，另一方面原来的某些天然裂缝也会在高压的作用下扩张延伸，这两类裂缝组成了页岩气流动的主干通道。但是，单纯凭借主干裂缝，无法达到页岩气的长期稳定开采。只有当主干裂缝和天然裂缝及压裂形成的次级小裂缝具有良好的沟通性能，才能达到体积压裂的效果，保证页岩气的有效开采。

压裂改造之后的主干裂缝，可以通过地球物理探测的手段进行确定性描述，而大量密集存在的小裂缝，由于探测手段精度的限制，很难实现精确的确定性描述，通常借助随机方法对离散裂缝进行刻画。为了满足数值模拟模型中的裂缝系统定量处理的需求，大裂缝处理可以直接通过探测数据进行数字化处理，小裂缝则只需要对生成随机裂隙系统的关键控制参数根据井壁或者岩石露头的资料进行统计计算，然后通过随机模拟的方式生成统计意义上符合实际储层条件的裂缝分布。

建立了页岩气储层改造后裂缝系统的分布模型后，在通过数值模拟方法对页岩气在裂缝系统中的流动规律进行求解时，一般存在着三种不同的处理方法：（1）将所有的裂隙进行等效介质转换，依据裂缝的分布情况，建立等效渗透率模型，这种方法抹去了真实的裂缝分布信息，但是计算量小，转化后的等效模型可以通过常用的模拟器方便地实现求解过程；（2）保留所有的裂缝信息，直接通过离散裂缝模型对页岩气的开采动态进行模拟，这种方法理论上结果更为准确，但是代价是计算成本高昂；（3）是将上述两种方法进行结合，也是近几年来新兴的一种处理方法，只对小裂隙进行等效介质方法处理，保留主干裂缝的真实几何形态，来建立地质模型。

本节通过页岩气开采过程中的生产动态数据对数值模拟模型进行自动历史拟合，实时更新地质模型，使得地质模型更加趋近于实际页岩气赋存和传输介质的地质条件，进而依赖于更新后的地质模型和流动机理的认识，对页岩气的生产动态进行更为准确地预测，从而为页岩气的开发方案设计调整提供更加合理的决策依据。

建立了微震监测数据的聚类追踪算法，实现了从微震数据中识别压裂缝网的几何形态；通过嵌入式离散裂缝模拟方法，建立了页岩气藏开发数值模拟模型，实现了页岩气藏储层生产的精确模拟；建立了集合卡尔曼滤波自动历史拟合方法，对典型页岩气藏模型进行了自动参数反演；建立了基于霍夫变换的集合优化方法，实现了对页岩气藏压裂水平井的优化设计。在实际应用中，实现了昭通页岩气开发平台的压裂裂缝定量表征，提高了昭通页岩气地质模型的先验描述水平和历史拟合能力；实现了昭通页岩气开发平台的页岩气开发历史的自动拟合和参数自动反演，提高了页岩气储层改造体积估算和产量动态预测的能力；实现了昭通页岩气开发压裂水平井的优化设计，提高了页岩气开发净现值。

一、页岩气藏自动历史拟合技术

1994 年，Evensen 首次提出了集合卡尔曼滤波方法（EnKF），2003 年，Naevdal 等首次将该方法应用到油气藏自动历史拟合领域，随后国内外学者开始在油藏自动历史拟合对集合卡尔曼滤波方法进行大量的理论和实验研究（Evensen，1994；N Geir et al.，2002；Geir et al.，2005；Houtekamer et al.，1998；Mandel et al.，2009；Verlaan et al.，2001）。

集合卡尔曼滤波算法实际是一种基于蒙特卡洛的卡尔曼滤波算法，与卡尔曼滤波算法不同的是集合卡尔曼滤波使用了模型参数集合，模型预测和观测值不再是线性分布的。计算流程如图 3-3-1 所示。

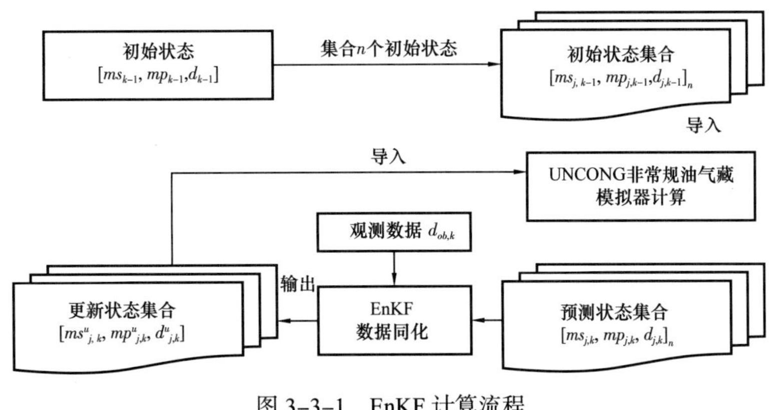

图 3-3-1 EnKF 计算流程

集合卡尔曼滤波算法所具备的以下优点显示其更适合用于对大规模的油藏进行数值模型：

（1）EnKF 可以对油藏模型参数连续更新，并连续集成最新生产数据；

（2）EnKF 可以分析评估油气藏的不确定性，以及更新优化的模型参数是否逼近实际观测值；

（3）EnKF 可以进行并行运算，计算效率高；

（4）EnKF 可以和任何一个油藏模拟器进行快速交互；

（5）EnKF 不需要进行最优化和敏感系数的计算；

（6）解决了卡尔曼滤波中的非线性近似问题。

一般而言，确定性较强的油藏物性参数有孔隙度、净厚度、参考压力等。确定性较弱的油藏物性参数有渗透率、传导率、饱和度等。在裂缝性储层模型中，不确定参数还包括裂缝位置、裂缝方向、裂缝孔径、裂缝长度、裂缝导电性。这些性质应根据微地震研究、岩心样品的岩石性质、井的产量和井底压力测量来估计。

经过 EnKF 拟合，集合模型的属性向参考模型属性靠拢。基质渗透率和主裂缝导流能力的收敛效果最为显著，因为这两个因素对页岩气藏产能影响最为敏感。主裂缝半长、倾角及次级裂缝半长、倾角、条数都在一定程度上向参考模型属性值收敛，但是收敛程度一般，这些属性对页岩气藏的产能影响都比较小。

历史拟合方法是通过不断调整储层模型中的各项不确定性参数，以保证油藏模型动态生产数据与油藏现场提供的实际观测生产数据相吻合的方法（Geir et al.，2005）。历史拟合大致可分为三个步骤。

（1）待拟合参数选取。

选择待拟合的油藏模型参数是历史拟合的第一步。由于油藏模型参数反演问题具有多解性，拟合之初对油藏的各项参数准确程度进行分析是非常必要的，根据模型参数的不确定性大小可以限定不同参数的可调整范围，避免在参数调整过程中任意修改模型参数，保证模型与原有的地质认识相符。

同时对基质和裂缝渗流系统中的渗透率、导流能力及裂缝的条数、半长、倾角等参数进行拟合。设定待拟合参数为 m，可以记为

$$m=\left(\boldsymbol{K}^{m},\boldsymbol{C}_{\mathrm{f\_p}},\boldsymbol{C}_{\mathrm{f\_s}},s^{m},s_{\mathrm{f\_p}},s_{\mathrm{f\_s}},N,n,\boldsymbol{L},\boldsymbol{l},\theta,\alpha\right)^{T} \tag{3-3-1}$$

式中 $\boldsymbol{K}^{m}$——基质网格渗透率组成的向量；

$\boldsymbol{C}_{\mathrm{f\_p}}$——主裂缝导流能力组成的向量；

$\boldsymbol{C}_{\mathrm{f\_s}}$——次级裂缝导流能力组成的向量；

S^{m}——基质饱和度；

$s_{\mathrm{f\_p}}$——主裂缝饱和度；

$s_{\mathrm{f\_s}}$——次裂缝饱和度；

N——主裂缝条数；

n——次级裂缝条数；

$\boldsymbol{L}$——主裂缝半长组成的向量；

$\boldsymbol{l}$——次级裂缝半长组成的向量；

$\boldsymbol{\theta}$——主裂缝倾角组成的向量；

$\boldsymbol{\alpha}$——次级裂缝倾角组成的向量。

（2）观测数据选取及设定。

一般而言，现场的产量数据及压力数据较为准确。现选取的实际观测数据包含产气量、产水量等，但是由于实际生产过程中井的生产时间并不完全相同，因此在每一次更新时选取的观测变量会发生变化，通过设置指示向量 $\boldsymbol{d}_{\mathrm{logic}}$，统一观测向量格式，其表达式为

$$d_{\mathrm{obs}} = \boldsymbol{d}_{\mathrm{logic}} d_{\mathrm{obsc}} \tag{3-3-2}$$

式中　d_{obs}——用于参数反演的观测数据；

d_{obsc}——各个时间步观测数据，对应时间步历史数据存在时有值，不存在通常为 0；

$\boldsymbol{d}_{\mathrm{logic}}$——指示向量，对应时间步有历史数据设为 1，没有设为 0。

（3）基于贝叶斯理论的历史拟合问题目标函数。

贝叶斯统计为未知的模型参数估计提供了一个合理的理论基础。对于油藏描述的不确定性评价问题，应用贝叶斯理论来建立目标函数。油藏历史拟合的过程就是在已知油藏生产观测数据 d_{obs} 和建立好的油藏数值模型的生产动态数据 d_{pr} 的前提下，再利用油藏模型中各项参数 m 与 d_{pr} 的关系反求油藏模型中参数的问题（Geir et al.，2002）。因此油藏历史拟合要解决模型预测生产数据与实际生产动态观测数据间的误差最小化的问题，用最小二乘法形式表达为

$$\begin{aligned} S_{\mathrm{d}}(m) &= \frac{1}{2}\sum_{i=1}^{N_{\mathrm{d}}}\left[\frac{G_i(m)-d_{\mathrm{obs},i}}{\sigma_{d_{\mathrm{obs},i}}}\right] \\ &= \frac{1}{2}\left[G_i(m)-d_{\mathrm{obs},i}\right]^T C_{\mathrm{d}}^{-1}\left[G_i(m)-d_{\mathrm{obs},i}\right] \end{aligned} \tag{3-3-3}$$

式中　N_{d}——观测数据总数；

$G_i(m)$——模型计算结果中第 i 个生产数据的预测值；

$d_{\mathrm{obs},\,i}$——油藏现场提供的第 i 个生产数据的观测值；

$\boldsymbol{C}_{\mathrm{d}}$——观测数据误差的协方差矩阵，表达式为

$$C_{\mathrm{d}} = \begin{bmatrix} \sigma_{d_{\mathrm{obs},1}}^2 & 0 & \cdots & 0 \\ 0 & \sigma_{d_{\mathrm{obs},2}}^2 & \cdots & 0 \\ \vdots & \vdots & \ddots & 0 \\ 0 & 0 & 0 & \sigma_{d_{\mathrm{obs},N_{\mathrm{d}}}}^2 \end{bmatrix} \tag{3-3-4}$$

油藏中的待拟合参数值的数量比已知的实际观测值的数量庞大，观测数据自身还具

有不确定性，因此油藏历史拟合实际上是要求解一个不适定问题。因此，可以通过正则化方法使用大量的先验信息逼近准确解。正则化后的目标函数表达式为

$$S(m)=\frac{1}{2}\left[G(m)-d_{\mathrm{obs}}\right]^{T}\boldsymbol{C}_{\mathrm{d}}^{-1}\left[G(m)-d_{\mathrm{obs}}\right]+\frac{\alpha}{2}\left(m-m_{\mathrm{pr}}\right)^{T}\boldsymbol{C}_{\mathrm{m}}^{-1}\left(m-m_{\mathrm{pr}}\right) \tag{3-3-5}$$

式中 $S(m)$——正则化目标函数；

α——正则化因子，$\alpha=1$ 即传统贝叶斯（Bayes）方法下的目标函数；

$\frac{\alpha}{2}\left(m-m_{\mathrm{pr}}\right)^{T}\boldsymbol{C}_{\mathrm{m}}^{-1}\left(m-m_{\mathrm{pr}}\right)$——正则化项；

$\boldsymbol{C}_{\mathrm{m}}$——油藏模型参数协方差矩阵。

采用贝叶斯方法确定油藏模拟历史拟合问题的目标函数，在保证数学上的正确性的同时还能够准确反映油藏的先验模型基础信息。根据贝叶斯理论，给定观测数据 d_{obs} 下的油藏模型 m 条件概率为

$$p\left(m|d_{\mathrm{obs}}\right)=\propto p\left(d_{\mathrm{obs}}|m\right)p(m)\exp\left\{-\frac{1}{2}\left[d_{\mathrm{obs}}-G(m)\right]^{T}\boldsymbol{C}_{\mathrm{d}}^{-1}\left[d_{\mathrm{obs}}-G(m)\right]\right\} \tag{3-3-6}$$

油藏模型参数 m 符合多元高斯分布，计算其先验概率密度函数的公式为

$$p(m)\propto\exp\left[-\frac{1}{2}\left(m-m_{\mathrm{pr}}\right)^{T}\boldsymbol{C}_{\mathrm{m}}^{-1}\left(m-m_{\mathrm{pr}}\right)\right] \tag{3-3-7}$$

式中 m——N_{m} 维初始模型参数向量；

m_{pr}——油藏模型 m 的先验估计；

$\boldsymbol{C}_{\mathrm{m}}$——$N_{\mathrm{m}}\times N_{\mathrm{m}}$ 维的模型变量的先验协方差矩阵；

exp——指数函数。

因此基于贝叶斯理论的油藏历史拟合的目标函数 $S_{\mathrm{m}}(m)$ 为

$$\begin{aligned}S(m)&=\frac{1}{2}\left(m-m_{\mathrm{pr}}\right)^{T}C_{\mathrm{m}}^{-1}\left(m-m_{\mathrm{pr}}\right)+\frac{1}{2}\left[d_{\mathrm{obs}}-G(m)\right]^{T}C_{\mathrm{d}}^{-1}\left[d_{\mathrm{obs}}-G(m)\right]\\&=S_{\mathrm{m}}(m)+S_{\mathrm{d}}(m)\end{aligned} \tag{3-3-8}$$

由于 $p(m|d_{\mathrm{obs}})$ 值越大模型越逼近真实油藏情况，由式（3-3-8）可知，当目标函数 $S_{\mathrm{m}}(m)$ 最小时拟合出来的模型参数 m 最逼近真实油藏。这种通过将目标函数 $S_{\mathrm{m}}(m)$ 最小化得到的模型估计通常被叫作最大后验估计（MAP），可表达为

$$m_{\mathrm{MAP}}=\arg\min S(m) \tag{3-3-9}$$

由于在实际生产过程中，压裂段数是在进行压裂施工前就已经设计好的，在进行反演参数实验时，压裂段数不参与迭代计算。参与反演的参数包含基质渗透率、主裂缝导流能力、半长和倾角及次级裂缝半长、条数和倾角共 7 个因素。利用均匀分布的拉丁超立方抽样方法数学方法生成 7 种因素的 100 种组合方式，各个因素参数范围见表 3-3-1 所示。由此，在典型页岩气藏模型基础上构建 100 个初始先验模型。

表 3-3-1 参考油藏及初始先验模型属性表

属性	参考油藏属性	初始属性猜测范围
基质渗透率 /mD	1×10^{-4}	5×10^{-5}～5×10^{-4}
导流能力 /（mD·m）	200	150～300
主裂缝半长 /m	175	125～200
主裂缝倾角 /（°）	90	75～100
次级裂缝半长 /m	30	20～50
次级裂缝条数 / 条	6	3～8
次级裂缝倾角 /（°）	45	30～50

二、页岩气藏压裂水平井集合优化方法

页岩气藏具有开发难度大、成本高的特点，而页岩气藏工业开采目标在于获取更高的经济效益，因此生产优化在页岩气藏开发中扮演了重要角色。页岩气藏开发的生产优化就是找到一种合理有效的最优控制策略，达到提高页岩气的采收率和页岩气藏开发经济效益的目的。页岩气藏开发优化是一个非常复杂的问题，但是站在数学的角度来看，优化就是典型的求极值问题，最优化就是在一定可行域内寻找使目标函数取最大（小）值的解。目前实际油气田生产优化常用的传统手动调整参数方法，当需要优化的控制变量过多时，会面临工作量大效率低局限性大的问题，为了解决多参数优化问题，引入了集合优化方法。

集合优化由 Chen（2009）发展，用于解决油气田开发过程中的优化问题，集合优化方法基于最速上升法，最速上升法是一种简单有效并且应用广泛的优化算法，每一次迭代均需计算更新梯度，当需要优化的参数众多时，梯度的求解会变得非常困难导致优化效率低下。集合优化针对这一问题，提出了一种更新梯度的近似方法，在保证准确度的前提下可大幅降低梯度求取的难度并提高计算效率。

1. 集合优化与霍夫变换重参数化

集合优化的目的即找到使净现值最大的压裂水平井设计参数集合，因此使用能够表征经济效益的净现值作为目标函数。本文中净现值函数被定义为

$$g(x)=\sum_{i=1}^{Nt}\frac{Q(i)p_{\mathrm{g}}}{(1+r)^{i}}-w_{\mathrm{L}}p_{\mathrm{hw}}-hf_{\mathrm{xf}}hf_{\mathrm{stage}}p_{\mathrm{hf}}\times2 \qquad (3\text{-}3\text{-}10)$$

式中 i——时间步，a；

N_{t}——总时间步，a；

$Q(i)$——该时间步内的页岩气产量，m^3；

p_{g}——页岩气价格，元 /m^3；

r——贴现率；

w_L——水平井长度，m；

p_{hw}——平均每米钻井成本，元 /m；

hf_{xf}——人工压裂缝半长，m；

hf_{stage}——人工压裂缝段数，段；

p_{hf}—— 人工压裂缝的价格，元 /m。

设定优化目标函数后，利用集合优化算法，对压裂参数进行优化设计。确定需要优化的参数：水平井井位、水平井水平段长度、压裂缝缝半长、压裂缝段数、生产制度。

水平井在霍夫空间中的重参数化：采用霍夫变换，将水平井参数转化到霍夫空间，提高参数分布的连续性和高斯性，从而更适用于集合优化算法。霍夫变换是由 Hough（1962）提出的，并由 Duda 和 Hart（1972）改进成为一种特征检测方法，最开始被用来识别直线，现在被推广成识别任意对象，目前广泛应用于图像分析、计算机视觉及数位影像处理。霍夫变换将参数从笛卡儿坐标系空间转化到霍夫空间，也就是累加器空间，并使用算法进行累加空间的投票来找到局部最大值实现特征检测。在二维空间或三维空间中，可以将笛卡儿坐标中的线变为霍夫空间中的点，如图 3-3-2 至图 3-3-4 所示。水平井井位参数经过霍夫变换后，强非线性的端点坐标转化成线性的点坐标，从而满足集合优化的高斯假设前提。

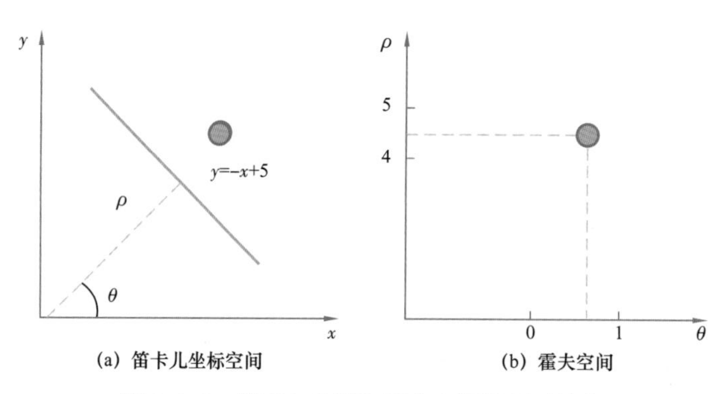

图 3-3-2　笛卡尔坐标和霍夫空间的相互转化

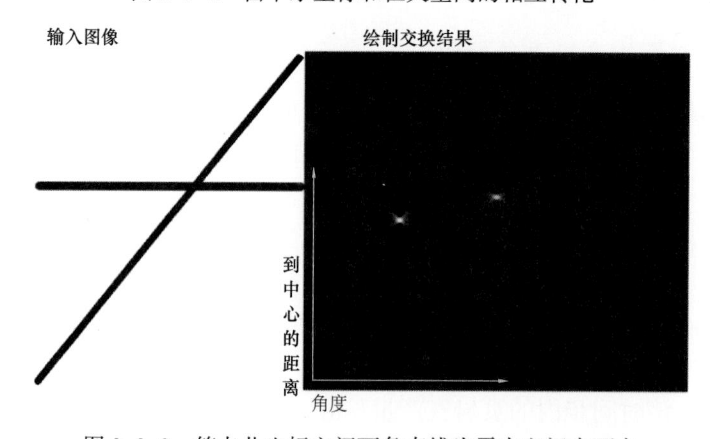

图 3-3-3　笛卡儿坐标空间两条直线为霍夫空间中两点

一般使用（ρ，θ，D，L，α，β）6个参数表示水平井的待变换参数，其中：

ρ——坐标原点到井的垂直距离，m；

θ——X轴逆时针方向到垂线的夹角，rad；

D——垂线与井的交点与井中心的距离，m；

L——水平段长度，m；

α——X—Y平面上，水平段相对于Y轴的偏角，(°)；

β——Y—Z平面上，水平段相对于Z轴的偏角，(°)。

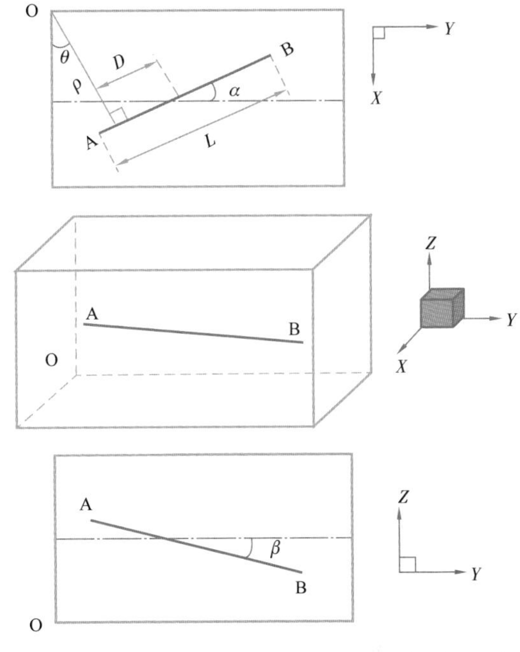

图3-3-4　三维空间中笛卡尔坐标空间与霍夫空间的转化

假设地层与水平面平行且水平井与地层平行，则β为0，由图3-3-4可知ρ和α相等，因此在霍夫空间中，水平井位置描述由大地坐标系中2个端点坐标被转化为一个霍夫空间中的1个坐标（ρ，θ，D，L）。

2. 页岩实例集合优化

以某区块页岩气储层为例，测试集合优化算法。模型采用角点网格建立，平面单位网格大小为50m×50m，纵向上分为7层，分别为40m、20m、15m、5m、15m、20m、15m，1～4层为开发储层，埋深2650m，根据该区块的样品采集和实验分析得出储层基本参数：孔隙度3.0%～5.0%，基质渗透率0.048mD，束缚水饱和度36%，储层温度为85℃，储层压力35MPa，发育大量天然裂缝，地层压力系数介于1.3～1.6，平均含气丰度为5m^3/t。该区块页岩气储层为单井水平井开采，水平井水平段长度为2350m，采用水力压裂技术进行储层改造，生产制度根据现场给定情况设置。初始状态下嵌入式离散裂缝页岩气藏压裂水平井展布如图3-3-5所示，水平井参数见表3-3-2。

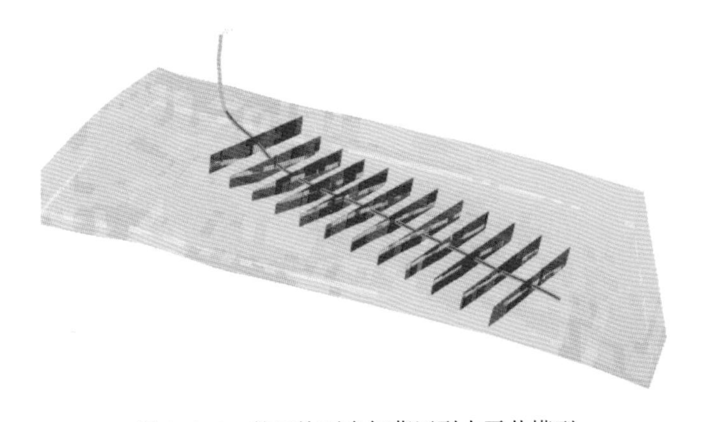

图3-3-5　某区块页岩气藏压裂水平井模型

表 3-3-2 初始状态下压裂水平井参数

相关参数	数值	单位
ρ	1175	m
θ	1.046	(°)
D	522	m
L	2350	m
hf_{stage}	12	段
hf_{xf}	300	m
hf_{condc}	4000	mD·m

为了使集合优化具有一定的现场指导意义，因此对于已经布置好的水平井井位和采用定产量开采的生产制度不再进行优化调整，只对压裂缝进行进一步优化，找到比目前水力压裂缝展布效果更好的压裂缝设计参数组合。经济效益依旧使用净现值函数表征，由于固定压裂缝宽度为 0.005m，因此净现值函数转化为：

$$g(x)=\sum_{i=1}^{Nt}\frac{Q(i)}{(1+6\%)^{i}}-w_{L}\times 30000-hf_{xf}hf_{stage}hf_{condc}/(100\times 0.005) \quad (3-3-11)$$

式中 Nt——生产年限；

$Q(i)$——第 i 年的气产量贡献的产值，元；

w_L——水平井长度，m；

hf_{xf}——压裂缝长度，m；

hf_{stage}——压裂缝段段数；

hf_{condc}——压裂缝的导流能力，mD·m。

对目前已投产的页岩气藏压裂水平井模型进行数值模拟，模拟计算 15 年页岩气藏的生产情况。

根据模拟出的产量，由净现值公式计算优化前页岩气藏压裂水平井的净现值，初始状态的地质模型的模拟结果见表 3-3-3。

表 3-3-3 初始状态的产量及净现值

初始状态	产能及净现值	单位
hf_{stage}	12	段
hf_{xf}	300	m
hf_{condc}	4000	mD·m
产能	2.76	10^8m^3
净现值	456.773	百万元

首先建立待优化参数集合，由于只涉及压裂缝段数 hf_{stage}、压裂缝长度 hf_{xf} 及压裂缝的导流能力 hf_{condc}，因此待优化参数集合为 $x=[hf_{stage}, hf_{xf}, hf_{condc}]$。

待优化参数的取值范围见表 3-3-4。

表 3-3-4　相关参数取值范围

待优化参数	取值范围	单位
hf_{stage}	10～25	段
hf_{xf}	200～500	m
hf_{condc}	2000～7500	mD·m

对于裂缝导流能力的优化，固定压裂缝宽度不变，只改变水力压裂缝的渗透率，因此裂缝导流能力的优化实际为对压裂缝渗透率的优化。设定迭代终止条件为最大更新次数为 20 次，净现值增量小于 1%，当满足以上任一条件则跳出循环。经过 16 次更新迭代，满足终止条件，跳出优化循环（图 3-3-6）。

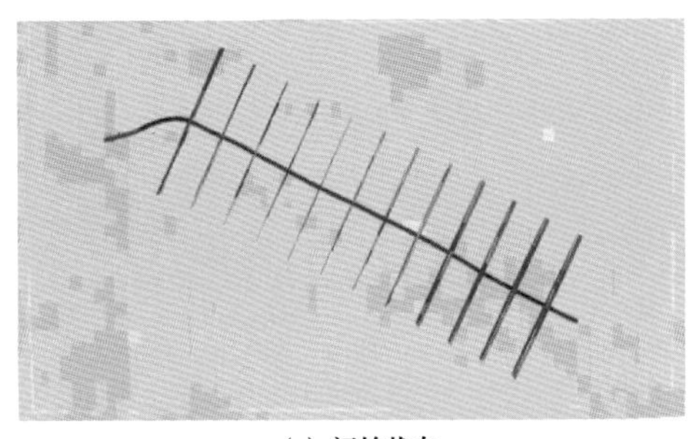

(a) 初始状态
12段，X_f=300m，裂缝导流能力=80000×0.05mD · m
Q：2.76×10^8^m^3^，NPV：427.412×10^6^

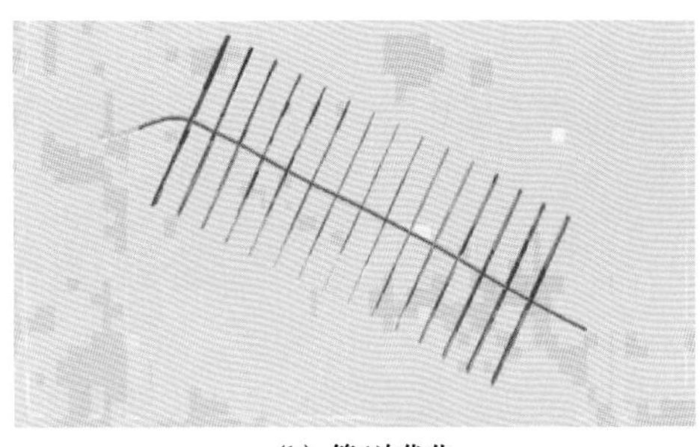

(b) 第4次优化
15段，X_f=344m，裂缝导流能力=86000×0.05mD · m
Q：3.24×$10^8$$m^3$，NPV：483.452×$10^6$

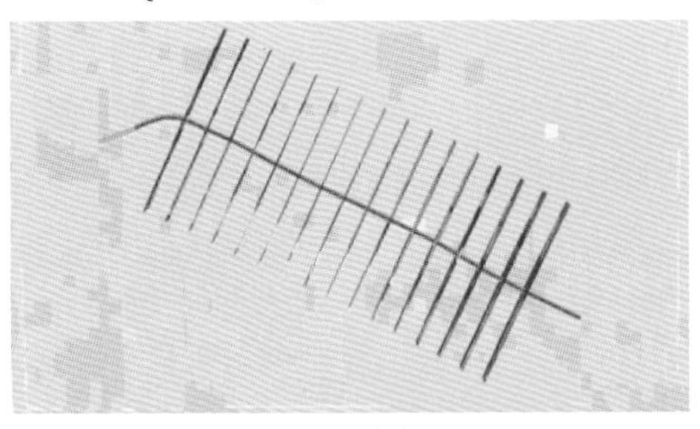

(c) 第9次优化
16段，X_f=376m，裂缝导流能力=99000×0.05mD · m
Q：3.625×$10^8$$m^3$，NPV：523.472×$10^6$

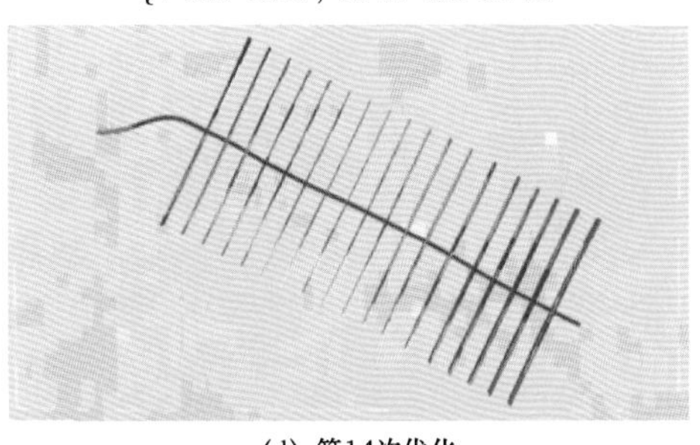

(d) 第14次优化
18段，X_f=392m，裂缝导流能力=110000×0.05mD · m
Q：3.91×$10^8$$m^3$，NPV：553.214×$10^6$

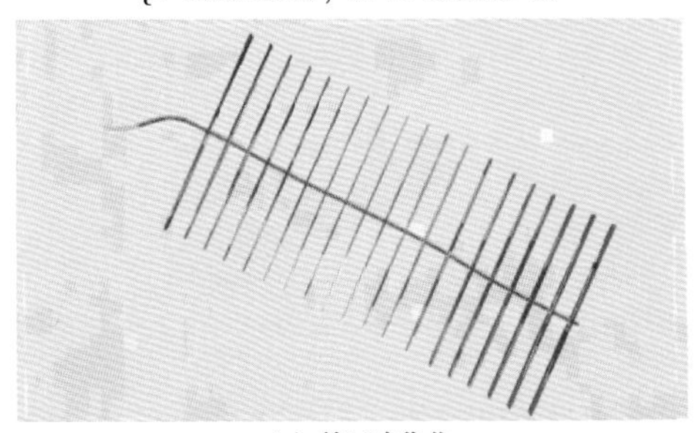

(e) 第15次优化
19段，X_f=394m，裂缝导流能力=113000×0.05mD · m
Q：4.11×$10^8$$m^3$，NPV：571.221×$10^6$

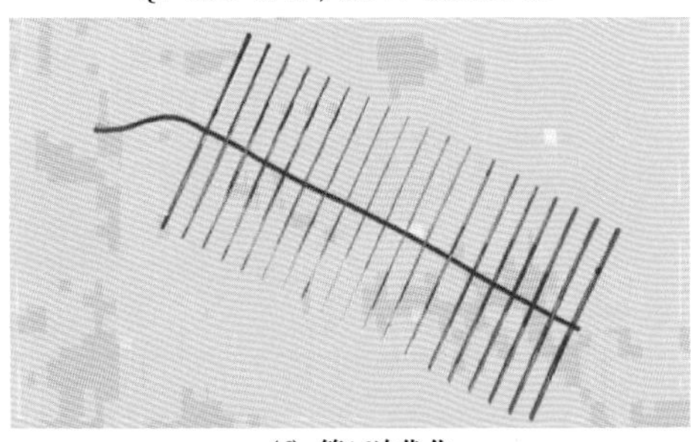

(f) 第16次优化
19段，X_f=396m，裂缝导流能力=115000×0.05mD · m
Q：4.17×$10^8$$m^3$，NPV：575.327×$10^6$

图 3-3-6　b、c、d、e、f 分别为第 4、9、14、15、16 次更新的地层模型以及对应参数，产量及净现值

压裂水平设计参数，产量及净现值优化结果见表3-3-5，相较于初始状态产量增加51.09%，净现值增加34.61%。

表3-3-5 参数，产量及净现值优化结果

相关参数	优化前	优化后	单位
hf_{stage}	12	19	段
hf_{xf}	300	411	m
hf_{condc}	4000	5750	mD·m
产量	2.76	4.17	10^8m^3
净现值	427.412	575.327	百万元

通过以上优化结果可以看出，采用压裂水平井进行开采的页岩气藏通常有一定的优化空间。对于水力压裂缝的优化可以明显提高产量和经济效益，且优化结果的实际操作可行性强。集合优化方法在压裂水平页岩气藏开采中的优化是有效的。

第四节 岩气藏数值模拟平台的实际应用情况

笔者及团队在威远、长宁、昭通地区多个页岩气平台开展了实际应用，测试了页岩气数值模拟器，证明了模拟器运行稳定、结果可靠、实用性强，能够满足实际需要。本节总结了模拟器在昭通黄金坝井区的应用情况。

现场应用工作通常包含六个步骤（图3-4-1）：数据收集、地质建模、裂缝与井建模、模型初始化、历史拟合、影响因素分析。对于非常规气井，裂缝建模是新增步骤，而且是关键步骤；历史拟合、影响因素分析这两个步骤也有明显的特殊性。

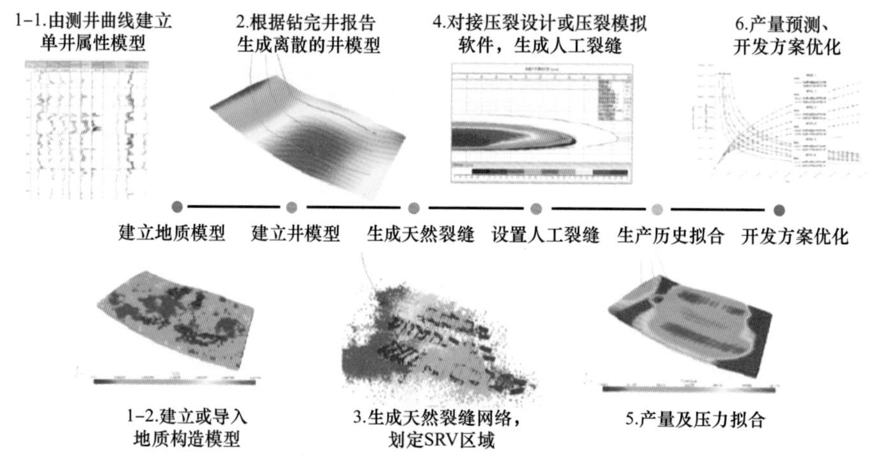

图3-4-1 现场应用的典型流程

裂缝建模：根据压裂设计报告、压裂施工总结报告，设置各压裂段水力裂缝的几何形态，用随机方法生成天然裂缝。水力裂缝也可以直接利用压裂软件模拟结果，转化为

嵌入式裂缝进行生产模拟。

历史拟合：为预测非常规气井的生产，要明确以下参数：基质渗透率、克努森扩散模型参数、裂缝渗透率与开度、裂缝应力敏感系数、基质和裂缝的初始水饱和度。这些参数均需要通过历史拟合校准。

影响因素分析：参数校准后，基于正交实验参数设计原则，多次运行模型，对非常规气井，要着重研究与裂缝、吸附、地质力学相关的影响因素。

一、昭通黄金坝井区 YS108H11 平台

通过 Petrel 软件建立地质模型，建模成果包含角点网格数据，以及网格的孔隙度、渗透率、净毛比、初始含水饱和度。H11 平台地质模型的网格步长为 20m×20m，垂向平均网格高度为 37m，总网格数 10.2 万。平台所在储层平均厚度为 41m，平均孔隙度 5.4%，基质渗透率 2×10^{-4}mD，平均深度 2119m，平均初始含水饱和度 0.29。

在压裂设计报告、压裂施工报告、微地震监测报告的基础上，分别设置 H11 平台每口页岩气井的人工裂缝参数；在微地震监测报告认识的基础上，在模型中加入一批大尺度的天然裂缝。这样完成了人工裂缝和天然裂缝的建模，如图 3-4-2 所示；裂缝的几何及物性参数见表 3-4-1。

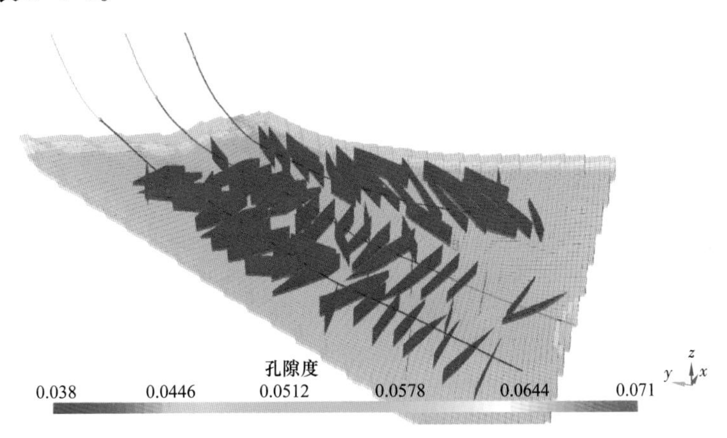

图 3-4-2 H11 平台裂缝模型

表 3-4-1 H11-1 平台初始裂缝参数

属性	人工裂缝	天然裂缝
水平渗透率 /mD	800	100
垂向渗透率 /mD	800	100
孔隙度	0.6	0.05
裂缝半长 /m	150～200	—
缝高 /m	20	—
分区	全部单独设置	部分单独设置

在建立大尺度的人工裂缝和天然裂缝模型之后，需要对压裂改造区域的小尺度裂缝进行描述。通过微地震数据划定改造区域（SRV）的范围，整体调整区域内的渗透率，实现对小尺度裂缝的等效。图 3-4-3（a）为模型导入微地震数据后的效果，图 3-4-3（b）为 H11 平台的 SRV 区域模型。

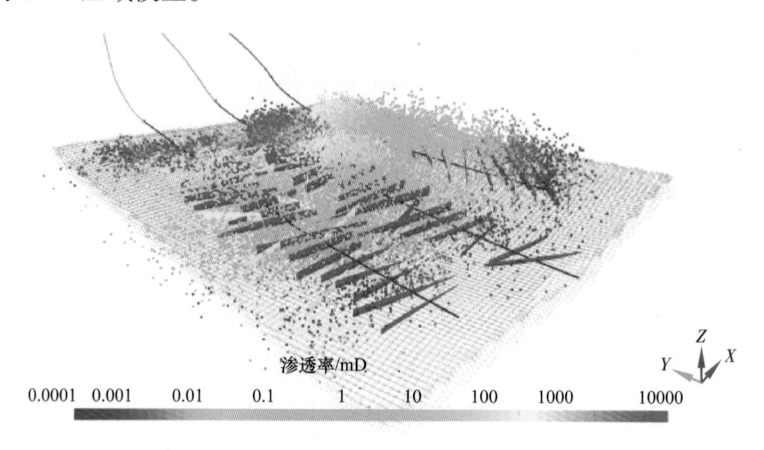

(a) H11平台微地震数据示意效果

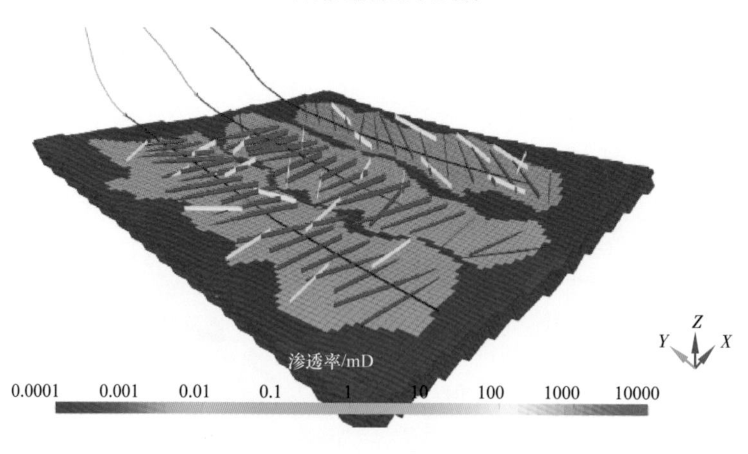

(b) H11平台SRV区域

图 3-4-3　H11 平台 SRV 模型的建立

设置 PROPS 部分的气水两相流体的高压物性、相对渗透率曲线、等温吸附参数、岩石高压物性等参数。该平台储层岩石经实验测得朗格缪尔压力 9.35MPa、朗格缪尔体积 2.12m^3/t，经公式计算得到的等温吸附曲线如图 3-4-4（a）所示。考虑到页岩储层有较明显的应力敏感效应，根据原始地层压力、泊松比、杨氏模量及孔隙体积压缩率计算应力敏感系数，分别对基质和裂缝设置不同的应力敏感参数，形成“岩石表格”，绘制为曲线如图 3-4-4（b）所示。同时，为了拟合初期产水速率，对人工裂缝设置了单独的相对渗透率曲线。

H11 平台模型采用重力平衡初始化，模型参考深度 2000m，参考压力 39MPa，压力系数 1.95。地质建模给出了初始含水饱和度分布，在重力平衡初始化后，为基质设置初始含水饱和度，同时调整基质网格的毛细管压力，使局部仍是重力平衡的。图 3–4–5 是基质的初始含气饱和度分布。

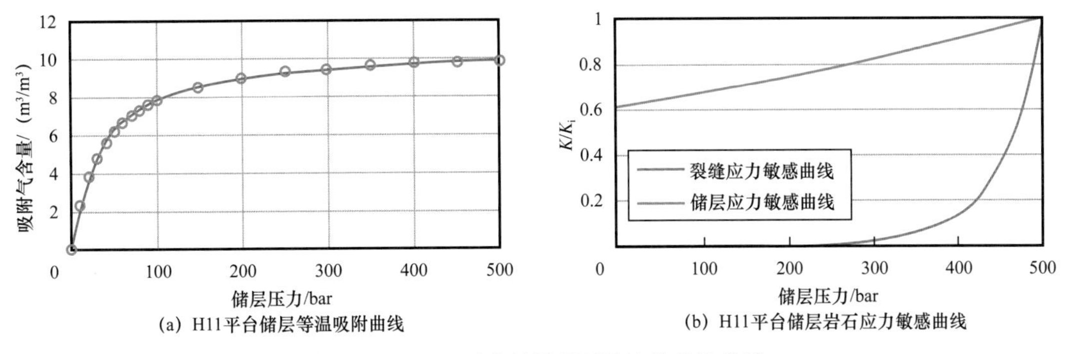

图 3–4–4 H11 平台储层岩石及流体物性曲线

由于页岩气井的压力检测主要在井口，需要将井口压力换算到井底压力，选择 Gray 管流模型将实测井口压力换算到井底流压。实际生产中开采初期进行套管放喷生产，待压力递减平缓后下油管进行控压生产，故模拟的前段采用定产量拟合压力，后段采用定压力拟合产量。

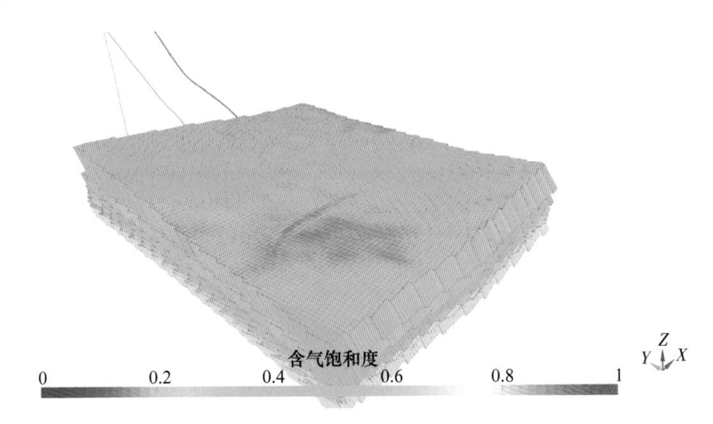

图 3–4–5 基质初始含气饱和度分布

拟合过程中主要调整的参数有：（1）裂缝参数：半长、渗透率、孔隙度、应力敏感系数；（2）SRV 区域参数：渗透率、含水饱和度、原始地层压力。经过拟合后，得到的 SRV 区域渗透率、裂缝导流能力见表 3–4–2。

表 3–4–2 H11 平台主要参数拟合结果

井号	裂缝导流能力 / mD · m	主缝压裂效果	SRV 渗透率 / mD	缝网效果
H11–1	40	一般	0.003	一般
H11–2	80	较好	0.004	较好
H11–3	70	较好	0.004	较好

现介绍H11平台6口井的历史拟合详情。

（1）H11-1井。

该井累计产气量拟合较好，由于生产初期波动较大，日产量拟合效果较差，但拟合产量的递减率与实际结果保持了较为接近的相似度；生产初期模拟日产水量难以与实际高产水量保持相同水平，但能保持较为一致的递减速率。模拟效果如图3-4-6所示。

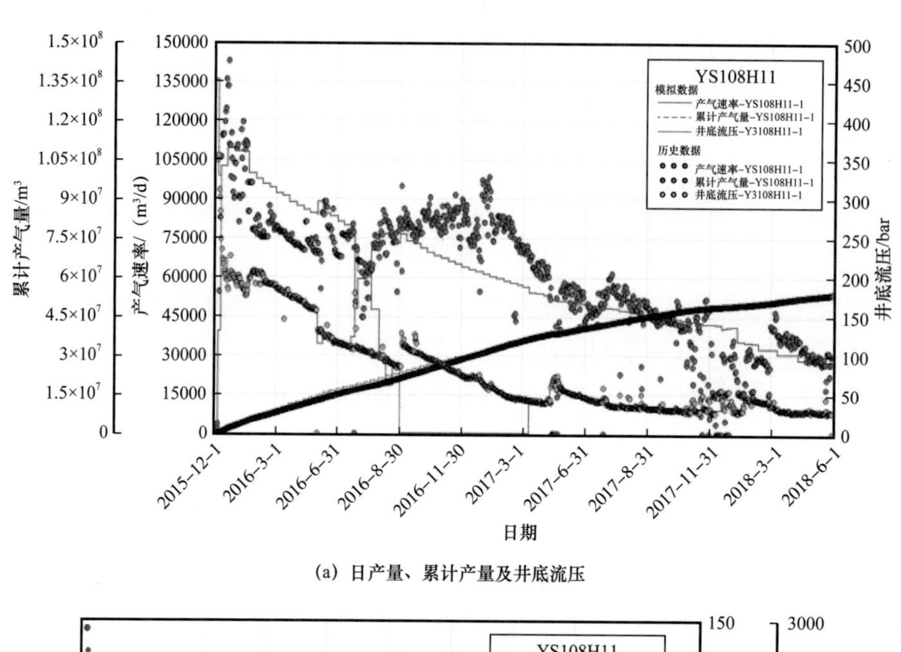

(a) 日产量、累计产量及井底流压

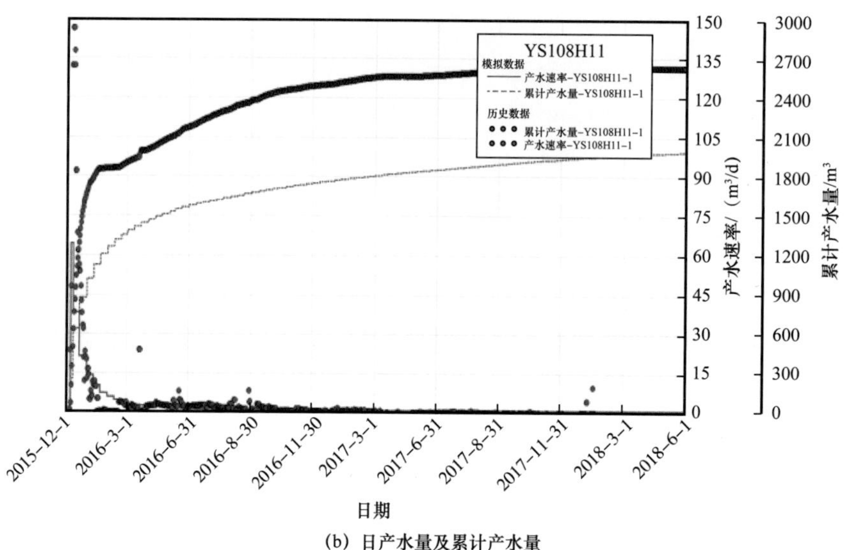

(b) 日产水量及累计产水量

图3-4-6 H11-1井拟合效果

（2）H11-2井。

该井井底流压、累计产气量及日产气量拟合效果较好，生产初期模拟日产水量难以与实际高产水量保持相同水平，但递减速率可以保持一致。模拟效果如图3-4-7所示。

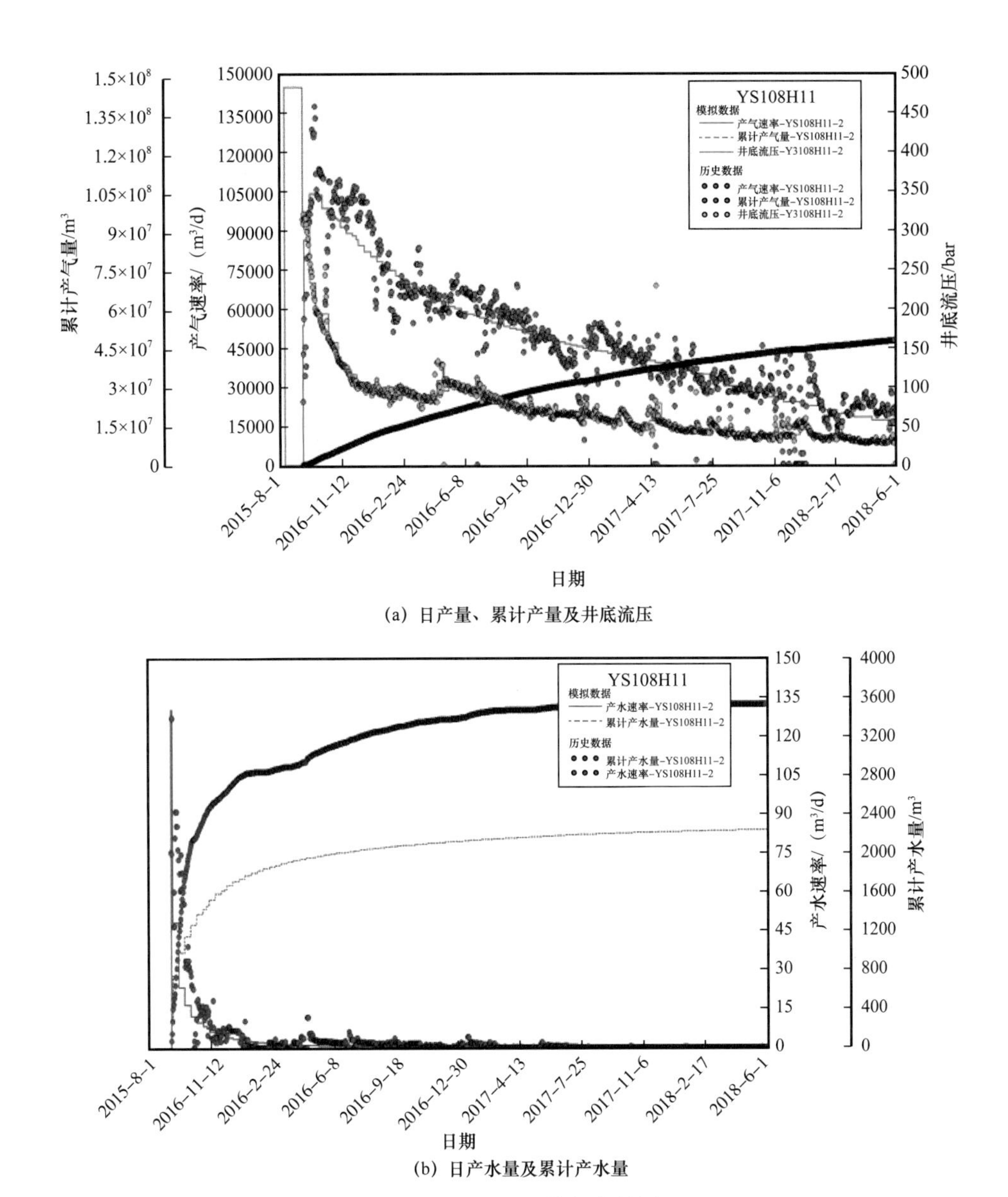

(a) 日产量、累计产量及井底流压

(b) 日产水量及累计产水量

图 3-4-7 H11-2 井拟合效果

（3）H11-3 井。

该井井底流压及日产气量拟合效果较好，累计产气量存在局部差异，生产初期模拟日产水量难以与实际高产水量保持相同水平，但递减速率可以保持一致。模拟效果如图 3-4-8 所示。

将每口井的综合拟合误差进行统计，见表 3-4-3。

拟合修正模型之后，对该井进行 15 年生产预测，预测时平台的三口井分别配井底流压 2.6MPa、2.7MPa 和 3.0MPa。在平台实际生产到 2020 年 7 月 31 日时，先用预测阶段起始点（2018 年 5 月 31 日）到 2020 年 7 月 31 日的生产数据与模拟器预测结果进行对比，以验证拟合模型的准确性，阶段性预测误差见表 3-4-4。

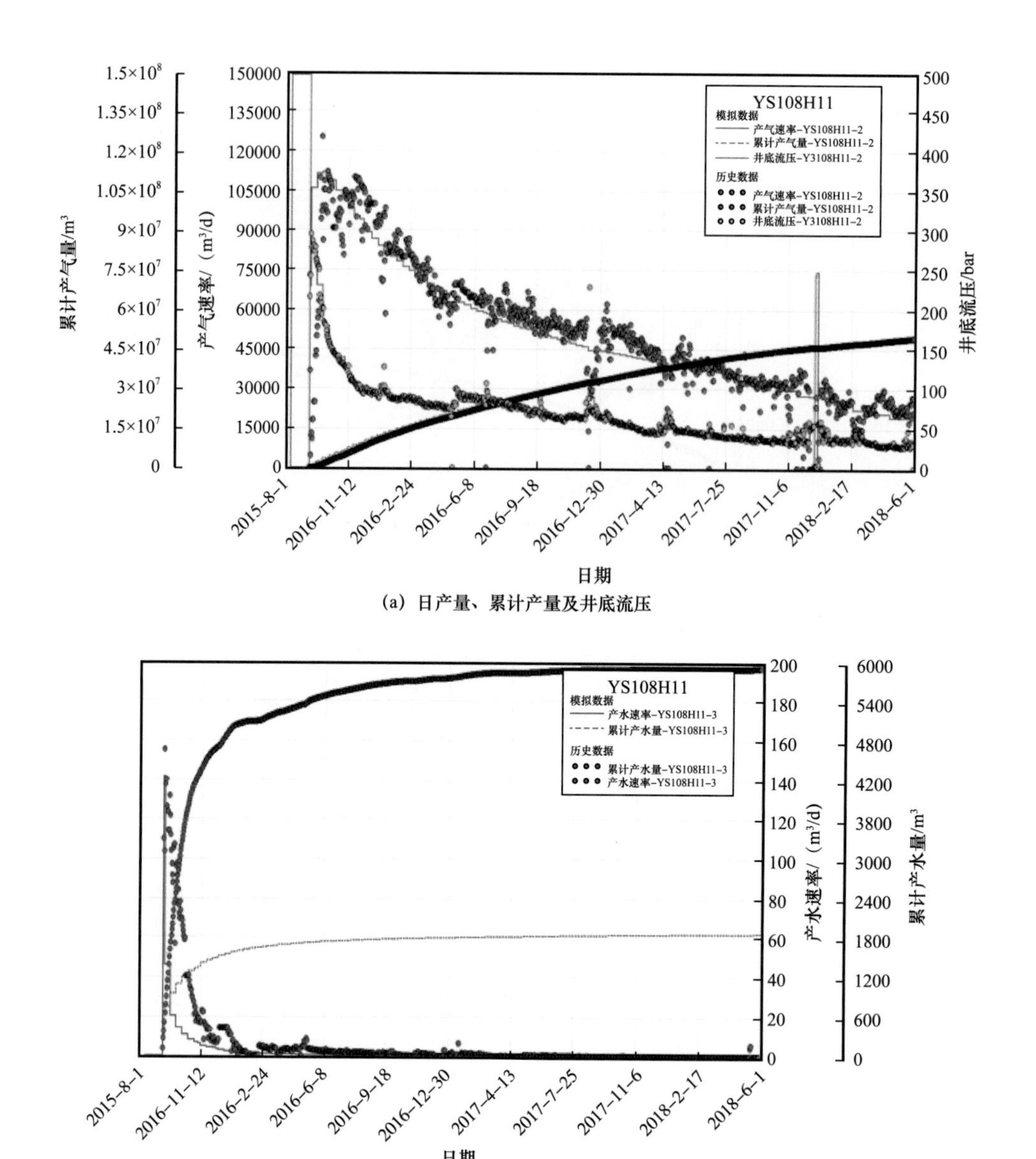

图 3-4-8 H11-3 井拟合效果

表 3-4-3 H11 平台 3 口井拟合后的相对误差

井号	相对误差 /%			绝对误差		
	井底流压	日产气量	累计产气量	井底流压 /bar	日产气量 /m³	累计产气量 /m³
H11-1	2.5	10.6	1.8	5.8	15683.2	1.0×10^{6}
H11-2	3.4	6.7	0.9	11.0	9525.4	4.6×10^{5}
H11-3	6.7	8.8	1.3	19.5	11408.3	6.8×10^{5}

表 3-4-4　H11 平台阶段性预测误差统计表

井号	拟合时间段	预测时间段	预测累计产量 / 10^8m^3	实际累计产量 / 10^8m^3	相对误差 / %
H11-1	2015-11-7 至 2018-5-30	2018-5-31 至 2020-7-31	0.73	0.67	9.00
H11-2	2015-8-11 至 2018-5-30	2018-5-31 至 2020-7-31	0.60	0.58	3.70
H11-3	2015-8-11 至 2018-5-30	2018-5-31 至 2020-7-31	0.64	0.60	6.25

图 3-4-9 为 H11-1 井、H11-2 井和 H11-3 井的阶段性预测结果与实际生产数据的对比，从图中可以看出三口井在预测阶段的日产气量递减速率小于实际生产情况，导致预测累计产量高于实际生产结果。与生产单位核实情况后分析原因为：预测模型在阶段性预测阶段采用定井底流压放喷生产，而实际生产中，在保持压降速率不会过快的情况下采用每日不同的配产进行生产，进而导致预测结果偏高。

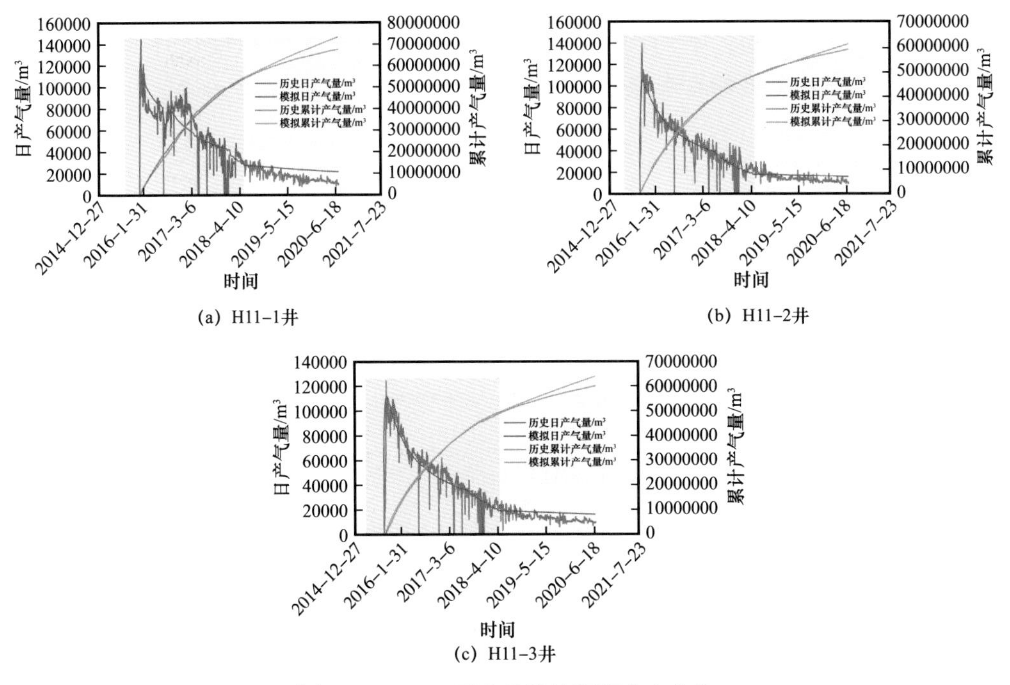

图 3-4-9　H11 平台阶段性预测生产曲线

经过 15 年的模拟预测，得到三口井的 EUR 分别为 $1.22 \times 10^8m^3$、$1.01 \times 10^8m^3$ 和 $1.11 \times 10^8m^3$。将 H11 平台三口井的预测结果与拟合参数统计于表 3-4-5 中，可以发现以下规律：

（1）压裂效果对初期产能的影响比较大，较好的压裂效果会造出导流能力高的人工裂缝网络，开发过程中会产生较高初产量；

（2）裂缝应力敏感程度控制单井的递减速率，最终影响单井的 EUR，应力敏感程度较弱时 EUR 较大；

（3）由于地层状态随着开采而变化，裂缝有效支撑减少，裂缝导流能力对压力的敏感性强，可在生产初期采用控压生产。

表 3-4-5　H11 平台三口井的 EUR 预测结果

井号	初始裂缝导流能力 / mD·m	SRV 渗透率 / mD	裂缝应力敏感程度	初始产量 / 10^4m^3	单井 EUR/ 10^8m^3
H11-1	40	0.003	较弱	10	1.22
H11-2	80	0.004	较强	9.2	1.01
H11-3	70	0.004	中等	6.6	1.11

二、昭通黄金坝井区 YS108H19 平台

该平台采用与 H11 平台相同的建模方法，平台地质模型网格步长为 20m×20m，垂向平均网格高度为 4.7m，总网格数 71 万。平台所在储层厚度 30～40m，平均孔隙度 2.7%，基质渗透率 2.4×10^{-4}mD，平均深度 1817m，平均初始含水饱和度 0.31。图 3-4-10 为 H19 平台储层渗透率及原始含水饱和度分布。

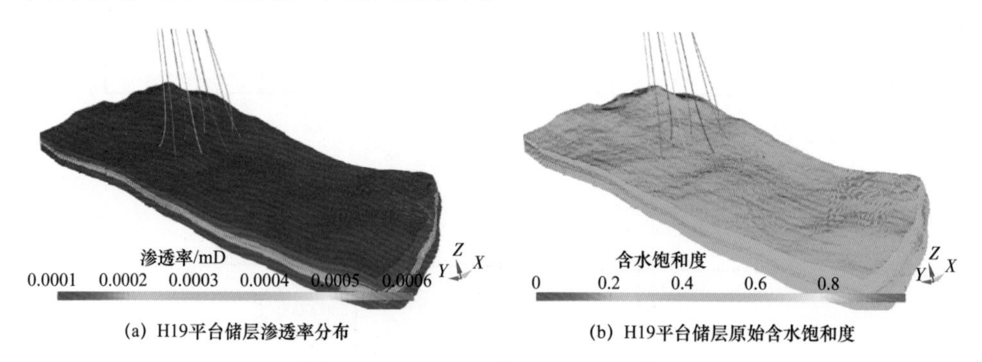

(a) H19平台储层渗透率分布　(b) H19平台储层原始含水饱和度

图 3-4-10　H19 平台属性模型的建立

利用压裂设计施工报告、微地震监测报告分别设置 H19 平台每口井的人工裂缝（图 3-4-11），其中裂缝初始参数与 H11 平台相同。

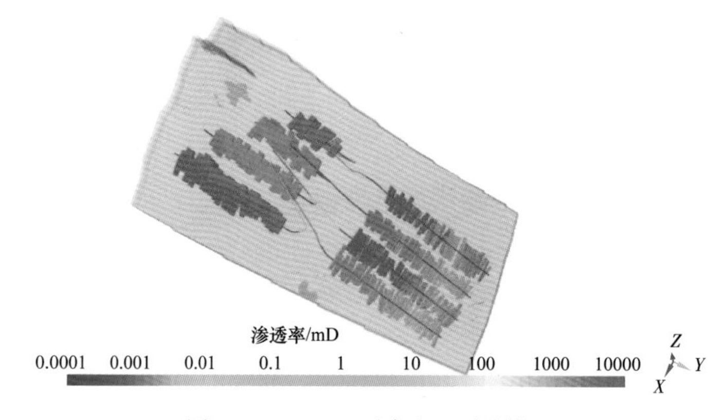

图 3-4-11　H19 平台人工裂缝模型

由于 H19 平台与 H11 平台处于同一工区，采用相同的等温吸附曲线、初始岩石应力敏感曲线及相对渗透率曲线。

H11 平台模型采用重力平衡初始化，模型参考深度 1855m，参考压力 37MPa，压力系数 1.99。地质建模给出了初始含水饱和度分布，在重力平衡初始化后，为基质设置初始含水饱和度，同时调整基质网格的毛细管压力，使局部仍是重力平衡的。图 3-4-12 是基质的原始含水饱和度分布。

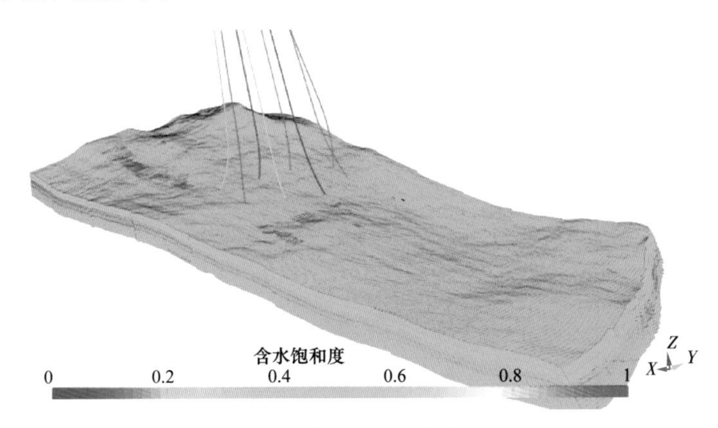

图 3-4-12 基质初始含水饱和度分布

选择 Gray 管流模型将实测井口压力换算到井底流压。实际生产中采用控制压降速度进行生产，故模拟中采用定压力拟合产量。

拟合过程中主要调整的参数有裂缝半长、裂缝渗透率、裂缝孔隙度和应力敏感系数等，图 3-4-13（a）为 H19 平台各井拟合后的人工裂缝导流能力，可以看出北半支 4 口井（H19-1 井、H19-3 井、H19-5 井和 H19-7 井）的裂缝导流能力普遍高于南半支 4 口井（H19-2 井、H19-4 井、H19-6 井和 H19-8 井）。

图 3-4-13（b）为 H19 平台各井拟合后的人工裂缝应力敏感曲线，拟合过程中发现裂缝导流能力的变化是影响拟合效果的主控因素，不同水平井的压裂效果不同，裂缝应力敏感程度差异性大，北半支 4 口井（H19-1 井、H19-3 井、H19-5 井和 H19-7 井）

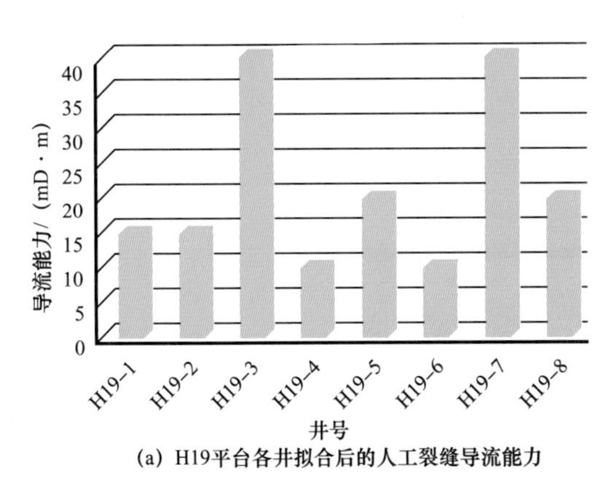

(a) H19平台各井拟合后的人工裂缝导流能力

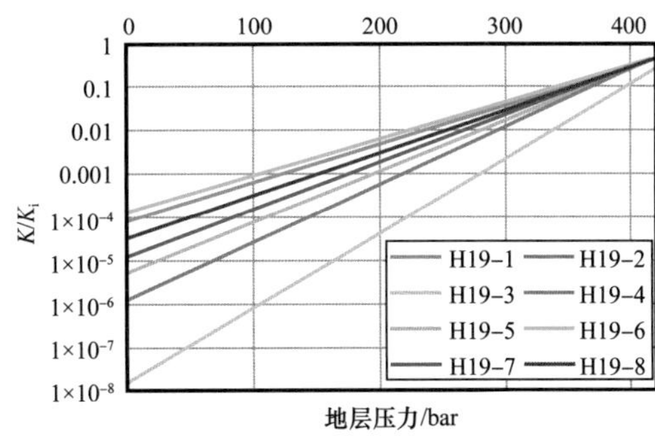

(b) H19平台各井拟合后的人工裂缝应力敏感曲线

图 3-4-13 H19 平台拟合后的相关裂缝参数

的人工裂缝应力敏感程度普遍大于南半支4口井（H19-2井、H19-4井、H19-6井和H19-8井）。

以下是H19平台8口井分别的历史拟合详情：

（1）H19-1井。

该井累计产气量拟合效果好于日产量，日产量拟合的递减率能与实际结果保持较为接近的相似度，由于该井初期返排量较大，产水拟合效果差，模拟效果如图3-4-14所示。

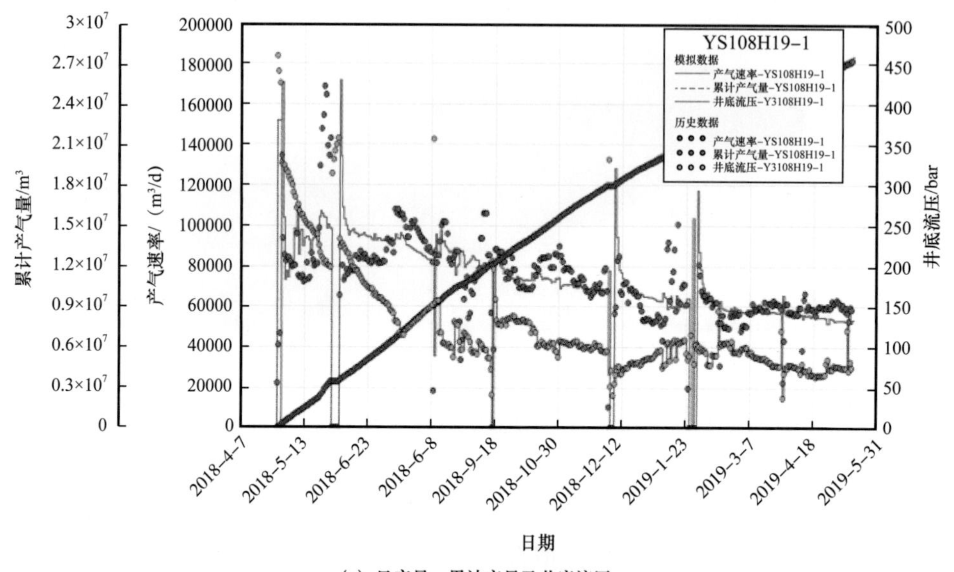

(a) 日产量、累计产量及井底流压

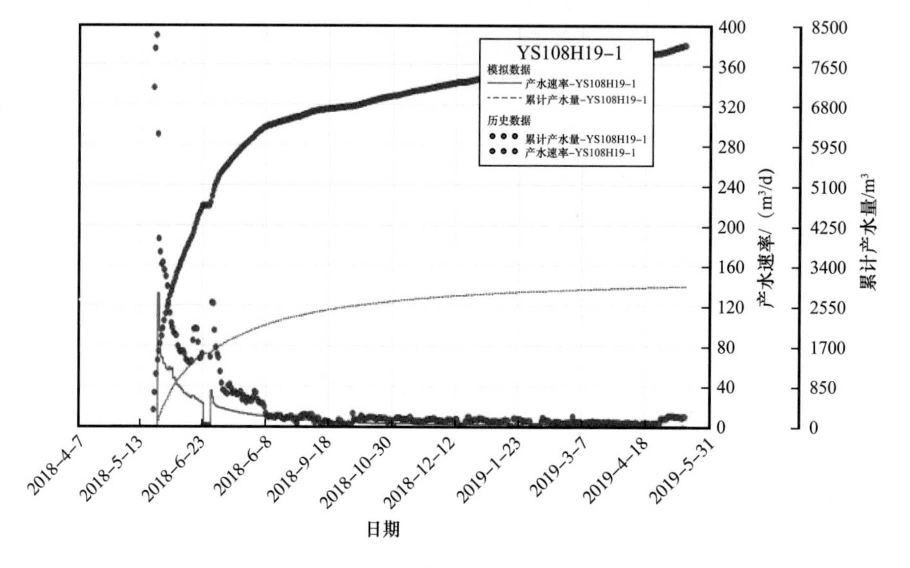

(b) 日产水量及累计产水量

图3-4-14 H19-1井拟合效果

（2）H19-3 井。

该井累计产气量拟合效果好于日产量，日产量拟合的递减率能与实际结果保持较为接近的相似度，由于该井初期返排量较大，产水拟合效果差，模拟效果如图 3-4-15 所示。

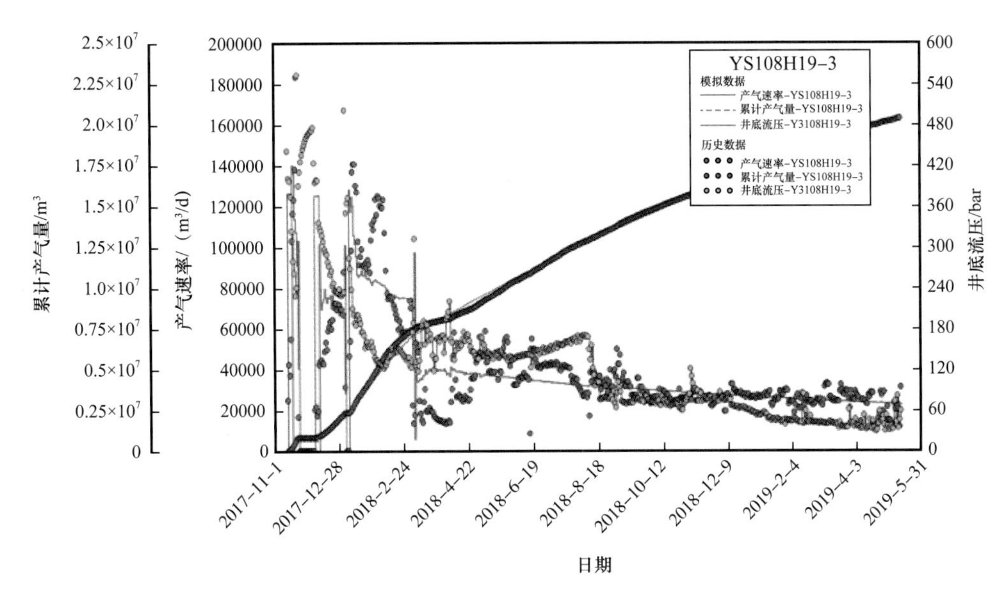

(a) 日产量、累计产量及井底流压

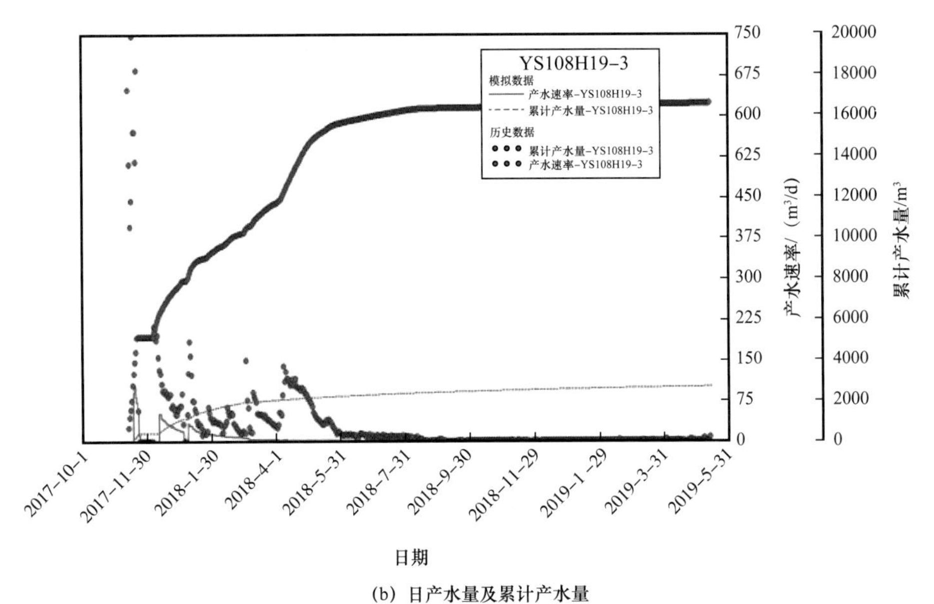

(b) 日产水量及累计产水量

图 3-4-15 H19-3 井拟合效果

（3）H19-5 井。

该井累计产气量拟合效果好于日产量，日产量拟合的递减率能与实际结果保持较为接近的相似度，由于该井初期返排量较大，产水拟合效果差，模拟效果如图 3-4-16 所示。

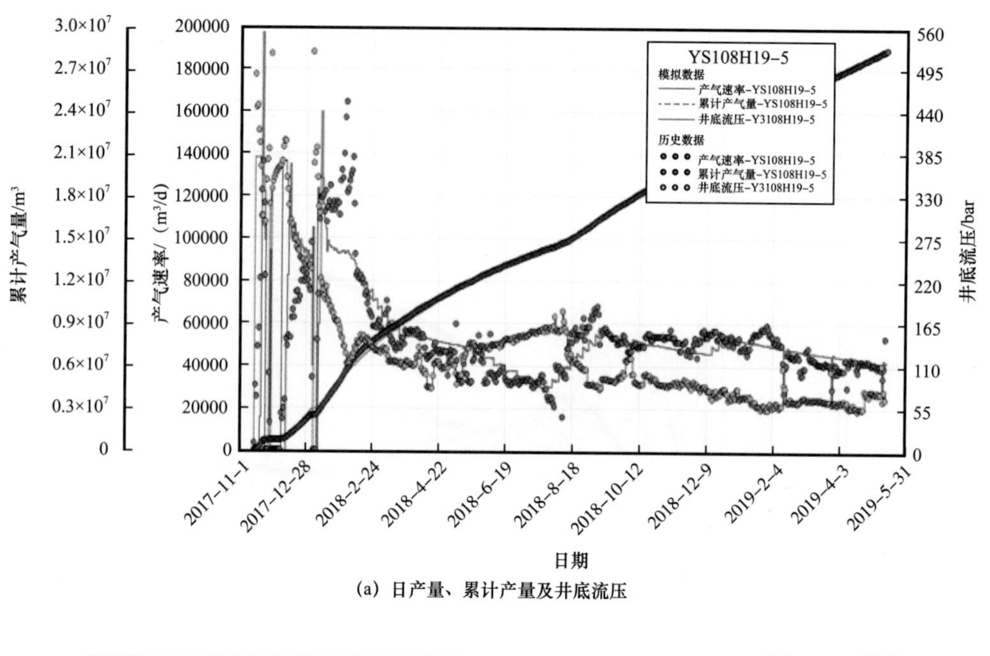

(a) 日产量、累计产量及井底流压

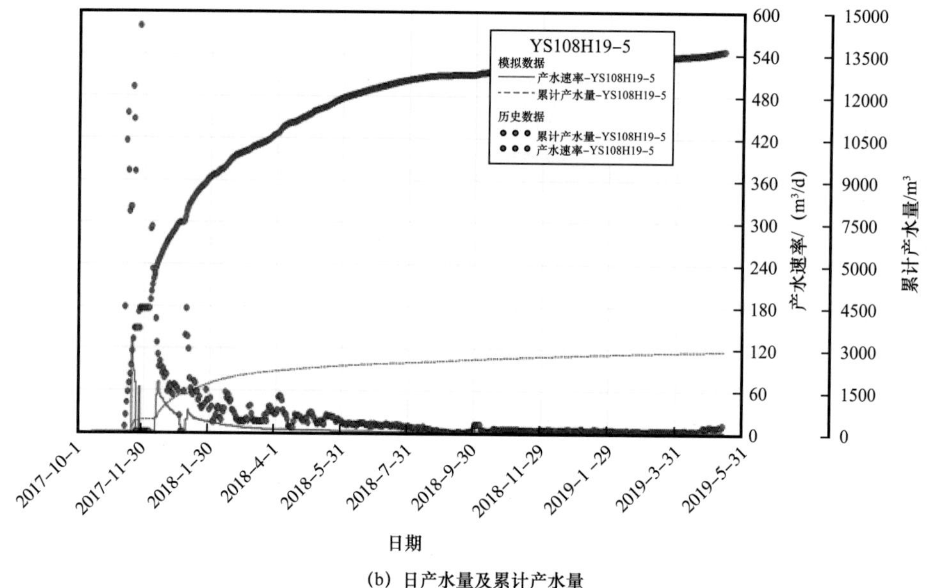

(b) 日产水量及累计产水量

图 3-4-16 H19-5 井拟合效果

（4）H19-7 井。

该井累计产气量拟合效果好于日产量，日产量拟合的递减率能与实际结果保持较为接近的相似度，由于该井初期返排量较大，产水拟合效果差，模拟效果如图 3-4-17 所示。

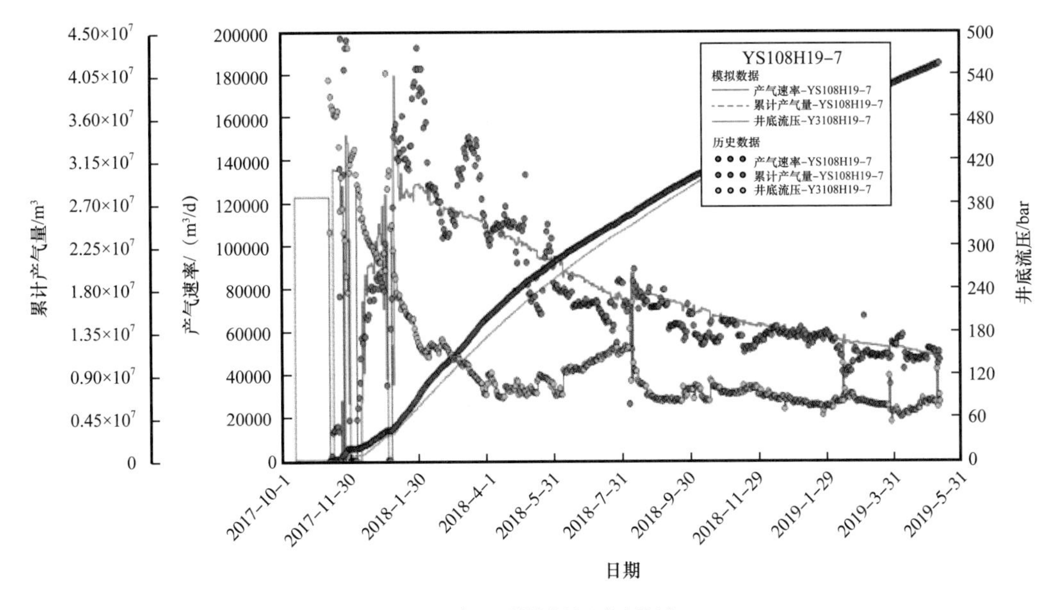

(a) 日产量、累计产量及井底流压

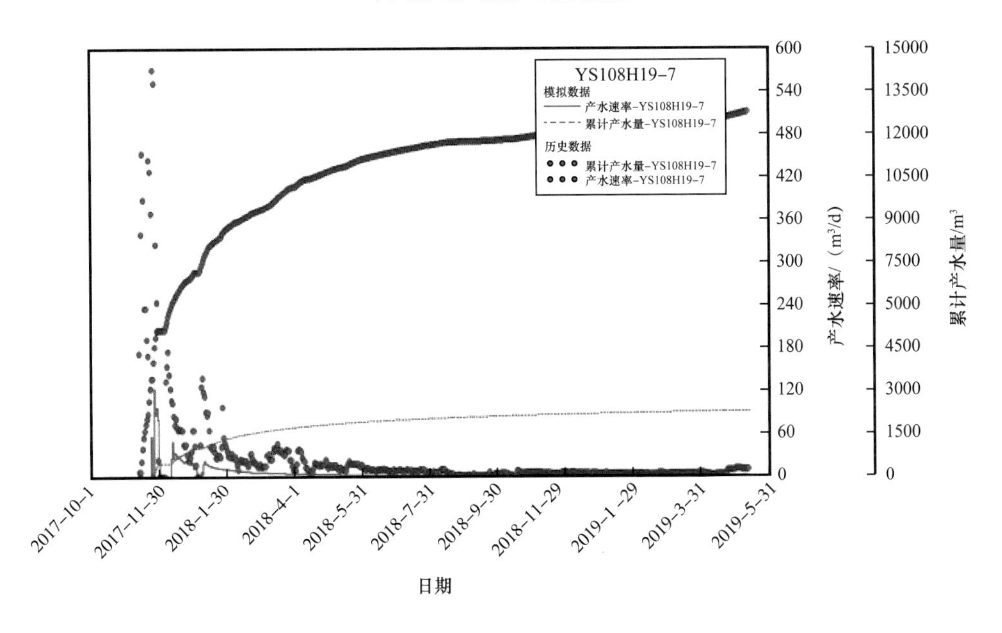

(b) 日产水量及累计产水量

图 3-4-17　H19-7 井拟合效果

（5）H19-2 井。

受到压裂液返排的影响，日产气量在开采初期波动较大，拟合效果较差，累计产气量的拟合效果略好于日产气量。该井在拟合过程中进行提前注水模拟压裂施工，可以得到较好的产水拟合效果，模拟效果如图 3-4-18 所示。

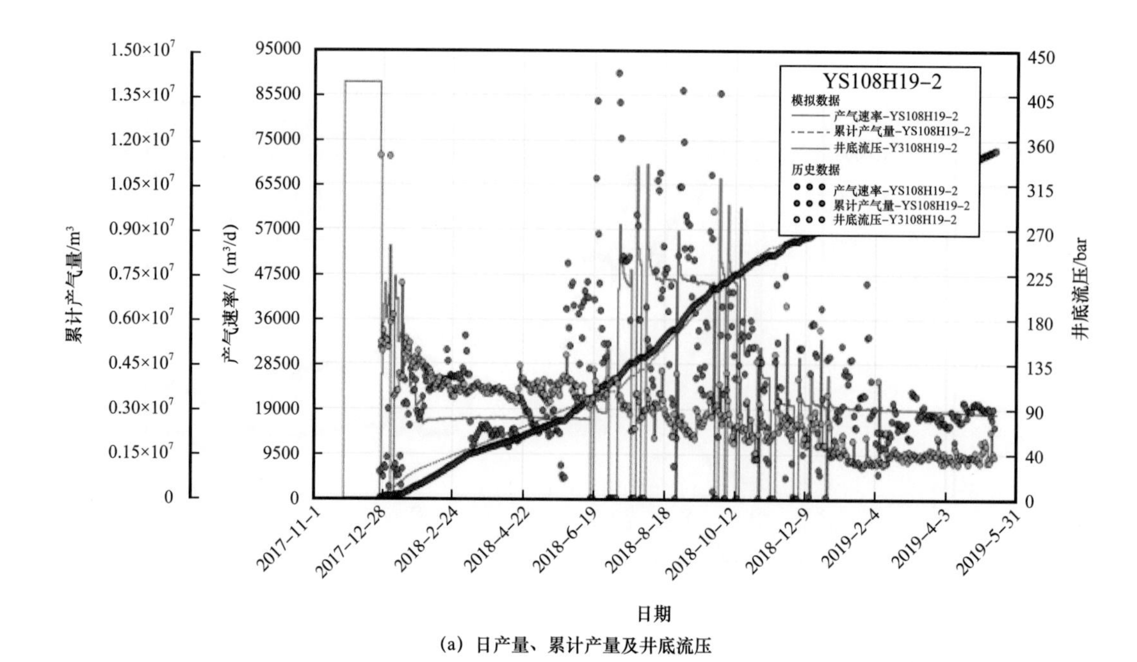

(a) 日产量、累计产量及井底流压

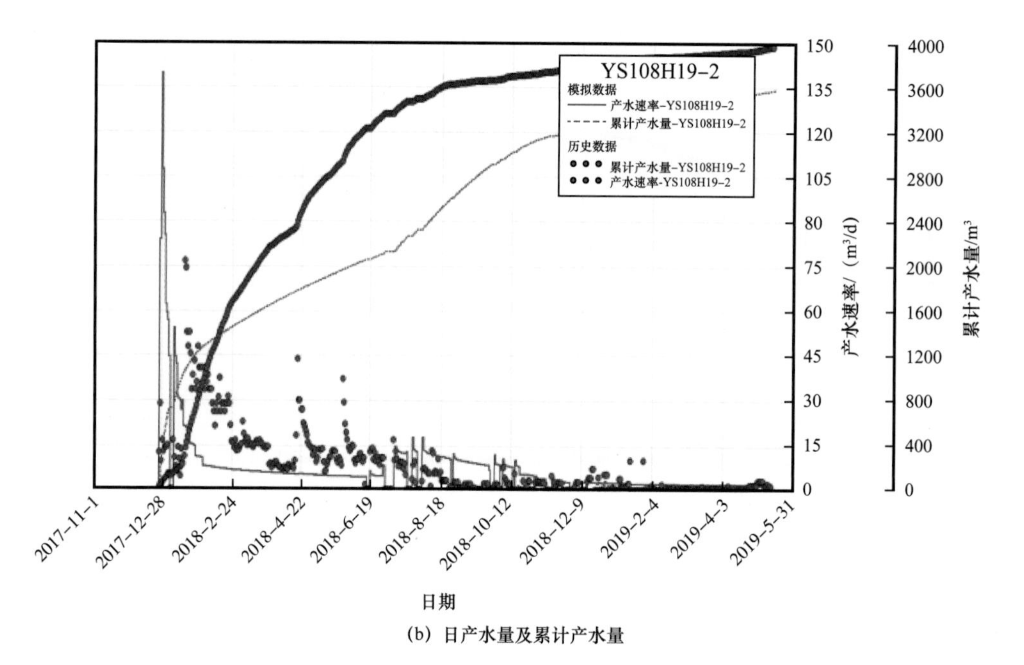

(b) 日产水量及累计产水量

图 3-4-18 H19-2 井拟合效果

（6）H19-4 井。

受到压裂液返排的影响，日产气量在开采初期波动较大，拟合效果较差，累计产气量的拟合效果略好于日产气量。该井在拟合过程中进行提前注水模拟压裂施工，可以得到较好的产水拟合效果，模拟效果如图 3-4-19 所示。

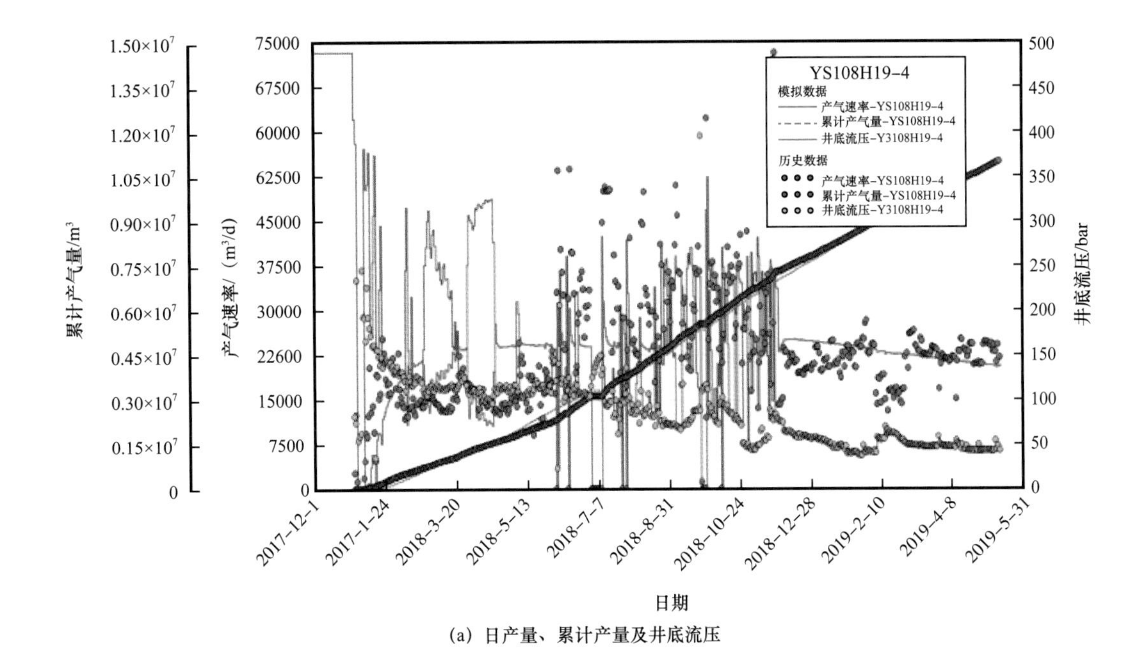

(a) 日产量、累计产量及井底流压

(b) 日产水量及累计产水量

图 3-4-19　H19-4 井拟合效果

（7）H19-6 井。

受到压裂液返排的影响，日产气量在开采初期波动较大，拟合效果较差，累计产气量的拟合效果略好于日产气量。该井在拟合过程中进行提前注水模拟压裂施工，可以得到较好的产水拟合效果，模拟效果如图 3-4-20 所示。

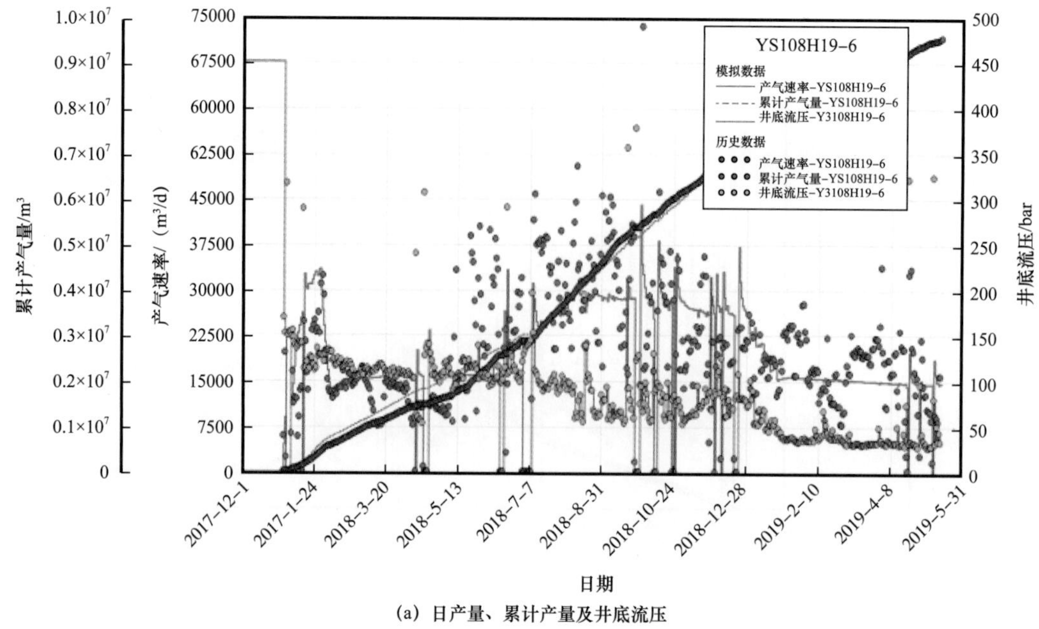

(a) 日产量、累计产量及井底流压

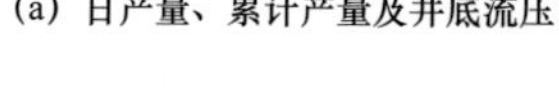

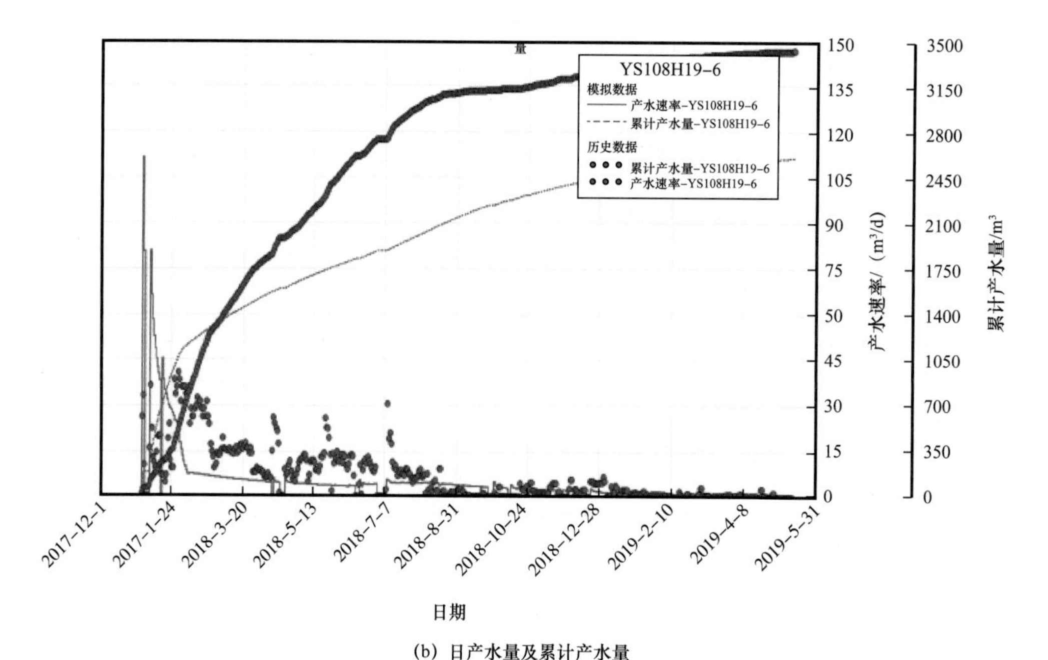

(b) 日产水量及累计产水量

图 3-4-20 H19-6 井拟合效果

（8）H19-8 井。

受到压裂液返排的影响，日产气量在开采初期波动较大，拟合效果较差，累计产气量的拟合效果略好于日产气量。该井在拟合过程中进行提前注水模拟压裂施工，可以得到较好的产水拟合效果，模拟效果如图 3-4-21 所示。

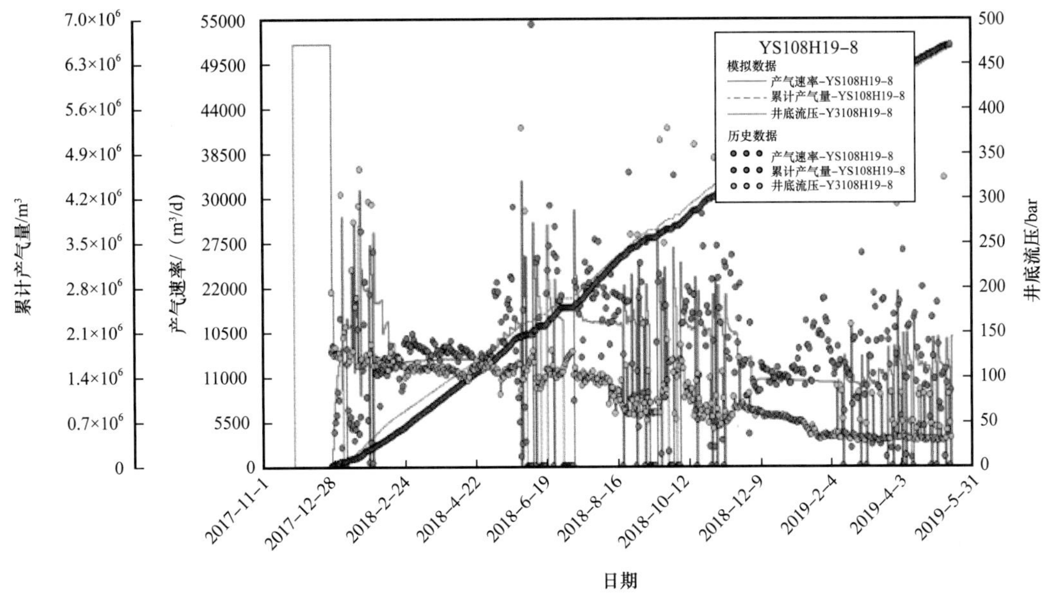

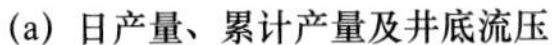
(a) 日产量、累计产量及井底流压

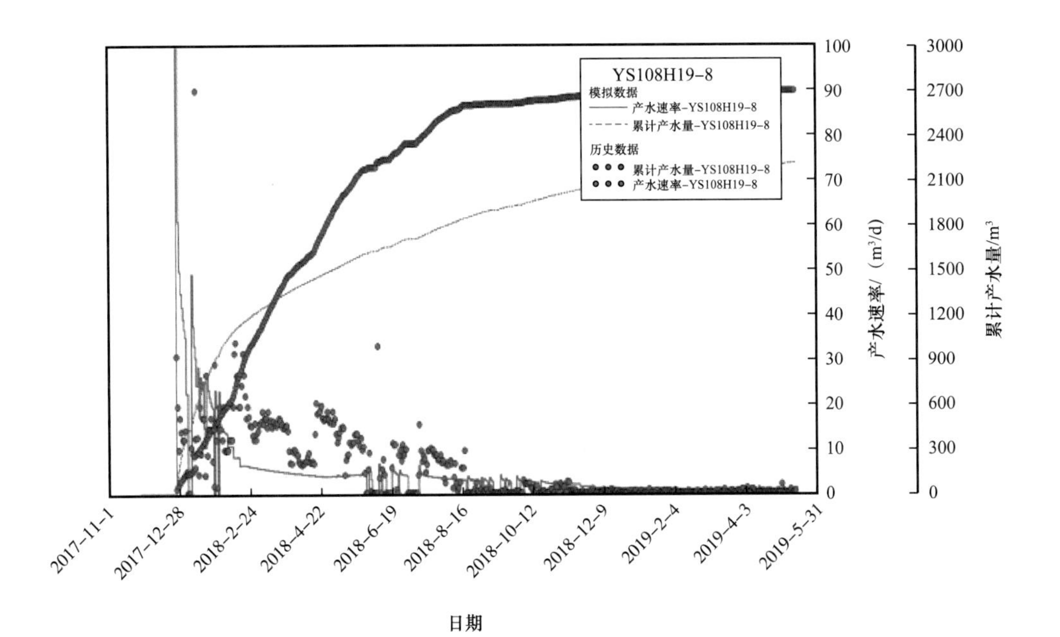

(b) 日产水量及累计产水量

图 3-4-21 H19-8 井拟合效果

将每口井的综合拟合误差进行统计，列于表 3-4-6 中，可以看出 H19 平台的累计产气量整体拟合效果较好，日产气量拟合效果略差于累计产气量。

拟合修正模型之后，对该井进行 15 年生产预测，预测时 8 口井分别给定井底流压 7.0MPa、4.2MPa、4.0MPa、4.3MPa、5.5MPa、3.4MPa、7.0MPa 和 3.3MPa。在平台实际生产到 2020 年 8 月 15 日时，先用预测阶段起始点（2019 年 5 月 16 日）到 2020 年 8 月

15日的生产数据与模拟器预测结果进行对比，以验证拟合模型的准确性，阶段性预测误差见表3-4-7。

表3-4-6 H19平台8口井拟合后的相对误差

井号	相对误差/%		绝对误差	
	日产气量	累计产气量	日产气量/m^3	累计产气量/m^3
H19-1	11.3	1.0	19635.4	2.8×10^5
H19-2	16.9	2.0	15518.6	2.4×10^5
H19-3	7.8	0.9	14639.4	2.1×10^5
H19-4	12.0	1.4	8971.3	1.6×10^5
H19-5	9.6	0.8	16098.7	2.3×10^5
H19-6	12.0	1.9	9038.4	1.9×10^5
H19-7	10.2	2.5	20651.7	1.1×10^6
H19-8	15.1	2.1	8407.1	1.4×10^5

表3-4-7 H19平台阶段性预测误差统计表

井号	拟合时间段	预测时间段	预测累计产量/10^8m^3	实际累计产量/10^8m^3	相对误差/%
H19-1	2018-4-25至2019-5-15	2019-5-16至2020-8-15	0.73	0.67	9.03
H19-2	2017-11-26至2019-5-15	2019-5-16至2020-8-15	0.60	0.58	3.72
H19-3	2017-10-13至2019-5-15	2019-5-16至2020-8-15	0.64	0.60	6.25
H19-4	2017-12-1至2019-5-15	2019-5-16至2020-8-15	0.41	0.44	6.51
H19-5	2017-10-13至2019-5-15	2019-5-16至2020-8-15	0.18	0.19	6.28
H19-6	2017-12-1至2019-5-15	2019-5-16至2020-8-15	0.29	0.28	5.40
H19-7	2017-10-13至2019-5-15	2019-5-16至2020-8-15	0.18	0.20	5.71
H19-8	2017-11-26至2018-5-30	2019-5-16至2020-8-15	0.43	0.42	1.74

图3-4-22为H19平台8口井阶段性预测结果与实际生产数据的对比，从图中可以看出H19-1井、H19-3井、H19-4井和H19-5井的日产气量预测结果误差较小；H9-2井、H9-6井和H9-8井的日产气量预测误差较大，这是因为实际生产中，现场在保持一定的压降速率下采用每日不同的配产进行生产，而模拟计算时则采用定井底流压放喷生产，两者生产制度有一定差别；另外，由于H19-7井在后期进行了一段时间的关井措施，这是模拟计算所无法预知的，所以导致产量曲线产生一定的误差。

经过15年的模拟预测，可以得到8口井的EUR分别为$0.94\times10^8m^3$、$0.48\times10^8m^3$、$0.63\times10^8m^3$、$0.47\times10^8m^3$、$0.93\times10^8m^3$、$0.34\times10^8m^3$、$1.18\times10^8m^3$和$0.31\times10^8m^3$。

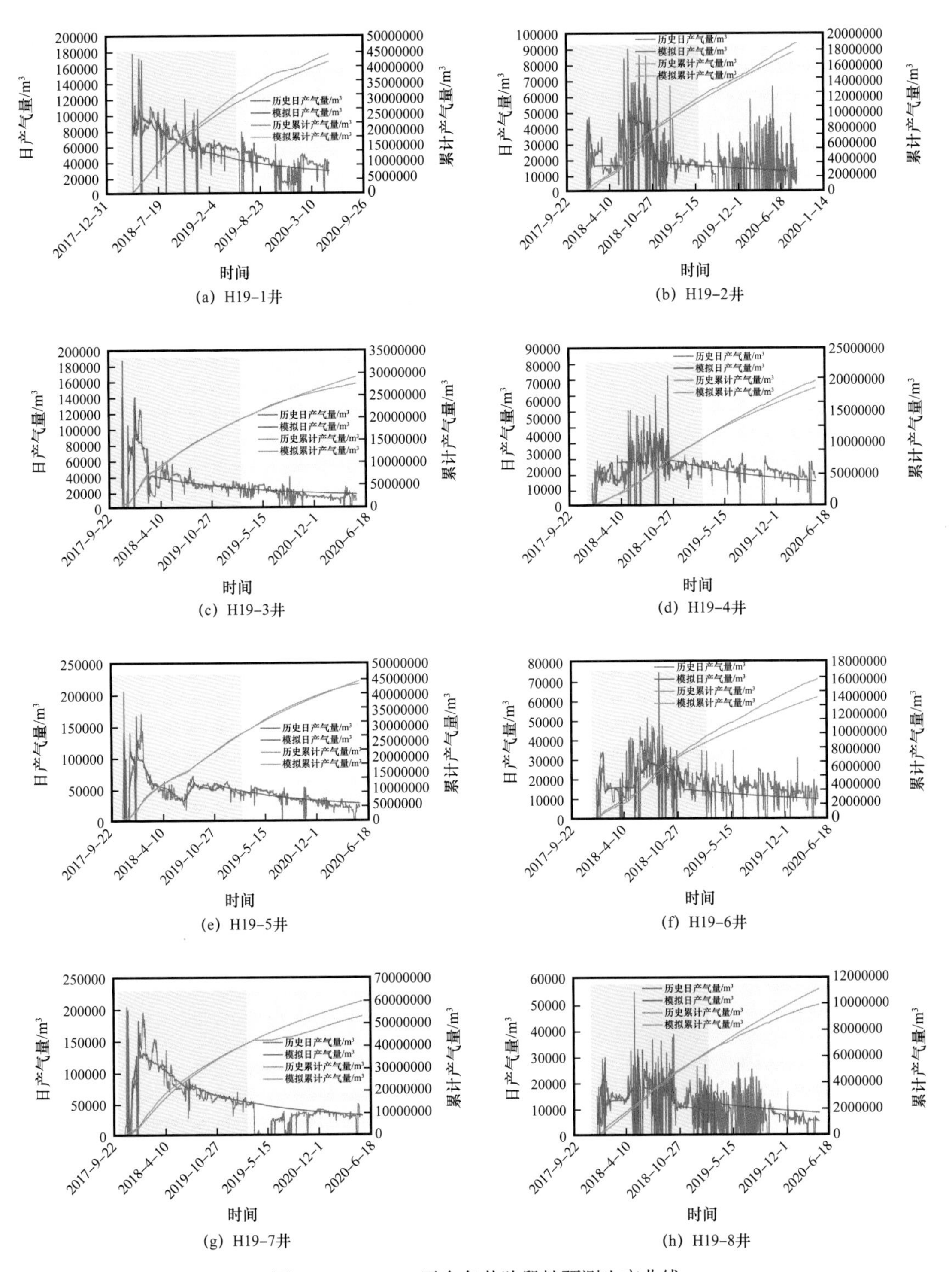

(a) H19-1井　(b) H19-2井　(c) H19-3井　(d) H19-4井　(e) H19-5井　(f) H19-6井　(g) H19-7井　(h) H19-8井

图 3-4-22　H19 平台各井阶段性预测生产曲线

将H19平台8口井的预测结果与拟合参数统计在表3-4-8中，可以发现以下规律：

（1）裂缝应力敏感程度控制单井的递减速率，最终影响单井的EUR，应力敏感程度较弱时EUR较大；

（2）由于地层状态随着开采而变化，裂缝有效支撑减少，裂缝导流能力对压力的敏感性强，可在生产初期采用控压生产。

表3-4-8　H19平台三口井的EUR预测结果

井号	初始裂缝导流能力/mD·m	裂缝应力敏感程度	初始产量/10^4m^3	单井EUR/10^8m^3
H19-1	15	较弱	16.8	0.94
H19-2	15	较弱	9.0	0.48
H19-3	40	强	18.4	0.63
H19-4	10	较强	5.4	0.47
H19-5	20	较强	16.4	0.93
H19-6	10	较弱	4.5	0.34
H19-7	40	一般	19.6	1.18
H19-8	20	一般	3.1	0.31

三、昭通黄金坝井区YS108H24平台

该平台采用与H11平台相同的建模方法，H24平台地质模型的网格步长为20m×20m，垂向平均网格高度为43.5m，总网格数8.3万。平台所在储层平均厚度为24m，平均孔隙度3.8%，基质渗透率2.7×10^{-4}mD。平均深度2321m，平均初始含水饱和度0.30。图3-4-23为H24平台储层渗透率分布及原始含水饱和度分布。

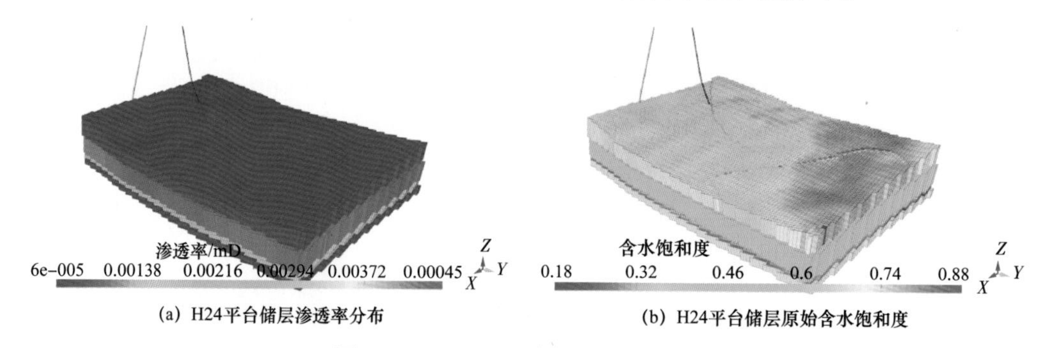

(a) H24平台储层渗透率分布　(b) H24平台储层原始含水饱和度

图3-4-23　H24平台属性模型的建立

利用压裂设计施工报告、微地震监测报告分别设置H24平台每口井的人工裂缝（图3-4-24），其中裂缝初始参数与H11平台相同（表3-4-9）。

由于H24平台与H11平台处于同一工区，采用相同的等温吸附曲线、初始岩石应力敏感曲线及相对渗透率曲线。

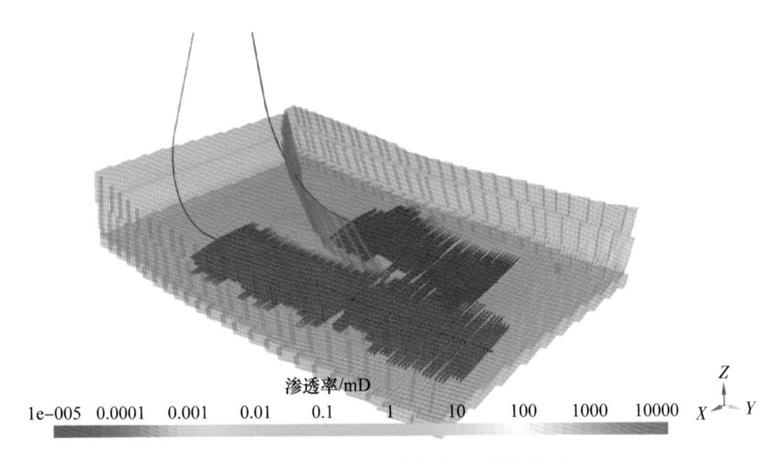

图 3-4-24 H24 平台人工裂缝模型

表 3-4-9 初始裂缝参数

属性	人工裂缝	天然裂缝
水平渗透率 /mD	800	100
垂向渗透率 /mD	800	100
孔隙度	0.6	0.05
裂缝半长 /m	150～200	—
缝高 /m	20	—
分区	全部单独设置	部分单独设置

H24 平台模型采用重力平衡初始化，模型参考深度 2160m，参考压力 43MPa，压力系数 1.99。地质建模给出了初始含水饱和度分布，在重力平衡初始化后，为基质设置初始含水饱和度，同时调整基质网格的毛细管压力，使局部仍是重力平衡的。图 3-4-25 为储层原始地层压力分布。

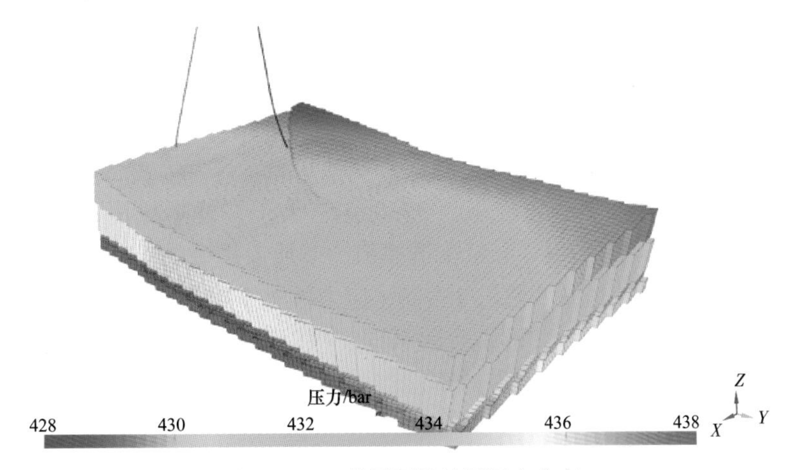

图 3-4-25 储层原始地层压力分布

由于页岩气井的压力检测主要在井口，需要将井口压力换算到井底压力，选择 Gray 管流模型将实测井口压力换算到井底流压。H24 平台实际生产过程中采用了控压放喷生产的方式，故模拟计算中的生产方式采用定井底流压拟合产量。

在 H24 平台应用了自动历史拟合技术，对于需要拟合修正的不确定性参数，分别选取了 H24 平台两口井 SRV 区域的渗透率、裂缝渗透率、裂缝半长及应力敏感系数等，设置了初始值、最小值、最大值、迭代步长和修正方式（乘数或取值）等，具体见表 3-4-10。对于目标函数，分别考虑了 H24 平台两口井的日产气量和累计产气量，并加入了四个待拟合参数的权重及测量误差等参数（表 3-4-11）。

表 3-4-10 不确定性参数的设置

序号	拟合参数	关联井名	初始值	最小值	最大值	修正方式
1	SRV 渗透率 / mD	H24-1	20	0.1	100	*
2	SRV 渗透率 / mD	H24-3	20	0.1	100	*
3	人工裂缝渗透率 / mD	H24-1	3000	1000	10000	=
4	人工裂缝渗透率 / mD	H24-3	3000	1000	10000	=
5	人工裂缝半长 /m	H24-1	1	0.5	1.5	*
6	人工裂缝半长 /m	H24-3	1	0.5	1.5	*
7	裂缝应力敏感系数	H24-1	0.2	0.01	0.5	=
8	裂缝应力敏感系数	H24-3	0.2	0.01	0.5	=

表 3-4-11 目标函数的设置

序号	目标属性	关联井名	起始日期	结束日期	权重
1	日产气量	H24-1	2018-10-4	2020-3-3	2
2	累计产气量	H24-3	2018-10-4	2020-3-3	1
3	日产气量	H24-1	2018-10-4	2020-3-3	4
4	累计产气量	H24-3	2018-10-4	2020-3-3	2

经过历史拟合达到目标函数值最小的模型参数组合。H24-1 井 SRV 区域渗透率值为基质渗透率的 1.2 倍，人工裂缝渗透率为 2720mD，人工裂缝半长是原始值的 1.0 倍，应力敏感系数为 0.19；H24-3 井 SRV 区域渗透率值为基质渗透率的 1.6 倍，人工裂缝渗透率为 5380mD，人工裂缝半长是原始值的 1.4 倍，应力敏感系数为 0.18。

图 3-4-26 为 H24 平台两口井的拟合效果图，可以发现该平台两口井日产气量和累计产气量拟合效果都较好，日产量的递减率能与实际结果保持较为接近的相似度。将每口井的综合拟合误差进行统计，列于表 3-4-12 中。

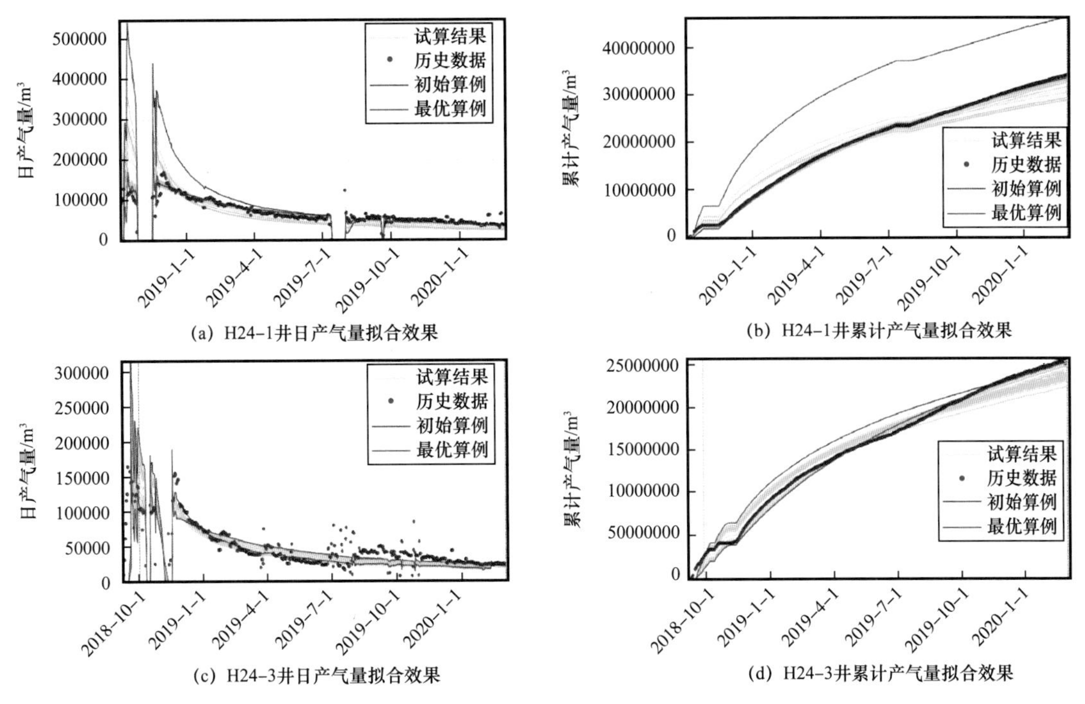

(a) H24-1井日产气量拟合效果 (b) H24-1井累计产气量拟合效果

(c) H24-3井日产气量拟合效果 (d) H24-3井累计产气量拟合效果

图 3-4-26 H24-1 及 H24-3 井拟合效果

表 3-4-12 H24 平台 2 口井拟合后的相对误差

井号	相对误差 /%		绝对误差	
	日产气量	累计产气量	日产气量 /m³	累计产气量 /m³
H24-1	10.9	1.2	19363.1	4.4×10^5
H24-3	15.7	2.4	26595.3	6.5×10^5

拟合修正模型之后，对该井进行 15 年生产预测，预测时 2 口井分别给定井底流压 12.0MPa、7.5MPa。在平台实际生产到 2020 年 7 月 31 日时，先用预测阶段起始点（2020 年 3 月 4 日）到 2020 年 7 月 31 日的生产数据与模拟器预测结果进行对比，以验证拟合模型的准确性，阶段性预测误差见表 3-4-13。

表 3-4-13 H24 平台阶段性预测误差统计表

井号	拟合时间段	预测时间段	预测累计产量 / 10^8m^3	实际累计产量 / 10^8m^3	相对误差 / %
H24-1	2018-9-11 至 2020-3-3	2020-3-4 至 2020-7-31	0.39	0.40	2.59
H24-3	2018-10-4 至 2020-3-3	2020-3-4 至 2020-7-31	0.28	0.29	3.23

图 3-4-27 为 H24 平台 2 口井阶段性预测结果与实际生产数据的对比，可以看出两口井的预测效果均较好，模拟计算结果与实际生产数据的日产量、累计产量以及递减率都具有较好的一致性。

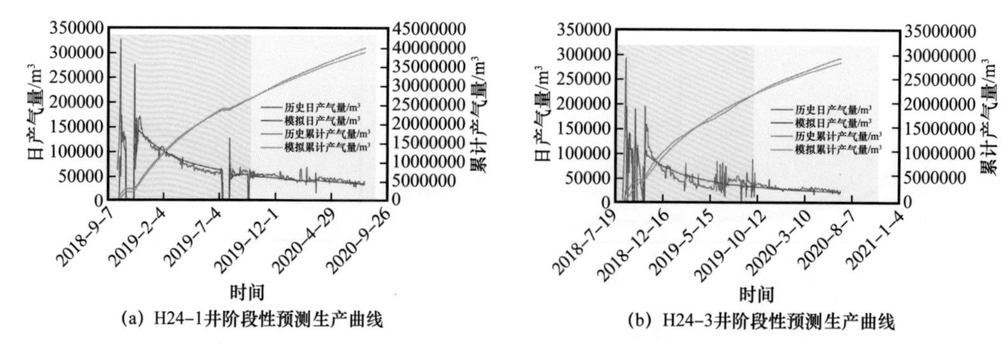

(a) H24-1井阶段性预测生产曲线

(b) H24-3井阶段性预测生产曲线

图 3-4-27 H24 平台两口井阶段性预测生产曲线

经过 15 年的模拟预测，可以得到 2 口井的 EUR 分别为 0.92×10^8m³、0.62×10^8m³。

第四章　页岩气排采工艺技术

页岩气排采技术是指从体积压裂泵注施工结束到气井废弃前，所实施的采气技术，主要包括生产初期排液测试技术和中后期的排水采气技术。页岩气井的返排效果与后期生产效果有强相关性；气井出砂与排液测试制度也有强相关性；钻磨桥塞的碎块、回流的支撑剂及地层出砂等因素对地面流程的除砂功能有新要求，工厂化作业条件下要求地面测试流程占用场地面积要小；页岩气井后期生产压力低产量小，要求排水采气工艺能实现长期经济有效。本章总结了针对返排效果影响因素、防支撑剂回流的生产制度、安全高效的排液测试地面流程、经济有效的排水采气工艺技术等方面的研究成果，供页岩气井生产管理者参考。

第一节　基于缝网的页岩气井体积压裂返排效果影响因素

围绕长宁—威远页岩气开发示范区对排采工艺技术的需求，通过研究页岩组分与压裂液相互作用及压裂缝网规模对返排率的影响规律，形成耦合基质—天然裂缝—人工缝网的体积压裂井返排率预测方法，以及不同返排率条件下缝网压裂产能预测方法，为页岩体积压裂井返排率影响产能评价及设计参数优化提供技术支撑。为此，首先需要建立压裂后缝网重构、有效改造体积（ESRV）的定量评价方法；在此基础上，研究建立页岩缝网气液两相流动的渗流计算模型，由此提供返排及产能的精细物理分析及预测方法，并用以明确影响体积压裂井返排率和返排的关键因素。最后，利用基于大数据智能思想，通过机器学习构建页岩气井返排率及产能预测快速分析方法，方便现场应用实施。

一、压后缝网重构方法

1. 单裂缝几何形态模型

构建离散裂缝网络模型的基础是建立合理的单裂缝几何形态模型。目前常用的单裂缝几何形态模型主要有 Bacher 圆盘模型（Bacher et al.，1983）、改进 Bacher 圆盘模型（Geier et al.，1988）、Possion 圆盘模型（Dershowitz，1984）、随机多边形模型等模型（Stsub et al.，2002）。通过大型真三轴室内压裂实验发现，水力压裂缝网中裂缝的几何形态符合随机多边形模型特征（图 4-1-1），并且随机多边形模型具有表征准确、模型简单、空间变换方便等优点（Alghalandis，2017）；因此，研究决定采用随机多边形模型开展缝网重构。

在选择了随机多边形模型之后，针对裂缝单裂缝几何形态开展建模，基于裂缝产状三要素走向、倾向、倾角构建单裂缝的几何模型。假设裂缝的走向为 α_1、倾角为 α_2、倾

向为 α_3，裂缝面在三个坐标轴上的截距分别为 a、b、c，通过图 4-1-2 中的几何关系计算出各个产状参数。

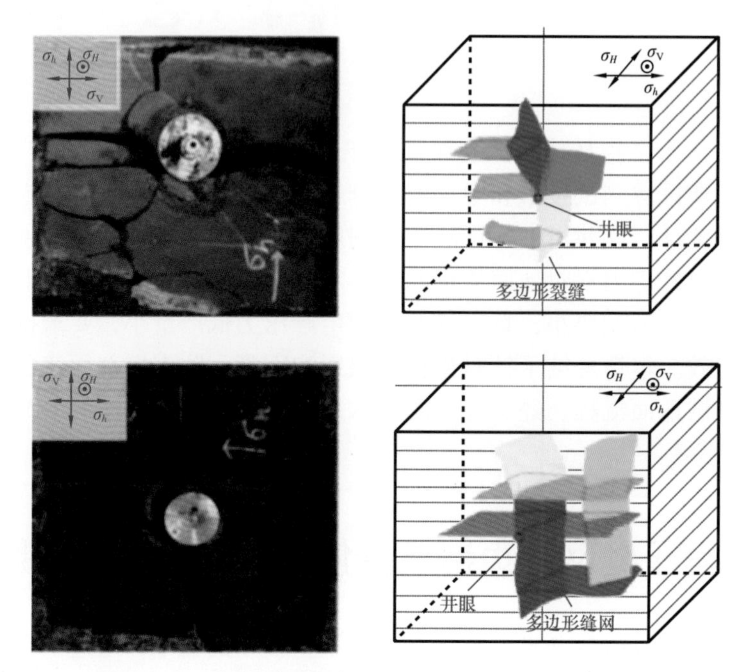

图 4-1-1　水力压裂物模实验压后岩样及缝网形态描述

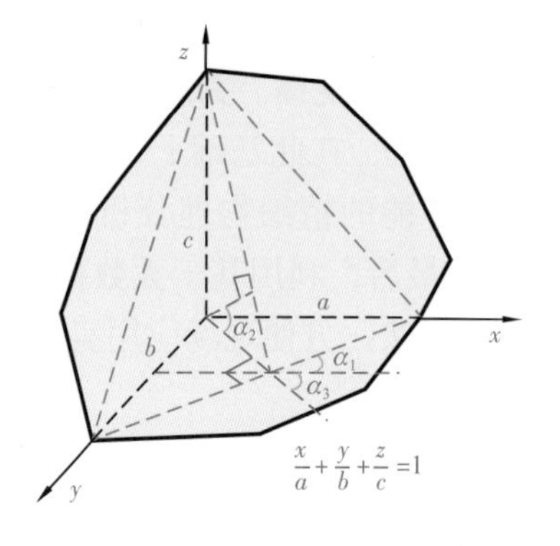

图 4-1-2　随机多边形单裂缝几何模型

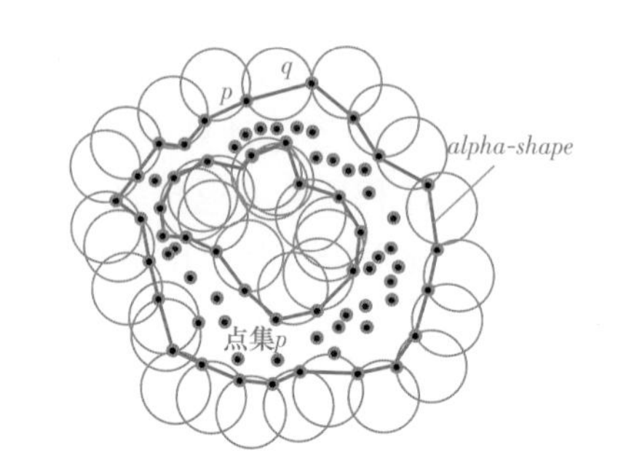

图 4-1-3　alpha-shape 形状识别算法示意图

由图 4-1-2 中的截距得到裂缝的几何方程为

$$\frac{x}{a}+\frac{y}{b}+\frac{z}{c}=1 \tag{4-1-1}$$

裂缝的走向为 α_1 为

$$\alpha_1=\begin{cases}\arctan\left(-\dfrac{b}{a}\right) & \arctan\left(-\dfrac{b}{a}\right)\geq 0\\ \arctan\left(-\dfrac{b}{a}\right)+\pi & \arctan\left(-\dfrac{b}{a}\right)<0\end{cases} \tag{4-1-2}$$

其中，走向 α_1 的范围为 $\alpha_1 \in [0, \pi]$。

同理得到裂缝的倾角 α_2 为

$$\alpha_2 = \arctan\left(|c|\sqrt{\frac{a^2+b^2}{|ab|}}\right) \tag{4-1-3}$$

其中倾角 α_2 的范围为 $\alpha_2 \in \left[0, \frac{\pi}{2}\right]$。

进一步得到裂缝倾向 α_3 为

$$\alpha_3 = \begin{cases} \alpha_1 + \frac{\pi}{2} \operatorname{sgn}(a)\operatorname{sgn}(c) = 1 \text{ and } \operatorname{sgn}(a)\operatorname{sgn}(b) = 1 \\ \alpha_1 + \frac{3\pi}{2} \operatorname{sgn}(a)\operatorname{sgn}(c) = -1 \\ \alpha_1 - \frac{\pi}{2} \operatorname{sgn}(a)\operatorname{sgn}(c) = 1 \text{ and } \operatorname{sgn}(a)\operatorname{sgn}(b) = -1 \end{cases} \tag{4-1-4}$$

其中，倾向 α_3 的范围为 $\alpha_3 \in [0, 2\pi]$。基于alpha-shape方法，开发了三维随机多边形裂缝识别算法（Liang et al.，1988），如图4-1-3所示。alpha-shape方法在取边界值的情况下是Delaunay三角剖分算法的一种。对于一个二维平面上的点集P来说，alpha-shape通过遍历点集P中的任意两点p和q点，当且仅当存在一个以p点和q点为弦，内部没有其他点的alpha-shape圆盘时，认定p点和q点为点集P的构成的二维形状的顶点，在找到所有的顶点后，依次连接所有的顶点，形成一个多边形的几何形状。

2. 三维缝网重构方法

基于微地震事件得到的位置信息，综合裂缝面产状识别和裂缝形状识别，开发了RFM三维缝网重构方法，如图4-1-4、图4-1-5所示。

采用蒙特卡洛方法生成裂缝数量分别为5、10、15、20的四种模拟缝网，采用离散的方法生成事件点集，加入一定比例的噪点，通过对模拟事件点进行RFM三维重构得到新缝网，并对比原始缝网和重构缝网分析算法的稳健性，发现重构缝网和模拟缝网的相似度较高，算法具有较好的稳健性。如图4-1-5所示，在保持缝网不变，分别添加5%、10%、15%、20%、25%的噪点进行模拟重构。发现当噪点比例大于10%时，RFM三维重构缝网的不确定性明显增加，当噪点比例小于10%时，算法重构效果较好，表明算法可以克服10%左右的噪点。

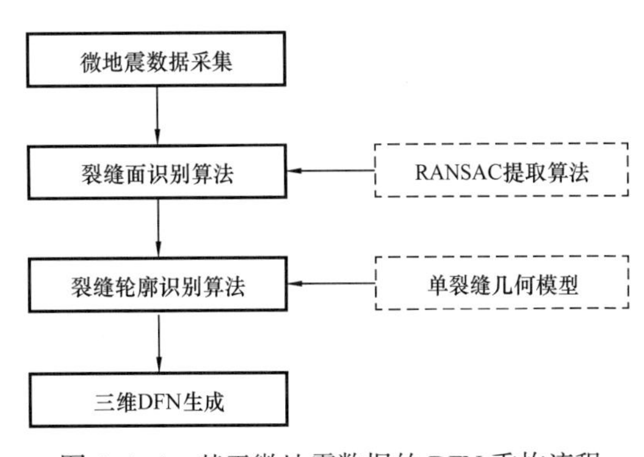

图4-1-4 基于微地震数据的DFN重构流程

基于上述理论方法，将RFM三维应用于YY1页岩气井。YY1井位于川中隆起区的川西南低陡褶带，储层为志留系龙马溪组页岩，从图 4-1-6 可以看出，YY1 井中的天然裂缝主要为构造运动形成的构造裂缝以及超压填充裂缝，其中构造裂缝形成的张开缝多为高角度垂直缝；超压裂缝多为微细裂缝，大多数被等矿物充填。从图 4-1-7 也可以看出，由于受到地应力屏蔽作用，未出现远井的天然裂缝激发产生的微地震事件点。

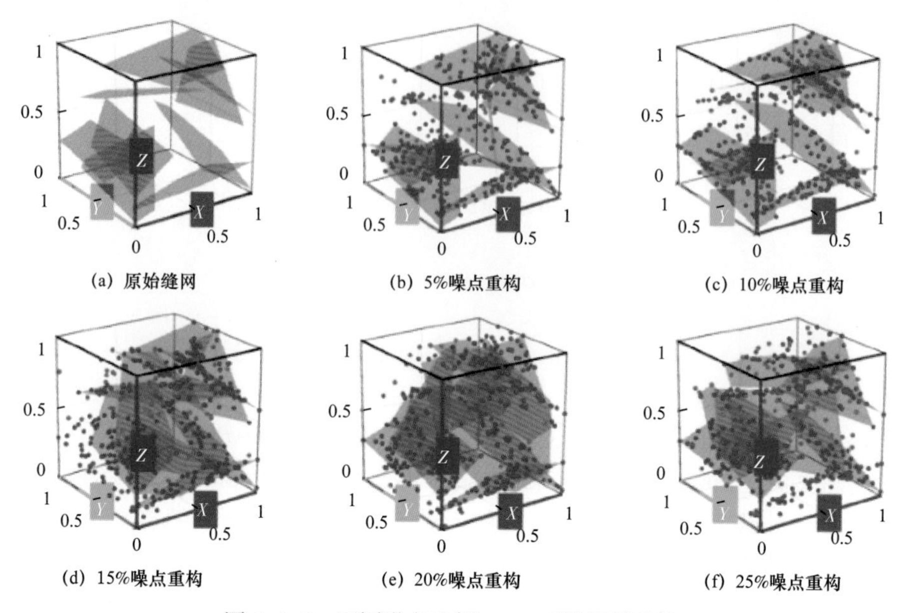

图 4-1-5 不同噪点比例 RFM 三维模拟重构

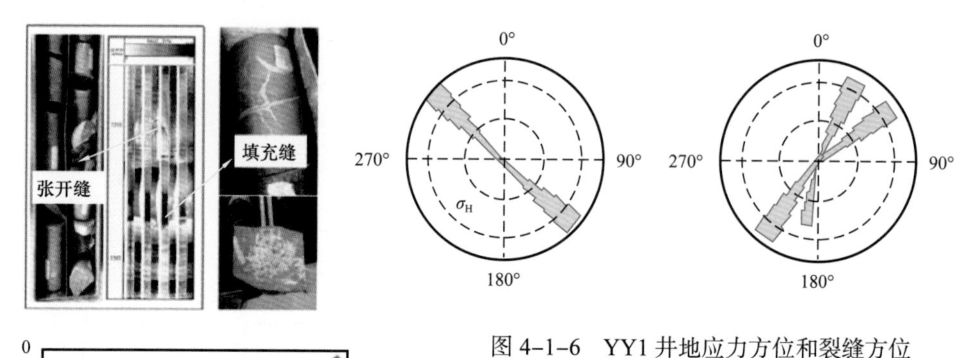

图 4-1-6 YY1 井地应力方位和裂缝方位

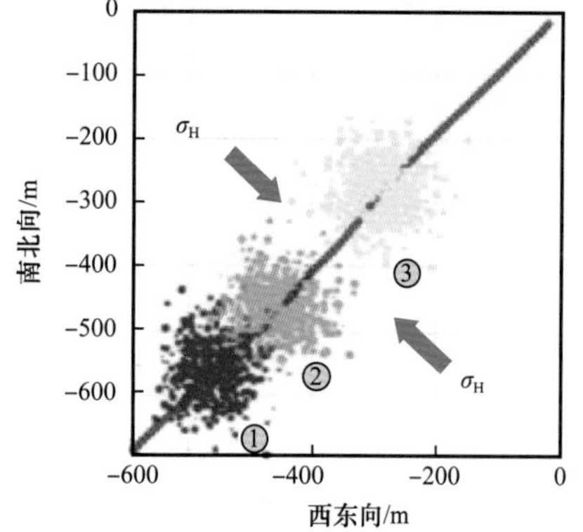

图 4-1-7 YY1 井段微地震监测

如图 4-1-7 所示，YY1 井段微地震监测接收级数为 3 级，现场实时处理并定位的有效微地震事件点共 1800 个；从微地震事件震级及分布特征看，事件在压裂施工全程均有发生。由图 4-1-8 中 RFM 三维重构结果可知，水力压裂形成了一定规模的体积缝网。从图 4-1-8（b）中可见，重构三维缝网和原始的微地震事件贴合度较高，每个压裂段重构裂缝的延伸范围仅限于该段对应的微地震信号的展布范围。

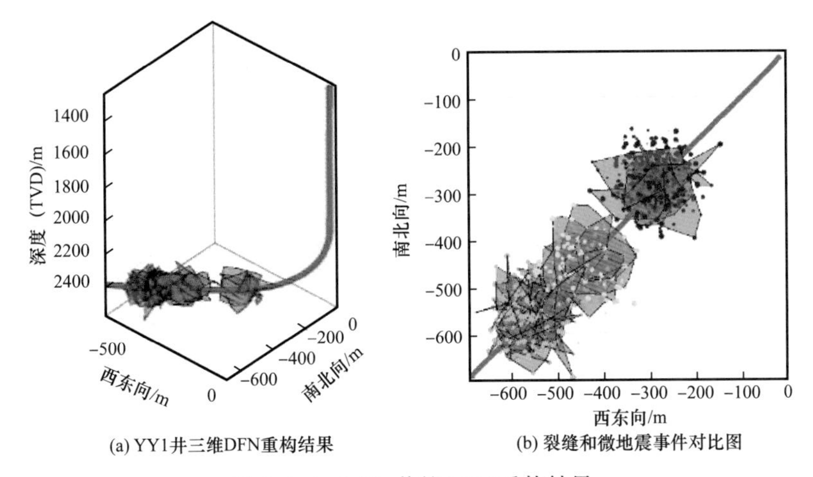

(a) YY1井三维DFN重构结果 (b) 裂缝和微地震事件对比图

图 4-1-8 YY1 井的 DFN 重构结果

二、页岩储层缝网气液两相流动模拟理论与应用

水力压裂过程中向地层中注入了大量的压裂液，但是在压后返排出的水量往往不超过注入量的20%。通过相渗实验发现，页岩的束缚水饱和度大于其初始含水饱和度，因此注入的压裂液很大一部分成为页岩的束缚水而无法排出，而未排出的水占据了气体的流出通道，降低了油气的相对渗透率，显著影响水力压裂增产效果。也有一些文献认为由于页岩基质渗吸入部分水，其内部产生新的微裂缝提高了基质绝对渗透率。

1. 页岩储层缝网气液两相流动模型

现有压裂注液模拟方法存在一些缺陷：无法定量衡量压裂液进入地层后发生的渗吸，且模拟区域尺度受人为因素控制。现有产能预测方法存在的缺陷包括：仅能考虑全模拟区域的单一流态，即模拟区域为两相流或单相流；而由于页岩的束缚水饱和度高于初始含水饱和度，无论是注液还是生产过程，地层中均同时存在单相流和多相流（Wei，2020）。

油气水三相的连续性方程为

$$\partial_t\left(\rho_o\phi S_o\right)+\nabla\left(\rho_o v_o\right)=\dot{m}_o \tag{4-1-5}$$

$$\partial_t\left(\rho_g\phi S_g\right)+\nabla\left(\rho_g v_g\right)=\dot{m}_g \tag{4-1-6}$$

$$\partial_t\left(\rho_l\phi S_l\right)+\nabla\left(\rho_l v_l\right)=\dot{m}_l \tag{4-1-7}$$

式中 ρ_o——油的密度，g/cm^3；

ρ_g——气的密度，kg/m^3；

ϕ——地层孔隙度，%；

S_o——含油饱和度，%；

S_g——含气饱和度，%；

v_o——油的渗流速度，μm/s；

v_g——气的渗流速度，μm/s；

$\dot{m}_g$——单位体积岩石内的气质量源，g；

$\dot{m}_o$——单位体积岩石内的油质量源，kg；

ρ_l——压裂液密度，kg/m^3；

S_l——含水饱和度，%；

v_l——压裂液渗流速度，μm/s；

$\dot{m}_l$——单位体积岩石内的压裂液注入量，m^3。

本节的单位均采用国际单位制。A 气体的状态方程是连接其密度和压力的桥梁（韦世明等，2018）：

$$\rho_g = p_g \frac{M}{zRT} \tag{4-1-8}$$

式中 p_g——气体压力，Pa；

M——气体摩尔质量，g/mol；

z——气体偏差因子；

R——气体常数；

T——地层温度，℃。

油、水和孔隙的压缩性表示为

$$\rho_o = \rho_o^0\left[1 + c_o\left(p - p_0\right)\right] \tag{4-1-9}$$

$$\rho_l = \rho_l^0\left[1 + c_l\left(p - p_0\right)\right] \tag{4-1-10}$$

$$\phi = \phi^0 + c_\phi\left(p - p_0\right) \tag{4-1-11}$$

式中 ρ_o^0——油的初始密度，g/cm^3；

ρ_l^0——压裂液的初始密度，g/cm^3；

p_0——初始压力，Pa；

ϕ^0——岩石初始孔隙度，%；

c_o——油的压缩系数；

c_l——压裂液的压缩系数；

c_ϕ——岩石的孔隙压缩系数。

c_o、c_l、c_ϕ 均可由实验测得。考虑气体的黏性流和克努森扩散，气体流量为（Wei et al.，2019）

$$\rho_g v_g = -K_m \frac{K_{rg}}{\mu_g} \rho_g \nabla p_g - \frac{\phi M D_k}{zRT} \nabla p_g = -\tilde{K}_{rg} \frac{K_m}{\mu_g} \rho_g \nabla p_g \tag{4-1-12}$$

其中，$\tilde{K}_{rg} = K_{rg} + \dfrac{\phi \mu_g D_k}{K_m p_g}$。

式中 D_k——克努森扩散系数；
μ_g——气体黏度，Pa·s；
K_m——基质渗透率，mD；
K_{rg}——气体相对渗透率；
$\tilde{K}_{rg}$——气体表观相对渗透率。

吸附气的解吸速率和自由气的压力、页岩的有机质含量有关，气体的解吸附可以由式（4-1-13）表示为

$$m_g = \rho_{ga}\rho_s \frac{V_L p_g}{p_g + p_L} \tag{4-1-13}$$

式中 m_g——吸附气质量，g；
ρ_{ga}——标准条件下的气体密度，kg/m^3；
ρ_s——页岩密度，kg/m^3；
V_L——朗格缪尔体积常数，代表页岩中的有机质含量，m^3/kg；
p_L——朗格缪尔压力，Pa。

因此，单位时间内的吸附气解吸量为

$$\dot{m}_g = \rho_{ga}\rho_s V_L \frac{p_L}{\left(p_g + p_L\right)^2}\partial_t p_g \tag{4-1-14}$$

气体流动控制方程为

$$\frac{M}{zRT}\left(p_g\phi \cdot \partial_t S_g + \phi S_g \cdot \partial_t p_g\right) - \rho_{ga}\rho_s V_L \frac{p_L}{\left(p_g + p_L\right)^2}\partial_t p_g - K_{rg}\frac{\tilde{K}_{rg}}{\mu_g}\rho_g \nabla p_g = 0 \tag{4-1-15}$$

对于多相流动，需考虑不同相流体流动过程中存在的毛细管压力：

$$p_{c-ow}\left(S_w\right) = p_o - p_w \tag{4-1-16}$$

$$p_{c-ow}\left(S_w\right) = p_o - p_w \tag{4-1-17}$$

其中 p_{c-ow} 和 p_{c-gw} 分别为油水、气水两相毛细管压力，均为含水饱和度函数。通过毛细管压力，将油水相压力或气水相压力中的油相压力和气相压力消除。毛细管压力函数可由毛细管压力实验得到，如驱汞实验。对于页岩气藏，压裂、返排和生产过程中发生气水两相流；因此，页岩基质孔隙内的流动控制方程为

$$\begin{bmatrix} \phi\left(1-S_w\right)\frac{M}{zRT} - \rho_{ga}\rho_s V_L \frac{p_L}{\left(p_g + p_L\right)^2} & \phi\left(1-S_w\right)\frac{M}{zRT}p_c' - \rho_g\phi \\ \rho_w c_{tw} S_w & \rho_w\phi \end{bmatrix}_m \begin{pmatrix} \dot{p}_w \\ \dot{S}_w \end{pmatrix} + \tag{4-1-18}$$
$$K_m\begin{bmatrix} -\rho_g\lambda_g^* & -\rho_g\lambda_g^* p_c' \\ -\rho_w\lambda_w & 0 \end{bmatrix}_m \begin{pmatrix} \nabla^2 p_w \\ \nabla^2 S \end{pmatrix} - \begin{pmatrix} 0 \\ q_w \end{pmatrix} = 0$$

式中 c_t——考虑液体压缩性时的岩石综合压缩系数。

其中，$p_c'=\dfrac{dp_c}{dS_w}$；$\lambda_g^*=\tilde{K}_{rg}/\mu_g$；$\lambda_w=K_{rw}/\mu_w$。

2. 页岩气水平井返排与生产模拟

选择长宁H6-4井开展气水产能分析。首先根据已有的早期生产数据进行拟合，然后预测一年内的产气量和产水量。H6-4井水平段长1500m，共压裂22段，段间距67m，主裂缝半长100m。H6-4井全井物理模型如图4-1-9所示，模型长1800m，宽300m。

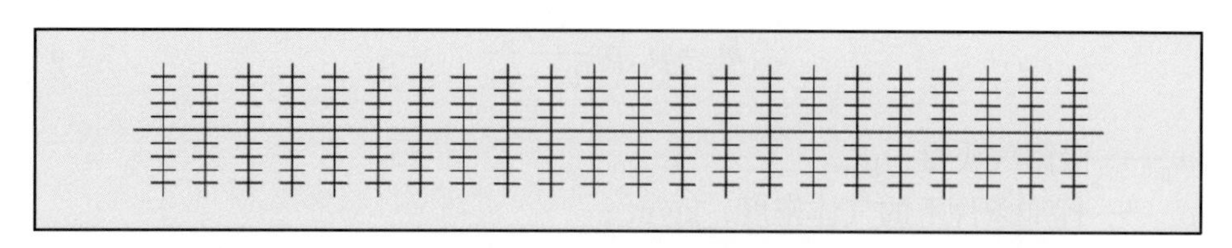

图4-1-9 H6-4井物理模型

返排过程中的井底压力由现场监测的套压得到。图4-1-10是通过套压计算的井底压力数据及拟合曲线。拟合的井底压力函数将作为返排过程中的边界条件。

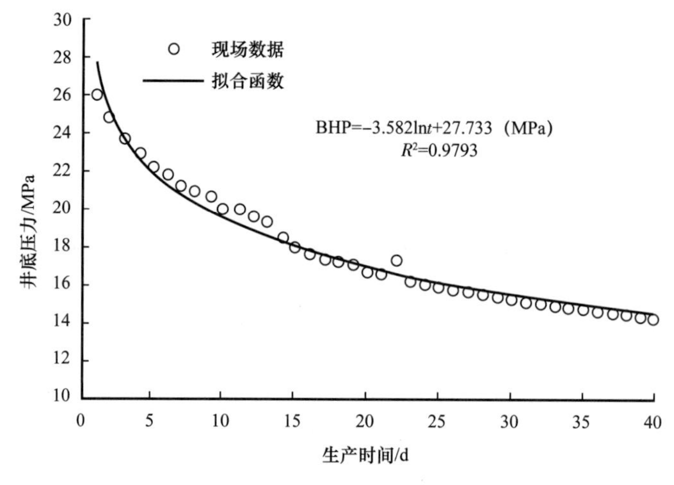

图4-1-10 生产过程中的井底压力变化

图4-1-11和图4-1-12是数值模拟得到的产水量和产气量与实际生产数据的对比，可见模拟结果与现场数据较为吻合。由于实际生产过程中生产伴随着裂缝的逐渐闭合，而本研究模型未考虑该作用，因此前期模拟的产水量低于实际值。

由图4-1-13可知，返排过程中，水力裂缝附近的压力下降幅度远大于其他位置，由图4-1-14可知，返排40天之后的含水饱和度由明显降低，尤其是在主裂缝附近。但是裂缝附近的含水饱和度仍然高达80%～90%，这是由于此时裂缝附近的压力梯度不足以克服毛细管压力。由此可以发现提高返排率的两种方式：一是降低裂缝附近基质的束缚水饱和度；二是降低裂缝附近基质的毛细管压力。这两种方式均需要对页岩基质孔隙表面进行改性，降低其表面张力；可以通过在压裂液中添加相关表面活性剂达到此目的。

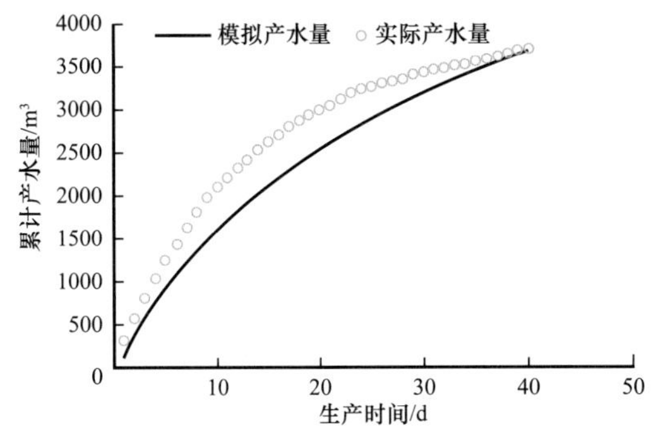

图 4-1-11　模拟产水量与实际产水量数据对比

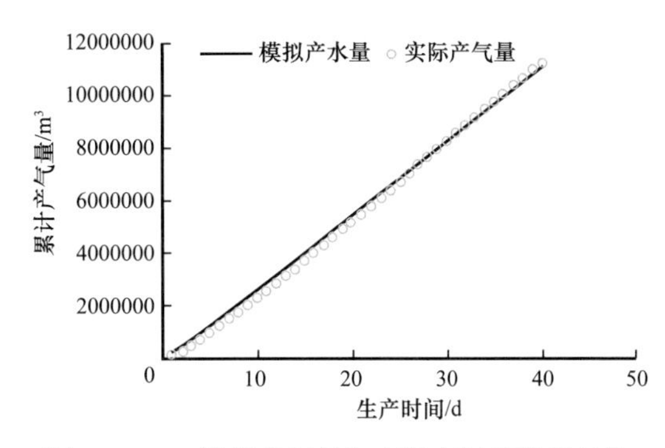

图 4-1-12　模拟产气量与实际产气量数据对比

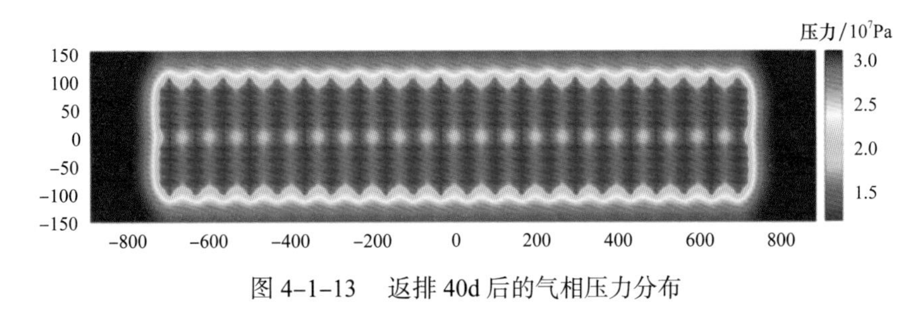

图 4-1-13　返排 40d 后的气相压力分布

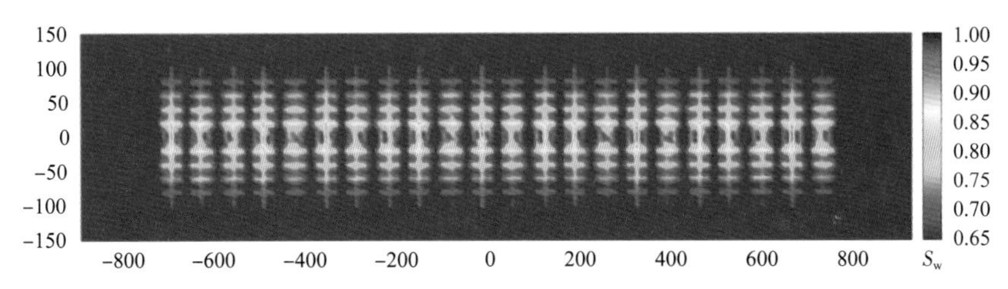

图 4-1-14　返排 40d 后的含水饱和度分布

三、基于大数据机器学习的返排率与产能预测

页岩气井的返排率受地质因素和工程因素的共同作用。由于地质条件和储层岩石物理本身的复杂性，用解析法解决返排预测此类问题存在较大误差；即便使用传统的数值模拟方法，也会遇到诸多无法克服的障碍，如建模难度大、计算耗时长等。前馈（BP）神经网络法具有抗变换性、学习联想、泛化和全局搜索能力，可弥补上述方法的不足，为解决这一问题提供了全新的思路（林伯韬等，2019）。

BP 神经网络算法又称为分层网络算法，是目前应用最为广泛的一种神经网络算法（周广照等,2017）。BP 神经网络算法早在 20 世纪 60 年代就被引入石油工程的应用中（高玮等，2004），被用来解决一些多因素控制的、难以定量研究的指标预测问题，取得了良好的效果。采用前馈神经网络法，将地质因素和工程因素结合，力求给出可靠的决策结果（Stsub et al.，2002）。研究思路是建立适当的神经网络模型，输入数据进行训练，通过影响因素的权重结果确定主控因素，进而通过主控因素计算而来的地质指数、工程指数及综合指数，开展多元非线性拟合，绘制返排率预测图版和产能预测图版（Lin et al.，2020），分析方法流程如图 4-1-15 所示。

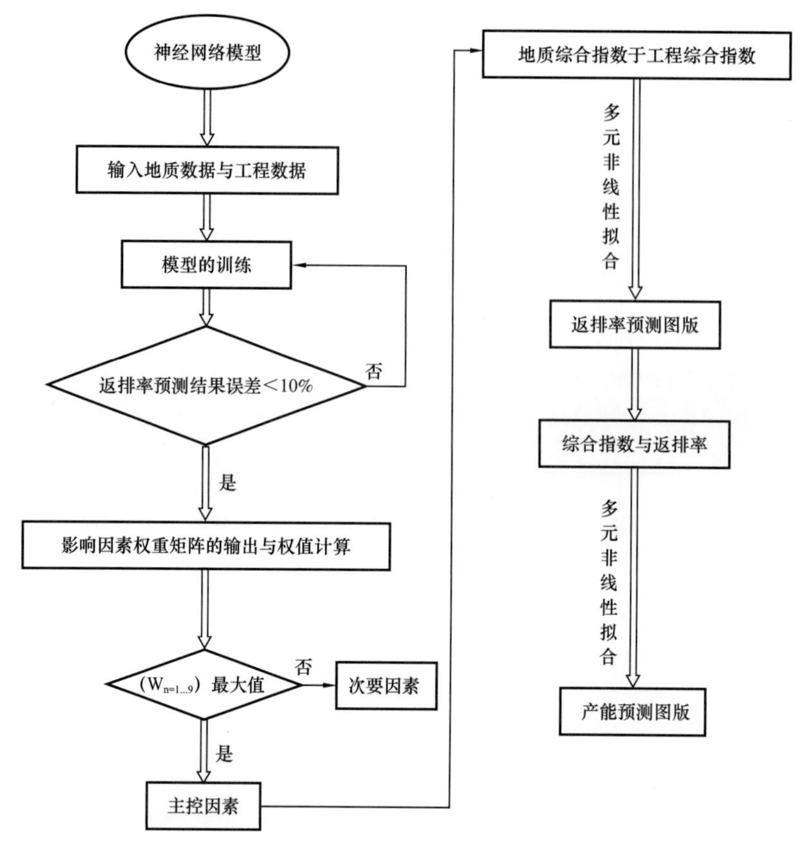

图 4-1-15 分析方法流程图（据 Lin et al.，2020）

在建模之前需要准备数据，开展数据挖掘。在工程因素方面，选取水平段长、井口压力、压裂段数、加砂量、压裂长度、施工排量、压裂液体系、支撑剂类型、主压裂液量和支撑剂量作为返排率和产能的备选主控因素（郭建成等，2019）。在原始数据中，除了定量的数值型数据，还包括文本描述类数据，即定性数据，如压裂液体系和支撑剂类型等因素。在建模前，需要对定性因素进行特殊处理，使用独热编码来对影响因素中的定性因素进行独热编码预处理。由于原始数据的量纲不同，不同数量级的数据会对建立的神经网络模型产生较大影响，使用 Min-Max 标准化公式使特征转化，将数据统一映射到［0，1］区间。

在神经网络中，由统计产生的数据样本可被分为训练数据、验证数据和测试数据三部分。通过划分原始数据，在一定程度上防止模型过拟合。通常按经验将原始数据按 7∶2∶1 的比例划分训练数据、测试数据和验证数据。本研究的 BP 神经网络模型包括一个输入层，一个隐含层和一个输出层。选择 sigmoid 函数作为激活函数，用于隐藏层的输出，输出值在（0，1）之间。选择改进的梯度下降法作为训练方法。

基于上述所设参数建立 BP 神经网络算法，利用已有数据，通过 TensorFlow 平台开展训练。根据预测结果精度可推断算法的有效性。发现影响返排率的主控因素包括杨氏模量、孔隙度、脆性指数这三类地质因素和压裂平均排量、加砂强度、和压裂段长三类工程因素。通过分析龙马溪组威 202 井区和威 204 井区的 46 口页岩气井的日产气量与返排率数据，发现两井区大部分井在见气时返排率小于 1%；气井返排率在 20%～40% 时，日产气量达到峰值，因此将返排率介于 20%～40% 时称为最优返排率。当气井达到最优返排率时，压裂液的注入既为气体产出提供了一定驱动力，也未严重影响渗流通道。所以在现场压裂返排中，建议将返排率控制在最优返排率区间，从而有效提高产气量。

为了便于现场人员预测返排率和产能，以上文所选择的主控因素绘制工程指数为响应值，建立返排率与地质综合指数的关系图版。首先对杨氏模量、孔隙度和脆性指数归一化，然后三者相乘得到地质指数：

$$g=\frac{E}{E_{\max}}\frac{\phi}{\phi_{\max}}\frac{I_{\mathrm{b}}}{I_{\mathrm{b\,max}}} \tag{4-1-19}$$

式中 g——地质指数；

E——杨氏模量，GPa；

ϕ——孔隙度，%；

I_{b}——脆性指数；

$E_{\max}$——最大杨氏模量，GPa；

$\phi_{\max}$——最大孔隙度，%；

$I_{\mathrm{b\,max}}$——最大脆性指数。

同理，将工程主控因素作为一个整体，即工程指数，探究其与返排率的关系。工程指数的计算公式为

$$e=\frac{L_{\mathrm{f}}}{L_{\mathrm{f\max}}}\frac{Q}{Q_{\max}}\frac{D_{\mathrm{p}}}{D_{\mathrm{p\,max}}} \tag{4-1-20}$$

式中 e——工程指数；

L_{f}——压裂段长，m；

Q——施工排量，$\mathrm{m^3/min}$；

D_{p}——加砂强度，t/100m；

$L_{\mathrm{f\max}}$——最大压裂段长，m；

$Q_{\max}$——最大施工排量，$\mathrm{m^3/min}$；

$D_{\mathrm{p\,max}}$——最大加砂强度，t/100m。

将所有原始数据分析处理得到每口井的地质指数和工程指数，运用多元非线性回归方法拟合井组数据，获得返排率拟合方程：

$$\mathrm{FBR}(g,e)=0.4288\cos g^{2}-2.874eg^{2}\sin g \tag{4-1-21}$$

式中 FBR——返排率，%；

g——地质指数；

e——工程指数。

基于返排率拟合方程，绘制如图 4–1–16（a）所示以工程指数为响应值，地质指数与返排率的关系预测图版（Lin et al.，2020），该图版可以实现返排率的快捷预测。

由图 4–1–16 可知，工程指数和地质综合指数共同决定返排率，在同一地质指数下，工程指数越大，返排率越低；在同一工程指数下，地质指数越大，返排率越低。在地质综合指数和工程指数的基础上，基于实际生产数据，根据每种因素的权重计算综合指数：

$$c=\sum_{r=1}^{6}\frac{F_{\mathrm{r}}}{\left(F_{\max}\right)_{\mathrm{r}}}w_{\mathrm{r}} \tag{4-1-22}$$

式中 c——综合指数；

F_{r}——上述因素中的一种；

r——流动半径，m；

w_{r}——裂缝宽度，m。

基于综合指数 c 和返排率 FBR，可通过非线性回归获得产能预测的计算公式：

$$\mathrm{PROD}\left(\mathrm{FBR},c\right)=250c^{1/2}\times512^{-0.6(\mathrm{FBR}-0.27)^2} \tag{4-1-23}$$

式中 PROD——累计产气量，$10^4\mathrm{m}^3$。

将所有原始数据处理得到综合指数，然后拟合利用多元非线性方法拟合综合指数与实际生产数据，绘制累计产气量的预测图版，如图 4–1–16（b）所示（Lin et al.，2020）。

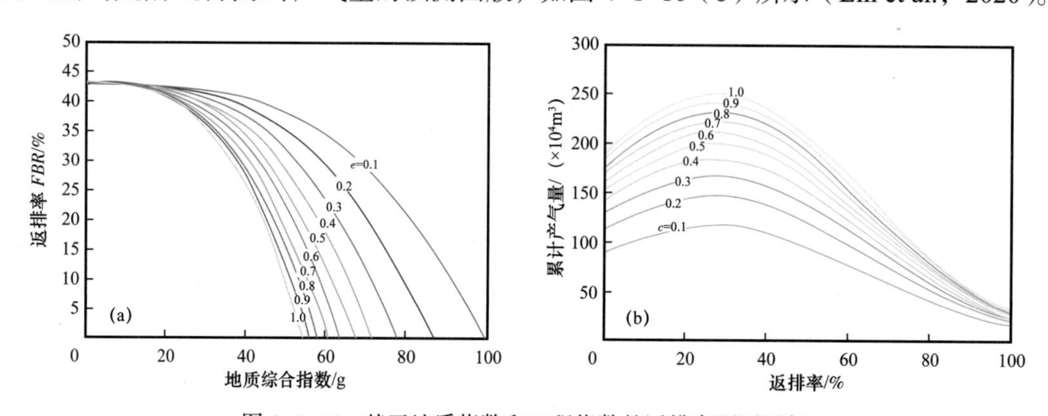

图 4–1–16 基于地质指数和工程指数的返排率预测图版

（a）基于综合指数和返排率的产能预测图版（b）（据 Lin et al.，2020）

四川盆地龙马溪组页岩返排率与综合指数共同影响产气量。返排率相同的情况下，综合指数越大，产气量越大；综合指数相同的情况下，随着返排率的增大，产气量先增加后降低，说明四川盆地龙马溪组页岩区块存在最优返排率：当返排率位于 20%～40% 时，产气量最大；但从整体上讲，返排率越大，产能呈递减趋势。在进行产能预测时，需全面考虑多种因素，同时获取综合指数和返排率才能开展有效的预测。本研究的方法能够有效指导压裂设计，促使返排率进入最优区间，从而提高最终产气量。

第二节 页岩气体积压裂返排制度优化

页岩储层孔隙结构复杂，呈现出明显的多尺度特征，孔隙类型主要包括有机孔、无机孔和天然裂缝，页岩气的流动则存在黏性流、滑脱流、克努森扩散、解吸附和表面扩散等多重运移机制。本章基于页岩气储层特征和多尺度运移机制建立基质表观渗透率模型，基于分形理论和两相流动特征建立缝网表观渗透率模型。

一、页岩储层表观渗透率模型

1. 页岩单根毛细管表观渗透率模型

页岩储层孔隙结构复杂，呈现出明显的多尺度特征，孔隙类型主要包括有机孔、无机孔和天然裂缝，页岩气的流动则存在黏性流、滑脱流、克努森扩散、解吸附和表面扩散等多重运移机制。

1）有机质单根毛细管渗透率模型

有机质毛细管孔径很小，表面在大多数情况下为油湿性，吸附和自由扩散是气体在有机质毛细管内占绝对地位的存在方式。考虑页岩气在单根毛细管中传输质量为游离态页岩气黏性流、滑脱流、克努森扩散和吸附气解吸、表面扩散作用所引起的传输质量叠加之和，考虑气体在纳米级管中有效黏度的变化。采用贡献系数的方法，得到表观渗透率的形式：

$$
\begin{aligned}
K_{\mathrm{app},i}=&K_{\mathrm{D}}\left[\left(1-\frac{d_{\mathrm{m}}}{r_i}\frac{p}{p+p_{\mathrm{L}}}\right)^2+\left(\frac{8\pi RT}{M}\right)^{0.5}\frac{\mu}{p_{\mathrm{avg}}r_i}\left(\frac{2}{\alpha}-1\right)\right](1-\varepsilon)\\
&+\frac{2r_i}{3}\left(\frac{8\mathrm{R}T}{\pi M}\right)^{0.5}\frac{\mu_{\mathrm{eff}}}{p}\varepsilon+MD_{\mathrm{s}}\frac{\mu_{\mathrm{eff}}}{\rho}\frac{C_{\mathrm{s\,max}}p_{\mathrm{L}}}{\left(p+p_{\mathrm{L}}\right)^2}\\
=&K_{\mathrm{D}}\left[\left(1-\frac{d_{\mathrm{m}}}{r_i}\frac{p}{p+p_{\mathrm{L}}}\right)^2+F\right](1-\varepsilon)+D_{\mathrm{k}}\frac{\mu_{\mathrm{eff}}}{p}\varepsilon\\
&+MD_{\mathrm{s}}\frac{\mu_{\mathrm{eff}}}{\rho}\frac{C_{\mathrm{s\,max}}p_{\mathrm{L}}}{\left(p+p_{\mathrm{L}}\right)^2}
\end{aligned}
\tag{4-2-1}
$$

式中 $K_{\mathrm{app},\,i}$——第 i 条毛细管的表观渗透率大小，mD；

K_{D}——固有渗透率，mD；

d_{m}——气体分子直径，m；

p——孔隙压力，Pa；

p_{L}——朗格缪尔压力，Pa；

V_{L}——朗格缪尔体积，$\mathrm{m^3/kg}$；

R——气体常数，J/（mol·K）；

T——温度，K；

M——摩尔质量，kg/mol；

ε——贡献系数，取值范围为 0.7～1；

p_{avg}——平均压力，在圆形单管中为进出口平均压力，Pa；

α——切向动量调节系数，取值为 0～1；

D_s——表面扩散系数，m²/s；

μ_{eff}——毛细管中气体的有效黏度，mPa·s；

C_{smax}——最大吸附气浓度，mol/m³；

μ——气体黏度，Pa·s；

r_i——第 i 条毛细管的管径大小，m。

从式（4–2–1）可以看出，当孔隙直径、孔隙压力发生变化时，单根毛细管渗透率随之改变。建立表观渗透率模型时需考虑孔隙压力和孔径的变化。

2）*无机质单根毛细管渗透率模型*

无机孔的毛细管直径与有机孔相比更大，孔隙表面一般情况下更为亲水，通常存在一层密集相排的吸附水膜。同时，由于无机孔壁面吸附能力很弱，滑脱流动和黏滞流动是气体在无机质毛管中的主要渗流方式。考虑页岩气在单根毛细管中传输时的黏性流、滑脱流、克努森扩散等运移机制，考虑纳米级管中气体有效黏度的变化，建立无机孔表观渗透率方程：

$$
\begin{aligned}
K_{app,i} &= K_D\left[1+\left(\frac{8\pi RT}{M}\right)^{0.5}\frac{\mu_{eff}}{p_{avg}r_i}\left(\frac{2}{\alpha}-1\right)\right](1-\varepsilon)+\frac{2r_i}{3}\left(\frac{8RT}{\pi M}\right)^{0.5}\frac{\mu_{eff}}{p}\varepsilon \\
&= K_D(1+F)(1-\varepsilon)+D_k\frac{\mu_{eff}}{p}\varepsilon
\end{aligned}
\qquad (4\text{–}2\text{–}2)
$$

式中　F——不同尺寸毛细管有效流动半径对应的滑脱系数。

2. 页岩气藏基质表观渗透率模型

页岩基质毛细管网络极为复杂，其毛细管孔径具有多尺度性。为了更加准确地描述岩心尺度下不同管径孔隙的页岩气渗透率，需要在单根毛细管综合视渗透率模型的基础上，对整个页岩毛细管网络的渗透率整合计算。

采用面积加权叠加有机孔和无机孔的流量贡献，将单根毛细管渗透率进行加权综合后得到整个页岩的表观渗透率，采用面积加权叠加有机孔和无机孔的流量贡献（Wua et al., 2015），将单根毛细管渗透率进行加权综合后得到整个页岩的表观渗透率，计算公式如下：

$$
K_{app} = \partial\frac{\phi}{\tau}\sum_{i=1}^{N_{or}}K_{app\_or,i}\lambda_{or,i}+(1-\alpha)\frac{\phi}{\tau}\sum_{i=1}^{N_{in}}K_{app\_in,i}\lambda_{in,i} \qquad (4\text{–}2\text{–}3)
$$

$$
\tau = 1-m\ln(\phi) \qquad (4\text{–}2\text{–}4)
$$

式中　K_{app}——页岩基质表观渗透率，mD；

∂——横截面上的有机质所占的百分比，%；

ϕ——孔隙度；

τ——迂曲度；

N_{or}、N_{in}——用于计算的有机质、无机质毛细管总组数；

$K_{app\_or,\ i}$、$K_{app\_in,\ i}$——有机孔、无机孔第 i 条毛细管的表观渗透率大小，mD；

$\lambda_{or,\ i}$、$\lambda_{in,\ i}$——第 i 组有机质、无机质通道体积分数；

m——迂曲度拟合参数（Kazemi et al.，2015），通常取 0.77。

根据式（4-2-3）对上述不同尺度下的有机孔和无机孔表观渗透率叠加，得到岩心尺度下页岩的表观渗透率模型，以此更加准确地描述页岩的渗透率。

3. 页岩气藏复杂缝网表观渗透率模型

随着生产过程中压力不断下降，吸附气从基质中解吸出来并运移到裂缝中，在和缝网改造区的水相一起排出。采用 Corey 关系式得到缝网系统中气相和水相的相对渗透率（Yang et al.，2017）：

$$K_{rg,f}=K_{rg,f}^{*}\left(\frac{S_{g,f}-S_{gc,f}}{1-S_{wc,f}-S_{gc,f}}\right)^{n_{g,f}} \tag{4-2-5}$$

$$K_{rw,f}=K_{rw,f}^{*}\left(\frac{S_{w,f}-S_{wc,f}}{1-S_{wc,f}}\right)^{n_{w,f}} \tag{4-2-6}$$

式中 $K_{rg,\ f}$、$K_{rw,\ f}$——缝网改造区的气体相相对渗透率、水相相对渗透率；

$K_{rg,\ f}^{*}$、$K_{rw,\ f}^{*}$——缝网改造区初始时刻的气体相相对渗透率、水相相对渗透率；

$S_{g,\ f}$、$S_{w,\ f}$——裂缝系统中的含气饱和度、含水饱和度；

$S_{gc,\ f}$、$S_{wc,\ f}$——初始时刻含气饱和度、含水饱和度；

$n_{g,\ f}$、$n_{w,\ f}$——裂缝区域的 Corey 气体指数、水指数。

其中，初始时刻裂缝系统中气相有效渗透率和水相有效渗透率可根据缝网表观渗透率模型和缝网改造区的相对渗透率曲线得出。

二、页岩水平井体积压裂渗流规律

根据返排过程中基质区域为束缚水条件下的单相气体渗流，缝网区域为气水两相渗流，采用空间离散技术，将缝网系统离散成一个个裂缝离散单元，根据基质与缝网交界处压力相等、流量连续原则，将瞬态产量模型的解应用时间迭加原理，建立基质系统井—缝网系统耦合的页岩气压裂水平井气水两相非稳态产能预测模型。

1. 页岩气藏缝网流动模型

基于页岩气藏压裂水平井物理模型，考虑矩形缝网改造区域为气水两相渗流，考虑缝网离散段相互干扰、缝内高速非达西流动和缝宽楔形变化特点，建立了页岩气藏压裂缝内压降模型（图 4-2-1）。

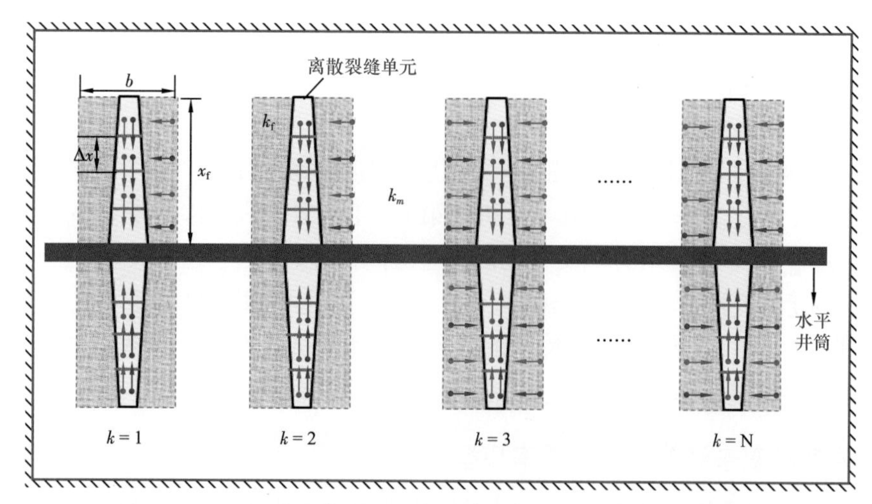

图 4-2-1 考虑矩形缝网形态的页岩气藏压裂水平井物理模型

1）气相流动模型

根据缝内气体高速非达西流动方程，可得第 $k+1$ 条人工裂缝第 j 个微元段（点 $O_{fk+1,\ j}$）到井筒（点 $O_{fk+1,\ 0}$）间产生总的压降损失 $\Delta p^2_{fk+1,\ j-0}$ 为：

$$
\begin{aligned}
\Delta p^2_{gfk+1,j-0} &= p^2_{gfk+1,j} - p^2_{gfk+1,0} \\
&= \frac{2\mu_g p_{sc} ZT}{k_{gfk+1} h_{fk+1} T_{sc}} \left\{ \sum_{i=1}^{j} \left(q_{gfk+1,i} \sum_{j=1}^{i} \frac{\Delta x_{fk+1,j}}{w_{fk+1,j}} \right) + \sum_{n=j+1}^{2n_s} \left[q_{gfk+1,n} \left(\sum_{i=1}^{j} \frac{\Delta x_{fk+1,i}}{w_{fk+1,i}} \right) \right] \right\} \\
&\quad + \frac{2\beta_{g,fk+1} M_{air} \gamma_g p^2_{sc} ZT}{R h^2_{fk+1} T^2_{sc}} \left\{ \sum_{i=1}^{j} \left(q^2_{gfk+1,i} \sum_{j=1}^{i} \frac{\Delta x_{fk+1,j}}{w^2_{fk+1,j}} \right) + \sum_{n=j+1}^{2n_s} \left[q^2_{gfk+1,n} \left(\sum_{i=1}^{j} \frac{\Delta x_{fk+1,i}}{w^2_{fk+1,i}} \right) \right] \right\}
\end{aligned}
$$

（4-2-7）

式中 $p_{gfk+1,\ j}$——第 $k+1$ 条人工裂缝第 j 个离散裂缝单元的气相压力，Pa；

K_{gfk+1}——第 $k+1$ 条人工裂缝气相有效渗透率，mD；

$w_{fk+1,\ i}$——第 $k+1$ 条人工裂缝第 i 个裂缝离散单元的宽度，m；

μ_g——气相有效黏度，$10^{-3}\mu m^2$；

$q_{gfk+1,\ i}$——第 $k+1$ 条人工裂缝第 i 个离散裂缝单元的气相产量，m^3/s。

2）水相流动模型

考虑离散裂缝单元间的相互干扰和流量沿裂缝的不均匀分布，根据达西定律可得第 $k+1$ 条人工裂缝第 j 微元段（点 $O_{fk+1,\ j}$）到井筒（点 $O_{fk+1,\ 0}$）间产生的水相压降损失 $\Delta p_{wk+1,\ j-0}$。

3）辅助方程

任意时刻裂缝系统中气相压力和水相压力满足：

$$p_{cfk+1,j} = p_{gfk+1,j} - p_{wfk+1,j} \tag{4-2-8}$$

式中 p——压力，MPa；

下标 c——毛细管；

下标 f——裂缝；

下标 k——裂缝编号；

下标 j——裂缝节点编号；

下标 g——气相；

下标 w——液相。

通过式（4-2-8）可将每个离散裂缝单元中气相压力和水相压力相联系。

2. 页岩气藏压裂水平井非稳态渗流模型

页岩气的开发是一个不稳定渗流的过程，定井底流压生产时，压裂水平井的产量会随着地层压力的降低而逐渐减小，同时随着生产时间的增长，气体密度、偏差系数、体积系数等都会随地层压力而发生变化。

将求解变产量问题转化为定产量问题的基本思想是：在不同时刻以不同产量生产产生的压降，可以转化为每个产量都生产到最后产生的压降与在 t 时刻一系列产量增量（可为负）加（$q_i - q_{i-1}$）（i=1，2，…，n）在裂缝单元上所产生的压降之和，如图 4-2-2 所示。

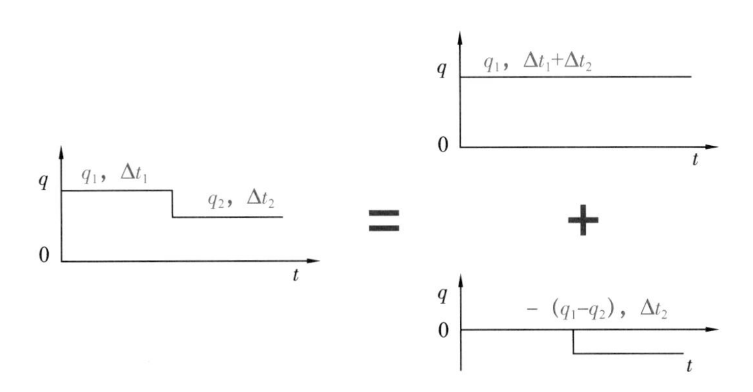

图 4-2-2 变产量生产与定产量生产转化示意图

基于在生产时间 $t=\Delta t$ 下的瞬态渗流模型，根据时间叠加原理（Zeng et al.，2015），即可写出 $t=n\Delta t$（n=2，3…n）下的非稳态产能方程。

$t=n\Delta t$ 时，第 j 个裂缝单元非稳态产能方程可以写成：

$$p_{\mathrm{i}}^2 - p_{\mathrm{wf}}^2(n\Delta t)=\sum_{k=1}^{N}\sum_{i=1}^{2n_{\mathrm{s}}}\left\{q_j(\Delta t)F_{i,j}(n\Delta t)+\sum_{k=2}^{n}\left\{q_j(k\Delta t)-q_j\left[(k-1)\Delta t\right]\right\}F_{i,j}(n-k+1)\Delta t\right\} \tag{4-2-9}$$

式中 p_{i}——原始地层压力，MPa；

p_{wf}——井底流压，MPa；

N——裂缝总数；

n——时间离散单元数；

k——裂缝编号；

i——裂缝单元编号；

Δt——时间步长，s；

n_s——每条裂缝单翼离散单元；

$F_{i,j}(n\Delta t)$——$n\Delta t$ 时刻，第 i 个裂缝离散单元对第 j 个裂缝离散单元的影响。

三、页岩水平井体积压裂后返排制度优化

1. 页岩气井返排过程中气液两相流井筒压降分析

页岩气实际生产过程中，一直伴随有产水现象，生产管柱中压力变化会导致气液两相流动在不同井型中呈现出不同的流态。不同的流态直接影响持液率、气液混合物密度及黏度、沿程压降等。准确计算气液两相流在生产管柱中的压力分布对页岩气井地面生产制度调节具有重要的指导意义。

1）页岩气井斜井段压降计算模型

页岩气水平井斜井段为水平段和垂直段的过渡段，对于斜井段上的一个细小的微元可以认为是具有一定角度的水平倾斜直管，忽略角度变化引起的气液流态变化，其具体压降计算方法与水平管相似，在水平管压降计算公式中引入 θ，且 $\theta \in \left[0, \frac{\pi}{2}\right]$ 且 $\theta \neq 0$。

（1）流型划分如图 4-2-3 所示。

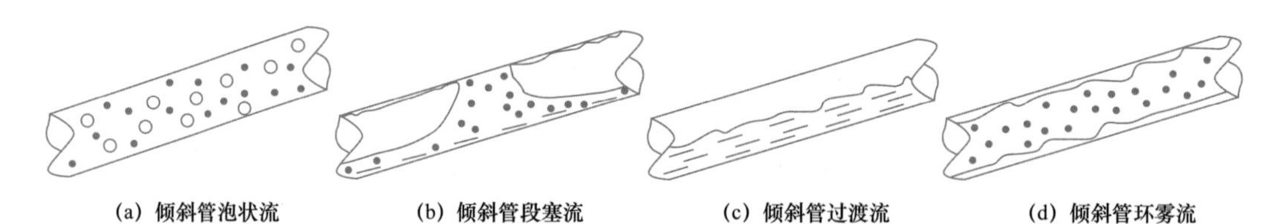

(a) 倾斜管泡状流　(b) 倾斜管段塞流　(c) 倾斜管过渡流　(d) 倾斜管环雾流

图 4-2-3　倾斜管中气液两相流动型态

（2）压降计算。

采用 M-B 压降计算方法进行计算，倾斜管气液两相流压降梯度可以表示为

$$\frac{\mathrm{d}p}{\mathrm{d}x}=\frac{\rho_{\mathrm{m}} g \sin\theta + f_{\mathrm{m}} \rho_{\mathrm{m}} \upsilon_{\mathrm{m}}^2 / 2D}{1-\rho_{\mathrm{m}} \upsilon_{\mathrm{m}} \upsilon_{\mathrm{sg}} / p} \tag{4-2-10}$$

$$\rho_{\mathrm{m}} = \rho_{\mathrm{l}} H_{\mathrm{l}} + \rho_{\mathrm{g}} (1 - H_{\mathrm{l}}) \tag{4-2-11}$$

式中 $\frac{\mathrm{d}p}{\mathrm{d}x}$——摩阻压降，MPa/m；

f_{m}——气液两相摩阻系数；

ρ_{m}——气液两相流在倾斜管中的混合密度，kg/m^3；

g——重力加速度，m/s^2；

θ——倾斜管倾斜角，（°）；

v_{sl}、v_{sg}——液相表观速度、气相表观速度，m/s；

v_m——气相混合物的速度，m/s；

p——气体压力，MPa；

D——管径，m；

ρ_l——液相密度，kg/m^3；

ρ_g——气相密度，kg/m^3；

H_l——持液率。

2）页岩气井垂直段压降计算模型

由于页岩气井在生产过程中，长期处于两相流状态（图 4-2-4），其流态可能随井筒垂深改变发生动态变化，且长期处于高气液比状态，为了让计算结果更接近于现场实际情况，采用 Hasan-Kabir 方法计算垂直段的压力分布。

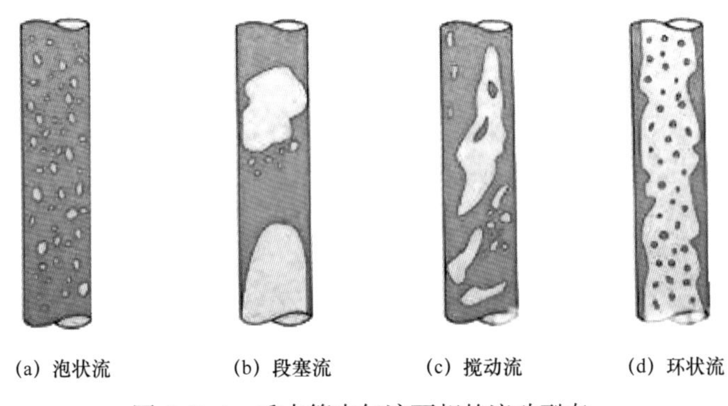

图 4-2-4 垂直管中气液两相的流动型态

（1）泡状流。

气液两相流动和单相流动一样，总压力梯度是势能压降梯度、摩阻压降梯度、动能压降梯度三者之和。将两相视为均相流动，根据范宁公式，气液两相摩阻压降为

$$\left(\frac{\mathrm{d}p}{\mathrm{d}z}\right)_f=\frac{2f_m v_m^2\rho_m}{D} \tag{4-2-12}$$

式中 $\left(\frac{\mathrm{d}p}{\mathrm{d}z}\right)_f$——摩阻压降，MPa/m。

（2）段塞流压力梯度。

大部分液体随液体段塞向上流动，但也有少部分液体沿着附着于管壁上的液膜向下流动，所以，液体实际流动的距离为 $z(1-H_g)$，因此段塞流摩阻压降梯度为

$$\left(\frac{\mathrm{d}p}{\mathrm{d}z}\right)_f=\frac{2f_m v_m^2\rho_m}{D}(1-\phi) \tag{4-2-13}$$

式中 ϕ——孔隙度。

（3）搅动流压力梯度。

对于搅动流，学者研究很少，大多都是参照段塞流计算持气率，但是在搅动流中，

由于液体流动的混掺作用，使得混合物的速度分布和气体的浓度分布越趋于平坦，因此C_1=1。摩阻压降梯度为

$$\left(\frac{\mathrm{d}p}{\mathrm{d}z}\right)_{\mathrm{f}}=\frac{2f_{\mathrm{m}}v_{\mathrm{m}}^{2}\rho_{\mathrm{m}}}{D}(1-\phi) \tag{4-2-14}$$

（4）环状流压力梯度。

环状流中总压力梯度表达式为

$$-\frac{\mathrm{d}p}{\mathrm{d}z}=\frac{\rho_{\mathrm{c}}g+\dfrac{2f_{\mathrm{c}}v_{\mathrm{g}}^{2}\rho_{\mathrm{c}}}{D}}{1-\dfrac{v_{\mathrm{g}}^{2}\rho_{\mathrm{c}}}{p}} \tag{4-2-15}$$

式中 ρ_c——中央核心部分的流体密度，kg/m^3；

f_c——中央核心部分的摩阻系数；

v_g——气体流速，m/s。

根据式（4-2-15）中各参数分析可知，要求取环状流压降梯度，就必须先计算气芯混合流体的密度ρ_c和气芯与管壁液膜的摩阻系数f_c。

3）支撑剂回流模型

（1）支撑剂回流机理。

支撑剂回流是指人工裂缝中的支撑剂在地层能量的作用下被压裂液或地层流体从裂缝中带入井筒的过程。在缝端形成支撑拱的单颗支撑剂颗粒的力学稳定性，如图4-2-5所示，重力的影响程度远小于其他因素，重点研究支撑剂在水平方向上的稳定性，返排过程中流体流动方向上支撑剂所受的回流动力F与回流阻力f。F是反映支撑剂回流的动力，包括压降产生的拖曳力p_{drag}，是流速和压力的函数；另一个是作用在支撑剂上的等效毛细管压力σ_c，它与毛细管压力大小相等、方向相反。f反应支撑剂回流的阻力，包括闭合应力f_c，是缝宽的函数（图4-2-6）。

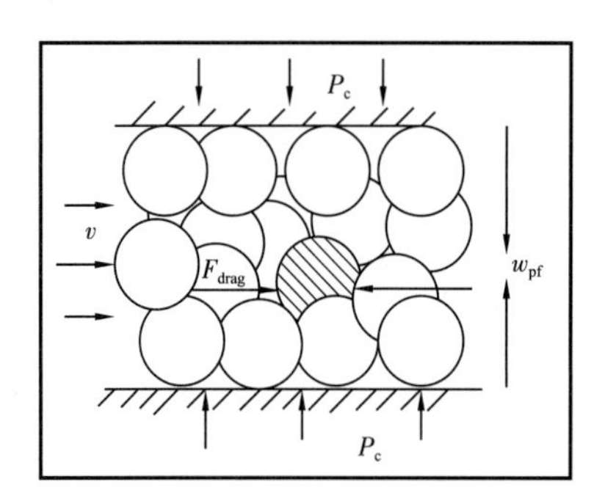

图4-2-5 平板支撑裂缝中充填的支撑剂示意图

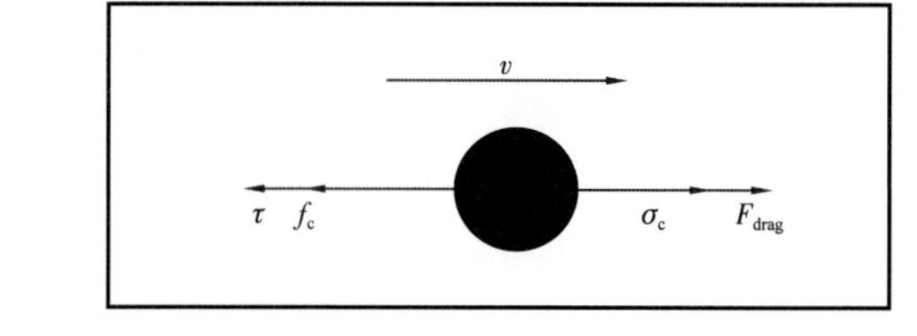

图4-2-6 单颗支撑剂在裂缝中的受力分析

即有：

$$F=p_{\mathrm{drag}}+\sigma_{\mathrm{c}} \tag{4-2-16}$$

$$f=f_{\mathrm{c}}+\tau \tag{4-2-17}$$

式中 F——支撑剂所受合力，MPa；

p_{drag}——拖曳力，MPa；

σ_{c}——等效毛细管压力，MPa；

f_{c}——作用在支撑剂上的闭合应力沿流速方向的分力，MPa；

τ——支撑砂拱剪切强度，MPa。

（2）支撑剂拱破坏准则。

根据支撑剂回流受力模型，产生支撑剂回流力学平衡条件为

$$F \geqslant f \tag{4-2-18}$$

进一步整理可得

$$\begin{aligned} & -\frac{d_{\text{p}}}{3}\frac{\mathrm{d}p}{\mathrm{d}x}+5\pi\times10^{-7}\frac{1-\phi}{\phi}\frac{\sigma\sin^2\alpha_{\text{c}}}{d_{\text{p}}}\left[\frac{1}{f_1\left(\alpha_{\text{c}}\right)}-\frac{1}{f\left(\alpha_{\text{c}}\right)}\right] \\ & \geqslant\frac{3\sigma_{\text{H,max}}-\sigma_{\text{H,min}}-C_0}{1+\dfrac{1+\sin\theta}{1-\sin\theta}}+p_{\text{c}}\left(\sin\alpha+\mu_{\text{f}}\cos\alpha\right) \end{aligned} \tag{4-2-19}$$

式中 d_{p}——支撑剂直径，m；

$\frac{\mathrm{d}p}{\mathrm{d}x}$——压降梯度，MPa/m；

ϕ——支撑拱孔隙度；

α_{c}——过支撑剂圆心和切点的连线与垂直方向的夹角，(°)；

$f_1(\alpha_{\text{c}})$、$f(\alpha_{\text{c}})$——中间变量；

$\sigma_{\text{H, max}}$，$\sigma_{\text{H, min}}$——分别为最大水平主应力、最小主平主应力，MPa；

C_0——支撑剂拱内聚力，MPa；

θ——支撑剂拱内摩擦角，(°)；

σ——支撑剂表面张力，Pa；

μ_{f}——支撑剂表面磨皮擦系数；

α——闭合应力方向与垂直方向的夹角，(°)；

p_{c}——闭合应力，MPa。

裂缝中总压降是气水两相流动共同造成的，拖曳力与气液两相压降相关，通过计算 $\frac{\mathrm{d}p_{\text{g}}}{\mathrm{d}x}$ 和 $\frac{\mathrm{d}p_{\text{w}}}{\mathrm{d}x}$，即可得到支撑剂回流的临界流速。

2. 返排制度优化实例

威远页岩气示范区 W204H12-1 井在压后有出砂现象，平台出砂时间 27d，出砂率最高可达 127.8g/s。综合考虑 W204H12-1 井射孔参数如下：第 2～22 段每段 5 簇，单簇长度 0.45m；第 23～25 段每段 4 簇，单簇长度 0.6m。

1）现场生产数据拟合

将 W204H12-1 井基本参数导入返排制度实时调整优化设计软件，以该井 2019 年 11

月 8 日至 2019 年 12 月 11 日的生产数据作为参考（表 4-2-1），该井在这一生产阶段的初始产气量为 $19.6512\times10^4m^3/d$，初始产液量为 $6.09m^3/d$，通过井筒压耗计算、临界流速计算、产量拟合等进行裂缝参数反演。

表 4-2-1　W204H12-1 井基本参数

参数类型	参数	数值	参数类型	参数	数值
气体参数	气体相对密度	0.65	储层参数	原始地层压力	48.87MPa
	气体黏度	0.04mPa·s		最小水平主应力	63.5MPa
	气液表面张力	0.04N/m		最大水平主应力	69.2MPa
	偏差因子	0.93	压裂参数	压裂段长度	1579m
	气体临界压力	4.48MPa		造斜段长度	321m
	气体临界温度	190K		直井段垂深	2447m
	朗格缪尔体积	$0.05m^3/kg$		压裂段数	25
	朗格缪尔压力	2.46×10^6Pa		套管直径	139.7mm
储层参数	储层孔隙度	4.70%		管壁粗糙度	0.06μm
	储层渗透率	0.035 mD			

（1）油嘴压耗、井筒压耗计算如图 4-2-7、图 4-2-8 所示。

油嘴压差计算
参数输入
产量 万方/天 19.6512
地面气液比m³/m³ 32267.98
油嘴前压力MPa 11.12
天然气相对密度 0.65
气液两相质量流量kg/s 1.98
油管直径mm 139.7
流出系数C 0.97601 标定
混合气体密度kg/m³ 96.69
气体可膨胀系数ε 0.92700 标定
参数计算 保存参数 恢复默认值
计算
油嘴直径mm 13
节流压差MPa: 1.4055
计算油嘴压差

图 4-2-7　油嘴压耗计算

图 4-2-8　井筒压耗计算

（2）裂缝数据导入如图 4-2-9 所示。

（3）综合计算如图 4-2-9 所示。

综合计算

井底->油嘴后

产量 万方/天 19.6512　地层压力MPa 48.87　油嘴前压力MPa 36.5　油嘴直径mm 13　油嘴后压力MPa 35.2

生产压差MPa 0.1　生产压差步长MPa 0.1　最大计算次数 160　保存参数

序号	生产压差MPa	井底流压MPa	井筒压耗MPa	产气量 万方/天	产气量误差%	套压MPa	套压误差%	油嘴后压力MPa	油嘴后压力误差%
95	9.50	39.37	1.92	18.82	-4.2%	37.45	2.6%		
96	9.60	39.27	1.91	18.99	-3.3%	37.36	2.4%		
97	9.70	39.17	1.90	19.17	-2.4%	37.27	2.1%		
98	9.80	39.07	1.90	19.35	-1.6%	37.17	1.8%		
99	9.90	38.97	1.89	19.52	-0.7%	37.08	1.6%		
100	10.00	38.87	1.88	19.70	0.2%	36.99	1.4%		
101	10.10	38.77	1.87	19.87	1.1%	36.90	1.1%		
102	10.20	38.67	1.86	20.04	2.0%	36.81	0.9%		
103	10.30	38.57	1.85	20.22	2.9%	36.72	0.6%		
104	10.40	38.47	1.84	20.39	3.8%	36.63	0.3%		
105	10.50	38.37	1.83	20.56	4.6%	36.54	0.1%		

设置井筒参数　油嘴前计算　油嘴后计算

图 4-2-9　综合计算

由综合计算结果可知，生产压差 10MPa 时，初始产气量误差和套压误差均最小，故初步拟定井底流压为 38.87MPa。

（4）产量计算。

（5）产量拟合。

通过调整缝网参数（图 4-2-10），使初始产气量接近 $19.6512\times10^4m^3/d$，初始产液量接近 $6.09m^3/d$，通过对 W204H12-1 井的产量拟合可知，该井主裂缝半长、主裂缝宽度、主裂缝渗透率分别在 136～162m、4.5～7.5mm、18～31D 之间，缝网宽度、缝网渗透率分别在 39～63m、33～69mD 之间。

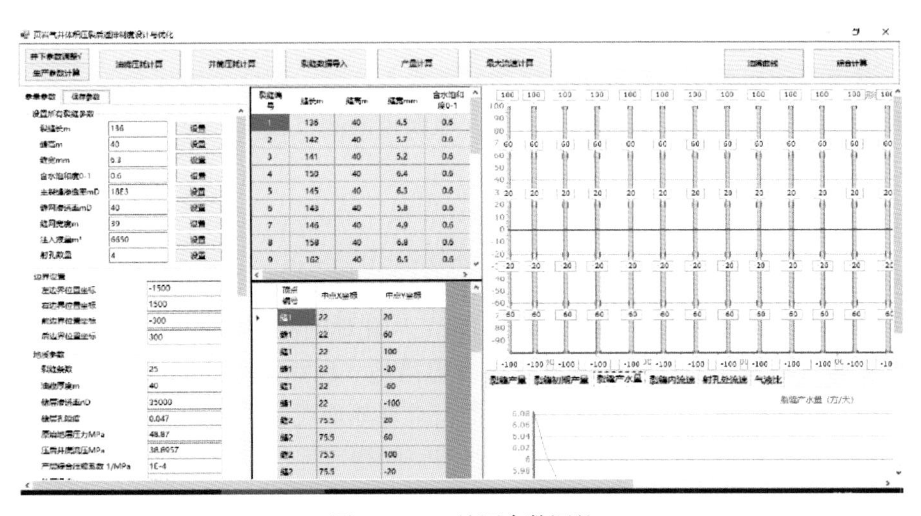

图 4-2-10　缝网参数调整

2）油嘴实时优化

在获取裂缝参数之后，便可根据裂缝参数进行油嘴实时优化，以到达减少出砂的目的。油嘴实时优化在生产参数计算模块内实现，主要包括裂缝数据导入、输入裂缝参数、临界流量计算、油嘴计算、油嘴选取综合计算等部分。通过生产数据拟合得到压裂裂缝参数后，利用油嘴选取模块对油嘴进行实时优化，优化结果如图 4-2-11 所示。

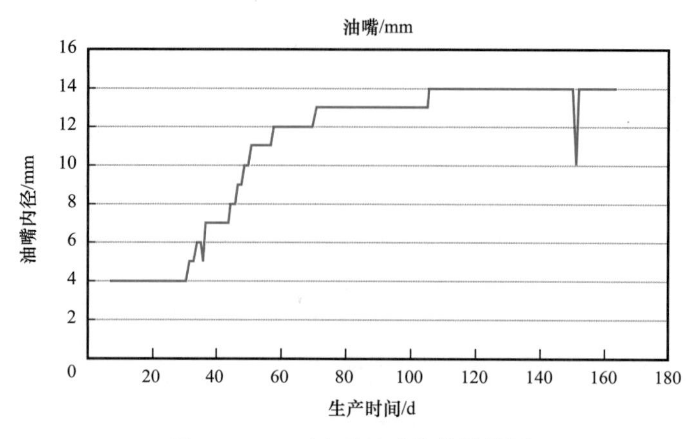

图 4-2-11　不出砂油嘴优化结果图

利用返排制度实时调整优化设计软件对 W204H12-1 井进行油嘴优化后，单井出砂量降低 50% 以上，符合设计要求。

第三节　高效安全的页岩气压后排液测试技术

页岩气地面排液测试技术作为认识页岩气区块，验证地震、测井、录井等资料准确性的最直接、有效的手段，是石油勘探开发的一个重要组成部分。通过地面排液测试设备，可以记录井口压力、温度、测量比重及天然气、水产量等数据，可以得到页岩气层的压力、温度等动态数据、计量出产层的气（水）产量、测取流体成分等资料，计算出页岩气藏的产能、采气指数等数据。因此，地面排液测试技术，对于取全、取准资料尤为重要，对油气田的勘探开发意义重大。

一、页岩气地面排液测试流程

常规地面测试作业，通常是一口井配一套地面流程设备，以完成井筒流体降压、保温、分离、计量测试等作业。但在进行页岩气工厂化地面测试作业时，将面临如下难题：（1）由于页岩气藏特殊的井下作业及储层改造措施，地面流程还需要具备捕屑、除砂、连续排液等更多的功能，所需地面流程设备较常规地面流程更多；（2）若仍然按照一口井配一套流程作业，不仅作业平台没有足够的空间摆放地面设备，同时还大幅增加作业成本，降低了页岩气井组开发效率；（3）页岩气平台井组的完井试油作业往往涉及多工序同时交叉作业，怎样确保地面排液测试作业的安全顺利进行成为难题。

因此，页岩气藏的地面工艺流程设计，总体原则就是以模块化地面排液测试技术为依据，减少地面流程的使用套数。同时，能满足多口井同时作业，满足多口井不同工况作业的同时进行。目前，大多数页岩气平台进行工厂化开发，井场普遍为六口井，下面以较为复杂的六口井平台为例进行介绍。现在将页岩气地面排液测试流程大致划分为井口并联模块、捕屑除砂模块、降压分流模块和分离计量模块，提出了利用多流程井口并联模块化布局，以解决整个页岩气平台丛式井组的地面排液测试需求。具体地面流程如图 4-3-1 所示，该流程可同时满足六口井分别进行加砂压裂、钻塞洗井、返排测试等不同工况下的排采作业。

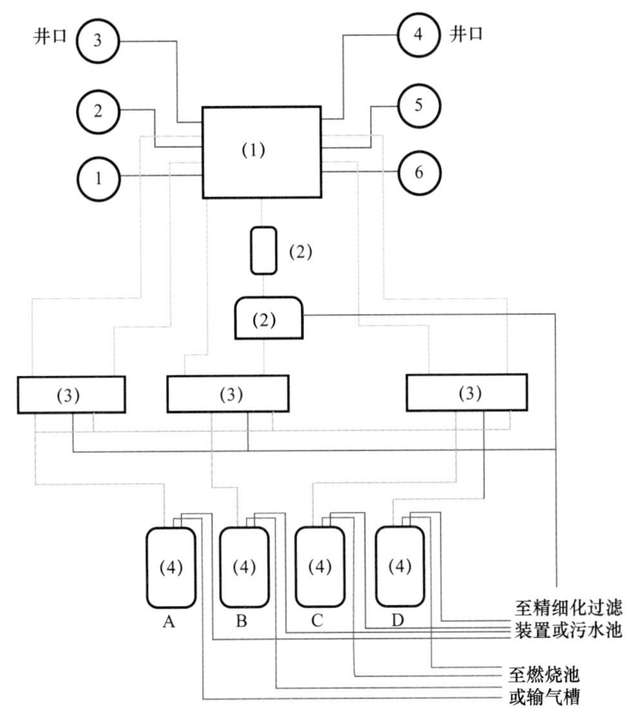

（1）井口并联模块；（2）捕屑除砂模块；（3）降压分流—模块；（4）分离计量模块

图 4-3-1 从式井流程示意图

具体设计时，将原先每口井需要使用一套地面测试流程的设计，合并为 6 口井同时使用 4 套地面流程，精简了地面测试计量流程设备。其流程设计主要特点为：

（1）井口并联模块是采用多个 65-105 型闸阀组成的管汇组直接与平台上各井口连接，现场能够满足平台上各井能同时开井且井间不窜压、任意井单独压裂砂堵后解堵、任意井单独钻磨捕屑、任意井单独高压除砂、任意井单独测试。

（2）捕屑除砂模块采用一套捕塞器 + 一套除砂器串联后，直接与井口并联模块相连，由井口并联模块倒换接入需要钻磨桥塞、捕屑除砂的单井。若排液测试中出砂量大，可以采用两个捕屑除砂模块。

（3）降压分流模块是采用三个油嘴管汇橇并联组成，与井口并联模块之间采用 65-105 型法兰管线连接，以满足六口井不同工况下的作业。

整个流程简明清晰，一目了然，功能齐全，且便于操作。可以实现同井组不同井的不同作业不受干扰。每口井都能实现单独的排液测试，若要合并作业，流程同样能够实现。应用模块化地面测试技术，通过不同功能区块的划分，实现了对整套地面流程设备的充分利用，满足了页岩气平台井组压裂改造的同时进行排液及产能测试的需要，以较少的测试设备（仅四套）完成对全井组的连续排液作业，很好地体现了页岩气藏工厂化、批量作业新需求。

二、页岩气地面排液测试装备

1.105MPa 捕屑器

1）结构组成

捕屑器主要由本体、滤管、相应的阀门与变径法兰等构成（图 4-3-2）；捕屑器本体主要采用 180-105 型法兰管线，滤管装于捕屑器本体之内，常用的滤网尺寸分别为 5mm、6mm 和 8mm。

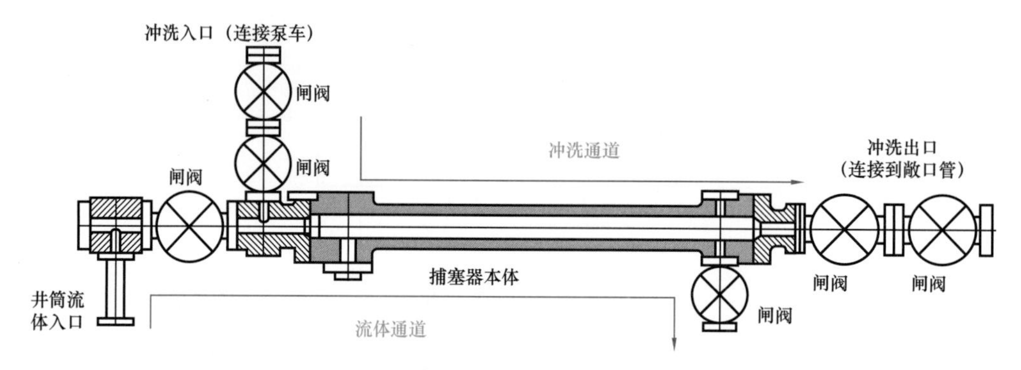

图 4-3-2 捕屑器设计图

2）主要参数及技术标准

（1）工作压力：105MPa。

（2）捕屑方式：滤网式。

（3）工作温度：-19～120℃。

（4）工作环境：酸性、碱性、含硫、含砂、含屑流体介质环境。

（5）滤管尺寸：ϕ180mm×ϕ150mm×3300mm。

（6）捕屑容积：54435825mm^3。

（7）过滤孔直径：ϕ5mm、ϕ6mm、ϕ8mm。

（8）环空尺寸：ϕ180mm×ϕ150mm（单边 6mm）。

（9）结构：可以在线连续冲洗。

（10）防硫等级：EE 级。

（11）执行技术标准：《井口装置和采油树设备规范》API SPEC 6A，《油田设备用抗硫化氢应力开裂的金属材料》（NACE MR 0175—2003）。

3）作业原理

主要用于页岩气等非常规气藏钻桥塞或水泥塞作业中担任捕屑角色，安装在流程最前端，从井筒返出的携砂流体，首先进入滤筒内部，内置滤筒拦截钻塞过程中井筒流体带出的桥塞等碎屑，经滤筒过滤后的流体再从侧面流出，碎屑被滤筒挡在其内部，从而实现碎屑和流体的分离，避免桥塞碎屑等固体颗粒大量进入下游，能有效地防止流程油嘴被堵塞或节流阀被刺坏，保障作业过程中流程设备和管线的安全性，保证作业的连续性。

2.105MPa 型旋流除砂器

1）结构组成

105MPa 型旋流除砂器由旋流除砂筒、集砂罐、管路、阀门、除砂器框架和仪表管路等部分组成（图 4-3-3）。

2）主要参数及技术标准

（1）工作压力：105MPa。

（2）除砂方式：旋流式。

（3）工作温度：-19～120℃。

（4）最大气处理量：$100\times10^4m^3/d$。

（5）最大液处理量：$690\times10^4m^3/d$。

（6）工作环境：酸性、碱性、含硫、含砂流体介质环境。

（7）除砂效率：95% 以上。

（8）结构：可以连续排砂。

（9）防硫等级：EE 级。

（10）引用标准：

《超高压容器安全技术监察规程》（TSG R0002—2005）；

图 4-3-3　105MPa 型旋流除砂器设备结构图

《压力容器》（GB 150—2011）；

《钢制压力容器—分析设计标准》（JB 4732—2005）；

《石油天然气工业　钻井和采油设备　井口装置和采油树》（GB/T 22513—2008）；

《防硫化氢应力裂纹的油田设备金属材料》（NACE 0175—2003）；

《钻井液旋流器》（GB/T 11647—1989）；

《热喷涂陶瓷涂层技术条件》（JB/T 7703—1995）；

容器遵循规程《固定式压力容器安全技术监察规程》（TSG R0004—2009），《橇装管线设计标准》（ANSI B31.3），《对焊接接头无损检测比例及合格标准》（JB/T 4703—2005）；

硬度检查的位置和频次参考《防止硫化物应力开裂技术规范》（SY/T0059—1999），《容器的油漆、包装、运输要求》（JB/T 4711—2003）。

3）作业原理

旋流除砂器是一种配合地面测试使用的高压除砂设备，适用于压裂后洗井排砂和出砂地层的测试或生产。

105MPa 型旋流除砂器是通过在超高压除砂罐内设置旋流筒，将井流切向引入旋流筒内，产生组合螺线涡运动，利用井流各相介质密度差，在离心力作用下实现分离，砂子从容器底部的排砂口排出，气、液则从容器顶部排出。

3. 105MPa 型动力油嘴

1）结构组成

105MPa 型动力油嘴系统主要由两大部分组成，包括动力油嘴阀体（图 4-3-4）及远程控制装置（图 4-3-5），阀体是节流控压的主要部件，而远程液压控制装置主要用于远距离控制动力油嘴的开关。

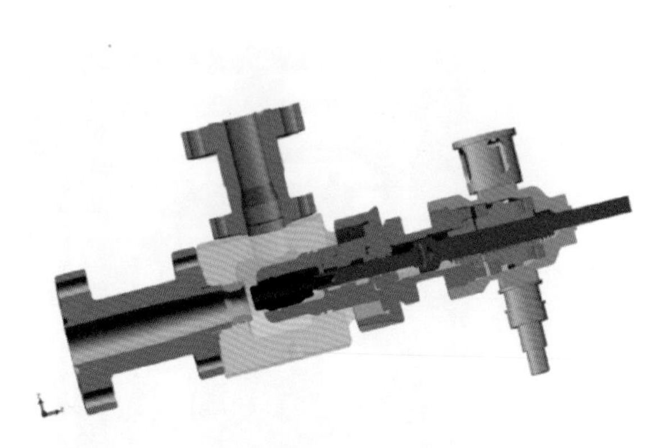

图 4-3-4　105MPa 动力油嘴本体

图 4-3-5　动力油嘴远程液压控制装置

动力油嘴系统的具体组成包括：刻度指示标尺、动力总成、油嘴总成、油嘴本体、防磨护套、入口法兰短节、出口法兰短节和远程液压控制系统。该装置主要安装于排砂管线上，其中动力总成部分主要由液压马达、蜗轮、蜗杆、壳体组成，壳体通过螺栓与油嘴本体连接，液压马达由远程液压控制系统驱动；油嘴总成主要由油嘴、油嘴套、油嘴阀座、连接杆等组成。油嘴总成安装在油嘴本体内，动力总成通过蜗轮心部的螺杆与油嘴总成中的连接杆相连，刻度指示标尺与动力总成的螺杆相连。进口法兰短节和出口法兰短节分别连接于油嘴本体的上游和下游。

2）主要参数及技术标准

（1）公称通径：65mm。

（2）额定工作压力：105MPa。

（3）额定温度级别：P.U（−29～121℃）。

（4）材料代号及类别：75K/EE。

（5）连接形式：API 6BX 型法兰连接。

（6）进口连接：BX $2^{9}/_{16}$in−15K。

（7）出口连接：BX $3^{1}/_{16}$in−15K。

（8）最大节流通径：2in（50.8mm）。

（9）阀芯行程：2in（50.8mm）。

（10）产品规范级别：PSL3。

（11）性能要求级别：PR1。

（12）执行标准：《井口装置和采油树设备规范》（API 6A 19），《油田设备用抗硫化应力裂纹的金属材料》（NACE 0175—2003）。

3）作业原理

流程上游流体通过入口法兰短节进入油嘴装置，通过油嘴与油嘴阀座之间的环形间隙后流经出口法兰至下游。油嘴与油嘴阀座之间的间隙通过动力总成来实现调节，动力总成与远程液压控制系统相连，通过远程液压控制系统带动动力总成液压马达工作，驱动蜗杆蜗轮并带动螺杆前进与后退，由于螺杆与油嘴连接杆相接，从而螺杆的运动将带动油嘴连接杆和油嘴的前后运动，达到增加或减少油嘴与油嘴阀座之间间隙的目的，实现节流开度的任意调节。节流开度可以通过刻度指示标尺进行观察，也可通过在蜗杆后端安装位置指示传感器，在液压控制面板上直接显示节流开度的大小。

控制系统配有蓄能器和手动增压泵，采用气体驱动方式，以压缩空气为驱动气源，通过输出的液压油控制油嘴的开启或关闭，油嘴的开启度实时显示在控制面板的数显仪表上；面板上可以手动操作手动控制阀开大或关小油嘴，同时可以监控阀前或者阀后压力（两路）。通过调节速度调节阀可以控制动力油嘴的开关速度。液压系统采用气动增压泵供液，同时备有一台手泵，当气泵出现故障或低压气源中断时，通过备用手动泵也能保证系统应急工作。液压控制回路能够实现自动补压功能和超压自动排放功能；控制柜系统适应现场的全天候、连续运行、操作。具体原理示意图如图 4-3-6 所示。

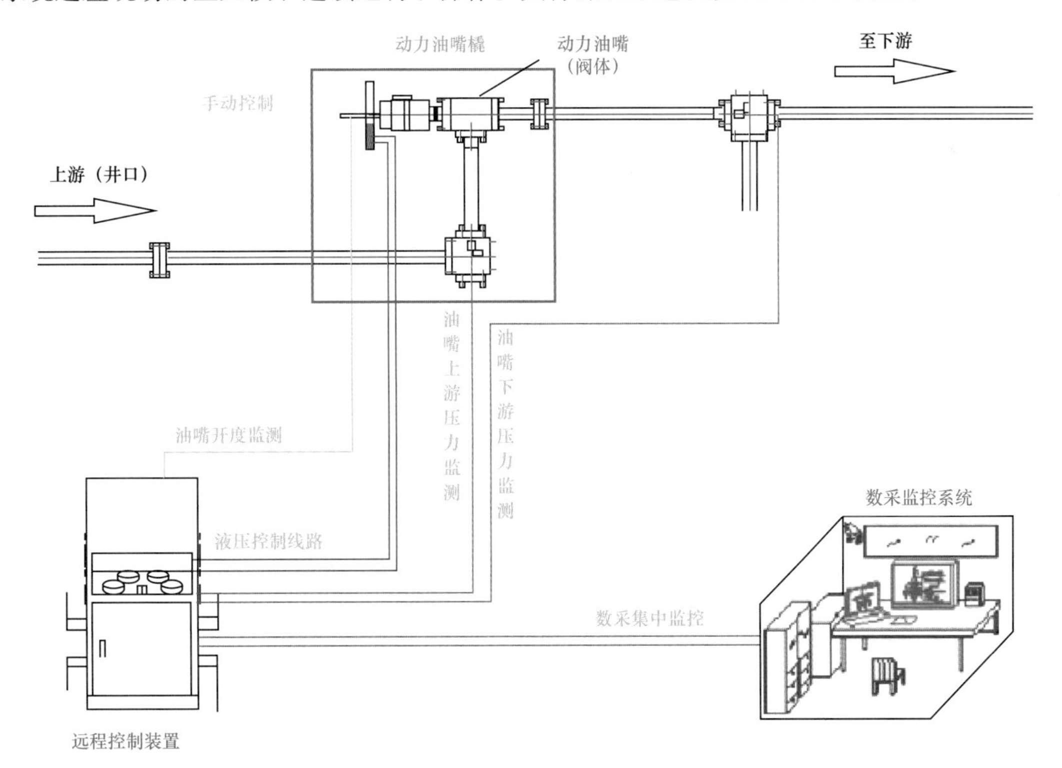

图 4-3-6 105MPa 动力油嘴系统工作原理示意图

4. 探砂仪

1）结构组成

探砂仪在地面测试领域主要应用于测量地面流程流体中固相颗粒的含量，有效地指导现场施工，以便减少固体颗粒对设备的侵蚀，可起到安全防范作用。它是有探砂仪探头、数据传输线、探砂仪主机及计算机（安装探砂仪软件）等部分组成（图4-3-7）。

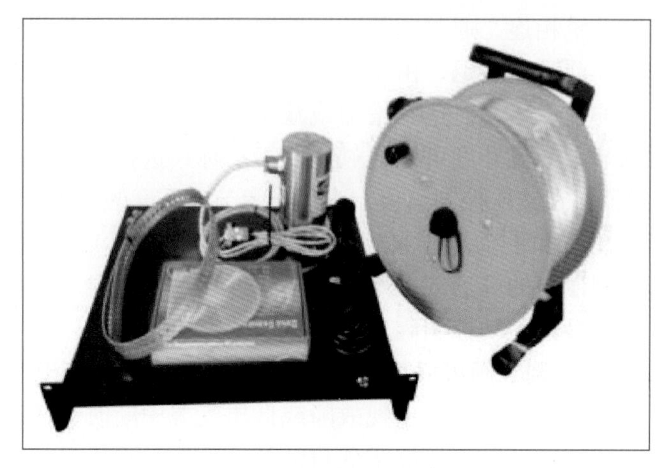

图4-3-7 探砂系统组成示意图

2）主要参数及技术标准

（1）耗电量：0.8W。

（2）工作温度：-40～225℃。

（3）最远距计算机位置：2000m。

（4）质量：2.0kg（4.4lb）。

（5）尺寸：（宽 × 高）800mm×800mm（3.15in×3.15in）。

（6）外壳材质：316不锈钢。

（7）输出信号：RS485 Multi-Drop/4-20MA/Relay。

（8）外壳标准：IP 56。

（9）本安标准：EEx ia IIB T3-T5（DNV-99-ATEX-1004X）II2G。

3）工作原理

设备基于“超声波智能传感器”技术。这种传感器安装在第一根弯头后面，返排流体中的固相颗粒碰击管壁的内壁，产生一种超声波脉冲信号。超声波信号通过管壁传输，并由声敏传感器接收。探头被调节或校验到在频率范围内提取声音后，将它传给计算机之前的智能部分（探砂仪主机）做电子处理。再将处理后的信号传给计算机，通过探砂仪计算软件计算出地面流程流体中固相颗粒的含量，并显示曲线。

三、排液测试制度

压裂后排液是一种不稳定泄流和压裂液向地层滤失同时进行的过程，其过程非常复杂，影响出液量的因素很多，主要有注入的压裂液的量、黏度、密度，地层的滤失量、闭合压力、射孔孔眼的摩擦阻力，井下和地面管柱的直径、长度、表面粗糙度等。若油嘴尺寸选择较大，容易携带部分支撑剂；若油嘴尺寸选择较小，又延长了放喷时间，增加了压裂液向地层中的滤失，造成了压裂液对储层的伤害。支撑剂在裂缝中的运行主要受三种力的作用：支撑剂自身重量产生的下沉力、压裂液对支撑剂的悬浮力和压裂液在一定流速下所给予的推动力。在压裂放喷过程中，支撑剂在垂直裂缝中，当液体放喷速度小于平衡值时，支撑剂下降至裂缝底部并且逐渐堆积起来。当液体放喷速度大于沉砂的临界速度时，在砂堆表面上的颗粒就有可能被冲走，逐步向井筒回流，降低缝口的导流能力，影响压裂效果，还有可能造成砂堵。

压力施工后，如果排液速率控制不当，会严重影响裂缝的导流能力。排液期间所用的油嘴尺寸偏大，压裂液返排速率过快，会导致支撑剂回流到井筒，使得裂缝导流能力下降；使用的油嘴偏小，压裂液反而速率较小，可有效地控制支撑剂回流，但压裂液在地层中滞留时间较长，会堵塞孔隙通道，对储层造成伤害，影响压裂改造效果。因此，确定合理排液求产制度十分关键，排液求产制度实际上就是通过对井口油嘴的控制，来控制排液速度。其主要目的就是在满足支撑剂不发生回流的前提下，使压裂液残液尽可能多地排出地层，以获取较好的产气量。

大多数页岩气藏压裂后，是采用连续油管钻磨井筒内的桥塞，然后进行多级混合排液测试。根据压裂工艺和地层的需要，放喷过程通常需要三个阶段：闭合控制阶段、产能最大化阶段、产能稳定阶段。

1. 闭合控制阶段

工作制度：根据现场进行的地层流体注入诊断测试（DFIT）数据，得出地层闭合压力，通过使用2mm的油嘴控制，将井口压力降低于地层闭合压力。

2. 产量最大化阶段

工作制度：在井口压力低于地层闭合压力后，常用3～10mm油嘴控制，逐级放大，以返出井筒和地层中松散的砂粒和放喷测试最大产量为目的。

3. 产量稳定阶段

工作制度：用5～12mm油嘴进行控制，并随着气量减小、压力下降而逐步减小油嘴，将地层中的压裂液尽可能多地返出地面。当流体中没有砂粒，产量稳定后返排1～2d，结束整个返排测试作业。

第四节 页岩气井排水采气技术

长水平段的页岩气井，在后期低压小产条件下，井筒积液的特点及其对生产的影响，是优选主体采气工艺及优化工艺参数、配套关键工具的前提。本节总结了现场实测发现的积液特点、实验观察到的积液规律，有针对性地提出了优选管柱、柱塞排水、泡沫排水三项低成本主体工艺，并优化了具体工艺做法，目前已得到广泛的推广应用。

一、页岩气井生产特征

1. 气井基本井工程特点

页岩气平台普遍采用丛式水平井组，一般为6口井，井口成排分布，一般3口井1排，排内井口间距5m，排间距30m；多数井闭合距1500～2000m，属于长水平井段水平井；水平段走向与地层倾向一致，井型有上倾（上半支）、下倾（下半支），如图4-4-1所示；生产套管尺寸以139.7mm为主，少量试验井为127mm；产层水平段钻进以油基钻井液为主，采用分段体积压裂方式完井，投产初期的返排流体构成复杂。

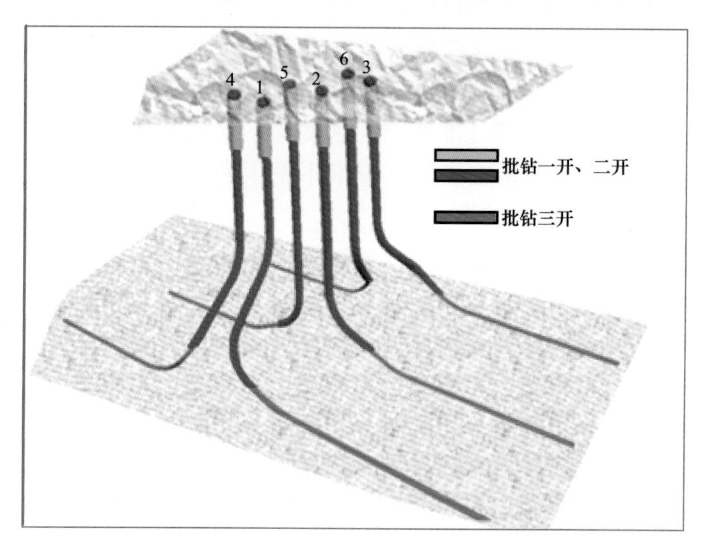

图4-4-1 丛式井空间分布示意图

2. 气井产量递减特点

通过对长宁区块105口井产气产水进行统计，投产后第4年末，单井平均日产气（1～3）×10^4m^3，平均日产水2～5m^3，气井进入低压小产阶段，如图4-4-2和图4-4-3所示。

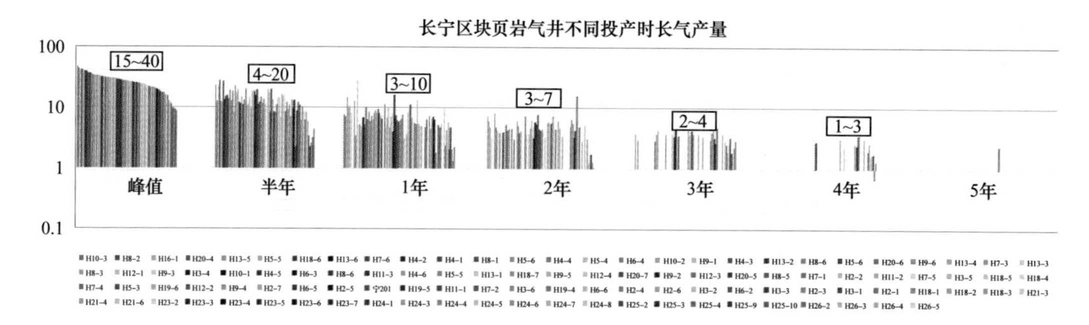

图4-4-2 长宁区块页岩气井不同投产时长产气量

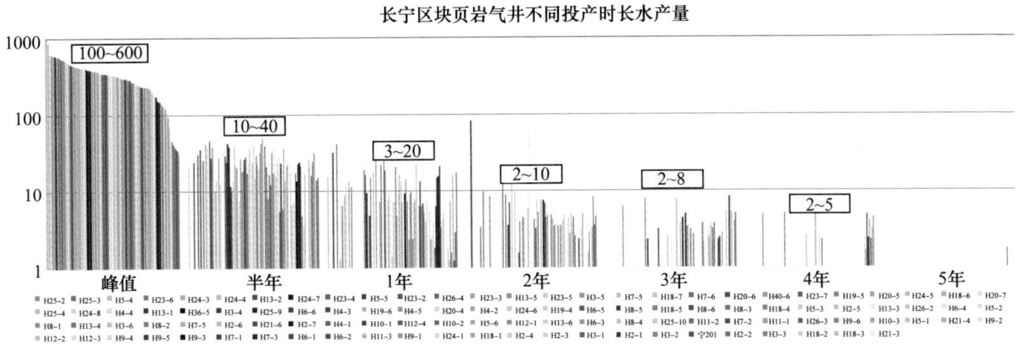

长宁区块页岩气井不同投产时长水产量

图 4-4-3　长宁区块页岩气井不同投产时长产水量

3. 页岩气井井筒积液特点

1）积液时间

页岩气井放压生产，井口流动压力接近输压时，气井开始积液。产量及压力等采气参数开始出现不稳定，压力剖面测试油管内存在液面，如图 4-4-4 所示。

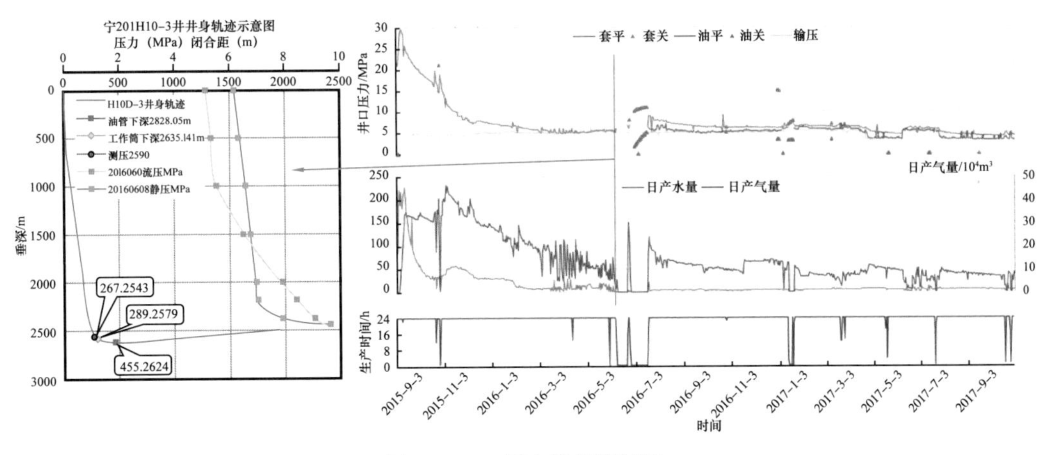

图 4-4-4　压力梯度测试法

2）积液位置

积液最容易发生在斜井段，井斜角 30°～60°，主要表现为发生回流。如图 4-4-5 所示，W204H10-1 井生产测井发现，在井斜角 35°～57°的井段，液流量出现负值现象，存在明显的回流现象。

根据实测不同井斜角的临界表观流速的大小，由图 4-4-6 可以看出：在 $2^3/_8$in 油管中，井斜角 30°～40°的井段的油管内，最容易发生积液。在 $5^1/_2$in 空套管中，井斜角 35°～55°的井段更容易发生积液。井斜角 5°与井斜角 75°时的临界带液流速相当。在 $2^3/_8$in 油管中所需最大临界流速，与 $5^1/_2$in 套管中井斜角 75°所需临界流速相当。

3）积液变化规律

页岩气井投产时间越长，液面位置越低，后期页岩气井液面位置低于井斜角 60°的井段，甚至低于油管鞋。

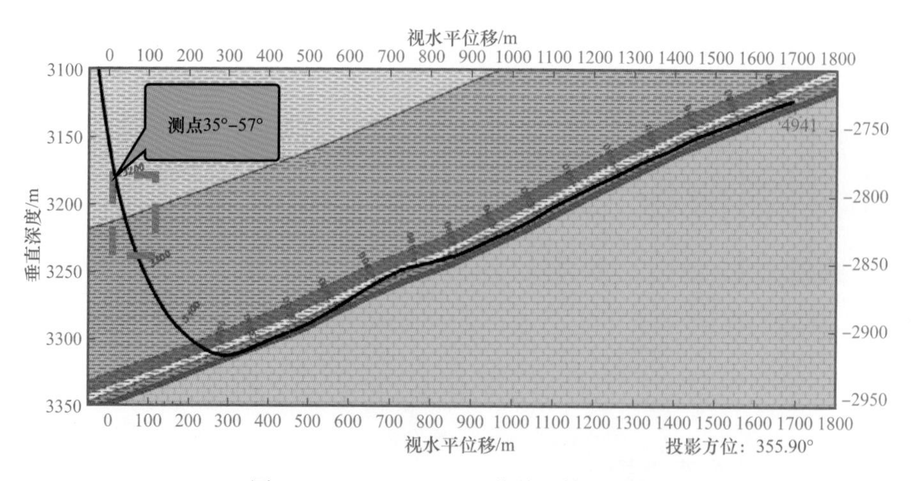

图 4-4-5 W204H10-1 井井眼轨迹曲线

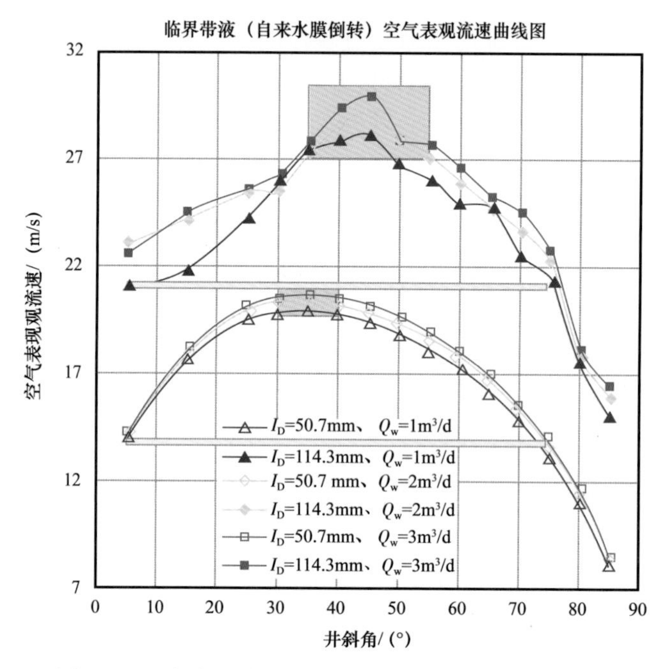

图 4-4-6 长宁区块页岩气井不同投产时长下的产水量

在长宁区块开展的 163 口井回声仪液面测试解释成果表明，90% 的液面位置大于井斜角 60°的井段，75% 液面位置大于井斜角 70°的井段。

4）积液量及影响

页岩气井积液量普遍较小；由于后期低压小产，容易导致水淹。因为气水产量都小，对一次性投入大及运行费用高的排水采气工艺没有需求。

二、一体化生产管柱优化

气井投产初期采用套管自喷生产，但产量快速递减，很快井口压力接近输压，生产出现大幅波动，需要及时下入油管生产维持气井稳定携液自喷生产。

1. 油管下入时机与方式

1）油管下入方式

为了避免压井对地层造成伤害，采用不压井作业下入油管。

2）油管下入时机

下入时间越早越好，井口压力大于输压 1MPa 之前下完油管。

2. 尺寸优选

页岩气井生产管柱优化，重点考虑页岩气井后期低压小产条件下，排水采气的长期经济有效性、后续人工助排的便利性，兼顾前期生产，综合推荐 $2^3/_8$in 的 API 油管。

（1）生产后期井筒流动压力损失，选用 $2^3/_8$in 油管最优。

页岩气井后期低压小产，在井口压力 2MPa，气产量 $2\times10^4m^3/d$，水产量 $2.5m^3/d$ 条件下，$2^3/_8$in 油管比 $2^7/_8$in 油管的井筒压力损失仅多 0.1MPa，比 2in 的 CT 管少 0.6MPa，如图 4-4-7 所示。

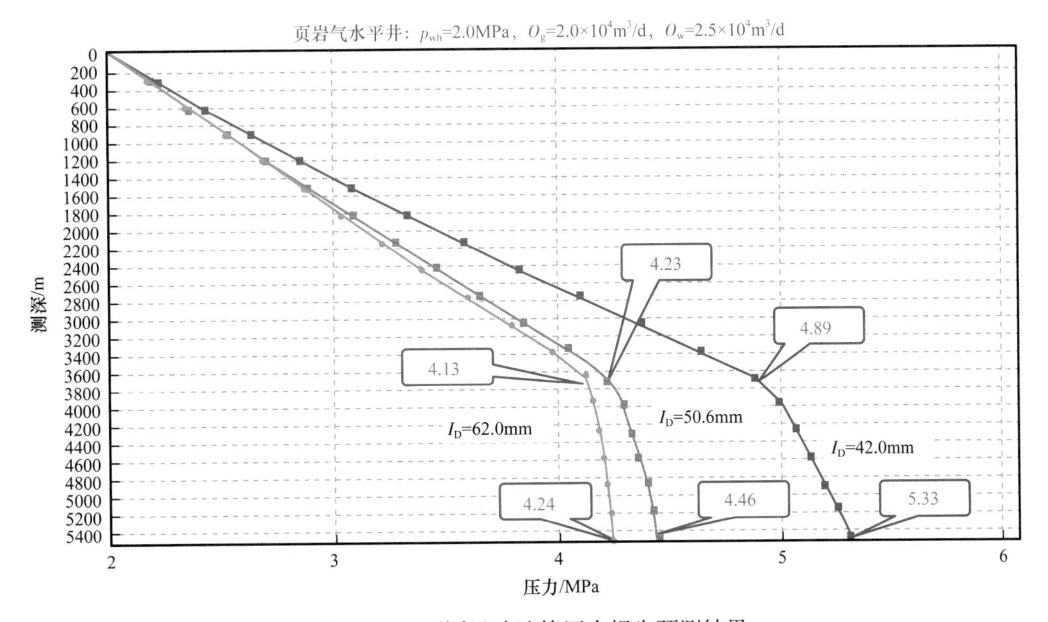

图 4-4-7 不同尺寸油管压力损失预测结果

（2）后续工艺需求：对于 $2^3/_8$in 油管，API 油管优于连续油管。

动态监测：主要测试项目有油管内钢丝作业的压力温度剖面测试、环空气液界面测试。连续油管内有焊缝，不利于钢丝作业；外安装回音标工艺相对复杂，无接箍辅助解释液面深度。

柱塞工艺：柱塞排水是页岩气井后期生产的主体工艺技术，实施柱塞工艺需要在油管内安装限位器、柱塞需要在油管内往复运行，连续油管内实施柱塞工艺技术不成熟，经济性、可靠性不具备优势。

3. 下入深度

综合考虑井筒生产压力损失大小、工程风险、带液采气、井型等因素，确定油管下入深度。

（1）下倾井：油管砂埋风险相对较小，下至射孔段顶部以上 10m 左右。

（2）上倾井：油管宜下至 A 点以上，且管鞋垂深应高于射孔最大垂深 10～20m。具体到单井时还需考虑井筒积液特点及带水采气需求，同时满足管鞋处井斜角大于 70°，如图 4-4-8 所示。

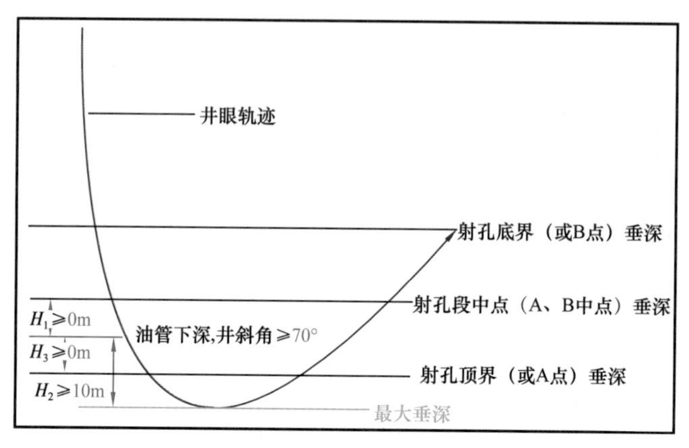

图 4-4-8 上倾井油管下入深度

（3）水平段井斜角为 90°左右的水平井，参考下倾井深度。蛇形井油管下深参考上倾井深度，主要考虑第一翘。

4. 油管结构

油管柱结构应满足长水平段的动态监测需求，并为排水采气工艺实施创造条件。

1）预置回音标

回音标下深为油管下入深度的 2/3 位置；可解决回声仪测试液面解释精度难题，通过建立数据库，指导环空及油管内测试解释，辅助试井测试解释，回音标实物图如图 4-4-9 所示。

2）预置柱塞井下限位弹簧

限位弹簧置于工作筒内，随管柱一并下入，带限位弹簧的工作筒实物如图 4-4-10 所示。根据钢丝通井作业能力，限位弹簧下深至井斜角 70°左右，预置限位弹簧可降低在大斜度段坐放作业的风险，同时保障柱塞有效沉没。

图 4-4-9 回音标

图 4-4-10 缓冲弹簧工作筒

5. 采气井口

采气井口应满足后期采气工艺有效运行，流程安装快速、便利的生产需求，工艺配套采气树如图 4-4-11 所示。

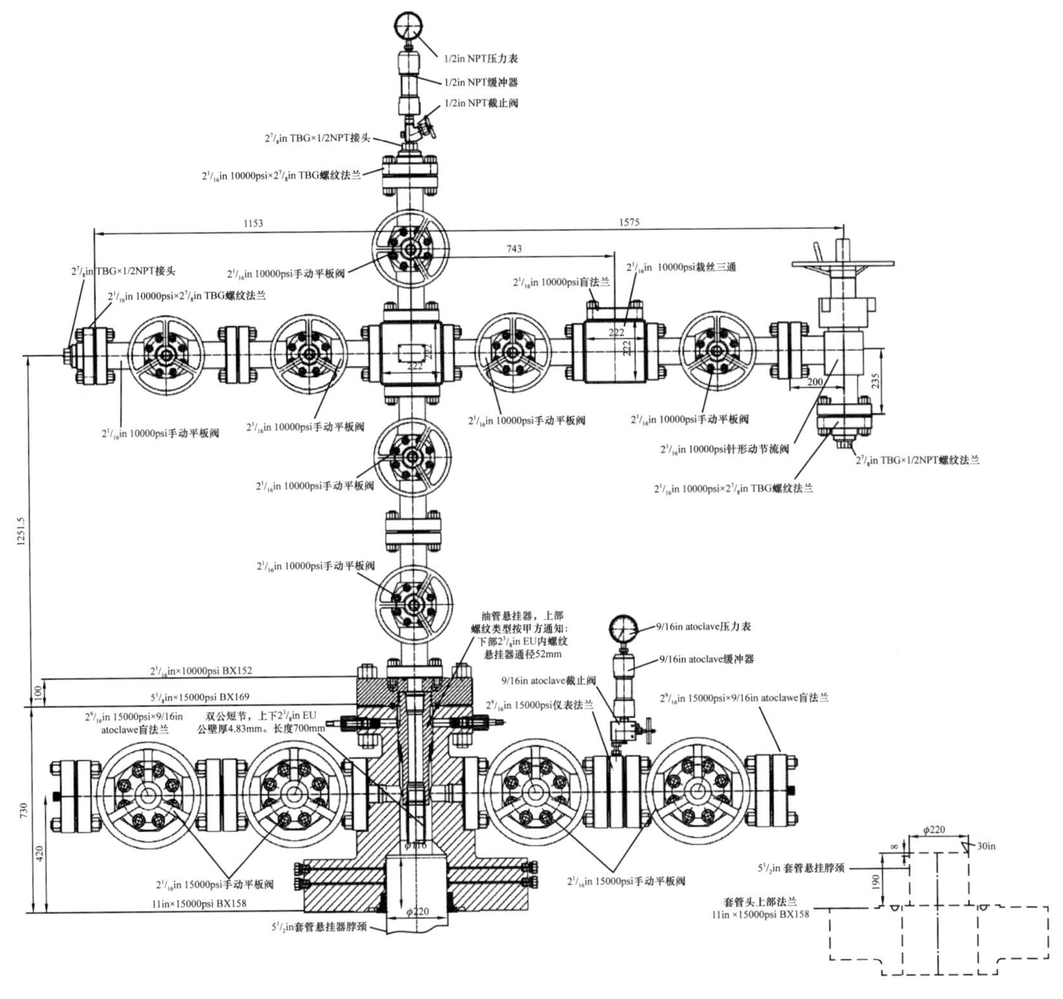

图 4-4-11 采气井口示意图

（1）主通径：统一生产通道的通径，确保后期工艺实施，采气树通径与油管匹配，便于柱塞上下运行。已选 $2^{3}/_{8}$in 油管匹配通径为 52mm 的采气树。

（2）生产翼结构：采气树生产翼预置三通，便于后期柱塞工艺流程的快速安装。

三、柱塞工艺技术进展

1. 页岩气井柱塞工艺的难点

柱塞举升是间歇气举的一种特殊方式，柱塞作为一种固体的密封界面，将举升气和被举升液体分开，减少气体穿过液体段塞所造成的滑脱损失和液体回落，提高举升气体的效率。柱塞类似于井下活塞，在井下和井口之间周期运动：关井时，柱塞在自身重力的作用下，下落到安装在生产管柱内的限位器顶部；开井后，在天然气的推动作用下，柱塞和其上方的液体一同向上举升，液体被举出井口后，柱塞下方的天然气得以释放，完成一个举升过程；井口控制阀关闭，柱塞重复往复运动。

柱塞在页岩气水平井中应用，要克服两个主要难题：一是井筒中积液在关井期间退回长水平段，造成的柱塞上部无水可举、柱塞空转运行的问题；二是柱塞在斜井段运行时，因重力造成的偏心漏失及偏磨问题。

2. 主体工具结构性能

1）井下定压截流限位器

为确保限位器上有水，限位器需具备截流功能，将限位器至井口的积液拦截，阻止积液退回水平段，确保柱塞上部有水；为确保柱塞能启动，限位器需具备定压泄流功能，防止柱塞上部液体高度过大，无法启动柱塞，如图 4-4-12 所示。

图 4-4-12　定压截流限位器

2）旋转居中功能柱塞

针对偏心漏失及偏磨问题，优选具有喷射旋转功能的柱塞，既能居中防偏磨，又可防偏心漏失，喷射的气流还能增加密封性能，如图 4-4-13 所示。

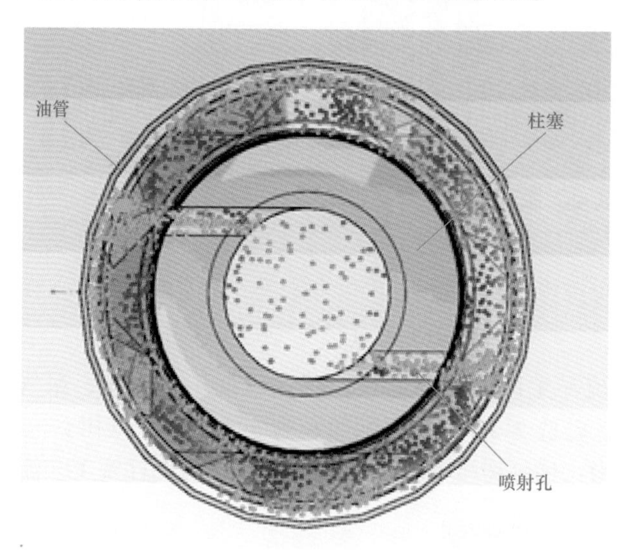

图 4-4-13　喷射旋转型柱塞内部结构

3. 柱塞运行动态监测

为了解柱塞工艺运行实际状况，合理调节柱塞运行制度，采用回声仪监测柱塞运行过程，准确了解柱塞的下落速度和时间、油管内积液高度、井口出液和柱塞到达情况，如图 4-4-14 所示，为优化调试生产制度提供准确的依据。

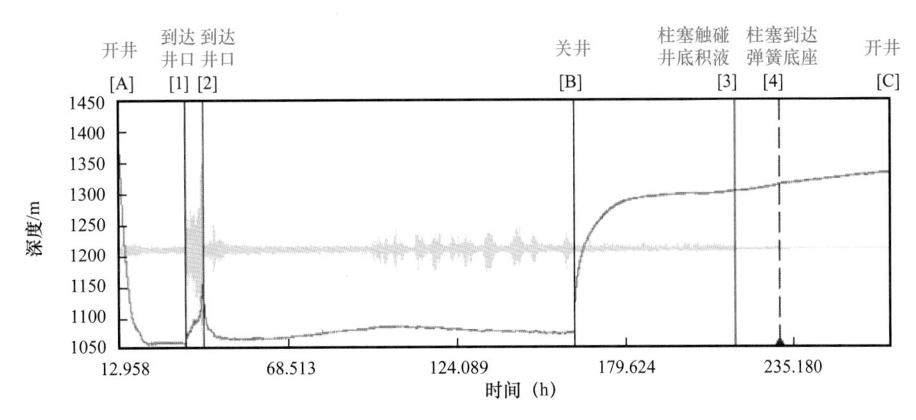

图 4-4-14 回声探测仪监测柱塞的整个运行周期情况

4. 生产制度优化

柱塞工艺制度调试后，在一定时间内可以保持相对稳定，设定基础开关井时长，根据单井生产及工艺运行变化实际，实时优化工作制度，最佳时机实施开关井动作，一井一时一策。

1）开井条件优化

（1）关井时间：应大于柱塞到达限位弹簧时间，通过回声仪追踪柱塞运行获得，工艺运行正常井，能量相对充足，减少基础关井时间，提高采气时率。能量相对不足的井，增加基础关井时间，提高排液效率。

（2）综合压力：载荷系数满足本井生产阶段的特点，一般为 0.2～0.5。

2）关井条件优化

（1）套压：套压不再下降，开始出现微升，应及时关井。

（2）阀后压力：阀后压力高于油压，应紧急关井。

（3）积液严重井的初期：应以排积液为主要目的，减少续流时间，保持带液能量。

（4）油管积液增多：关井最高套压逐渐增加，关井套油压差逐渐增大，柱塞到达井口前举液多，上行时间相对延长，表明积液变严重。这种情况需减少续流时间。

（5）油管积液偏少：关井套油压持平或油压大于套压、开井柱塞无液到井口，表明油管内积液偏少。如遇这种情况，需延长续流时间，晚关井；或维护或更换限位器，确保截流功能正常。

四、页岩气平台泡排工艺技术

1. 工艺的原理

起泡剂能显著降低水的表面张力或界面张力，当与井筒内的水相遇后，在天然气流的搅动下充分接触，把水分散并生成大量较稳定的低密度含水泡沫，从而改变了井筒内的气水两相流态。通过泡沫效应、分散效应、减阻效应和洗涤效应来实现排水采气。

2. 研究背景及技术需求

页岩气采用丛式井平台开发的模式，在一个平台上同时布置 3～8 口水平井，国内页岩气开发已形成了“采输作业橇装化”“单井无人值守、调控中心集中控制”的管理模式。现场存在两种集输工艺流程。一种是对于 3～6 口井的平台采用一套计量分离器、一套生产分离器、轮换式计量的橇装流程；另一种是采用单井分离计量橇装流程。页岩气的泡排工艺流程需要与现场管理模式和集输工艺相匹配。具备自动配液、自动加注控制、故障报警等功能，满足橇装化、无人值守、远程控制的要求。

3. 平台整体泡排自动加注设备

平台整体泡排药剂自动加注系统包括泡排加注工艺流程、自动药剂加注装置、供水供药剂系统及远传远控系统。

起泡剂和消泡剂自动加注装置可满足平台多井泡排的需要，具备自动配液、自动控制加注、自动参数调整、自动故障诊断、报警等功能（表 4-4-1）。

表 4-4-1　药剂加注装置基本参数

项目	起泡剂装置	消泡剂装置
药剂罐容积 /m³	5	5
加注井数量 / 口	3～8	3～8
增压泵数量 / 台	2	加注井数 +1（1 台备用）
单泵排量 /（L/h）	30	15
最高压力 /MPa	25	16
加注方式	自动轮换加注	一井一泵，连续
控制方式	手动、自动、远程	手动、自动、远程
报警事件	超压、低液位、泵空载	超压、低液位、泵空载
自控功能	自动配液；自动控制加注；自动参数调整；自动故障诊断、报警	

4. 平台整体泡排加注工艺

页岩气平台生产工艺流程有轮换式集中计量和单井计量两种。针对两种生产工艺流程的泡排，均使用一套起泡剂加注装置和一套消泡剂加注装置。起泡剂用起泡剂加注装置分别轮流从各井的油套管环空注入，消泡剂用消泡剂加注装置通过雾化装置连续注入各井一级针阀后的管线中，同时对所有井带出泡沫进行消泡。泡排现场药剂加注工艺流程如图 4-4-15 和图 4-4-16 所示。

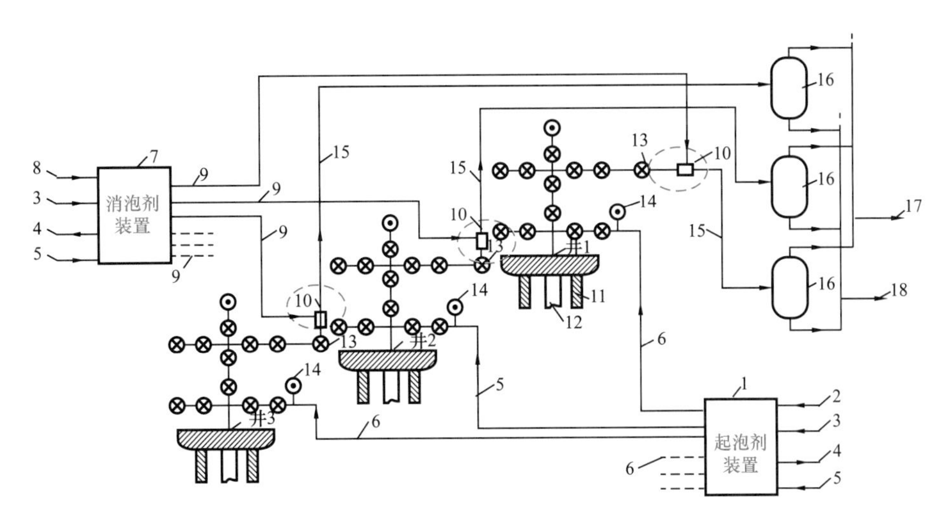

图 4-4-15 单井计量流程起消泡剂加注工艺流程

1—起泡剂加注装置；2—起泡剂管线；3—清水管线；4—信号线；5—电源线；6—起泡剂加注管线；7—消泡剂加注装置；8—消泡剂管线；9—消泡剂加注管线；10—雾化装置；11—套管；12—油管；13—针阀；14—套压表；15—生产管线；16—分离器；17—天然气管线；18—排污管线

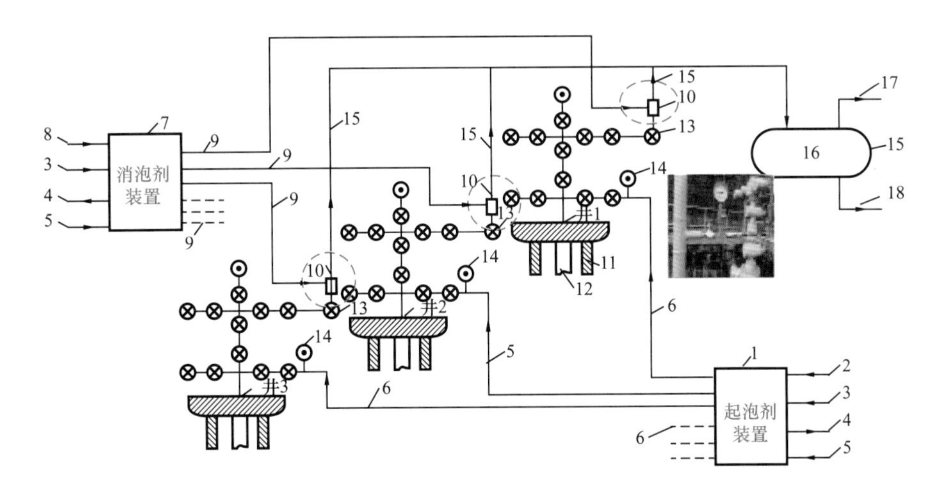

图 4-4-16 集中计量流程起消泡剂加注工艺流程

1—起泡剂加注装置；2—起泡剂管线；3—清水管线；4—信号线；5—电源线；6—起泡剂加注管线；7—消泡剂加注装置；8—消泡剂管线；9—消泡剂加注管线；10—雾化装置；11—套管；12—油管；13—针阀；14—套压表；15—生产管线；16—分离器；17—天然气管线；18—排污管线

5. 加注制度实时调整技术

根据形成的药剂加注工艺和研制的自动药剂加注装置功能，起泡剂的加注制度包括起泡剂用量、配制比例、泵排量、循环时间、每口井加注时间，消泡剂的加注制度包括消泡剂用量、配制比例、每口井对应的泵排量。

起泡剂稀释比例根据起泡剂用量、起泡剂加注泵排量、每口井注入液体量综合考虑确定。起泡剂加注制度计算方法见表 4-4-2、消泡剂加注制度计算方法见表 4-4-3。

表 4-4-2 起泡剂加注制度计算方法

序号	设定及计算
1	设置循环时间、每井用量、最低注入液量；循环时间根据平台井数及各井加注时间取合适的值，各井加注时间 15～90min；每井用量按产水量计算，1.5～2.0kg/m^3（水）
2	以起泡剂最低注入注量计算起泡剂配制比例
3	以每口井用量和配制比例计算每口井注入液量
4	以每口井注入液量计算起泡剂注入总液量
5	以注入总液量计算泵排量及泵头百分比；根据泵排量手动调整起泡剂泵头排量，泵排量控制在 15～30L/h，如果计算出泵排量高于 30L/h，则调低最小注入液量，如果泵排量低于 15L/h，则调高最小注入液量
6	以循环周期、注入液量、泵排量计算每井加注时间

表 4-4-3 消泡剂加注制度计算方法

序号	设定及计算
1	设定消泡剂用量为起泡剂用量的倍数（2.0～3.0 倍）、单井最大注入液量（≤360L）
2	用起泡剂用量和消泡剂用量为起泡剂用量的倍数计算单井消泡剂用量：单井起泡剂用量 × 消泡剂用量为起泡剂用量的倍数
3	用量大注入液量和最大用量计算配制比例
4	用每井用量和配制比例计算每井注入溶液量
5	用每井注入溶液量计算每井泵排量及泵头百分比，根据泵排量调整消泡剂泵头排量，每井泵排量控制在 6～15L/h，最大用量井的泵排量为 15L/h，如最小用量低于 6L/h，则该按 6L/h 加注

第五章 页岩气地面工艺技术及高效设备研发

本章基于页岩气的生产开发特征，侧重于页岩气地面工程建设模式关键技术研究和核心设备研发，形成与地下相匹配的地面配套工艺，完成页岩气地面集输系统总体工艺、井场工艺、处理站工艺、集输管网布置形式、返排液及气田水处理工艺技术的攻关，形成页岩气地面集输建设工程指导性文件。

第一节 适合我国页岩气开发特点的地面工程建设模式

国外页岩气开发证明页岩气开采是经济可行的，世界已有30余个国家开展页岩气勘探开发工作，页岩气开采在全球已全面进入增长期，由于页岩气开采具有高技术、高投入、高风险三大特点，我国页岩气勘探开发相对较晚，目前各项指标均处于初级阶段，我国页岩气开采已于2012年正式进入商业开采阶段，已形成长宁—威远、昭通、富顺、渝东南、涪陵等多个页岩气示范区，页岩气勘探取得长足进步，但由于页岩气的特殊性质，页岩气开发对钻完井、压裂、地面集输均带来了严峻挑战（胡文瑞等，2013；孔令峰等，2018），因此针对我国页岩气具体开发特点，在地面工程建设领域有必要进行系统研究，以满足页岩气地面集输需求。

一、我国页岩气开采模式对地面建设的影响研究

1. 自然条件影响

我国页岩气示范区主要分布于西南地区，如重庆涪陵，四川威远、宜宾等地。如长宁井区和黄金坝井区均位于宜宾市境内，主要位于琪县、兴文县及筠连县。长宁井区和黄金坝井区典型地形地貌分析图如图5-1-1所示。

我国页岩气田地貌主要有丘陵地貌、低山地貌、中山地貌等，特殊地貌为页岩气的开发提供了较大的难度，增加了地面建设难度与成本。

同时我国页岩气所处区域地面基础管网建设薄弱，需要新建大量天然气处理系统与外输管网，需要投资大量基础设施的投资，开发投资成本高。

2. 页岩气井流物变化对地面工程建设影响

1）页岩气单井产能变化规律

以长宁区块部分井为例，区块气井产气量变化如图5-1-2所示，大部分井生产初期产量较大，为（10～19）$\times 10^4 m^3/d$，随着开采时间延长，产量逐渐递减。少部分井初期产量不高，无规律生产，后期平稳产气。

图 5-1-1 长宁井区和黄金坝井区典型地形地貌图

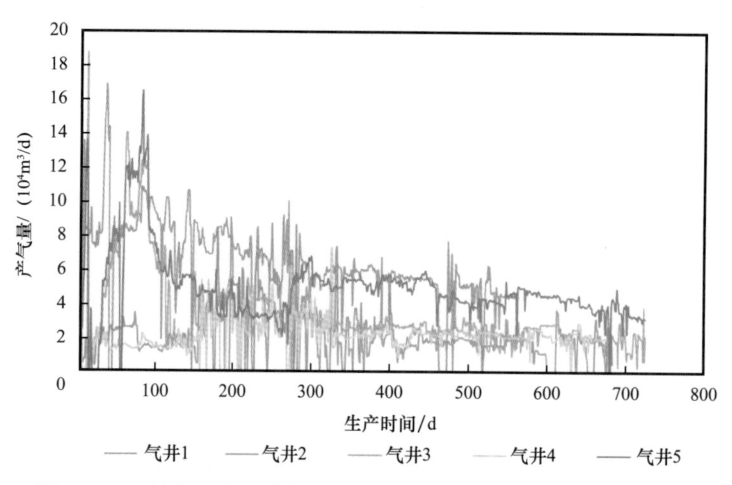

图 5-1-2 长宁区块页岩气某平台内各气井的产气量变化曲线图

我国页岩气井的产气量变化规律整体为前期产气量大，中期递减，后期平稳低产；少部分井前期中期无规律生产，后期平稳低产。

2）页岩气井单井压力变化规律

以浙江油田黄金坝区块部分气井为例，黄金坝区块气井生产初期压力较高，高达10～33MPa，递减快，1年左右递减至5MPa，后续低压5MPa下平稳生产（图5-1-3）。

3）页岩气产水变化规律

以威远区块部分气井为例，区块气井产液整体趋势为前期产液量大且快速下降，最高达735m^3/d，平均为400m^3/d，中期后产液量低，后期不产液（图5-1-4）。

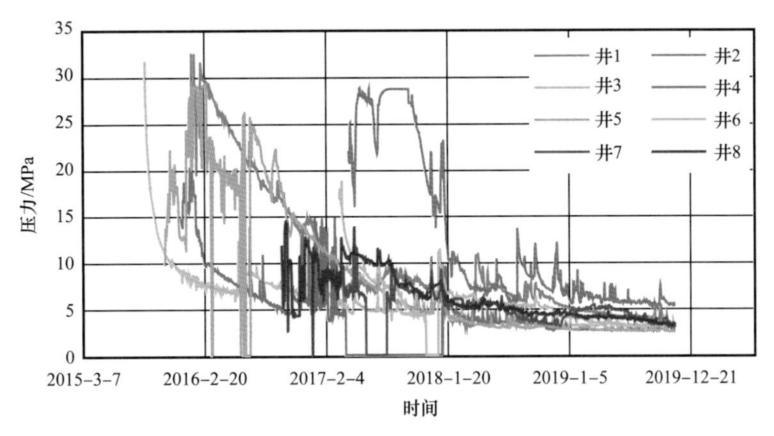

图 5-1-3 浙江油田黄金坝区块压力变化图

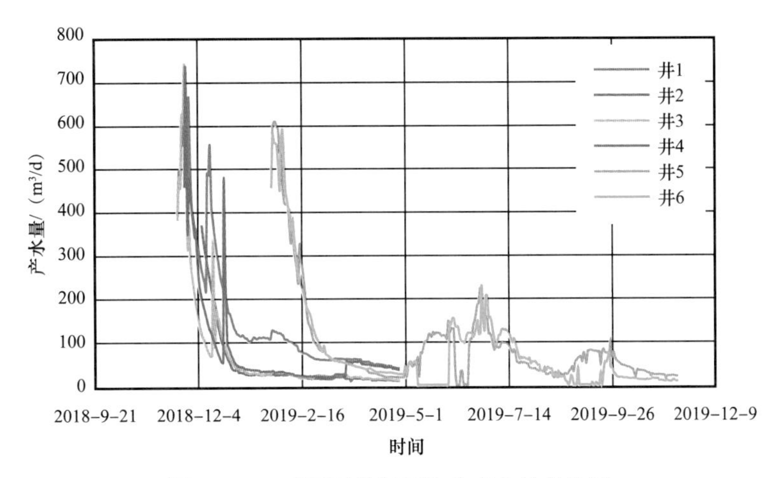

图 5-1-4 威远页岩气区块井产水量变化图

综上所述，我国页岩气井产液变化规律为生产初期产出量大，中期递减快，后期不出液。

4）页岩气产砂变化规律

产出砂粒以石英砂、陶粒为主，在页岩气井生产初期，地层出砂较为严重，进入页岩气井递减期，地层出砂量降低，进入页岩气井稳产期，地层基本上不出砂（图 5-1-5）。

综上所述，页岩气产出砂多为石英砂和陶粒为主，这与压裂工艺所使用的组合支撑剂有关，同时页岩气井产砂变化规律为初期产砂、中期降低、后期不产砂。

5）页岩气生产特征分析

页岩气气井初期井口压力、产气量、出水量较高，中期递减迅速，后期长期平输压生产；页岩气井产砂变化规律为初期产砂、中期降低、后期不产砂的整体规律，因此早期工况条件下地面工艺设备必须满足地面生产需求，因此投入运行的高压力等级、高处理量的地面设备，但是短期内页岩气井产能及压力剧烈衰减，大规模设备在短期内即面临功能过剩。

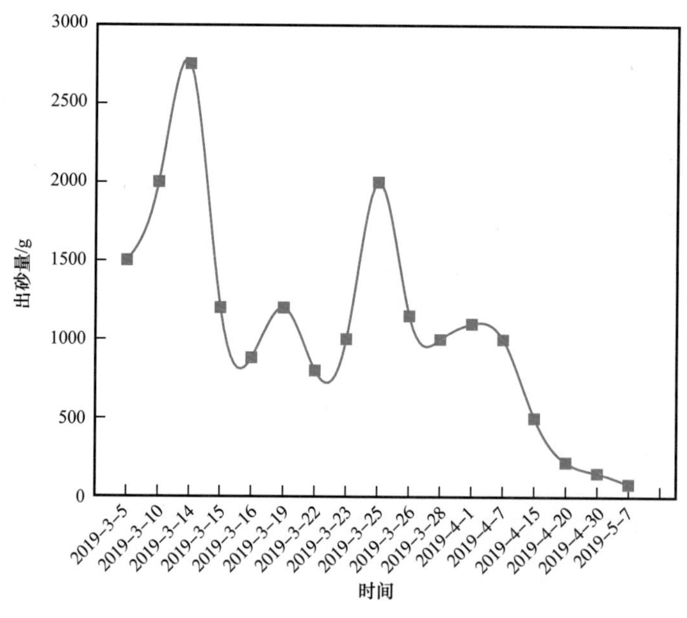

图 5-1-5 长宁页岩气某井产砂量变化图

3. 页岩气滚动开发对地面工程建设影响

我国页岩气目前采用的滚动开发模式具有很高的适用性，页岩气非均质性强，开发技术要求高，投资大，开采成本高，风险高。国外页岩气均采用“滚动”开发，首先开发已评价成熟的区块，通过滚动接替开发，最终实现对整个页岩气区块的持续稳产（李洪鹏等，2018）。这种“成熟一块开发一块”的分期分阶段开发模式与常规油气“整体探明、整体投资、整体开发”的开发模式存在明显的差异，也有效地控制页岩气开发所固有的较大投资风险。

但页岩气滚动开发模式对地面工程地面集输系统具有很大的影响。

（1）管网形式确定困难，管网形式与集输半径、井位布置及集气站规模等因素有关。由于区块滚动开发的不确定性，难以一次把握整体集输管网建设，确定管网形式难度较大。

（2）集输系统压力变化大，新井随着滚动开发并入管网，若集输管网操作压力远高于旧井的生产压力，将降低旧井产量甚至造成旧井停产。若集输管网在低压下运行，页岩气旧井稳产时间长，对新井必须降压开采，造成气井自然压力能浪费。为保证页岩气田气井产能，管网需要满足根据实际运行情况确定最优输送方案，增压工艺等。

（3）管径确定困难，最佳管径组合是在管道总长度变化不大的情况下，以满足气井产能和井口稳定期流动压力的要求为前提，确定管网中各管段的最小直径，管径过大，将增大积液量及清管次数；管径过小，井口背压小，影响气井产气量，由于区块滚动开发，页岩气井产能剧烈变化，导致同一根管线不同时间的输量及运行压力时刻发生变化，优选管径困难。

页岩气田在开发周期内产量变化快，为更好地适应其产量的变化规律，内部集输管径选择通常以“高压、厚壁、小管径”为原则，集输管网的布局形式需根据滚动开发要求，进行动态调整，同时随着新井的并入需考虑增压工艺。

（4）滚动开发导致新的钻、完井作业基本上贯穿于气田整个开采生命周期，地面工程规划设计对总体布局、设备规模等较难把握，因此要求地面系统必须具备高度的灵活性和可扩展性，地面集输系统设计难度大。

4. 页岩气压裂工艺对地面工程建设影响

由于页岩气特殊赋存方式，需要对页岩气进行加砂水力压裂开采，压裂后压裂液又返排至地面，其中水力压裂需要大量的水资源，返排至地面后又需要进行处理回收，返排液中还时常带有部分压裂用砂，因此对地面集输系统带来不同的问题，国内外页岩气压裂液的研究人员对页岩气开发做了大量工作（石升委等，2019；陆廷清等，2016；刘斌等，2015；黄旭等，2015；刘占孟等，2017；王尔德等，2013；李玉春等，2016）。

1）设备冲刷失效

根据调研数据，页岩气生产过程中压裂阶段进入地层的压裂用砂粒、陶粒等支撑剂大部分将会随页岩气返排出地面，冲刷地面管线设备，导致管线设备容易失效，严重时会造成安全事故，需采取除砂措施来减缓砂粒等对管线设备的冲刷作用，进而延长管线设备的使用寿命。

2）地面返排液处理

压裂作业将使用大量的水进行压裂，压裂作业完成后，压入地层的水将逐渐返排，返排周期可长达数年。返排液使用管道输送，则可能由于腐蚀、自然灾害及人为原因等发生穿孔、破裂导致返排液泄漏，从而污染管线沿线的地表水、土壤及地下水。若这些返排液在地面处理不当，会渗透到地下含水层或流入地表水体，会造成水污染。

3）地面供水

以长宁示范区为例，示范区主要采用拉链式压裂模式，采用供水管线 + 储水池或供水管线 + 液罐供水方式。因此地面需满足拉链式压裂模式的设备及建设，同时需建设供水管线 + 储水池或液罐等地面设施，并保证水源充足以满足页岩气“井工厂”压裂需要，压裂需求水量大。

5. “井工厂”布置对地面工程建设的影响

国内外页岩气开发历程中，许多页岩气田均采用“井工厂”开发模式（张金成等，2016；臧艳彬等，2016；张怀力等，2016）特别是在川渝山区，可利用的土地资源十分有限，不适合单井开发，因此国内采用了“井工厂”开发模式，获得了较好的经济效益。“井工厂”开发模式通过工厂化流水线作业可以提高作业效率和设备利用率，缩短生产周期，降低设备搬迁成本和人工成本，是目前国内外页岩气田主要的产能建设模式。

但是“井工厂”开发模式对地面工程施工问题及安全问题均产生很大的影响，多口井的钻井、压裂、返排、地面施工及油气生产多项作业需同时或交叉进行，施工作业安排不当或衔接不当将会造成巨大的损失，钻井、测试工程、地面工程基础设施重复建设，增加成本。因此，井丛布置应结合钻井营地、钻井布置、堆放场地、工艺装置区等地上地下统一规划，如何同时解决好各环节的安全交叉作业，实现统筹规划，统一建设是一个新的挑战，也是“井工厂”布置给地面建设、施工带来的难点。

二、我国页岩气地面工程建设模式研究

在页岩气“十三五”规划阶段目标完成期间，“十四五”规划踏上新征程之际，提出一种以“标准化设计”“模块化建设”“地面地下一体化规划”“生产设施阶段化适配”“水资源循环化利用”为核心的地面建设模式，克服我国页岩气地面建设难点，改善地面建设主要问题，提高页岩气开发效益。

1. 以“标准化设计”为核心的地面建设模式

气田地面工程标准化工作，国内外学者一直开展了大量研究工作（杨洲等，2019；王健等，2017；韩建成等，2010），本课题针对页岩气形成页岩气地面建设的标准化设计系列成果，主要包括标准化设计流程、标准化设计、装备研发、标准化采购、标准化施工、滚动开发标准化模式、运行阶段标准化等成果。从项目规划、方案设计、地面配置、地面建设，形成一套页岩气地面工程的标准化模式（图 5–1–6）。

（1）实现工艺流程通用化。

针对地面集输工艺，进行通用化的工艺流程，优化简化工艺流程，使得井场和站场均具有对应统一的工艺流程和建设规模，便于规划管理。

（2）利于设备橇装化。

橇装化设备的应用大幅缩短地面设备的设计周期及施工周期，关键设备的橇装化小型设计不仅可以节省井场、站场占地面积，节约投资成本，而且便于拆卸、组合安装，运输方便。这为滚动开发设备重复利用提供了基础，将老区块橇装设备拆离运输至新区块安装，实现区块与区块之间的设备重复利用，减少设备的重新设计、采购的时间和成本。

（3）利于设备定型化。

同一工艺模块中的设备采用同一型号的外形大小和技术标准，实现设备工厂化预制，形成适应不同生产阶段规模的系列化装置，实现设备重复利用，解决了页岩气非常规特性下的设备功能适应性差的问题。

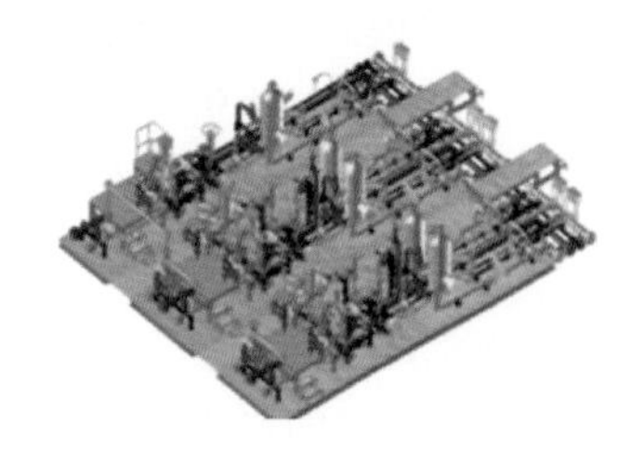

(a) 模块化页岩气井场装置

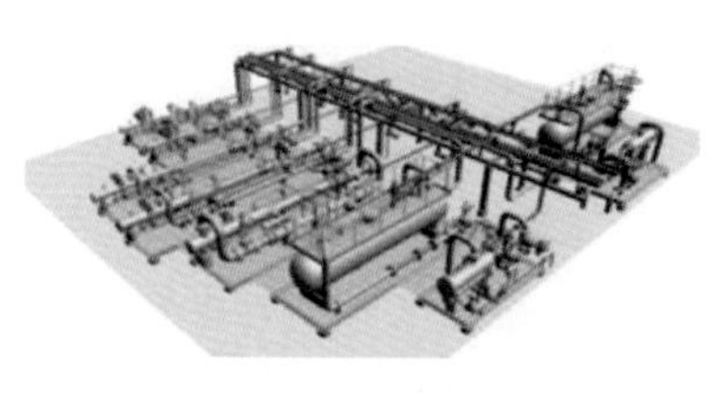

(b) 模块化页岩气集气装置

(c) 一体化脱水装置

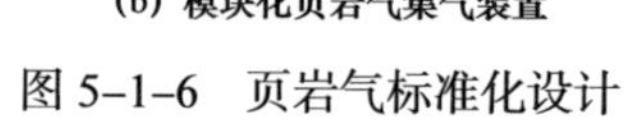

图 5–1–6　页岩气标准化设计

2. 以“模块化建设”为核心的地面工程建设模式

橇装化、模块化建设为提高气田地面建设效率主要思路，前期开展了多项研究工作（喻建川等，2016；李洪鹏等，2018；陈志等，2019；陈玉海等，2013；汤晓勇等，2018；任国强等，2016；李庆等，2018；陈朝明等，2016），页岩气地面工程建设模式研究根据通用化的工艺流程，将各个井场平台和站场按照各自功能分区划分为单独的模块，并且划分的模块必须具有通用性，这样可实现标准化建设的小型模块化管理，有利于设计图纸的模块化组合及现场施工，实现高效化生产、缩短施工周期、降低投资成本（图 5-1-7）。

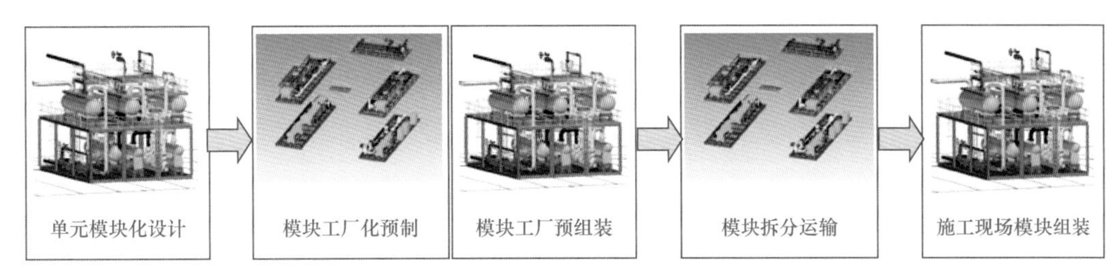

图 5-1-7 模块化建设方案

3. 以“地面地下一体化规划”为核心的地面工程建设模式

以地质工程一体化剖分的地质参数及储层特征等选用的钻完井工艺为基础，统一考虑钻井、压裂、地面建设，分析地面工程如何结合地下工艺特征进行建设，地面如何全面布局，结合标准化设计和模块化设计进行一体化成橇装置设计；同时，将一体化协同管理模式引入到页岩气田开发的应用中，构建协同功能模块，优化整合生产要素，控制生产运行流程节点并设计地面地下一体化协同管理流程，实现一体化决策、一体化组织、一体化控制、一体化保障、一体化管理的协同管理模式。

4. 以“生产设施阶段化适配”为核心的地面工程建设模式

目前在国外关于页岩气“设施适配”的研究成果较少，因此，急需一套“设施适配”的模式解决地面设备的不适应难题。“设施适配”指“在合适的时间配置合适的资产”，形成一种全生命周期建设模式，即在不同生产阶段配置合适的设备资产，划分页岩气生产阶段——排液期、建产期、递减期、稳产期，根据不同生产阶段的通用化工艺流程，划分不同功能模块，实现标准化模块分区建设；在滚动开发模式下，充分利用模块化、橇装定型化的可拆装、易搬迁的独特优势，把初期生产阶段大规模高等级及多余的设备拆离、运输至加密井或新区块安装，实现设备的重复利用，解决设备规模难确定且不适应的难点，降低地面建设设计周期和设备投资。

5. 以“水资源循环化利用”核心的地面工程建设模式

根据我国页岩气开发特点，地面工程水资源利用量非常大，不实施循环化利用措施，将导致水资源的严重浪费，不符合国家经济环保政策。因此，以“水生命循环为理念”，采用“以回用为主、以回注为辅、达标外排”的“水资源循环化利用”模式，提高水资源综合利用。

三、我国页岩气地面工程建设模式优势分析

1. 建设周期更短

“标准化设计、模块化建设”形成页岩气地面工程标准化流程，标准化设备、规范地面工程各个环节，实现设备的工厂化预制和规模化采购，大幅缩短地面建设的设计周期和建设周期。

2. 投资成本更低

各阶段实施标准化设计，大幅度地避免重复建设内容，规范施工建设，缩短周期的同时降低施工建设的费用，实现设备的工厂化预制和规模化采购，大幅降低设备的投资成本，提高建设质量。

“设施适配”，指在不同的生产阶段配置不同的设备资产，实现设备的重复利用，提高设备的重复利用率，降低设备的总费用，节省投资。

3. 更加安全环保

页岩气开采过程中存在水资源浪费、水资源污染等问题，该模式重点关注了“水资源循环化利用”的，并采用“以回用为主、以回注为辅、达标外排”的“水资源循环化利用”的模式，并以“水生命循环为理念”提高水资源综合利用，使得页岩气开采过程更加安全、环保。

同时，该建设模式规范地面地下各个环节，进行标准化设计和模块化设计，使得各个施工过程和生产过程更加规范，项目实施更加有条不紊、安全高效。

4. 适应性更强

分区模块设计、设备橇装化、设备定型化，规范设备设施的同时，使得模块设备更具有通用性和互换性，有利于设备的重复利用。同时“设施适配”是在“在合适的时间配置合适的资产”，在滚动开发模式下，充分利用模块化、橇装定型化的可拆装、易搬迁的独特优势，把初期生产阶段大规模高等级及多余的设备设备拆离、运输至加密井或新区块安装应用，实现设备的重复利用，解决设备规模难确定且不适应的难点。

第二节　页岩气地面工程低成本高适应性工艺技术

一、集输系统总体工艺流程

1. 国外页岩气地面集输工艺技术

美国和加拿大是世界上最早实现页岩气商业化开采的国家，页岩气勘探开发相关的

地质分析、地质评价、钻完井工艺、储层改造、气藏开发及地面集输工程等工艺技术已相对成熟，相关工艺技术正被世界其他正在进行页岩气勘探开发的国家借鉴和采用。

美国页岩气田的组成单元一般包括（Well Spring，2009；Arthur et al.，2009；Baird，2011；Sugar Land，2013；Christopher，2012；Weiland et al.，2012；Simpson，2013；Lawlor et al.，2011；Mancini et al.，2011；Guarnone et al.，2011；Kevin et al.，2013）：单井（井组）—井场—集气站/（增压站）—中心处理站—水处理中心。开采出来的页岩气在井场进行节流降压、除砂、气液分离等过程，气液分离出的湿气输送至集气站/（增压站）；分离出的液相再次进行油水分离，分离出的凝析油进入中心处理站处理，分离出的产出水就地储存，产量较小时卡车拉运至水处理中心，待产量较大时通过管道泵送至水处理中心；井场来湿气首先在集气站进行气液分离、增压（后期）、脱水后再管输至中心处理站增压、计量后外输，还有一部分页岩气用作气举气返输至井场；中心处理站内还设有凝析油稳定处理装置。此外，集气站/增压站、中心处理站产出水和污水均进入水处理中心进行处理。美国巴内特（Barnett）页岩气田地面总体工艺流程如图5-2-1所示，美国巴内特页岩气田总体地面工艺采用湿气集输工艺。

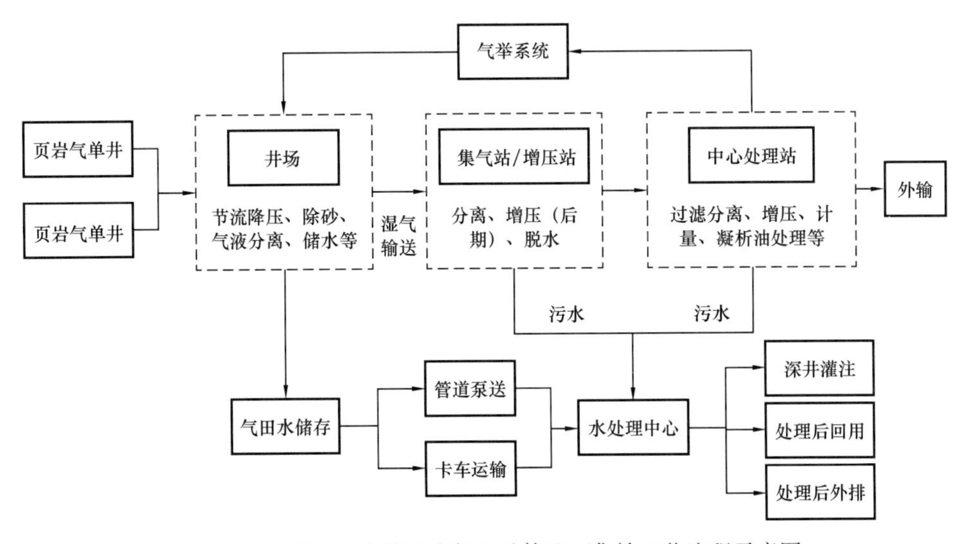

图5-2-1 美国巴内特页岩气田总体地面集输工艺流程示意图

美国派恩代尔（Pinedale）气田总体地面集输工艺流程如图5-2-2所示，美国派恩代尔气田地面工程总体组成单元包括井场—集气站—增压处理站，具体工艺流程为：井场流体直接三相混输至集气站，在集气站内首先进行油、气、水三相分离，分离出的湿气脱水后干气输送至增压计量站；分离出的凝析油在集气站稳定后储存，凝析油产量较小时通过卡车拉运外售，待规模开发产量较大时则通过管道外输销售，凝析油稳定后的闪蒸气并入集气站至增压计量站集气管道；分离出的气田水通过卡车拉运或管道泵送至增压计量站；中心处理站内进行气体增压、计量、气田水处理等。

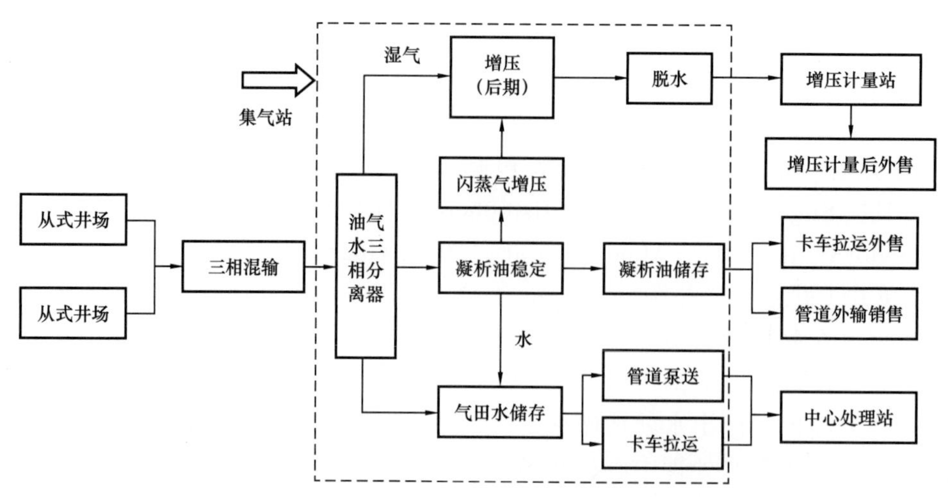

图 5-2-2 美国派恩代尔气田总体地面集输工艺流程

通过对美国巴内特页岩气田、派恩代尔气田以及加拿大迪韦那（Duvernay）页岩气田的调研分析可知，国外页岩气田地面总体工艺流程基本相同，主要体现在：页岩气田均设有分散型集气站、集气总站 / 中心处理站（增压计量站）、水处理中心等站场，一般在中心处理站进行增压，待压力衰减时可在分散集气站进行增压，形成区域增压或分散集气站—中心处理站两级增压模式。但页岩气田地面输送工艺存在差异，大部分页岩气田采用井场气液分离，井场至分散集气站湿气输送工艺，而某些页岩气田井场流体不进行气液分离直接三相混输至分散集气站进行三相分离。因此，在实际工程中应结合页岩气区块具体情况并进行经济技术比选后确定。

2. 国内页岩气地面集输工艺技术

1）地面集输技术

国内页岩气具有以下生产特点：（1）初期产量大、压力高、产液量大、压降快；（2）后期稳产时间长、产量低、压力低、不产液；（3）天然气主要由甲烷组成，其他组分很少。

目前，国内页岩气田普遍采用气液分输流程，并采用模块化和橇块化的集输装置，以适应不同生产阶段工况多变的情况。

以长宁—威远区块为例，各平台收集丛式井口来气，经过除砂、分离、计量后输往增压站或集气站。基于页岩气气井排液生产期、相对稳产期、递减期、低压小产期不同生产阶段的产能特点，平台制定了不同阶段的生产流程，将不同功能的模块化橇装设备进行组合使用。

2）处理技术

就长宁—威远、昭通、涪陵等主要区块而言，其气井产气组分总体上以甲烷为主，一般体积百分含量在 95.17%～99.19% 之间；不含 H_2S、凝析油，含有少量 CO_2（≤2%）。对页岩气的净化处理主要是进行脱水。

我国页岩气田脱水一般在脱水站或中心站内进行集中脱水，可选取的脱水方式主要有三甘醇（TEG）脱水、分子筛脱水、乙二醇脱水等。脱水方式的选取主要取决于产品气外输（外运）方式，对于管输而言，主要取决于脱水后的效果能否满足外输管道对页岩气组分中含水量的要求。近年建成投产的页岩气脱水装置，最常见的为三甘醇脱水工艺；少数使用 CNG 槽车外运的站场，选用了分子筛脱水工艺。

3. 国内外页岩气集输系统对比

（1）美国页岩气富集区地势一般较为平坦，地广人稀，有利于地面集输系统建设，可选用的地面集输系统布局形式较多，而我国页岩气富集区大多地形复杂，且所处区域人口稠密，单一形式的地面集输系统难以实现高效低成本开发的目的，集输工艺应根据气田内部与外输条件等具体状况充分进行多组合方案的技术经济比选后确定。

（2）美国页岩气田在地面集输系统规划设计过程中对压裂返排液、天然气、产出水与凝析油等的处理位置、处理工艺与输送方式、开发前后期工艺衔接等问题给予了充分重视和考虑，这些问题均会对页岩气田地面集输系统规划设计方案带来重大影响。我国在页岩气地面集输系统规划设计时，也同步结合待开发区块具体情况，从气田开发各阶段生产特点系统考虑站场布局与功能分配、气水处理与输送等各方面因素，综合确定页岩气地面集输系统方案。

（3）国外对非常规天然气的输送和处理，一般都依托气田附近管网或气体处理厂，采用就近销售原则，最大程度地节省气田投资。国内先导开发的页岩气区块来看，其周边和处理厂都还没有形成规模，没有管网依托，需要投资大量资金修建集输系统以输送气体和液相。但随着长宁、威远等页岩气示范区的大规模开发建设，以上问题已经纳入区块总体开发方案进行考虑。

（4）国外页岩气地面集输设备大多采用标准化和模块化设计，且考虑一定的设计弹性，通过对相关橇块的快速组装或拆减来快速调整相关设备的处理能力，提高集输设备的适应能力以适应页岩气产能的波动，且相关设备可重复利用，可减小气田开发投资成本。我国目前已经开展了页岩气集输站场（平台井站—集气站—增压站—脱水站）设备的标准化、模块化与橇装化研究，正在积极推广应用于国内长宁、威远、昭通等页岩气示范区。

4. 页岩气集输系统总体工艺流程

结合页岩气井生产初期产气（液）量大、井口压力高，生产中、后期产量和压力低的特点，页岩气集输初期、中期宜采用气液分输，后期采用气液混输方式进行输送。

页岩气井所产天然气在平台站进行节流、除砂、分离、计量后，经集气支线输送至集气站进行汇集，经分离、计量后进入集气干线输往脱水站，脱水处理后的净化天然气经外输干线输往下游天然气市场。根据页岩气井井口压力、产气量下降情况，必要时需在平台站、集气站或脱水站设置增压流程。采出液在站内计量后进入储水池（罐）暂存，再通过泵送或拉运至其他平台压裂回用，多余部分通过拉运回注或处理达标后外排（图 5-2-3）。

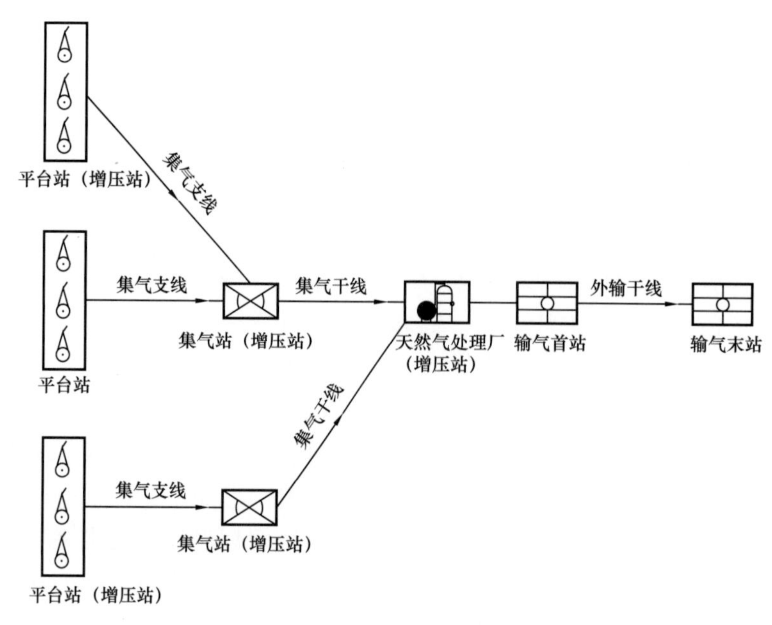

图 5-2-3 页岩气集输系统总工艺流程示意图

二、总体布局优化方法

针对页岩气田产量衰减速率快、上产时间长、采用滚动开发等区别于常规气田显著特性，建立适应页岩气田滚动开发特征的集气站站址优化数学模型与求解方法，并提出集气站站址工程适应性评价方法。在此基础上，建立页岩气田枝状集输管网布局优化数学模型与求解方法，为集输管网布局优化奠定基础。

1. 分散集气站站址优化方法

目前，常规气田集气站站址优化问题普遍用“权”来表示气井至所属集气站管线管径不同而造成的费用差异（葛翠翠，2007；李卫华，2003；孙蔺，2004；刘勇，2011）。然而，由于页岩气田产量、压力衰减较快，使得井场至集气站管线管径确定困难。为此，将页岩气井组划分求出的集气站站址作为计算初值，以集气站至所辖井场管线加权距离之和最短为目标优化集气站站址。

2. 枝状管网拓扑结构优化方法

在常规枝状管网拓扑结构优化中通常只以管网总长度最短为优化目标，而未考虑各管段流量对管径大小进而对管道投资的影响。为此，可将枝状管网组成的各管段权值看作各管段流量与管长的乘积，称为流量长度，则将页岩气田枝状管网拓扑结构优化目标函数定为管网总流量长度最短为优化目标。

3. 页岩气集输管网优化实例

1）井组及集气站站址优化结果

以某典型页岩气田为例，其井组划分与集气站站址优化结果如图 5-2-4 所示，可为下一步页岩气田枝状集输管网布局优化奠定基础。

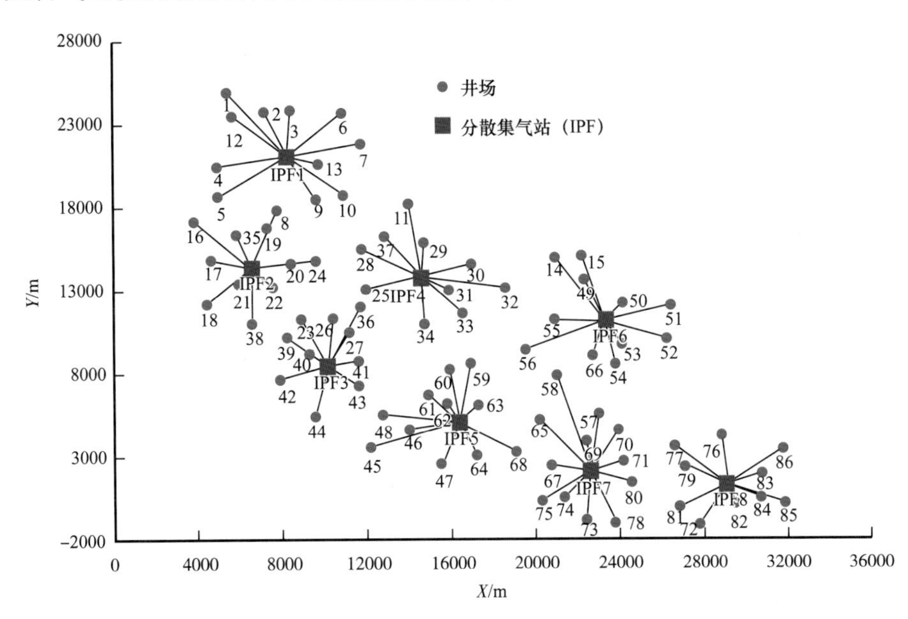

图 5–2–4　某典型页岩气田井组划分与集气站站址优化结果

2）中心处理站选址优化

在页岩气田井组划分与集气站站址优化基础上，采用图论 Dijkstra 算法求解中心处理站选址优化数学模型，可获得 8 个集气站的加权中心（中心处理站最佳站址）。页岩气田中心处理站具体优化站址如图 5–2–5 所示。此外，根据图论原理并结合各集气站具体位置坐标，确定出页岩气田枝状集输管网的可能布局方案如图 5–2–6 所示。

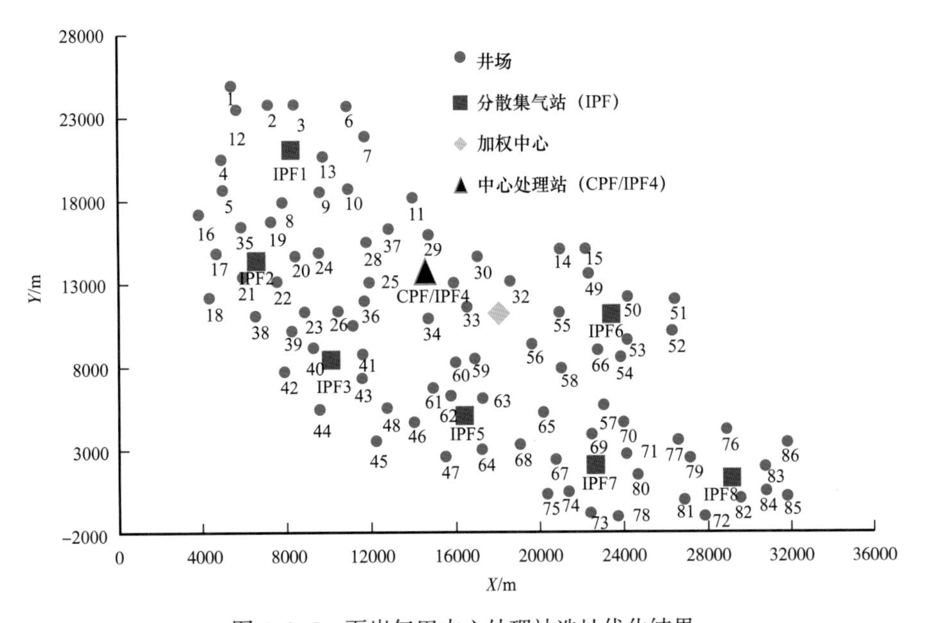

图 5–2–5　页岩气田中心处理站选址优化结果

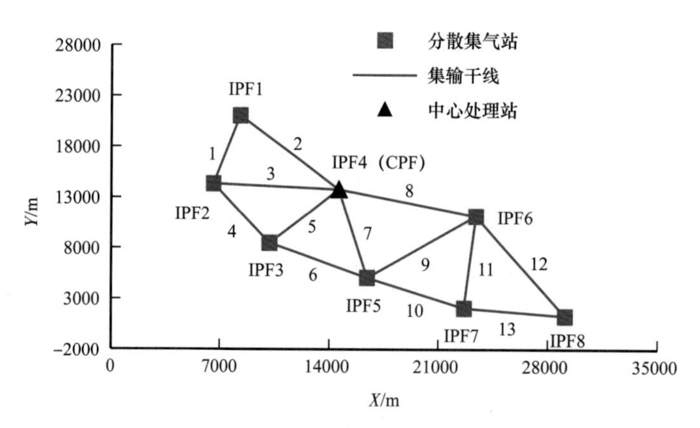

图 5-2-6 枝状集输管网可能布局方案图

三、站场全开采周期适应性技术

页岩气井生产分为四个阶段：排液生产期、相对稳产期、递减期和低压低产期。对页岩气站场全开采周期适应性研究，即是根据页岩气井生产特点，制定了页岩气井相对稳产期、递减期及低压小产期的全生命周期标准化流程，坚持模块化、橇装化、规模化和重复利用的原则思路，划分不同功能模块和橇块，通过模块和橇块的组合满足不同井口数平台、不同产气量集气站场的开发需求；通过对橇块的重复利用，提高设备重复利用率，降低页岩气地面工程投资。

1. 平台井站适应性技术

1）工艺流程适应性技术

根据页岩气井各阶段生产特点（返排液量和砂量、压力、井口温度及产气量递减等情况）制定出适用于页岩气的标准化工艺流程。

（1）排液生产期：根据试采情况，开井初期，井口返排液液量较大，单井返排液量高，之后逐步递减。当平台返排液总量降低后，采用地面工程正常生产流程，进入相对稳产期。

（2）相对稳产期：充分利用井口天然气温度，原料气在井口经过一级节流降压后进入除砂器，除去砂砾中的气体，二次节流后进入计量分离橇，进行气液分离、计量，气相采用孔板流量计进行准确计量，液相采用电磁流量计计量，计量之后的气相进入清管出站阀组橇至下游；计量之后的液相进入采出液系统。

（3）递减期：根据井口压力产量衰减情况，可考虑拆除砂器，原料气在井口节流后，直接进入分离器，进行分离、计量，由连续分离计量调整为轮换分离计量。

（4）低压低产期：生产 4 年以后，井口压力、产量衰减，可考虑拆除分离器，原料气在井口节流后，直接进入孔板计量，由轮换分离计量调整为轮换计量，进入气液混输流程。

由于井口压力衰减较快，为提高和保证气井正常生产，必须及时进行增压，才能实现气田稳产目标。故在相对稳产期、递减期设置增压流程，根据项目实际生产情况进行选择。

2）模块及橇装适应性技术

（1）模块及橇块划分。

根据页岩气初期产量大、压力高、产液量大，压降快，后期稳产时间长、产量低、压力低、不产液的特点，开采初期采用气液分输流程，并采用基本设计与分模（橇）块组合设计相结合，能适应页岩气工况多变的情况，可达到普遍适用的目的。

（2）模块及橇块组合适应性。

为了适应不同平台井口数量差异，井口模块宜按单个井口规划布置方式，形成井口模块图集，优化井口布置。

其他工艺模块均应成橇布置，按生命周期分阶段合理规划。在平台全生命周期中，所有橇装设备均应布置在同一片装置区范围内，并保持进出工艺装置区的橇外管线接口位置、形式前后一致。在生命周期分阶段切换过程中，不宜增加或改变橇外管线。

3）主要工艺设备适应性技术

（1）除砂器。

采用过滤、惯性、重力三种功能一体的除砂器，采用楔形结构滤筒，过滤精度0.1mm，不易堵塞，且滤筒为内进外出的形式，不会发生失稳。除砂器采用下部进气、中部出气的结构，大量水进入除砂器后立式重力分离器排除，避免水堵，减少排砂作业次数。筒体设置差压计，利用压差变化提示排砂作业时间。

（2）气液分离器。

页岩气站场采用立式和卧式两种分离器，页岩气井口早期一对一连续分离、计量时，原料气分离采用重力分离器，结构简单，操作方便，不需要进行日常维护。

① 立式气液分离器。

由于页岩气压力、产量变化较快，且分离器在不同压力下，处理量不同，考虑生命周期内长期生产工况，在早期和中后期不同的压力条件下，立式分离器可继续使用。

② 卧式气液分离器。

由于页岩气井井口压力、产量衰减较快，根据实际项目情况可拆除除砂器，进入轮换计量流程，当生产计量产气量不大于立式分离器处理量时，可以沿用早期配置的立式分离器；当其大于立式分离器处理量时，可增加一套卧式分离器，满足平台轮换计量的需求。考虑到页岩气的生产特性，井口产水量存在不确定性，以及规模化采购和复用搬迁需求，可选用统一规格的卧式气液分离器。

（3）过滤分离器。

过滤分离器主要用于压缩机组橇前过滤，保证天然气介质的清洁度符合压缩机进气气质条件要求。

为减少规格型号，便于规模化采购和复用搬迁，平台选用统一规格的过滤分离器。过滤分离器设置为带有快开盲板的卧式结构；所带快开盲板应开闭灵活、方便，密封可靠无泄漏，且带有安全联锁保护装置。

2. 集气站适应性技术

1）工艺流程适应性技术

按照“平台增压为辅，集中增压为主”的原则，集气站采用高低压分输流程：（1）高压平台来气不增压直接外输，低压来气经增压后与高压气汇合外输；（2）也可对不同进气压力的气源分别增压，充分利用上游井口压力能。

当来气压力满足外输压力不需增压时，接收上游各集气支线来的天然气，经汇集、分离、计量后，输送至下游站场。

当来气压力不满足外输压力需增压时，接收上游各集气支线来的天然气，经低压汇集、分离、计量、过滤、增压后，输送至下游站场。

2）模块及橇装适应性技术

基于模块化、橇装化、规模化和重复利用的设计思路，以具有独立功能的模块和橇块为最小单元，通过不同功能模块、橇块组合，可满足不同集气规模集气站标准化设计需求。

集气站采用基本设计与分模（橇）块组合设计相结合，能适应不同类型的集气站，可达到普遍适用的目的。

第三节 低成本高效除砂关键技术

一、页岩气砂砾分布

分别对长宁201井区H5平台除砂器滤筒内和长宁201井区H4平台的重力分离器液位计排污口采集砂样。

采用筛分法对现场收集到的颗粒粒径进行了测试，测量结果见表5-3-1和表5-3-2，对比如图5-3-1所示。

表5-3-1 除砂器滤筒内采集砂粒的粒径分布

粒径/μm	砂重/g	含量/%	累计含量/%
＜50	0.0411	0.01	0.01
50～75	0.1254	0.05	0.06
75～100	0.3962	0.14	0.20
100～125	1.0377	0.38	0.58
125～150	2.1593	0.78	1.36
150～200	3.6237	1.31	2.67
200～250	18.5852	6.74	9.42
＞250	249.8000	90.58	100.00

表 5-3-2 重力分离器液位计排污口采集砂粒的粒径分布

粒径 /μm	砂重 /g	含量 /%	累计含量 /%
＜50	0.4975	0.18	0.18
50～75	3.7835	1.39	1.58
75～100	6.0084	2.21	3.79
100～125	14.6367	5.39	9.18
125～150	25.9936	9.57	18.75
150～200	19.0975	7.03	25.78
200～250	78.6940	28.97	54.75
＞250	122.9000	45.25	100.00

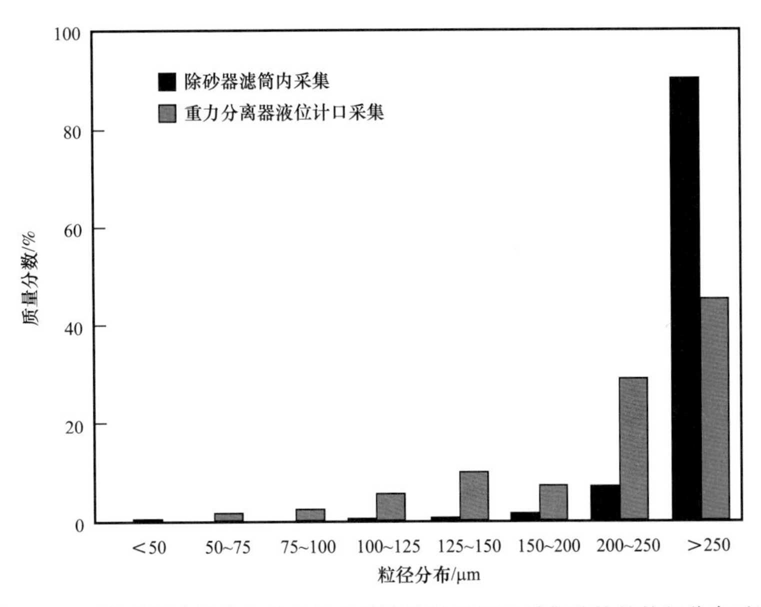

图 5-3-1 除砂器滤筒内和重力分离器液位计排污口采集砂粒的粒径分布对比

从表 5-3-1、表 5-3-2 和图 5-3-1 中可以发现，无论是除砂器滤筒内和重力分离器液位计排污口处采集的砂粒的粒径都偏大，其中粒径大于 0.2mm 的砂粒所占的比例远远大于 50%。其中重力分离器液位计排污口采集砂粒中粒径大于 0.25mm 的砂粒所占的比例达到了 45%，这说明现有的卧式除砂器对粒径大于 0.1mm 砂粒的分离效果未达到设计要求，这会造成磨蚀管道和设备，还会堵塞阀门、管线，影响正常生产。

2018 年初再次在现场收集砂样，在重力分离器下收集到砂样，并收集到了剩余的压裂砂。采用相同的仪器基于筛分法对现场收集到的颗粒粒径进行了测试，测量结果见表 5-3-3 和表 5-3-4，对比如图 5-3-2 所示。

表 5-3-3 剩余压裂砂的粒径分布

粒径 / μm	砂重 /g			平均含量 / %	累计含量 / %
	第一组	第二组	第三组		
<50	0	0	0	0	0
50～75	0	0	0	0	0
75～100	0	0	0	0	0
100～125	0.4091	0.7836	1.0889	0.94	0.94
125～150	1.6883	2.2611	2.7986	2.31	3.25
150～200	7.3305	7.7698	9.2839	7.99	11.24
200～250	9.8994	10.0905	11.9945	10.33	21.56
>250	84.0454	80.3670	90.9975	78.34	100.00

表 5-3-4 重力分离器采集砂样的粒径分布

粒径 / μm	砂重 /g			平均含量 / %	累计含量 / %
	第一组	第二组	第三组		
<50	0.1804	0.1091	0.3047	0.20	0.20
50～75	0	0	0	0	0
75～100	0	0	0	0	0
100～125	7.6391	8.2369	9.4356	8.33	8.53
125～150	15.6520	16.3329	17.9702	16.44	24.97
150～200	31.0442	33.4600	35.4762	32.91	57.88
200～250	3.7804	3.7406	3.6082	3.66	61.54
>250	44.1580	38.1317	34.6503	38.46	100

从表 5-3-3、表 5-3-4 和图 5-3-2、图 5-3-3 可以发现，粒径小于 0.1mm 的砂粒几乎没有发现。在加入的压裂砂中，大于 250μm 的砂粒所占的比例达到了 78%，而经过重力分离器分离后比例降低到 32%。但从重力分离器采集到的砂样发现几乎都是粒径大于 0.1mm 的砂粒，说明对粒径大于 0.1mm 砂粒的分离效果没有达到设计要求，会影响正常生产。

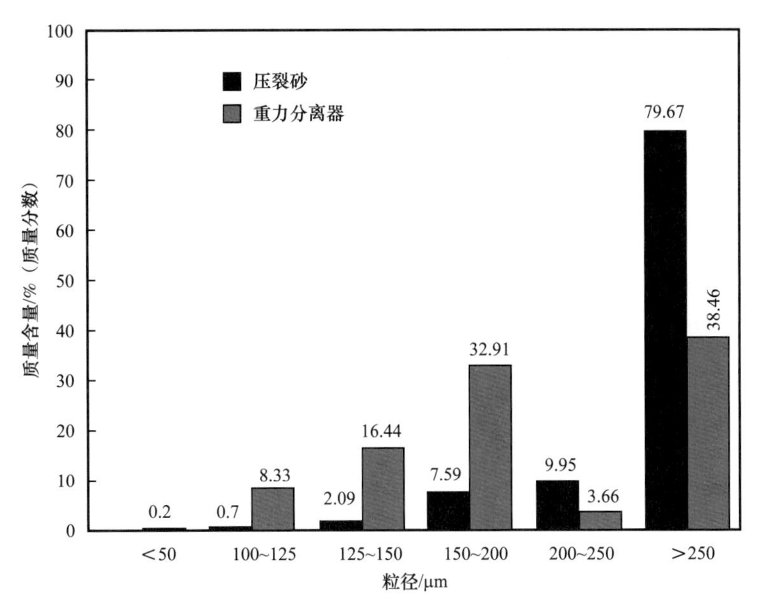

图 5-3-2 重力分离器采集砂粒和剩余压裂砂的粒径分布对比

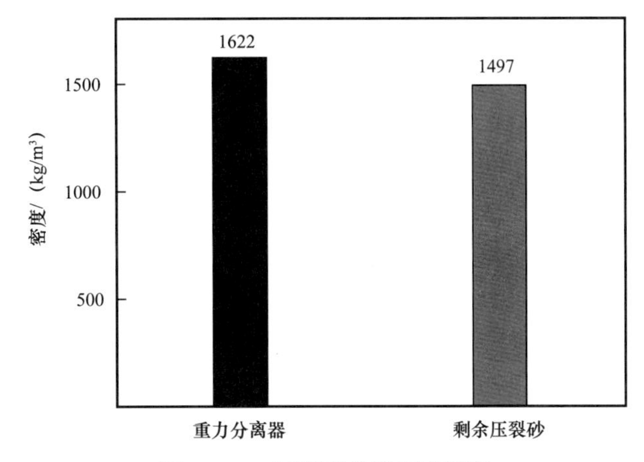

图 5-3-3 不同砂粒堆密度测定

二、除砂器设计选型

页岩气通常含有微小泥、砂等固相杂质。这些杂质不仅磨蚀管道、设备、仪表，还会堵塞阀门、管线，影响计量精度甚至正常生产。因此，需要在井口安装地面除砂设备用于去除页岩气中的固体颗粒，从而保证装置的正常运行。旋流分离技术是应用广泛的除砂技术，其根据离心沉降和密度差的原理，当含砂页岩气进入除砂器后产生强烈的旋转运动，从而达到除砂的目的。中国石油大学的何跃生等设计了一种气体除砂器，内部安装了叶片和升气管，带砂气流被叶片改变方向而形成旋涡流场，使气体中密度较大的固体颗粒运移到筒壁处，从而实现物料的分离。在旋流分离器的基础上又开发了多相除砂器，可以用于大范围气液比的多相井口除砂。西安石油大学的陈雷雷等提出了一种新型的螺旋除砂器，但还不够完善，还需要进一步验证。川庆钻采院的赵益秋等介绍了耐压105MPa旋流除砂器在高压高产深井中的应用，该除砂器可以高效地清除流体中的颗粒，可以有效地保护测试设备，确保安全、稳定作业。川庆钻采院使用的单筒过滤式除砂器和双筒过滤式除砂器。重力式除砂器通过重力沉降改变液流速度和运动方向，除去原油采出液中的砂粒。在相同的气体处理量下，为达到较好的除砂效果，重力式分离器需有较大的直径，致使设备显得笨重。此外，重力式除砂器对流量的适应能力较差。还采用了四川科华石油化工设备工程有限公司生产的旋流分离器和卧式除砂器。

过滤式除砂器利用了过滤和重力的原理实现固体颗粒的分离。从原理上讲，过滤机制包括直接拦截、惯性撞击和扩散拦截等。对于过滤式除砂器，主要应用了直接拦截和惯性撞击两个机制。含砂气体进入过滤除砂器后，经过滤筒时，大于滤筒网孔或缝宽的颗粒被拦截从而落下被分离。小于网孔或缝宽的部分颗粒也会因为撞击滤筒或挡板而因为惯性力和重力沉降而被分离。新疆石油公司早在2000年第一次引进EXPRO公司的耐压105MPa高压过滤除砂器，有效地保护地面设备。武汉第二船舶设计研究所2006年为新疆油田研制了耐压103MPa超高压防硫除砂器以来，为国内外油田用户生产了近十套各类除砂器。中国石化石油工程机械有限公司第四机械厂研制了一种利用滤网分离和重力沉降原理的高压防硫双筒除砂器。

除砂器为了达到排砂不停产的目的，均采用双筒布置。一种为双筒水平布置，双筒均具有除砂功能，作业时双筒循环排砂，这样设备造价低，利用率高；一种为双筒垂直布置，上部设备具有除砂功能，下部设备只具有储砂排砂功能，两个设备一般采用双阀门连接，确保密封性，作业时上部设备的砂砾由于重力作用进入下部储砂设备，关闭阀门进行排砂作业，开启阀门继续储砂，这种设备自动化程度高、设备高度较高，其造价较高。

综上，除砂器的选型首先要根据工程的工艺条件和站场的布置情况选择适合项目的设备结构，设备的造价也是选型时需要考虑的主要因素，分离元件的选择应根据介质的特点，选择一种或几种分离原理进行组合，选择适用的分离元件，提高分离效率，同时分离效率也不只是一台设备的效率，而是整个系统的系统分离效率。总之，除砂器的发展方向是高压设计、在线排砂、综合效率、重复利用。

三、理论分析

1. 设备压降计算公式

设备压力降主要由筛管压降决定，筛管压降由如下因素决定：

$$\xi = \frac{\Delta p}{\rho w_1^2 / 2} = f\left(\bar{f}, \frac{r}{d_{or}}, \frac{l}{d_{or}}, Re\right) \tag{5-3-1}$$

式中 Δp——筛管压降，pa；

w_1——空气流速，m/s；

ρ——空气密度，kg/m^3；

$\overline{f}$——筛网孔面积比；

ξ——总阻力系数；

r——入口圆角半径，m；

d_{or}——筛网孔直径，m；

Re——雷诺数。

通道结构的阻力系数 ξ 由进口阻力损失系数 ξ_{loc}、通道内摩擦阻力系数 ξ_f 和扩散阻力系数 ξ_e 三部分组成。总阻力系数 ξ 由下式计算：

$$\xi=\xi_{loc}+\xi_f+\xi_e \tag{5-3-2}$$

进口阻力损失系数 ξ_{loc}：

$$\xi_{loc}=\xi'\left(1-\overline{f}\right)^{0.75} \tag{5-3-3}$$

$$\overline{f}=\frac{\sum f_{or}}{F_1} \tag{5-3-4}$$

其中，$\xi'=0.03+0.47\times10^{-7.7r'}$，$r'=\dfrac{r}{d_h}$。

式中 r——入口圆角半径，m；

d_h——特征直径，取 d_h=0.0001m；

F_1——筛网的正面面积，m^2；

f_{or}——筛网孔面积，m^2；

$\sum f_{or}$——所有筛网孔面积之和，m^2。

通道内摩擦阻力系数 ξ_f：

$$\xi_{fr}=\frac{\lambda}{4}\left[\frac{a_0}{b_0}\frac{1}{\tan\dfrac{\alpha}{2}}\left(1-\frac{1}{n_{ar1}}\right)+\frac{1}{2\sin\dfrac{\alpha}{2}}\left(1-\frac{1}{n^2_{ar1}}\right)\right] \tag{5-3-5}$$

其中，$n_{ar1}=\dfrac{l_1}{a_0}$。

式中 l_1 和 a_0——分别为扩张段出口和进口的尺寸，m；

α——扩张角，(°)；

b_0——扩张段长度，m；

λ——长径比。

扩散阻力系数 ξ_e：

$$\xi_e=3.2k_1\left(\tan\frac{\alpha}{2}\right)^{1.25}\left(1-\frac{1}{n^2_{ar1}}\right) \tag{5-3-6}$$

式中 k_1——扩散系数。

当 $4°<\alpha<12°$ 时，$k_1=2.0\sim0.03\alpha$；当 $12°<\alpha<20°$ 时，$k_1=2.0-0.04\alpha$。

由式（5-3-1）得到的压降计算公式还需要通过数值模拟与实验测量数据进行修正。当选定滤筒后，阻力系数也就确定，不受操作参数变化影响。通过上式可以发现，设备压降与气体流速的平方成正比，与气体的密度成正比，受操作参数影响很大。当气体中含有液体时，可以采用 ANSYS 软件中混合物模型的计算思路，计算得到气液两相的体积平均密度，在上式中代入体积平均密度可以得到相应的气液两相流动压降。

2. 滤筒长度及直径计算公式

滤筒结构根据中华人民共和国石油天然气行业标准 SY/T5182—2018《绕焊不锈钢筛管》选取。设计中首先根据处理量及经验初步选择滤筒直径，之后根据最佳过滤气速范围确定滤筒长度，最终根据长径比圆整得到滤筒的规格。

滤筒长度 L_1 对过滤气速 u 有影响，其值越小则通过滤筒的压降越大，而过长的滤筒对于滤筒流场组织也不利。通过数值分析结果和实验测试结果可以确定最佳的过滤气速范围，再通过下式计算得到滤筒长度 L_1。

$$L_1=Q/u\pi d_1 \tag{5-3-7}$$

式中 L_1——滤筒长度，m；

Q——气体流量，m^3/s；

u——气体流速，m/s；

d_1——滤筒外径，m。

滤筒长度 L_1 和滤筒外径 d_1 的比值，定义为 λ：

$$\lambda=L_1/d_1 \tag{5-3-8}$$

长径比 λ 值太小，滤筒不易加工，直径过大也使设备过于笨重，也不利于流体流动。λ 值太大则滤筒强度和稳定性较差。综合考虑 λ 取值为 3～5，以 λ 范围为限制条件在滤筒长度和直径计算出来后通过圆整最终确定滤筒规格。

3. 设备尺寸计算公式

$$D_1=d_1+2B \tag{5-3-9}$$

式中 D_1——设备的内径，m；

B——滤筒外部需要的流通间距，m。

其中 B 根据模拟与实验结果确定，初步取为 30～60mm。

$$L_2=\frac{4V}{\pi D_2^2} \tag{5-3-10}$$

除砂器设备底部为积砂筒，为了方便加工制造积砂筒直径取为 $D_2=D_1$。积砂量按工艺确定的时间估算除砂容积 V，最终通过上式计算得到积砂筒高度。

第四节 低成本低能耗三甘醇（TEG）脱水技术

溶剂吸收法脱水原理为：采用一种亲水性的溶剂与天然气充分接触，使水传递到溶剂中从而达到脱水的目的。溶剂吸收法中常采用甘醇类物质作为吸收剂，在甘醇的分子结构中含有羟基和醚键，能与水形成氢键，对水有极强的亲和力，具有较高的脱水深度。

在天然气脱水工业中通常使用的甘醇是三甘醇（TEG）。最早用于天然气脱水的甘醇是二甘醇，由于受再生温度的限制，贫液质量分数一般为95%左右，露点降较低；而三甘醇再生容易，贫液质量分数可达98%～99%，具有更大的露点降。

TEG脱水装置采用三甘醇（TEG）作为脱水剂，脱除原料天然气中的大部分饱和水，经TEG吸收塔脱水后的干净化天然气（在出厂压力条件下水露点温度小于–5℃）作为产品气外输。吸水后的TEG采用常压火管加热再生法再生，热贫液经换热、冷却、加压后返回TEG吸收塔，循环使用。富液再生产生的废气组分主要为水蒸气，同时含有少量的烃类、气体，为消除安全隐患，避免直接排放对环境的污染，再生气去灼烧炉焚烧后排入大气。

TEG脱水与火管直接加热再生工艺具有以下特点：

（1）TEG脱水工艺流程简单、技术成熟、易于再生、热损失小、节省投资和操作费用等优点；

（2）在富液管道上设置过滤器，以除去溶液系统中携带的机械杂质和降解产物，保持溶液清洁，防止溶液起泡，可减少溶剂损耗，有利于装置长周期平稳运行；

（3）TEG再生所采用的直接火管加热方法成熟、可靠、操作方便；

（4）脱水装置模块化、橇装化设计，减少了占地，节约了工程建设时间。

一、三甘醇（TEG）脱水装置模块化开发及应用技术

由于传统设计的TEG脱水橇产品成本较高，开展简化工艺设计、优化工艺流程图，优化设备选型，明确脱水装置工况适应范围等相关工作，以达到优化设计、减少建设投资、节能减排的目的。

1. 优化简化方案

对页岩气TEG脱水工艺流程进行优化、简化主要从以下方面进行：

（1）选择合理的工艺流程方案，优化简化配置，降低设备选型投资；

（2）结合页岩气开发特点，选择合理的设计输入参数；原料气的操作压力及操作温度作为核心指标对TEG再生系统有较大影响，合理选择工艺参数，选择合理设计余量能有效降低TEG再生系统负荷，减小设备尺寸，降低成本；

（3）结合实际工况，可适当降低TEG循环量取值，从而减小TEG再生系统的TEG再生器、TEG闪蒸罐、TEG低位罐、TEG过滤器等相关设备尺寸以降低投资，并降低燃料气消耗量；

（4）对脱水装置的主要设备的结构进行优化，以降低设备投资；

（5）结合页岩气脱水站的总工艺流程和总图布置，优化脱水装置工艺流程。

2. 优化简化主要内容

设计输入优化

根据页岩气生产特点，适当降低脱水装置设计点的压力，有利于提升脱水装置的适应性，降低开采成本，保证装置在4.5MPa下可满足100%处理能力。

（1）典型设计参数选择。

① 操作压力：4.5～5.7MPa。

② 操作温度：25～35℃。

③ 原料气典型组成。

原料气特点：不含H_2S、凝析油，含有少量二氧化碳（含量不大于3%）典型原料气组成见表5-4-1。

表5-4-1 典型原料气组成

组分	C_1	C_2	C_3	H_2O	CO_2	N_2	He	合计
%（摩尔分数）	98.49	0.61	0.02	0.13	0.44	0.28	0.03	100

（2）设计参数优化。

① 装置操作弹性。

根据页岩气井口压力递减快，产量变化大的生产特点，适当提高脱水装置操作弹性上限，有利于提升页岩气开采脱水装置的适应及页岩气田的产能发挥，降低开采成本，故脱水装置的操作弹性宜为50%～120%。

② 溶液系统设计。

根据《天然气脱水设计规范》（SY/T 0076—2008）推荐，TEG的循环量建议为20～30L/kg（水），建议在最大含水量进气条件下，TEG最大循环量宜按20L/kg（水）取值，按此值进行设备计算及设计。

（3）主要设备优化。

① 根据TEG循环量确定的相关内容，在TEG再生系统设备计算时合理控制设计余量或不留余量，以减小设备尺寸，节约装置投资。

② 对TEG吸收塔的形式进行了比较，并选择一种更适合页岩气工况，更加经济的塔形式，对于*DN*1000mm及以上的吸收塔采用泡罩塔，*DN*1000mm以下吸收塔宜选用填料塔。

③ 按收集吸收塔泛液计算产品气分离器尺寸，以降低设备投资，节约安装空间。

（4）工艺流程优化。

坚持页岩气脱水站"集输、脱水、外输"工艺及自控系统一体化设计思路，实现脱水装置设计优化简化。

二、低成本低能耗三甘醇脱水技术

1. 高效脉冲填料技术

常规规整填料塔压降小，特别适合于真空精馏、热敏性物系，但由于规整填料流道结构均匀、规则，气液在规定的流道内流动，流速均一，气液两相湍动小，传质效果差，未能充分发挥填料效率。

复合式填料塔是将 A、B 两种不同规格的填料交错排列安装（图 5-4-1），使每段填料层内气速呈脉冲状态，气液两相在 A、B 两填料盘接触面剧烈湍动，强化传质，充分发挥填料层效率，因此每段填料层传质效率大幅度提高，也就使得全塔效率提高。

脉冲规整填料的特征在于在一盘填料内实现气液的多次脉冲（图 5-4-2），加强规整填料内气液湍动，可大幅度提高分离效率。

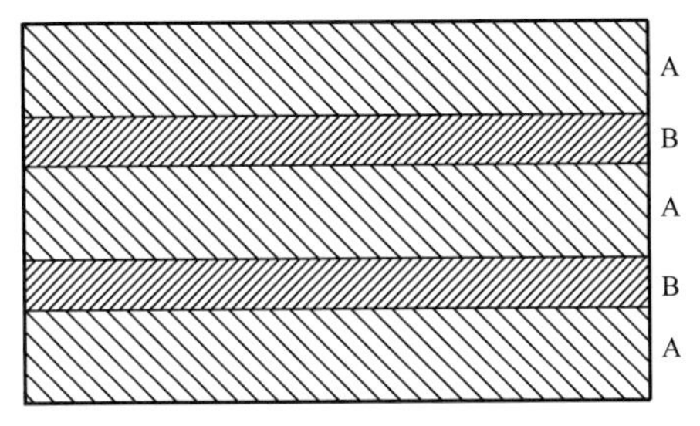

图 5-4-1　复合式填料塔示意图

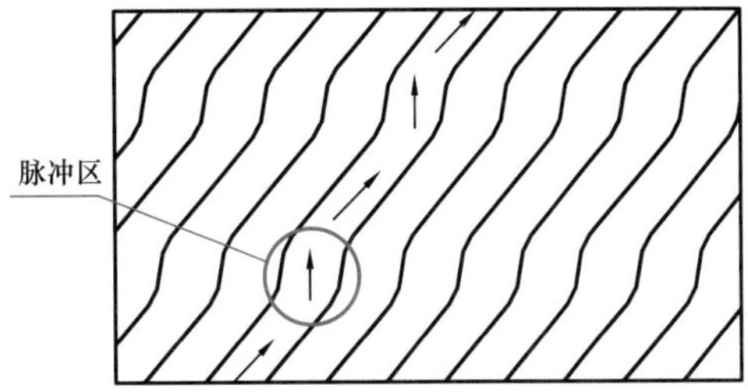

图 5-4-2　脉冲规整填料的脉冲传质示意图

TEG 脱水方案示意图如图 5-4-3 所示。

2. 废气回收再利用技术

1）废气回收

TEG 富液中的天然气经过减压闪蒸后作为气提气。气提气进入 TEG 火管式重沸器的 TEG 气提柱后经过 TEG 富液精馏柱与 TEG 富液逆流接触，从精馏柱顶部出来的气提废气带有大量的水、烃及降解产物，经冷凝分离处理后作为燃料气进入重沸器燃烧器，将废气进行利用，装置无需设尾气灼烧炉。开工燃料从产品气主管道引出，调压后引至闪蒸罐用作装置开工及补充的燃料气。

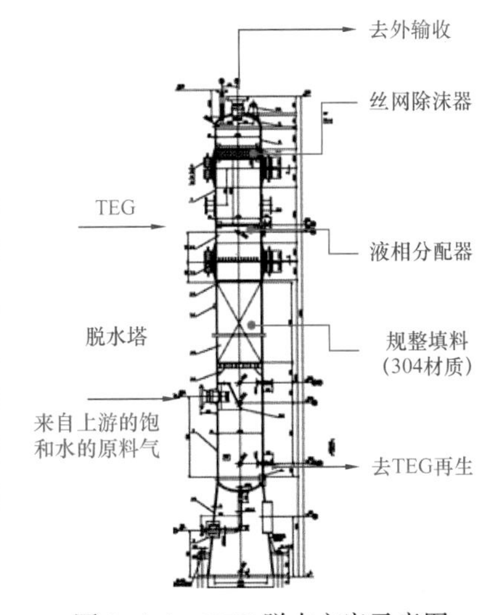

图 5-4-3　TEG 脱水方案示意图

2）废气燃烧

TEG 富液精馏柱顶出来的气提废气，经过经冷凝分离处理后经温度控制阀进入低热值大气式燃烧器，燃烧后，烟气排入大气，而燃烧产生的热量，用于加热 TEG 溶液。燃烧器采用专用于低压力、低热值工况的大气扩散式燃烧器，满足特殊工艺要求。为确保燃烧器的可靠性，从重沸器前气提气处取一支备用气源，供燃烧器在气提气尾气不稳定的情况下使用，确保 TEG 加热稳定。

3. 集成化 TEG 溶液过滤技术

将传统的溶液三级过滤器集成在一个容器内，研制形成 TEG 三合一过滤器，从而有效地简化工艺流程，减少设备投资及设备占地。三合一过滤器内三组过滤滤芯依次为折叠（缠绕）滤芯、活性炭滤芯、折叠（缠绕）滤芯，TEG 依次经过三组滤芯过滤后流出，以此达到设计的过滤效果。

4. 系统压力自驱动能量回收泵技术

TEG 循环泵采用能量回收泵，利用吸收塔内天然气压力能作为能量回收泵工作的动力源。驱动能量回收泵携带的天然气经过闪蒸后作为气提气，通过废气回收再利用技术进行利用，从而降低系统能耗及运营成本。

5. TEG 补充及回收系统优化及橇装化技术

通过流程优化，使得 TEG 补充泵兼具溶液补充及回收的功能，并将 TEG 补充及回收罐布置于地面以上，并进行橇装集成设计，便于搬迁，对页岩气田滚动开发，节省投资具有重要意义。TEG 溶液补充时,TEG 从罐底部流出，经 TEG 补充泵送至 TEG 重沸器中；进行 TEG 溶液回收时，系统中 TEG 进入溶液回收管线后，导入 TEG 补充泵的入口，经 TEG 补充泵送至 TEG 补充及回收罐内进行储存。

第五节　非金属管材的应用

一、非金属管材在油气田的应用现状分析

1. 国内外现状分析

国内外油气田常用的非金属管道按其结构可以分为塑料管、增强塑料管和衬管三大类。塑料管通常采用热塑性塑料为基材，包括 PE、PPR、PEX、CPVC 等。塑料管一般采用连续挤出成型，常以连续管的形式供货，管道连续采用电熔焊或粘接的形式。塑料管承压等级相对较低，输送液体时公称压力通常在 1.5MPa 以下，输送气体时公称压力在 1.0MPa 以下。不同类型塑料管的耐温性能差别较大，PE 管使用温度一般不高于 65℃，以常温为主；聚四氟乙烯（PTFE）具有较好的耐温性能，使用温度可达 250℃以上，但价格较贵。塑料管价格相对便宜，耐蚀性能好，广泛应用于油气田给排水、天然气低压输气、煤层气输气等领域。

增强型塑料管可分为热塑性塑料管和热固性塑料管两种类型。增强型热塑性塑料管通常是可盘圈的，以热塑性塑料为基管，采用有机纤维、钢丝（带）、玻璃纤维等为增强材料制成。目前使用较多的有钢骨架增强聚乙烯复合管、增强型热塑性塑料复合管、柔性高压复合管等。增强型热固性塑料管是以热固性树脂为基体，采用玻璃纤维为增强材料制备而成。目前国内油田常用产品类型包括玻璃钢管、塑料合金复合管、钢骨架聚乙

烯复合管和纤维增强热塑性塑料复合管。增强塑料管的使用压力较高，部分小管径管材的使用压力可达到32MPa以上，广泛用于油气集输、注聚合物和注水等。目前，油气田应用较多的非金属管道为玻璃钢管、塑料合金复合管、钢骨架增强聚乙烯复合管和增强热塑性塑料连续管等。

在天然气的输送方面，国外在20世纪60年代后期就将非金属管道用于低压天然气的输配，最初的输送压力只有0.2MPa。目前，在实际应用中，输气或气液混输中，非金属管道的运行压力一般为2.5～4.2MPa，设计压力更高，个别工程运行压力已经达到10MPa以上。随着近年来国内生产厂商在非金属管设计、制造上的技术进步，对非金属管道的认知度提高，已经具备了中低压输气的条件。

2. 非金属管在现场应用中存在的问题分析

与钢管相比，非金属管材具有耐腐蚀，使用寿命长，安装、运输方便，维修费用低，水力摩阻因数低，耐磨等优点。但国内在非金属管材的制造、设计、检验等方面标准和方法还不完善，制造和检验过程均是执行常规使用的行业标准和企业标准，在非金属管材选择指导、产品验收检验技术和方法、管材质量控制等方面还不完善，影响了非金属管道在油气田的推广应用。

通过对在用的非金属管道的失效情况统计分析，施工损伤、第三方破坏和管道制造质量是非金属管失效的三大主因。因此，在后续的工作中，需要有针对性地加强管道质量验收、加强施工管理、增加管道线路标识等，使非金属管在油气田的应用中能扬长避短。在天然气输送方面，由于目前使用的非金属管道较少，且使用时普遍更为谨慎，发生的事故率较低，还无相应的统计数据。

二、非金属管材用于页岩气集输可行性研究

针对目前国内油气田用非金属管材在使用中存在的问题，结合页岩气开发地面工程的特点，从非金属管材标准体系、国内非金属管材性能特点入手，通过关键技术分析与研究，以探讨非金属管材在页岩气田使用的可行性及应用安全性。

1. 非金属管材标准体系分析

近年来，在管研院、大庆油田工程有限公司、南京晨光公司等多家单位的努力下，逐步建立了各种油气田用增强型非金属管道的制造标准。非金属管材标准方面，主要有《低压玻璃纤维管线管和管件》（SY/T 6266—2016）、《高压玻璃纤维管线管》（SY/T 6267—2018）、《石油天然气工业用非金属复合管》（SY/T 6662.1～8—2012）包含的钢骨架增强聚乙烯复合管、柔性复合高压输送管、增强MC尼龙管和尼龙—钢复合管、钢骨架增强热塑性树脂复合连续管、超高分子量聚乙烯复合管、塑料合金防腐蚀复合管等。几种主要的增强型非金属管材都制定了石油天然气行业的制造标准，从标准的许可范围来看，都可用于天然气集输、油气混输。用于输送气体介质时，除个别指标外，没有特别的制造要求。但这些非金属管的制造标准，更多是基于输油、输水和油气混输提出的制造要求，而对专门用于燃料气（天然气、煤层气、页岩气等）输送时的制造技术要求

考虑不足，如基体树脂、增强材料的原料性能要求、接头密封性要求等。

目前，国内完成了钢骨架聚乙烯塑料复合管、玻璃钢管、塑料合金复合管、纤维增强热塑性塑料复合连续管、钢骨架增强塑料复合连续管共5种增强型非金属管的产品验收标准，规定了相关的产品验收检验方法和指标，《非金属管材质量验收规范》(SY/T 6770—2018)。产品验收标准中，规定了非金属管道外观、不圆度、尺寸、受压开裂稳定性、纵向尺寸回缩率、短期静液压强度、爆破强度等指标，主要针对液体输送，对气密性、输气环境的爆破强度等未做要求。

非金属管道工程在设计、施工、验收标准方面，完成了钢骨架聚乙烯塑料复合管、玻璃钢管、塑料合金复合管、纤维增强热塑性塑料复合连续管、钢骨架增强塑料复合连续管共5个石油天然气行业标准。标准适用于新建、扩建及改建的非金属管道工程，规定了管材及附件的选用条件、基本规定、计算方法、管道敷设与连接设计、管材的装卸、运输和存放、连接施工、安装施工、试压及验收等；对气体输送的规定较少涉及。

对于天然气的低压集输，要求非金属管道在满足压力、温度、设计寿命等的基础上，其基体材料要抗静电、中低压下不产生气体渗漏，在现场发生失效的情况下能准确定位，现有标准对此没有涉及，在后续标准制定或修订过程中还需强化非金属管用于天然气输送的特殊要求。

通过标准分析，目前增强型非金属的制造标准中，在使用范围中有涉及天然气集输，但相关内容极少，针对性不强。而一系列设计、施工和验收标准，由于主编单位为油田工程公司，涉及气田的相关内容较少，导致非金属管在气田的天然气集输设计方面缺乏相应的标准，这也限制了非金属管在页岩气集输中的应用；标准的制定仍需要设计单位、施工单位及业主单位共同努力。

2. 技术分析

现介绍输送页岩气非金属管道的关键性能。

(1)长期使用性能。主要包括长期静水压、短时循环压力等。长期静水压试验能够反映非金属管材的长期老化和蠕变性能，是玻璃钢管、钢骨架聚乙烯复合管等非金属管道压力等级确定的基础，是确定产品使用压力、温度等条件和使用寿命的依据，也是产品制造的基础。对于压力管道，管道的疲劳也是制约使用寿命的主要因素，玻璃钢管、钢骨架聚乙烯塑料复合管等一般采用5000次(25次/min)的疲劳试验。

(2)短期强度性能指标，如短时失效压力(水压爆破强度)、短时静水压强度(短时静液压强度)等。短时水压失效压力(爆破或渗漏)试验是确定内压作用下非金属管道最大承载能力的方法，是确定管道使用压力及能否达到预期使用寿命的先决条件，是产品检验的关键技术参数之一。

(3)抗气体渗透性能。通过CO_2在管材中的渗透系数测试发现，随着温度升高，CO_2在HDPE中渗透系统显著升高。而PVDF具有更好的耐气体渗透性能。渗透性升高，管材在使用中容易出现“鼓包”或开裂，导致管材失效。同时，随压力升高，CO_2在HDPE中的渗透性也会显著增大，在未加防渗透层的情况下，达到一定压力值后，气体极易渗过 HDPE 树脂层，导致管材失效。

（3）管材特性参数。如玻璃钢管的玻璃化转变温度和树脂含量，钢骨架聚乙烯复合管的纵向尺寸收缩率和受压开裂稳定性，柔性复合高压输送管的弯曲强度等性能参数。

（4）管材的尺寸外观。如管径、壁厚、不圆度及螺纹等。

通过对塑料管、增强型非金属管（玻璃钢管、钢骨架聚乙烯复合管、有机纤维增强聚乙烯复合管、塑料合金复合管）的承压能力、接头安全性、管材气密性等关键技术的研究，发现玻璃钢管、芳纶增强热塑性塑料复合管、钢带增强连续复合管在页岩气的中低压集输中具有很好的技术潜力，其抗压能力高，在其压力等级内安全性相对较高。

从国内外应用经验来看，目前只有钢带增强的 RTP 管可能满足较高压力（10MPa 以上）天然气的输送要求。随着国内非金属管研发能力的提升及新材料的应用，增强型非金属管气体阻隔技术也在不断进步，天然气的输送压力有逐步向上突破的趋势，设计压力为 6MPa 的页岩气输送 RTP 管已经进入现场试验阶段。

3. 经济性分析

由于页岩气具有产量降低快（一般 6～12 个月）、单井低压生产周期长（超过 20 年）、介质温度低、生产井多、地面管网庞大等特点，低成本战略成为页岩气地面工程开发的重点研究目标。根据 2017 年底对不同非金属管道制造厂进行询价，得出各种输水管材的大致费用情况见表 5-5-1。

表 5-5-1 管材经济性对比

管道类型	压力 /MPa	钢管（环氧漆加牺牲阳极防腐）	玻璃钢管	钢骨架塑料复合管（连续管）	塑料合金复合管	有机纤维增强热塑性塑料复合管
管径 /mm	4	万元 /km	万元 /km	万元 /km	万元 /km	万元 /km
*DN*50	4	15.85	10.69	15.8	11.24	24.93
*DN*100	4	29.86	18.53	27.86	19.32	36.40
*DN*200	4	49.68	34.96	61.67	36.19	148.79

注：表中所列费用包含材料费与安装费用。

从表 5-5-1 中可看出，用玻璃纤维增强的玻璃钢管和塑料合金复合管的一次性投资成本低于碳钢管道，总体成本低 20%～30%。两种连续管中，钢骨架塑料复合管（连续管）的一次性投资成本在 DN50 级和 DN100 级的时候和碳钢管差不大，甚至略低。但当达到 DN200 级时，由于不能盘卷，只能使用直管运输，运输和安装费用增加，总体成本高于碳钢管道。有机纤维增强热塑性塑料复合管由于使用了高性能的有机纤维（芳纶纤维），安全性更高，但一次性投资成本也相应地比碳钢管道高。从控制一次性投资成本方面考虑，玻璃钢管和塑料合金复合管较碳钢管和其他非金属承压管道更具有竞争优势。

而在管道全生命周期内，管道成本由管材、接头、管件、运输、安装、运行、测试等费用组成。碳钢管道在运行中，往往还包括腐蚀监测、加注缓蚀剂、清管、阴极保护等运行费用。非金属管道除发生渗漏、第三方破坏等原因造成的换管、维修等产生费用外，不产生其他维护费用。且柔性的有机纤维增强热塑性塑料复合管（RTP）具有更高的安装效率，从全寿命周期成本分析，非金属管道中成本相对较高的RTP管在全寿命周期内比碳钢管低20%以上。

第六节 页岩气腐蚀防护技术

一、集气管道腐蚀原因分析

川渝地区页岩气开发投产以来，长城钻探威远页岩气区、川庆钻探威远页岩气区、浙江油田黄金坝作业区与紫荆坝作业区、长宁公司宜宾页岩气区等，多个平台多条管线陆续发生腐蚀穿孔。以威204H9平台、威204H10平台至威204集气站失效管道和长宁气田宁209-H29井组至宁209H6集气站原料气失效管道为重点，通过宏观形貌分析、微观结构分析、力学性能分析、化学组分分析、细菌分析、腐蚀产物分析等，研究了集输管道的腐蚀原因。

取失效管段，剖开后进行直接观察。管段局部腐蚀形貌如图5-6-1和图5-6-2所示，最深腐蚀坑的深度约为4.1mm。取基体和腐蚀坑的腐蚀产物进行能谱测试（EDS），腐蚀产物的元素成分大致相同，主要元素为碳、氧、硫、铁，腐蚀产物可能是碳酸盐、铁氧化物、硫化物，硫元素含量较高。有部分试样的XRD和XPS表明，表面存在FeS，有细菌腐蚀的可能。分别从威204H9井和宁209-H29井取水样进行了细菌培养。结果表明，所取水样中均含有数量不等的硫酸盐还原菌、铁细菌和腐生菌。

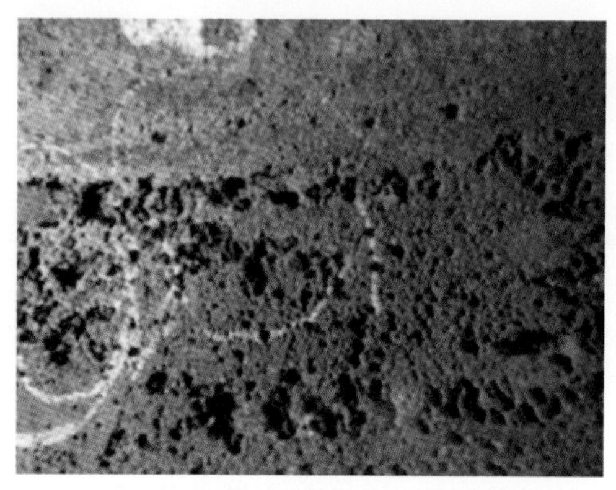

图5-6-1 威204H9平台、威204H10平台至威204集气站失效管段管内壁腐蚀形貌

图5-6-2 长宁气田宁209-H29井组至宁209H6集气站原料气管道失效管样形貌

通过SEM、XRD、XPS、EDS等分析技术的综合应用，对页岩气集输管道的腐蚀失效进行了分析，发现细菌腐蚀、冲刷腐蚀、氧腐蚀和CO_2腐蚀是页岩气集输管道失效的主要因素，CO_2腐蚀、氧腐蚀、冲刷腐蚀、细菌腐蚀的协同作用是导致管道快速失效的关键原因，单独的细菌腐蚀也可能导致管道快速失效。

二、站场管道管件失效分析

1. 站场管件失效概况

近两年来，页岩气平台除砂器到分离器间的管件、管道频繁出现腐蚀穿孔，已经严重影响了现场的生产。以浙江油田黄金坝 H2 平台的弯头失效为基础，研究分析了站场管道管件的失效原因。

2. 站场管件失效分析

现场换下的弯头与直管段内壁有明显的腐蚀坑，大小不一。内壁有一层腐蚀产物，与基体结合不紧密，易碎。除腐蚀产物，内壁还有残留少量微小的固体颗粒物质。如图 5-6-3 所示，弯头正外弧面两侧区域的腐蚀坑比弯头正外弧面密集，腐蚀坑最深（约 8.3mm）的区域在弯头靠近分离器侧的侧面区域。弯头内弧面也存在腐蚀坑。直管段位于弯头的下游，靠近弯头外弧侧的区域的腐蚀坑最密集。弯头和直管的局部腐蚀严重。

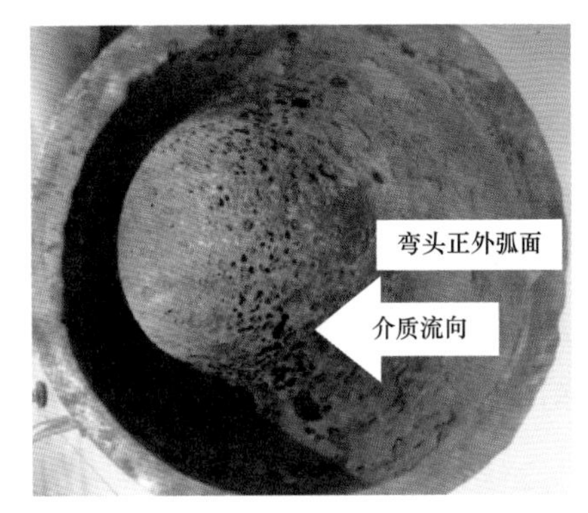

图 5-6-3 直管段壁宏观腐蚀形貌

对取下的腐蚀试样进行了 SEM 分析，如图 5-6-4 所示，在截面上可以看到内壁有一层腐蚀产物，进行扫描电子显微镜进行微观形貌观察，其质地疏松，与基底金属间有裂纹。腐蚀产物中含有大量的圆形颗粒，XRD 结果显示为压裂用陶粒。对弯头内壁的片状腐蚀产物和圆形固体颗粒进行 EDS 分析，分析结果显示腐蚀产物中主要含有 Fe、C、O、Si、Na 元素，圆形固体颗粒主要含有 Fe、C、O、Al、Si 元素。圆形固体颗粒应该为含铝和硅的氧化物。XRD 分析结果显示，该腐蚀产物的物相组成和对应的比例为：$FeCO_3$ 约 72%、$(Fe\ Ti\ Nb)_{0.667}O_4$ 约 20%、$Ca(Fe_{0.821}Al_{0.179})(Si\ Al_{0.822}Fe_{0.178}O_6)$ 约 7.8%。

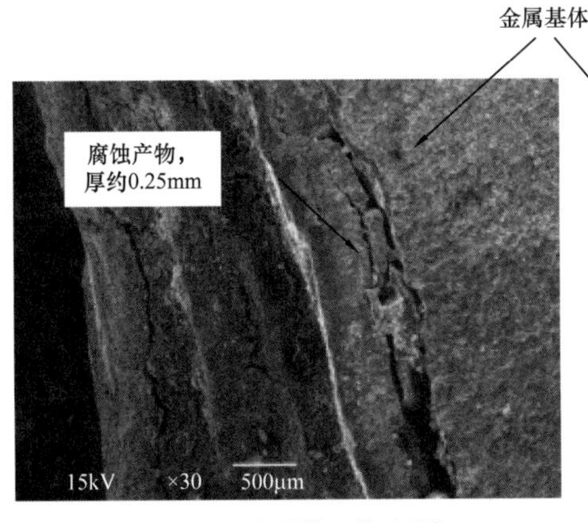

(a) 弯头金相试样W1截面形貌

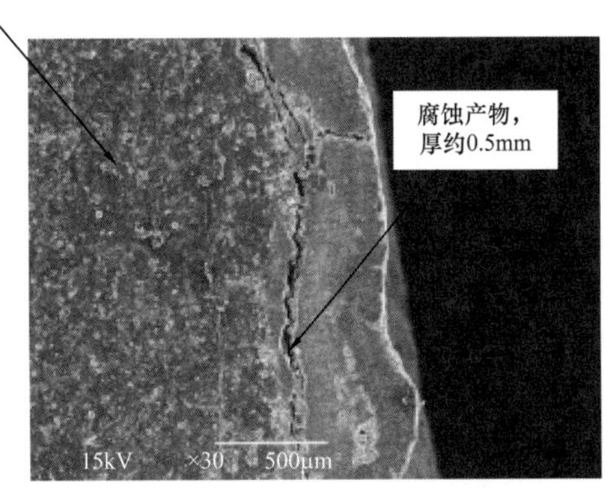

(b) 直管金相试样S1截面形貌

图 5-6-4 试样在扫描电子显微镜下的微观形貌

利用腐蚀试验技术模拟了现场流体的腐蚀性，经过672h现场水样中的腐蚀试验后，L360Q的腐蚀速率约为0.1928mm/a，L245N的腐蚀速率为0.1059mm/a。如图5-6-5所示，腐蚀后的试样清洗前，表面部分腐蚀产物呈泥黄色，有氧腐蚀的痕迹，清洗后，表面呈典型的CO_2局部腐蚀形貌。从腐蚀试验结果来看，虽然试验溶液中含有少量的溶解氧，但腐蚀速率并不高，远低于现场的腐蚀速率。

(a) L360Q（清洗前）　　(b) L360Q（清洗后）

图5-6-5　腐蚀试验后的试样形貌

用腐蚀计算软件ECE5.4进行了模拟计算，输入条件同现场一致。计算结果显示腐蚀速率为0.55mm/a。站场管道穿孔部位实际腐蚀速率达到20～30mm/a，是二氧化碳模拟计算结果的30余倍，是实验室试验结果的100余倍。

3. 站场管件失效分析结果

综合应用了表面观察、力学性能分析、微观结构分析、腐蚀模拟计算、腐蚀模拟试验等技术，分析了页岩气站场管件的失效原因，可以判断站场管线短半径弯头的失效主因是冲刷腐蚀加上CO_2的电化学腐蚀和氧的腐蚀协同作用，导致快速失效。

三、页岩气地面工程管道系统腐蚀现状统计分析

对浙江油田、长宁页岩气区块、威202区块分别进行现场失效调研，现场调研截止日期为2019年12月，本节主要对调研区块失效现象进行统计分析，反映目前中国石油三大主要页岩气生产区块的管线失效现象。

1. 管线失效现象

浙江油田目前投产的黄金坝区块与紫金坝区块均出现管线失效现状，截至2019年12月在黄金坝区块及紫金坝区块共投产25个平台，共有15个平台发生管线失效泄漏事故63次。长宁页岩气作业区目前投产页岩气井组46座，投产井192口、管线65条（240km），截至2019年11月30日，长宁页岩气场站失效共计52次，集气支线失效2次。截至2019年12月，长城钻探威202区块投产11个平台、42口井，3个平台管线及阀门失效共23次。

2. 失效区域分布

根据页岩气平台区域划分，将失效部位分别按照“除砂器橇”“气液分离橇”“气田

水转输管线”“出站管线”“集气支线”进行统计，分析各个区域管线失效情况。

页岩气集输管线失效区域分布见表 5-6-1。从统计分析结果看，失效区域主要集中在“井口除砂橇”“气液分离橇”“气田水转管线”，占总体失效次数的 96%，说明现场的失效事故重点发生在该三类区域。

表 5-6-1 页岩气集输管线失效区域分布[1]

序号	失效区域	总失效次数	区域失效次数	占比 /%
1	集气支线	140	5	4
2	出站管线	140	1	1
3	井口除砂橇	140	42	30
4	气液分离橇	140	64	46
5	气田水转管线	140	28	20

3. 失效管线类型分布

失效气管线与失效水管线类型统计主要用于统计管线中不同流体介质对失效的影响统计。该统计结果表明，在对原料气和返排液管线统计表明，管线失效事件中，返排液管线失效比例最大（为 56%），原料气的管线失效比例为 44%。该现象说明流体介质中的返排液含量可能是影响管线失效的较大因素。

4. 管线失效时间统计分布

根据长城钻探在威远 202 区和浙江油田黄金坝两个区块原料气管线与返排液管线失效时间统计分布发现，浙江油田返排液管线平均单个失效事故发生天数为 473 天，大于单个原料气管线失效事故 384 天；威远区块根据已收集数据，返排液管线失效平均天数为 139 天，原料气管线失效平均天数为 119 天；该现象可以初步说明，返排液管线失效均滞后于原料气管线失效。

5. 统计分析小结

对比分析了几个页岩气主产区的生产数据和腐蚀数据，得到的结论如下：失效主要集中在“井口除砂区”“气液分离区”“气田水转输区”三大区域；弯头、焊缝、三通等引起流体流态改变的地方，腐蚀较为严重；腐蚀失效主要集中在投产后的 13 个月内；CO_2、矿化度对腐蚀影响较小。

四、腐蚀试验研究

1. 细菌对管材的腐蚀研究

在常压、35℃下开展了细菌腐蚀试验，结果表明，加入细菌后钢片的点蚀率增加，空白水样没有明显的点蚀现象，接入 100mLSRB 的点蚀率为 1.096mm/a，接入 100mL 混

[1] 《液压阻力手册，第 4 版修订及扩充》（I. E. 艾尔奇克，液压阻力手册，第 4 版修订及扩充，纽约，贝格尔大厦，2008 年）

合菌的点蚀率为1.288mm/a。SEM的结果表明，空白体系、SRB体系与混合菌体系静态钢片表层均有一层沉积物（腐蚀物），在高倍放大时可以发现细菌菌体，说明静态条件下钢片表层会产生一层细菌膜，可能会促进钢片的腐蚀。EDS的结果表明，接入混合菌与SRB均有利于促进钢片的细菌腐蚀，SRB易附着在钢片表面上，形成厚厚的一层生物膜，将水中的SO_4^{2-}还原成S^{2-}，并产生FeS，加速钢片的腐蚀。

按照常压静态腐蚀的试验结果，以现场水样作为试验水样，调整实验参数为CO_2饱和、压力5.0MPa、实验温度35℃，实验时间7d。动态的点蚀现象表明，空白水样没有明显的点蚀现象，加入相同菌量与相同流速条件下的点蚀现象差异较大。0.5m/s流速下，混合菌的点蚀现象最明显，SRB次之；流速从0.5m/s增加到5.0m/s时，混合菌的点蚀率明显降低，说明流水的剪切力对细菌成膜与其速率有明显的影响，水流较大时会影响钢片表面微生物的成膜厚度，阻碍微生物附着，所以较高水流速下点蚀率降低；接入100mL SRB的点蚀率为0.4560mm/a（0.5m/s），接入100mL混合菌的点蚀率为0.9280mm/a（0.5m/s）与0.6360mm/a（5.0m/s）。

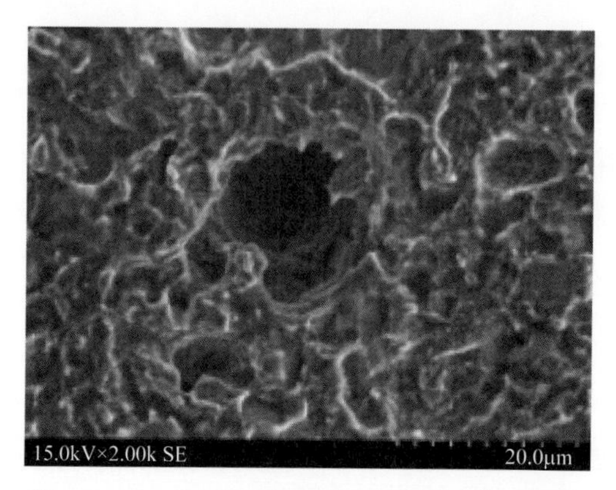

图5-6-6 100mL SRB 0.5m/s清洗后腐蚀试样SEM照片

如图5-6-6所示，SEM的结果表明空白体系与混合菌体系动态钢片表层均沉积物（或腐蚀物），但没有找到明显的菌体，说明细菌成膜不明显；清洗后钢片表层均有点蚀坑现象，空白体、混合菌（5.0m/s）、SRB（0.5m/s）、混合菌（0.5m/s）依次增加，这与宏观腐蚀现象一致，说明细菌含量高、流速低时，钢片的点蚀现象越明显。SRB与混合菌的加入均有利于动态条件下细菌的腐蚀，细菌的腐蚀会因流速增加而降低。

2. 腐蚀模拟实验

1）现场溶解氧测试

从页岩气现场取得的管线、管件、阀门等试样，刚切开时在其内表面即可看到有泥黄色的腐蚀产物（图5-6-7），有明显的氧腐蚀特征。

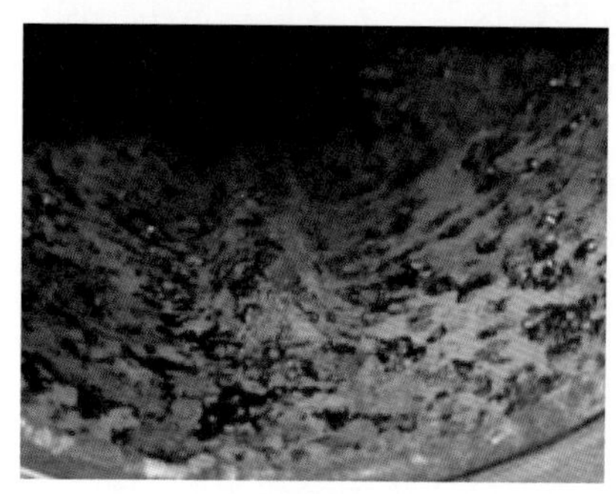

(a) 阀门内表面

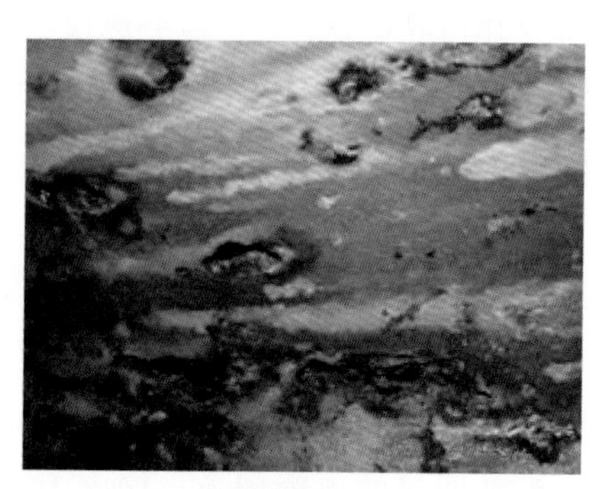

(b) 管道内表面

图5-6-7 威远H39平台失效阀门和管道内表面

现场溶解氧测试结果表明，威远 202 H55 平台现场采出水中的溶解氧浓度为 400μg/g 左右，高于一般气田水中的溶解氧浓度。溶解氧的存在会导致氧腐蚀，加速 CO_2 腐蚀。

2）现场采出水的腐蚀试验研究

为了研究现场流体的腐蚀性，从现场取水样进行了动态腐蚀试验。试验前对氧的含量进行了控制，考察了砂粒对腐蚀的影响。

（1）无砂流体腐蚀试验。

用 L245N 在线速度 2.5m/s 下，选用威远 H9-2 平台现场气田水（不除氧，控制氧气浓度 300～600μg/g）在 30℃进行了 168h 的动态腐蚀试验。试验结果试样表面有腐蚀斑痕，平均腐蚀速率为 0.430mm/a，这一腐蚀速率与 ECE 计算的腐蚀速率较为接近。

（2）加砂流体腐蚀试验。

加入 2% 的石英砂，按上述条件进一步开展了腐蚀试验。结果表明加入 2% 的细砂（＜100μm）后，试片表面的腐蚀斑痕更为明显，腐蚀速率达到 1.044mm/a，为未加砂时近 2.5 倍。溶液中未含氧时，CO_2 腐蚀形成相对致密的 $FeCO_3$ 腐蚀产物膜，这种腐蚀产物膜虽然有相对脆性，但是较为完整、均一。氧的加入，表面形成的 $FeCO_3$ 腐蚀产物膜的完整性被破坏，表面会出现不连续的腐蚀坑，同时导致腐蚀产物膜裂纹增多。石英砂的加入，对这种脆弱、不完整的腐蚀产物膜（坑）形成冲刷、切削，加速了腐蚀产物膜的脱落，导致基底金属暴露，加速腐蚀。

3. 研究小结

通过细菌腐蚀试验、冲刷模拟试验、现场溶解氧测试及电化学模拟试验研究了页岩气田输送液体介质的腐蚀性，探讨了可能的快速腐蚀原因，归结如下：（1）铁细菌、腐生菌的生长会促进硫酸盐还原菌对钢片的腐蚀；（2）流体的剪切作用对细菌成膜与其腐蚀速率有明显的影响，加强清管有助于抑制细菌腐蚀；（3）较低气体流速不能完全将砂粒携带于气相内，导致砂粒沉积而引起腐蚀；（4）在相同流速条件下，携砂量越大，管道的冲刷腐蚀越严重；在相同的携砂量条件下，气体流速越高，砂粒对管道的冲刷腐蚀越严重；（5）溶解氧和砂的加入，会极大地促进 CO_2 腐蚀的发展。

五、页岩气地面管线腐蚀防护技术

1. 腐蚀因素分析

从页岩气生产介质的组成和特点来看，地面管线面临的主要腐蚀因素包括材质问题、流速过高、细菌腐蚀、冲刷腐蚀、流动加速腐蚀、CO_2 腐蚀、酸腐蚀、氧腐蚀等。从前面对长城钻探威远 202 区块、浙江油田紫金坝作业区及长宁公司的页岩气腐蚀研究来看，线路管道的腐蚀，主导因素是细菌腐蚀，含砂流体的冲刷有一定的促进作用，尤其是焊缝部位的冲蚀比较严重；站场管道的腐蚀，主要在三通、短半径弯头、焊缝、大小头等流态改变的地方，失效主因是冲刷腐蚀；水管道的腐蚀失效，主要发生在三通、焊缝、阀门前后位置，也是流态改变的地方，冲刷腐蚀比较明显，但不排除有氧腐蚀的促进作用。从发生失效的统计数据分析来看，线路管道和站场管道腐蚀均较为严重，腐蚀失效集中在投产后的前1.5年内，从现场调研和收集的数据来看，三大页岩气区的腐蚀特征没有本质上的差异，非常近似。在针对页岩气田的腐蚀现状，对线路管道、站场管道及水管道分别提出了腐蚀防护措施。

2. 线路管道的腐蚀防护技术

从长城钻探威远页岩气、浙江油田紫金坝页岩气等的腐蚀情况来看，腐蚀速率快，细菌含量高，返排液每循环一次腐蚀加重一次，清管污物多。结合国内页岩气田地面工程特点，研究提出了线路管道的腐蚀防护措施。

（1）上游控制：在钻井液和压裂液中，添加杀菌剂和除氧剂，控制细菌和氧的摄入，降低下游生产系统的腐蚀风险；压裂支撑剂尽量使用陶粒，减少或不使用石英砂，硬而尖锐的石英砂使地面管线面临高的冲刷腐蚀速率风险。

（2）加强细菌检测与腐蚀监测：检测产出液中的细菌含量，超出标准数量时加注杀菌剂；细菌检测建议使用15SrRNA基因测试技术，节约时间，且快速高效，有利于控制药剂成本；设置腐蚀监测系统，根据腐蚀监测结果，判断是否加注缓蚀剂。

（3）建立药剂加注管理系统：基于基因测序技术、腐蚀监测与检测技术，建立整个页岩气田的药剂加注与管理系统，根据监测与检测结果，实时调整药剂加注量，达到控制效果后及时停止加注，以最低的药剂成本，达到控制腐蚀的目标。

（4）加强清管操作：清管操作可以有效破坏管内腐蚀环境，减缓腐蚀速率。

（5）使用非金属管：增强型非金属管具有使用寿命长、优良的耐蚀性、重量轻、投资成本低后期维护成本低、优良的水力学性能等一系列优点，国外已经成功将非金属管用于10MPa以上天然气的集输，国内输送干气的使用压力达到6.4MPa左右，输送湿原料气方面还需要进行现场验证，建议先开展现场试验。

3. 站场管道的腐蚀防护

站场管道腐蚀的初步研究结果认为是由于冲刷腐蚀主导的，氧腐蚀、CO_2腐蚀等促进了腐蚀的发展。因此，对站场管道，通过研究提出了以下防腐措施：（1）弯头堆焊耐蚀合金：弯头堆焊UNS N08825耐蚀合金，防止冲刷腐蚀，该方案已在现场进行试验，目前效果良好；（2）盲三通替代短半径弯头：短半径弯头冲刷腐蚀严重，使用盲三通，可降低冲刷腐蚀风险，该方案已在现场进行对比试验。

4. 水管道的腐蚀防护

水管道的腐蚀失效，主要是三通、焊缝、阀门前后位置，流态改变的地方。针对水管道的腐蚀，研究提出了以下防护措施：（1）使用耐蚀耐冲刷涂层；（2）使用内涂层防腐，可以避免冲刷腐蚀、氧腐蚀和电化学腐蚀，焊缝可用专用卡套保护；（3）易冲蚀部位堆焊耐蚀合金，表面再用涂层保护；（4）使用内喷塑或衬塑钢管及管件。

第七节 采出液综合利用及处理关键技术

一、技术现状及存在的问题

1. 技术现状

在页岩气开采过程中，约90%的开采井必须采用压裂、酸化增产技术提高总产量（Gregory et al.，2011），因此水力压裂技术成为实现页岩气大规模开采的必要手段。在水力压裂实施过程中需要大量压裂液，为了达到诱导储层裂缝及保护开采设备的目的，压裂液中含有大量减阻剂、杀菌剂、防垢剂、黏土稳定剂和表面活性剂等化学物质（Gregory et al.，2011），在后续开采过程中，压裂液会返回地面，成为页岩气采出液的一部分（Council et al.，2009）。随着页岩气井开采时间的延长，压裂液返排率逐渐提高，例如，在宁209井区，在平台压裂期返排率为12%，到生产运营期，总返排率提高到28.30%。另外，美国页岩气储层位于地下约180～2000m，而我国页岩气储层位更深，一般位于地下2000～5000m，导致我国页岩气开采所需的压裂液水量更大（Guo et al.，2009；汪锋，2017）。采出液中除含因压裂液而带入的大量化学成分外，同时含有其他污染物由地层渗透浸入采出水中，包括可溶性金属离子、悬浮有机物、油脂类、芳香烃类有机物等（Kargbo et al.，2010；Alley et al.，2011），使得页岩气采出液成分非常复杂。页岩气采出液整体呈高TDS、高TSS、高COD、高硬度、难生化的污染特性，且水质波动性较大；若不妥善处置，将会对周围环境及地表水系造成污染，并影响页岩气的正常生产。

“十二五”期间采出液主要采用压裂回用或高压回注的处置方式。随着各示范区大规模滚动开发，采出液数量越来越大，同时国家及地方对页岩气开采的环保要求也越来越严格，大部分区块已难以取得新建回注井的批复，同时部分区块已开始建设外排处理设施，作为压裂回用和回注处理的有效补充。

2. 存在的问题及技术瓶颈

采出液水量十分巨大，首先应以回用主，当钻采进度安排及其他因素制约无法回用时，则需根据工程情况采用回注或达标外排处理。由于回用指标、回注指标要求不高，现有处理工艺和技术基本能满足现场生产需求，而外排处理由于出水控制指标较高，加上页岩气采出液的产水规律、污染特点与传统工业废水有较大差异，传统的工业废水技术难以直接应用在页岩气采出液上，部分关键技术还需突破，经分析主要存在以下问题及技术瓶颈：

（1）采出液有机物成分复杂，可生化性差，普通的氧化反应难以去除；

（2）采出液矿硬度高，Ca^{2+}、Mg^{2+}、Ba^{2+}等结垢离子含量高，在高TDS、高COD环境下，传统的药剂除硬效果欠佳；

（3）采出液 TDS 高，需采用“膜浓缩 + 蒸发脱盐”工艺，但目前的膜浓缩工艺浓缩倍数较低、膜浓缩过程和蒸发过程易污堵是亟待解决的问题。

（4）采出液的浓缩液结晶盐品质难以控制，在结晶过程中受到不同杂质离子及有机物的影响，影响最终产品的品质。

二、采出液处理关键技术研究成果

1. 页岩气压裂返排液膜法预提浓工艺技术

溶解性一价离子是导致高盐废水矿化度高的主要原因，降低溶解性一价离子使高盐废水达标排放或者外部再利用的首要考虑因素。现有的脱盐分离技术主要分为热蒸馏脱盐和膜分离脱盐。

用于处理溶解性一价离子的膜分离法主要包括反渗透（RO）、电渗析（ED）、正渗透（FO）等。其中，反渗透和电渗析工艺较为成熟，反渗透属于压力驱动，反渗透膜的抗污染性较差，而且膜污染后不易清洗。因此对预处理要求高，处理进水 TDS 尽量低于 4%，但产水水质高，脱盐率可达 98% 以上；电渗析属于电场驱动，抗污染性能较高，适于处理 TDS 较高的废水，但淡水中会残留有机物等不随电荷迁移物质，若要达到排放水标准，需要进行深度处理。

1）反渗透技术研究成果

通过半循环运行方式分别以进水压力、进水温度、进水浓度、pH 值、初始离子浓度等为影响因子研究反渗透膜在纯水体系及纯 NaCl 体系的膜稳定性，研究成果表明：

（1）不同离子的截留率及浓缩倍数均随压力的增加而增大，当操作压力大于 3.5MPa 时，离子的截留率均在 99.5% 以上，相同压力下，SO_4^{2-} 的截留率大于一价 Cl^-；膜通量及水回收率随温度增加明显增大，温度从 20℃升至 35℃，膜通量从 15.8L/（m^2·h）增至 21.8L/（m^2·h），建议温度为 26℃；

（2）pH 值对膜通量影响不大，但对 NH_3–N 和硼的截留率影响显著，低 pH 值下膜对 NH_3–N 的截留率高，高 pH 值下膜对硼的截留率高，建议 pH 值在 6.5。

2）高压反渗透技术研究成果

通过半循环运行方式分别以进水盐浓度、回收率、运行周期等为影响因子研究高压反渗透运行稳定性，研究成果表明：

（1）产水侧和浓水侧电导率随进水盐浓度升高而增大，电导截留率和膜通量随进水盐浓度增加略有下降，当进水电导率从 29.5mS/cm 上升至 105.9mS/cm，电导截留率从 98.5% 降至 95%；

（2）相同运行时间浓水侧电导率和产水侧电导率随回收率增加而增大，电导截留率和膜通量随回收率增加略有降低，这主要因为浓度越大，盐透过率相对较高，离子的截留率越低；

（3）连续运行实验稳定性较好，建议高压反渗透运行过程中膜通量稳定控制在 15～16L/（m^2·h），温度整体能控制在 30℃以内，电导截留率可稳定控制在 97% 左右。

3）电渗析技术研究成果

分别从操作电流、浓淡室流量及 pH 值等为影响因子研究电渗析处理效果及稳定性，研究成果表明：

（1）电流越大，能耗越大，且后期能耗上升速率越大，Li^+、Na^+、K^+、NH_3–N 的通量随电流增大而增大，Cl^-、SO_4^{2-} 的选择性迁移比随电流增大而增大，建议选择电流 6A；不同物质的通量受浓淡室流量变化影响较小，其中 Na^+、Cl^- 的通量随流量的增大略有增大，流量越高，溶液在膜表面的剪切力越大，可以缓解易结垢离子及有机物对膜的污染，建议选择流量 500L/h；pH 值对 NH_3–N 在膜内的迁移影响较大，根据需求进行选择，若要提高氨氮的通量，建议选择 pH 值在 5～6 之间；

（2）同时，结合分子动力学（MD）模拟与电化学交流阻抗（EIS）实验，研究了阴离子在阴离子交换膜内的扩散过程。MD 模拟结果表明，阴离子在水溶液和膜中的扩散系数大小顺序为 D（Cl^-）>D（SO_4^{2-}），并通过 EIS 实验进一步验证准确性；通过分析径向分布函数得到 $r_{Ion^{2-}-N}>r_{Ion^{-}-N}>r_{O-N}$（$r_{Ion^{2-}-N}$）为二价离子和长链上氮原子之间的平均距离，$r_{Ion^{-}-N}$ 为一价离子和长链上氮原子之间的平均距离，r_{O-N} 为水分子上氧原子与长链上氮原子的平均距离表明阴离子先与水缔和，再与季胺基团发生相互作用；膜体系中离子配位数大小顺序为 n（SO_4^{2-}）>n（Cl^-），SO_4^{2-} 水合离子体积大，离子与膜的相互作用大小顺序为 ΔE（SO_4^{2-}）>ΔE（Cl^-），离子在膜内扩散速率大小受离子水合半径和离子与膜的作用能大小共同影响；

（3）采用分子动力学（MS）模拟软件构建了阴阳离子聚高分子链体系，模拟实际运行过程中水体中有机物在阴阳离子交换膜内部扩散情况，用于预测有机物对阴阳离子交换膜的污染情况。研究结果表明，磷酸三丁酯等小分子有机物与阴阳离子交换膜的结合能小，不易附着在离子交换膜上，且由于分子半径较大，难以向膜内扩散。在实际电渗析工程应用中，选择合适的膜面流速，通过水力剪切作用很容易将这类有机物冲刷掉，不会对膜造成污染。

2. 耐盐菌降解页岩气压裂返排液中有机物技术

嗜盐细菌普遍存在于各种盐浓度的环境中，呈现出嗜盐微生物种类的多样性。根据微生物对盐度的耐受范围不同具体又可分为嗜盐型和耐盐型，耐盐型微生物在一定盐含量条件下及无盐含量条件下都能生长，可耐受一定程度的盐含量条件，但并不依赖盐生长；而嗜盐型微生物则是依赖于一定盐含量条件下才能生长的微生物。

从多个高盐废水和土壤中筛选出 47 株在 8%NaCl 条件下生长良好的耐盐菌，其中编号为 206BP、206BHW、206BW 和 CNM 的菌株对页岩气采出液的 TOC 去除率达到 50% 以上，其中 206BP 的降解效果最好，因此选取 206BP 菌株作为降解页岩气采出液的优势菌株。通过电镜观察可知，206BP 菌株大小在 0.5～2.0μm 之间，产生芽孢大小为 0.3～0.6μm，其菌落形状呈圆形，光滑，颜色为不透明的淡粉色，菌落直径约为 2～3mm。

由生化鉴定实验表明，206BP 菌株为革兰氏染色阳性菌，具有分解尿素的尿素酶，可产生硫化氢气体，能水解淀粉，能将硝酸盐和新形成的亚硝酸盐都还原成其他物质，但不能分解蛋白质中色氨酸生成吲哚，不能液化明胶。

菌株206BP在8%的盐环境下培养24h后，会出现孢子生殖现象，分子试验显示，在8%的盐培养环境下，菌株206BP基因转录较为活跃，在FAD呼吸链上出现了较多高表达基因，均生成黄素、黄素代谢及生成FMN和FMNH2；而在4%的低盐胁迫环境下，参与高表达的基因主要参与黄素还原和FAD的生成过程。

菌株206BP生长特性研究表明，该菌株在0%～10%的NaCl浓度下，生长较好，属于中度耐盐菌；碳源浓度高有助于菌株生长，但是当碳源浓度超过浓度时，对菌株也有一定抑制作用，建议碳源浓度为1000mg/L；可选择尿素为最优氮源，建议浓度为50mg/L比较经济合理；K2HPO4为对206BP的生长促进具有最佳效能的磷源，建议浓度控制在10mg/L；pH值为5时，菌的生长性能最佳；该菌株比较良好的生长温度为30～40℃。

通过对温度、pH值、盐度、碳氮比对耐盐菌处理采出液效果的影响研究，得到最佳处理条件为温度30℃，系统运行中建议控制在30～40℃，pH值在5～7之间，NaCl质量浓度不超过8%，TOC/N在3.3～4.2之间。

通过耐盐菌MBR系统连续实验可知，TOC去除率为80%，氨氮去除率为75%；通过AR–MBR和MBR装置对比实验可知，AR–MBR装置的处理效果优于MBR装置，TOC去除率分别为88%和80%，氨氮去除率分别为90%和75%。

通过膜污染特性研究及污染物EPS成分分析可知，MBR反应器的膜污染速率明显快于AR–MBR装置，其中反应器混合液中菌絮体粒径大小、SMP和EPS浓度大小和EPS含量中的PN/PS比值都是造成MBR反应器比AR–MBR反应器膜污染更严重的重要因素。

利用计算流体力学的方法建立MBR数两相流计算值模型，并搭建小试冷模装置，通过PIV验证模型准确性，进而研究MBR内部流体特征，研究反应器膜组件高度、曝气管数量和膜板间距对液相流速、气含率和膜表面平均剪切力的影响。研究结果表明，减少膜组件距离曝气管的距离能提高液相流速和膜表面平均剪切力；曝气管数量及分布会影响膜通道间的流动分布情况；膜板间距同样会影响MBR中的流动特性。MBR在膜组件底部距曝气管250mm、曝气管7根、膜板间距40mm结构下膜表面平均剪切力最大，当曝气量在0.02～0.47m^3/min之间时，经优化后的MBR结构能显著提升膜平均表面剪切力约50%～83%。

3. 高含盐、高COD、高硬度环境下电催化氧化技术

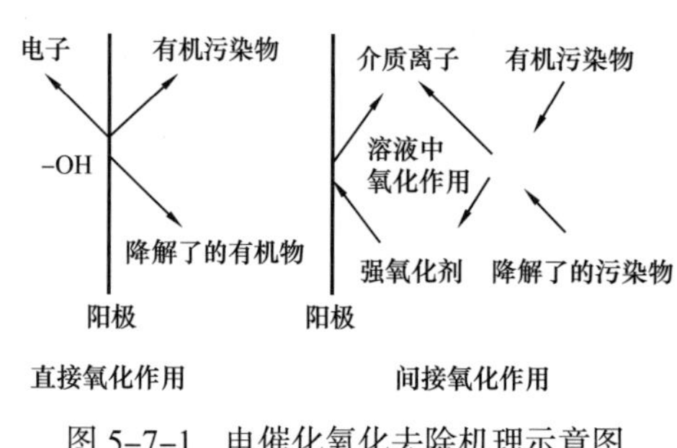

图5-7-1 电催化氧化去除机理示意图

电催化氧化技术在废水处理应用上取得了良好的效果，目前公认的电催化氧化机理是利用阳极的高析氧电位及催化活性来直接与水中污染物进行反应，或者利用电化学过程中产生的羟基自由基等强氧化剂间接氧化水中的污染物。根据氧化过程中，污染物质是否与阳极的金属氧化物直接反应，其氧化机理可分为直接电解和间接电解两类，两者的去除机理如图5-7-1所示。

传统二维电极有效反应面积较小、电流效率低，限制了处理量，为了解决该技术难题，在 20 世纪 60 年代末，Backhurst 等（1969）提出了三维电极的概念，即通过在电极反应器中，将导电粒子填充于两极板间，此时导电粒子带电并构成三维尺度的微电极并参与电解反应。三维电极反应器相比于传统二维电极反应器而言，具备电极表面积大、传质效率高等特点，大幅提升了电解效率。目前有机废水的电化学处理中，三维电极反应器主要以复极性粒子电极固定床居多，复极性三维电极反应器的工作原理（周抗寒等，1994）如图 5-7-2 所示，填充于电解槽内的粒子电极在高梯度的电场作用下，感应而复极化为复极性粒子，此时粒子电极的一端发生阳极反应，另一端发生阴极反应，整个粒子电极表面发生电化学氧化还原反应，粒子之间构成一个微电解池，整个电解槽由众多微电解池构成（薛松宇，2005）。正是由于电化学反应可以在颗粒表面进行，且三维粒子电极均匀分布于电极反应器内，因此相比于二维电极，增大了反应面积，同时也极大地减小了污染物的传质扩散距离，因此显著提高了电催化氧化的效率，特别是对于污染物浓度较低、电解质含量较少等受传质扩散控制的废水体系，效果尤为明显。

相比于二维电极，三维电极反应器内部的电流存在多种形式，三维粒子电极反应器中的电流形式示意图如图 5-7-3 所示，其主要包括以下三种类型（贾保军等，2003）：

（1）反应电流：两极板间经过溶液中的导电颗粒两端，参与氧化还原反应的电流；

（2）旁路电流：只在主电极板间电解液内直接流过的电流；

（3）短路电流：由于导电颗粒彼此直接接触形成链，而直接通过各颗粒内的电流。

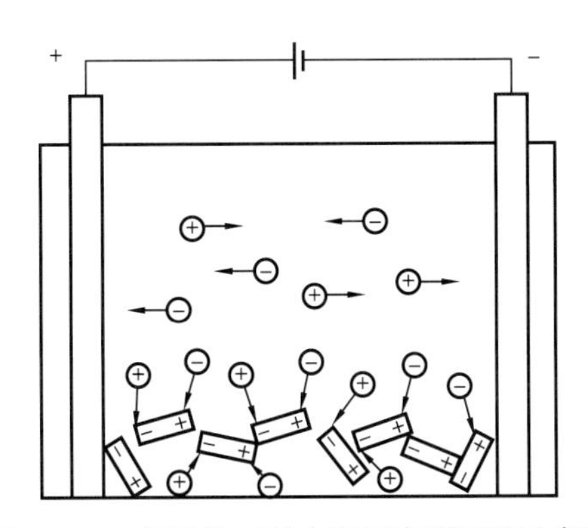

图 5-7-2 复极性三维电极反应器原理示意图

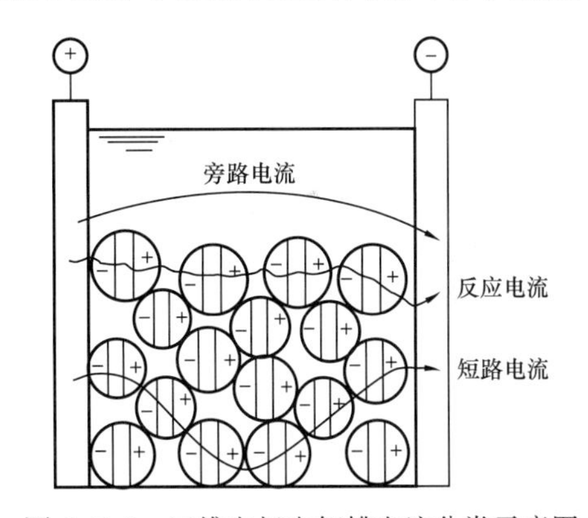

图 5-7-3 三维电极电解槽电流分类示意图

由于旁路电流和短路电流并没有起到增加电极表面积的作用，反而消耗了电能，因此在增大反应电流的同时，应尽量避免出现旁路电流和短路电流。其中短路电流是因为粒子直接接触并导电而产生的，因此可以通过使用高阻抗的导电性粒子、在导电粒子里掺入绝缘粒子、在导电粒子上涂上一层高阻抗薄膜等方式来避免短路电流，从而提高电能利用率及处理效率（汪群慧等，2004）。

由单因素实验研究结果可知，三维电催化氧化最佳操作条件为停留时间 2h；电流控制在 0.6A；反应 pH 值建议为酸性条件，pH 值可控制在 3～5 之间；曝气量增加可提高反应物传质及有效自由基的扩散，但又需要考虑粒子电极的溶损率，建议可控制在 2L/min

左右。

采用响应面分析软件 Design Expert 设计 BBD 试验模型，此模型的回归性效果显著，其复相关系数的平方 R^2 是 0.9862。回归方程方差分析结果显示，催化剂投加量、电流及初始 pH 值作用成效比较突出，通过该模型预测 COD 去除率最大值为 51.06%，最佳运行条件组合为：初始 pH 值为 3.23，催化剂投加量为 14.07mmol/L，电流为 0.65A。

通过对电催化氧化反应过程中游离氯和羟基自由基分析可知，在三维电催化纯 NaCl 溶液的过程中，游离氯的浓度始终呈持续上升的趋势。但是，在电催化反应刚开始进行的 30min 内，游离氯浓度上升非常缓慢，30min 后开始快速升高，120min 后增长速率减缓；随着叔丁醇浓度的增加，电解体系中有机物的去除率降低，反应 90min 时，COD 的去除率分别为 46.4%、39.4%、33.2%、23.1%、19.7%。该体系中产生的了较多 -OH，对废水中的有机物进行了有效降解。

4. 采出液结晶盐资源化利用技术

1）多元阴离子体系结晶过程研究成果

页岩气采出液废水中的无机盐主要为氯化钠，同时也含有少量硫酸钠、硝酸钠，考虑到不同地区地质情况不同而导致采出液中含盐组成的波动性，分质结晶的过程控制研究主要围绕此三种盐类的分步分离而展开的。

国内外关于相平衡的研究主要集中在海水体系（Freyere et al.，2004；Hee et al.，1993）（Na^+，K^+，Mg^{2+}，$Ca^{2+}//Cl^-$，$SO_4^{2-}-H_2O$）、卤水体系（Zhange et al.，2014；Sange et al.，2003）（Li^+，Na^+，K^+，Mg^{2+}，$Ca^{2+}//Cl^-$，CO_3^{2-}，HCO_3^-，SO_4^{2-}，$B_4O_7^{2-}-H_2O$）和硝石体系（Huange et al.，2008；黄雪莉等，2011）（Na^+，$K^+//Cl^-$，SO_4^{2-}，$NO_3^--H_2O$）三大水盐体系。此外，我国学者针对过渡金属及稀土盐类水盐体系也做了大量工作。

以 $Na^+//Cl^-$，NO_3^-，$SO_4^{2-}-H_2O$ 高盐废水多元阴离子体系为研究对象，通过相平衡实验完善了 323.15～373.15K 范围内 $Na^+//Cl^-$，NO_3^-，$SO_4^{2-}-H_2O$ 四元体系及其子体系 $Na^+//Cl^-$，$SO_4^{2-}-H_2O$，$Na^+//Cl^-$，$NO_3^--H_2O$，$Na^+//NO_3^-$，$SO_4^{2-}-H_2O$ 的热力学相平衡数据，完善了该体系的热力学相平衡数据库。

将 Pitzer 模型应用于多组分的水盐体系，基于三元体系溶解度数据和溶解平衡常数，通过多元线性回归法拟合了 Na^+、Cl^-、NO_3^-、SO_4^{2-} 四种离子之间的相互作用参数。进一步借助 Pitzer 模型对 $NaCl-NaNO_3-Na_2SO_4-H_2O$ 四元体系相平衡进行了理论预测。

根据多元相平衡图，控制蒸发终点，从四元混合体系中制备出 Na_2SO_4、NaCl 和 $NaNO_3$ 产品，纯度分别为 99.84%、99.16% 和 98.47%，均达到工业盐标准。

2）结晶盐资源化利用研究成果

考虑到工程现场需要的酸液碱液属于管制品，购买及运输过程受限。采用双极膜技术制酸碱技术方案，利用蒸发结晶过程中得到的盐产品与工艺中的达标排放水混合配盐水，通过双极膜设备制取酸碱，直接用于前端处理工艺中的酸碱调节。

双极膜是一种具有特殊功能的离子交换膜，双极膜是由阴离子交换树脂层（Al）、阳离子交换树脂层（Cl）和中间催化层组成。如图 5-7-4 所示，在直流电场的作用下，阴膜、阳膜复合层间的 H_2O 解离成 H^+ 和 OH^- 并分别通过阳膜和阴膜，作为 H^+ 和 OH^- 离子源。

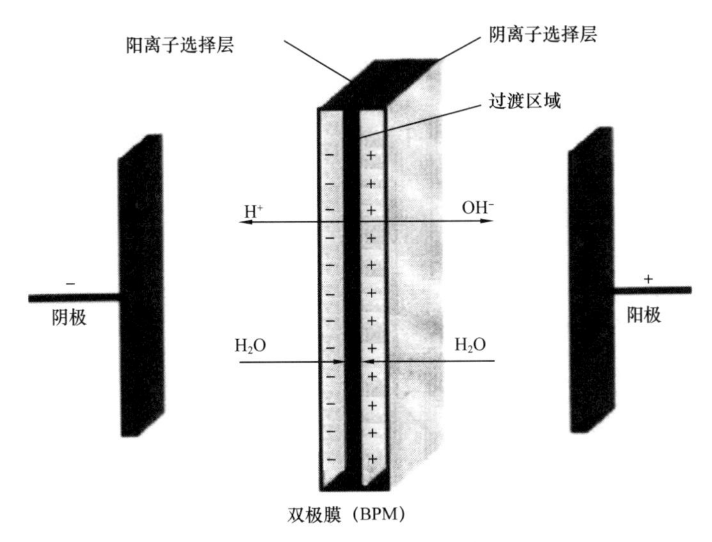

图 5-7-4 双极膜结构示意图

双极膜电渗析技术就是将这种特殊功能复合到普通电渗析中，从而可以实现即时酸（碱）的生产（再生），或者酸化或碱化。将双极膜电渗析技术应用于传统有机酸或有机碱的生产（再生）过程中，不仅可以实现有机酸盐或有机碱盐的转化，而且产生的 NaOH 或 HCl 可以回用于生成过程中。双极膜原理图及装置如图 5-7-5 所示。

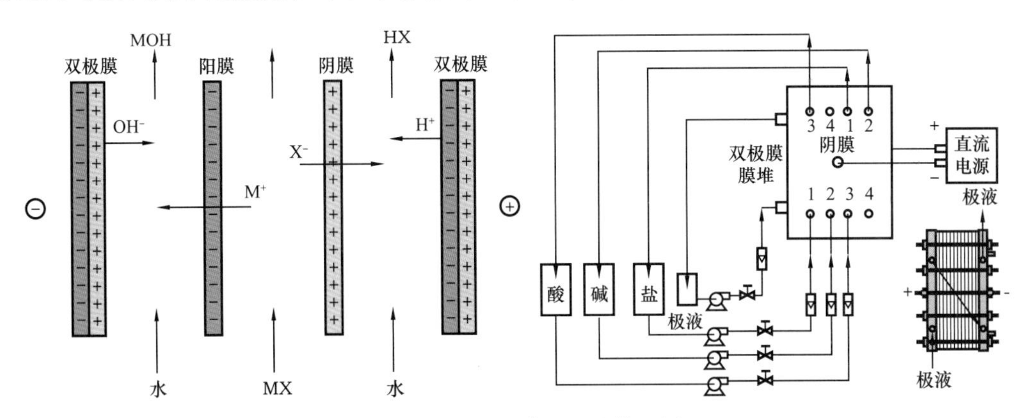

图 5-7-5 双极膜原理及装置图

将页岩气采出液在蒸发结晶处理过程产出的 NaCl 结晶盐配水后作为双极膜试验的原水，研究不同类型双极膜产酸产碱效果。NaCl 进入盐室，在直流电场作用下，Cl^- 通过阴膜迁移至酸室。当遇到双极膜的阳膜面，由于阳膜面带负电荷，所以 Cl^- 无法继续迁移，留在酸室，跟双极膜阳膜面分解出的氢离子结合生成盐酸。同样在直流电场作用下，Na^+ 通过阳膜迁移至碱室，遇到双极膜的阴膜面。由于阳膜面正电，所以 Na^+ 无法继续迁移，留在碱室，跟双极膜的阴膜面在直流电场的作用下不断分解出的氢氧根离子结合，生成

NaOH。这样，盐室的 Cl^- 不断进入酸室，从而酸液浓度不断提高。Na^+ 不断地进入碱室接受双极膜分解的 OH^-，碱溶液浓度不断提高。最终 NaCl 通过双极膜电渗析实现了盐转化为 HCl 和 NaOH 溶液。双级膜产酸碱原理图如图 5-7-6 所示。

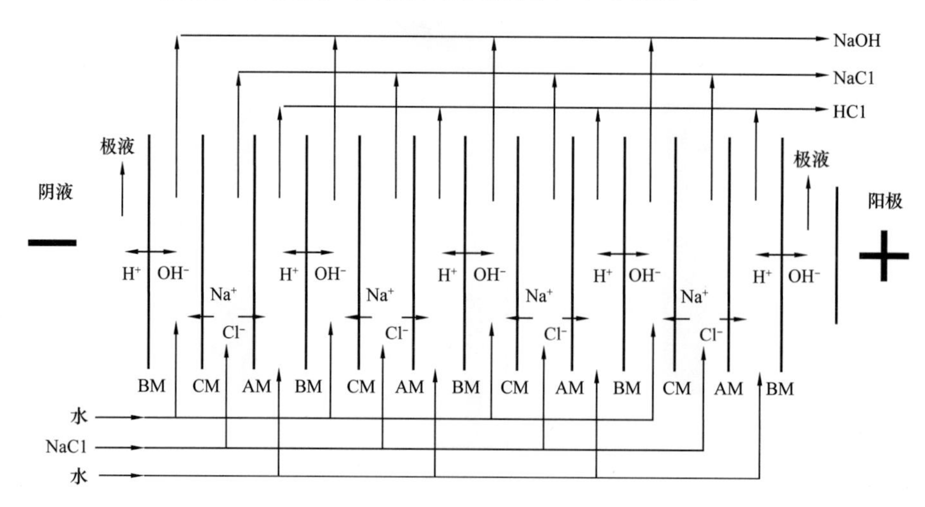

图 5-7-6　双极膜产酸碱原理图

BM—双极膜，CM—阳离子交换膜，AM—阴离子交换膜

以物料浓度、运行电流、物料室与酸碱室体积比、盐类型、连续运行过程等为影响因子研究双极膜处理效果，研究成果表明：

双极膜进水中的二价及以上阳离子总和不大于 1mg/L、进水温度范围 5～40℃、TSS 浓度不大于 0.1mg/L、F^- 浓度不大于 1mg/L、无有机溶剂、无强氧化性、强还原性物质。

相同反应时间，电流越高，回收率越高；相同产酸产碱量时，能耗越高，电流效率越低；为提高双极膜的电流效率，提高经济性及膜使用寿命，选择电流 3.8A、电压 17V 运行。连续运行过程中，酸室和碱室 H^+ 和 OH^- 浓度呈现先快速增加后趋于平缓的趋势，其中连续运行时酸室中的 H^+ 浓度可浓缩至 4.9mol/L，碱室中的 OH^- 浓度可浓缩至 4.3mol/L。电流效率呈先下降后稳定的趋势，运行能耗先增加后趋于稳定，运行后期酸室平均能耗可达 3.3kW·h/kg（HCl），碱室平均能耗可达 2.9kW·h/kg（NaOH）。

三、采出液综合处理及循环利用工艺流程研究与优化成果

针对页岩气采出液最终处置出路的不同，开展了工艺适应性研究，形成了适用于不同处置要求的“回用 + 回注、回用 + 外排”组合处理工艺，经现场示范装置测试，回注水满足《气田水回注方法》（SY/T 6596—2004）水质要求；回用水满足《页岩气储层改造 第 3 部分：采出液回收和处理方法》（NB/T 14002.3—2015）压裂用水水质要求；外排水满足《污水综合排放标准》（GB 8978—1996）规定的一级排放要求。

1. 采出液回用处理工艺研究成果

通过图 5-7-7 所示的回用处理流程，最终出水悬浮物小于 1mg/L、总硬度小于 300mg/L，满足回用水标准要求。若 TDS 浓度小于 20000mg/L，可直接回用；若 TDS

浓度小于20000mg/L，则需用清水稀释到20000mg/L以下后可回用。

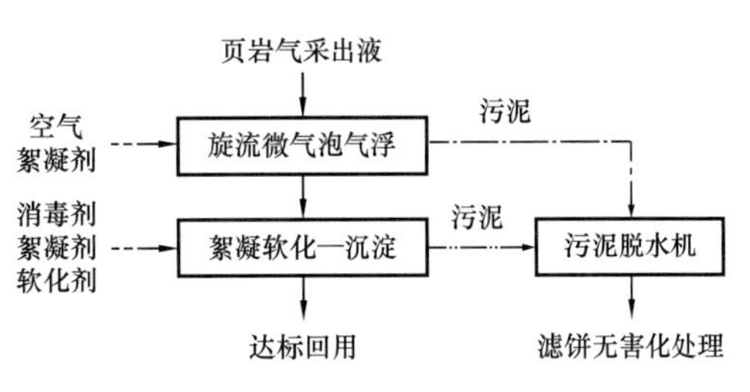

图 5–7–7　采出液回用处理工艺流程图

2. 采出液回注工艺技术研究成果

采出液回注工艺分全量回注与减量回注。全量回注工艺简单，投资较低，工艺流程如图5–7–8所示。减量回注工艺流程增加浓缩单元，通过高压反渗透对采出水提浓减量再进行回注，工艺流程如图5–7–9所示。

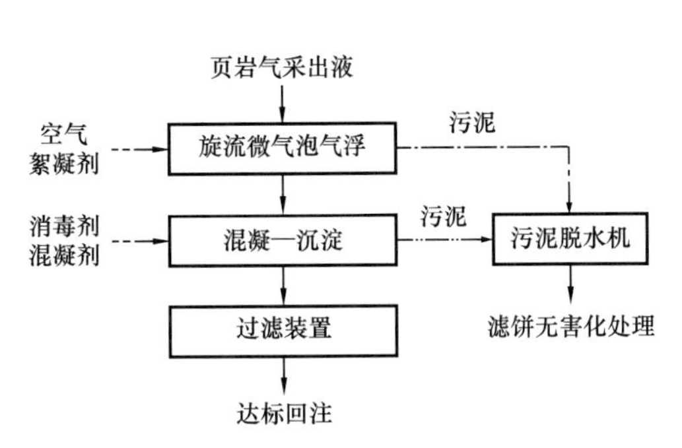

图 5–7–8　采出液全量回注处理工艺流程图

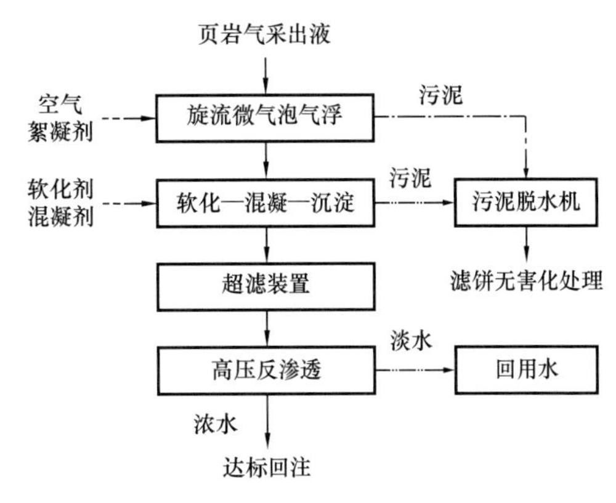

图 5–7–9　采出液减量回注处理工艺流程图

1）全量回注工艺技术

通过图5–7–8所示的流程，出水水质满足回注水标准要求。

2）减量回注工艺技术

通过图5–7–9所示的流程，经高压反渗透浓缩后浓水悬浮物低于10mg/L，满足回注水标准要求，且回注水量减少65%～75%。同时，高压反渗透淡水水质较好，可做现场回用水使用。

3. 采出液达标外排处理技术研究成果

通过研究形成了两套达标外排处理技术成果，第一套采用电渗析膜浓缩工艺，第二套采用高压反渗透膜浓缩工艺，适用于不同的工况和处理需求。

1）采出液达标外排处理工艺（一）

MBR出水满足《污水综合排放标准》（GB 8978—1996）、《地表水环境质量标准》（GB 3838—2002）和《四川省水污染排放标准》（DB 51/190—1993），可达标排放；普通反渗透淡水水质很好，可满足《地表水环境质量标准》中三类水体要求，可作为地表水水源补充。蒸发结晶产品盐氯化钠指标达到了《工业盐》（GB 5462—2015）中精制工业盐一级指标要求，实现了资源化利用。

图5–7–10所示的工艺流程采用电渗析工艺浓缩，浓缩倍数高，对于超高盐（TDS>

50000mg/L）的采出液同样适用，且浓缩液中 COD 含量较低，蒸发结晶后出盐品质高，且盐回收率高；深度处理采用了 MBR 与反渗透工艺，对于采出液中 COD 与氨氮含量的波动具有很强的适应性，适用于各类采出液的处理。

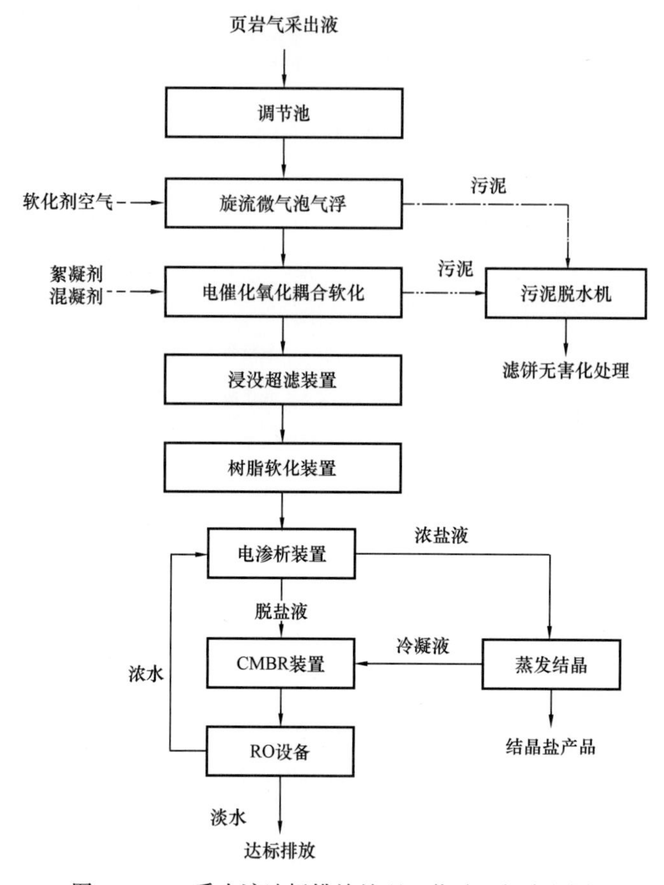

图 5-7-10 采出液达标排放处理工艺（一）流程图

2）采出液达标外排处理工艺（二）

针对采出液高 COD、高 TDS、高 TSS 的水质特点，通过上述工艺处理后高压反渗透淡水能满足《污水综合排放标准》（GB 8978—1996）《地表水环境质量标准》（GB 3838—2002）《四川省水污染排放标准》（DB51/190—1993），可达标排放；普通反渗透淡水水质很好，可满足《地表水环境质量标准》中三类水体要求，可作为地表水水源补充。蒸发结晶产品盐氯化钠指标达到了《工业盐》（GB 5462—2015）中一级指标要求，但产品得盐率较低，能部分实现资源化利用。

图 5-7-11 所示的处理工艺流程采用反渗透工艺浓缩，主要适用于浓水允许回注的工程；对于无法回注的工程因其浓缩倍数较低，且浓缩液中 COD 含量较高，蒸发结晶后出盐品质较低，产品得盐率较低，混盐率较高。该工艺适用于能回用、处置或混盐能妥善处置的工程。

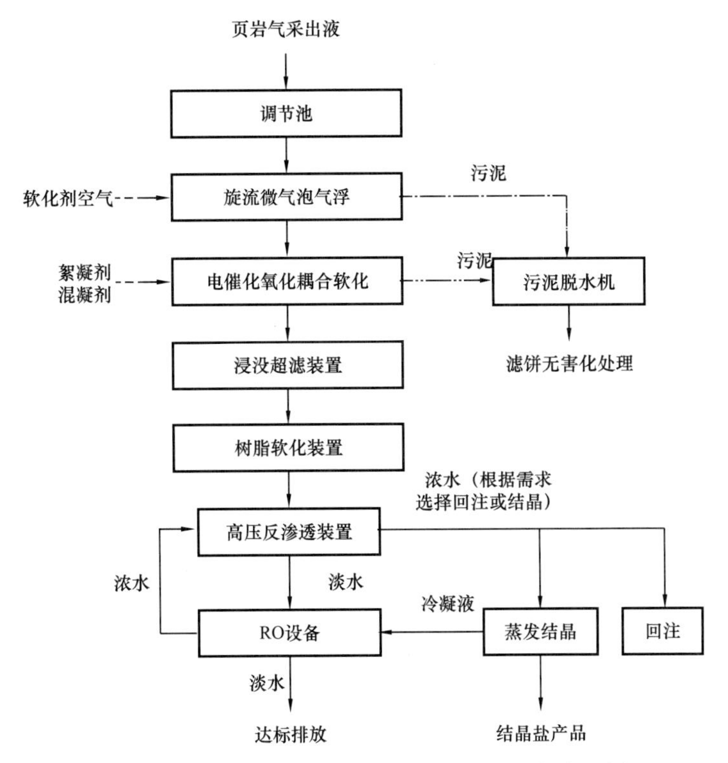

图 5-7-11 采出液达标外排处理工艺（二）流程图

第八节 模块化橇装装置研发及滚动利用技术

一、页岩气地面工程关键装置设计技术

1. 平台井站工艺装置

平台井站是页岩气地面工程的起点，早期的平台井站的建设未采用模块化设计，采用传统方式建设的平台井站占地面积大（图 5-8-1），大量的工艺管线现场施工安装，施工周期在一个月以上。为了适应页岩气平台“快建快投”的建设需求模块化建设模式成为必然选择，当主要工艺模块采用橇装设计后，制约平台建设周期的主要因素有橇块基础浇筑、橇间管线施工。

平台地面工程所需的工艺装置区面积远小于钻前工程的装置区面积，当钻前工程的硬化区域满足橇块对基础的强度要求时，可以利用已有硬化区域布置地面工程的橇块，避免重新浇筑橇块基础。

橇间连接管线对施工周期的影响主要表现在管线焊接工作量和埋地管道导致的现场管沟施工。连接管道改为地面敷设可以减少管沟开挖，减少焊接工作量要从模块的设计上来解决，主要采取三种方式。

1）接口设置标准化

从图 5-8-1 中可以看出除砂模块和分离计量模块传统布置上是分开的，模块之间的连接通过埋地管道实现。对这 2 个模块橇装化改造后，可以通过合理的接口设置减少橇间连接管线，使橇间接口的空间位置、尺寸规格、接口形式相对固定，形成标准化的连接接口；同时，采用深度预制和精度控制让除砂模块和分离计量模块形成一个整体橇块，达到无需在橇间连接管线的目的（图 5-8-2）。

图 5-8-1　传统方式建设的平台井站

图 5-8-2　用模块化建设模式的平台井站

2）管廊模块化集成

传统建设模式下的平台井站通常设有一个管廊带用于连接多套装置，当主体工艺模块成橇预制后，管廊施工成为橇外施工的主要工作量。联系平台井站采用的一对一除砂分离计量工艺，合理选择汇管管径并统一汇管接口位置和连接形式，可以把汇管和分离计量橇整合起来（图 5-8-3 和图 5-8-4）。

图 5-8-3　管廊现场施工的平台井站

图 5-8-4　管廊模块化集成的平台井站

3）橇间连接管线深度预制

页岩气平台多位于边远地区，受运输条件影响，橇块尺寸主要按公路运输条件设计，一个平台需要几个或者十余个橇块现场组装完成，橇间连接管线无法避免。减少橇间连接管线、统一连接管段规格的同时，对这部分管线在橇厂预制、组装，拆分后运到现场复装，以达到尽可能减少现场焊接作业的目的。

2. 集气站内外输工艺装置

集气站接收附近平台来气，汇合、增压后输往脱水站，根据工艺流程可把集气内外输工艺装置划分为进出站阀组模块、清管收发球模块、气液分离模块和增压模块 4 个主要部分。

集气站内外输工艺装置区在布置上主要是考虑集气装置管廊的布置和分期建设预留区域的设置。管廊有两种布置方式：一种是按工艺介质方向在清管收发球筒后设置管廊（图 5-8-5），另一种是在把管廊布置在中间，橇装设备在管廊两侧布置（图 5-8-6）。

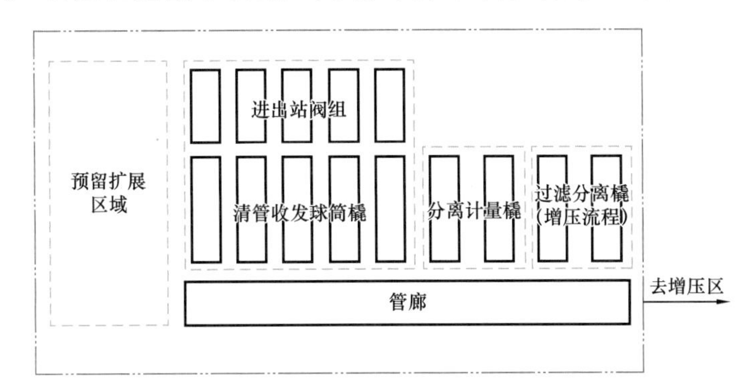

图 5-8-5 内外输工艺装置区设备布置方案一

图 5-8-5 的布置方案存在两个主要问题：一是没有充分利用工艺装置区的面积，二是管廊位于清管收球筒后存在一定的安全隐患。将管廊布置在进出站阀组和清管收发球筒橇之间可以较好地解决上述问题（图 5-8-6）。

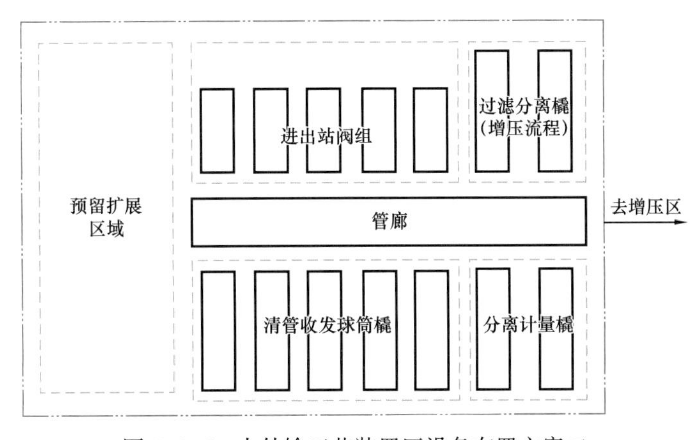

图 5-8-6 内外输工艺装置区设备布置方案二

3. 脱水装置

脱水装置通常包括多个处理模块和一个联系各处理模块和管道进出装置的管廊模块，处理模块和管廊模块的位置关系如图 5-8-7 所示。脱水装置中的管廊模块（模块⑥）不仅需要为装置内各种处理模块或模块化的橇装设备提供连接，同时，管廊模块也是整个脱水装置标准化产品的外部接口。模块的详细信息见表 5-8-1。

表 5-8-1 处理量为 $300\times10^4m^3/d$ 的 TEG 脱水装置模块及橇块表

序号	名称	功能划分
①	过滤分离集成橇	处理模块
②	吸收塔模块	处理模块
③	溶液补充及回收模块	处理模块
④	TEG 再生橇	处理模块
⑤	废气灼烧模块	处理模块
⑥	管廊模块	管廊模块

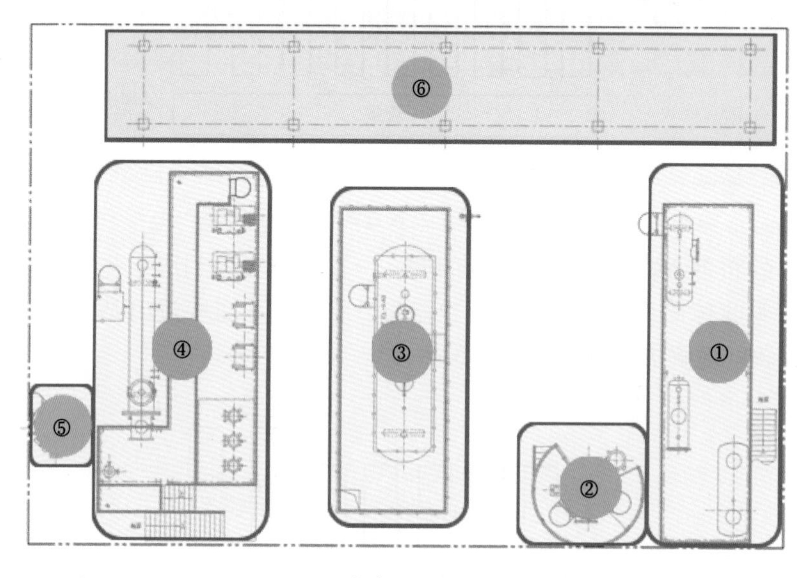

图 5-8-7 处理量为 $300\times10^4m^3/d$ 的 TEG 脱水装置橇装区域布置图

二、页岩气地面工程滚动开发模块化设备可互换性、可扩容性技术

页岩气地面工程处理设施的工艺流程决定了模块化设计具有层次特性，同时，模块化设计技术并非一成不变，而会随着技术的发展和时间的推移不断吸收新理念、新技术。对于页岩气地面工程的橇装装置，运用层次分析方法，建立层次模型，目的是找出装置模块化设计过程中的关键技术问题和注意事项，以便在设计过程中充分考虑模块化的特点和要求，为最终设计出高品质的模块产品奠定基础。

装置模块化设计流程中最核心的一步是模块的划分。模块划分的优劣将直接影响到装置布置、模块制造、模块运输、现场安装、操作检修、工程投资等方面。设计初期，橇装设计没有定型，模块划分主要是从功能上进行划分，以满足工艺的功能要求。然后设计出一系列能满足特定工艺功能的橇块，再根据整体工艺处理流程对这些橇块进行整合，将那些相互关联的橇块划分在一起，同时结合标准规范、运输限制条件等形成橇装化、模块化产品。

模块化设计的基本流程可以概括为“需求分析，功能分解，集成和评价”。模块划分对应的功能分解起着承上启下的关键作用，用户层面模块划分是用户需求的载体，合理的模块划分体现在功能分区明确、成橇意义大、操作维护便捷、用户体验好；产品层面的模块划分影响着制造、运行成本，合理的模块划分设计可以有效节省建设成本。根据模块化设计基本流程，页岩气地面工程橇装装置模块化设计的模块划分与集成过程分三个层次进行。

1. 用户层

模块化橇装装置的用户是页岩气勘探与生产公司，这一层中，收集并分析用户的各种需求，根据用户需求划分需求模块（杜陶钧等，2003）。

根据用户需求的重要程度可以把需求分为基本需求和辅助需求。基本需求是勘探与生产公司对模块的最基本的工艺功能、处理能力、安全性的需求，是不能被忽视的需求；辅助需求则是在基本需求的基础上派生出来的居于次要地位的用户需求，如仪表风、燃料气、供电、通信等需求等。在划分需求模块的过程中，应将以下需求划分为独立的需求模块：在多个系列的模块化产品中同时存在的需求；可能随时间、地点、用户的改变而改变的需求；辅助需求因其通用性和适应性相对独立，通常划分为独立的需求模块。

2. 功能层

功能层是站在设计者的角度上从工艺流程、标准规范、运行维护、可实施性等方面综合考虑，将需求模块转化为具体可实施的功能模块。在功能层中首先要对需求模块详细分析，根据工艺流程设计出一系列的基本功能模块，再对这些基本功能模块进行聚合，将那些关系密切的基本功能模块整合到一起形成新的功能模块，通过基本功能模块的合并，可以减少组成模块化橇装装置的模块数量，从而降低模块组装的复杂度。下面具体说明功能模块分解和合并的方法。

1）独立性原理

独立性原理是指功能模块划分首先应满足工艺流程，划分形成的基本功能模块要具备完整且相对独立的工艺功能。从另一个角度来说，模块独立就是要减少模块之间的交互作用。将页岩气地面工程橇装装置模块化设计中引入流的概念，流主要是指工艺介质流，如原料气、采出水、三甘醇、仪表风等。从功能的角度出发，工艺流程功能组件的交互作用体现在各功能组件之间的联系流及其变化上。因此，在功能模块划分时应尽可能将那些相互之间交互作用最大的组件聚集在一起构成一个模块，这样有助于提高模块的功能独立性。根据对工艺流程中不同组件的功能分析，并参考功能独立性原理，可得到模块划分的 2 种基本方法：流串联规则、流并联规则（高飞等，2007）。

流串联规则是指沿着工艺流程的某种介质流前进，直到该流被转换（变成其他流或者同种流的分量）或流出系统，则所经过的所有功能组件可以作为一个功能模块。流串联规则的模块划分方法如图 5-8-8 所示。

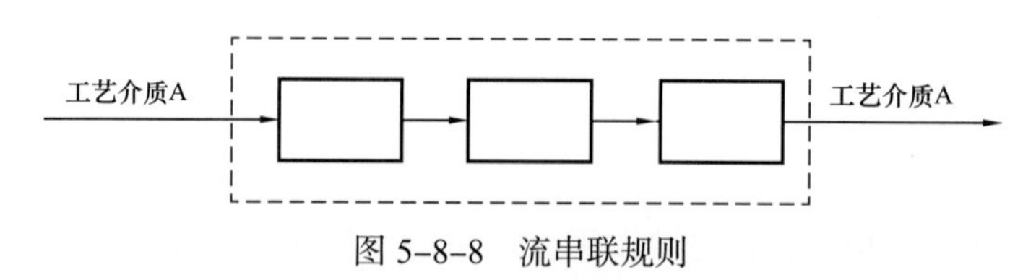

图 5-8-8 流串联规则

流并联规则是指沿着工艺流程某种介质流前进，发现该流在经过某个功能组件后分成几个并联的功能链分支，每个分支在满足流串联规则的情况下，该分支的所有子功能构成一个功能模块。流并联规则的模块划分方法如图 5-8-9 所示。

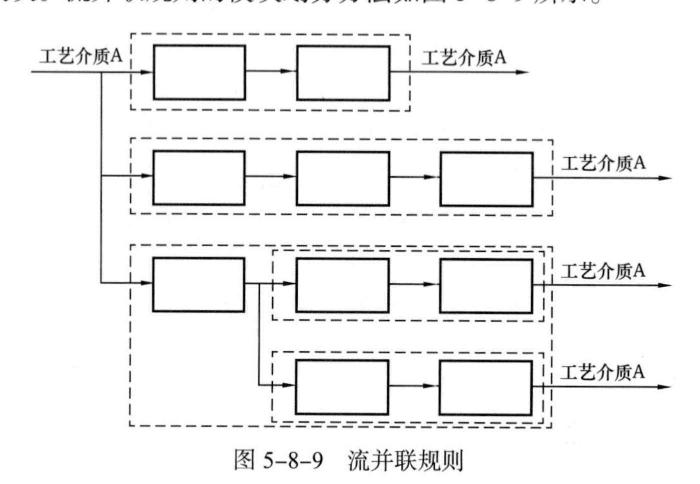

图 5-8-9 流并联规则

2）相关性原理

为了有效地合并根据独立性原理划分的功能模块，引入相关度的概念。相关度是指一个功能模块与另一个功能模块之间的相关程度。功能模块之间的相关性可以分为功能相关性、装配相关性、时间相关性、信息相关性。功能相关性是指某个功能模块最终实现的功能在某种程度上依赖于另一个功能模块，那么这两个功能模块可以合并成一个功能模块。装配相关性是指某个功能模块的结构组成件与另一个功能模块的结构组成件存在装配关系，那么这两个功能模块可以合并成一个功能模块。时间相关性是指两个或多个功能模块必须同时存在才能实现上层模块的功能，那么这些功能模块可以合并成一个功能模块。信息相关性是指两个或多个功能模块之间存在某种介质、能量、控制信号的交换关系，那么这些功能模块可以合并成一个功能模块。

3. 结构层

在功能层的基础上，从橇块设计的角度，考虑标准规范、运输限制条件等，对功能模块进行结构上进行划分，以形成具体的可实施生产的橇块。

结构层橇块设计的理想情况是与橇装装置的功能模块达到一一对应的程度。值得注意的是，在实际的设计过程中，由于运输条件、原有橇装装置设计方案等方面的影响，橇块和功能模块往往不能达到一一对应的程度。此时，应综合评估结构层与功能层二者的对应程度，以判断橇块设计的合理性。页岩气井站的建设地点多位于边远山区，交通运输主要以公路运输为主，所以结构层橇块设计运输限制主要考虑满足公路运输条件。

结合页岩气井站的建设经验，井站所在的乡镇道路多为三级或四级公路，项目建设配套道路按国家四级公路标准修建，公路直线段路面宽度为3.5m，路基宽为4.5m。因此，橇块公路运输条件下，车货总高度不宜大于4.5m，设备高度无法降低等特殊情况下，也不应大于5m；大于4.5m时需实地考察运输路线情况，避免橇块无法运输至建设现场。橇块设计宽度不宜大于3.5m，大于3.5m时也应实地考察确认可行后才能组橇生产。

结合公路运输条件对橇块设计尺寸影响因素，把橇块类型分为三类：第一类橇块设计尺寸满足大部分运输限制条件，橇块设计时应优先考虑；第二类橇块超宽、超高，满足基本运输限制条件，是橇块设计最常用的尺寸；第三类橇块对运输道路要求较高，需要办理护送方案等相关手续，一般不建议采用。

表5-8-2 橇块尺寸类型

橇块类型	橇块运输尺寸/m			备注
	高	宽	长	
一类	≤4.0	≤2.5	≤13.5	不超限
二类	≤4.5	≤3.5		超限，需大件运输行政许可
三类	≤5.0	≤3.75		超限，需护送方案等

三、页岩气地面工程模块对外接口标准化、系列化技术

接口设置的目的是让功能和具体实现方式分离。好的接口设计应该具备以下特性：扩展性、兼容性、安全性、高可用性。

扩展性是指接口设计的时候要考虑产能的扩大，尽可能避免破坏原有管线完成产能提升的目的。模块设计时，可以把汇管设计成可两端连通的形式，一侧用于连接生产管线，另一侧用于预留扩展。汇管的管径选择考虑适应产能在一定范围内变化。

兼容性是指接口设计要考虑不同处理工艺、同一处理工艺的局部优化，或者气井生命周期的不同阶段对应的不同橇块组合，其接口要具有通用性。除砂模块用在平台相对稳产期，此时产气量、产液量相对较大，采用除砂橇和立式分离计量橇实现连续分离计量工艺；递减期井口压力、产气量、产液量逐渐下降，原料气含砂量较少，可搬迁除砂橇替换为轮换阀组橇，搬迁分离计量橇替换为一套井式立式分离计量橇和一套卧式分离计量橇实现轮换分离计量工艺；低压低产期产水量很少、基本不产砂，搬迁分离计量橇替换为轮换计量阀组橇实现不分离湿气输送工艺。井口数量为6口井的平台井站三个生产阶段橇块替换过程如图5-8-10所示。

安全性是指模块内部某个功能的实现不需要和别的模块交互时不宜设置对外接口，避免外界条件无法满足要求时对模块功能造成影响。

高可用性是指接口设计为满足模块功能实现考虑多种输入条件，从而减少关停时间，保持功能实现的高度可用性。具体设计上通常是设置备用接口。

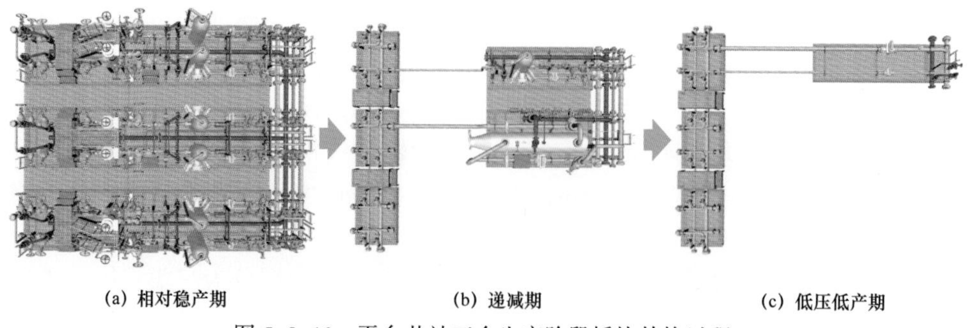

图 5-8-10　平台井站三个生产阶段橇块替换过程

第九节　页岩气地面工程三种关键装备

一、模块化页岩气井场装置

1. 模块化页岩气井场装置技术路线

根据页岩气特点，开展工艺流程研究、核心设备研发，利用多相流计量、砂蚀在线检测等前沿技术，确保平台装置的本质安全，通过三维设计，实现平台装置一体化集成，缩短建设周期、降低开发运行成本，研究思路如图 5-9-1 所示。

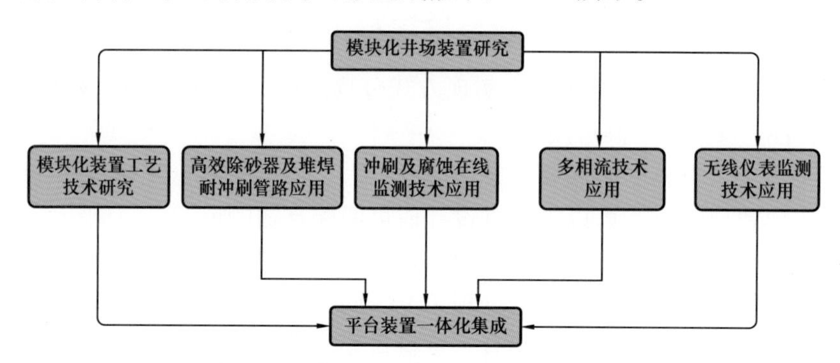

图 5-9-1　模块化页岩气井场装置技术路线

2. 模块化页岩气井场装置关键技术总结

1）模块化页岩气井场工艺技术

针对页岩气初期产量大、压力高、产液量大，压降快，后期稳产时间长、产量低、压力低、不产液的特点，采用“高效除砂、自流冲砂、砂蚀监测、高效分离、无线传输”等技术，形成页岩气开采早期、中期、晚期不同时期系列化页岩气平台工艺技术，并采用基本设计与分模（橇）块组合设计相结合，能适应工况多变的情况，可达到普遍适用的目的。

2）管道材料防腐蚀研究成果

结合页岩气生产实际情况，经过反复厂内研究测试及对比试验，通过多种堆焊材料及堆焊工艺的筛选、多种喷涂材料及喷涂工艺的筛选及对堆焊和喷涂工艺效果的试验验证。筛选出防腐蚀效果最好的堆焊材料及工艺，所有工程应用中，采用堆焊管件的平台，下游管线均未见明显冲刷和腐蚀，产品性能达到了设计要求。

3）先进技术应用

利用先进的砂砾冲刷及腐蚀在线监测技术，实时对页岩气中含砂、腐蚀情况进行监测、分析，为除砂器滤筒的更换提供指导性意见，为下游设备维护提供有效依据。在平台内配置取样式多相流装置和差压式多相流量计，通过现场试验并与传统标准流量计比较，确定了多相流技术的先进和可靠性，为井场装置一体化集成提供条件。选用无线监测仪表，大幅减少装置内电缆材料的采购和敷设工作，在确保装置整体可靠性的同时，大幅减少平台集成工作量。

4）井场装置一体化集成技术

在工艺流程定型、核心设备研发的基础上，应对页岩气井场快速建设、装置复用的实际需求，利用三维设计，主要通过管汇橇装集成、接口规范标准、橇间连接件工厂预制，对井场装置进行一体化集成。形成的模块化井场装置具有集成度高、工程预制化率高、占地面积小、工程总体投资节约等突出特点，接口、尺寸标准化，互换性强，“即插即用”。

3. 模块化页岩气井场装置技术经济指标

井场一体化集成装置占地减少约 5.31%，研制的重大装备投资减低约 6.25%。

4. 模块化页岩气井场装置应用

模块化页岩气井场装置，具有工艺技术先进、除砂效率高、工况适应范围广、占地面积小、易于搬迁、一次费用低等优点，在长宁页岩气、浙江油田、威远页岩气等页岩气田广泛应用 400 余套，各项指标满足实际生产需求，能全面满足页岩气地面建设需求。

二、一体化增压集成装置

1. 一体化增压集成装置技术路线

根据页岩气特点，重点分析压缩机工况适应性、压缩机选型、振动及噪声控制，研究思路如图 5–9–2 所示。

2. 一体化增压集成装置关键技术总结

1）一体化增压集成装置橇装化技术

研制了页岩气平台井站一体化增压集成装置，将压缩机本体及配套的工艺管路系统、仪电系统、隔声罩等进行高度集成并形成橇装化，形成压缩机模块、隔声罩模块为一体的增压集成装置，实现页岩气田模块化供货，橇装化建站的快速建设模式，加快了页岩气平台增压站的建设速度，节约了成本。该套机组通过对往复活塞式压缩机热力过程分析，以单台压缩机通过串并联结构、余隙调节、气阀调节来满足页岩气压缩所有工况，具有工况适应范围广、振动较小、占地面积小等优点。

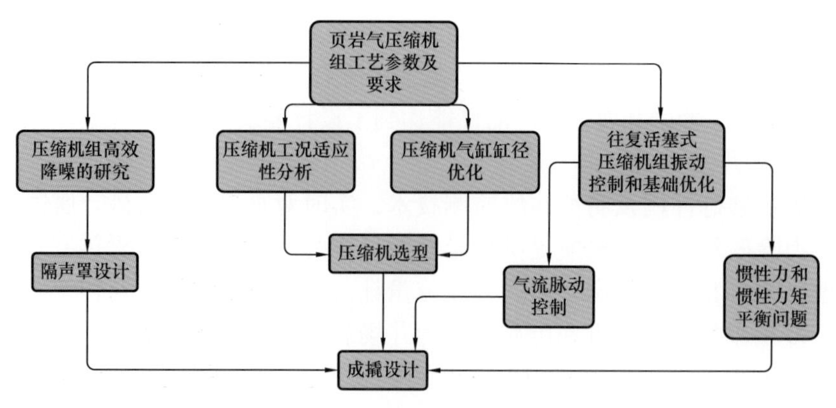

图 5-9-2 一体化增压集成装置技术路线

2）自动余隙调节技术

配置了一种自动余隙调节装置，可以通过流量、压力或压比自动调整余隙活塞的位置。通过进气压力来控制余隙活塞位置，当进气压力不大于 1.3MPa 时，余隙 0%；当进气压力介于 1.3～1.8MPa 时，余隙 50%；当进气压力大于 1.8MPa 时，余隙 100%。配置自动余隙调节装置后可实现不停机余隙的自动调节，同时满足国产化要求，造价低，属于国内领先水平。

3）一体化增压集成装置振动控制技术

通过对压缩机动力特性的研究，采取安装当量环等措施降低压缩机对外传递的力和力矩，通过气流脉动分析，合理地进行管路设计以控制管线的振动，通过扭振分析控制轴系振动，机组组橇完成后，经工厂内部机械运转试验，机身振动值为 1.26mm/s，压缩缸振动最大值为 7.84mm/s，管线最大振动值为 7.33mm/s，设备振动远低于《容积式压缩机机械振动测量与评价》（GB/T 7777—2003）中固定式对称平衡型压缩机振动值不大于 18mm/s 的要求，振动控制效果较好。

4）高效单层模块式隔声罩设计技术

通过对往复压缩机组橇上设备噪声源的识别，结合噪声控制机理及现有噪声控制标准对该课题压缩机设计了一种高隔声量的单层隔声罩，该隔声罩可以有效地阻隔噪声的外传和扩散，以减少噪声对环境的影响。隔声罩安装后，经实测，机组噪声从罩内 80.6～94.9dB 降至罩外 58.1～64.7dB，最高降低 33.5dB，隔声效果较好，同时厂界噪声昼间在 52.9～57.2dB，夜间 42.8～47.3dB，满足厂界噪声应满足现行标准《工业企业厂界环境噪声排放标准》（GB 12348—2008）中 2 类指标规定即昼间不大于 60dB（A），夜间不大于 50dB（A）的要求。

3. 一体化增压集成装置技术经济指标

（1）研发完成自动余隙调节技术。

（2）研发完成一体化增压集成装置振动控制技术。

（3）页岩气压缩机组现场应用噪声检测满足《工业企业厂界环境噪声排放标准》（GB 12348—2008）中 2 类指标规定即昼间不大于 60dB（A），夜间不大于 50dB（A）。

（4）研发完成高效单层模块式隔声罩设计技术。

（5）一体化增压集成装置占地减少约 10%，投资降低约 11%。

4. 一体化增压集成装置应用

一体化增压集成装置，具有工况适应范围广、振动小、降噪效果好、占地面积小、易于搬迁、降低工程投资等优点，在长宁 209H21 平台进行测试，各项指标满足实际生产需求，能全面适应页岩气田的增压需求。

该套机组自 2019 年至今已累计生产 7 套，在长宁页岩气公司、川庆钻探等管辖的页岩气田使用，取得了较好的经济和社会效益。

三、一体化脱水集成装置

1. 一体化脱水集成装置技术路线

根据页岩气特点，重点进行高度集成化橇装化研究，工艺流程、工艺设备优化，节能减排、缩短建设周期、降低开发运行成本，适应滚动开发需求，研究思路如图 5-9-3 所示。

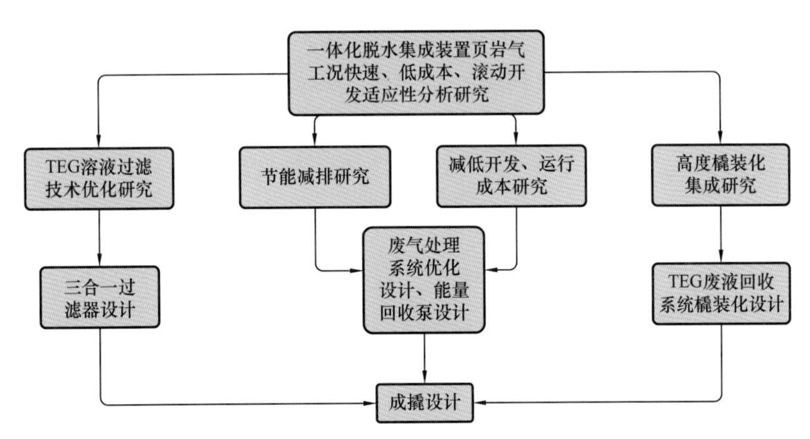

图 5-9-3 一体化脱水集成装置技术路线

2. 一体化脱水集成装置关键技术总结

1）废气回收再利用技术

取消原有废气灼烧炉，从精馏柱顶部出来的汽提废气带有大量的水、烃及降解产物，经分离处理后作为燃料气进入重沸器燃烧器。

2）集成化 TEG 溶液过滤技术

研制了一种 TEG 三合一过滤器，在一个容器内设置三组过滤滤芯，依次为折叠（缠绕）滤芯、活性炭滤芯，折叠（缠绕）滤芯，TEG 依次经过三组滤芯过滤后流出，以此达到过滤效果。

3）系统压力自驱动能量回收泵技术

将常规电驱 TEG 循环泵，优化为启动能量回收泵，以吸收塔出口自身压力能，作为能量回收泵工作的动力源，降低系统能耗及运营成本。

4）TEG 废液回收系统橇装化技术

针对处理量为 $40\times10^4m^3/d$ 的装置，改进废液回收流程，将废液回收罐优化布置于地面以上，并进行橇装集成设计，易于搬迁，对页岩气田滚动开发、节省投资具有重要意义。

3. 一体化脱水集成装置技术经济指标完成情况

（1）研发完成废气回收再利用技术。

（2）研发完成集成化 TEG 溶液过滤技术。

（3）研发完成系统压力自驱动能量回收泵技术。

（4）研发完成 TEG 废液回收系统橇装化技术。

（5）占地减少约 10% 以上，投资降低 11% 以上。

4. 一体化脱水集成装置应用情况

以处理量为 $40\times10^4m^3/d$ 的试验装置为例，该一体化脱水集成装置将吸收塔模块、过滤分离及 TEG 再生模块、溶液补充及回收模块高度集的一体化脱水集成装置，减少装置占地约 10%，整个装置投资降低约 11%（处理量更大，装置减少占地面积更大，节省投资效果更好）。新工艺将废气回收利用，实现废气零排放，各项指标满足实际生产需求，能全面满足页岩气地面建设需求。

第六章　页岩气开发规模预测技术及开发模式研究

开发规模把控是战略规划和开发部署的重要基础，围绕页岩气开发规模预测关键问题，系统分析了开发规模主控因素及作用机理，建立了基于标准井产量叠加的开发规模预测方法，创建了考虑多种情景的页岩气开发规模预测模型及配套软件，为页岩气战略规划目标制定和开发部署提供了科学的方法和手段。此外，在当前勘探开发技术和国家财政补贴政策下，川南中浅层页岩气已实现规模效益开发，积累了丰富的经验，为此系统总结提出了适用我国页岩气开发的三大层次、五大专业的“金字塔”形页岩气开发模式，为促进页岩气规模有效开发提供可借鉴、可复制的模板。

第一节　页岩气开发规模预测技术及应用

一、页岩气开发关键指标筛选及 EUR 非确定评价技术

开展页岩气井产能非确定性预测方法研究，首先要理清影响页岩气井产能的各种因素，其次要明确“不确定性”量化技术应用于页岩气井产能预测的一般原理。本节首先概述“不确定性”的基本内涵，然后从定性和定量两个方面分析影响页岩气井产能的各种地质、工程因素，找到了影响页岩气井产能的主控因素，介绍了量化页岩气井产能预测中“不确定性”的一般方法。综合 Pearson–MIC 相关性综合评价方法、混合支持向量机技术 HGAPSO–SVM 及蒙特卡洛—马尔可夫链模拟，提出了一种基于机器学习的页岩气井钻前产能非确定性预测方法，最后用页岩气现场生产数据对该方法的可靠性进行了验证。

1. “不确定性”的基本内涵

客观世界是确定的还是不确定的？一直是学术界长期争论的问题，但普遍承认人类主观认知存在“不确定性”。所以，当事件受人类主观因素影响时，其结果必然存在“不确定性”，例如页岩气井产能预测。

从公开发表的文献来看，“不确定性”一词最早出现在 1863 年詹姆斯·穆勒《政治经济学是否有用》一文中（束龙仓等，2000；李德毅等，2004）。近几个世纪，人类对“不确定性”的研究不断深入，获得了许多重大科学突破，如统计力学、量子力学、混沌理论等，然而“不确定性”的内涵至今并没有得到公认的、必要的说明（李德毅等，2004）。目前所说的“不确定性”是相对于“确定性”而言的，从量化角度来看，所谓事物的“不确定性”，即事物不能用确定性的数学方法进行定量描述的那部分属性。

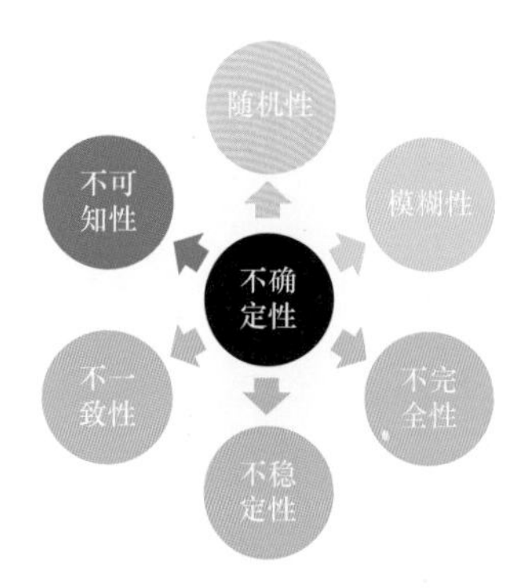

图 6-1-1 “不确定性”的主要类型

一般认为“不确定性”可划分为随机性、模糊性、不完全性、不稳定性、不一致性、不可知性 6 种类型（图 6-1-1），其中研究最多的是随机性与模糊性（束龙仓等，2000；李德毅等，2004）。一个非确定性问题可能带有多种“不确定性”属性，如可能同时具备随机属性与模糊属性，如果要完全定量研究这个问题的“不确定性”，则同时需要借助随机数学与模糊数学。但目前对于一个非确定性问题，通常难以明确其包含哪些“不确定性”属性，并且有些属性目前无法定量表征，例如不可知性。所以，对于某个非确定性问题，往往只能定量研究其部分“不确定性”属性。

2. 页岩气开发关键指标筛选

页岩气井产能受很多因素影响，不仅受控于多种地质因素，还与工程投入程度有很大关系，而工程投入量受页岩气开发投资规模控制。所以，可将影响页岩气井产能的因素划分为地质因素、工程因素及经济因素。地质因素是页岩气藏固有的，不可控的；工程因素和经济因素是可控的。工程指标的调控受地质因素及经济因素制约，地质因素和工程因素直接影响页岩气井产能，经济因素通过影响工程因素间接影响页岩气井产能（图 6-1-2），现仅关注直接影响页岩气井产能的地质因素与工程因素。

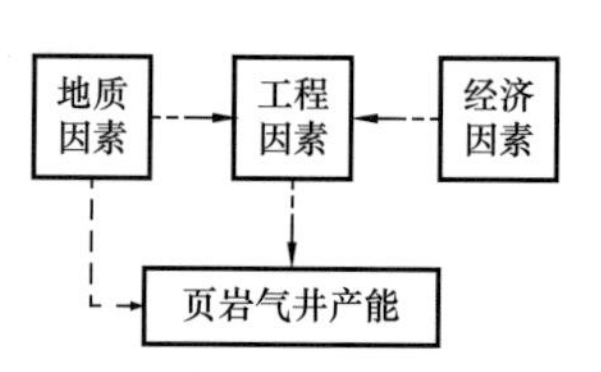

图 6-1-2 页岩气井产能影响因素关系图

1）页岩气井产能影响因素定性分析

（1）地质因素。

① 厚度：页岩储层总厚度越大，页岩气富集程度越高，越能保证页岩气藏有充足的储集空间和有机质（王崇敬等，2014；贾成业等，2017），同时也越有利于页岩储层的压裂改造（聂海宽等，2009）。优质页岩厚度是影响页岩气井产能的另一指标，一般指页岩储层总厚度中，总有机碳含量（TOC）大于 2.0% 的那部分页岩厚度（金之钧等，2016）。

② 总有机碳含量（TOC）：总有机碳含量是控制页岩储层生烃能力的决定因素，是页岩储层有机孔发育的基础，同时也控制着页岩孔隙空间的大小（Chong et al.，2010；房大志等，2015；王淑芳等，2015；贾成业等，2017）。该因素还控制着页岩储层的吸附能力及游离气含量（王崇敬等，2014；房大志等，2015；王淑芳等，2015；贾成业等，2017）。另外，总有机碳含量对页岩储层天然裂缝的发育程度也有明显的控制作用（聂海宽等，2009）。

③ 含气性：含气性是衡量一个地区页岩气资源量、储量及商业开采价值的关键指标。游离气与吸附气的比例对页岩气井产能有很大影响（房大志等，2015）。

④ 成熟度（R_o）：随着页岩有机质成熟度的升高，页岩储层的产气量增加，含气量便会随之增高，但过高的成熟度会导致页岩孔隙吸附能力下降，所以适中的成熟度对页岩

气井产能最有利。同时，成熟度还控制着页岩气的气体组分构成，从而影响页岩气渗流（聂海宽等，2009）。

⑤ 基质孔渗特征：页岩储层孔隙类型很多，其中有机孔是页岩气赋存的最主要储集空间（金之钧等，2016；邹才能等，2016；何希鹏等，2017）。基质孔隙度控制着页岩储层游离气含量，从而直接影响单井初期产量（Mallick et al.，2014）。页岩储层基质渗透率一般很低，但基质渗透率是控制页岩气由微米—纳米级孔隙向人工缝网运移的关键因素，对单井产能有直接影响。

⑥ 压力系数：页岩气藏的保存条件是影响最终产量的关键因素，而地层压力系数是评价页岩气藏保存条件的重要参数，超压可以指示页岩气藏构造稳定、保存条件良好（房大志等，2015；王淑芳等，2015；金之钧等，2016；何希鹏等，2017）。页岩储层内的压力越高，越有利于储层天然裂缝发育，也越有利于储层压裂改造。

⑦ 天然裂缝：天然裂缝的发育程度是形成大规模体积缝网的关键因素，是评价页岩储层可压裂性的重要指标（鹿重阳等，2016；郭旭升等，2016）。页岩气生产实践证明，高产页岩气层段一般天然裂缝相对发育（王淑芳等，2016），但天然裂缝并不是越发育越好，因为天然裂缝大规模发育可导致页岩气散失，不利于页岩气保存（王淑芳等，2016；郭旭升等，2016；蒋恕等，2017）。

⑧ 脆性：页岩的脆性会直接影响页岩储层体积压裂的效果，脆性越高，页岩储层改造中越易形成诱导裂缝（房大志等，2015；王淑芳等，2015；刘广峰等，2016；贾成业等，2017；蒋恕等，2017）。岩石力学参数和脆性矿物含量是表征页岩脆性的两种主要方式（Mallick et al.，2014；王淑芳等，2015；蒋廷学等，2016；黄进等，2016）。其中，脆性矿物含量还影响着页岩基质孔隙度、天然裂缝发育、有机质含量及含气性（王淑芳等，2015；郭旭升等，2016；金之钧等，2016；蒋恕等，2017）。

（2）工程因素。

① 水平段长度与优质储层钻遇程度：一般页岩气井的水平段越长，采气面积越大，储量的控制和动用程度也就越高，但在一定技术水平下，水平井的长度不是越长越好；水平段越长，钻井施工难度越大，脆性页岩垮塌和破裂等复杂问题会更加突出（李庆辉等，2012；王淑芳等，2015；梁榜，2017）；相比之下，优质储层钻遇程度对页岩气井产能的影响更加显著（贾成业等，2017）。

② 压裂段数与射孔簇数：压裂段数与射孔簇数是控制人工缝网规模的关键参数，一般情况下，单井压裂段数及射孔簇数越多，页岩气单井产能越高。

③ 段间距与簇间距：段间距与簇间距是控制缝间干扰的主要因素，对体积缝网的形成具有重要影响，控制着起裂裂缝转向、天然裂缝沟通及裂缝复杂程度（梁榜，2017）。

④ 压裂液规模：压裂液在储层体积压裂过程中起到传递能量、输送介质、铺置压裂支撑剂的作用，并可以使液体最大限度地破胶与返排，有利于形成高导流能力的支撑裂缝，从而对单井产能产生很大影响。

⑤ 支撑剂规模：压裂液进入地层时，必须携带一定量的支撑剂，这样可以避免新形成的裂缝在地层围压作用下重新闭合，影响储层改造的规模。

⑥ 施工排量与返排率：在高排量情况下，水力裂缝延展宽度降低较小，支撑剂所支撑的体积压裂规模较大，所以，提高压裂施工排量可以保证体积压裂的效果（房大志等，2015；鹿重阳等，2016）。返排率对页岩气开发的影响相对复杂，现场实践发现返排率与单井初期产能成负相关关系。

2）页岩气井产能影响因素定量分析

页岩气井初期产能对单井最终采收率有最直接的影响，一般初期产能越大，最终采收率越高（李庆辉等，2012；Gupta et al.，2016；贾成业等，2017），确定影响页岩气井初期产能的主要因素，便可以把握页岩气井产能主控因素。现采用 Pearson–MIC 相关性综合评价方法，定量分析了各地质因素、工程因素与页岩气井初期产能的相关程度，确定了页岩气井产能主控因素。

表 6–1–1 计算数据集各因素的主要统计参数

影响因素	最小值	最大值	平均值	标准差
总厚度 /m	83.00	102.00	90.19	6.70
优质页岩厚度 /m	10.00	48.20	33.42	11.90
TOC/%	0.43	4.92	3.55	0.81
含气量 /（m^3/t）	1.50	6.36	4.57	1.20
R_o/%	2.35	3.71	2.76	0.41
基质孔隙度 /%	0.77	7.70	4.98	1.54
基质渗透率 /mD	0.02	0.59	0.21	0.16
压力系数	0.90	2.25	1.47	0.51
脆性矿物含量 /%	34.18	74.10	48.43	9.54
水平段长度 /m	107.68	2099.00	1370.56	297.13
优质储层钻遇程度 /%	5.59	96.37	52.06	20.40
压裂段数	8.00	26.00	16.76	3.74
射孔簇数	6.00	69.00	45.57	11.81
段间距 /m	29.00	127.88	71.78	21.18
总液量 /m^3	4336.84	46875.90	29934.47	6912.04
单段液量 /m^3	1331.50	2178.40	1801.97	122.03
总砂量 /t	198.83	2685.00	1117.74	484.58
单段砂量 /t	32.60	124.80	75.30	28.20
施工排量 /（m^3/min）	7.68	14.00	11.86	1.62
返排率 /%	1.00	61.30	17.93	15.73
初期日产量 /10^4m^3	0.02	54.76	28.20	16.01

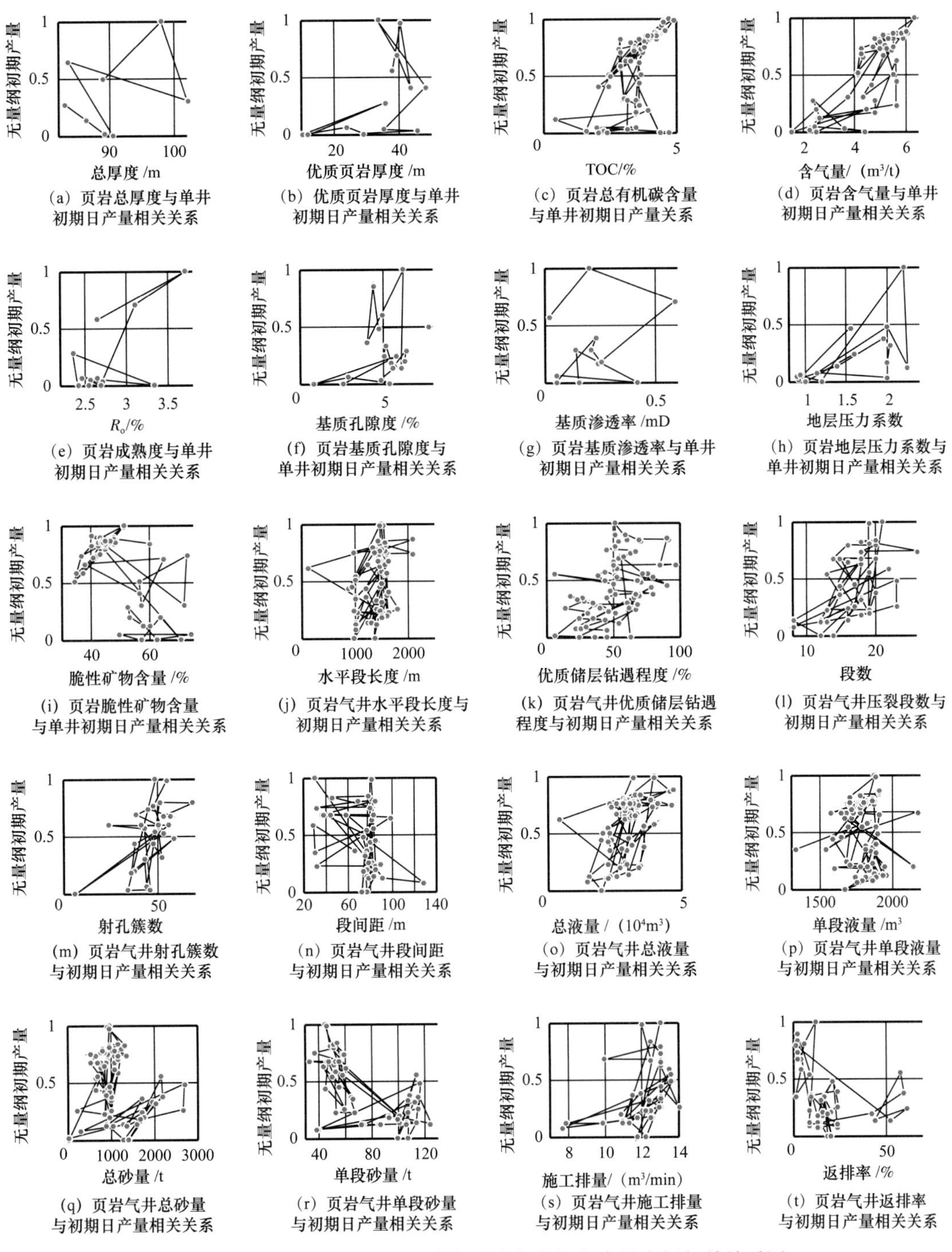

(a) 页岩总厚度与单井初期日产量相关关系
(b) 优质页岩厚度与单井初期日产量相关关系
(c) 页岩总有机碳含量与单井初期日产量关系
(d) 页岩含气量与单井初期日产量相关关系
(e) 页岩成熟度与单井初期日产量相关关系
(f) 页岩基质孔隙度与单井初期日产量相关关系
(g) 页岩基质渗透率与单井初期日产量相关关系
(h) 页岩地层压力系数与单井初期日产量相关关系
(i) 页岩脆性矿物含量与单井初期日产量相关关系
(j) 页岩气井水平段长度与初期日产量相关关系
(k) 页岩气井优质储层钻遇程度与初期日产量相关关系
(l) 页岩气井压裂段数与初期日产量相关关系
(m) 页岩气井射孔簇数与初期日产量相关关系
(n) 页岩气井段间距与初期日产量相关关系
(o) 页岩气井总液量与初期日产量相关关系
(p) 页岩气井单段液量与初期日产量相关关系
(q) 页岩气井总砂量与初期日产量相关关系
(r) 页岩气井单段砂量与初期日产量相关关系
(s) 页岩气井施工排量与初期日产量相关关系
(t) 页岩气井返排率与初期日产量相关关系

图 6-1-3 各地质、工程因素与页岩气井初期产量之间相关关系图

按照之前对页岩气井产能影响因素的定性分析结果，汇总了中国约 150 口页岩气井的地质数据、工程数据及初期产量数据，组成计算数据集。表 6-1-1 展示了数据集中各因素的主要统计参数。图 6-1-3 是各地质因素、工程因素与初期产量之间的相关关系图，

单就图中散点的分布，部分因素与单井初期产量有一定相关性，但不明显。

运用 Pearson–MIC 相关性综合评价方法，基于建立的数据集，依据 Pearson 相关系数与最大信息系数 MIC 的计算原理，定量计算各地质因素与工程因素对初期产能的影响程度。

根据表 6–1–2 计算结果，首选 Pearson 相关系数绝对值与 MIC 值均大于 0.5 的因素，确定总有机碳含量、含气量、压力系数、脆性矿物含量、单段砂量为一级主控因素。由于筛选出的因素主要是地质因素，无法表征工程因素的影响，需要补充筛选 Pearson 相关系数绝对值与 MIC 值均大于 0.45 的因素，于是确定优质页岩厚度、优质储层钻遇程度、压裂段数、射孔簇数、施工排量为二级主控因素。相对于剩余的其他因素，根据相关性度量指标计算结果，总液量与初期产能的相关性比较高，笔者将总液量确定为三级主控因素，当然，相比其他已选主控因素，该因素对初期产能的影响较弱。页岩气井产能主控因素筛选结果见表 6–1–3，主控因素筛选结果基本与现场生产经验相符，同时可以发现地质因素的优先级普遍要高于工程因素，这与现场生产经验也是相符的。在页岩气现场生产中，总是优先考虑地质因素对页岩气井产能的影响，在满足一定地质条件基础上，再考虑工程因素的影响，只有当研究区内地质条件差别不大时，才会优先考虑工程因素。

表 6–1–2　各因素与页岩气单井初期日产量相关分析

地质因素	相关性度量指标		工程因素	相关性度量指标	
	R	MIC		R	MIC
总厚度 /m	0.2460	0.3113	水平段长度 /m	0.3271	0.3942
优质页岩厚度 /m	0.4636	0.4667	优质储层钻遇程度 /%	0.4613	0.4412
TOC/%	0.6138	0.7128	压裂段数	0.5166	0.4686
R_o/%	0.6262	0.3113	段间距 /m	−0.3698	0.3101
含气量 /（m^3/t）	0.7681	0.6412	射孔簇数	0.5349	0.4509
基质孔隙度 /%	0.3425	0.4063	总液量 /m^3	0.4973	0.4202
基质渗透率 /mD	0.2319	0.0933	总砂量 /t	−0.0982	0.4924
脆性矿物含量 /%	−0.5660	0.5623	单段液量 /m^3	−0.0116	0.2899
压力系数	0.6383	0.7512	单段砂量 /t	−0.6133	0.7303
注：R 指 Pearson 相关系数，正值代表正相关，负值代表负相关；MIC 指最大信息系数。			施工排量 /（m^3/min）	0.4833	0.6008
			返排率 /%	−0.3520	0.4896

表 6-1-3　页岩气井产能主控因素

级别	地质因素	工程因素
一级主控因素	总有机碳含量、含气量、压力系数、脆性矿物含量	单段砂量
二级主控因素	优质页岩厚度	优质储层钻遇程度、压裂段数、射孔簇数、施工排量
三级主控因素	—	总液量

3. 基于机器学习的页岩气井产能非确定性预测方法

机器学习技术在油气产能非确定性预测领域应用广泛。笔者融合 Pearson–MIC 相关性综合评价方法、混合支持向量机技术 HGAPSO–SVM 及蒙特卡洛—马尔可夫链模拟，建立了一种基于机器学习的页岩气井钻前产能非确定性预测方法——基于机器学习的页岩气井钻前产能非确定性预测方法。运用该方法，可根据已投产页岩气井的地质、工程及生产数据，对拟钻页岩气井未来的产能进行非确定性预测。

1）*方法原理*

基于机器学习的页岩气井钻前产能非确定性预测方法的流程图如图 6-1-4 所示。对于某个研究区，该方法首先基于 Pearson–MIC 相关性综合评价方法，确定研究区内影响页岩气井产能的主要地质、工程因素，并采用常规气藏工程方法计算已投产页岩气井产能指标；然后运用混合支持向量机技术 HGAPSO–SVM，建立页岩气井产能指标确定性预测模型，对拟钻页岩气井产能指标进行确定性预测；之后对已投产井的产能指标进行统计分析，估计拟钻井产能指标先验分布；最后基于蒙特卡洛—马尔科夫链随机抽样方法，估计拟钻井产能指标后验分布，进而对拟钻页岩气井产能进行非确定性预测。

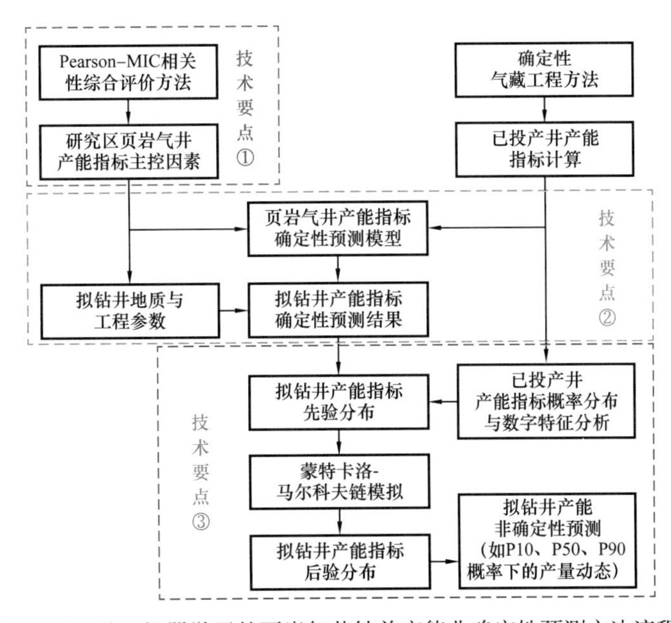

图 6-1-4　基于机器学习的页岩气井钻前产能非确定性预测方法流程图

2）技术要点

（1）页岩气井产能指标主控因素分析。

影响页岩气井产能的因素十分复杂，为了确定研究区页岩气井产能指标主控因素，技术要点①运用 Pearson–MIC 相关性综合评价方法，定量分析研究区影响页岩气井产能指标的各种地质因素与工程因素，该方法融合了 Pearson 相关系数与最大信息系数 MIC 的优点，用 Pearson 相关系数度量各影响因素与产能指标之间的线性相关程度，用 MIC 探测潜在的非线性相关关系，所确定的主控因素将作为下一步建立产能指标确定性预测模型的输入变量（图 6–1–4）。

（2）页岩气井产能指标确定性预测模型建立。

建立基于机器学习的确定性预测模型的方法有很多。支持向量机（SVM）立足于严密的数学分析，当处理小样本时，模型泛化能力更强，不易出现过拟合的问题（Baghban et al.，2016；Ebrahimi et al.，2016；Helaleh et al.，2016），本章选用支持向量机建立页岩气井产能指标确定性预测模型。通常支持向量机需要借助优化算法选择最优的初始参数，遗传算法（GA）和粒子群算法（PSO）往往是首选。然而，传统的遗传算法局部搜索能力较弱且收敛速度慢，传统的粒子群算法由于缺少变异性易陷入局部最小化。考虑到经典遗传算法与粒子群算法的各自优势，提出一种混合优化算法（Hybrid GA 和 PSO Optimization，HGAPSO），用以优化支持向量机的参数。该算法的核心思想是将经典遗传算法的演化算子集成到经典粒子群算法中，以弥补其劣势。图 6–1–5 为 HGAPSO 的计算流程，由图可知，每一次迭代过程，在更新了所有粒子的速度和位置后，将演化算子（选择、交叉、变异）随机应用到一部分粒子之中，产生了一些新粒子，新粒子增加到粒子群中，解决了经典粒子群算法容易陷入局部最小的问题。

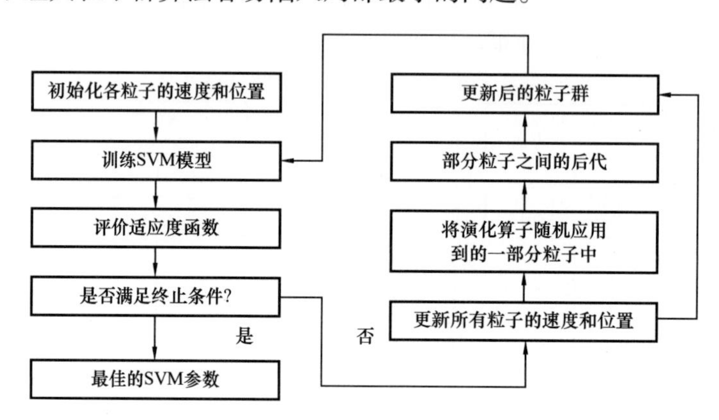

图 6–1–5　利用 HGAPSO 优化 SVM 模型的流程图

（3）页岩气井产能非确定性预测。

通过图 6–1–4 的技术要点②预测拟钻页岩气井的产能指标，计算得到该拟钻井确定性的产量动态。通过对已投产页岩气井产能指标的统计分析，估计拟钻页岩气井产能指标的先验分布。开展蒙特卡洛—马尔科夫链模拟，预测拟钻页岩气井产能指标后验分布，在此基础上对该井产能进行非确定性预测。拟钻页岩气井产能指标后验分布的蒙特卡洛—马尔科夫链模拟步骤如下：

① 在各产能指标先验分布中抽取一组样本 X_{proposal}，运用确定性气藏工程方法，计算得到该产能指标样本下的产量动态 q_{proposal}。

② 按下式计算判定系数 α：

$$\begin{cases}\alpha=\min\left[1,\exp\left(\dfrac{\sigma_{t-1}^2-\sigma_{\text{proposal}}^2}{\sigma^2}\right)\right]\\ \sigma_{\text{proposal}}=\text{std}\left[\lg(q)-\lg\left(q_{\text{proposal}}\right)\right]\\ \sigma_{t-1}=\text{std}\left[\lg(q)-\lg\left(q_{t-1}\right)\right]\end{cases} \tag{6-1-1}$$

式中 α——判定系数；

σ_{t-1}——上一时间步由随机抽取的产能指标 X_{t-1} 计算得到的产量动态 q_{t-1} 与预测的确定性产量动态 q 之间的标准差；

σ_{proposal}——当前时间步由随机抽取的产能指标 X_{proposal} 计算得到的产量动态 q_{proposal} 与预测的确定性产量动态 q 之间的标准差；

σ——所有已投产井计算产能指标时拟合误差的均值；

q——利用技术要点②预测的产能指标计算得到的产量动态，m^3/d；

q_{proposal}——利用当前时间步随机抽取的产能指标 X_{proposal} 计算得到的产量动态，m^3/d；

q_{t-1}——利用上一时间步随机抽取的产能指标 X_{t-1} 计算得到的产量动态，m^3/d。

③ 从均匀分布 U（0，1）抽取随机数 u。

④ 如果 $\alpha>u$，则 $X_t=X_{\text{proposal}}$，$t=t+1$，并返回步骤①；否则，放弃 X_{proposal}，返回步骤①，重新抽取一组样本 X_{proposal}。

⑤ 当获得足够数量的产能指标样本后，结束迭代，并进行统计分析，获得产能指标后验分布。

3）实例验证

选取中国四川盆地某页岩气区块的 24 口页岩气井验证本章方法可靠性，该区块是目前中国最成熟、最具代表性的页岩气生产区块之一，选取的实例验证井也是具有典型代表性的井。首先收集各井的地质参数、工程参数及产量数据，选用 Arps 双曲递减模型计算各井产能指标，拟合得到各井的初期最大日产量、初期递减率及递减指数，得到由 24 口井组成的计算数据集。表 6-1-4 为数据集中各参数的主要统计指标。

表 6-1-4 数据集中各参数的主要统计指标

影响因素	最小值	最大值	平均值	标准差
有效厚度 /m	38.00	40.10	39.63	0.52
总有机碳含量 /%	2.42	3.67	3.47	0.25
含气量 /（m^3/t）	4.64	8.70	6.74	1.87

续表

影响因素	最小值	最大值	平均值	标准差
孔隙度 /%	4.90	8.20	7.28	0.97
脆性矿物含量 /%	56.30	78.20	68.91	8.88
压力系数	1.34	1.96	1.67	0.27
水平段长度 /m	1007.90	1800.00	1472.68	175.81
压裂段数	11.00	25.00	17.85	3.68
压裂段间距 /m	61.96	127.27	77.18	12.16
总液量 /m^3	22874.30	53656.30	37761.01	9824.08
单段液量 /m^3	1331.50	3353.52	2101.08	433.38
总砂量 /t	647.59	3021.00	1948.84	621.73
单段砂量 /t	45.00	188.81	109.47	29.63
用液强度 /（m^3/m）	18.06	38.92	27.97	5.96
加砂强度 /（t/m）	0.03	2.22	1.38	0.52
施工排量 /（m^3/min）	9.15	25.00	12.20	3.33
初期最大日产量 /（$10^4m^3/d$）	3.65	26.48	11.96	6.14
初期递减率	0.04	0.55	0.24	0.14
递减指数	0.01	4.50	1.02	0.97

随机选取 1 口井（W6 井）作为拟钻页岩气井，剩下的 23 口井作为已投产页岩气井，开展页岩气井产能非确定性预测实例分析，即随机用 23 口井数据对另外 1 口井产能进行非确定性预测。首先，运用 Pearson–MIC 相关性综合评价方法，确定总液量、单段液量、总砂量、单段砂量、用液强度、加砂强度共 6 个参数为研究区页岩气井产能指标主控因素。以这 6 个因素为输入变量，以初期最大日产量、初期递减率及递减指数为输出变量，运用混合支持向量机技术 HGAPSO–SVM，训练产能指标确定性预测模型，运用训练好的模型确定性预测拟钻井的产能指标。

本实例仅考虑初期递减率与递减指数的随机性。根据前人的研究成果，初期递减率满足对数正态分布，递减指数满足正态分布。统计分析 23 口已钻页岩气井的产能指标可知，初期递减率的样本均值与标准差分别为 0.25 与 0.15，递减指数的样本均值与标准差分别为 0.90 与 0.69，由此可以估计拟钻井的初期递减率与递减指数的先验分布。根据已投产井计算产能指标时的拟合误差，确定 σ^2 为 0.03。利用蒙特卡洛—马尔科夫链模拟方法预测拟钻井初期递减率与递减指数的后验分布，在此基础上进行该拟钻井产能的非确定性预测。

不同于确定性产能预测方法，此方法对拟钻页岩气井产能预测的结果不是一个确定的产能动态，而是一个范围，这个范围包含了这口井的产能上限与产能下限，以及上限、下限之间每种可能的产能动态发生的概率。

图 6-1-6 为利用此方法对 W6 井产能进行非确定性预测的结果。其中 P90、P50 与 P10 曲线分别代表在 90%、50%、10% 概率下 W6 井的产能。考虑到异常值影响，通过统计分析仅能直接得到 P90、P10 曲线，P90 曲线接近 W6 井的产能下限，P10 曲线接近 W6 井的产能上限，而 W6 井的产能上限、下限需要在 P90、P10 曲线的基础上进行估计。提高页岩气井产能预测结果可靠性的最终目的是降低页岩气开发投资风险，所以实际生产中通常更关注拟钻井产能下限，所以可将 P10 曲线近似作为 W6 井的产能上限。根据页岩气现场人员的经验，页岩气井产能预测结果允许不超过 30% 的误差，所以可将 P50 曲线的 30% 误差限作为拟钻井产能下限，这样在保证 P90 曲线准确性的前提下，对拟钻井产能下限的估计误差不会超过 30%。所以，W6 井投产后的产能会落在 P90 曲线的 30% 误差限与 P10 曲线之间的区间，将该区间命名为“准确率评价区间”。

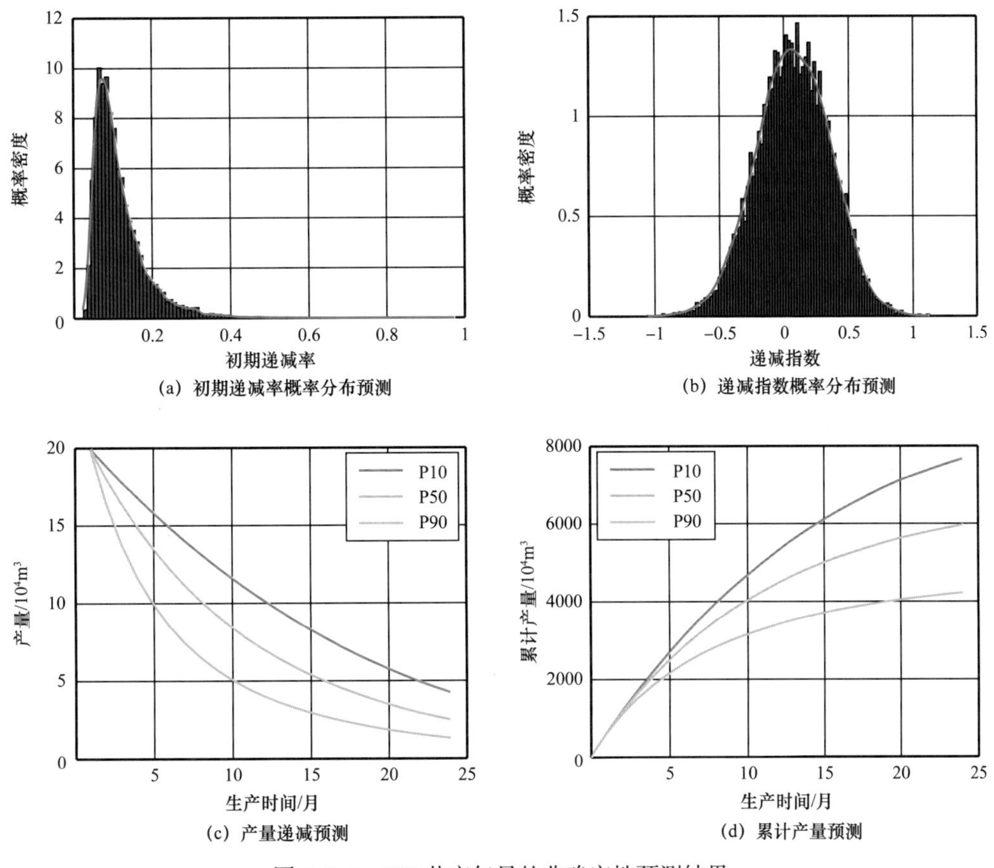

图 6-1-6 W6 井产气量的非确定性预测结果

在图 6-1-7 中，P90 的 30% 误差限与 P90 的 15% 误差限之间的区间概率很大，可以认为是必然事件，代表 W6 井必然会获得的产量，P90 的 15% 误差限与 P50 曲线之间的区间概率超过 50%，代表 W6 井有超过 50% 概率会获得的产量，P50 曲线与 P10 曲线之间的区间概率低于50%，代表W6井有低于50%概率会获得的产量。所以，W6井投产后的产能很可能（超过50%的概率）会落在P90曲线的15%误差限与P50曲线之间的区间，将该区间命名为"大概率事件区间"。对比W6井实际产量，可见利用本方法对W6井产能的非确定性预测结果是可靠的。

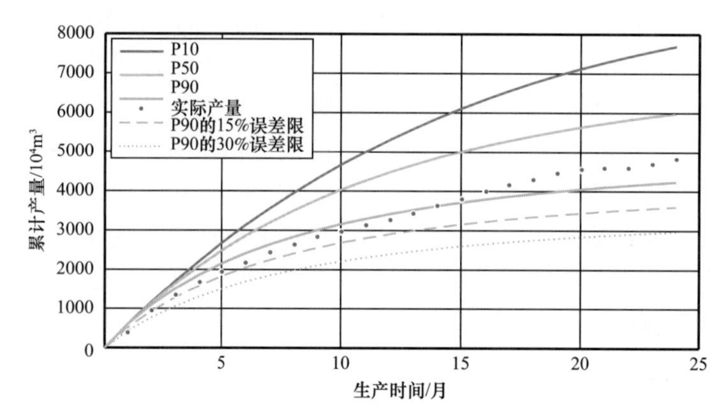

图6-1-7　W6井累计产气量的非确定性预测结果与实际产量的对比

笔者研发的页岩气井产能非确定预测方法是一种统计逼近方法，所建预测模型的可靠性评价方法与确定性方法不同，本章结合页岩气现场生产实践，制订了相应的可靠性评价方法。该评价方法实施步骤如下：

（1）对若干口拟钻页岩气井产能进行非确定性预测，将各井产能非确定性预测结果与该井的实际产量进行对比；

（2）若1口井有超过70%的实际产量数据落在"准确率评价区间"，则认为这口井的非确定性预测结果是"可靠"的，将这类井的占比称为模型的"准确率"；

（3）若1口井有超过50%的实际产量数据落在"大概率事件区间"，则认为这口井的非确定性预测结果属于"大概率事件"，将这类井的占比称为"大概率事件率"；

（4）若模型具有较高的"准确率"，同时"大概率事件率"超过50%，则可以认为该模型是可靠的。

对评价方法的补充说明：步骤（2）中指标70%是根据页岩气井产能预测结果允许的误差确定的。而步骤（3）中指标50%则可以保证已落在"准确率评价区间"的实际产量数据点中，有超过70%的数据落在"大概率事件区间"，因为50%/70%≈71.43%。

根据上述可靠性评价方法，设计预测实例1：将24口井逐一作为拟钻井进行预测（表6-1-5）。预测结果表明利用该方法进行产能非确定性预测的准确率为70.8%，大概率事件率为62.5%。

为了进一步验证方法的可靠性，设计预测实例2：开展4组实验，每组实验均是随机选取3口井作为拟钻页岩气井，剩下的21口井作为已投产页岩气井，开展页岩气井产能非确定性预测实例分析，即随机用21口井数据对另外3口井产能进行非确定性预测。计算结果（表6-1-6）表明：利用该方法进行产能非确定性预测的准确率为75.0%，大概率事件率为58.3%。

综合表 6-1-5、表 6-1-6 的计算结果可以看出，笔者研发的页岩气井产能非确定性方法具有较高的预测精度，准确率超过 70%，并且大概率事件率超过 50%，说明预测结果满足一定的概率统计规律，拟钻井投产后的产能更有可能处于“大概率事件区间”内（超过 50% 的概率）。

表 6-1-5　国内 24 页岩气井产能非确定性预测实例 1 结果分析

井名	落在“大概率事件区间”的产量数据占比 /%	落在“准确率评价区间”的产量数据占比 /%	预测结果为“可靠”的井	预测结果为“大概率事件”的井
W1	66.67	91.67	是	是
W2	54.17	91.67	是	是
W3	62.50	87.50	是	是
W4	0.00	50.00	否	否
W5	70.83	75.00	是	是
W6	95.83	95.83	是	是
W7	4.17	4.17	否	否
W8	66.67	87.50	是	是
W9	50.00	83.33	是	是
W10	4.17	33.33	否	否
W11	91.67	95.83	是	是
W12	87.50	91.67	是	是
W13	66.67	79.17	是	是
W14	20.83	50.00	否	否
W15	58.33	95.83	是	是
W16	95.83	100.00	是	是
W17	58.33	70.83	是	是
W18	0.00	0.00	否	否
W19	75.00	79.17	是	是
W20	8.33	95.83	否	是
W21	0.00	8.33	否	否
W22	0.00	0.00	否	否
W23	0.00	75.00	否	是
W24	50.00	83.33	是	是

表 6-1-6 国内 24 页岩气井产能非确定性预测实例 2 结果分析

井名	实验组序号	落在“大概率事件区间”的产量数据占比 /%	落在“准确率评价区间”的产量数据占比 /%	预测结果为“可靠”的井	预测结果为“大概率事件”的井
W11	1	58.33	95.83	是	是
W13	1	25.00	100.00	否	是
W16	1	87.50	95.83	是	是
W1	2	58.33	91.67	是	是
W8	2	54.17	91.67	是	是
W17	2	54.17	70.83	是	是
W4	3	0.00	12.50	否	否
W12	3	33.33	100.00	否	是
W15	3	95.83	100.00	是	是
W2	4	79.17	91.67	是	是
W7	4	0.00	0.00	否	否
W22	4	0.00	37.50	否	否

二、页岩气开发规模影响因素及预测模型

1. 页岩气开发规模主控因素及作用机理研究

采用反向提问的方式将所识别出的 16 个页岩气产量规模影响因素转换为 16 个制约中国页岩气产量规模提升的障碍因素，障碍因素编号及内容见表 6-1-7，并从资源基础、产业内部能力、市场和经济、社会和政治四个方面对其进行了分析。

表 6-1-7 制约中国页岩气产量规模提升的障碍因素

维度	障碍因素
资源基础	B1 资源禀赋较差
	B2 资源开发条件较差
产业内部能力	B3 关键技术缺乏
	B4 经验缺乏
	B5 基础设施缺乏
	B6 投资及风险承担能力缺乏
	B7 管理效率较低
	B8 企业间技术合作缺乏

续表

维度	障碍因素
市场和经济	B9 价格较低
	B10 高开发成本
	B11 市场需求缺乏
	B12 收益较低
社会政治	B13 政府支持水平较低
	B14 企地利益冲突风险大
	B15 环境污染风险大
	B16 政策法规不完善

基于所得16个页岩气产量规模影响因素，制作了涵盖页岩气产量规模影响因素定义、问卷填写规则等内容的页岩气产量规模影响因素DEMATEL调查问卷，并于2018年2月至6月向中国石油勘探开发研究院、国家能源页岩气研发（实验）中心、四川长宁天然气开发有限责任公司等单位的9名页岩气产业资深专家进行了问卷发放，回收有效填答问卷4份（调查问卷详见附录2）。运用Grey–DEMATEL方法对专家问卷调查所得样本数据进行评价分析。基于障碍因素的原因度（R_i–C_j），可将其划分为以下三种类型：

（1）原因组（cause group）。原因组内因素的原因度（R_i–C_j）均大于0，表示原因组内的因素更多的影响其他因素，而非被其他因素所影响。按照上述规则，中国页岩气产量规模影响因素为：资源开发条件较差（B2）、政策法规不完善（B16）、资源禀赋较差（B1）、企业间技术合作缺乏（B8）、缺乏经验（B4）和高开发成本（B10）。

（2）链接组（linkage group）。链接组内因素的原因度（R_i–C_j）均为处于0值线附近的元素，表示这些因素有较大的可能在原因组与作用组之间转换。中国页岩气产量规模影响因素的链接组因素分别为：市场需求缺乏（B11）、政府支持水平较低（B13）、价格较低（B9）、关键技术缺乏（B3）、投资及风险承担能力缺乏（B6）和环境污染风险大（B15）。

（3）作用组（effect group）。作用组内因素的原因度（R_i–C_j）均小于0，表示这些因素更多地被其他因素影响。中国页岩气产量规模影响因素的作用组因素分别为：基础设施缺乏（B5）、管理效率较低（B7）、收益较低（B12）和企地利益冲突风险大（B14）。

此外，基于在DEMATEL所绘的关键线，可将中国页岩气产量规模影响因素进一步划分为两组，其中心度（R_i+C_j）大于关键线基准值的因素为重要影响因素，表示这些影响因素在全部影响因关系网络中居于较为核心的地位，与其他影响因素之间的关系较为紧密，分别为：企业间技术合作缺乏（B8）、缺乏经验（B4）、高开发成本（B10）、环境污染风险大（B15），投资及风险承担能力缺乏（B6）和关键技术缺乏（B3）。其余中心度（R_i+C_j）小于关键线基准值的因素为一般影响因素，表示这些因素在影响因素关系网络中处于较为边缘地位，与其他影响因素之间的关系不够紧密。

本研究将原因组和链接组中中心度（R_i+C_j）大于关键线基准值的因素界定为关键影响因素，这些因素不仅在因素关系网络中居于核心地位，而且更多地影响其他因素而非被其他因素影响。因此，中国页岩气产量规模的关键影响因素分别为高开发成本（B10）、缺乏经验（B4）、企业间技术合作缺乏（B8）、环境污染风险大（B15）、关键技术缺乏（B3）和投资和风险承担能力缺乏（B6）。

2. 页岩气开发规模预测方法研究

1）基于标准井产量叠加的开发规模预测方法

常规气潜力分析方法主要有储采比控制法、采气速度法等，产量规模主要基于探明储量大小。页岩气藏不同于常规气藏，页岩气藏渗流能力差，无自然产能，需要采用水平井多段压裂方式开发，属于人工油气藏；单井产量递减快，稳产方式主要通过井间和区块接替，规模开发需要大量钻井；页岩气开发潜力预测最小单元是气井，为此创建了基于标准井产量叠加的开发规模预测方法，该方法通过单井产量剖面和年投产井数，逐年叠加得到总产量，关键在于确定可布井数和气井产量剖面等（图6-1-8和图6-1-9）。

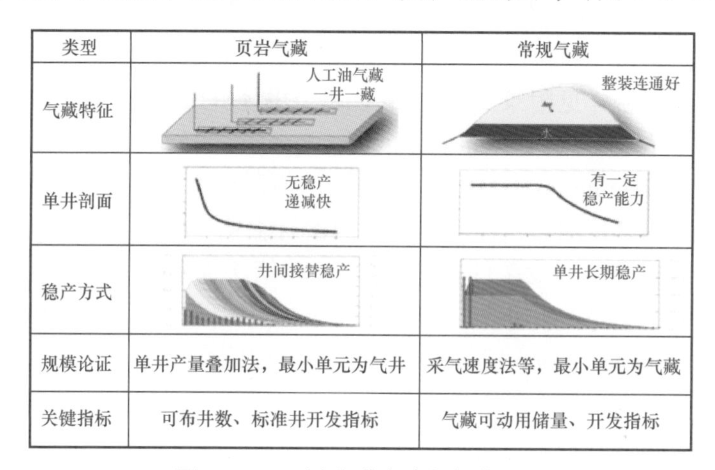

类型	页岩气藏	常规气藏
气藏特征	人工油气藏 一井一藏	整装连通好
单井剖面	无稳产 递减快	有一定 稳产能力
稳产方式	井间接替稳产	单井长期稳产
规模论证	单井产量叠加法，最小单元为气井	采气速度法等，最小单元为气藏
关键指标	可布井数、标准井开发指标	气藏可动用储量、开发指标

图6-1-8　页岩气藏与常规气藏对比

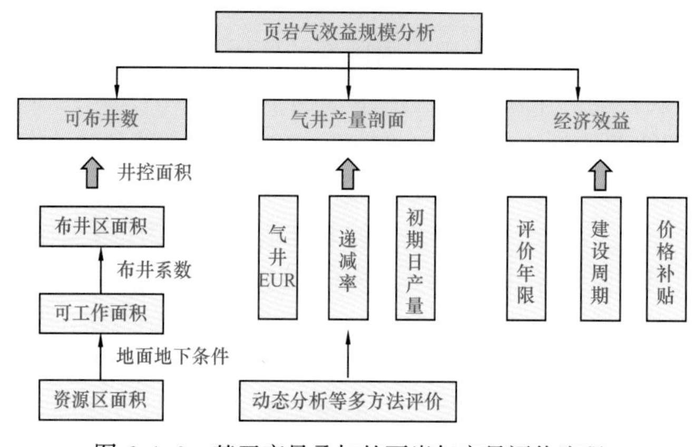

图6-1-9　基于产量叠加的页岩气产量评价流程

2）页岩气开发规模预测模型构建

页岩气开发预测模型包括以下四个子模型：（1）产量预测子模型：以气井为单位预测气藏的未来产量；（2）效益计算子模型：基于现金流法评价气藏的效益；（3）情景分析子模型：按效益排队优选，汇总形成供气规模；（4）整体评价子模型：对页岩气供气规模进行整体评价和分析。结合预测模型原理（图 6-1-10），通过对各子模型的进一步研究和分析，形成了较为完善的整体预测模型。

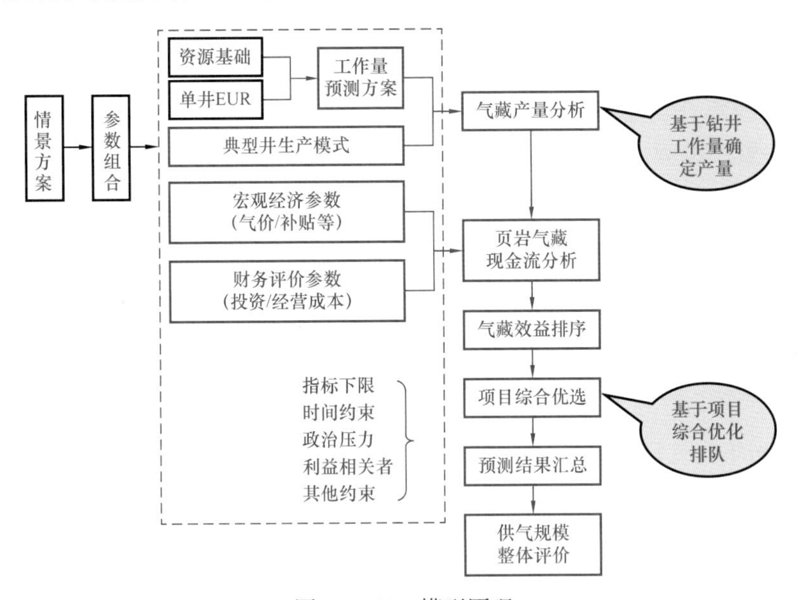

图 6-1-10　模型原理

（1）效益计算子模型。

① 效益计算子模型——现金流法。

$$净现金流 = 现金流入（CI_t）－现金流出（CO_t） \tag{6-1-2}$$

$$CI_t = IV_t \tag{6-1-3}$$

$$CO_t = T_t + I_t + C_t \tag{6-1-4}$$

式中　IV_t——当年销售收入，元；

T_t——当年综合税费，元；

I_t——当年总投资，元；

C_t——当年经营成本，元。

效益计算子评价指标 IRR（内部收益率）、NPV（累积净现值）、ROA（投资回报率）

② 效益计算子模型——现金流入。

$$销售收入\ IV_t = Q_t r_c P G_t \tag{6-1-5}$$

式中　Q_t——当年产气量，$10^8 m^3$；

r_c——当年商品率，%；

PG_t——当年出厂气价，元/10^3m^3。

③效益计算子模型——现金流出。

$$综合税费\ T_t = IV_t r_x \tag{6-1-6}$$

式中 IV_t——当年销售收入，元；

r_x——综合税率。

$$总投资\ I_t = I_{Exp_t} + I_{Dev_t} + I_{Net_t} \tag{6-1-7}$$

式中 I_{Exp_t}——当年勘探投资，元；

I_{Dev_t}——当年开发投资，元；

I_{Net_t}——资产净额，元。

$$经营成本\ C_t = C_{Op_t} + C_{Pe_t} \tag{6-1-8}$$

式中 C_{Op_t}——当年操作成本，元；

C_{Pe_t}——当年期间费用，元。

④效益计算子模型——总成本。

$$当年操作成本\ C_{Op_t} = Q_t c_o \tag{6-1-9}$$

式中 Q_t——当年产气量，10^8m^3；

c_o——操作成本/（元/10^3m^3）。

$$当年期间费用\ C_{Pe_t} = Q_t c_f \tag{6-1-10}$$

式中 Q_t——当年产气量，10^8m^3；

c_f——期间费用，元/10^3m^3。

$$当年总折旧\ A_t = \sum Ai_t \tag{6-1-11}$$

投资折旧采用直线折旧计算方法。

$$年度折旧=资产值\times折旧比例 \tag{6-1-12}$$

⑤效益计算子模型——所得税。

$$税前利润=销售收入-综合税费-总成本 \tag{6-1-13}$$

$$所得税=（销售利润-用于弥补以前年度亏损额）\times所得税率 \tag{6-1-14}$$

$$税后利润=税前利润-所得税 \tag{6-1-15}$$

弥亏方法：年度亏损用下一年度所得弥补；下一年度所得不足弥补的，逐年延续弥补（但延续弥补期最长不得超过5年）

$$税后现金流出=现金流出-所得税 \tag{6-1-16}$$

效益计算子模型计算流程如图6-1-11所示。

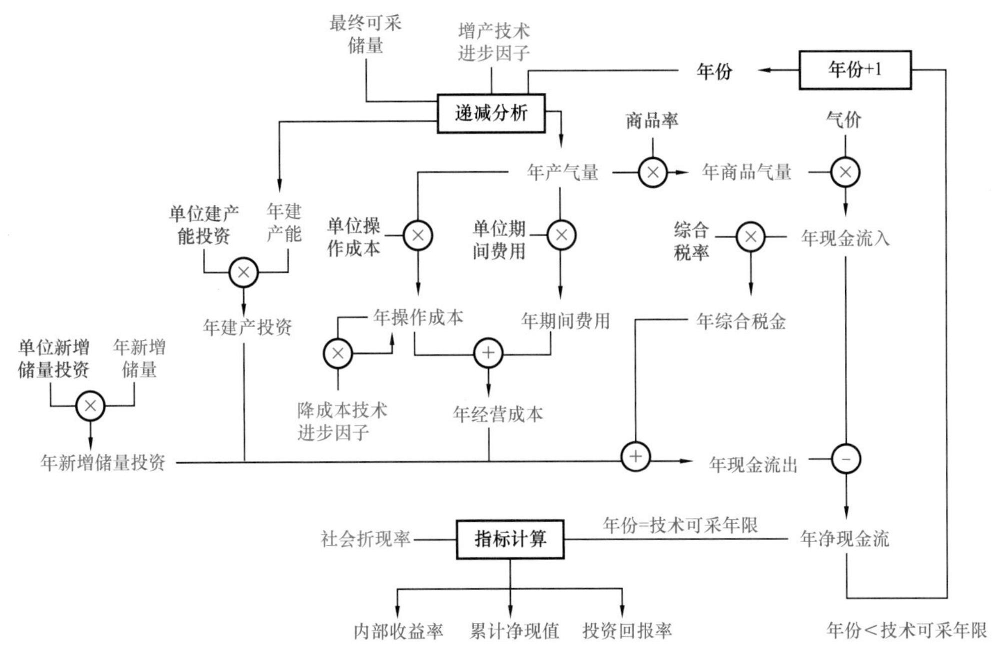

图 6-1-11　效益计算子模型计算流程图

（2）情景分析子模型。

① 因素情景设置：为每个因素的取值设置未来变化情景。

② 供气影响因素：商品率、气价、综合税率、单位新增储量投资、单位建产能投资、单位操作成本、单位期间费用、气价补贴、减税比例、技术进步。

③ 初始取值模型：线性增长、比例增长、阶段规划、用户输入、历史拟合。

④ 情景变化方式：对初始取值公式中的系数值设置其变化方式、变化值。

⑤ 分析方案组合：将若干因素情景组合，形成供气情景分析方案（图 6-1-12）。

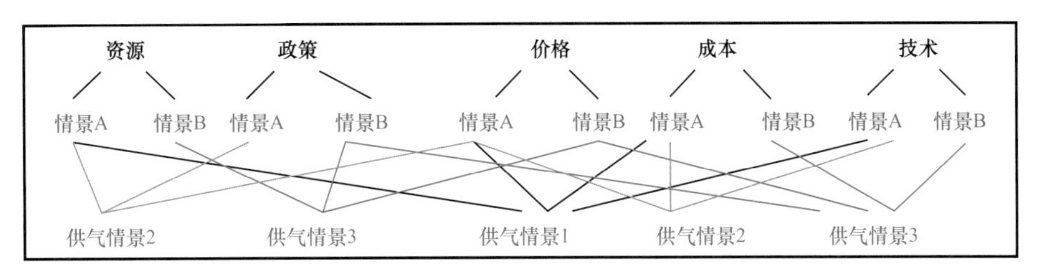

图 6-1-12　供气情景

3. 理论与技术成果的应用与效果

1）页岩气开发规模预测软件研制

软件编制的基本指导思想：软件研制坚持突出页岩气勘探开发实践的个性特征，从区块可动用面积出发，按照单井覆盖面积计算单井数，以埋深确定单井类型，根据已掌握的递减率求出评价期内单井的产量，以单井产量为基础求出区块产量，再累计求出盆地产量和国内产量。

软件的关键参数：一是根据已有的中国页岩气井型特征，按照四个不同尺度的埋深划分井型：小于3500m、3500～4000m、4000～4500m、大于4500m；二是区块可动用面积的估算参照长宁、泸州、威远、渝西、外围及中国石化六大区块进行数据的采集和分析；三是单井按15年确定稳产年限，典型井按20年确定产量剖面，评价期始于2018年，止于2037年；四是以稳产年限试算（倒推）资源动用计划。

以美国天然气系统分析模型中的生产预测模型为蓝本，结合我国气矿的区域、地质、地貌的差异性和特殊性，突出页岩气勘探、开采的规律和特点，科学设计各个软件模块，软件编制的基本流程如图6-1-13所示。

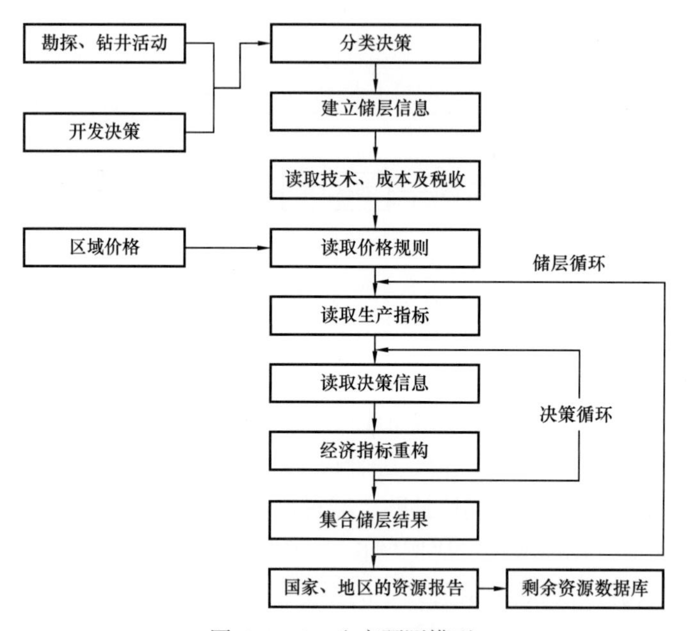

图6-1-13 生产预测模型

软件的主要特点：一是软件集气区分级管理、区块数据录入、数据管理、统计分析、图形绘制为一体，支持多气区、多埋深层级数据管理与测算；二是软件支持按面积和资源量两种数据模式的录入与分析；支持不同埋深的规划新建井数预测；支持满足约束条件下的年开采井数测算，并提供可视化的分析图表；支持数据的一键导出，方便使用者利用计算数据做进一步的分析和研究。

软件的功能说明：为保障软件运行的便捷性，当前公测的版本暂未启用登录界面，用户可直接进入软件主界面进行相关操作（图6-1-14）。有三大区块：

（1）树形导航区：按国别、气区、区块及埋深进行分级展示，点击不同的名称，系统会识别并给予提示；

（2）基本信息区（当前测算区块及基本信息展示）：点击左侧区块名称及埋深，区域信息可实现自动更新；

（3）功能操作区：根据单元（埋深）具体情况完成基础数据数据录入后，可实现相应的功能操作；

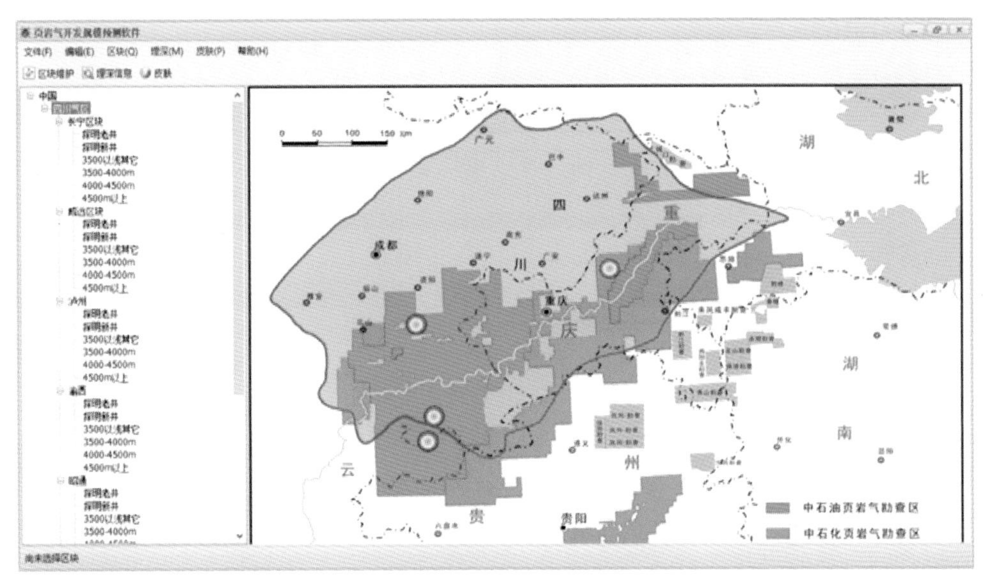

图 6-1-14　软件主界面

（4）产量规模预测：在“产量规模”按钮变为可用状态的基础上，通过对上产期、稳产期、评价期、稳产规模、单井年产等参数的设定与录入，便可进行相应的产量规模预测（图 6-1-15）。

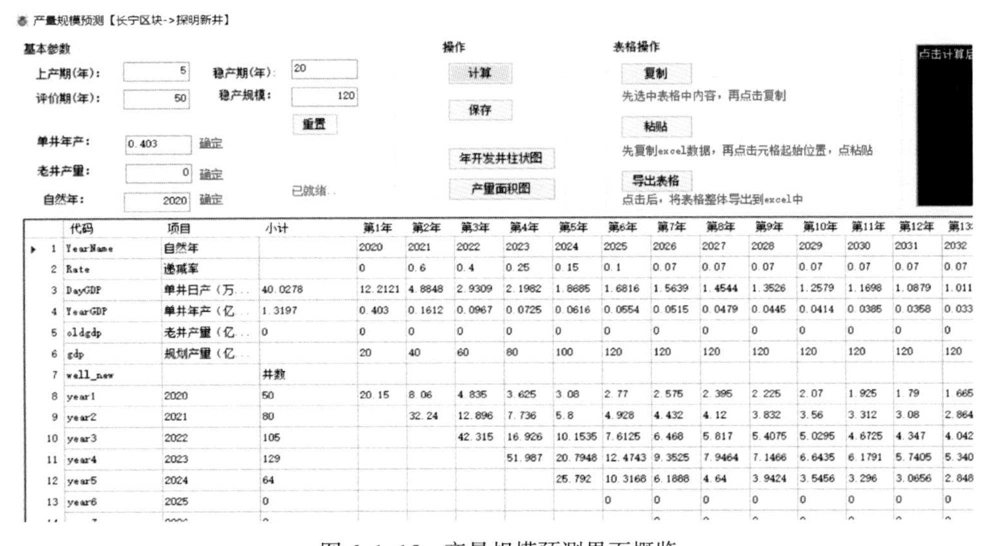

	代码	项目	小计	第1年	第2年	第3年	第4年	第5年	第6年	第7年	第8年	第9年	第10年	第11年	第12年
1	YearName	自然年		2020	2021	2022	2023	2024	2025	2026	2027	2028	2029	2030	2031
2	Rate	递减率		0	0.6	0.4	0.25	0.15	0.1	0.07	0.07	0.07	0.07	0.07	0.07
3	DayGDP	单井日产（万...	40.0278	12.2121	4.8848	2.9309	2.1982	1.8685	1.6816	1.5639	1.4544	1.3526	1.2579	1.1698	1.0879
4	YearGDP	单井年产（亿...	1.3197	0.403	0.1612	0.0967	0.0725	0.0616	0.0554	0.0515	0.0479	0.0445	0.0414	0.0385	0.0358
5	oldgdp	老井产量（亿...	0	0	0	0	0	0	0	0	0	0	0	0	0
6	gdp	规划产量（亿...		20	40	60	80	100	120	120	120	120	120	120	120
7	well_new		井数												
8	year1	2020	50	20.15	8.06	4.835	3.625	3.08	2.77	2.575	2.395	2.225	2.07	1.925	1.79
9	year2	2021	80		32.24	12.896	7.736	5.8	4.928	4.432	4.12	3.832	3.56	3.312	3.08
10	year3	2022	105			42.315	16.926	10.1535	7.6125	6.468	5.817	5.4075	5.0295	4.6725	4.347
11	year4	2023	129				51.987	20.7948	12.4743	9.3525	7.9464	7.1466	6.6435	6.1791	5.7405
12	year5	2024	64					25.792	10.3168	6.1888	4.64	3.9424	3.5456	3.296	3.0656
13	year6	2025	0						0	0	0	0	0	0	0

图 6-1-15　产量规模预测界面概览

产量规模预测及经济效益评价

选择需要操作的区块名称，软件切换到该区块下单元数据一览。该界面中可对基础数据进行维护，并作为资源约束条件，点击具体操作单元，“产量规模”“效益评价”功能启用，计算后的数据会更新一览表，以长宁区块为例，计算了不同单元下的布井数量约束，单井 IRR、单井 NPV，“区块产量面积叠加图”功能可提供区块层级的产量预测面积图（图 6–1–16）。

页岩气产量预测及经济效益评价软件【长宁区块->3500以浅其它】

序号	埋深	起始年	面积(km^2)	可动用面积	类型面积	井网密度	单井EUR	单井投资	可布井数	单井IRR	单井NPV
1.1	探明老井	0	525				1.18	6500	0	0.0609	21.7201
1.2	探明新井	0				1.17	1.3	6500	0	0.0609	21.7201
1.3	3500以浅其它	0	533			1.12	1.3	7335.59	597	0.0350	-648.6894
1.4	3500~4000m	0	1041			1.12	1.3	7600	1166	0.0280	-860.8290
1.5	4000~4500m	3	984			1.12	1.3	8000	1103	0.0182	-1181.7561
1.6	4500m以上	5				1.2			0		

当前：【长宁区块->3500以浅其它】

可布井数 = 面积 × 井网密度。如果手工修改后，将切换为手工模式。如需再次自动计算，请点击此处。

图 6–1–16　产量预测面积图

① 产量规模预测计算过程。

以长宁区块 3500m 以浅，5 年上产期，稳产规模 $120\times10^8m^3$ 为例，进行试算。在资源约束情况下，能稳产 5 年，其后逐年递减（图 6–1–17）。在资源约束情况下，满足稳产规模 $120\times10^8m^3$，年布井规划图、产量面积规划图如图 6–1–18 和图 6–1–19 所示。

产量规模预测【长宁区块->3500以浅其它】

上产期(年)：5　稳产期(年)：20　评价期(年)：50　稳产规模：120　单井年产：0.403　老井产量：10　自然年：2020

	项目	小计	第1年	第2年	第3年	第4年	第5年	第6年	第7年	第8年	第9年	第10年	第11年	第12年	第13年	第14年	第15年	第16年	第17年	第18年
1	自然年		2020	2021	2022	2023	2024	2025	2026	2027	2028	2029	2030	2031	2032	2033	2034	2035	2036	2037
2	递减率		0	0.6	0.4	0.25	0.15	0.1	0.07	0.07	0.07	0.07	0.07	0.07	0.07	0.07	0.07	0.07	0.07	0.07
3	单井日产（万...	40.0278	12.2121	4.8848	2.9309	2.1982	1.8685	1.6816	1.5639	1.4544	1.3526	1.2579	1.1698	1.0879	1.0117	0.9409	0.875	0.8138	0.7568	0.7038
4	单井年产（亿...	1.3197	0.403	0.1612	0.0967	0.0725	0.0616	0.0554	0.0515	0.0479	0.0445	0.0414	0.0385	0.0358	0.0333	0.031	0.0288	0.0268	0.0249	0.0232
5	老井产量（亿...	32.7781	10	4	2.4	1.8	1.53	1.377	1.2806	1.191	1.1076	1.0301	0.958	0.8909	0.8285	0.7705	0.7166	0.6664	0.6198	0.5764
6	规划产量（亿...		20	40	60	80	100	120	120	120	120	120	120	120	120	120	120	120	120	120
7		井数																		
8	2020	25	10.075	4.03	2.4175	1.8125	1.54	1.365	1.2875	1.1975	1.1125	1.035	0.9625	0.895	0.8325	0.775	0.72	0.67	0.6225	0.58
9	2021	80		32.24	12.896	7.736	5.8	4.928	4.432	4.12	3.832	3.56	3.312	3.08	2.864	2.664	2.48	2.304	2.144	1.992
10	2022	105			42.315	16.926	10.1535	7.6125	6.468	5.817	5.4075	5.0295	4.6725	4.347	4.0425	3.759	3.4965	3.255	3.024	2.814
11	2023	129				51.987	20.7948	12.4743	9.3525	7.9464	7.1466	6.6435	6.1791	5.7405	5.3406	4.9665	4.6182	4.2957	3.999	3.7152
12	2024	150					60.45	24.18	14.505	10.875	9.24	8.31	7.725	7.185	6.675	6.21	5.775	5.37	4.995	4.65
13	2025	169						68.107	27.2428	16.3423	12.2525	10.4104	9.3626	8.7035	8.0951	7.5205	6.9986	6.5065	6.0502	5.6277
14	2026	138							55.614	22.2456	13.3446	10.005	8.5008	7.6452	7.107	6.6102	6.141	5.7132	5.313	4.9404
15	2027	125								50.375	20.15	12.0875	9.0625	7.7	6.925	6.4375	5.9875	5.5625	5.175	4.8125
16	2028	116									46.748	18.6992	11.2172	8.41	7.1456	6.4264	5.974	5.5564	5.162	4.8024

图 6–1–17　产量规模预测参数

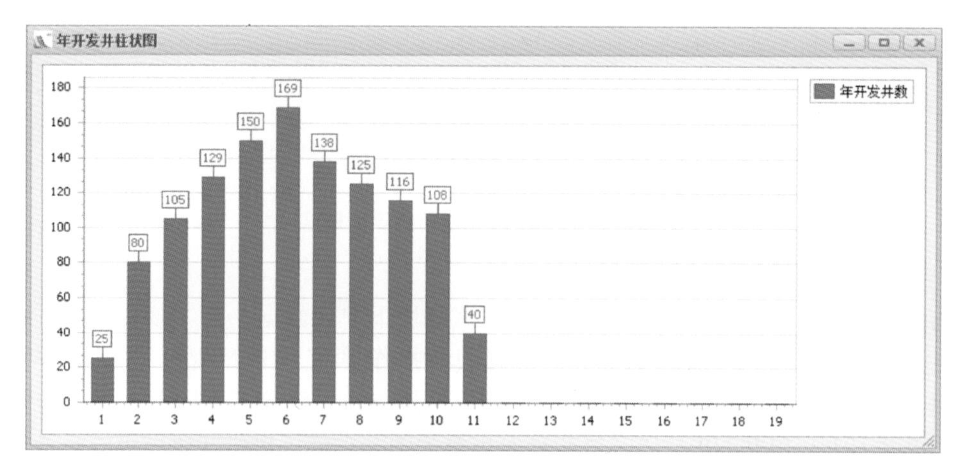

图 6–1–18　年布井规划图

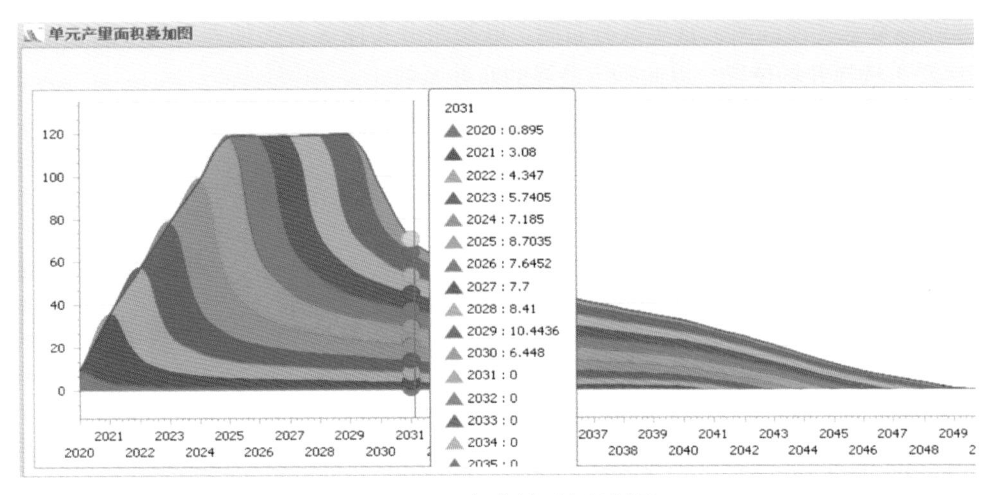

图 6-1-19　年产量面积规划图

② 经济效益评价计算过程。

以长宁区块，3500 以浅为例，单井投资 7335 万元，进行试算（其他参数系统默认），计算显示内部收益率 IRR=3.5%（低于 8%）。

2）四川盆地及周缘不可开采区情况统计

聚焦于四川盆地及周缘地区页岩气开发，在系统总结近期该地区页岩气勘探开发最新进展的基础上，综合考虑社会、经济、环境、地质等因素，创新研究该地区页岩气可工作区选择及井位部署方法（图 6-1-20），通过计算布井系数预测该地区页岩气产量，为全国页岩气规模化勘探开发提供了理论与方法参考。

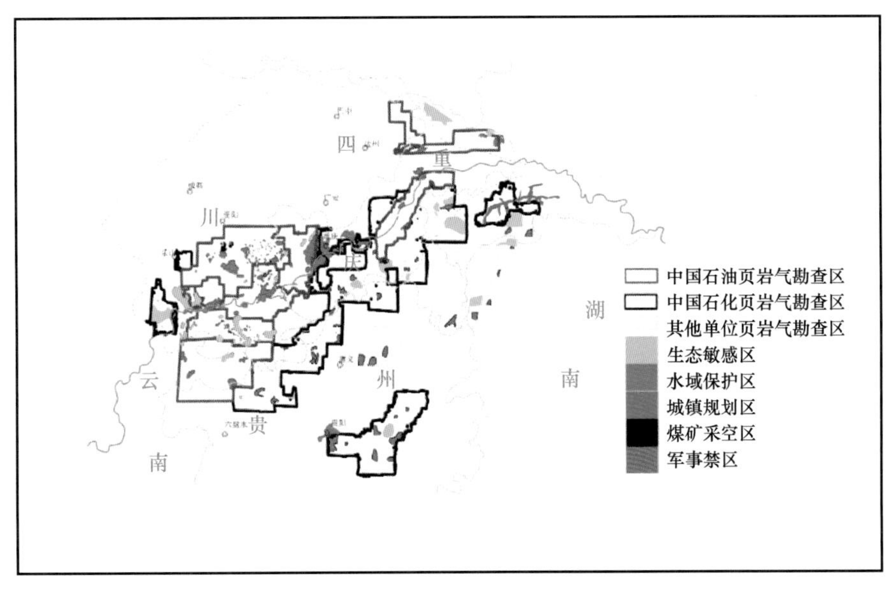

图 6-1-20　四川盆地及周缘不可工作面积统计

以川南及周缘地区为例，在综合分析区域资源潜力、勘探开发前景的基础上，确定可工作区选择和布井原则，通过分布区分布图地理配准、分布图数字化优选可工作区，并综合页岩气埋深图、富集区分布图、断裂带分布图等各类地理资料（图 6-1-21 和图 6-1-22）选择井场位置，以此确定最终的布井系数。

图 6-1-21 资源数字化结果

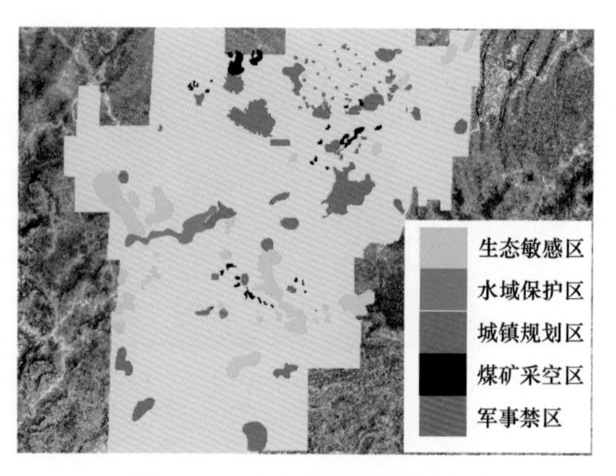

图 6-1-22 不可工作区分布图

为提高不可工作区域的识别度，以重庆市彭水苗族土家族自治县和贵州省黔东南苗族侗族自治州镇远县作为典型地区（表 6-1-8），对其中乡镇（不可搬迁）面积及生态敏感区进行统计。

表 6-1-8 彭水县、镇远县不可工作面积情况统计

序号	城镇规划区名称	县域面积 / km^2	县城面积 / km^2	乡镇面积 / km^2	生态敏感区面积 / km^2	不可开采区总面积 / km^2	不可开采比例 /%
1	彭水苗族土家族自治县	4429.48	45.83	125.70	340.21	511.74	11.55
2	镇远县	3053.34	66.43	123.46	82.62	395.51	12.95

三、页岩气开发的风险和经济问题

1. 页岩气经济评价的特殊性

页岩气的开发投资是根据页岩气开发的不同阶段和风险因素，评价某个区域（或国家）的储量、产量，并在效益的可接受范围内，实现对页岩气开发的经济活动。常规气开发投资的经济评价方法大部分适用于页岩气，评价常规气储量、产量和效益的诸多方法也可用于页岩气，主要差异性在于页岩气评价参数的不同。

我国常规气藏开发投资已形成一套成熟的经济评价理论和方法，对研究页岩气具有一定借鉴意义。对于常规油气资源的开发投资一般不采用静态评价方法，多采用动态评价方法。国内外对于油气资源的经济评价研究大多采用现金流量贴现法，它是在密歇尔现金流量分析的基础之上，用净现值来判断石油和天然气项目的经济可行性。现金流贴现法是一套比较科学和成熟的研究方法，在判别项目的优劣情况时，它弥补了传统的静态经济评价方法的一些缺陷，不仅分析了开发油气资源时的资金投入和产出，而且考虑了资金所具有的时间价值。

在常规动态评价方法（现金流贴现法）的基础上，还需要进行一些特殊的操作和流程。在确定了净现值的基础上，还可以做一些相关的经济性分析，如资金的内部收益率、项目资金的回收周期、项目的盈亏分析等。正因如此，现金流贴现法目前比较广泛地用于资产评估及石油和天然气勘探开发项目的经济可行性研究，一直以来都是风险项目进行投资决策时所采用的核心的方法。

由于页岩气资源项目本身面临着不确定性因素而形成的经济波动，一般在现金流贴现法的基础上采用不确定性分析法来进行相应的补充，即现金流贴现法的不确定性分析。所谓不确定性分析法，是决策分析中一种常用的方法，用来研究和预测不确定性因素对企业项目投资方案的经济效益的影响情况及影响程度，预测项目方案对某些不可预见的政治和经济风险的抗冲击能力，从而避免投产后不能获得预期的利润和收益，以致使能源企业亏损。通常，不确定性分析可以分为盈亏平衡分析、敏感性分析和概率分析等。根据页岩气的特点，推荐在折现现金流法的基础上引入微分积分法、概率统计法、模糊评价法及情景分析法等研究手段，以更准确地刻画非常规天然气的特色。

2. 页岩气开发投资经济界限分析

1）页岩气开发投资经济界限分析

页岩气开发经济界限就是在一定的技术经济条件下，某一影响页岩气开发经济效益的因素达到一定数值，使页岩气开发的经济界限刚好达到规定标准的界限。结合页岩气开发的实际，页岩气开发经济界限主要包括产量界限、成本界限和税费界限等。

2）页岩气单井产量经济界限模型

根据页岩气单井产量的特点，初始产量对单井经济效益具有重要的意义，90% 以上的页岩气单井都需要经过压裂，有的甚至需要进行二次重复压裂，但重复压裂不是无限次的。因此，在建立单井经济界限模型的时候，主要是建立单井初期产量经济界限模型和重复压裂增产经济界限模型。

（1）单井初期产量经济界限模型。

初期产量界限，是指在一定的现行技术经济条件下，新钻页岩气井为弥补全部投资、采气操作费等所需要的收入，且税前内部收益率为 8%（参照我国页岩气现行的内部收益率）时应达到的初期最低的产气量。

第一年的年产气量 Q_{d1}（单位：10^4m^3）：

$$Q_{d1}=\frac{\sum_{t=1}^{n}\left(I_{dt}+S_{dt}\right)\left(1+I_c\right)^{-t}}{\sum_{t=1}^{n}Bdt\times O_0\times\left(P-T_{xg}-C_v+Z_b\right)\times\left(1+I_c\right)^{-t}} \tag{6-1-17}$$

式中 I_{dt}——单井直接投资（包括钻井、完井、压裂及地面设施等工程投资），万元；

S_{dt}——单井年经营成本（包括操作费用、经营费用、销售管理费用等），万元；

B_{dt}——单井第一年之后各年产量折现到第一年产量时的相关产量系数；

O_0——页岩气的商品率；

P——销售价格，元 /m^3；

C_v——单位变动成本，元 /m^3；

T_{xg}——各种税费之和；

Z_b——政府补贴；

n——经济评价期；

I_c——基准收益率（即贴现率）。

各种税费之和 T_{xg}：

$$T_{xg}=P\left[\frac{r_c T_{r1}\left(1+T_{r2}+T_{r3}\right)}{1+T_{r1}}\right]-T_{r4} \tag{6-1-18}$$

式中 P——天然气价格，元 /m^3；

I——经济评价期；

I_c——基准收益率；

T_{r4}——资源税，元 /m^3；

r_c——增值税实缴比例；

T_{r1}——天然气销项税率；

T_{r2}——城市维护建设税率；

T_{r3}——教育附加税率。

（2）重复压裂增产经济界限模型。

用 Q' 表示此时盈亏点上的年产气量；L' 表示此时年销售收入；C' 表示此时年生产成本（主要就是重复压裂的费用投入）；P 表示价格；C_f 表示此时的固定成本总额；C_v 表示此时的变动成本总额，可以列出计算单井重复压裂产量经济界限的计算模型：

重复压裂销售收入方程：

$$L'=PQ' \tag{6-1-19}$$

重复压裂生产成本方程：

$$C'=C_f+C_vQ' \tag{6-1-20}$$

假设重复压裂增加的产量为 ΔQ，商品率仍然为 O_0，单位税金 TX_g，目标利润率为 r，将重复压裂看作是再投资 I'，重复压裂后因产量增加而增加的成本为 ΔC_v，因产量增加而增加的所缴税金为 ΔT_x。则有

$$\Delta C_v=\Delta Q\left(C_1+C_2\right) \tag{6-1-21}$$

$$\Delta T_x=\Delta QO_0T_{xg} \tag{6-1-22}$$

C_1 表示增加的单位产量的操作费用，C_2 表示增加的单位产量提取的资源使用税。由此增加的总支出为

$$\Delta C=I'+\Delta C_v+\Delta T_x=I'+\Delta Q\left(C_1+C_2\right)+\Delta QO_0T_{xg} \tag{6-1-23}$$

因重复压裂增加的收益为

$$\Delta L = O_0 \Delta QP(1-r) \tag{6-1-24}$$

通过重复压裂增加产量，要获得经济效益，即要使增加的收益大于等于增加的成本，即

$$O_0 \Delta QP(1-r) \geqslant I' + \Delta Q(C_1 + C_2) + \Delta Q O_0 T X_g \tag{6-1-25}$$

设第 t 次重复压裂的再投资为 I_t，I_{t+1} 是 $t+1$ 次的重复压裂的增产投资。

则第 t 次重复压裂获取经济效益的条件是

$$\Delta Q \geqslant \frac{I_t}{O_0\left[P(1-r) - TX_g\right] - (C_1 + C_2)} \tag{6-1-26}$$

设在最后一次压裂增产前的产量是 Q_1，有效的重复压裂增产的期限为 T_e，则最终关井是单井的产量 $Q = \Delta Q + Q_1 T_e$

即最终得到的重复压裂的单井产量经济界限为

$$Q = \frac{I_t}{O_0\left[P(1-\mathrm{r}) - TX_g\right] - (C_1 + C_2)} + Q_1 T_e \tag{6-1-27}$$

3）页岩气区块产量经济界限模型

（1）页岩气开发区块不同开发阶段。

根据气田开发的基本特点，从开始建设投产到生产，根据其产量的特点和关注的经济指标的不同，页岩气区块生产一般分为四个阶段：开发初期、稳产期、递减期和开发后期。

（2）开发投资初始期产量经济界限。

确定开发投资初期为前三年产能建设期，计算这三年的产量经济界限值。页岩气区块开发投资初期产量经济界限模型为

$$Q_t = \frac{\sum_{t=1}^{T}\left(I_{zj} + I_{db}\right)\left(1 + R_d\right)\left(1 + i_c\right)^{-t}}{\sum_{t=1}^{T}\left[P - C_{jt}\left(1 + i\right)^{t-1} - T_j\right]O_0\left(1 + i_c\right)^{-t}} \tag{6-1-28}$$

式中 P——天然气销售价格，元/m^3；

Q_t——每年的天然气产量，m^3/a；

O_0——天然气商品率，%；

I_{zj}——钻井工程投资，万元；

I_{db}——地面基础设施工程投资，万元；

R_d——贷款年利率，%；

C_{jt}——单位立方米的操作成本，元/m^3；

i——成本费用年上涨率，%；

T_j——单位立方米气的税金，元/m^3；

i_c——页岩气的基准收益率，%；其中总评价周期 $T=3$。

（3）开发投资后期产量递减的极限产量经济界限。

页岩气开发后期进入产量递减期，产出就是指后期的天然气销售收入，设 C 为成本费用，T_j 为单位天然气的税金，O_0 为天然气商品率，R 为考虑的该气田的目标利润率。则有

$$C=QO_0\left[P\ (1-T_j)\ (1-R)\right] \tag{6-1-29}$$

由此可以得出

$$O_0=C/O_0\left[P\ (1-T_j)\ (1-R)\right] \tag{6-1-30}$$

当后期停止打井后实际生产的产气量小于该模型计算的产量时，该区块的开发将是不经济的，此时应该关闭气井，停止进行投入活动。这个经济界限值就是判断关井时间，停止区块生产活动的经济界限值。

3. 页岩气开发操作成本经济界限

根据页岩气开发造成的水污染、大气污染等相关环境污染，分析其给企业开发投资带来的成本。

1）水污染治理成本

包括钻井液、压裂液返排及因事故渗漏的有毒液体对水资源造成污染需要治理的成本，也要纳入因洗井而发生的成本。具体建立模型如下：

$$C_{SC}=Q_{wp}f_{dw}=Q_{zj}f_{zj}+Q_{fp}f_{fp}+Q_{xj}f_{xj} \tag{6-1-31}$$

式中 C_{SC}——处理污染水资源的成本，元/t；

Q_{wp}——废液废水的排放量，t；

f_{dw}——处理废水废液的单位费用，元/t；

Q_{zj}——钻井液的排放量，t；

f_{zj}——处理钻井液的单位费用，元/t；

Q_{fp}——压裂返排液的排放量，t；

f_{fp}——处理压裂返排液的单位费用，元/t；

Q_{xj}——洗井液的排放量，t；

f_{xj}——处理洗井液的单位费用，元/t。

2）固体废弃物处理成本

固体废弃物主要是指岩屑。国外开发页岩气关于页岩屑的处理通常采用卫生填埋和还田法进行处置，再计入环境成本中，现以单位成本和排放量直接计入，整理出关于固体废弃处理成本。

3）大气治理成本

对产生的大气污染治理的环境成本，构建计算模型如下：

$$C_{qc}=\sum_{k=1}^{n}W_kQ_k=W_{NO_x}Q_{NO_x}+W_{SO_2}Q_{SO_2}+W_{yc}Q_{yc}+W_jQ_j \tag{6-1-32}$$

式中 C_{qc}——大气治理的成本，元；

W_k——第 k 种排放物物单位环境成本，元；

Q_k——第 k 种排放物排放数量，m^3；

W_{NO_x}——NO_x 排放物单位环境成本，元；

Q_{NO_x}——NO_x 排放物排放量，m^3；

W_{SO_2}——SO_2 排放物单位环境成本，元；

Q_{SO_2}——SO_2 排放物排放量，m^3；

W_{yc}——烟尘排放物单位环境成本，元；

Q_{yc}——烟尘排放物排放量，m^3；

W_j——甲烷排放物单位环境成本，元；

Q_j——甲烷排放物排放量，m^3。

其中包括了烟尘、SO_2、NO_x、废气和甲烷，参考中国排污总量收费标准，收集整理了模型中的相关污染物排放的单位收费标准。

4）技术进步对页岩气开发投资成本的影响

根据美国的天然气的供给对价格的弹性，取正常供给价格弹性值为 0.5，建立由技术进步引起的投资成本变化的计算模型：

$$\Delta Qe^{-1}+\Delta C=\Delta P \tag{6-1-33}$$

即

$$\Delta C=\Delta P-\Delta Qe^{-1} \tag{6-1-34}$$

式中 ΔC——技术进步引起的成本变化幅度；

ΔP——技术进步引起的价格变化幅度；

ΔQ——技术进步引起的产量变化幅度；

e——天然气一般的供给价格弹性。

5）构建操作成本经济界限模型

根据页岩气的开发，其单井产气量以年产气量来计算，建立关于成本经济界限中的销售收入：

$$Y_x=\sum_{t=1}^{n}Q_t d_t\left[PO_0\left(1-T_x+B_z\right)\right]\left(1+I_r\right)^{-t} \tag{6-1-35}$$

式中 Y_x——单井产量销售收入，元；

Q_t——第 t 年的产量，m^3；

d_t——第 t 年的产量递减系数；

P——天然气的价格，元 /m^3；

O_0——商品率，%；

T_x——综合税率，%；

B_z——政府补贴，元；

I_r——基准收益率，%。

页岩气开发投资的成本即支出，包括收益性支出和资本性支出两部分。

$$C_{sy}=\sum_{t=1}^{n}Q_t d_t\left(C_{cz}+C_{kt}\right)\left(1+I_r\right)^{-t} \tag{6-1-36}$$

式中 C_{sy}——收益性支出；

C_{cz}——单位立方米页岩气操作成本；

C_{kt}——单位立方米页岩气勘探成本。

建立关于成本经济界限的资本性支出模型：

$$C_{zb}=\left[\left(C_{cj}h+C_{sp}\right)\left(1-R_{jb}\right)+C_{yl}\right]\frac{1}{f}+C_{dj}+C_{eb} \tag{6-1-37}$$

式中 C_{zb}——资本性支出，元；

C_{cj}——垂直井成本，元；

C_{sp}——水平井成本，元；

C_{yl}——压裂成本，元；

R_{jb}——技术进步率，%；

f——钻井成功率，%；

C_{dj}——单井地面建设成本，元；

C_{eb}——单井开发生产所造成的环境破坏治理的成本，元。

根据销售收入模型、资本性支出模型和收益性支出模型，建立它们之间的关系，即销售收入减去收益性支出等于资本性支出，即

$$C_{cz}=\left[PO_0\left(1-T_x+B_z\right)\right]-C_{kt}-\frac{\left[\left(C_{cj}+C_{sp}\right)\left(1-R_{jb}\right)+C_{yl}\right]\frac{1}{f}+C_{dj}+C_{eb}}{\sum_{t=1}^{n}Q_t d_{t-1}\left(1+I_r\right)^{-t}} \tag{6-1-38}$$

即操作成本的经济界限（计算的结果是单位天然气的操作成本），以此从成本的角度来为投资决策提供依据。

4. 页岩气开发规划视角的投资风险量化

1）页岩气资源的阶段划分

基于文献阅读和专家访谈将页岩气开发投资进行阶段划分主要有两种划分方式：一是从开发角度讲划分为勘探开发一体化阶段和规模开发阶段；二是从投资上讲划分为资源评价阶段、开发阶段（产能评价阶段和规模开发阶段）。本书开发规划角度是在对资源量认识程度的基础上，结合专家访谈结果将页岩气划分为三个阶段：资源评价阶段、产能评价阶段和规模开发阶段（图6-1-23）。

2）页岩气资源评价阶段开发投资风险量化模型

（1）资源评价阶段储量风险量化模型

在资源评价阶段，优选建产区是必须要做的工作和实现的目标。实际工作中，页岩气只有经过评价阶段才能从有利评价区中圈定建产区，需要综合考虑影响页岩气资源量的两大类参数，而资源评价阶段并不具备这样的条件，故在模型构建过程中采用经验

法。根据评价区的地质评价参数和工程评价参数，对含气面积、平均厚度、页岩质量密度和总含气量四个关键参数进行概率标定或取值确定，获得各关键参数的概率分布情况。

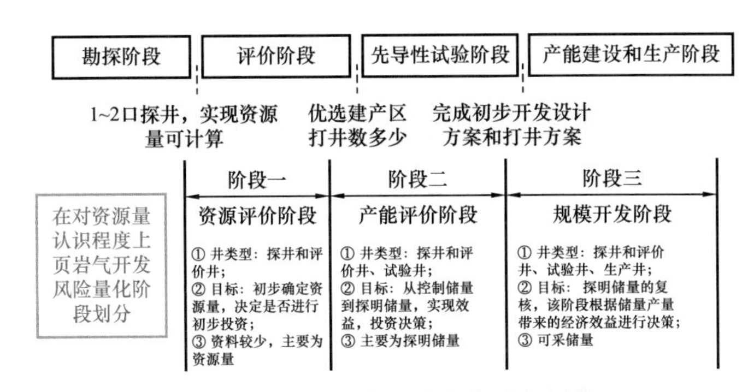

图 6-1-23　页岩气开发投资阶段划分

该阶段页岩气资源评价可采用体积法，体积法计算公式为

$$C=0.01A_{g}h\rho_{y}C_{z} \tag{6-1-39}$$

式中　C——页岩气总资源量，$10^{8}m^{3}$；

A_{g}——评价单元面积，km^{2}；

h——页岩层段平均有效厚度，m；

ρ_{y}——页岩质量密度，t/m^{3}；

C_{z}——页岩层段中的总含气量，m^{3}/t。

（2）资源评价阶段产量风险量化模型。

① 可采系数的确定。

通过类比参数的对比得到页岩气评价区可采系数。在综合考虑页岩气地质条件和工程条件的因素基础上，选择埋深、厚度、干酪根类型、有机碳含量、热成熟度、孔隙度、黏土、吸附气占比、压力系数和杨氏模量共 10 个参数作为地质类比参数。采用蒙特卡洛抽样法，储量乘以可采系数可以获得可采储量，拟合可采储量概率分布求取均值，再结合储采比和经验，可以估算建产规模，即产能。

产能计算公式为

$$P=\frac{Q\beta_{1}}{20} \tag{6-1-40}$$

式中　P——产能，$10^{8}m^{3}/a$；

Q——产量，m^{3}/a；

β_{1}——可采系数；

20——储采比取 20 年。

② 页岩气单井产量。

在勘探开发程度较高的地方，单井递减曲线通常采用 Arps 递减曲线、双曲线递减模型等。由于本阶段页岩气资源不满足高勘探程度的要求，所以采用类比 Arps 曲线方式计算资源评价阶段的页岩气单井产量递减。

累计产气量计算公式为

$$N_{\mathrm{p}} = \int_{0}^{tm} \left(at + q_0\right) \mathrm{d}t + \int_{tm}^{tz} q_i \left(1 + D_{\mathrm{f}} nt\right)^{\frac{-1}{n}} \mathrm{d}t \tag{6-1-41}$$

式中 N_{p}——累计产气量（当页岩气井达到寿命时，累计产气量可近似认为是单井EUR），$10^3\mathrm{m}^3$；

a——页岩气井投产后日产气量递增时期的递减率；

q_0——页岩气井投产时的初始产气量，$10^3\mathrm{m}^3$；

tm——页岩气井出现日产气量峰值的日期；

tz——页岩气井当年最后一个生产日；

q_i——初始递减时的产气量（也是页岩气井的日产气量峰值），$10^3\mathrm{m}^3/\mathrm{d}$；

n——递减指数；

D_{f}——初始递减率；

t——递减时间，d。

在综合考虑页岩气地质条件和工程条件的因素基础上，选择孔隙度、渗透率、水平段长度、压裂缝半长、储层厚度、生产压差、吸附气占比和地层压力系数共 8 个参数作为单井类比参数。经过二态性变化和矩阵计算等过程，拟合预测区类比系数的概率分布函数。再与刻度区单井年产气量的概率分布进行蒙特卡洛抽样计算，求得预测区单井年产气量的概率分布。

③ 产量风险量化模型构建。

本章中未来页岩气建设期为 n_1，稳产期为 n_2，递减期为 n_3，通过累计产量与可采储量进行比较，制定并调整打井计划。假设页岩气在 n_1 年内能够实现产能目标，且第一年完成产能目标的 $1/n_1$，第二年完成 $2/n_1$，……，第 n_1 年全部完成。在稳产期时通过不断打井来维持产量。

具体打井方案如下：

第一年打井数量：

$$J_1 = \frac{\frac{1}{n_1} P}{\overline{q_1}} \tag{6-1-42}$$

第二年打井数量：

$$J_2 = \frac{\frac{2}{n_1} P - J_1 \overline{q_2}}{\overline{q_1}} \tag{6-1-43}$$

第 n_1 年打井数量：

$$J_{n_1} = \frac{P - J_1 \overline{q_{n_1}} - J_2 \overline{q_{n_1-1}} - \ldots - J_{n_1-1} \overline{q_2}}{\overline{q_1}} \tag{6-1-44}$$

式中　J_t——每年井数，口，t=1，2，3…；

$\overline{q_t}$——单井年产量的均值，10^8m^3。

结合蒙特卡洛抽样，每年打井数（打井计划）乘以单井年产量的随机数，求得未来建产区内每年的页岩气产量，进而可求得页岩气的累计采出量。一旦在递减期之前前者超过了后者，打井计划中止并修正打井数和产量。

页岩气产量模拟方法的模型如下：

$$Q_{zt}=f(P, \overline{q_t}, N_{pt}, R_z) \tag{6-1-45}$$

式中　Q_{zt}——资源评价阶段第 t 年页岩气区块的年产量，10^8m^3；

N_{pt}——第 t 年单井页岩气的年产气量，10^8m^3；

R_z——可采储量，10^8m^3。

（3）资源评价阶段效益风险量化模型。

页岩气资源评价阶段开发投资的效益风险主要通过页岩气的投入和产出，通过净现值反映，则第 t 年净现金流量计算公式为

$$NCF_t=(S_1+S_2-S_2Tax_t-[(U\varphi_t+V\in_t+E)J_t+O_t+D_{dt}](1+m\vartheta)(1-Tax) \tag{6-1-46}$$

式中　NCF_t——第 t 年的净现金流量，元；

φ_t——第 t 年的钻井工程技术进步率，即第 t 年单井钻井成本相当于第 1 年的比例，%；

$\in_t$——第 t 年的压裂工程技术进步率，即第 t 年单井压裂成本相当于第 1 年的比例，%；

E——单井环境治理成本，元/口；

D_{dt}——第 t 年的地面工程投资；

m——投资和成本资金来源于借款的比例，%；

ϑ——借款利息率；

Tax——企业所得税税率。

3）页岩气产能评价阶段开发投资风险量化模型

（1）产能评价阶段储量风险量化模型。

产能评价阶段分别采用容积法和体积法计算游离气和吸附气的页岩气地质储量，其和即为页岩气的地质储量。通过专家访谈、敏感性分析和正交实验的方法，并结合文献资料，对影响页岩气储量的主要参数进行数据分析，得出影响页岩气储量的四个主要参数分别为含气饱和度 S_{gi}、区块含气层有效孔隙度 ϕ、页岩气体积系数 B_{gi} 和区块含气层质量密度 ρ_y。含气饱和度 S_{gi} 和区块含气层有效孔隙度 ϕ 是概率体积法的两个相对重要的参数，对储量变化的敏感程度更强，小幅度的变化会引起储量较大幅度的波动，因此，选择这两个参数作为影响产能评价阶段储量的风险因素，对其概率分布和其他参数值进行蒙特卡洛抽样，计算得到储量概率分布。

运用概率体积法计算页岩气地质储量公式如下：

$$C=0.01\left(A_{g}h\rho_{y}\frac{C_{x}}{Z_{i}}+A_{g}h\phi\frac{S_{gi}}{B_{gi}}\right) \tag{6-1-47}$$

式中 C_x——吸附气地质储量，10^8m^3；

A_g——含气面积，km^2；

h——含气层平均厚度，m；

ρ_y——区块含气层质量密度，t/m^3；

D_x——区块吸附气含量，m^3/t；

Z_i——原始气体偏差系数；

C_y——游离气地质储量，10^8m^3；

A_g——含气面积，km^2；

h——含气层平均厚度，m；

ϕ——区块含气层有效孔隙度；

S_{gi}——含气饱和度；

B_{gi}——页岩气体积系数。

（2）产能评价阶段产量风险量化模型。

产能评价阶段的页岩气开发建设，需落实产能、井距和压裂级数等指标，在具备部分单井的长时间生产动态数据的条件下，形成初步的打井计划，确定页岩气的经济开发方案。由于评价井数量较少，且需要去除无开采价值的单井，可以选取地质条件相似的区块，参考该区块的初始采气量特征，产能评价阶段具备页岩气生产数据，可运用经验递减曲线预测单井可采储量。在Arps递减曲线中，对影响页岩气单井产量的三个主要参数进行敏感性分析，发现敏感程度从高到低分别为：日产气量峰值q_i＞初始递减率D_i＞递减指数n，选取可采系数和单井的首日产气量作为评价产量风险的主要参数。

首先，界定产能建设期、稳产期和递减期的时间长短。

其次在储量分布函数的基础之上，结合可采系数分布函数，通过蒙特拉罗组合抽样计算可采储量分布函数。选取根据P_{50}储量、页岩气经验采气速度和可采系数，确定目标区块的规划产能：

$$Q_{cap}=C_{P50}\beta_2 v \tag{6-1-48}$$

式中 Q_{cap}——目标区块的年规划产能，$10^8m^3/a$；

C_{P50}——目标区块的可采储量，10^8m^3；

v——年采气速度；

β_2——区块的可采系数。

之后，由产能和经验负荷率按照公式确定产能建设期和稳产期的计划产量：

$$Q_{plan}=Q_{cap}r \tag{6-1-49}$$

式中 Q_{plan}——动用区域的年计划产量，$10^8m^3/a$；

r——系统运行的负荷率。

值得注意的是，负荷率是考虑产能建设要满足季节性波动和应急备用而引入的参数。目前中国的页岩气开发尚处于起步阶段，发挥调峰作用极小，且页岩气生产开发特点显示其开停自由性很小，故负荷率这一参数可暂设置为 1.0。

再根据递减曲线，结合页岩气井前期生产数据，得到目标区块的单井递减曲线概率分布及可采储量（EUR）的概率分布；并在年规划产能 Q_{cap} 基础上，得出区块内打井数量：

$$M = Q_{cap}/\text{EUR} \tag{6-1-50}$$

式中 M——井数量；

EUR——单井可采储量，10^8m^3。

最后，结合 MATLAB 和 Excel 软件，确定区块内第 t 年的打井 M_t，即区块的打井计划。并根据单井年产气量分布函数和各年钻井数量，初步计算各年产气量分布函数，得出区块年产量的概率分布。

（3）产能评价阶段效益风险量化模型。

产能评价阶段效益风险与资源评价阶段相似，主要从天然气价格波动和页岩气的财政补贴进行分析。

4）页岩气规模开发阶段开发投资风险量化模型

在规模开发阶段，生产动态数据已较为完整，初步打井方案已制定完成。本节根据生产动态数据，改进打井方案，再根据实际生产情况，进行为期 5 年开发投资风险量化。

（1）规模开发阶段储量和产量风险量化模型。

在规模开发阶段，页岩气开发投资风险主要从储量、产量、效益三方面体现，各个方面侧重因素有所不同，运用 FORSPAN 模型法，结合蒙特卡洛模拟，对关键参数取相应分布，再根据专家访谈法和主观概率法对基本参数进行赋值，抽样计算剩余可采储量的概率分布。先做出储量分布的基础上，进一步做出产量分布。其难点主要为在缺少诸多参数的情况下需要进行专家访谈和实地调研，对基本参数等进行估计。本例风险量化评价模型的评价对象是页岩气田内各个区块内的单一评价单元。模型思路及流程：

首先，由于规模开发阶段的定义就是已有大量生产数据，因此该阶段应该已确定相应的打井计划。根据实际生产数据可拟合单井递减曲线，即可确定相应参数的取值或者概率分布。

再根据 FORSPAN 模型法，具有增储潜力的未测试充注单元的数量采用三角分布；单一充注单元最终可采储量采用截尾偏移的对数正态分布；其余参数均根据专家访谈法进行赋值。需要强调的是，储量风险不只是具有增储潜力的未测试充注单元，还包括已测试充注单元未采出的部分，最终对储量分布进行概率密度估计以实现对储量风险的评价。

最后结合储量分布与单井产量分布，对打井方案进行调整，然后可计算该动用区域的产量分布，并为后续效益分布奠定基础。

规模开发阶段与前两个阶段略有不同，主要是少量投资已实现产量和收益而不能再简单忽略，所以实际上从项目全生命周期的角度说储量风险、产量风险和效益风险都应该包含已经确定的那一部分。

（2）储量和产量风险量化模型构建。

FORSPAN 法适用于已开发地区剩余资源潜力的预测。通过模拟每一口井的参数分布，用相应的参数分布计算具有增储潜力的注单元的资源量，再结合具有增储潜力的未开发充注单元数量，最终确定评价单元可采储量，其结果用概率分布的形式表示。其中，关键参数通过实际调研或专家访谈法获得，其余参数运用专家访谈法或主观概率法直接赋值。

重要参数如下：评价单元总面积 U；未证实的充注单元面积占评价单元总面积的百分比 R；未证实的充注单元面积中具有增加储量潜力的百分比 S；单个具有增储潜力的未测试充注单元的面积 V_i；单个具有增储潜力的充注单元的总可采储量 X_i。

第一步：确定具有增储潜力的未证实充注单元比例 T，即

$$T=RS \tag{6-1-51}$$

第二步：计算有潜力的未证实的充注单元面积 W，即

$$W=TU \tag{6-1-52}$$

第三步：确定有潜力的未证实充注单元的数量 N，即

$$N=\frac{W}{V_i} \tag{6-1-53}$$

第四步：计算评价单元总资源量 Y，即

$$Y=\sum_{i=1}^{N} X_i \tag{6-1-54}$$

其中，未证实的充注单元面积占评价单元总面积的百分比 R 是通过实际生产情况得出的经验值，未证实的充注单元面积中具有增加储量潜力的百分比 S 则是通过德尔菲法得出的经验值。

对未证实的充注单元面积占评价单元总面积的百分比的概率分布、未证实的充注单元面积中具有增加储量潜力的百分比的概率分布和单个具有增储潜力的未测试充注单元的面积的概率分布进行蒙特卡洛抽样，与评价单元总面积一起计算，最终得到具有增储潜力的充注单元数量的概率分布。

在产量方面，运用 Arps 递减曲线对单个充注单元（单井）的最终可采储量（EUR）进行计算。Arps 递减曲线法研究单井产量递减规律，年递减率根据生产井的数据，结合德尔菲法得出。计算累计产气量通过实际生产数据，获得了区块内单个充注单元初始产气量的最小值、最大值、众数，服从三角分布。

FORSPAN 模型法第四步计算评价单元总资源量要求对所有具有增储潜力的充注单元的总可采储量 X_i 求和，实际采用蒙特卡洛模拟，从具有增储潜力的充注单元数量的概率分布和单个充注单元（单井）EUR 的概率分布中随机抽样，二者相乘，最终得到评价单

元剩余总可采储量的概率分布。

在此特别指出，未证实的具有增储潜力的充注单元的数量打井数量，因其在储量分布计算时已采用了三角分布，本模型中在产量预测部分做出一定简化，取其均值作为实际区块的充注单元数量以制定打井计划。然后，结合已掌握第一年日均初始产量 q_i 后，考虑每年开采时间为定值 t 天，再结合历年区块内的打井数 X_i 和递减率 D_i，最终求得为期 5 年的总产量。

（3）效益风险模型构建。

页岩气规模开发阶段开发投资的效益风险在产量的基础上得出未来规划期内的产出部分和投入部分，最终以 NPV 表示，与资源评价阶段相同。

5）模型实例应用

分别选取昭通、威荣和涪陵地区作为模型应用对象，运用蒙特卡洛模拟，选取可能性为 50% 的概率值，最终得到评价区域的总可采储量的概率密度图和累计概率分布图，评价区域可采储量的中等可能性约为 $925\times10^8\text{m}^3$。评价区域可采储量概率密度图和累计概率分布如图 6-1-24 所示。

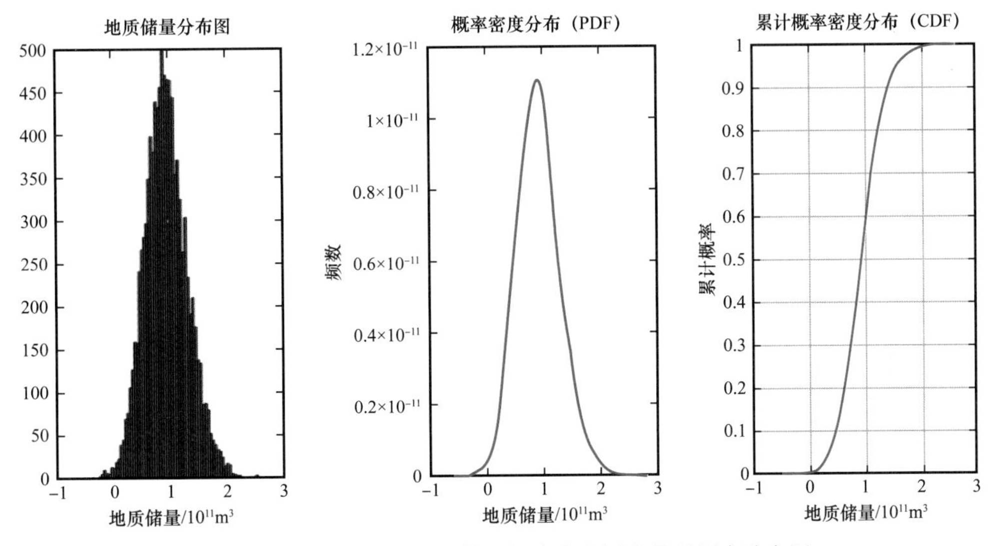

图 6-1-24　评价区域可采储量概率密度图和累积概率分布图

在产量风险量化中，由于获取资料有限，未能在某个时间点选取分属三个阶段的区块，在实例应用上，仍选取昭通、威荣和涪陵地区。根据前文产量加总的模型，将三个地区的产量加总，得到评价区域的产量的概率密度图（图 6-1-25）和累计概率分布图（图 6-1-26），选取可能性为 50% 的概率值，评价区域五年的产量分别为 $64.55\times10^8\text{m}^3$、$76.11\times10^8\text{m}^3$、$82.12\times10^8\text{m}^3$、$73.41\times10^8\text{m}^3$ 和 $63.85\times10^8\text{m}^3$。

根据效益风险量化模型，将三个阶段的效益相加，即将昭通、威荣和涪陵地区各年的效益相加，得到评价区域的效益的概率密度图（如图 6-1-27）和累计概率分布图（如图 6-1-28），选取可能性为 50% 的概率值，评价区域五年的效益分别为 -32.23×10^8 元、-22.32×10^8 元、-22.59×10^8 元、24.38×10^8 元和 34.24×10^8 元。

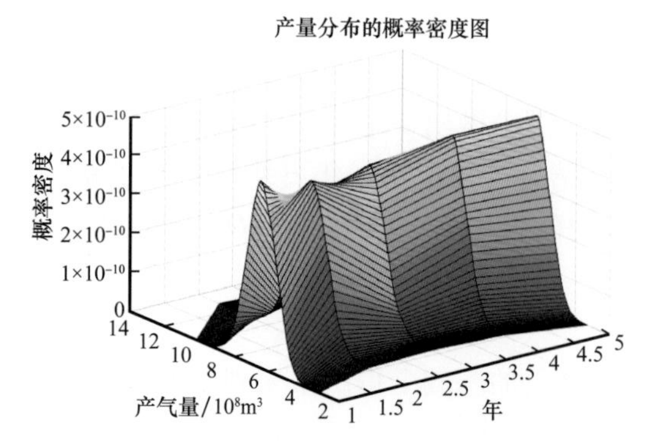

图 6-1-25 评价区域的产量的概率密度图

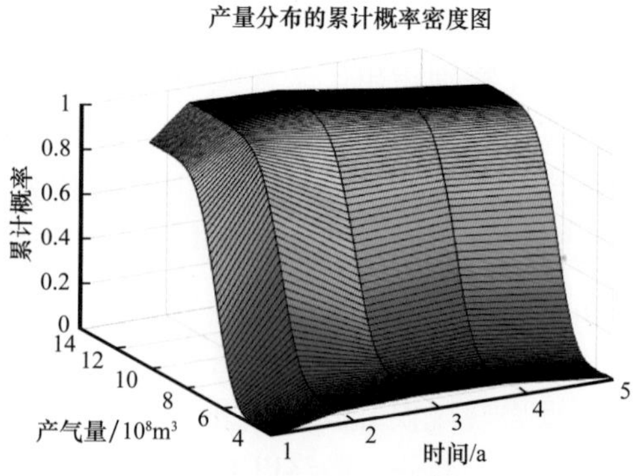

图 6-1-26 评价区域的产量的累计概率分布图

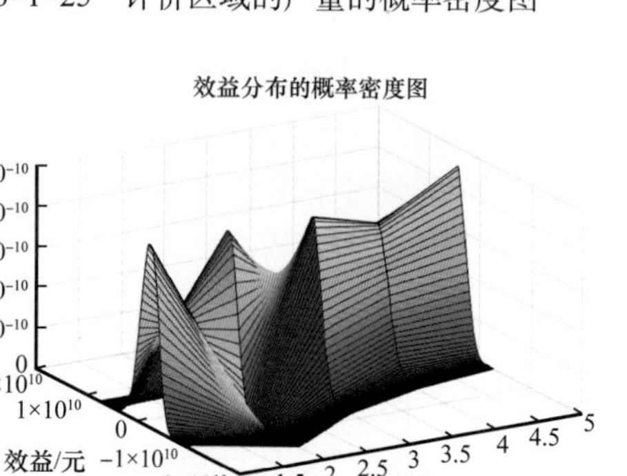

图 6-1-27 评价区域的效益的概率密度图

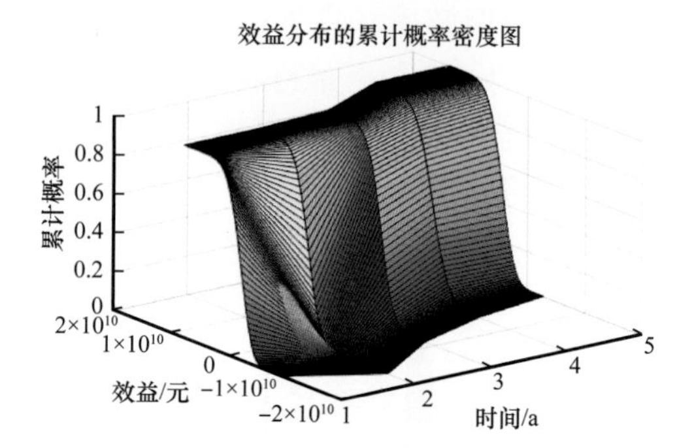

图 6-1-28 评价区域的效益的累计概率分布图

第二节 页岩气开发模式研究

一、页岩气开发特点

页岩气具有“连续性”油气聚集的特征，与构造圈闭或地层圈闭油气藏为代表的常规“非连续性”油气聚集特征明显不同，主要表现在以下六方面：（1）分布广泛、资源潜力大；（2）非均质性强，岩性变化大；（3）产量递减快，初期产量贡献大；（4）投资回收慢，技术进步降低成本；（5）人工油气藏，地质工程一体化；（6）自生自储，大面积连续分布。

页岩气储层不同于常规油气储层（图 6-2-1），传统开采技术无法获得自然工业产量，需要利用水平井和大规模压裂技术形成裂缝系统，改造成为“人工气藏”才能实现商业性开发。在目的层资源丰度一定的情况下，页岩气井单井预测最终可采储量主要取决于改造规模和改造效果。

相较于常规气田，页岩气勘探开发不适用于“预探—评价—试采—整体开发”的阶段划分，通常采用多学科融合、多技术集成的快节奏，打破勘探与评价、试采与开发的界限，以“地质工程一体化”的模式组织运行，综合考虑资源、技术和经济条件优选的“甜点”区投入开发，以水平井丛式平台为单位实施批量钻井，并以平台接替实现区域滚动开发。页岩气开发钻井数量多、单井钻完井和压裂改造投资巨大，投资经济性受工程成本影响较大。同时，平台采气、集输处理和外输工程既需要适应初期有排液需求的高压生产，也要适应中后期井口压力和产量的快速递减，初期地面流程改造频繁，中后期面临单井间歇生产问题，平台增压和单井增压等生产管理工作繁重。

√分布广泛、资源潜力大	√投资回收慢，技术进步降低成本
全国： 地质资源量80.5×$10^{12}$$m^3$ 可采资源量12.85×$10^{12}$$m^3$ 探明储量5441×$10^8$$m^3$	随着技术进步，水平井长度增加、钻井周期缩短，单井成本降低
√非均质性强，岩性变化大	√人工油气藏，地质工程一体化
页岩分布并不均质，岩相变化较大，由此造成页岩储层质量不一	需要实施大型的加砂压裂增产措施，才能达到一定规模的商业性
√产量递减快，初期产量贡献大	√自生自储，大面积连续分布
北美页岩气区典型单井第一年的生产都呈现断崖式下降	富含有机质的页岩只要达到“生气窗”，都可原地成藏为页岩气

图 6-2-1　页岩气特征

二、页岩气绿色低成本模式三大层次

国内外页岩气成功开发建设，主要受控于地质开发理论、工程技术和组织管理三个方面，其中地质开发理论是基础，工程技术是关键，组织管理是保障。综合项目其他五个课题研究成果，系统总结提出了三大层次、五大专业的“金字塔”形页岩气开发模式（图 6-2-2），为促进页岩气规模有效开发提供可借鉴、可复制的模板。

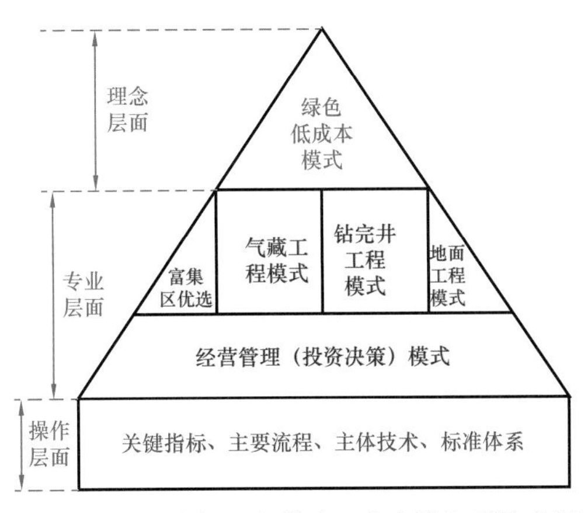

图 6-2-2　页岩气开发模式“金字塔”形构成图

广义上页岩气开发模式应该包括富集区优选模式、气藏工程模式、钻完井工程模式、地面工程模式、经营管理模式等，以上模式的创新和形成有利于页岩气大规模投入开发。

1. 富集区优选模式

1）地质 / 工程“双甜点”的有利富集区筛选

川南页岩气开发实践表明，在页岩气有利勘探区带的选择上，尽管国外油公司所考虑的参数指标不尽相同，但共同关注的问题也是较多的。在比较了北美地区油公司在页岩气评价选区中所关注的一些基本条件，提出了四川盆地海相页岩气有利区带评价参数体系（表 6–2–1），涉及 5 个方面。

表 6–2–1 四川盆地页岩气选区评价参数指标与划分标准表

序号	评价项目		优选标准
1	沉积环境	沉积微相	深水硅质泥棚
2		古地貌	深水洼陷区
3		U/Th＞1.25 厚度 /m	＞4
4	储层条件	I 类储层连续厚度 /m	≥10
5		有机碳 /%	＞2
6		热成熟度 /%	＞1.35
7		脆性矿物 /%	＞40
8		黏土矿物 /%	＜40
9		孔隙度 /%	＞2
10		渗透率 /nD	＞100
11	资源条件	含水饱和度 /%	＜45
12		含气量 /（m^3/t）	＞2
13		优质页岩厚度 /m	＞20
14	保存条件	构造保存条件	稳定区
15		气源类型	油裂解气为主
16		埋深 /m	＜4500
17		压力系数	＞1.2
18		距剥蚀线距离 /km	＞7～8
19		距断层距离 /m	＞700
20	资料条件	地震资料	二维

其中，最关键的几个参数是TOC、脆性矿物含量、压力系数、储层厚度等。以中国石油为例，川南有利区落实4500m以浅有利区面积$1.94\times10^4km^2$，地质资源量$10.4\times10^{12}m^3$，其中埋深小于3500m的资源量为$1.7\times10^{12}m^3$，占比16%，埋深3500～4000m的资源量为$3.3\times10^{12}m^3$，占比32%，埋深4000～4500m的资源量为$5.4\times10^{12}m^3$，占比52%（图6-2-3）。

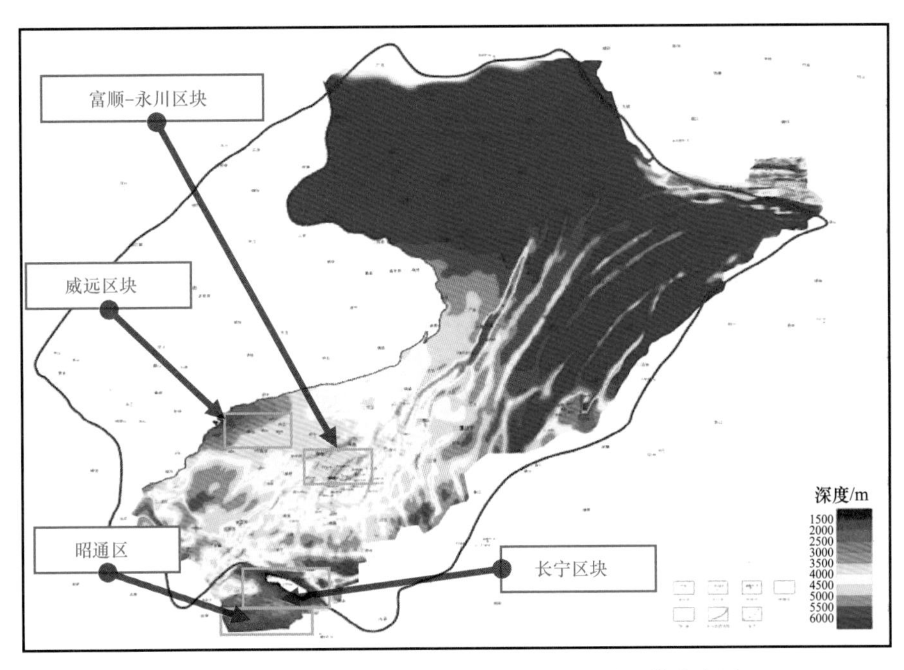

图6-2-3 川南地区4500m以浅页岩气有利区带分布图

2）地面/地下“双约束”的可工作区优选模式

川南地区地面存在生态红线、军事禁区、城市规划区、煤矿采空区、政府划定禁采区和风景名胜区等不可工作区，该类区块无法部署井位，需在有利区中扣除（图6-2-4）。

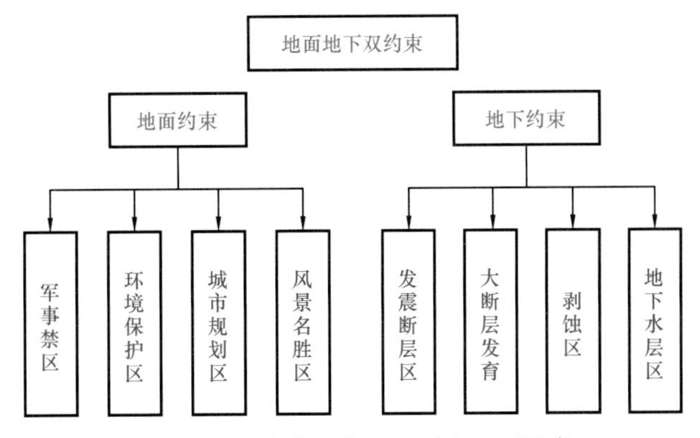

图6-2-4 富集区优选地下和地面因素

富集区优选模式是综合地下和地面条件筛选出有利布井面积，通过借鉴国外有利区优选标准，结合川南地区实际，建立了适合川南地区综合“地下＋地面”的富集区优选模式。

根据优选，川南地区可工作有利区面积为 1.85×10^4km^2，资源量为 9.7×10^{12}m^3，具有广阔的勘探开发潜力。其中长宁区块有利区面积为 3188km^2，资源量为 1.6×10^{12}m^3；威远区块有利区面积为 7049km^2，资源量为 3.2×10^{12}m^3；泸州区块有利区面积为 3197km^2，资源量为 2.6×10^{12}m^3；渝西区块有利区面积为 3821km^2，资源量为 1.9×10^{12}m^3；昭通滇黔北区块有利区面积为 1090km^2，资源量为 3900×10^8m^3。

2. 气藏工程模式

气藏工程模式可以概括为地质工程一体化高产井培育、井间区块接替稳产、全生命周期产能评价模式。

建立了复杂地下、地面条件页岩气高效开发优化技术。川南页岩气开发面临以下难题：（1）受山地地表条件限制，地下资源动用难度大；（2）高产井影响因素多，水平井参数设计难度大；（3）页岩气流动机理复杂，生产动态预测难度大；（4）不同区块地应力差异大，天然和人工裂缝表征困难，地质工程一体化建模和优化设计难度大。为了解决上述难题，建立了地质工程一体化建模技术、开发优化部署技术、水平井优化设计技术、动态跟踪和定量分析预测技术等页岩气高效开发优化技术，采用平台部署 + 丛式井组、水平井 + 分段体积压裂、工厂化作业 + 橇装化采气等方案，充分利用了地下地面两个资源，提高了单井产量和建设效率，使得地质建模和动态预测吻合率达到 90% 以上，高效开发模式和水平井优化设计技术能够满足提高单井产量、提高资源动用率、提高作业效率的需求。

1）地质工程一体化高产井培育模式

通过不断的探索和实践，建立了长宁、威远等区块的高产井模式（表 6-2-2 和表 6-2-3）。

表 6-2-2 长宁地区高产井培育模式

分类	控制因素	N201 井区	N209 井区
地质	水平井轨迹方位	垂直于最大水平主应力方向	垂直于最大水平主应力方向
	箱体位置	龙一$_1^1$—龙一$_1^2$	龙一$_1^1$—龙一$_1^2$
	Ⅰ类储层连续厚度	≥10m	≥10m
	有效Ⅰ类储层长度	≥800m	≥800m
工程	井筒完整性	完整	完整
	主体压裂工艺	低黏滑溜水 + 低密度、高强度陶粒，密切割分段 + 高强度加砂	低黏滑溜水 + 低密度、高强度陶粒，大液量、大排量
	关键参数	平均段长 50m 左右；用液强度＞30m^3/m；加砂强度＞2t/m；排量 12～14m^3/min	平均段长 60m；用液强度 30～35m^3/m；加砂强度＞2t/m；排量＞16m^3/min

表 6-2-3 威远地区页岩气井高产模式

类别	指标	界限
地质	龙一$_1^1$厚度	优先实施大于 4m 的区域
	轨迹方位	垂直或与最大主应力方向大角度相交
	靶体至优质页岩底部距离	≤4m
	龙一$_1^1$钻遇长度	≥1200m
工程	加砂强度	>1.5t/m
	排量	≥12m^3/min
	段间距	<70m
	簇间距	<25m
	70/140 目石英砂比例	<30%
	胶液比例	<10%
	井筒完整性	>90%

2）井间接替稳产模式

页岩气井产量递减快，区块稳产需要大量钻井，通过井间接替实现区块上产和规模稳产（图 6-2-5）。

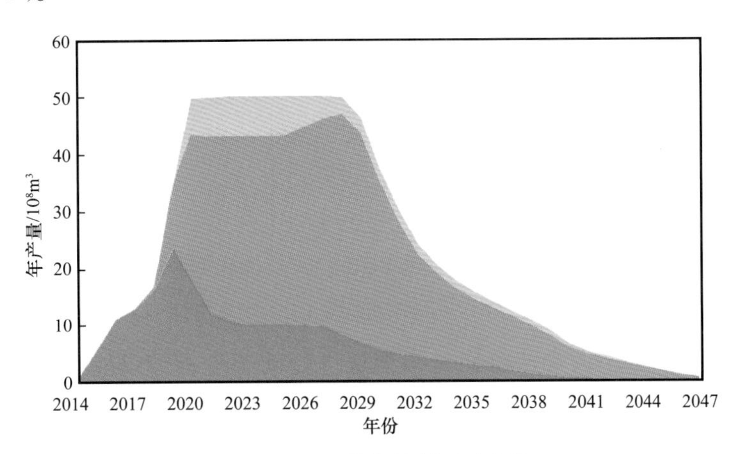

图 6-2-5 区块产量剖面示意图

同样，对于一个气区而言，通过整体部署、分步实施实现总体上稳产，气区稳产通过区块接替完成（图 6-2-6）。

3）全生命周期产能评价模式

根据页岩气井不同阶段生产特点及资料情况，集合地质工程多因素产能模型、测试产量回归、解析模型法等方法，实现了页岩气井全生命周期产能和 EUR 预测（图 6-2-7）。

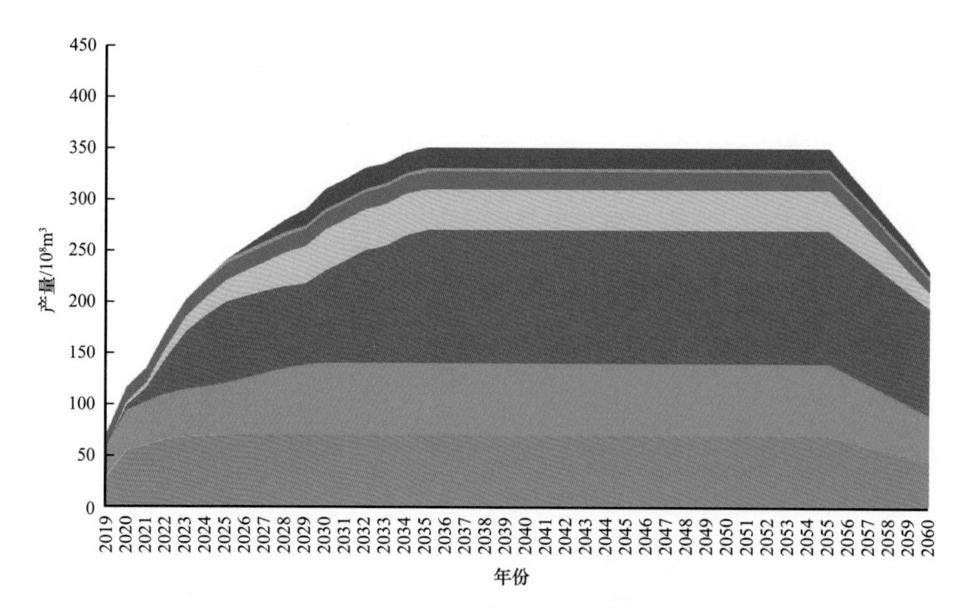

图 6–2–6　气区产量剖面示意图

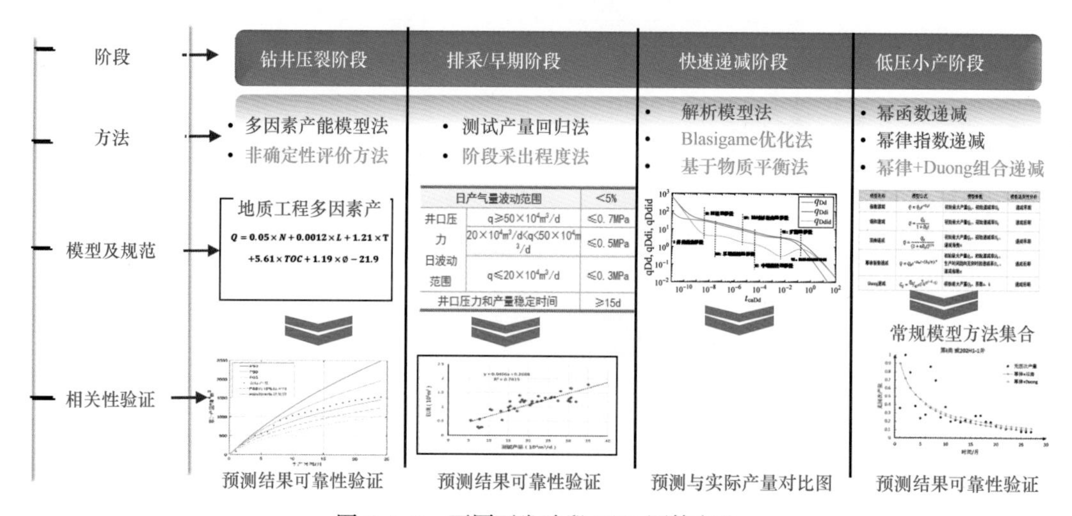

图 6–2–7　不同开发阶段 EUR 测算方法

未投产前，气井无压力和产量历史，无法进行动态分析，只能根据产能主控因素和邻区可对比区块建立的拟合方程，考虑一定的误差，采用非确定性评价方法进行预测。

排产阶段，气井有测试产量，但是由于储层渗流能力弱，一般尚未进入边界流动阶段，尚达不到应用现代产量分析方法要求，所以可根据邻区建立起来的测试产量回归方程或阶段采出程度法。

进入边界控制流动后，产量和压力历史数据较多，满足现代产量递减分析要求，使用具有严格理论基础、商业化应用程度较高的软件可以大幅提高预测精度。

进入低压小产阶段后，产量较稳定，可采储量采出程度高，可以应用经验公式等方法预测 EUR，方便快捷，误差可控。

3. 钻完井工程模式

1）页岩气钻完井历程

（1）页岩气钻井历程。

钻完井技术水平不断提高，施工能力持续提升，由直井—单水平井—平台井拓展，水平井主体钻井技术升级至 2.0 版（表 6-2-4），包括口旋转导向 + 自研、强化钻井参数、远程技术支持中心、环保型油基钻井液、精准地质导向、保障井筒完整性的固井技术。

表 6-2-4　川南页岩气不同阶段的关键钻井技术特点

时间	第一阶段（2009—2010 年）	第二阶段（2011—2013 年）	第三阶段（2014—2015 年）	第四阶段（2016—2020 年）
			钻井技术 1.0 版	钻井技术 2.0 版
关键技术	● 地质评价 ● 开展直井单井试验 ● 引进油基钻井液技术	● 开展水平井单井试验 ● 水平井工厂化钻井试验 ● 引进旋转导向 ● 成功研发油基钻井液 ● 常规固井	● 旋转导向规模应用 ● 国产油基钻井液全面取代进口 ● 水基钻井液试验 ● 常规地质导向 ● 韧性水泥浆体系试验	● 进口旋转导向 + 自研 ● 强化钻井参数 ● 远程技术支持中心 ● 环保型油基钻井液 ● 精准地质导向 ● 保障井筒完整性的固井技术

经过几轮的技术进步，截至 2020 年底，川南页岩气钻井技术指标得到大幅提升，其中机械钻速从初期的 4.9m/h 增加到 9.8m/h；钻井周期从初期的 117 天缩短至 51 天，钻井效果进步显著（图 6-2-8）。

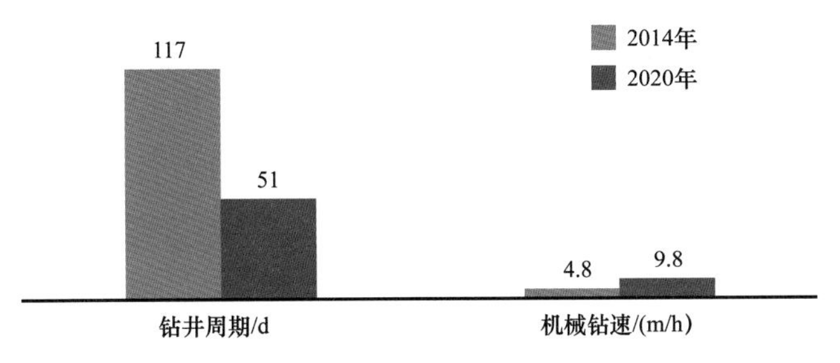

图 6-2-8　威远页岩气历年钻井提速发展

（2）川南页岩气压裂历程。

川南页岩气体积压裂技术分为体积压裂技术 1.0 版和体积压裂技术 2.0 版，其中体积压裂技术 1.0 版发展历经 2011—2019 年九年时间，从初期的均匀分段，各段同一压裂方案，转变为非均匀分段，优选射孔段，套变段压裂工艺，到地质工程一体化精细设计，试验密切割压裂，试验高强度加砂工艺，试验段内多簇压裂等工艺；体积压裂技术 2.0 版以完善“段内多簇、高强度加砂、暂堵转向、大排量”为核心，段内多簇通过缩小簇间距，缩短基质到裂缝的渗流距离，高强度加砂通过裂缝条数增加，提高加砂强度确保裂缝导流能力，暂堵转向通过暂堵充分改造裂缝，确保各簇裂缝均有效改造，大排量是指提升缝内净压力和裂缝复杂程度，确保每簇裂缝开启（表 6–2–5）。

表 6–2–5 川南页岩气体积压裂技术发展历程

时间	第一阶段（2011—2016 年）	第二阶段（2016—2017 年）	第三阶段（2017—2019 年）	第三阶段（2019—2020 年）
	体积压裂技术 1.0 版			体积压裂技术 2.0 版
工艺技术	● 均匀分段 ● 各段同一压裂方案	● 非均匀分段 ● 优选套段压裂工艺 ● 压裂实施实时调整	● 地质工程一体化精细设计 ● 试验密切割压裂 ● 试验高强度加砂工艺 ● 试验段内多簇压裂	● 长段短簇 ● 暂堵匀扩 ● 控液增砂

2020 年，体积压裂技术 2.0 版在川庆威远页岩气推广应用，从完成测试井的数据显示，较体积压裂技术 1.0 版压裂后效果显著提升，套变丢段率大幅下降，测试产量从 $24.2\times10^4m^3/d$ 提升到 $35.5\times10^4m^3/d$。

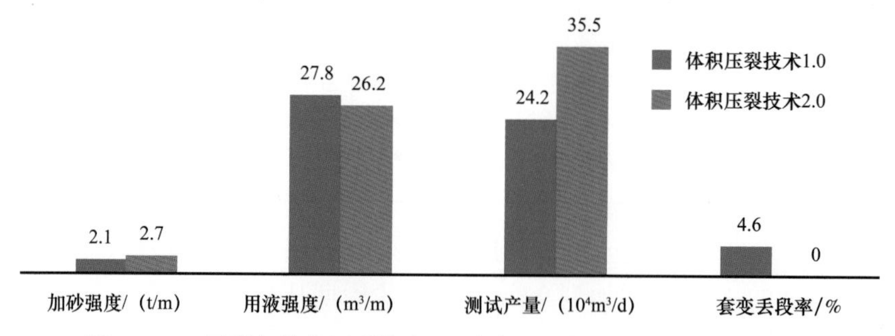

图 6–2–9 页岩气体积压裂技术 1.0 版与 2.0 版试验井效果指标对比

2）川南页岩气钻完井模式

针对川南地区页岩气储层埋藏深、岩石强度高、地质构造复杂及机械钻速低、钻井周期长等问题，通过学习国外页岩气钻井技术，结合国内页岩气钻完井实践经验，逐步形成了适合于川东南深层页岩气的钻完井技术模式，主要包括大井丛、长水平段平台、水平井体积压裂技术 2.0 版、工厂化作业。

丛式“井工厂”通过建设丛式井井场达到井网覆盖面积最大化，减少地面设备，大幅降低地面成本，通常一个钻井生产平台钻有 4～8 口井，水平井长度以 1500m 左右为主。钻井关键参数包括井身结构、井眼轨迹、钻井参数、定向工具、钻井液体系，其中井身结构分为三开井身和四开井身（表 6–2–6），国外开发主要采用三开井身结构，国内开发目前主要以四开井身结构为主，逐步向三开井身结构转变；钻井参数分为常规钻井参数和大排量、高压钻井参数，常规钻井参数是指常规钻井的现场应用数值，大排量、高压钻井参数是指加大排量、提高钻压、提升钻速等，通过强化钻井参数而提高钻井效率，缩短钻井周期；定向工具分为“PDC+ 弯螺杆”和“PDC+ 旋转导向”，造斜段采用旋转导向系统，具有钻进时摩阻与扭阻小、钻速高、成本低、易调控并可延长水平段长度等特点，采用“弯螺杆”控制井眼轨迹，定向井段长，不利于钻井提速；钻井液体系大致分为水基钻井液和油基钻井液两种，水基钻井液容易引起堵塞，同时因为页岩层段渗透率低，影响产能，油基钻井液可以对页岩起支撑作用，由于孔隙很小，受到毛细管压力的阻止，油分子很难进入页岩的有机质和无机质孔隙中，所以采用配备了一定比例支撑剂的油基钻井液作为钻井液，对水平井旋转导向、井身轨迹及后期固井都是十分关键的。

表 6-2-6 井身结构模式

序号	关键参数	井身结构	
		四开四完	三开三完
1	井眼轨迹	三维井	双二维井
2	钻井参数	常规参数	大排量，高钻压
3	定向工具	PDC+ 弯螺杆	PDC+ 旋转导向
4	钻井液体系	水基	油基

体积压裂是美国页岩气革命最值得关注的技术。近年来，借鉴北美页岩气体积压裂的经验，我国川南页岩气体积压裂技术从 1.0 版升级到 2.0 版，通过段内多簇、高强度加砂、暂堵转向、大排量等一系列措施显著增加完井强度，促使裂缝复杂化，实现超级规模缝网，从而提高单井产量，对比分析两个版本压裂技术关键参数，平均簇间距从 20～24m 缩短至 10m，平均加砂强度从 1.0t/m 增加至 3.0t/m，石英砂比例从 30% 增加到 60%，施工排量从 12～14m^3/min 提高到 16m^3/min 以上，用液强度从 30m^3/m 降至 25～30m^3/m，体积压裂技术 2.0 版增加暂堵球、暂堵剂工艺（表 6-2-7）。

表 6-2-7 水平井体积压裂技术的 1.0 版本与 2.0 版本对比

序号	技术能力	1.0 版	2.0 版
1	簇间距 /m	20～25	10
2	加砂强度 /（t/m）	1.0	3.0
3	石英砂比例 /%	30	60
4	施工排量 /（m^3/min）	12～14	>16
5	用液强度 /（m^3/m）	30	25～30
6	配套工艺	无	暂堵球 + 暂堵剂

“工厂化”作业不是特指某项单一的技术，是按照系列标准技术进行的程序化、流水化的作业模式。它的特点是连续性作业，可大幅提高压裂设备的利用率，减少设备动迁及安装频率，降低工人劳动强度，该模式是一种保障井工厂施工高效运行的有效生产组织形式。“工厂化”模式利用快速移动钻机对丛式井组多口井进行批量钻完井和脱机作

业，以流水线的方式，边钻井、边压裂、边生产。通常同口井依次一开和固井，再依次二开和完井，直至全部完井，目前主要作业模式有双钻机按开次分段作业、拉链式压裂作业、边钻井边压裂、边钻井边压裂边采气。

4. 地面工程模式

川南页岩气地面工程建设和生产管理面临以下难题：（1）页岩气井初期压力高、气液量大但递减快，地面装置适应性差；（2）工程建设周期长，装置重复利用率低，投资控制难度大；（3）传统管理模式人工值守、劳动强度大、生产成本高。此外，国内页岩气开发地面建设面临建设地点地形复杂、建设区域人口稠密、水资源匮乏等问题。

结合国内页岩气开发地面建设面临建设周期短、建产区地形复杂、人口稠密、水资源匮乏等问题，提出了一套适应国情的页岩气地面工程建设模式，通过采用标准化、模块化、橇装化、水资源重复利用、钻井压裂地面一体化设计等措施以解决上述问题。建立了一套适应国情的页岩气地面工程建设模式，包括标准化设计、模块化、适时配置装置、一体化和水资源重复利用。

由于开采前期、后期页岩气产量变化较大，无法明确确定工业设备的配套标准，为满足页岩气开采需求，在页岩气地面工程设计中需要采用一种适应性较强的工艺设备。

1）标准化设计

页岩气地面工程标准化设计将有助于缩短页岩气地面，工程建设周期、降低成本、提高页岩气开采效率。在页岩气地面工程标准化设计中将结合地面具体实际情况以成熟的工艺技术形成标准化成果文件（图6-2-10），缩短设计周期，以规模化采购取代多品种小批次采购，以细化的标准化图纸减少施工变更，标准化成果实现页岩气装置设备的互换利用，以确保页岩气地面工程场站布局、工艺流程和装置设备选配更加合理、高效。

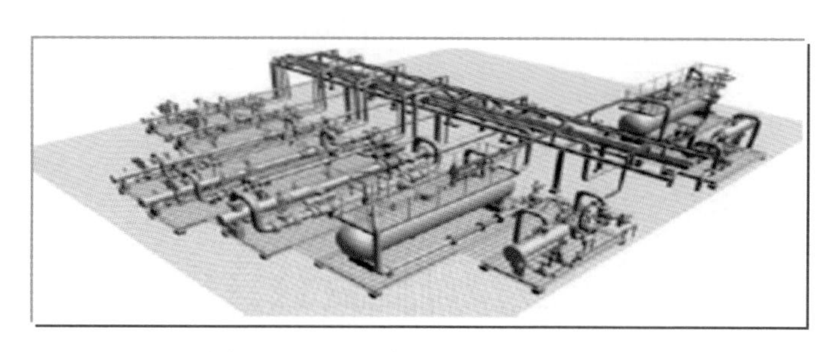

图6-2-10 三大示范区标准化设计

2）模块化

按生产单元按功能需求和运输限制条件要求，分为若干模块进行设计，然后将各个模块在工厂内进行预制，并完成整体组装及初步调试，再将模块进行拆分，运至现场组装复原，最后经整体调试并投产运行。模块化设计具有安全性更优、质量更好、效率更高、进度更快、费用更省、占地更少等优点，据现场数据统计，运用空间布置技术，项目占地节省15%以上、工期节约30%以上。

3）橇装化

橇装化设备能够方便、快速地进行组合、移动，具有良好的适应性。结合页岩气开采特点，页岩气地面工程需要具有良好的适应性，通过选用橇装设备将能够实现工艺设备的高效利用。在合适的时间配置合适的资产，在不同生产阶段、不同生产井数的情况下，充分利用模块可拆装、易搬迁的独特优势，把初期高压设备搬迁至开发新区重复使用，可降低工程总投资。橇装化设备选型时需要规范化、标准化，选用外形尺寸、功能及技术参数都一样的管阀配件，方便快速拆卸、组装。

4）资源重复利用

页岩气压裂需要大量水资源，因此坚持以“水生命循环为理念”提高水资源综合利用，通过回用为主、回注为辅，达标外排措施，达到水资源最大程度的利用。回用处理主要是去除或降低影响压裂效果和压裂液性能的杂质后，重新配制压裂液用于接替井压裂作业。回注处理是将压裂返排液进行絮凝沉降、过滤等工艺处理，降低悬浮物含量，并控制悬浮物的粒径，达到回注水水质要求后回注地层。压裂返排液处理后外排是页岩气压裂返排液处理的必然趋势，以适应页岩气进入开发中后期，无大量接替井对压裂返排液进行回用情况。

5）坚持地面、钻井、压裂一体化

统一考虑钻井、压裂、地面建设，避免交叉作业、重复作业，提高作业利用率，减少设备搁置，缩短作业周期，形成一体化脱水集成装置、一体化井场装置、一体化增压装置（图 6-2-11）。

(a) 一体化脱水集成装置

(b) 一体化井场装置

(c) 一体化增压装置

图 6-2-11 一体化装置

5. 投资决策与管理模式

投资决策模式可以概括为多参与主体、竞争合作共赢，低成本开发管理模式。对比分析国内外页岩气开发经营管理模式，提出适应国内页岩气开发环境的管理模式。

1）国内开发管理模式现状

中国石油在四川盆地的页岩气区块主要有长宁、威远、渝西、泸州和昭通。为了充分探索页岩气勘探开发项目管理创新提效率增效益的潜力，中国石油天然气集团有限公司在四川盆地南部页岩气田率先打破传统油气上游项目的“油田模式”，同时尝试新的项目管理模式。通过不断实践探索，逐步形成多参与主体，自主经营为主的开发管理模式。在管理方式方面，国内目前主要采用四种经营模式：国际合作、自营开发、国内合作、风险作业，国外市场化程度高，多家企业参与合作开发。

第一种模式是风险作业服务，由油公司与未上市工程技术服务企业开展风险作业服务，由未上市工程技术服务企业负责投资建设和生产运行，发挥工程技术服务企业的较低资金成本优势、主观能动性和创造力，发掘中国石油上下游一体化优势的降本增效潜力。

第二种模式是企地合资开发，引入各类社会资本，按照油公司模式运作降低管理成本，探索完全市场化手段的降本增效潜力。

第三种模式是按照油公司模式自营开发，用市场化手段优选工程技术和工程建设服务，生产运行采用作业区模式自营管理，或者是聘请专业劳务团队负责生产运行。

第四种管理模式是对外合作，参照陆上常规油气对外合作产品分成合同模式引入国际大石油公司，引入技术、资金和管理经验，集中全球优势资源提升国内页岩气开发效益潜力。

以上 4 种管理模式共同特点是能够避免“大而全”的传统模式弊端，没有分摊项目上级油气田公司和集团公司总部管理费等各种费用分摊；管理机构精干高效，人员费用低；钻完井和压裂以及地面工程建设服务采取市场化招标，通常以“工程总承包”方式进行，具有最高性价比。除了自营开发模式，其他三种模式可由合资合作方分摊部分投资，发挥“资源换投资”“资源换产量”或“资源换效益”的作用。国内对外合作区块通常是勘探开发一体化项目，在产品分成合同模式下能够享受一定的税费优惠政策，由外国合同者担任项目作业者，还能体现“资源换技术”的优势，项目运作更是遵循经济效益最大化原则。

2）“一体化”工程组织管理

“一体化”主要特点就是组织地质研究人员和工程设计人员同步工作，共同确定开发部署方案，在开发区域选择、目的层段确定、平台部署、井眼轨迹和压裂设计等环节同时考虑地质因素和工程因素。既以资源品质因素作为基础，对工程设计提出要求，又要结合工程设计的可实现性和经济性，划定资源品质边界，同时又通过优化工程设计弥补资源品质的不足，深化地质研究提升工程设计质量，最终实现资源与技术、规模和效益的和谐统一。

“地面地下一体化”模式进一步丰富了组织创新的内涵。页岩气井通常采取滚动建产、平台接替和区块接替方式开发，客观要求地面工程设计要向前延伸到地质设计阶段，实现高度同步和统一。地质设计阶段要提前考虑地面工程设计和施工的可实现性、便利性和投资经济性。然而四川盆地南部山区地形地貌复杂，压裂用水供应成本高，“三废”处理要求高，在项目实施过程中，需要努力把这些因素对地面集输、工艺改造、井下作业等工程施工和生产管理工作的不利影响降至最低，实现对每个施工环节、每个生产阶段的投资和成本的有效控制。地面工程设计和施工过程中也需要将问题和矛盾及时反馈到地质设计阶段，进一步优化平台和井位部署，从源头上控制好工程投资和生产成本，提高工程设计和施工的质量和效率。

建立了地质工程一体化高产井培育方法。采用地质工程一体化研究、一体化设计、一体化实施，全面推广油公司精细化管理模式，确保“定好井、钻好井、压好井、管好井”。

参考文献

包兴，李少华，张程，等 . 2017. 基于试验设计的概率体积法在页岩气储量计算中的应用［J］. 断块油气田，(5)：678–681.

曹华林，谭建伟 . 2016. 页岩气产业政策比较及其引申［J］. 改革，(5)：67–75.

陈勉，金衍，张广清，等 . 2008. 石油工程岩石力学［M］. 北京：科学出版社 .

陈曦 . 2015. 基于 CFD 的涡轮流量计结构优化［D］. 大庆：东北石油大学 .

陈志，刘承龙，李朝阳 . 2019. 页岩气橇装装置浅析［J］. 广东化工，46（10）：145，156.

陈志 . 2019. 中国石油工程建设有限公司西南分公司页岩气平台一体化橇装集成技术［J］. 天然气与石油，37（4）：37.

陈朝明，陈伟才，李安山，等 . 2016. 大型气田地面工程模块化建设模式的优点剖析［J］. 天然气与石油，34（1）：8–13+131.

陈洪涛，陈劲，施放，等 . 2009. 新兴产业发展中的政府作用机制研究——基于国家政治制度结构的理论分析模型［J］. 科研管理，30（3）：1–8.

陈军斌，魏波，谢青，等 . 2016. 基于扩展有限元的页岩水平井多裂缝模拟研究［J］. 应用数学和力学 . 37（1）：73–83.

陈尚斌，朱炎铭，王红岩，等 . 2010. 中国页岩气研究现状与发展趋势［J］. 石油学报，(4)：692–693.

陈玉海，谢灿波，高光军，等 . 2013.“模块化、橇装化、工厂化”集成技术在苏丹石油地面工程建设中的应用［J］. 石油工程建设，39（05）：33–37，8.

大庆油田工程有限公司等 . 2010. SY/T 6770—2010 非金属管材质量验收规范［S］. 北京：石油工业出版社 .

丹尼尔·耶金 . 2012. 能源重塑世界［M］. 北京：石油工业出版社 .

杜陶钧，黄鸿 . 2003. 模块化设计中模块划分的分级、层次特性的讨论［J］. 机电产品开发与创新，(2)：50–53.

方思冬 . 2017. 混合边界元数值模拟方法［D］. 北京：中国石油大学（北京）.

房大志，曾辉，王宁，等 . 2015. 从 Haynesville 页岩气开发数据研究高压页岩气高产因素［J］. 石油钻采工艺，37（2）：58–62.

高飞，肖刚，潘双夏，等 . 2007. 产品功能模块划分方法［J］. 机械工程学报，43（5）：29–35.

高玮，李继祥 . 2004. 人工神经网络在岩石力学中的应用［J］. 武汉轻工大学学报，23（2）：63–67.

高志华，侯德艳 . 1996. 对大庆外围油田开发中几个经济界限的研究［J］. 大庆石油地质与开发，(2)：23–27.

葛翠翠. 2007. 天然气集输管网优化［D］. 大庆：东北石油大学 .

郭瑞，罗东坤，李慧 . 2016. 中国页岩气开发环境成本计量研究及政策建议［J］. 环境工程，34（3）：180–184，42.

郭建成，林伯韬，向建华 . 2019. 四川盆地龙马溪组页岩压后返排率及产能影响因素分析［J］. 石油科学通报，4（3）：273–287.

郭旭升，胡东风，魏祥峰，等 . 2016. 四川盆地焦石坝地区页岩裂缝发育主控因素及对产能的影响［J］.

石油与天然气地质，37（6）：799–808.

韩建成，杨拥军，张青士，等．2010. 长庆油田标准化设计、模块化建设技术综述［J］. 石油工程建设，36（2）：75–79+11–12.

何希鹏，高玉巧，唐显春，等．2017. 渝东南地区常压页岩气富集主控因素分析［J］. 天然气地球科学，28（4）：654–664.

胡文瑞，鲍敬伟．2013. 探索中国式的页岩气发展之路［J］. 天然气工业，33（1）：1–7.

黄进，吴雷泽，游园，等．2016. 涪陵页岩气水平井工程甜点评价与应用［J］. 石油钻探技术，44（3）：16–20.

黄旭，熊欣，覃丹双．2015. 页岩气水力压裂技术返出液净化工艺探讨［J］. 石化技术，22（4）：95.

黄继新，彭仕宓，王小军，等．2006. 成像测井资料在裂缝和地应力研究中的应用［J］. 石油学报，27（6）：65–69.

黄雪莉，王雪枫，陈丽娟．2011. 25℃下 Na^+，K^+，Mg^{2+}//Cl^-，SO_4^{2-}，NO^{3-}，H_2O 体系液固相平衡［J］. 高等学校化学学报，32（6）：1378–1383.

霍磊．2014. 浅谈孔板流量计测量误差分析及改进措施．科技信息，（7）：70–71.

贾爱林，位云生，刘成，等．2019. 页岩气压裂水平井控压生产动态预测模型及其应用［J］. 天然气工业，39（6）：71–80.

贾保军，张爱丽．2003. 有机废水处理中复极固定床电解槽的研究进展［J］. 环境工程学报，4（11）：5–21.

贾成业，贾爱林，何东博，等．2017. 页岩气水平井产量影响因素分析［J］. 天然气工业，37（4）：80–88.

简新华，杨艳琳．2009. 产业经济学［M］. 武汉：武汉大学出版社．

蒋恕，唐相路，Steve O，等．2017. 页岩油气富集的主控因素及误辨：以美国、阿根廷和中国典型页岩为例［J］. 地球科学，42（7）：1083–1091.

蒋廷学，卞晓冰．2016. 页岩气储层评价新技术——甜度评价方法［J］. 石油钻探技术，44（4）：1–6.

金之钧，胡宗全，高波，等．2016. 川东南地区五峰组—龙马溪组页岩气富集与高产控制因素［J］. 地学前缘，23（1）：1–10.

孔令峰，杨震，李华启．中国页岩气开发管理创新研究［J］. 天然气工业．2018，38（1）：142–149.

孔祥言．2010. 高等渗流力学［M］. 2 版．北京：中国科学技术大学出版社．

李庆，李秋忙．2018. 油气田地面工程厂站模块化建设关键技术与发展［J］. 石油规划设计，29（1）：5–8，48.

李想．2015. 非常规油气藏模拟器 UNCONG 的设计、开发及应用［D］. 北京：北京大学．

李德毅，刘常昱，杜鹢，等．2004. 不确定性人工智能［J］. 软件学报，15（11）：1583–1594.

李洪鹏．2018. 页岩气滚动开发模式中气井开发进度的探究［J］. 化工管理，（30）：122.

李洪鹏，董静，吴迪，等．2018. 页岩气井场工艺与橇装化装置的应用［J］. 化工设计通讯，44（8）：36，81.

李慧珠．1991. 石油工业技术经济学［M］. 东营：石油大学出版社．

李继洪．2008. 基于 ANN 的入侵检测研究［D］. 重庆：重庆大学．

李庆辉，陈勉，Wang F P，等．2012. 工程因素对页岩气产量的影响——以北美 Haynesville 页岩气藏为例［J］. 天然气工业，32（4）：54–59.
李世愚，等 . 2016. 岩石断裂力学［M］. 北京：科学出版社 .
李卫华. 2003. 天然气管网系统优化设计研究［D］. 成都：西南石油大学.
李亚男 . 2014. 页岩气储层测井评价及其应用——以川南地区为例［D］. 北京：中国矿业大学（北京）.
李艳芳，邵德勇，吕海刚，等 . 2015. 四川盆地五峰组—龙马溪组海相页岩元素地球化学特征与有机质富集的关系［J］. 石油学报，36（12）：1470–1483.
李玉春 . 2016. 页岩气开发过程中的水处理技术探讨［J］. 油气田地面工程，35（1）：8–11.
李兆霞 . 2002. 伤害力学及其应用［M］. 北京：科学出版社 .
梁榜 . 2017. 基于正交试验分析理论的页岩气初期产能预测新方法——以涪陵焦石坝为例［J］. 江汉石油职工大学学报，30（2）：8–12.
林伯强，李江龙 . 2015. 环境治理约束下的中国能源结构转变——基于煤炭和二氧化碳峰值的分析［J］. 中国社会科学（9）：84–107.
林伯韬，郭建成 . 2019. 人工智能在石油工业中的应用现状探讨［J］. 石油科学通报，4（4）：403–413.
刘斌，吴惠梅，翟晓鹏 . 2015. 涪陵页岩气井压裂后返排及生产特征研究［J］. 辽宁化工，44（10）：1237–1239.
刘博，梁雪莉，容娇君，等 . 2016. 非常规油气层压裂微地震监测技术及应用［J］. 石油地质与工程，30（1）：142–145.
刘勇 . 2011. 天然气集输管网最优化设计研究［D］. 成都：西南石油大学.
刘广峰，王文举，李雪娇，等 . 2016. 页岩气压裂技术现状及发展方向 . 断块油气田［J］.23（2）：235–239.
刘宏申，秦锋 . 2005. 确定轮廓形状匹配中形状描述函数的方法［J］. 华中科技大学学报（自然科学版），33（4）：13–16.
刘鸿渊，魏东 . 2014. 国家能源战略视角下的页岩气资源产业化发展研究［J］. 经济体制改革（1）：120–124.
刘占孟，李俊杰，张召基，等 . 2017. 页岩气气井产出水处理技术的比较研究［J］. 油气田地面工程，36（11）：1–9.
陆廷清，胡明，刘墨翰，等 . 2016. 页岩气开发对川渝地区水资源环境的影响［J］. 科技导报，34（23）：51–56.
鹿重阳，左宇军，李希建，等 . 2016. 贵州凤冈地区页岩气储层裂缝发育研究［J］. 中国科技论文，11（3）：307–310.
罗东坤，袁杰辉 . 2012. 促进中国页岩气资源开发的政策探讨［J］. 天然气工业，32（10）：1–5.
迈克尔·波特 . 2001. 竞争战略［M］. 郭武军，刘亮，译 . 北京：华夏出版社 .
梅长林，范金成 . 2006. 数据分析方法［M］. 北京：高等教育出版社 .
聂海宽，唐玄，边瑞康 . 2009. 页岩气成藏控制因素及中国南方页岩气发育有利区预测［J］. 石油学报，30（4）：484–491.
潘继平，胡建武，安海忠 . 2011. 促进中国非常规天然气资源开发的政策思考［J］. 天然气工业，（9）：1–6.

乔辉，贾爱林，位云生．2018. 页岩气水平井地质信息解析与三维构造建模［J］. 西南石油大学学报（自然科学版），40（1）：78–88.
乔治·J·施蒂格勒．2006. 产业组织［M］. 上海：上海三联书店．
任国强．2016. 工厂化预制与模块化施工管理［J］. 油气田地面工程，35（7）：84–85+89.
容娇君，李彦鹏，徐刚，等．2015. 微地震裂缝检测技术应用实例［J］. 石油地球物理勘探，50（5）：919–924.
沈永星．2020. 页岩储层水力压裂裂缝扩展规律的数值模拟研究［D］. 太原：太原理工大学．
盛茂，李根生，黄中伟，等．2013. 页岩气流固耦合渗流模型及有限元求解［J］. 岩石力学与工程学报，32（9）：1894–1900.
石定寰．2013-03-14. 特高压电网，清洁能源大动脉［N］. 人民日报．
石升委．2019. 页岩气压裂返排液再利用处理技术研究［D］. 西安：西安石油大学．
石书喜，路小燕，王铁成，等．2011. 涡轮流量计对液体流量的计量［J］. 自动化仪表，22（11）：20–21.
史晋川．2006. 法经济学在经济学理论谱系中的位置［J］. 学术月刊（4）：76–78.
束龙仓，朱元生．2000. 地下水资源评价中的不确定因素分析［J］. 水文地质工程地质，27（6）：6–8.
宋维琪，冯超．2013. 微地震有效事件自动识别与定位方法［J］. 石油地球物理勘探，48（2）：283–288.
苏欣，范小霞．2006. 天然气计量误差分析及改进措施［J］. 石油矿场机械，（1）：75–78.
苏佳纯，张金川，朱伟林．2018. 非常规天然气经济评价对策思考［J］. 天然气地球科学，29（5）：743–753.
孙蔺．2004. 天然气管网优化技术研究及软件开发［D］. 成都：西南石油大学.
孙可明，张树翠，等．2016. 含层理页岩气藏水力压裂裂纹扩展规律解析分析［J］力学学报，48（5）：1229–1237.
汤晓勇，陈朝明，董君，等．2018. 模块化技术在我国陆上油气田地面工程中的应用［A］// 中国石油学会天然气专业委员会．2018 年全国天然气学术年会论文集（05 储运、安全环保及综合）［C］. 中国石油学会天然气专业委员会：中国石油学会天然气专业委员会．
唐杰，方兵，蓝阳，等．2015. 压裂诱发的微地震震源机制及信号传播特性［J］. 石油地球物理探,50(4)：643–649.
田宝军．2016. 涡轮流量计在热注管输系统中的应用［J］. 化工设计通信，42（4）：26–27.
田志龙，贺远琼，衣光喜，等．2005. 寡头垄断行业的价格行为——对我国钢铁行业的案例研究［J］. 管理世界，（4）：65–74.
同登科，陈钦雷，廖新维，等．2002. 非线性渗流力学［M］. 北京：石油工业出版社．
汪锋．2017. 低油价下中美两国页岩气产业发展比较研究［J］. 天然气技术与经济，11（2）：1–5.
汪群慧，张海霞，马军，等．2004. 三维电极处理生物难降解有机废水［J］. 现代化工．24（10）：56–59.
王健，辛伟，姬文学．2017. 页岩气地面工程的标准化［J］. 石化技术，24（2）：258.
王崇敬，陈健明，张鹤，等．2014. 影响页岩气高产的地质因素分析［J］. 油气地球物理，12（4）：49–54.
王尔德，茅玮涛．2013. 页岩气开发存巨大“水危机”［J］. 中国中小企业，（7）：46–48.
王红岩，李景明，赵群，等．2009. 中国新能源资源基础及发展前景展望［J］. 石油学报，30（3）：469–

475.
王军磊 . 2015. 页岩气井生产机理及动态分析方法研究［D］. 北京：中国石油勘探开发研究院 .
王军磊，贾爱林，位云生，等 . 2019. 基于多井模型的压裂参数—开发井距系统优化［J］. 石油勘探与开发，46（4）：1-13.
王敏中，王炜，武际可，等 . 2002. 弹性力学教程［M］. 北京：北京大学出版社 .
王适择 . 2014. 川南长宁地区构造特征及志留系龙马溪组裂缝特征研究［D］. 成都：成都理工大学 .
王适择，李忠权，郭明，等 . 2013. 川南长宁地区龙马溪组页岩裂缝发育特征［J］. 科学技术与工程，13（36）：10887-10898.
王淑芳，董大忠，王玉满，等 . 2015. 中美海相页岩气地质特征对比研究［J］. 天然气地球科学，26（9）：1666-1678.
王玉满，董大忠，杨桦，等 . 2014. 川南下志留统龙马溪组页岩储集空间定量表征［J］. 中国科学：地球科学，44（6）：1348-1356.
韦世明，夏阳，金衍，等 . 2019. 三维页岩储层多重压力流固耦合模型研究［J］. 中国科学：物理学力学天文学，49（1）：40-52.
位云生，贾爱林，何东博，等 . 2017. 中国页岩气与致密气开发特征与开发技术异同［J］. 天然气工业，37（11）：43-52.
位云生，王军磊，齐亚东，等 . 2018. 页岩气井网井距优化［J］. 天然气工业，38（4）：129-137.
肖楠 . 2012. 鼓励引导民间投资进入，加快我国页岩气产业发展［J］. 中国经贸导刊，（11）：21-23.
谢和平，鞠杨，黎立云 . 2005，基于能量耗散与释放原理的岩石强度与整体破坏准则［J］. 岩石力学与工程学报，24（17）：3003-3010.
薛松宇 . 2005. 三维电极反应器处理染料废水的研究［D］. 天津：天津大学 .
闫鑫，胡天跃，何怡原 . 2016. 地表测斜仪在监测复杂水力裂缝中的应用［J］. 石油地球物理勘探，51（3）：480-486.
杨洲 . 2019. 页岩气地面工程标准化设计［J］. 科技创新与应用，（32）：82-83.
杨国芬，曾韩谦，苏苗候，等 . 2017. 气体涡轮流量计在不同压力下的计量性能研究［J］. 计量装置及应用，27（1）：46-50.
杨瑞兆，李德伟，庞海玲，等 . 2017. 页岩气压裂微地震监测中的裂缝成像方法［J］. 天然气工业，37（5）：31-37.
姚军，等 . 2013. 页岩气藏开发中的关键力学问题［J］. 中国科学：物理学 力学 天文学，43（12）：1527-1547.
姚军，孙海，樊冬艳，等 . 2013. 页岩气藏运移机制及数值模拟［J］. 中国石油大学学报（自然科学版），37（1）：91-98.
尹广增 . 2009. 孔板流量计计量误差现场因素分析［J］. 石油工业技术监督，25（6）：15-17.
游利军，王巧智，康毅力，等 . 2014. 压裂液浸润对页岩储层应力敏感性的影响［J］. 油气地质与采收率，21（6）：102-106.
游声刚，郭茜，吴述林，等 . 2015. 页岩气开发的环境影响因素研究综述［J］. 中国矿业，24（5）：53-57，72.

喻建川 . 2016. 撬装技术在涪陵页岩气田集输站的运用［J］. 江汉石油科技，26（2）：85–90.

云箭，覃国军，徐凤银，等 . 2012. 低碳视角下中国非常规天然气的开发利用前景［J］. 石油学报，33（3）：526–532.

臧艳彬，张金成，赵明琨，等 . 2016. 涪陵页岩气田“井工厂”技术经济性评价［J］. 石油钻探技术，44（6）：30–35.

曾青冬，姚军 . 2015. 水平井多裂缝同步扩展数值模拟［J］. 石油学报，36（12）：1571–1579.

张睿，宁正福，杨峰，等 . 2015. 页岩应力敏感实验与机理［J］. 石油学报，36（2）：224–231，237.

张山，刘清林，赵群，等 . 2002. 微地震监测技术在油田开发中的应用［J］. 石油物探，41（2）：226–231.

张怀力 . 2016. 涪陵页岩气田“井工厂”压裂工艺实践及认识［J］. 江汉石油科技，26（2）：60–65.

张金成，艾军，臧艳彬，等 . 2016. 涪陵页岩气田“井工厂”技术［J］. 石油钻探技术，44（3）：9–15.

张金成，孙连忠，王甲昌，等 . 2014. 井工厂技术在我国非常规油气开发中的应用［J］. 石油钻探技术，42（1）20–25.

张金川，金之钧，袁明生 . 2004. 页岩气成藏机理和分布［J］. 天然气工业，24（7）：15–21.

张善杰 . 2012. 特殊函数计算手册［M］. 江苏：南京大学出版社 .

张树翠 . 2017. 页岩气储层水力压裂裂纹扩展规律研究［D］. 阜新：辽宁工程技术大学 .

张云银，刘海宁，李红梅，等 . 2017. 应用微地震监测数据估算储层压裂改造体积［J］. 石油地球物理勘探，52（2）：309–314.

赵卓，王敏 . 2012. 产业演化动力机制研究新进展［J］. 理论探讨（4）：103–106.

赵春段，王利芝，文恒，等 . 2017. 宁 201 井区页岩气地质工程一体化综合研究［R］. 斯伦贝谢科技服务（北京）有限公司 .

赵争光，秦月霜，杨瑞召 . 2014. 地面微地震监测致密砂岩储层水力裂缝［J］. 地球物理学进展，29（5）：2136–2139.

周广照，李显明，黄斌 . 2017. 优化 BP 神经网络在川西上三叠统陆相页岩含气性预测中的应用［J］. 矿物岩石，37（3）：90–96.

周抗寒，周定 . 1994. 复极性固定床电解槽内电极电位的分布［J］. 环境化学 .（4）：318–22.

周志恩，方维凯，陈敏，等 . 2015. 页岩气开发环境影响评价探讨［J］. 环境影响评价，37（6）：62–67.

朱方明 . 2009. 企业经济学［M］. 北京：经济科学出版社 .

朱汉卿 . 2018. 蜀南地区页岩气吸附特征及开发储量评价［D］. 北京：中国石油勘探开发研究院 .

朱庆华，王维琦，赵铁林 . 2011. 基于 Grey–DEMATEL 方法的房地产企业社会责任动力因素研究［J］. 大连理工大学学报（社会科学版），32（4）：8–12.

朱维耀，等 . 2017. 复杂缝网页岩压裂水平井多区耦合产能分析［J］. 天然气工业，37（7）：60–68.

朱迎春 . 2011. 政府在发展战略性新兴产业中的作用［J］. 中国科技论坛（1），20–24.

邹才能，董大忠，王社教，等 . 2010. 中国页岩气形成机理、地质特征及资源潜力［J］. 石油勘探与开发，37：641–653.

邹才能，董大忠，王玉满，等 . 2016. 中国页岩气特征、挑战及前景（二）［J］. 石油勘探与开发，43（2）：166–178.

邹才能，赵群，董大忠，等 . 2017. 页岩气基本特征、主要挑战与未来前景［J］. 天然气地球科学，28（12）: 1781–1796.

Alghalandis Y F. 2017. ADFNE : Open source software for discrete fracture network engineering, two and threedimensional applications［J］. Computers & Geosciences, 102（5）: 1–11.

Ali Beskok G E K. 1999. Report : a model for flows in channels, pipes, and ducts at micro and nano scales, Microscale Thermophysical Engineering, 3: 43–77.

Allard D. 1994. Simulating a Geological Lithofacies with Respect to Connectivity Information Using the Truncated Gaussian Model, in : M. Armstrong, P.A. Dowd（Eds.）Geostatistical Simulations, Springer Netherlands, Dordrecht : 197–211.

Alley B, Beebe A, Rodgers J, et al. 2011. Chemical and physical characterization of produced waters from conventional and unconventional fossil fuel resources［J］. Chemosphere, 85（1）: 74–82.

Arthur J, Bohm B, Layne M. 2009. Considerations for development of Marcellus shale gas［J］.World Oil, 230（7）: 65–69.

Asadollahi P, Invernizzi M C A, Addotto S. 2010. Experimental Validation of Modified Barton's Model for Rock Fractures［J］. Rock Mechanics & Rock Engineering, 43: 597–613.

Asadollahi P, Tonon F. 2010. Constitutive model for Rock fractures : Revisiting Barton's empirical model, Engineering Geology, 113: 11–32.

Backhurst J R, Coulson J M, Goodridge F, et al. 1969. A Preliminary Investigation of Fluidized Bed Electrodes［J］. Journal of the Electrochemical Society. 116（11）.

Baecher G B. 1983. Statistical analysis of rock mass fracturing［J］. Journal of the International Association for Mathematical Geology, 15（2）: 329–348.

Baird B. 2011. Momentum announces Appalachia gathering system in the Marcellus shale［J/OL］.Pipeline & Gas Journal, 238（3）: 19–22［2011-03-25］.

Bandis S, Lumsden A, Barton N. 1983. Fundamentals of Rock joint deformation［J］. International Journal of Rock Mechanics and Mining Sciences & Geomechanics Abstracts, Elsevier, 249–268.

Barton N, Bandis S, Bakhtar K. 1985. Strength, deformation and conductivity coupling of Rock joints［J］. International Journal of Rock Mechanics and Mining Sciences & Geomechanics Abstracts, Elsevier, 121–140.

Barton N. 1982. Modelling Rock joint behaviour from in situ block tests : implications for nuclear waste repository design : ONWI-308［M］. Office of nuclear waste isolation, Columbus, Ohio, 96 .

Bowers G L. 1995. Pore pressure estimation from velocity data : Accounting for overpressure mechanisms besides undercompaction［J］. SPE Drilling & Completion, 10（2）: 89–95.

Brown M, Ozkan E, Raghavan R, et al. 2011. Practical solutions for pressure-transient-responses of fractured horizontal wells in unconventional shale reservoirs［J］. SPE Reservoir Evaluation & Engineering, 12: 663–676.

Cai M, Kaiser P K, Martin C D. 2001. Quantification of Rock mass damage in underground excavations from microseismic event monitoring［J］. International Journal of Rock Mechanics and Mining Sciences,38（8）:

1135–1145.

Cao G H, Lin M, Jiang W B, et al. 2017. A 3D coupled model of organic matter and inorganic matrix for calculating the permeability of shale [J] . Fuel, 204: 129–143.

Cao G H, Lin M, Jiang W B, et al. 2018. A statistical–coupled model for organic–rich shale gas transport [J] . Journal of Petroleum Science and Engineering, 169: 167–183.

Cao P, Liu J, Leong Y K. 2016. A fully coupled multiscale shale deformation–gas transport model for the evaluation of shale gas extraction [J] . Fuel, 178: 103–117.

Celik E. 2017. A cause and effect relationship model for location of temporary shelters in disaster operations management [J] . International journal of disaster risk reduction, 22: 257–268.

Chang J C, Yortsos Y C. 1990. Pressure–transient analysis of fractal reservoirs. SPE Formation Evaluation [J] . 3: 31–38.

Charlez P A. 1997. Rock mechanics : Petroleum applications [M] . Paris : Editions Technip, 264–266.

Chen L, Kang Q, Pawar R. 2015. Pore–scale prediction of transport properties in reconstructed nanostructures of organic matter in shales [J] . Fuel, 158: 650–658.

Chen Y, Oliver D S, Zhang D. 2009. Efficient Ensemble–Based Closed–Loop Production Optimization [J] . SPE Journal, 14 : 634–645.

Chong K K, Grieser B, Jaripatke O, et al. 2010. A completions roadmap to shale–play development : a review of successful approaches toward shale–play stimulation in the last two decades [M] . International Oil and Gas Conference and Exhibition in China. Beijing : Society of Petroleum Engineers.

Christopher E S. 2012. Teak midstream to expand Eagle Ford shale gas gathering and processing [J/OL] . Pipeline &Gas Journal, [2012–02–22] .

Clarkson C R. 2013. Production data analysis of unconventional gas wells : workflow [J] . International Journal of Coal Geology, 109–110: 147–157.

Council G W P, Consulting A. 2009. Modern shale gas development in the United States : A primer [M] . Oklahoma City : Ground Water Protection Council, 96.

Deemer P, Song N. 2014. China's 'Long March' to shale gas production–exciting potential and lost opportunities [J] . Journal of World Energy Law & Business, 7 (5) : 448–467.

Deissler R. 1964. An analysis of second–order slip flow and temperature–jump boundary conditions for rarefied gases [J] . International Journal of Heat and Mass Transfer, 7: 681–694.

Dershowitz W S. 1984. Rock Joint Systems [D] . Massachusetts Instutite of Technology, Massachusetts, USA, 520–534.

Duda R O, Hart P E. 1972. Use of Hough Transformation to Detect Lines and Curves in Pictures [J] . Communications of the Acm, 15: 11–15.

England A H, Green A E. 1963 Some two–dimensional punch and crack problems in classical elasticity [C] // Mathematical Proceedings of the Cambridge Philosophical Society. Cambridge University Press, 59 (2) : 489–500.

Evensen G. 1994. Sequential data assimilation with a nonlinear quasi–geostrophic model using Monte Carlo methods to forecast error statistics, Journal of Geophysical Research : oceans, 99.

Fetkovich M J. 1971. A Simplified Approach to Water Influx Calculations–Finite Aquifer Systems, Journal of Petroleum Technology, 23: 814–828.

Fisvhler M A, Bolles R C. 1981. Random sample consensus : a paradigm for model fitting with applications to image analysis and automated cartography [J] . Communications of the ACM, 24 (6) : 381–395.

Freyer D, Voigt W. 2004. The measurement of sulfate mineral solubilities in the Na–K–Ca–Cl–$SO_4^-H_2O$ system at temperatures of 100, 150 and 200℃ [J] . Geochimica et Cosmochimica Acta. 68 (2) : 307–318.

Geier J E, Lee K, Dershowitz W S. 1988. Field validation of conceptual models for fracture geometry [J] . Transactions of American Geophysical Union, 69 (44) : 1177.

Geir N, Johnsen L M, Aanonsen S I. 2005. Reservoir Monitoring and Continuous Model Updating Using Ensemble Kalman Filter, Spe Journal, 10: 66–74.

Geir V, Trond M, Vefring E. 2002. Near–Well Reservoir Monitoring Through Ensemble Kalman Filter [J] . SPE/DOE Improved Oil Recovery Symposium.

Gradstein F M, Heresim G, Allard D. 1993. On the Connectivity of Two Random Set Models : The Truncated Gaussian and the Boolean, in : A. Soares (Ed.) Geostatistics Tróia'92, Springer Netherlands, Dordrecht, 467–478.

Gregory K B, Vidic R D, Dzombak D A. 2011. Water management challenges associated with the production of shale gas by hydraulic fracturing [J] . Elements, 7 (3) : 181–186.

Guarnone M, Ciuca A, Rermond S. 2010. Shale gas : from unconventional subsurface to cost–effective and sustainable surface developments [J] .Oil & Gas Symposium, Nanjing, 2010.10.

Guo M, Lu X, Nielsen C P, et al. 2016. Prospects for shale gas production in China : Implications for water demand [J] . Renewable & Sustainable Energy Reviews, 66: 742–750.

Hao F, Zou H Y, Lu Y C. 2013. Mechanisms of Shale Gas Storage : Implication for Shale Gas Exploration in China [J] . AAPG Bulletin, 97 (8) : 1325–1346.

Hatch J R, Levanthal J S. 1992. Relationship between inferred redox potential of the depositional environment and geochemistry of the Upper Pennsylvanian (Missourian) stark shale member of the Dennis Limestone, Wabaunsee County, Kansas, U.S.A [J] . Chemical Geology, 99 (1/3) : 65–82.

He S, Morse J W. 1993. The carbonic acid system and calcite solubility in aqueous Na–K–Ca–Mg–Cl–SO_4 solutions from 0 to 90℃ [J] . Geochimica et Cosmochimica Acta. 57 (15) : 3533–3554.

Holyoak K J. 1987. Parallel distributed processing : explorations in the microstructure of cognition [J] . Science, 236: 992–997.

Hough B P. 1962. Methods and means for recognizing complex pattern [P] . US Patent 3069654.

Houtekamer P L, Mitchell H L. 1998. Data Assimilation Using an Ensemble Kalman Filter Technique [J] . Monthly Weather Review, 126.

Hu D, Xu S. 2013. Opportunity, challenges and policy choices for China on the development of shale gas [J] . Energy Policy, 60 (5) : 21–26.

Huang X, Song P, Chen L, et al. 2008. Liquid–solid equilibria in quinary system Na^+, Mg^{2+}/Cl^-, SO_4^{2-},

$NO_3^- H_2O$ at 298.15 K [J] . Calphad Computer Coupling of Phase Diagrams & Thermochemistry. 32 (1): 188–194.

Ilk D, Rushing J A, Perego A D, et al. 2008.Exponential vs. hyperbolic decline in tight gas sands–understanding the origin and implications for reserve estimates using Arp's decline curves [C] . SPE 116731, 1–23.

Irwin G R. 1957. Analysis of stresses and strains near the end of a crack traversing a plate. J. Appl. Mech. 29: (3) 61–64.

Jayakumar R, Rai R. 2012. Impact of uncertainty in estimation of shale gas reservoir and completion properties on EUR forcast and optimal development planning : a Marcellus case study [C] . SPE 162821, 1–18.

Ji L L, Lin M, Jiang W B, et al. 2018. An improved method for reconstructing the digital core model of heterogeneous porous media [J] . Transport in porous media, 121 (2): 389–406.

Ji L L, Lin M, Jiang W B, et al. 2019. A multiscale reconstructing method for shale based on SEM image and experiment data [J] . Journal of Petroleum Science and Engineering, 179: 586–599.

Ji L L, Lin M, Jiang W B, et al. 2019. Investigation into the apparent permeability and gas–bearing property in typical organic pores in shale Rocks [J] . Marine and Petroleum Geology, 110: 871–885.

Jiang W B, Lin M, Yi ZX, et al. 2017. Parameter determination using 3D FIB–SEM images for development of effective model of shale gas flow in nanoscale pore clusters [J] . Transport in Porous Media, 117: 5–25.

Jiang Y, Tchelepi H. 2009. Scalable multi–stage linear solver for coupled systems of multi–segment wells and complex reservoir models [J] . SPE Reservoir Simulation Symposium.

Jones B, Manning D A C. 1994. Comparison of geochemical indices used for the interpretation of palaeoredox conditions in ancient mudstones [J] . Chemical Geoglogy, 111 (1/4): 111–129.

Kargbo D M, Wilhelm R G, Campbell D J. 2010. Natural Gas Plays in the Marcellus Shale : Challenges and Potential Opportunities [J] . Environmental Science & Technology, 44 (15): 5679–5684.

Kazemi M, et al. 2015. An analytical model for shale gas permeability [J] . International Journal of Coal Geology, 146: 188–197.

Kevin A, Lawlor, Micheal C. 2013. Gathering and processing design options for unconventional gas [J] .Oil and gas journal, 54–58.

Kim J, Tchelepi H A, Juanes R. 2011. Stability, accuracy, and efficiency of sequential methods for coupled flow and geomechanics [J] .SPE Journal, 16: 249–262.

Kim J, Tchelepi H, Juanes R. 2011. Stability and convergence of sequential methods for coupled flow and geomechanics : Fixed–stress and fixed–strain splits [J] . Computer Methods in Applied Mechanics and Engineering, 200: 1591–1606.

Kuuskraa V, Stevens S H, Moodhe K D. 2013. Technically recoverable shale oil and shale gas resources : an assessment of 137 shale formations in 41 countries outside the United States [M] . US Energy Information Administration, US Department of Energy.

Lamb H. 1932. Hydrodynamics [M] . New York : Dover Publications, 1932: 581–587.

Lawlor K A, Conder M. 2011. Gas gathering and processing options for unconventional gas [C] //90Th

Annual GPA Convention (San Antonio, TX, 4/3–6/2011) Proceedings : GPA.

Lee S H, Lough M, Jensen C. 2001. Hierarchical modeling of flow in naturally fractured formations with multiple length scales [J] . Water Resources Research, 37: 443–455.

Li L, Lee S H. 2008. Efficient field-scale simulation of black oil in a naturally fractured reservoir through discrete fracture networks and homogenized media [J] . SPE Reservoir Evaluation & Engineering, 11: 750–758.

Liang J, Edelsbrunner H, Fu P, et al. 1998. Analytical shape computation of macromolecules : Ⅰ Molecular area and volume through alpha shape [J] . Proteins, 33 (1) : 1–17.

Lin B T, Guo J C, Liu X, et al. 2020. Prediction of flowback ratio and production in Sichuan shale gas reservoirs and their relationships with stimulated reservoir volume [J] . Journal of Petroleum Science and Engineering, 184. 106529.

Liu J, Wang R, Sun Y, et al. 2013. A barrier analysis for the development of distributed energy in China : A case study in Fujian province [J] . Energy policy, 60: 262–271.

Mallick M, Achalpurkar M P. 2014. Factors controlling shale gas production : geological perspective [M] . Abu Dhabi International Petroleum Exhibition and Conference. Abu Dhabi : Society of Petroleum Engineers.

Mancini F, Zennara R, Buongiorno N, et al. 2011. Surface facilities for shale gas : A matter of modularity, phasing and minimal operation [C] //paper 2011–158 presented at the SPE Offshore Mediterranean Conference and Exhibition, March 23–25. 2011, Ravenna, Italy. SPE.

Metzler R, Klafter J. 2000. The random walk's guide to anomalous diffusion : a fractional dynamics approach [J] . Physics Reports, 339, 1–77.

Moinfar A, Varavei A, Sepehrnoori K. 2013. Development of a coupled dual continuum and discrete fracture model for the simulation of unconventional reservoirs [J] . SPE Reservoir Simulation Symposium, Society of Petroleum Engineers.

Moinfar A, Varavei A, Sepehrnoori K. 2014. Development of an efficient embedded discrete fracture model for 3D compositional reservoir simulation in fractured reservoirs [J] . SPE Journal, 19: 289–303.

Nassir M, Settari A, Wan R G. 2014. Prediction of stimulated reservoir volume and optimization of fracturing in tight gas and shale with a fully elasto-plastic coupled geomechanical model [J] . SPE Journal, 19: 771–785.

Nassir M. 2013. Geomechanical coupled modeling of shear fracturing in non-conventional reservoirs [D] . Uniersity of Calgary, PhD Dissertation.

Nordgren R P. 1972. Propagation of a vertical hydraulic fracture [J] . Society of Petroleum Engineers Journal, 12 (4) : 306–314.

Palmer I D, Carroll Jr H B. 1983. Numerical solution for height and elongated hydraulic fractures [C] //SPE/DOE Low Permeability Gas Reservoirs Symposium. Society of Petroleum Engineers.

Pi G, Dong X, Dong C, et al. 2015. The status, obstacles and policy recommendations of shale gas development in China [J] . Sustainability, 7 (3) : 2353–2372.

Pi G, Dong X, Guo J. 2015. The development situation analysis and outlook of the Chinese shale gas industry

[J] . Energy Procedia，75：2671–2676.

Pipelines and compressor stations in the Barnett Shale. 2008. Safely transporting natural gas from the wellhead to the Kitchen Stove [R/OL] . [2013–12–16] .

Raghavan R，Chen C. 2013. Fractional diffusion in Rocks produced by horizontal wells with multiple, transverse fractures of finite conductivity [J] . Journal of Petroleum Science and Engineering，109：133–143.

Raghavan R，Chen C. 2013. Fractured–well performance under anomalous diffusion [J] . SPE Reservoir Evaluation & Engineering. 8：237–245.

Rahman M K，et al. 2002. A shear–dilation–based model for evaluation of hydraulically stimulated naturally fractured reservoirs [J] . International Journal for Numerical and Analytical Methods in Geomechanics，26（5）：469–497.

Ren J，Liang H，Dong L，et al. 2017. Sustainable development of sewage sludge–to–energy in China：Barriers identification and technologies prioritization [J] . Renewable & Sustainable Energy Reviews，67：384–396.

Ren J，Tan S，Goodsite M E，et al. 2015. Sustainability，shale gas，and energy transition in China：assessing barriers and prioritizing strategic measures [J] . Energy，84：551–562.

Rice J R. 1968. Mathematical analysis in the mechanics of fracture [M] . In Fracture：An Advanced Treatise, ed. H Liebowitz，191–311. New York：Academic.

Sang S，Yin H，Tang M，et al. 2003.（Liquid+solid）metastable equilibria in quinary system Li_2CO_3+Na_2CO_3+K_2CO_3+$Li_2B_4O_7$+$Na_2B_4O_7$+$K_2B_4O_7$+H_2O at T=288 K for Zhabuye salt lake [J] . Journal of Chemical Thermodynamics. 35（9）：1513–1520.

Shao J，Taisch M，Ortega–Mier M. 2016. A grey–DEcision–MAking Trial and Evaluation Laboratory（DEMATEL）analysis on the barriers between environmentally friendly products and consumers：practitioners' viewpoints on the European automobile industry [J] . Journal of Cleaner Production 112（2）：3185–3194.

Simpson D，P E. 2010. CBM and shale gas upstream facilities [R/OL] . [2013–10–30] .

Sneddon I N. 2013. Crack Problems in the Theory of Elasticity [C] //Developments in Theoretical and Applied Mechanics：Proceedings of the Third Southeastern Conference on Theoretical and Applied Mechanics. Elsevier，73.

Song B，Ehlig–Economides C. 2011. Rate–normalized pressure analysis for determination of shale gas well performance [C] . SPE 144031，1–14.

Stsub Ⅰ，Fredriksson A，Outters N. 2002. Strategy for a Rock mechanics site descriptive model [R] . SKB Report R–02–02，Swedish Nuclear Fuel and Waste Management Co，25–26.

Sugar Land. 2010. Addfrac services prevents MIC failures in a Barnett shale gas gathering system [EB/OL] . [2013–10–23] .

Tan P，Jin Y，Han K，et al. 2017，Analysis of hydraulic fracture initiation and vertical propagation behavior in laminated shale formation [J] . Fuel，206（10）：482–493.

Tang C A, Tham L G, Lee P K K, et al. 2002. Coupled analysis of flow, stress and damage (FSD) in Rock failure [J]. International Journal of Rock Mechanics and Mining Sciences, 39 (4): 477–489.

Tang G, Tao W, He Y. 2005. Gas slippage effect on microscale porous flow using the lattice Boltzmann method., Physical Review E, 72: 056301–056308.

Tian H, Pan L, Xiao X, et al. 2013. A preliminary study on the pore characterization of Lower Silurian black shales in the Chuandong Thrust Fold Belt, southwestern China using low pressure N_2, adsorption and FE–SEM methods [J]. Marine and Petroleum Geology, 48: 8–19.

Tian L, Wang Z, Krupnick A, et al. 2014. Stimulating shale gas development in China: A comparison with the US experience [J]. Energy Policy, 75: 109–116.

Tsai S B. 2018. Using the DEMATEL model to explore the job satisfaction of research and development professionals in china's photovoltaic cell industry [J]. Renewable & Sustainable Energy Reviews, 81: 62–68.

Verlaan M, Heemink W A. 2001. Nonlinearity in Data Assimilation Applications: A Practical Method for Analysis [J]. Monthly Weather Review.

Vincent L, Soille P. 1991. Watersheds in digital spaces: an efficient algorithm based on immersion simulations [J]. IEEE Transactions on Pattern Analysis and Machine Intelligence, 13: 583–598.

Wallis J, Kendall R, Little T. 1985. Constrained residual acceleration of conjugate residual methods [J]. SPE Reservoir Simulation Symposium, Society of Petroleum Engineers.

Wallis J. Incomplete Gaussian elimination as a preconditioning for generalized conjugate gradient acceleration [J]. SPE Reservoir Simulation Symposium, Society of Petroleum Engineers. 1983.

Wan Z, Huang T, Craig B. 2014. Barriers to the development of China's shale gas industry [J]. Journal of Cleaner Production, 84 (1): 818–823.

Wang C, Wang F, Du H, et al. 2014. Is China really ready for shale gas revolution—Re–evaluating shale gas challenges [J]. Environmental Science & Policy, 39: 49–55.

Wang J L, Luo W J, Chen Z M. 2020. An integrated approach to optimize bottomhole–pressure–drawdown management for a hydraulically fractured well using a transient inflow performance relationship [J]. SPE Reservoir Evaluation & Engineering.

Wang J, Mohr S, Feng L, et al. 2016. Analysis of resource potential for China's unconventional gas and forecast for its long–term production growth [J]. Energy Policy, 88: 389–401.

Wang J, Wei Y S, Luo W J. 2019. A unified approach to optimize fracture design of a horizontal well intercepted by primary– and secondary–fracture networks [J]. SPE Journal.

Wang Q, Chen X, Jha A N, et al. 2014. Natural gas from shale formation–The evolution, evidences and challenges of shale gas revolution in United States [J]. Renewable & Sustainable Energy Reviews, 30 (2): 1–28.

Wei D, Liu H Y, Shi K. 2019. What are the key barriers for the further development of shale gas in China? A grey–DEMATEL approach [J]. Energy Reports, 5: 298–304.

Wei Y S, Jia A L, Wang J L, et al. 2020. Semi–analytical modeling of pressure–transient response of multilateral horizontal well with pressure drop along wellbore [J] . Journal of Natural Gas Science and Engineering.

Weiland R, Hatcher N. 2012. Overcome challenges in treating shale gases [J] .Hydrocarbon Processing, 91 (1), 45–48.

Well Spring. 2009. Shale gas development pacing expand Facilities [EB/OL] . [2013–10–28] .

Western A W, Blöschl G, Grayson R B. 2001. Toward capturing hydrologically significant connectivity in spatial patterns [J] . Water Resources Research, 37: 83–97.

White B W. 1962. Principles of Neurodynamics : Perceptrons and the Theory of Brain Mechanisms, by Frank Rosenblatt [M] . Spartan Books.

Wu T, Li X, Zhao J, et al. 2017. Multiscale pore structure and its effect on gas transport in organic-rich shale : pore structure and transport in shale [J] . Water Resources Research, 53: 5438–5450.

Wu T, Zhang D. 2016. Impact of Adsorption on Gas Transport in Nanopores [R] . Scientific Reports.

Wu Y, Yang Y, Chen K, et al. 2015. The Technology Status of Shale Gas Exploration and Development in China Based on Swot Analysis [J] . International Journal of Green Energy, 12 (8) : 873–880.

Wua K, et al. 2015. Adsorbed Gas Surface Diffusion and Bulk Gas Transport in Nanopores of Shale Reservoirs with Real Gas Effect–Adsorption–Mechanical Coupling [C] . SPE Reservoir Simulation Symposium. Houston, Texas, USA, Society of Petroleum Engineers : 31.

Wutherich K, Walker K J, Aso I I, et al. 2012. Evaluating an Engineered Completion Design in the Marcellus Shale Using Microseismic Monitoring [C] //SPE Annual Technical Conference and Exhibition. Society of Petroleum Engineers.

Xia X, Govindan K, Zhu Q. 2015. Analyzing internal barriers for automotive parts remanufacturers in China using grey–DEMATEL approach [J] . Journal of Cleaner Production, 87 (1) : 811–825.

Yang R, et al. 2017. A Semianalytical Approach To Model Two–Phase Flowback of Shale–Gas Wells With Complex–Fracture–Network Geometries [J] . SPE Journal, 22 (6) : 1808–1833.

Yi Z X, Lin M, Jiang W B, et al. 2017. Pore network extraction from pore space images of various porous media systems [J] . Water Resources Research, 53 (4) : 3424–3445.

Zeng F, et al. 2015. A Novel Unsteady Model of Predicting the Productivity of Multi–Fractured Horizontal Wells [J] . International Journal of Heat and Technology, 33 (4) : 117–124.

Zhang X, Sang S, Zhong S, et al. 2014. Equilibria in the Quaternary System Na^+, K^+//Cl^-, $B_4O_7^{2-}$–H_2O at 323 K [J] . Journal of Chemical & Engineering Data. 59 (3) : 821–824.

Zhao X C, L Chen L. 2016. Environmental management issues in shale gas development [J] . International Journal of Science, 77–81.

Zhao X G, Yang Y H. 2015. The current situation of shale gas in Sichuan, China [J] . Renewable & Sustainable Energy Reviews, 50: 653–664.

Ziarani A S, Aguilera R. 2012. Knudsen's permeability correction for tight porous media [J] . Transport in Porous Media, 91: 239–260.